WILDE WELTEN

DK

WILDE WELTEN

DIE NATÜRLICHEN LEBENSRÄUME DER ERDE

DK Penguin Random House

DK LONDON / DELHI

Lektorat
Rob Houston, Gill Pitts, Helen Fewster, Miezan van Zyl, Hannah Westlake, Tim Harris, Tom Booth, Angeles Gavira Guerrero, Liz Wheeler, Jonathan Metcalf, Suefa Lee, Aashirwad Jain, Aashline R. Avarachan, Rohan Sinha

Gestaltung und Bildredaktion
Ina Stradins, Duncan Turner, Michael Duffy, Karen Self, Phil Ormerod, Aditya Katyal, Nishwan Rasool, Vagisha Pushp, Taiyaba Khatoon, Pooja Pipil, Anjali Sachar, Rupanki Arora Kaushik, Aarushi Dhawan, Arshti Narang, Shipra Jain, Gopika Gopakumar, Bimlesh Tiwary, Nand Kishor Acharya, Sudakshina Basu, Malavika Talukder, Rakesh

Umschlaggestaltung
Surabhi Wadhwa-Gandhi, Sophia MTT, Priyanka Sharma Saddi

Herstellung
Jacqueline Street-Elkayam, Laura Andrews, Balwant Singh, Pankaj Sharma

DK Picture Library DK Picture Library
Kartografie Mohammad Hassan, Ashif, Suresh Kumar
Illustrationen Andrew Beckett, A. James Gustafson, Daniel Crisp, Jay Rasgorshek, Kerry Hyndman, Oncept by Ananya Nevatia Pasari and Vidhi Goel, Priyal Mote, Mohd. Zishan

Für die deutsche Ausgabe:
Projektbetreuung Silke Tauscher
Herstellungskoordination Claudia Rode
Herstellung Christine Rühmer

Titel der englischen Originalausgabe:
Habitats

Übersetzung Michael Kokoscha
Lektorat Agnes Pahler

ISBN 978-3-8310-4900-4
5902-331842-22928-01

Druck und Bindung TBB, a.s., Slowakei

MIX
Papier | Fördert gute Waldnutzung
FSC® C018179

www.dk-verlag.de

Hinweis
Die Informationen und Ratschläge in diesem Buch sind von den Autoren und vom Verlag sorgfältig erwogen und geprüft, dennoch kann eine Garantie nicht übernommen werden. Eine Haftung der Autoren bzw. des Verlags und seiner Beauftragten für Personen-, Sach- und Vermögensschäden ist ausgeschlossen.

CO-AUTOREN

Dr. Claire Asher ist Biologin. Sie hat an der University of Leeds am Institut für Zoologie das Sozialverhalten von Ameisen in den Atlantikwäldern Brasiliens erforscht. Sie arbeitet derzeit als wissenschaftliche Autorin und Referentin mit dem Themenschwerpunkt Ökologie und Naturschutz.

Dr. Rebecca Green ist Ozeanografin und hat sich auf Korallenriffe spezialisiert. Sie hat an der University of Western Australia Forschungen an den abgelegensten und unberührtesten Atollen der Welt durchgeführt. Inzwischen arbeitet sie als wissenschaftliche Autorin, führt aber weiterhin Riffforschung für NGOs durch.

Tom Jackson arbeitet als wissenschaftlicher Autor. Er hat in den letzten 20 Jahren über 100 Bücher verfasst und zu vielen weiteren beigetragen. Er hat an der Universität Bristol, Großbritannien, Zoologie studiert und als Tierpfleger sowie im Naturschutz gearbeitet.

Claudia Franca de Abreu ist eine brasilianische Ozeanografin und Ingenieurin. Ihr ist es wichtig, die Bedeutung der Meere für das Leben auf diesem Planeten zu kommunizieren. Neben ihrer Arbeit als wissenschaftliche Autorin konzentriert sie sich darauf, Wissenschaft und indigenes Wissen zu verbinden, um das Küstenmanagement in ihrer jetzigen Heimatstadt in Westaustralien zu verbessern.

LEITENDER AUTOR

Derek Harvey
Derek Harvey ist ein Naturforscher und Dozent mit einem besonderen Interesse an Evolutionsbiologie. Er studierte Zoologie an der Liverpool University in Großbritannien. Er hat eine ganze Generation von Studenten unterrichtet und Exkursionen nach Costa Rica, Madagaskar und Australasien geleitet. Heute konzentriert er sich auf das Schreiben von Büchern und die Beratung bei naturwissenschaftlichen Themen.

FACHLICHE BERATUNG

Dr. Julia Schroeder
Julia Schroeder wurde in Tierökologie an der Reichsuniversität Groningen in den Niederlanden promoviert. Von 2012 bis 2017 leitete sie eine Forschungsgruppe am Max-Planck-Institut für Ornithologie in Deutschland, die sich mit Verhaltensökologie befasste. Julia forscht und lehrt Evolutionsbiologie am Imperial College, London.

INHALT

LEBEN IM EXTREMEN
222

MEERE UND OZEANE
294

STADT UND LAND
348

SCHUTZGEBIETE
362

VORWORT

Wir haben die unschöne Angewohnheit, Tiere entweder körperlich oder sinngemäß aus der Wildnis zu holen, um ihre Schönheit zu bewundern. Wir stellen sie aus und bestaunen sie wegen ihres Aussehens, ihrer Kraft oder ihrer kulturellen Bedeutung. Der Tiger wird zum Beispiel durch Kunst, Werbung oder Fotografie in unser Leben geholt. Wir kennen ihn zwar, aber aus dem Zusammenhang gerissen, nicht in seiner Welt, sondern in unserer. Ein Meisterwerk der Natur wird betrachtet, als ob es eingerahmt in einer Galerie auf weißen Wänden hinge.

Obwohl Tiger auch außerhalb ihres natürlichen Lebensraums, dem Wald, überleben können, sind sie in menschlicher Obhut kein Teil des dynamischen, funktionalen und harmonischen Netzwerks, das wir als Ökosystem bezeichnen. Und bei aller ästhetischen Anziehungskraft des Tigers ist es doch dieses Netzwerk, das eine größere Schönheit darstellt. Denn es funktioniert – und es funktioniert perfekt – schon seit vielen Jahrmillionen.

Dieses Buch gibt einen Einblick in die Funktionsweise des Lebens. Dazu stellt es die Lebensräume vor, die die Oberfläche der Erde bedecken. Jeder ist die Heimat unterschiedlichster Organismen, die direkt oder indirekt miteinander in Beziehung stehen und gemeinsam die Stabilität und Nachhaltigkeit dieses Lebensraums fördern. Ja, es gibt Tod, Zerfall, sogar Aussterben, doch das ist kein Versagen. Es ist ein wesentlicher Bestandteil des Ganzen, ein Teil eines sich ständig weiterentwickelnden Prozesses.

Leider gehört zu diesem Prozess auch der Einfluss, den der Mensch auf alle Lebensräume der Welt ausübt. Viele haben Schaden genommen oder sind selten geworden, und unser globales Ökosystem ist vom Zusammenbruch bedroht. Wir müssen uns die Vielfalt des Lebens in diesem Buch ansehen und uns fragen, ob wir das wirklich zulassen können. Und wenn es jemals etwas gab, was uns zum Handeln motiviert hat, dann sind es die Wunder auf diesen Seiten.

CHRIS PACKHAM
NATURFORSCHER, TV-REDAKTEUR, AUTOR,
FOTOGRAF UND NATURSCHÜTZER

Zur einzigartigen Lebensgemeinschaft im Nationalpark Gunung Leuser, Sumatra, gehören Orang-Utans, Tiger, Elefanten und Nashörner. Alle Pflanzen und Tiere nehmen eine wichtige Rolle in einem Ökosystem ein, das ständig von Menschen bedroht ist.

WAS IST EIN LEBENSRAUM?

Das Leben ist so erfindungsreich, dass es kaum einen Ort auf der Erde ohne an ihn angepasste Organismen gibt. Von den Polen bis zum Äquator, von der Tiefsee bis zum Hochgebirge – unsere Welt setzt sich aus unzähligen Lebensräumen zusammen.

Jede Pflanze, jedes Tier und jede Mikrobe müssen irgendwo leben: Der Lebensraum bestimmt die äußeren Umstände, die das Überleben ermöglichen. Und so wie die Organismen sich unterscheiden, so gilt das auch für ihre Lebensräume. Das offene Meer, der Lebensraum eines Wals, kann den halben Planeten umfassen, während ein Wasserfloh in einem Tümpel leben, sich vermehren und dort sterben kann. Lebensräume werden nach ihrer Vegetation und ihren geografischen Voraussetzungen definiert: Terrestrische Lebensräume sind Wüsten, Steppen, Wälder und Berge, aquatische dagegen Flüsse, Seen und Meere.

Die Geruchsrezeptoren der Antennen spüren Nektar auf.

Sand-Thymian liefert Nektar für die Schmetterlinge und Nahrung für die Raupen.

SICH VERÄNDERNDE BEDINGUNGEN

Die Temperatur und die Feuchtigkeit sind die beiden wichtigsten Faktoren für die Lebensräume und die darin lebenden Organismen. Die Pole und die Hochgebirge sind zu kalt für Bäume, dagegen muss es in milderen Klimazonen genug Niederschläge geben, damit aus einer Wüste eine Steppe und aus einer Steppe ein Wald wird. Das aquatische Leben wird von der Salzkonzentration bestimmt: Im Süßwasser der Seen und Flüsse gibt es ganz andere Lebensgemeinschaften als im Salzwasser der Küste und des offenen Meers.

Um Teil eines Lebensraums zu werden, sind Anpassungen notwendig: Kletterer leben in Wäldern, Schwimmer in Flüssen und Seen. Diese Lebewesen tragen zur Definition ihrer Lebensräume bei, auch wenn sie unterschiedliche Vorfahren haben. So leben in Wäldern und Meeren auf den entgegengesetzten Seiten der Erde ähnlich aussehende Organismen, die aber zu völlig anderen Arten gehören können. Die Lebensräume der Welt sind so unterschiedlich wie ihre Arten.

EINE NISCHE BESETZEN

Arten wählen jeweils Lebensräume, die ihren Anforderungen entsprechen. Jeder Organismus besetzt auf diese Weise seine ökologische Nische. Der Thymian-Ameisenbläuling ernährt sich vom Nektar des Thymians. Seine Raupen fressen vom Thymian und werden später von bestimmten Knotenameisen aufgezogen. Pflanze und Ameise leben auf Kalkmagerrasen, sodass der Schmetterling an diese ökologische Nische gebunden ist.

Bei Ebbe zeigt sich ein abstraktes Muster von Sandbänken. An dieser französischen Küste, wo das Süßwasser eines Flusses auf das von den Gezeiten bewegte Meerwasser trifft, versammeln sich Seidenreiher (*Egretta garzetta*) in kleinen Schwärmen.

LEBENSRAUMTYPEN

Mehr als ein Dutzend Großlebensräume lassen sich anhand ihrer Vegetation und Topografie unterscheiden. Vom Klima hängt es ab, ob Wälder, Steppen oder Wüsten entstehen. In den Meeren ist die Entfernung von der Küste entscheidend.

TERRESTRISCHE LEBENSRÄUME

Feuchtigkeit und Temperatur beeinflussen an Land den Vegetationstyp. In feuchterem Klima verdrängen Wälder die Steppen, in sehr trockenem entstehen Wüsten. Von den Polen bis zum Äquator verändern sich die Lebensräume von Kältewüsten bis zu Regenwäldern. Berge und Seen bilden »Inseln« alpiner oder Süßwasser-Lebensräume. Die Karte zeigt auch einen Gezeiten-Lebensraum (Mangrovenwald) und einen marinen Lebensraum (Korallenriff).

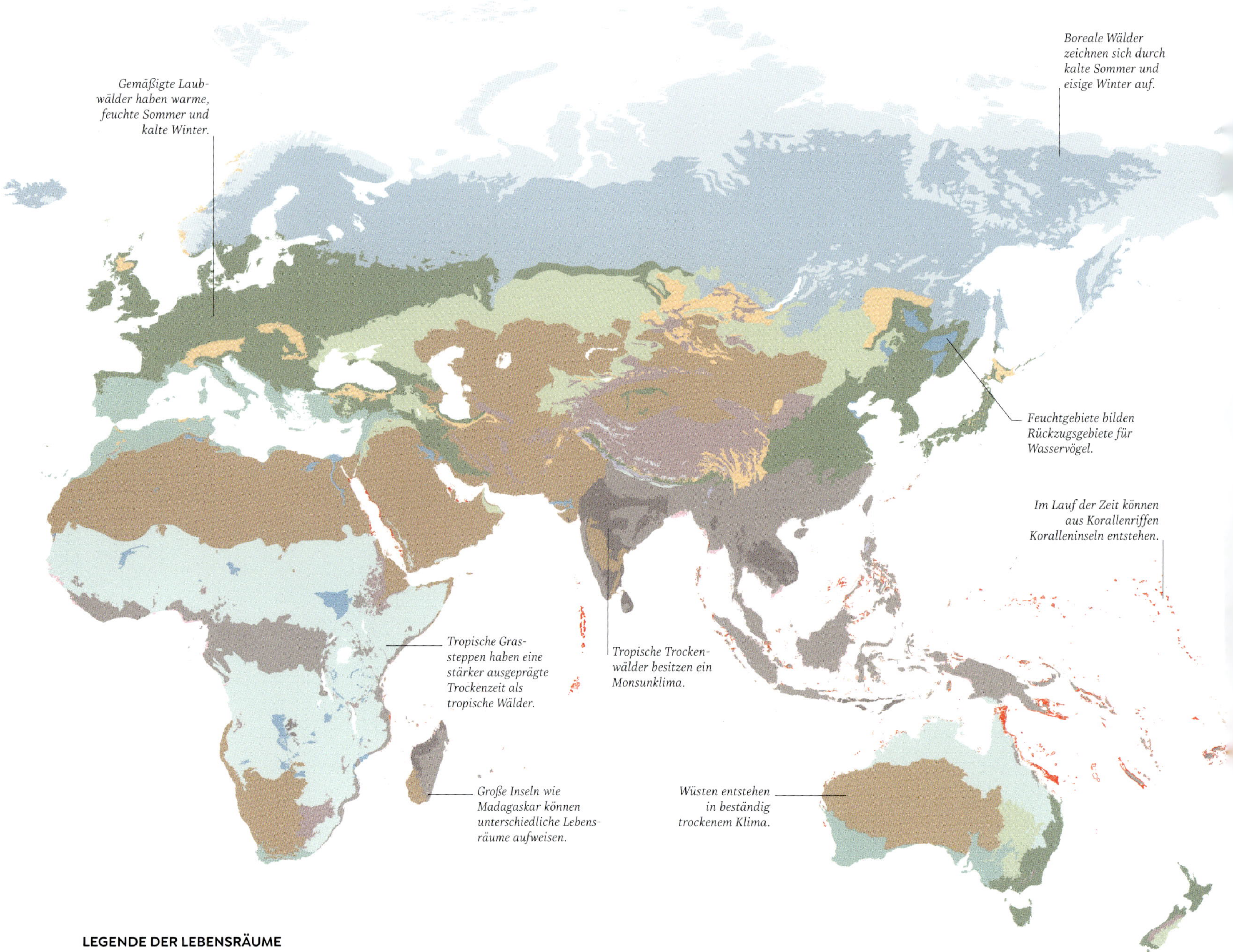

LEGENDE DER LEBENSRÄUME

- KÄLTEWÜSTE UND ARKTISCHE TUNDRA
- BOREALER WALD (TAIGA)
- GEMÄSSIGTER LAUBWALD
- GEMÄSSIGTER NADELWALD
- MEDITERRANE HARTLAUBVEGETATION
- TROPISCHER REGENWALD
- TROPISCHER TROCKENWALD
- TROPISCHER NADELWALD
- GEMÄSSIGTE GRASSTEPPE
- TROPISCHE GRASSTEPPE
- ALPINE HÖHEN
- FEUCHTGEBIETE
- WÜSTEN UND TROCKENES STRAUCHLAND
- MANGROVENWÄLDER
- KORALLENRIFFE

Wichtige globale Lebensräume wie den tropischen Regenwald oder die arktische Tundra nennt man Biome.

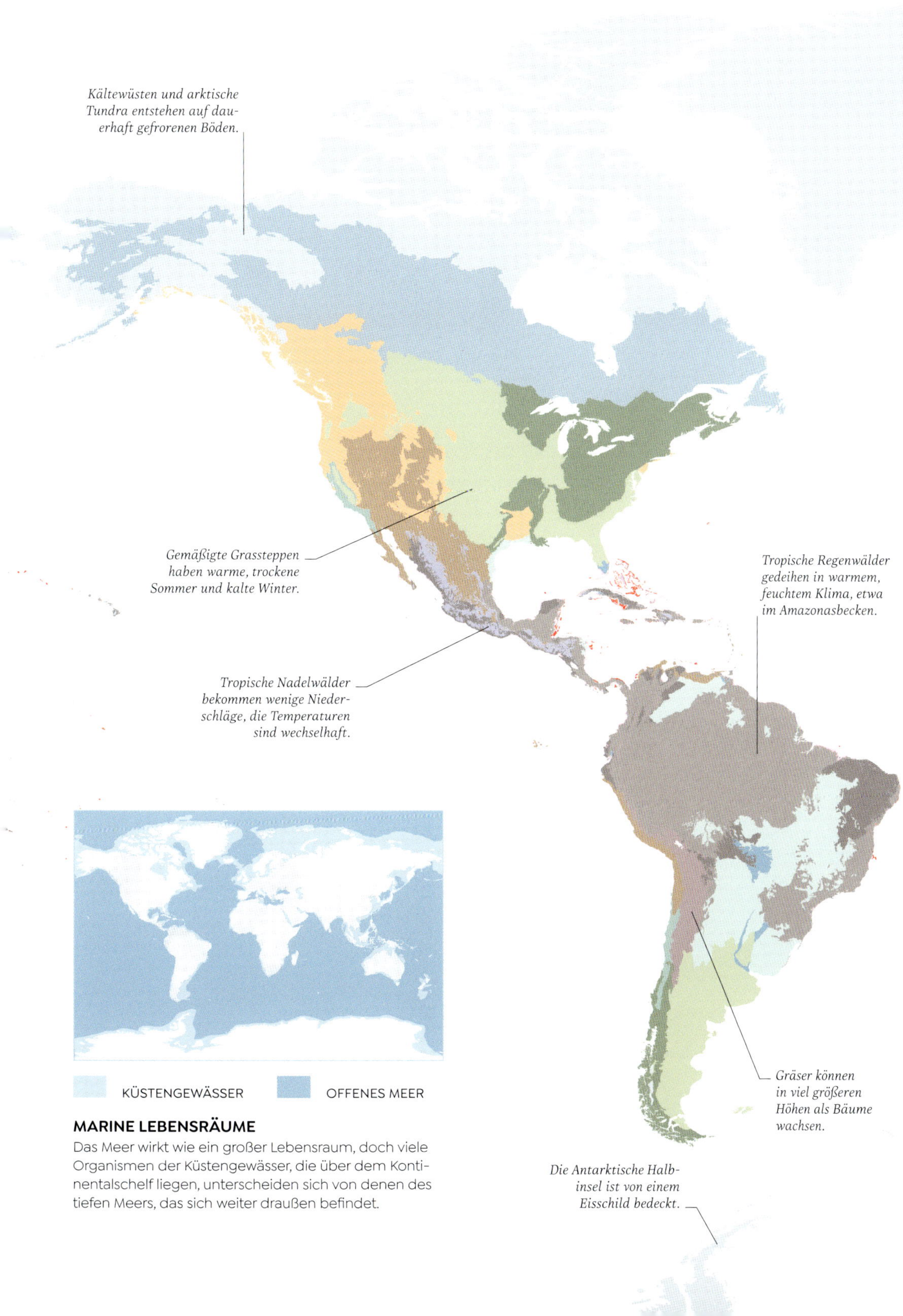

MARINE LEBENSRÄUME

Das Meer wirkt wie ein großer Lebensraum, doch viele Organismen der Küstengewässer, die über dem Kontinentalschelf liegen, unterscheiden sich von denen des tiefen Meers, das sich weiter draußen befindet.

VERBREITUNG UND REVIER

Jede Art besetzt ein bestimmtes Verbreitungsgebiet, zu dem verschiedene Lebensräume gehören können. Doch ihre Sozialstruktur kann die Verbreitung einzelner Tiere einschränken. So können sie Reviere bilden, wenn sie mit Artgenossen um Ressourcen konkurrieren.

BOULENGERS GRÜNER ANOLIS

MIGRATION

Viele Tiere wandern von einem Lebensraum in einen anderen. Diese Migrationen können saisonal oder täglich stattfinden. So ziehen Wasservögel im Winter aus ihrem Sommerquartier in der arktischen Tundra in gemäßigte oder tropische Feuchtgebiete.

STREIFENGÄNSE

MIKROHABITAT

Viele Organismen verbringen ihr Leben in einem kleinen Teil eines größeren Lebensraums. Die Größe dieses Mikrohabitats hängt von der Größe des Organismus ab. Für einen Vogel mag es das Kronendach eines Walds sein, für ein Insekt nur die Oberfläche eines Blatts.

NYMPHEN DER RIESENSCHILDWANZE

KLIMA UND UMWELT

Lebensräume werden vom Klima, von der Gestalt des Landes und von den Meeren beeinflusst. Die Sonnenenergie wirkt sich in den Tropen stark und in den Polarzonen schwach aus. Dazwischen befinden sich gemäßigte Zonen. Stürme entstehen in Bereichen aufsteigender feuchter Luft. Die Meeresoberfläche wird vom Klima beeinflusst, die Tiefsee bleibt kalt.

Arktis und Antarktis haben extreme Jahreszeiten: Sommer mit Tageslicht rund um die Uhr und Winter mit anhaltender Nacht.

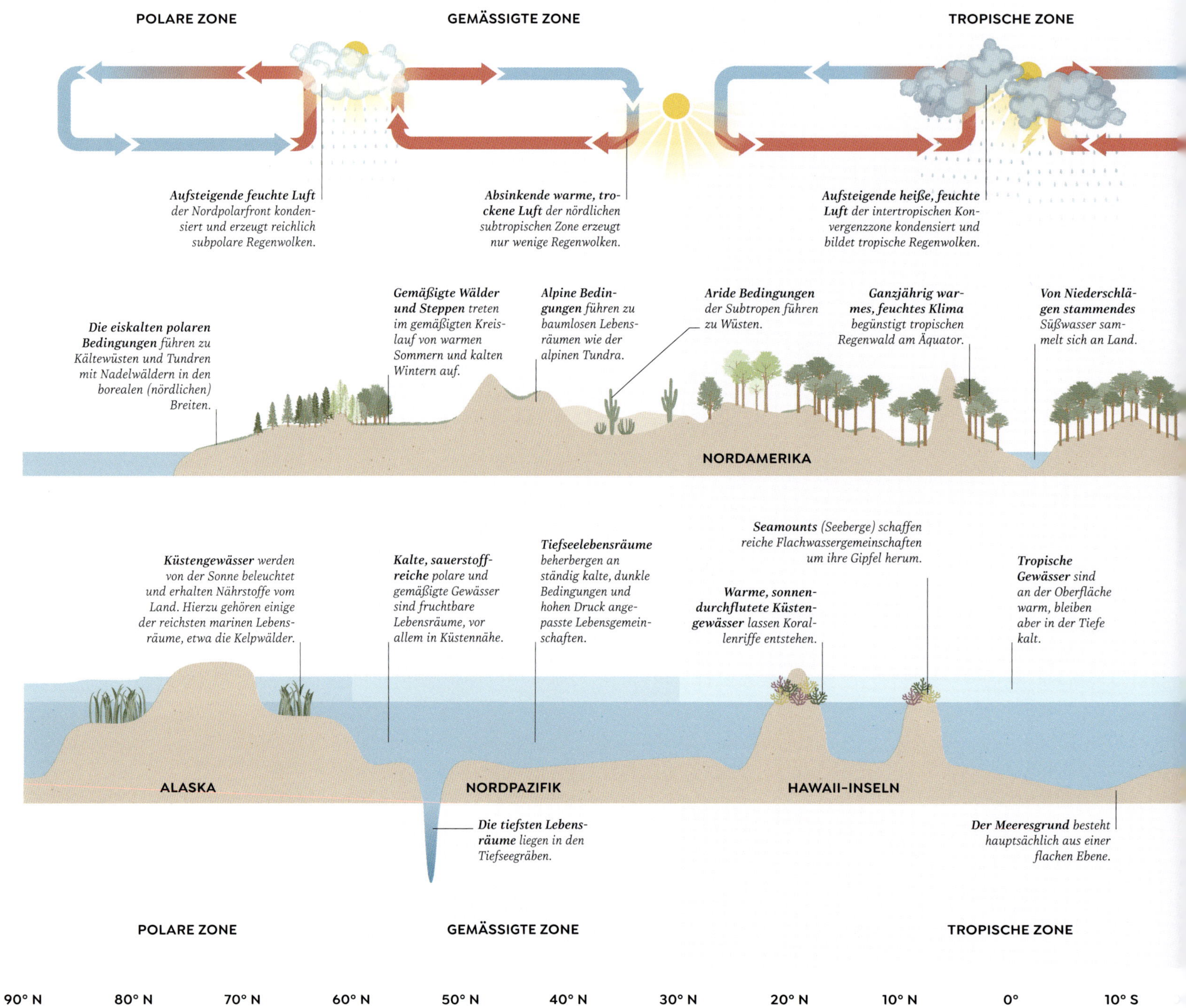

INTENSITÄT DES SONNENLICHTS

Die Polarzonen sind kühler, weil das Sonnenlicht weniger direkt einfällt. Die Strahlung verteilt sich über eine größere Fläche. Dieser Effekt verändert sich abhängig von den Jahreszeiten, da die Erdachse schräg steht – die Hälfte eines Jahres hat eine Erdhalbkugel längere Tage und eine direktere Sonneneinstrahlung, während die andere in ihrem Winter weniger Sonnenlicht bekommt.

Die nördliche Erdhalbkugel ist im südlichen Sommer vom direkten Sonnenlicht abgewandt, sodass im Norden Winter herrscht.

In Äquatornähe trifft das Sonnenlicht direkt auf.

In der Nähe der Pole verteilt sich das Licht über eine große Fläche.

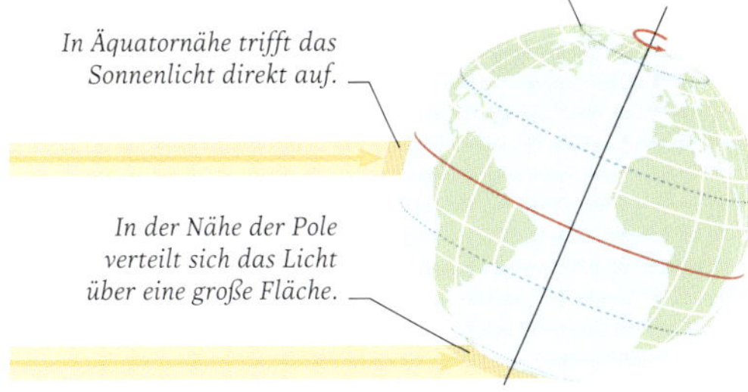

SONNENENERGIE

GEMÄSSIGTE ZONE

POLARE ZONE

***Absinkende warme, trockene Luft** der südlichen Subtropen erzeugt nur wenige Regenwolken.*

***Aufsteigende feuchte Luft** der Südpolarfront kondensiert zu subpolaren Regenwolken.*

***Saisonales trockenes Klima** weiter vom Äquator entfernt fördert tropischen Trockenwald.*

***Trockeneres Klima** in größerer Entfernung von der Küste bewirkt eher Grasländer als Wälder.*

***Die kalten, nassen Bedingungen** der Polarfront treten über dem Südpolarmeer auf, wo subantarktische Inseln mit Grasbüscheln bewachsen sind.*

LANDPROFILE

Die Landlebensräume folgen in Nord- und Südamerika nahezu spiegelbildlich aufeinander: Tropischer Regenwald weicht der Wüste, gemäßigten Wäldern und Steppen, dann der Tundra.

***Das offene Meer** ist zwischen der Oberfläche und dem Grund der größte einzelne Lebensraum auf der Welt.*

MEERESPROFILE

Im Pazifischen Ozean liegen seichte Gewässer über den Kontinentalschelfen, die Alaska im Norden und Antarktika im Süden umgeben. Der Ozean ist übersät von Vulkaninseln.

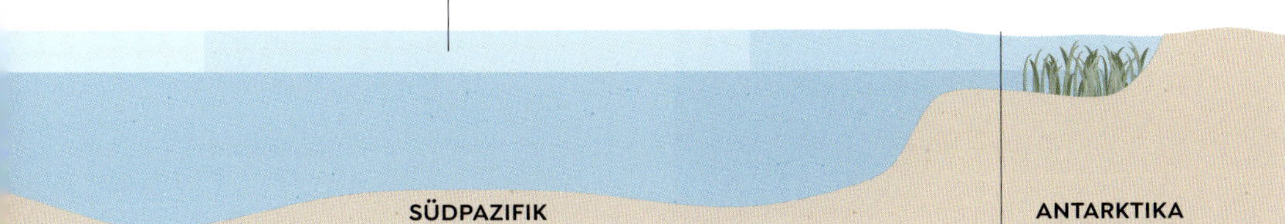

***Die Polarmeere** sind von schwimmendem Eis bedeckt, das sich im Winter ausdehnt.*

GEMÄSSIGTE ZONE

POLARZONE

0° S 30° S 40° S 50° S 60° S 70° S 80° S 90° S

NEUE LEBENSRÄUME

Das Wachstum von Organismen kann die Struktur eines Lebensraums beeinflussen. Bäume, Sträucher und Gräser schaffen Wälder, Strauch- und Grassteppen. In Küstengewässern entstehen durch Steinkorallen Riffe. Wälder und Riffe haben komplexe dreidimensionale Strukturen, die vielen Organismen die Möglichkeit bieten, auf verschiedene Weisen zu leben. Sie liefern Tieren Unterschlupf und Nahrung, sie ergeben zudem ein Substrat für Algen. Daher zählen die Wälder und Korallenriffe zu den reichsten Lebensräumen der Welt und sind die Heimat der meisten Arten.

KORALLENRIFF

WIE SICH LEBENSRÄUME VERÄNDERN

Mit der Oberfläche der Erde verändern sich auch ihre Lebensräume. Von Vulkanen und Erdbeben beschädigte Festland- und Meereslebensräume werden von neuen Organismen kolonisiert, neue Wälder und Riffe entwickeln sich in einem als ökologische Sukzession bezeichneten Prozess. Jede Stufe dieser Sukzession bereitet den Weg für die nächste, indem sie Böden, Rückzugsmöglichkeiten und Nährstoffe liefert. Nach langer Zeit erreicht sie ihren Höhepunkt – eine für diese Bedingungen typische Gemeinschaft. Menschlicher Einfluss und lokale Bedingungen können das Erreichen dieses Höhepunkts verhindern.

NEUES LEBEN IN EINEM LAVAFELD

LEBENSRÄUME

Jeder Lebensraum ist ein dynamisches System – ein Ort, an dem Energie das Leben antreibt und die Substanz zwischen den Lebewesen recycelt wird. In den Meeren und an Land spielen verschiedene Arten unterschiedliche Rollen.

Kein Organismus kann ohne seinen Lebensraum existieren und jeder interagiert mit seiner Umwelt. Nahrung ermöglicht sein Wachstum und seine Vermehrung, er »verbrennt« sie bei der Atmung, um ihre Energie zu nutzen. Organismen nehmen Nährstoffe und Sauerstoff auf und scheiden Abfallprodukte aus. Zusammen bilden die lebenden und nicht lebenden Dinge ein Ökosystem. Hier begründen miteinander interagierende Arten Lebensgemeinschaften und die Organismen der gleichen Art eine Population. Pflanzen erzeugen bei der Fotosynthese aus Kohlendioxid, Wasser und Mineralien mithilfe der Sonnenenergie organische Verbindungen. Sie sind Produzenten in einer Nahrungskette, mit Tieren als Konsumenten. So wird aus Sonnenenergie im Fleisch gebundene chemische Energie. Erst beim Tod gelangt das Material zurück in die nicht lebende Welt.

Plankton kann nicht gegen die Strömung schwimmen. Es treibt sein Leben lang im Wasser.

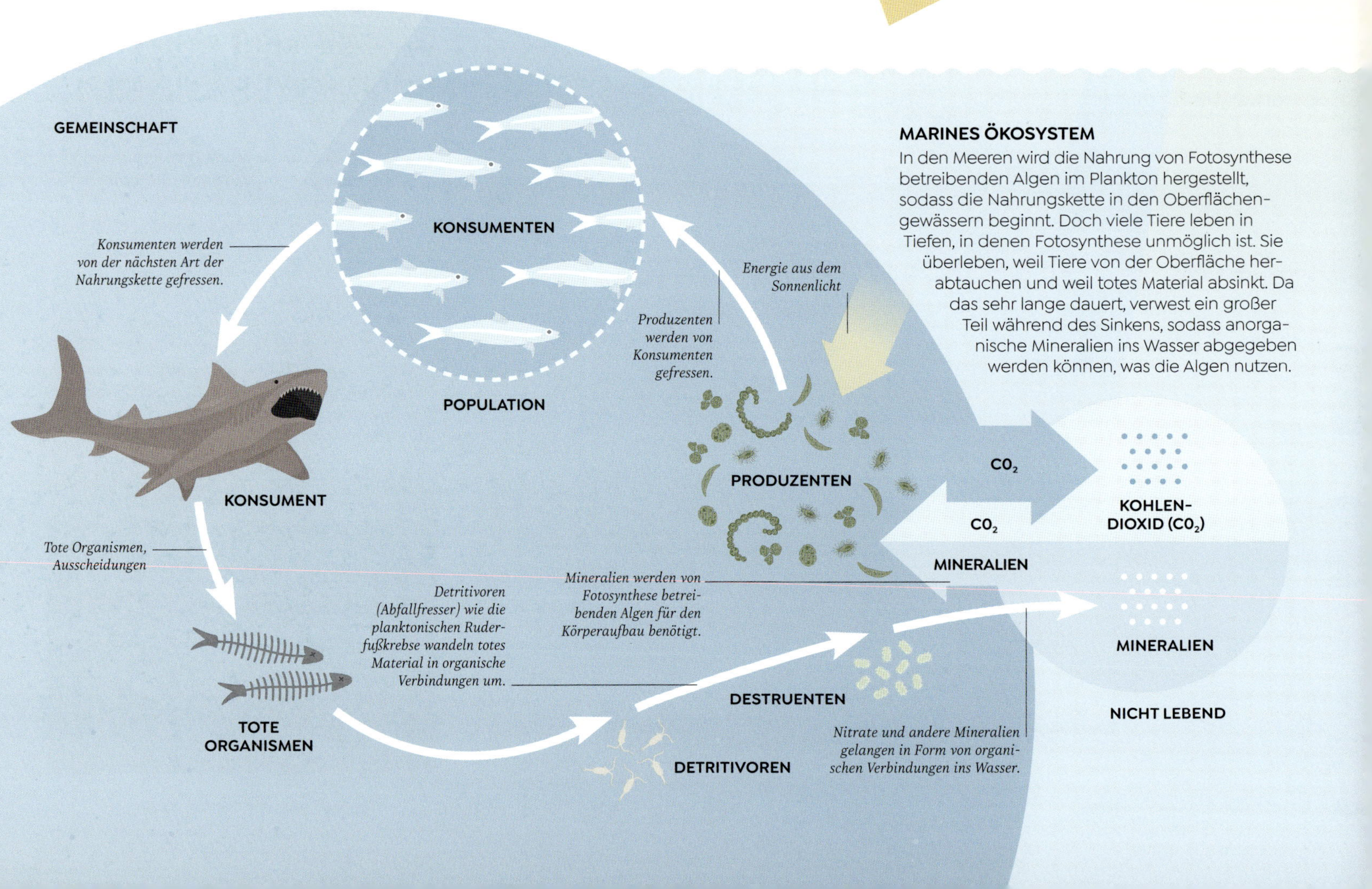

MARINES ÖKOSYSTEM
In den Meeren wird die Nahrung von Fotosynthese betreibenden Algen im Plankton hergestellt, sodass die Nahrungskette in den Oberflächengewässern beginnt. Doch viele Tiere leben in Tiefen, in denen Fotosynthese unmöglich ist. Sie überleben, weil Tiere von der Oberfläche herabtauchen und weil totes Material absinkt. Da das sehr lange dauert, verwest ein großer Teil während des Sinkens, sodass anorganische Mineralien ins Wasser abgegeben werden können, was die Algen nutzen.

WIE ARTEN INTERAGIEREN

Grasende Herbivoren und jagende Carnivoren liefern Beispiele von Interaktionen, die einer Art nützen und der anderen schaden. Das Gleiche gilt für die Beziehungen von Parasit und Wirt. Es gibt aber auch Interaktionen, die für beide Partner nützlich sind. Ein Tier, das eine Blüte bestäubt und Nektar als »Entgelt« erhält, ist Teil einer solchen Beziehung. Wettbewerb ist dagegen eine eher schädliche Interaktion: Wenn zwei Arten um Nahrung konkurrieren, bekommt auch die stärkere einen kleineren Anteil, als wenn es nur eine Art die Nahrung nutzen könnte.

EINE NÜTZLICHE PARTNERSCHAFT

LANDÖKOSYSTEM

An Land wird Nahrung durch Pflanzen mithilfe der Fotosynthese hergestellt. So ist jede freie Fläche eine potenzielle Basis der Nahrungskette. Tiere leben dort, wo es die von ihnen gefressenen Pflanzen gibt. Grabende Tiere können wiederum Pflanzenwurzeln nutzen. Abfallstoffe vermischen sich mit Sand und verwittertem Grundgestein zu Böden. Der größte Teil der Kompostierung findet unter der Erdoberfläche statt, wo anorganische Materialien abgegeben und wieder von den Wurzeln aufgenommen werden.

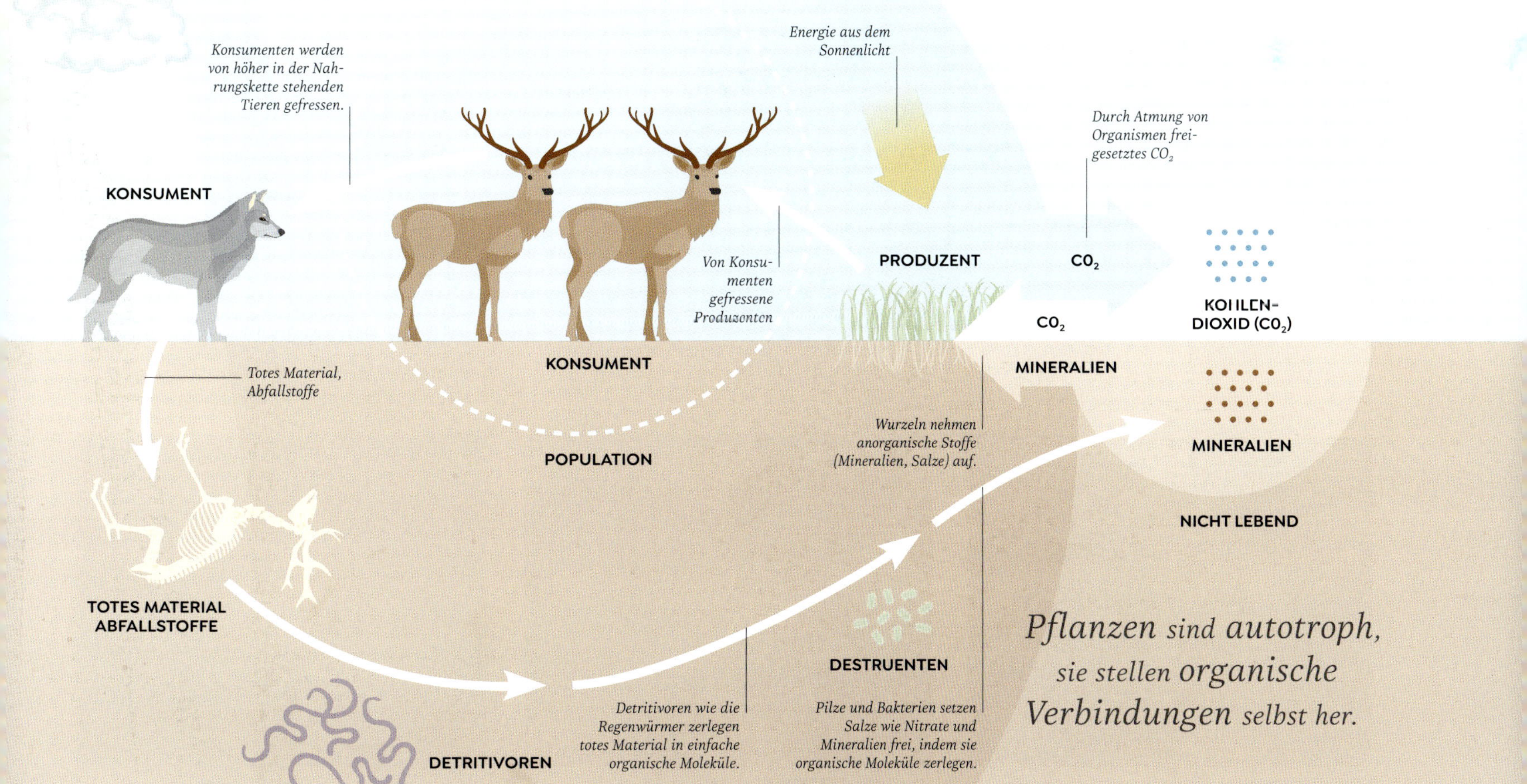

Pflanzen sind autotroph, sie stellen organische Verbindungen selbst her.

BEDROHTE LEBENSRÄUME

In einer Welt mit zunehmender Bevölkerung und begrenzten Ressourcen stehen Lebensräume einer Gefahr gegenüber, die sie bisher nicht gekannt haben: einer Art, die alle anderen verdrängen und das Klima der Welt ändern kann.

SCHÄDEN

Menschen sind wie jede andere Art ein Ergebnis der Evolution und Teil der Natur. In ihrer recht kurzen Geschichte – weniger als eine halbe Million Jahre – sind sie ein dominanter ökologischer Faktor geworden, sodass keine andere Art ihrem Einfluss entgehen kann. Das menschliche Erbe wird dazu führen, dass ein neues geologisches Zeitalter, das Anthropozän, vom Menschen geprägt wird. Doch das Bewusstsein für die Umwelt ist gewachsen. Neue Techniken können zur Verbesserung der Umwelt beitragen.

IRREVERSIBLE VERÄNDERUNG
Viele menschliche Einflüsse lassen sich nicht kurzfristig korrigieren. Werden Bäume gefällt, können Wind und Regen den Boden abtragen, der Jahrtausende für seine Entwicklung benötigt hat.

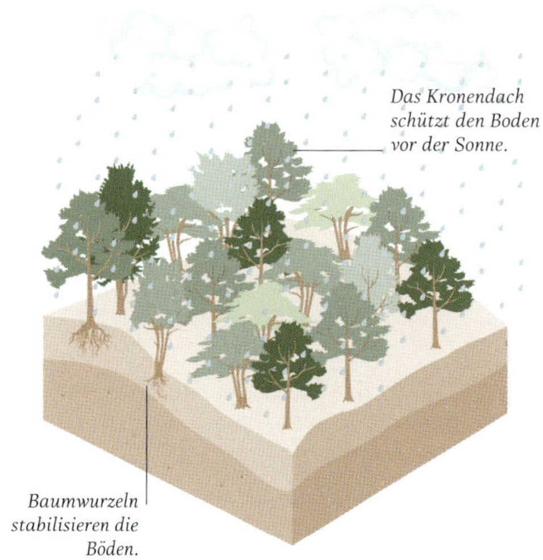

WIE BÄUME DIE BÖDEN SCHÜTZEN

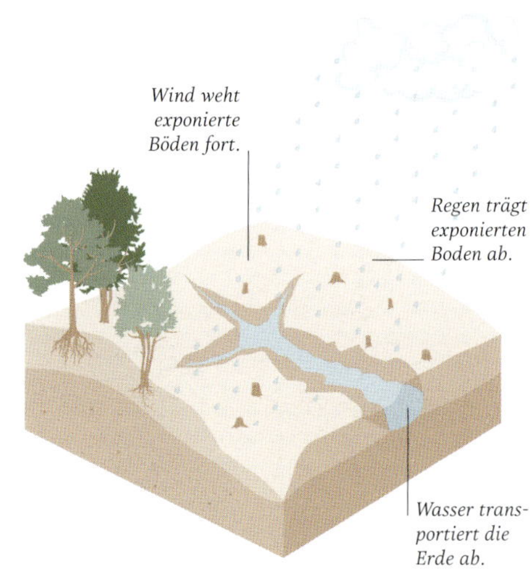

EINFLUSS DER ABHOLZUNG

UMWANDLUNG VON LEBENSRÄUMEN

Die ersten Lebensräume verschwanden, als frühe Bauern Wald und Grasländer in Äcker verwandelten. Heute dient über ein Drittel des Festlands der Landwirtschaft. Lebensräume mit hoher Biodiversität weichen Monokulturen. Synthetische Dünger und Pestizide können die Umwelt belasten, doch nachhaltigere Methoden schützen die natürlichen Lebensräume.

ABHOLZUNG ZUR GEWINNUNG VON ÄCKERN

FRAGMENTIERUNG VON LEBENSRÄUMEN

Die Verkehrsinfrastruktur und die gleichzeitige Aufsplitterung der natürlichen Lebensräume in immer kleinere Teile trennt Populationen von Tieren und Pflanzen. Bereits seltene Arten geraten an den Rand des Aussterbens, weil sich ihre Populationen nicht mehr fortpflanzen können. Künstliche Korridore verbinden Lebensräume und tragen dazu bei, bedrohte Arten schützen.

ÜBERGANG FÜR WILD

UMWELT-VERSCHMUTZUNG

Jeder Aspekt unserer Lebensweise erzeugt schädliche Nebenprodukte – von Abgasen bis zu Kunststoffen. Viele enthalten schädliche Stoffe, etwa Schwermetalle, die Pflanzen und Tieren schaden können. Andere, wie synthetische Dünger, stören natürliche Gleichgewichte. Einige Fortschritte zielen auf weniger schädliche und biologisch abbaubare Nebenprodukte ab.

BUCKELWAL INMITTEN EINER ÖLPEST

AUS DER ASCHE
Die globale Erwärmung erhöht das Waldbrandrisiko. Für Wildtiere, hier ein Graues Riesenkänguru mit seinem Jungen in einer Eukalyptusplantage, bedeutet ein Feuer Lebensgefahr.

ERWÄRMUNG

Die Verschmutzung der Atmosphäre hat eine gewaltige Herausforderung geschaffen: Treibhausgase fangen die Wärme der Sonne ein, sodass die globalen Temperaturen seit der industriellen Revolution gestiegen sind. Die globale Erwärmung kann nur mit Verringerung von Emissionen und durch die Entnahme von Kohlendioxid aus der Atmosphäre gebremst werden.

SMOG IN DER CITY

AUSBEUTUNG

Jede Art kann auf nachhaltige Weise genutzt werden – doch nur, wenn die Entnahme die Vermehrung nicht gefährdet. Raubbau an den Beständen tritt auf, wenn mehr Individuen gefangen als durch die natürliche Reproduktion ersetzt werden. Wenn mit jedem Jahr weniger Fische in den Meeren zu finden sind, kann die Fischerei nicht nachhaltig wirtschaften.

AUFGERISSENES FISCHNETZ

INVASIVE ARTEN

Den Menschen folgten bei der Kolonisation der Erde andere Arten. Einige, wie die australischen Kaninchen, wurden absichtlich eingeführt, andere versehentlich eingeschleppt. Die Eindringlinge haben Lebensräume zerstört, die nicht auf Wettbewerb oder Feinddruck eingestellt waren. Heute werden einige der empfindlichsten Lebensräume vor invasiven Arten geschützt.

INVASIVE WASSERHYAZINTHEN

GRÜNES

Bei genügend Wärme, Wasser und Sonnenlicht erscheint das Festland dank der Pflanzen grün. Sie definieren unsere Lebensräume – Wälder mit Bäumen, die im Wettbewerb um das Licht in die Höhe ragen, und den Boden bedeckende Gräser. Doch Pflanzen können nicht nur Lebensräume erschaffen. Mithilfe des Sonnenlichts produzieren sie ihre eigenen Aufbau- und Speicherstoffe, dadurch ernähren sie das übrige Leben. Wälder und Grasländer liefern den Tieren sowohl Heimat als auch Nahrung.

LAND

Der Winter in Finnland hat eingesetzt und die Lärchen zeigen eine wunderschöne goldene Färbung. Anders als andere Nadelbäume, die ihre Blätter ganzjährig behalten, werfen die Lärchen ihre Nadeln in den Wintermonaten ab.

BOREALE WÄLDER

Die kühlen Wälder der Nordhalbkugel sind die größten der Welt. Diese ausgedehnten borealen – also nördlichen – Wälder sind die Heimat von Nadelbäumen, sie bedecken einige der am meisten naturbelassenen Teile Nordamerikas und Eurasiens.

Im größten Teil der borealen Region bestehen die Nadelwälder aus wenigen Fichten-, Tannen- und Kiefernarten. So weit das Auge reicht, erstrecken sich die dichten, schattenspendenden Kronen. Die Zahl kälteliebender Laubbäume wie Birke und Pappeln (Espe) kommen weniger häufig vor.

LEBEN AN SEINER GRENZE

Die Russen bezeichnen die dunklen, nahezu undurchdringlichen borealen Nadelwälder im Norden ihres Landes als *Taiga*. In ihnen stößt das Leben im Verlauf der Jahreszeiten an seine Grenzen. Durch die kurzen, kühlen Sommer haben die Bäume eine extrem kurze Vegetationszeit (manchmal dauert sie nur 130 Tage lang), während die langen, verschneiten Winter ausgesprochen hart sind. Unter diesen Bedingungen können Nadelbäume überleben, weil ihr Harz wie ein Frostschutzmittel wirkt. Die wachsbedeckten, nadelförmigen Blätter fangen Wasser auf, auch wenn es die meiste Zeit in Form von Schnee und Eis vorliegt. Da die immergrünen Bäume ihre Nadeln das ganze Jahr über tragen, müssen sie im kurzen nördlichen Sommer keine Energie in neues Laub stecken. Nur in den kältesten Teilen Russlands im Nordosten Sibiriens ist das Klima für immergrüne Bäume zu rau. Hier wachsen Lärchen, die ihre Nadeln im Herbst abwerfen.

Boreale Nadelwälder machen ein Drittel des Waldbestands der Erde aus. Sie spielen eine wichtige Rolle im Wasser- und Kohlenstoffkreislauf. Ihre Wurzeln binden den Boden, sie verhindern Erosion und Überflutungen. Niederschläge, die in der Kälte nur langsam verdunsten, sammeln sich in felsiger Landschaft als Seen. Hier verwandelt sich abgestorbenes Pflanzenmaterial in Torf. Diese organischen Ablagerungen speichern mehr Kohlenstoff als jedes andere Landökosystem. Manche Bäume gedeihen besser auf höher gelegenem, trockenerem Land, andere tolerieren Feuchtgebiete, in denen auch Sträucher wachsen. So entsteht ein Mosaik von Lebensräumen, das mehr Arten als nur ein Wald beherbergt. Hier jagen Wölfe und Bären Elche und Rentiere.

WELTWEITE VERTEILUNG

Der boreale Nadelwald bedeckt 17 Millionen Quadratkilometer, er ist das flächenmäßig größte Landbiom. Er erstreckt sich über Nordamerika, Nordeuropa und Russland. Ein großer Teil ist noch intakt.

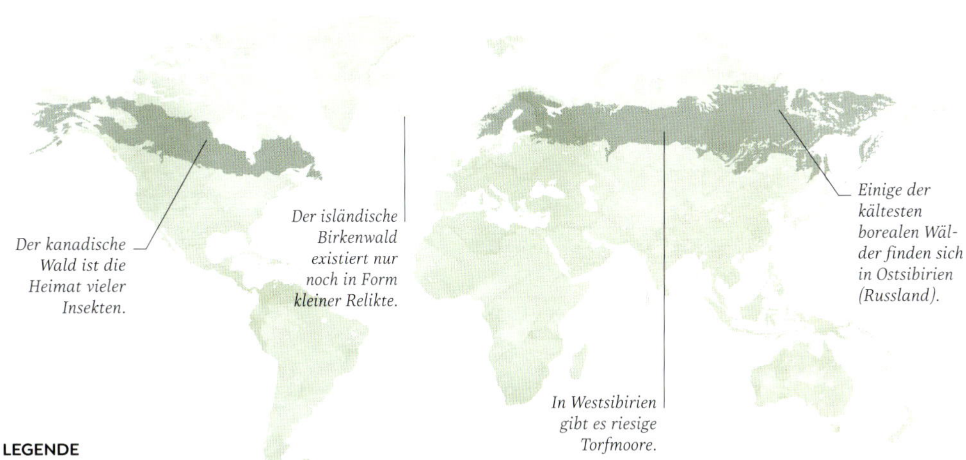

BOREALE WÄLDER

Der gewaltige boreale Nadelwald, auch Taiga genannt, bleibt auch in den kältesten Wintern grün und wächst in den kurzen Sommern schnell. Seine Nadeln beschatten den Boden, doch an manchen Stellen dringt auch Licht hindurch. In baumfreien Mooren (Muskegs) sammeln sich auf tief liegendem Gelände Schichten kohlenstoffreichen Torfs an. Zyklen von Waldbränden und neuem Wachstum helfen, Nährstoffe zu recyceln und die Lebensräume im Gleichgewicht zu halten. In Kanada bildet die Taiga im Süden der Tundra ein durchgehendes Band.

WASSERVÖGEL
Wasser sammelt sich in den Mooren, Flüssen und Seen des borealen Walds. Sie sind die Heimat von Millionen von Wasservögeln, etwa der Kanada-Kraniche, die im Frühjahr zum Brüten hierhin kommen und im Herbst in die südlichen USA und nach Mexiko zurückkehren.

ÜBERGANG ZUR TUNDRA

BOREALER NADELWALD

NÖRDLICHE BAUMGRENZE
Am nördlichen Rand der kanadischen Taiga dünnt sich der Wald nach und nach in dünne Bestände verkümmerter Fichten aus, bis die Bedingungen zu rau für Bäume werden und die arktische Tundra beginnt.

IMMERGRÜN
Die meisten borealen Bäume sind immergrün und können im Frühjahr sofort mit der Fotosynthese beginnen. Birken verlieren ihre Blätter, um den Wasserverlust im Winter zu verringern, müssen aber im Frühjahr neue bilden.

IMMERGRÜNE NADELBÄUME
Der Wald besteht vor allem aus immergrünen Nadelbäumen: Kiefern, Fichten und Tannen. Harz und Nadeln helfen ihnen, den Winter zu überstehen. Durch ihre Form kann sich der Schnee nicht auf den Ästen ablagern.

MIGRIERENDE WEIDETIERE
Im Herbst wandern die Rentiere von der Tundra in die Wälder, wo es mehr Nahrung gibt. Hier kämpfen auch die Männchen um die Weibchen.

DÜRRE IM WINTER

Es gibt in der borealen Zone keine hohen Niederschläge, doch die Kälte verlangsamt die Verdunstung, sodass es genug Wasser gibt. Doch für etwa ein Drittel des Jahres ist es gefroren, sodass im Winter Dürre herrscht. Und obwohl die Wälder und Moore viel organisches Material enthalten, zersetzt es sich durch die Kälte langsam. Daher sammeln sich Falllaub und Torf an.

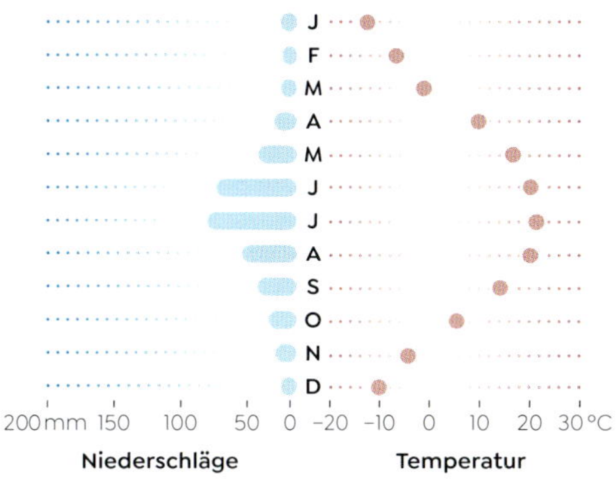

FORT MCMURRAY, KANADA

ÜBERGANG ZUM GEMÄSSIGTEN LAUBWALD

LAUBBÄUME

Die Nadelbäume des Nordens weichen weiter im Süden den Laubbäumen, etwa der Espe, und im trockeneren Landesinneren Amerikas findet ein Übergang zu offenen Wäldern statt.

Die Ostamerikanische Lärche *wirft ihr Laub anders als die meisten Nadelbäume im Winter ab, sodass sie kältere Bedingungen verträgt.*

IN DER BORKE

Der Fichtenspecht sucht an den Stämmen alter Fichten nach bohrenden Käferlarven, die oft ihre Borke befallen.

Das Tannenhuhn *gehört zu den wenigen Tieren, die Nadeln verwerten können.*

Elche *fressen Weiden und andere Pflanzen, die auf dem nassen Boden wachsen.*

Braunbären *sind Omnivoren, die Beeren, Nüsse und Pilze im Herbstwald fressen.*

TOP-PRÄDATOR

Die Rudeljagd der Wölfe erlaubt die Verfolgung großer Beute, wie etwa der Rentiere.

FLEISCHFRESSEND

Muskegs sind nährstoffarm, sodass manche Pflanzen ihren Stickstoffbedarf decken, indem sie kleine Tiere fangen und verdauen.

FRÜCHTE IM UNTERHOLZ

Sträucher wie Eberesche, Heidel- und Moosbeere wachsen, wo Lücken im Blätterdach genug Sonnenlicht durchlassen. Ihre Früchte dienen samenverbreitenden Tieren als Nahrung.

DER IDEALE WOLFSBAU

Wölfe sind meist mobile Tiere, allerdings weniger, wenn sie täglich zu einem Bau zurückkehren müssen – nämlich, wenn ihre Welpen noch zu klein für weite Ausflüge sind. Voraussetzung für ihre Aufzucht ist die Versorgung mit genügend Nahrung. Der Bau muss sich also an der richtigen Stelle befinden. Wölfe (*Canis lupus*) bevorzugen in den nördlichsten Wäldern einen Platz in der Nähe der Baumgrenze für ihre Baue. Hier lebt das Rudel auf den Wanderungsrouten der Rentierherden, die zwischen Tundra und Wald migrieren. Dann stehen genug Rentiere zur Verfügung, wenn die Welpen am hungrigsten sind. Die Bäume bieten den Wölfen Deckung, während die Wurzeln die Tunnel des Baus stützen. Zur gleichen Zeit erlaubt es die offene Tundra im Norden, einzelne Beutetiere zu erspähen und zu töten.

Wenn die Welpen ein Alter von sieben bis acht Monaten erreicht haben, können sie an der Jagd teilnehmen.

EIN NEUER WALD WIRD GEBOREN

In einem großen Teil der borealen Zone scheint sich die Taiga nicht zu verändern, doch an der Küste der kanadischen Hudson Bay entstehen neue Wälder. Hier hebt sich der Boden – ein Effekt, der vom Abtauen schwerer Gletscher herrührt, die schon lange verschwunden sind. Daher erhebt sich die neue Küste über das Wasser der Bay und bietet den Pflanzen neues Land. Zuerst kolonisieren Amerikanische Zwerg-Birken (*Betula glandulosa*) und Grönländischer Porst (*Rhododendron groenlandicum*) den Rand der Bay, doch während das Land sich hebt und trocknet, entsteht Raum für boreale Bäume, die hier keimen und aufwachsen können. Da die Hebung in sich wiederholenden Schritten erfolgt, entstehen parallele Streifen entlang der Küste, die im Lauf der Jahre mit dem weiter entfernten Wald verschmelzen.

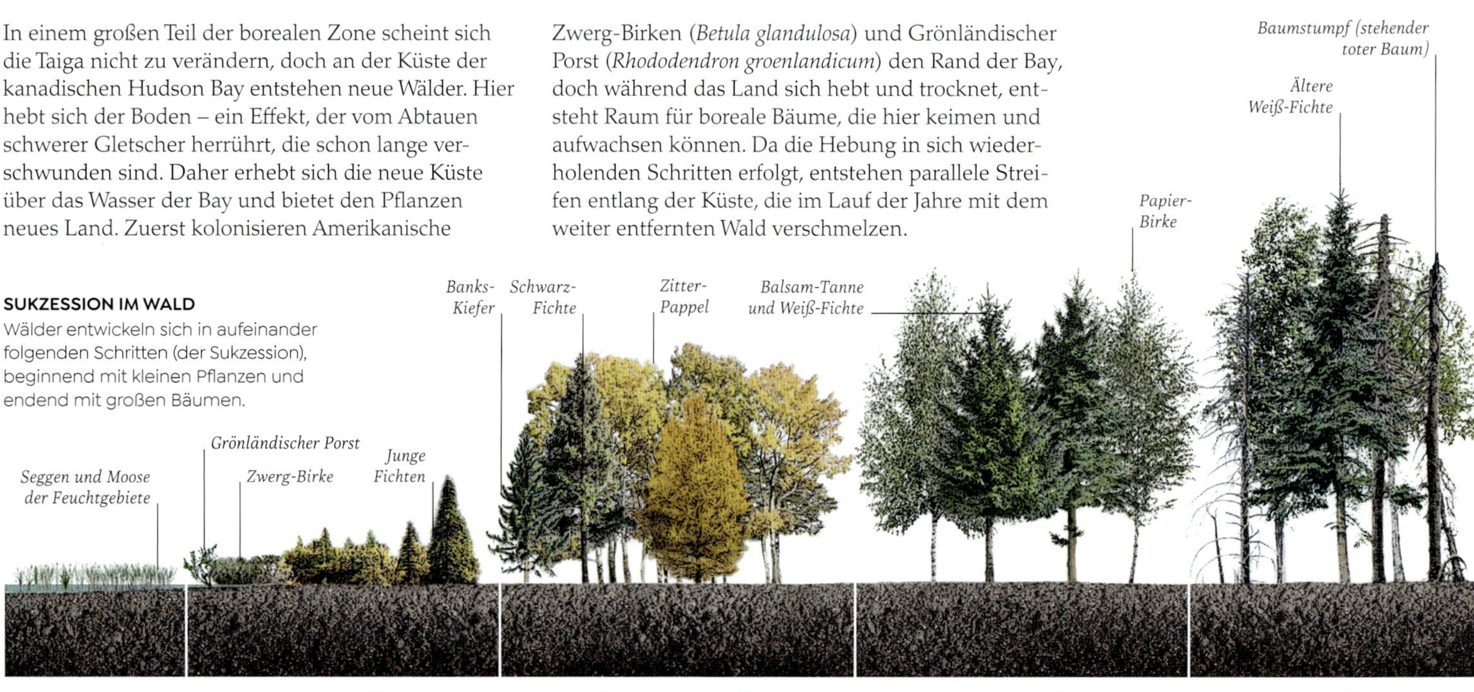

SUKZESSION IM WALD
Wälder entwickeln sich in aufeinander folgenden Schritten (der Sukzession), beginnend mit kleinen Pflanzen und endend mit großen Bäumen.

BEZIEHUNGEN
Die Tiere eines Wolfsrudels sind über starke Beziehungen miteinander verbunden. Diese sozialen Tiere benötigen das Rudel zur Zusammenarbeit und zum Überleben unter harten Bedingungen.

SANDDÜNEN IN BOREALEN WÄLDERN

Athabasca Basin, Kanada

Riesige, eher an die Sahara erinnernde Dünen erwartet man nicht mitten in den kalten borealen Wäldern Kanadas, doch die Athabasca-Sanddünen sind schon seit 8000 Jahren hier. Der Sand ist im Verlauf der letzten Eiszeit abgelagert worden, als das Wasser der großen schmelzenden Gletscher Sedimente aus dem erodierten Sandstein in den überfluteten Athabasca-See gespült hatte. Als das überschüssige Wasser abfloss und der Wasserspiegel sich senkte, wurde der Sand freigelegt und im Lauf der Zeit vom Wind zu großen Dünen angehäuft. Wie alle Sanddünen ist dieser Lebensraum instabil. Die Pflanzen besitzen besondere Anpassungen wie regenerierende Triebe, die sie davor bewahren, verschüttet zu werden.

DER SANDIGE WILLIAM RIVER
Die Athabasca-Sanddünen erstrecken sich über weite Entfernungen in den sie umgebenden Wald. Die längsten Dünen sind 1,5 km lang und 30 m hoch. An manchen Stellen drohen sie, den William River zu ersticken.

GEFRORENE FRÖSCHE

Nordamerika

Viele Tiere der borealen Zone entgehen dem Winter, indem sie wärmere Klimazonen aufsuchen oder sich tief eingraben, doch andere besitzen ein Frostschutzmittel. Ein paar Amphibien wie der Waldfrosch (*Lithobates sylvaticus*) konzentrieren chemische Verbindungen wie Harnstoff in empfindlichen Geweben und Organen, sodass Körperflüssigkeiten unter der Haut gefrieren. Tauwetter im Frühjahr regt die Frösche an, schnell die temporären Schmelzwassertümpel zum Laichen zu nutzen.

GEFRORENER WALDFROSCH

TAUMELNDE BÄUME

Copper Plateau, Alaska

In Teilen der borealen Zone reicht der Permafrost – der für die arktische Tundra typische ständig gefrorene Boden – nach Süden unter den borealen Wald. Hier können sich Bäume wie die Schwarz-Fichte (*Picea mariana*) noch mit flachen Wurzeln an die dünne Bodenschicht klammern, die im Sommer über dem darunter liegenden Eis taut. Doch an Stellen wie dem Copper Plateau, Alaska, lässt die globale Erwärmung den Permafrost tauen, sodass er zu Sumpfland wird und die Bäume sich neigen. Einige dieser »betrunkenen« Bäume erholen sich und bilden neue Wurzeln, doch viele kippen und sterben im wassergesättigten Boden.

INSTABILER WALD, ALASKA
Das verwahrloste Aussehen dieses Waldes könnte ein häufigerer Anblick werden, da die globale Erwärmung viele Böden destabilisiert.

WIE BÄUME »BETRUNKEN« WERDEN

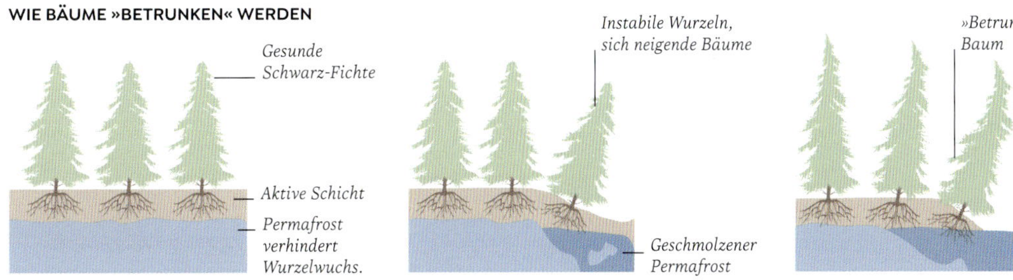

1 Gesunde Bäume
Die aktive Bodenschicht taut im Sommer, die Bäume wachsen.

2 Schmelzender Permafrost
Die globale Erwärmung taut den Boden auf, der zu einem Sumpf wird.

3 Betrunkener Baum
Einige Bäume sterben ab, andere wachsen schief weiter.

SPEZIALISIERT AUF NADELBAUMSAMEN

Boreale Wälder der Welt

Nadelbäume können gute Nahrungslieferanten für samenfressende Tiere wie etwa bestimmte Vögel sein. Sie ergänzen die Nahrung von opportunistischen Arten wie den Eichelhähern und stellen das Grundnahrungsmittel für Spezialisten wie die Kreuzschnäbel. Auch wenn es Jahre mit schwachen Erträgen gibt, so kann man sich bei Bäumen wie der Wald-Kiefer (*Pinus sylvestris*) auf eine gute Ausbeute alle drei bis sechs Jahre verlassen. Die Schnäbel der samenfressenden Vögel unterscheiden sich deutlich, da sie an die Form der bevorzugten Zapfen oder Samen angepasst sind. So können einige wenige Vögel Samen aus geschlossenen Zapfen entnehmen. Kreuzschnäbel benutzen ihre Schnäbel, um die Schuppen der Zapfen auseinanderzudrücken, während verschiedene Häher sie mit Gewalt aufbrechen. Viele Arten warten auch darauf, dass sich die Zapfen von selbst öffnen. Die Ausbeute kann so gut sein, dass einige Vögel es sich leisten können, Vorräte für schlechtere Zeiten anzulegen. Samenfressende Vögel leben in den Wäldern Eurasiens und Nordamerikas.

Die Samen befinden sich zwischen den Schuppen der Zapfen.

BINDENKREUZSCHNABEL
Der Schnabel des Bindenkreuzschnabels (*Loxia leucoptera*) ist perfekt dazu geeignet, die Schuppen der Zapfen zu öffnen.

NAHRUNGSSTRATEGIEN
Diese skandinavischen Samenfresser benutzen unterschiedliche Techniken. Sie können Samen aus geschlossenen oder offenen Zapfen entnehmen oder herabgefallene Zapfen und Samen nutzen. Manche beherrschen mehrere Techniken.

ISLANDS BIRKENWÄLDER

Island

Birken gehören zu den kältetolerantesten Laubbäumen. Es gibt sogar Zwergarten, die in der arktischen Tundra wachsen, sowie Krüppelformen einiger Arten, die im Gebirge überleben. In Island bilden die Moor-Birke (*Betula pubescens*) und die Zwerg-Birke (*Betula nana*) einen Wald, der sich von allen anderen Wäldern gleicher Breitengrade unterscheidet. Er ist nahezu der einzige Schutz für brütende Singvögel wie die Rotdrossel (*Turdus iliacus*).

NIEDRIGER BIRKENWALD
Dieser Birkenbestand ist einer der wenigen Reste isländischer Wälder, die vor 1000 Jahren große Flächen bedeckten. Dann kamen die Menschen, die die Wälder rodeten und die flachgründigen vulkanischen Böden beweideten.

GEMEINE FICHTE
Ein aus gleich großen – und gleich alten – Fichten bestehender Wald im Morgenlicht im Muddus National Park, Lappland, im nördlichen Schweden.

DIE LEBENSZYKLEN VON FICHTE UND KIEFER

Boreale Wälder, Europa

Die Nadelbäume der borealen Wälder sind Jahrhunderte alt. Oft geht die Vorherrschaft von nur einer oder zwei Fichten- oder Tannenarten mit einem einheitlichen Wuchs einher. Riesige Bestände gleich großer Bäume, etwa der Schwarz-Fichte (*Picea mariana*) in Nordamerika oder der Gewöhnlichen Fichte (*Picea abies*) in Europa, weisen auf ein synchrones Wachstum hin: Samen gelangten auf offenes Land, das von einem natürlichen Massensterben alter Bäume freigegeben worden war. Sie keimten zeitgleich und wuchsen zu ähnlicher Größe heran. Ein ähnlicher Effekt kann auch auf der geologisch bedingte Anhebung des Geländes beruhen (siehe S. 26). Doch in Teilen der borealen Zone fehlt diese Übereinstimmung. Auf trockenem, sandigem, höher gelegenem Land variieren Bäume wie die Wald-Kiefer und die Sibirische Fichte in Alter und Höhe sehr. Diese trockeneren Wälder sind nämlich für Waldbrände empfindlicher, die zum Absterben einzelner Bäume führen, was wiederum Platz für Schösslinge schafft.

UNTERSCHIEDLICHE LEBENSZYKLEN
Während sich bei Kiefernwäldern die Bäume in Bezug auf Alter und Höhe unterscheiden, sind bei Fichtenwäldern Alter und Höhe der Bäume gleich.

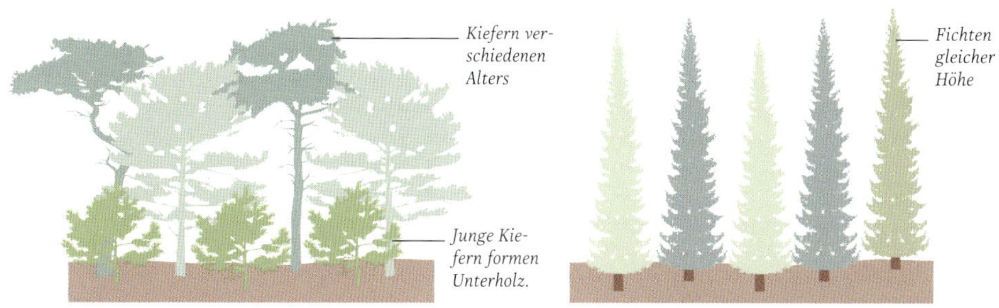

WO DER WESTEN AUF DEN OSTEN TRIFFT

Uralgebirge, Russland

Viele boreale Pflanzen und Tiere sind sehr weit verbreitet – so kommen beispielsweise Wölfe und Elche rund um die Arktis vor. Bei anderen dagegen ist das Verbreitungsgebiet unterbrochen. Von Norden nach Süden verlaufende Gebirgsketten können bedeutsame Barrieren darstellen. Das Uralgebirge ist eine derartige Grenze, die europäische Arten im Westen von sibirischen im Osten trennt. Viele Arten können die Gebirge nicht überwinden und nur die robustesten unter ihnen erreichen die Gipfel, was die Vermischung europäischer und sibirischer Formen ermöglicht. Unter ihnen ist der Baummarder (*Martes martes*), der hier auf den verwandten Zobel (*Martes zibellina*) trifft, sodass in den Bergwäldern des Uralgebirges gelegentlich Bastarde der beiden Arten anzutreffen sind.

BAUMMARDER
Marder sind Experten im Jagen in Bäumen und können von Ast zu Ast springen, wenn sie meist in der Nacht Vögel, Eichhörnchen oder andere Nagetiere verfolgen.

Obwohl sich Zobel mit Baummardern kreuzen können, ist der als Kidus bekannte Nachwuchs in den meisten Fällen steril.

NATURSCHUTZ

BOREALER REGENWALD

Die skandinavische Küste ist feuchter als die meisten borealen Lebensräume: Hier überschütten vom Meer kommende Gewitter die geschützten Fjorde mit regelmäßigen Niederschlägen, sodass die Vegetation ständig mit Wasser gesättigt ist. Das Ergebnis ist ein einzigartiger borealer Regenwald, von dem allerdings wegen des Holzeinschlags nur noch Fragmente übrig sind. Obwohl die Temperaturen für die in tropischen Regenwäldern übliche Pflanzenvielfalt zu niedrig sind, ist der Bestand an blütenlosen Pflanzen beeindruckend. Äste, Laub und Totholz schaffen üppige Mikrohabitate für eine Vielfalt von Moosen und Flechten. Diese feuchtigkeitsliebenden Gewächse bedecken den Wald mit einem grünen Teppich.

FLECHTENGEMEINSCHAFT

DER WALD TRIFFT DIE STEPPE

Nördliche Mongolei

In feuchtem maritimem Klima wie dem an den Ostküsten Nordamerikas und Asiens geht im milderen Süden der boreale Wald in den gemäßigten Laubwald über. Doch im Innern der Kontinente ist das Land so weit von ozeanischen Niederschlägen entfernt, dass die Bedingungen zu trocken für einen Wald sind. Stattdessen weichen die Bäume dem gemäßigten Grasland, wie etwa den nordamerikanischen Prärien und den zentralasiatischen Steppen. Zwischen diesen Lebensräumen befindet sich ein Mosaik offener parkähnlicher Wälder, ein bevorzugter Lebensraum von Arten wie dem Sibirischen Moschustier (*Moschus moschiferus*).

SIBIRISCHES MOSCHUSTIER
Diese kleine, gedrungene Art frisst Blätter und Flechten. Die Männchen haben zwei verlängerte Eckzähne, mit denen sie zur Brunftzeit miteinander kämpfen.

ÜBERLEBEN MIT KIEFERNNADELN

Borealer Wald, weltweit

Wachsbedeckte, harzige Nadeln sind schwer zu verdauen. Viele boreale Pflanzenfresser bevorzugen die weicheren Schösslinge der Laubbäume. Doch manche Tiere haben sich auf Nadeln spezialisiert. Unter ihnen befindet sich die Vogelgruppe der Raufußhühner: Für sie können Nadeln und Nadelbaumknospen die Hauptmahlzeit sein, die sie lediglich mit Insekten und Beeren ergänzen.

TANNENHUHN
Im Winter ernährt sich das Tannenhuhn (*Canachites canadensis*) von Nadeln. Zu anderen Zeiten frisst es auch Beeren, Blätter und Pilze.

DIE TORFGEBIETE WESTSIBIRIENS

Westsibirien, Russland

Regelmäßige Niederschläge und niedrige Temperaturen führen dazu, dass tiefgelegene Gebiete der borealen Zone wassergetränkt sind. Wasser sammelt sich in Tümpeln an, die sich mit Falllaub und Ästen füllen. Die abgestorbene Vegetation bildet Schichten und erzeugt einen stagnierenden Sumpf. Dort verhindert die mangelnde Zirkulation, dass Sauerstoff in den Boden gelangt und die Arbeit der Destruenten wird behindert. Die Oberfläche dieser Sümpfe wird von schwimmenden Torfmoosmatten bedeckt, die organische Säuren abgeben. Zusammen mit Säuren aus den harzigen Nadeln verlangsamen sie den Zersetzungsprozess noch weiter. Im Verlauf von Jahrtausenden verwandelt sich die teilweise zersetzte Vegetation in Torf. Die Kombination aus kaltem Klima und wasserdurchtränkter Pflanzenmasse führt dazu, dass die borealen Wälder mehr Torfmoore als jeder andere Lebensraum enthalten. Ihre organische Masse bedeutet einen wichtigen Kohlenstoffspeicher.

Torfmoore bedecken drei Prozent der Erdoberfläche, binden aber 30 Prozent des Kohlenstoffs in Böden.

ENTSTEHUNG EINES TORFMOORS

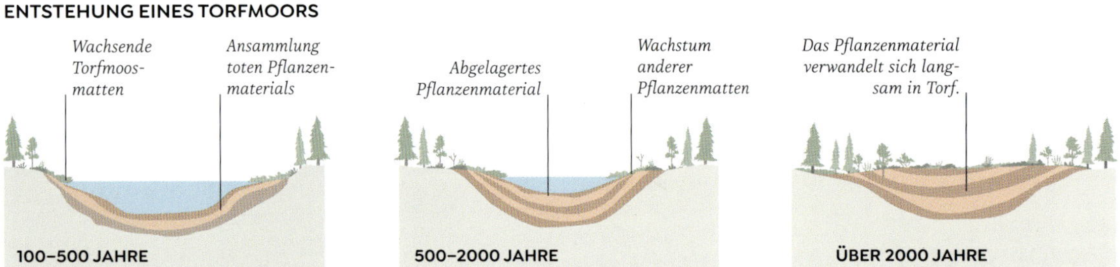

1 Wassergetränktes Tiefland
Totes Material, vor allem von Wasserpflanzen, sammelt sich auf dem Boden des Tümpels an.

2 Wasserkonzentration
Das angehäufte tote Pflanzenmaterial blockiert den Wasserablauf und verstärkt den Sumpfcharakter.

3 Torfbildung
Das Pflanzenmaterial zersetzt sich wegen der geringen Sauerstoffkonzentration nur sehr langsam.

TORFSÜMPFE IN WESTSIBIRIEN
Torfmoore bilden sich hier entlang eines Nebenflusses der Lena. Diese Moore sind Teil eines der am weitesten ausgedehnten Feuchtgebiete der Erde.

DIE ROBUSTESTEN BÄUME DER WELT

Zentralsibirien, Russland

Die Temperaturen in der borealen Zone fallen oft unter 0 °C, doch die kältesten Winter außerhalb der Antarktis gibt es in Zentralsibirien, wo der boreale Wald einige Besonderheiten aufweist. Er besteht aus Bäumen, die Temperaturen von weniger als –60 °C ertragen können. Das Wasser im Boden ist ständig gefroren, sodass die Nadeln der Bäume nicht überleben können. Daher dominieren hier Lärchen, die ihre Nadeln vor dem Winter verlieren. Sie haben eine extreme Kältetoleranz: Sie können Wasser aus den kältesten Böden aufnehmen, benötigen aber nur sehr wenig, um ihre kahlen Zweige am Leben zu erhalten. Sie wachsen auch bei niedrigen Temperaturen ungewöhnlich schnell. So können sie ihre verlorenen Blätter im Frühjahr ersetzen – etwas, wozu nur wenige boreale Bäume in der Lage sind.

WIE NADELBÄUME DEN WINTER ÜBERLEBEN KÖNNEN

Wald-Kiefern (*Pinus sylvestris*) erhalten Niederschläge als Regen oder Schnee das ganze Jahr über. Dahurische Lärchen (*Larix gmelinii*) müssen in den Wintermonaten allerdings fast vollständig ohne Wasser auskommen.

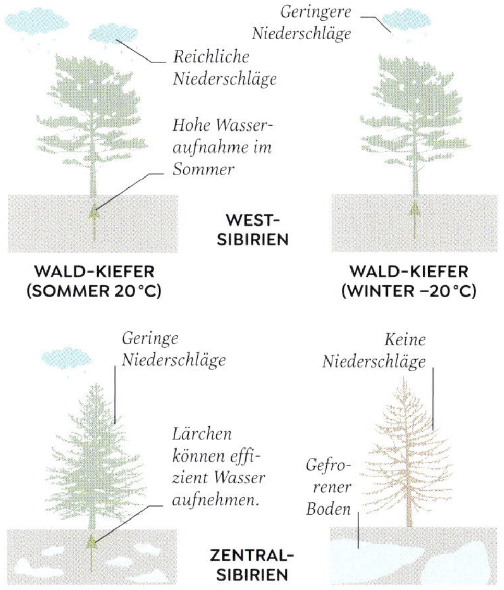

NATURSCHUTZ

TIGERRESERVAT

Raubtiere benötigen große Reviere, und wo der boreale und der gemäßigte Wald aufeinandertreffen, bedroht der Lebensraumverlust die sibirische Unterart des Tigers, der größten Katze der Welt. Die nur im Nordosten Russlands und im angrenzenden China lebenden Populationen können durch eine geringe genetische Vielfalt geschwächt werden. Nach einer Zunahme zum Start des neuen Jahrtausends gehen die Bestände wieder zurück. Wilddiebstahl, Überjagung der Beute und von Hunden übertragene Staupe tragen dazu bei.

SIBIRISCHER TIGER

Im dicht mit Baumfarnen bewachsenen kühlen immergrünen Regenwald des südöstlichen Australiens gibt es im Winter keinen Frost. So können Tiere wie der Riesenbeutelmarder (*Dasyurus maculatus*), ein fleischfressendes Beuteltier, das ganze Jahr über aktiv bleiben.

GEMÄSSIGTE LAUBWÄLDER

Laubbäume wie Eichen und Buchen bilden einige der reichsten Wälder außerhalb der Tropen, von kühlen Regenwäldern bis zu sommerlich belaubten und im Winter kahlen Wäldern.

Die gemäßigten Zonen Amerikas, Eurasiens und Australasiens sind die Heimat der verschiedensten Laubbäume. Ihre Blätter können im Vergleich zu den Nadeln der Nadelbäume die Energie des Lichts besser nutzen, doch sie verlieren mehr Wasser und benötigen ausreichende Niederschläge.

Laubbäume sind gut an die warmen Sommer und die kalten Winter der gemäßigten Zonen angepasst. Die meisten werfen ihre Blätter zum Winter hin ab, um den Wasserverlust zu begrenzen und Energie zu sparen. Lange Sommer mit langen Tagen ermöglichen es, die Blätter zu ersetzen, zu wachsen und sich zu vermehren. Nur im mildesten Klima – hauptsächlich auf der Südhalbkugel – sind die Laubbäume immergrün.

NORDEN UND SÜDEN

Die größten Bereiche der gemäßigten Laubwälder setzen sich aus typischen Arten zusammen: Eiche, Buche, Ahorn, Linde, Esche, Ulme und Hickorynuss. Im Osten Nordamerikas und Asiens – von der letzten Eiszeit weniger beeinträchtigte Bereiche – sind besonders artenreich. Auch auf der Südhalbkugel – in Chile, Australien und Neuseeland – gibt es sommergrüne Laubwälder, doch ihre Bäume, etwa die Scheinbuchen (*Nothofagus*), unterscheiden sich deutlich von denen nördlich des Äquators. Auf der ganzen Welt können in diesen Wäldern auch immergrüne Nadelbäume auftreten: Kiefern und Tannen im Norden, Steineiben und Kaurifichten im Süden.

Die Verteilung der Tierarten gibt die nicht kontinuierliche Natur dieser Wälder wieder. So gibt es wenige Arten, die in Amerika und Eurasien vorkommen, und ihre südlichen Gegenstücke unterscheiden sich völlig. Viele Vögel und einige Insekten ziehen im Winter nach Süden. Andere Tiere bleiben und überstehen mit den Beeren und Nüssen des Herbstes die kalte Jahreszeit oder halten einen Winterschlaf.

VERBREITUNG DER GEMÄSSIGTEN WÄLDER

Laub- und Mischwälder treten in drei Gebieten der nördlichen gemäßigten Zone auf: dem östlichen Nordamerika, Europa und Asien. Die meisten dieser Wälder sind sommergrün. Kleinere, hauptsächlich immergrüne Gebiete gibt es auf der Südhalbkugel.

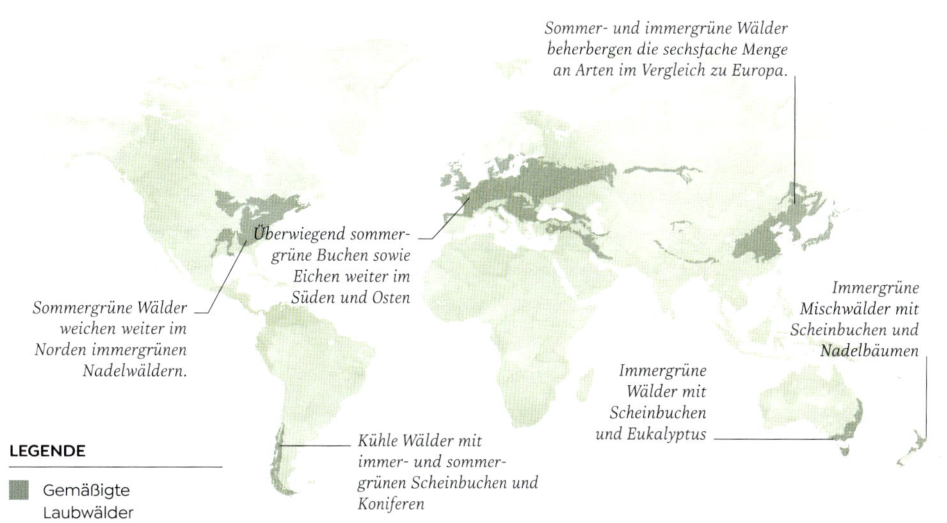

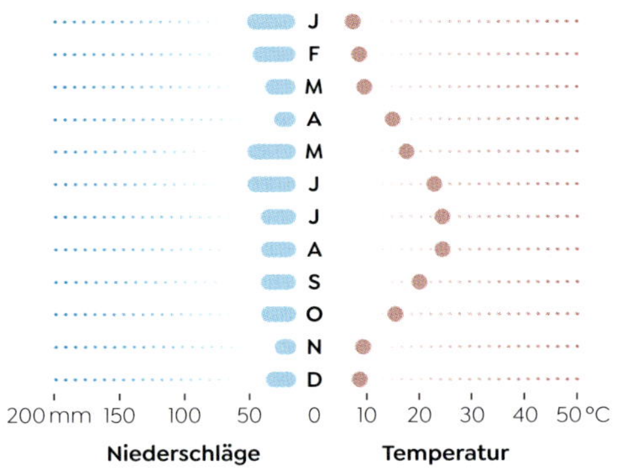

NATIONALPARK HAINICH, DEUTSCHLAND

WARME SOMMER UND KALTE WINTER
Gemäßigte Laubwälder gedeihen, wo es genug Niederschläge, warme Sommer und kalte Winter gibt. Sommergrüne Pflanzen überwiegen in Gegenden mit regelmäßigem Frost im Winter.

GEMÄSSIGTE LAUBWÄLDER

Je nach Jahreszeit sehen die gemäßigten Laubwälder ganz unterschiedlich aus. Im Frühjahr erblüht der Waldboden im europäischen Buchenwald, bevor das sommerliche Blätterdach für Schatten sorgt. Die Tiere bekommen Junge, solange es genug Nahrung gibt. Im Herbst gibt das Falllaub Nährstoffe an den Boden zurück, Zugvögel kommen und gehen, doch die bleibenden Tiere bereiten sich auf den Winter vor.

JÄGER DES WALDES
Der Habicht brütet im Sommer, bleibt aber im Winter im Wald, da er das ganze Jahr über genug Beute in der Form von Vögeln und Eichhörnchen findet.

SPITZENPRÄDATOR
Eins der größten Raubtiere, die es noch in den europäischen Wäldern gibt, ist der Luchs. Er kann Rehe und Wildschweine erbeuten.

WINTERGAST
Bergfinken kommen aus ihren Brutgebieten in Skandinavien und ernähren sich von Bucheckern.

PILZE DES WALDBODENS
Pilze leben das ganze Jahr über im Boden, doch das Falllaub des Herbstes begünstigt die Bildung von Fruchtkörpern, die Sporen verbreiten.

KOMPOSTIERUNG DER BLÄTTER
Das Falllaub des Herbstes wird von Pilzen, Mikroben und Detritusfressern (Abfallverwertern) verarbeitet. Die dadurch freigesetzten Mineralien werden von Pflanzenwurzeln aufgenommen.

Die Rotbuche wurde nach der letzten Eiszeit der dominante Baum in den meisten Teilen Europas.

SAUGENDE INSEKTEN

Der süße Ahornsirup – der eingedickte Saft des Zucker-Ahorns (*Acer saccharum*) – gibt ein Beispiel für den gehaltvollen Baumsaft. Doch die Insekten haben das lange vor den Menschen entdeckt. Im Sommer nehmen Blattläuse, Buckelzirpen und Schildläuse den durch Fotosynthese erzeugten Zuckersaft auf. Dazu bohren sie die Leitgefäße unter der Blattoberfläche oder dem Bast, dem Phloem, an. Den Winter überstehen meist nur ihre Eier.

HONIGTAU-BEUTE
Blattläuse geben überschüssigen Saft als Honigtau ab. Er ist eine ernergiereiche Nahrungsergänzung für Rossameisen.

SAISONABHÄNGIG
Die Zuckerproduktion endet im Winter, dann geht der Saftfluss zurück. Die Gefäße des Phloems werden enger. Einige der saugenden Insekten sterben, andere wandern ab.

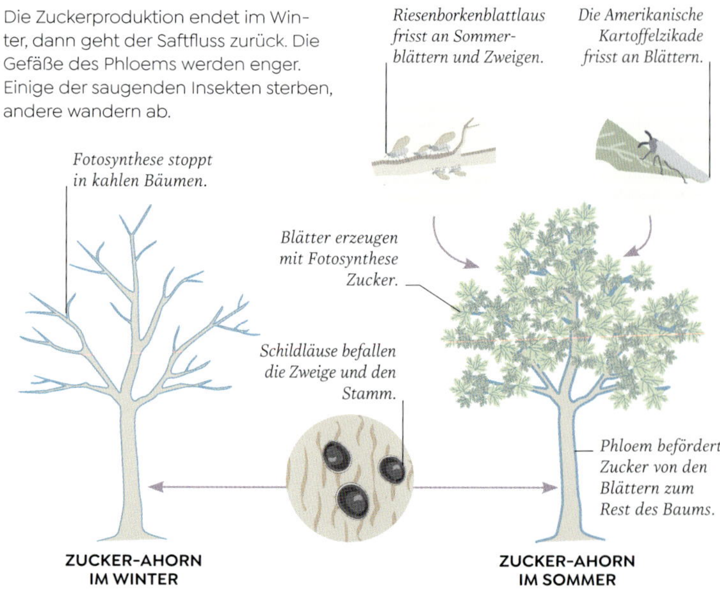

PIONIER-BÄUME

Viele Bäume wachsen langsam und leben jahrhunderte- oder gar jahrtausendelang, doch einige schnellwüchsige Bäume können ihren Lebensraum deutlich verändern. Die am schnellsten wachsenden Bäume wie die Zitter-Pappel und andere Pappeln nützen ihr schnelles Wachstum und die Fähigkeit, sich ungeschlechtlich zu vermehren, um neue Flächen zu besiedeln. Auf diese Weise können die Zitterpappeln innerhalb von Jahrzehnten ganze Wälder entstehen lassen. Der Preis dafür ist ein relativ kurzes Leben. Die meisten Zitter-Pappeln werden keine 150 Jahre alt. Allerdings stirbt nur der oberirdische Teil ab. Das Wurzelsystem lebt weiter und erzeugt eine Kolonie von Klonen. Die Kolonie des Pando gilt mit etwa 47 000 Zitter-Pappeln (*Populus tremuloides*) auf über 43 ha als die größte ungeschlechtlich entstandene Baumkolonie. Genetisch betrachtet ist es ein etwa 80 000 Jahre alter Organismus.

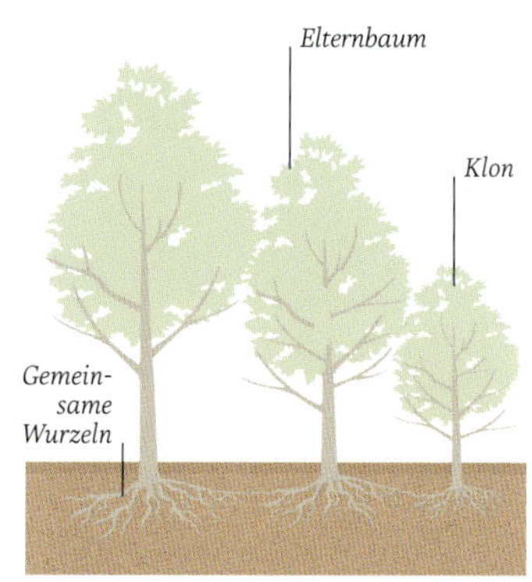

GEMEINSAMES WURZELSYSTEM
Die weitstreifenden Wurzeln einer Zitter-Pappel treiben aus Knospen aus, die zu neuen Bäumen heranwachsen. Jeder neue Baum entwickelt ähnliche Wurzeln, aus denen wiederum neue Bäume entspringen können.

PANDO
Der Name Pando bezeichnet einen Bestand von Zitter-Pappeln am Rand des Colorado-Plateaus. Auf Lateinisch bedeute dies »Ich verbreite mich«. Alle Bäume haben die gleiche DNA, sie bilden den größten Organismus mit einer einzigen genetischen Identität.

ECHTE SUMPFZYPRESSE
Die grünen Nadeln der Echten Sumpfzypresse werden im Herbst kupferrot. Die Bäume können lange Überflutungen überleben, doch die Schösslinge benötigen Luft zum Wachsen.

GILDEN INSEKTENFRESSENDER VÖGEL

Von dem Insektenreichtum der Wälder profitieren viele insektenfressende Vögel. Doch das Vermeiden von Konkurrenz beruht darauf, unterschiedliche Arten zu fressen, wie es die etwa 50 Arten nordamerikanischer Waldsänger tun. Vögel, die sich verschieden ernähren, gehören zu unterschiedlichen ökologischen Gilden. Nahrungssucher am Boden suchen beispielsweise Beute vom Falllaub ab, Stammabsucher picken kleine Tiere vom Stamm und Insektenjäger im Luftraum fangen ihre Beute im Flug. Die unterschiedlichen Techniken des Nahrungserwerbs bedeuten, dass jede Gilde unterschiedliche Nahrungsquellen nutzt und mit anderen in einem Lebensraum koexistieren kann.

WEIDEN-GELBKEHLCHEN

TECHNIKEN DER NAHRUNGSSUCHE
Waldsänger sind eine Familie kleiner Vögel mit spitzen Schnäbeln, die verschiedene Techniken der Nahrungssuche nutzen – vom Aufsammeln bis zum Fang im Flug.

ZUCKERAHORN IM HERBST

HERBSTFARBEN

Einige der schönsten Farben der Natur werden durch Zersetzung und Recycling geschaffen. Die unterschiedlichen Arten der Ahorne und anderer Bäume schaffen im östlichen Südamerika eine wunderschöne Landschaft voller Herbstfarben. Da jeder Baum wertvolle Stoffe aus jedem Blatt zurückholt, bevor er das Laub verliert, werden die nicht mehr für die Fotosynthese benötigten Pigmente zerlegt und ihre Bestandteile in die Zweige befördert. Das grüne Chlorophyll macht den Anfang, sodass gelbe, orangefarbene und rote Pigmente, die Carotinoide, übrig bleiben und dem Herbstlaub seine typische Farbe geben.

AN SÜMPFE ANGEPASSTE BÄUME

Einer der anpassungsfähigsten Bäume der gemäßigten Wälder des östlichen Nordamerikas ist die Echte Sumpfzypresse (*Taxodium distichum*) – ein sommergrüner Nadelbaum, der im Winter seine Nadeln abwirft. Die Sumpfzypresse wächst sowohl auf trockenem als auch auf nassem Boden, im Sonnenlicht oder im Schatten, sie verträgt sogar Salz. Bemerkenswerterweise gedeiht sie auch in überfluteten Sümpfen (siehe S. 215). Hier bildet sie von sogenannten Kniewurzeln gestützte Stämme aus, die ihr im weichen Boden Halt geben. Diese auch als Atemknie bezeichneten Wurzeln sichern wohl wie bei den Mangroven die Sauerstoffversorgung (siehe S. 272).

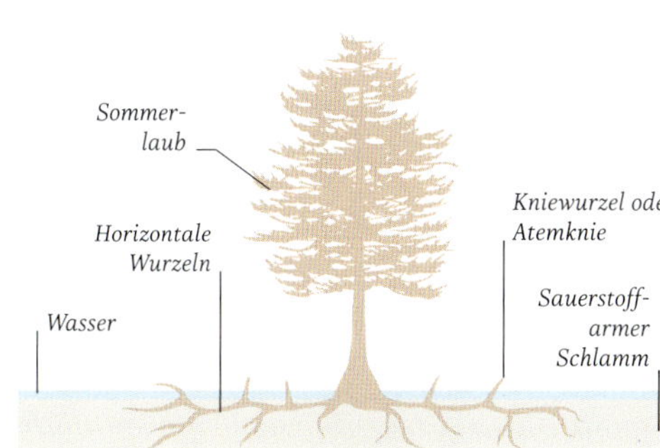

ECHTE SUMPFZYPRESSE

LEBEN AUF DER EICHE

Großbritannien und Irland

Einige Baumarten spielen in der Ökologie eines Walds eine Schlüsselrolle und wenige sind so wichtig wie die gut untersuchte Stiel-Eiche (*Quercus robur*). Sie zählt zu den häufigsten Bäumen der britischen Inseln, gedeiht in fruchtbaren Böden und verträgt einigermaßen Bodennässe. Die Stiel-Eiche bildet in Großbritannien die Lebensgrundlage von rund 2300 Arten (noch ohne die Mikroben). Nahezu 330 dieser Arten hängen in Bezug auf ihr Überleben und ihre Vermehrung vermutlich vollständig von dieser Eiche ab. Jeder Teil des Baums versorgt andere Organismen mit Nahrung und einem Lebensraum. Sein Holz, seine Borke, sein Saft, seine Blätter, seine Blüten und seine Eicheln sind alle Nahrungsquellen für Organismen von Pilzen über Insekten und Vögel bis zu Säugetieren. Indirekt liefert die Eiche damit auch Nahrung für die Räuber und Parasiten, die sich von diesen Organismen ernähren. Eine Stiel-Eiche kann über 500 Jahre alt werden, doch auch nach ihrem Tod ist sie ökologisch wertvoll, da ihr verrottendes Holz Destruenten ernährt.

Bowthorpe Oak – eine 1000 Jahre alte Stiel-Eiche in Lincolnshire (GB) – hat einen Umfang von etwa 13,4 m.

FESTMAHL
Ein Buntspecht (*Dendrocopos major*, links) und eine Schwanzmeise (*Aegithalos caudatus*) suchen in der Borke eines abgestorbenen Eichenasts nach Insekten.

NATURSCHUTZ

VERLORENE RIESEN DER WÄLDER

Die größten Tiere können auch die am stärksten gefährdeten sein. Sie benötigen ausreichende Mengen an Nahrung und ein ausgedehntes Gebiet, um diese zu finden. Viele europäische Huftiere sind entweder bereits ausgestorben oder vom Aussterben bedroht – Opfer des Lebensraumverlustes, da die Wälder zugunsten der Landwirtschaft und der Städte gerodet wurden. Zu ihnen gehört der Vorfahre der domestizierten Rinder, der Auerochse (*Bos primigenius*). Als einer der größten Pflanzenfresser seiner Zeit lebte er in längst vergangenen europäischen Wäldern. Das letzte Exemplar wurde im Jahr 1627 in Polen getötet.

HÖHLENMALEREI EINES AUEROCHSEN IN FRANKREICH

MARDERVERHALTEN

West- und Zentraleuropa

Tiere, die die gleichen Dinge auf ähnliche Weise fressen, setzen sich dem Wettbewerb aus. Der Preis des Verlierers kann das Aussterben sein. Arten überleben, indem sie unterschiedlich handeln und unterschiedliche ökologische Nischen besetzen. Nah verwandte oder Zwillingsarten zeigen mit hoher Wahrscheinlichkeit eine entsprechende Differenzierung.

In Europa leben der Baummarder (*Martes martes*) und der Steinmarder (*M. foina*), beides geschickte, knapp katzengroße Raubtiere, die sowohl jagen als auch Früchte und Beeren fressen. Der Baummarder ist als Waldbewohner geschickt darin, Beute in den Bäumen zu finden. Der Steinmarder ist dagegen weniger spezialisiert. Er bevorzugt kultiviertes Land. In den mitteleuropäischen Wäldern, wo beide Arten gemeinsam vorkommen, frisst der Steinmarder mehr Insekten und Früchte als der Baummarder.

Der Steinmarder hat einen weißen Kehlfleck unterschiedlicher Größe.

SUCHE NACH BEUTE
Steinmarder sind geschickte Jäger und gute Kletterer. Sie können ihre Beute im Sprung überwältigen und Bäume hinaufklettern, um Nester zu plündern. Diese Omnivoren fressen auch Früchte.

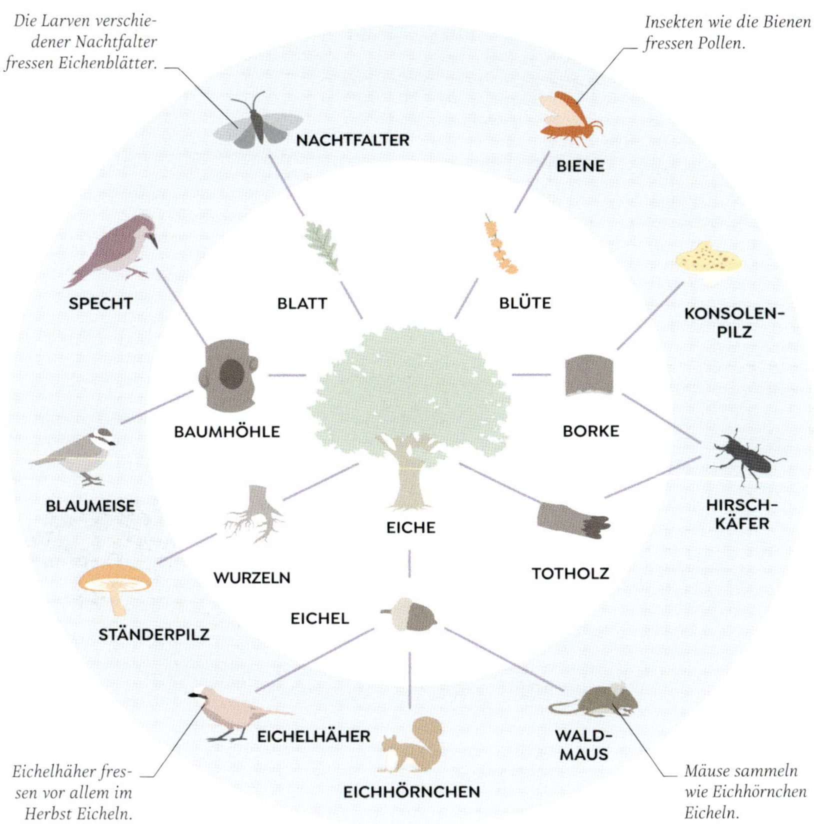

LEBENSRAUM EICHE
Diese Zeichnung zeigt nur einen Bruchteil der von Eichen abhängigen Arten und verdeutlicht die Vielfalt der Lebewesen, die auf oder um den Baum herum existieren. Einige, wie Pilze und Hirschkäfer, können ihr ganzes Leben auf der Pflanze verbringen.

LEGENDE
Kleinlebensräume
Bewohner

LANGLEBIGES HARTLAUB

Madeiras immergrüne Wälder

Manche Bäume der gemäßigten Zonen erinnern an die der Tropen. Hartlaubgewächse wie Lorbeer besitzen große, glänzende Blätter, die mehrere Jahre überdauern. Sie sind vor allem in den südamerikanischen und asiatischen Tropen verbreitet. Doch in einer wärmeren Zeit vor 14 Millionen Jahren reichte ihr Verbreitungsgebiet weiter nach Norden. Fossiler Lorbeer wurde in Europa und Nordamerika gefunden. Die Eiszeit drängte die Arten zurück, doch haben Restbestände in Gebieten mit mildem Klima überlebt.

EINZIGARTIGER LORBEER
Die größten heutigen subtropischen Lorbeerwälder gibt es auf Madeira, einer Insel im Atlantischen Ozean, die zu Portugal gehört. Hier haben sich Arten entwickelt, die es sonst nirgendwo gibt.

DER ÜBERGANG VOM WALD ZUR STEPPE

Ost- und Südosteuropa

Auf den Ebenen Osteuropas, wo sich die Niederschläge zum Landesinneren hin verringern, wird das Klima für Wälder zu trocken, sodass die Bäume der Grassteppe weichen. Zwischen Wald und Steppe gibt es einen Übergangsbereich, ein sogenanntes Ökoton. Eichen, Linden und Ahorne gehen zurück, wohingegen Sträucher und *Prunus*-Arten das trockenere Klima vertragen. Schließlich werden auch sie von der Grassteppe verdrängt. Am Übergang von Wald zu Steppe treffen auch unterschiedliche Tierarten aufeinander. Waldbewohnende Falken, Raufußhühner und Eichhörnchen machen Platz für Weihen, Kraniche und Erdhörnchen.

EUROPÄISCHER ZIESEL
Der Europäische Ziesel (*Spermophilus citellus*) legt seine Baue in Grassteppen und der Übergangszone vom Wald im Westen und der Steppe im Osten an.

Das graubraune Fell zeigt schwache Flecken.

LEBENSRAUMZONEN
Vom niederschlagsreichen Westeuropa bis zum trockeneren Inneren Eurasiens verändern sich die Pflanzengesellschaften entlang eines ökologischen Gradienten vom feuchten Wald zur trockeneren Grassteppe.

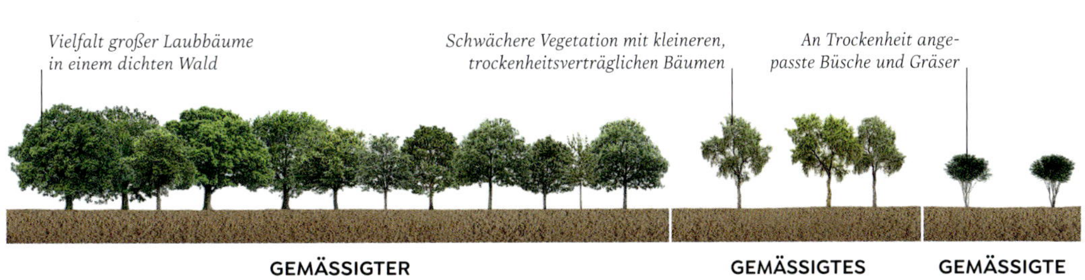

ORCHIDEEN ALS PILZPARASITEN

Die meisten Pflanzen besitzen grüne Blätter, mithilfe derer sie die Sonnenenergie zur Bildung organischer Verbindungen nutzen können. Einige beziehen allerdings fertige Nährstoffe aus der Umgebung. Eine derartige Pflanze ist der Blattlose Widerbart (*Epipogium aphyllum*), der mit seinen Wurzeln Wasser und Minerale selbstständig aufnehmen kann, dem aber das Chlorophyll für die Fotosynthese fehlt. In dieser Hinsicht ist er auf einen Pilz als Partner angewiesen. Er wächst daher auf dem Waldboden an Stellen, an denen die passenden Pilze vorkommen. Die Orchidee stiehlt einen Teil der Nährstoffe, die der Pilz aus verrottendem Material bezieht. Der Pilz wiederum umgibt die Wurzeln eines Baums in einer zweiten Partnerschaft, einer Mykorrhiza (siehe »Mykorrhizen im Wald«, unten), sodass die Orchidee wiederum von dem Baum abhängig ist.

METHODEN DER NAHRUNGSGEWINNUNG

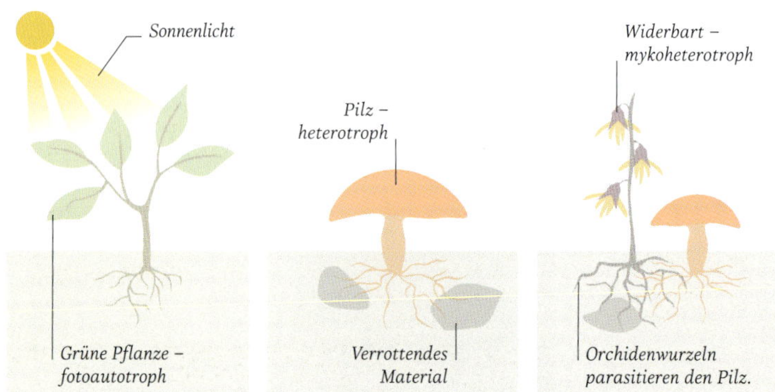

FOTOAUTOTROPHIE
Organische Nahrung wird durch Fotosynthese erzeugt.

HETEROTROPHIE
Der Pilz bezieht organische Nahrung aus verdautem, totem Material.

MYKOHETEROTROPHIE
Die Pflanze bezieht organische Nahrung als Parasit vom Pilz.

BLATTLOSER WIDERBART

OSTEURASIENS PRÄDATOREN

Die Verbreitungsgebiete von vielen der größten Tiere der nördlichen gemäßigten Wälder reichen über weite Gebiete des kontinentalen Eurasiens hinaus. Der Wolf (*Canis lupus*) ist sogar rund um den Globus verbreitet. Andere Arten lebten zumindest in früheren Zeiten im Bereich von Europa bis Ostasien. Zu ihnen gehören der Leopard und der Tiger. Einige lokale Populationen vertragen die Hitze und die Dürre des Sommers, andere dagegen die eisige Kälte eines langen Winters. Im fernen Osten Russlands und an den Grenzen zu China, wo die Temperaturen sehr niedrig sein können, haben der Amurleopard (*Panthera pardus orientalis*) und der Sibirische Tiger (*P. tigris altaica*) kräftigere Körper und ein dickeres Fell als die tropischen Unterarten entwickelt. So verlieren sie weniger Körperwärme. Teilweise kommen beide Unterarten im gleichen Verbreitungsgebiet vor. Leoparden jagen kleinere Beute als Tiger und dringen in größere Höhen vor. Beide werden allerdings durch Wilddiebe und Entwaldung bedroht. Man nimmt an, dass es noch etwa 500 Sibirische Tiger (siehe S. 31) und wenig mehr als 100 Amurleoparden in der Natur gibt. Organisationen wie der Worldwide Fund for Nature (WWF) arbeiten mit Russland und China zusammen, um die Wilderei zu stoppen, die Beutetierpopulationen zu stärken und den verbleibenden Lebensraum dieser Großkatzen zu erhalten.

*Der auch als Amurtiger bezeichnete **Sibirische Tiger** gehört zu den **größten** und **schwersten** Katzen der Welt. Er kann bis zu **300 kg** wiegen.*

MYKORRHIZEN IM WALD

In Laub- und auch in anderen Wäldern reichen den Pflanzen ihre Wurzeln nicht, um alles Nötige aus dem Boden zu beziehen. Pilze helfen ihnen dabei. Sie wachsen als unterirdisches Netzwerk (Myzel) mikroskopisch kleiner Fäden (Hyphen). Diese geben Verdauungsenzyme auf totes organisches Material ab, um Nährstoffe zu gewinnen. Die Fruchtkörper sind die einzigen sichtbaren Strukturen der Pilze, doch die Hyphen bilden für viele Pflanzen die Grundlage zum Überleben. Pflanze und Pilz bilden eine Partnerschaft, die man Mykorrhiza nennt. Der Pilz versorgt die Pflanze mit Mineralien und erhält dafür von ihr Zucker. Manche Pilze bilden eine Mykorrhiza mit Bäumen, andere mit krautigen Pflanzen. Zusammen bilden sie ein Liefernetz der Nährstoffe, das sich unter dem gesamten Waldboden erstreckt.

FLIEGENPILZ
Der Fliegenpilz (*Amanita muscaria*) bildet eine Mykorrhiza-Partnerschaft mit vielen verschiedenen Laub- und Nadelbäumen, darunter Birken und Fichten.

VERSCHIEDENE FORMEN VON MYKORRHIZEN

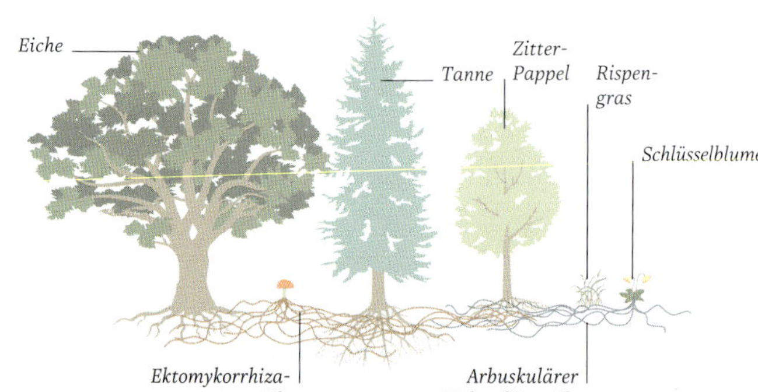

EKTOMYKORRHIZA
Ektomykorrhiza tritt bei Pilzen mit Fruchtkörpern auf, wie etwa den Ständerpilzen. Sie bilden lose Netzwerke von Hyphen um die Baumwurzeln herum.

ARBUSKULÄRE MYKORRHIZA
Arbuskuläre Mykorrhiza-Pilze dringen tief in das Wurzelgewebe krautiger Pflanzen ein. Ihre Fruchtkörper bleiben oft mikroskopisch klein.

SELTENE KATZE
Der Amurleopard ist möglicherweise die seltenste Katze. Er gilt als vom Aussterben bedroht. Es gibt nur noch Populationen in Teilen des nordöstlichen Chinas und östlichen Russlands.

KLETTERNDE EICHHÖRNCHEN

Türkei und Westiran

Eichhörnchen nimmt man im Wald vor allem deshalb wahr, weil sie tagaktiv sind. Ratten und Mäuse sind meistens nachtaktiv. Erdhörnchen wie die Murmeltiere bewohnen unterirdische Baue, doch Arten wie das Kaukasische Eichhörnchen (*Sciurus anomalus*) leben in Bäumen. Ihre buschigen Schwänze dienen beim Rennen über die Äste als Gegengewicht und die Knöchel lassen sich um 180° verdrehen, damit sie mit dem Kopf voran Bäume hinabklettern können. Auf diese Weise können sich die Krallen in der Borke verankern und das Gewicht des Tiers tragen.

Eichhörnchen können gut Farben erkennen.

KAUKASISCHES EICHHÖRNCHEN

WESTEURASIENS PRÄDATOREN

Nordiran

Die Wälder Osteuropas und um das Kaspische Meer herum waren einst die Heimat des Wolfs, des Braunbärs (*Ursus arctos*), des Persischen Leoparden (*Panthera pardus tulliana*) und des Kaspischen Tigers (*P. tigris virgata*). Heute gibt es weniger Wölfe sowie Bären und nur noch 1000 Leoparden. Tiger sind vollständig verschwunden. Wegen ihrer Stellung in der Nahrungskette waren sie ohnehin nicht häufig. Außerdem sind sie von Menschen verfolgt worden. Durch den Schutz genügend großer Lebensräume mit natürlicher Nahrung wäre die Existenz dieser Tiere neben den Menschen möglich.

Der Indische Wolf hat ein kurzes Sommerfell.

INDISCHER WOLF
Die Unterart, die in den niederschlagsreichen Wäldern an der Küste des Kaspischen Meers im Iran lebt, ist der Indische Wolf (*Canis lupus pallipes*). Er ist etwas leichter gebaut als der Eurasische Wolf.

KALKSTEIN-LANDSCHAFT
Die sich durch den Kalkstein des kroatischen Nationalparks Plitvicer Seen schneidenden Flüsse erzeugen Wasserfälle, Höhlen und ein Mosaik von Lebensräumen, darunter verschiedene Waldtypen. Hier wachsen vereinzelte Tannen zwischen den dominanten Buchen, die sich im Herbst goldbraun färben.

GETEILTE KINDERERZIEHUNG Goldstumpfnasen kümmern sich um alle Jungen der Gruppe und helfen ihnen, in einem harschen Klima und einem schwierigen Lebensraum zu überleben.

CHINAS LEBENDES FOSSIL

Gemäßigte chinesische Wälder

Der Ginkgo (*Ginkgo biloba*) hat einen bemerkenswerten Stammbaum. Er ist die einzige Art einer Gruppe von Bäumen, die bereits vor dem Auftreten der Dinosaurier entstanden war. Männliche Bäume geben Pollen aus kleinen Zapfen ab, die kurzen Kätzchen entspringen, während die weiblichen Bäume ihre Samen in kurzen pflaumenähnlichen Früchten bergen. Die Bäume werden auf der ganzen Welt zur Zierde gepflanzt. Allerdings ist ihr eigentlicher Ursprung unsicher.

Das Blatt ist in zwei Lappen unterteilt.

GINKGO-BLÄTTER

RHODODENDRON-HOTSPOT

Himalaja

Die Rhododendren, eine der größten Gruppen der Bedecktsamer, entstanden vor etwa 50 Millionen Jahren und trennten sich innerhalb der letzten 20 Millionen Jahre in verschiedene Arten auf. Heute gibt es über 1000 Arten, die über Nordamerika, Eurasien und Nordaustralien verteilt sind. Viele von ihnen sind bedroht oder gefährdet. Aus ihren Ursprüngen in den gemäßigten Zonen eroberten sie die Tropen, doch ihre größte Vielfalt zeigen sie in den subtropischen Gebirgen Asiens und Neuguineas. Die komplexe Geografie der Berge und Täler des Himalajas hat dazu geführt, dass Populationen dieser Pflanzen immer wieder isoliert worden sind. Das hat die Entstehung neuer Arten gefördert und heute gibt es im Himalaja über 300 Rhododendron-Arten.

Der östliche Himalaja weist die höchste Vielfalt an Rhododendren in der Welt auf.

KÄLTETOLERANTE AFFEN

Zentralchina

Die Stumpfnasenaffen Ostasiens leben in kühlen Wäldern, wo im Winter Frost herrscht und das Land mit Schnee bedeckt ist. Die Goldstumpfnasen (*Rhinopithecus roxellana*) Zentralchinas überleben die längsten, kältesten Winter unter allen nichtmenschlichen Primaten. Im Sommer wandern sie hoch in die Berge und im Winter ziehen sie sich in die Täler zurück, wo weniger Schnee liegt. Die Nahrung ändert sich mit den Jahreszeiten: Kiefernnadeln und Blätter im Sommer, Früchte und Kiefernsamen im Herbst. Bei extremer Winterkälte fressen sie notfalls Flechten und Borke. Die Tiere halten sich oft auf dem Boden auf und bilden Gruppen von 20, 30 oder mehr Tieren – ein Männchen mit mehreren Weibchen und seinen Jungen oder Junggesellengruppen. Im Sommer können sich die Gruppen zu Trupps von bis zu 600 Tieren zusammenschließen.

NATURSCHUTZ

STUMPFNASENAFFEN

Alle fünf Arten der Stumpfnasenaffen sind gefährdet und drei von ihnen vom Aussterben bedroht. Ihre Verbreitungsgebiete in China, Vietnam und Myanmar sind klein, sodass sie vom Lebensraumverlust durch Entwaldung gefährdet sind. Einige Populationen sind so klein, dass sie durch Inzucht gefährdet sind. Goldstumpfnasen kommen im Shennongjia-Nationalpark in China vor.

SHENNONGJIA-WALD, CHINA

ANPASSUNGSFÄHIGE MAKAKEN

Honshu, Shikoku und Kyushu

JAPANMAKAKEN-WEIBCHEN MIT JUNGTIER IN HEISSER QUELLE

Kein anderer nichtmenschlicher Primat lebt so weit nördlich wie der Japanmakak (*Macaca fuscata*). Die Art kommt in Wäldern der gemäßigten und subtropischen Zonen ihrer Heimatinseln vor. Die Affen können sowohl in den kalten Bergen als auch im warmen Tiefland leben. Ihr dichtes graubraunes Fell wird dicker, wenn die Temperaturen fallen. In den japanischen Alpen drängen sie sich aneinander, um die Kälte überstehen zu können. In manchen Gebieten nutzen sie vulkanische Thermalquellen, um sich aufzuwärmen und Parasiten abzuwaschen. Die Affen in den Bergen haben größere Territorien als die im Flachland. Sie müssen auf der Nahrungssuche größere Strecken zurücklegen.

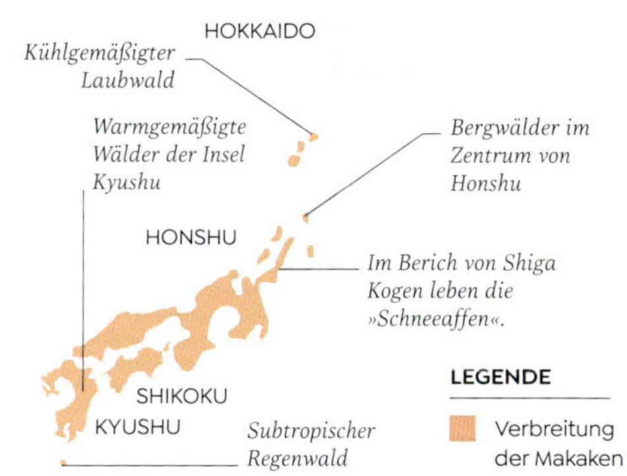

VERBREITUNG DER MAKAKEN

Die Japanmakaken bewohnen verschiedene Waldtypen: subtropische Regenwälder im Süden, gemäßigte Nadelwälder in den Bergen sowie gemäßigte Laubwälder im Tiefland und an den unteren Hängen.

MONTANE RHODODENDREN

Viele der im Himalaja gefundenen Rhododendren sind montane Arten. In der Nähe der Baumgrenze bilden sie eine ausgedehnte Strauchvegetation, die spektakuläre Farben zeigt, wenn die verschiedenen Arten zu blühen beginnen.

BRAUNE PANDAS IM QIN-LING-GEBIRGE

Qin-Ling-Gebirge

Die Bambuswälder der chinesischen Qin-Ling-Berge beherbergen eine Population von Großen Pandas, die für Tausende von Jahren isoliert gewesen ist – lang genug, um einige ungewöhnliche Eigenschaften zu festigen. Diese Unterart ist kleiner und hat kein schwarzes, sondern ein braunes Fell. Es gibt weniger als 350 Exemplare des Qin-Ling-Pandas (*Ailuropoda melanoleuca qinlingensis*). Im Jahr 2018 kündigte China die Gründung eines Nationalparks zum Schutz der Tiere an, doch die Schwermetallbelastung durch die nahen Städte stellt ihre Zukunft infrage.

DIE GRÖSSTEN UND ÄLTESTEN BÄUME SÜDAMERIKAS

Die kühlen Küstenregenwälder Chiles, die zwischen dem Pazifik im Westen und den Anden im Osten liegen, enthalten eine Mischung aus Laubbäumen und Patagonischer Zypresse oder Alerce (*Fitzroya cupressoides*). Die Familie der Zypressen ist für Nadelbäume ungewöhnlich weit verbreitet. Im Gegensatz zu den Nadeln tragenden Kiefern, die eine größere Artenzahl haben, aber auf die Nordhalbkugel beschränkt sind, haben die Schuppenblätter tragenden Zypressen eine nahezu weltweite Verbreitung. Die Patagonische Zypresse ist der südamerikanische Vertreter einer Untergruppe, die auch in Südafrika, Australasien und auf den pazifischen Inseln vorkommt. Das lässt vermuten, dass die Zypressen zu jener Zeit entstanden sind, als alle Kontinente miteinander verbunden waren – vor über 200 Millionen Jahren. Als sich die Kontinente voneinander trennten, wanderten die Bäume mit ihnen. Doch die an kühles Klima angepasste Patagonische Zypresse hatte während der letzten Eiszeit ein viel größeres Verbreitungsgebiet als heute, wie Fossilien beweisen. Es reichte bis herab zur Küste. Als sich das Klima erwärmte und die Gletscher zurückwichen, zog sich die Art in die kühleren Berge zurück. Heute ist der Baum durch Holzeinschlag und den Klimawandel bedroht. Sie gilt als gefährdete Art.

RIESIGE BÄUME
Patagonische Zypressen können 70 m hoch werden, ihr Stamm kann bis zu 5 m im Durchmesser erreichen. Sie überragen die Scheinbuchen und Hartlaubbäume, die in Chiles gemäßigtem Regenwald wachsen.

Die auch als »Urgroßvaterbaum« bekannte Alerce Milenario in Chile ist geschätzt über 5000 Jahre alt.

EUKALYPTUS ALS HAUPTMAHLZEIT

Eukalytus hat zähe, fasrige Blätter, die Terpene enthalten. Diese chemischen Verbindungen schrecken Pflanzenfresser ab. Sie haben aber auch die Evolution von Eukalyptusfressern wie den Koalas angeregt. Diese Beuteltiere prüfen die Blätter gründlich, ob es die richtige Eukalyptusvariante ist und ob das Alter stimmt. Wählerisch zu sein ist notwendig, da grobe Fasern zu lange verdaut werden müssen und die Leber die Terpene entgiften muss. Diese Faktoren verlangsamen den Stoffwechsel der Koalas, sodass sie drei Viertel ihres Lebens verschlafen. Die Verdauung beginnt im Maul. Die Backenzähne verarbeiten die Blätter zu einem Brei, der dann durch Magen, Dünn- und Dickdarm geleitet wird, um ein Maximum an Nährstoffen aufzunehmen. Unverdauliches wird als Kot ausgeschieden. Die Jungen fressen speziellen, an Bakterien reichen, als »Papp« bezeichneten Kot ihrer Mutter, um den Darm von Milch auf Eukalyptus umzustellen.

EUKALYPTUSBLÄTTER VERARBEITEN
Das Verdauungssystem des Koalas entzieht den Eukalyptusblättern ihre Nährstoffe, ohne den Darm mit Unverdaulichem zu überlasten. Während die Nährstoffe schnell aufgenommen werden, können Fasern im Blinddarm verdaut werden, um ihre Nährstoffe freizusetzen.

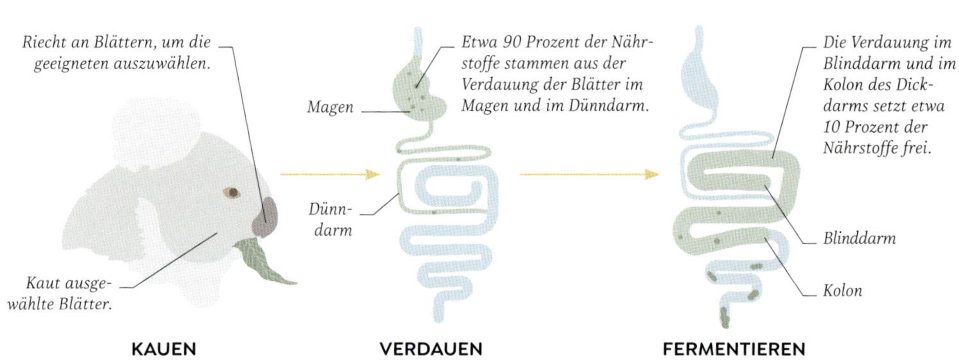

KLETTERER
Die Oberkörpermuskulatur und die Krallen ermöglichen es dem Koala-Weibchen, den Eukalyptusbaum zu erklimmen. Sein Junges trägt es ein Jahr lang – zuerst im Beutel, später auf dem Rücken.

GESCHRIEBEN IN DEN RINGEN

Ein Baum wird dicker, wenn weitere Holzschichten unter seiner Borke wachsen, sodass sich das älteste Holz in seinem Zentrum befindet. Bei guten Bedingungen wächst er schnell und bildet große Zellen hellen Holzes. Die Schichten sind in den Jahren des besten Wachstums am stärksten. Diese hellen Schichten werden im Sommer der gemäßigten Zonen oder in der tropischen Regenzeit gebildet. Wenn der Baum gefällt wird, erscheinen die Holzschichten als Ringe. Die Muster dieser Ringe können durch die sogenannte Dendrochronologie interpretiert werden. Sie erzählen von klimatischen Ereignissen der Vergangenheit, etwa Dürren, Waldbränden und sogar Vulkanausbrüchen.

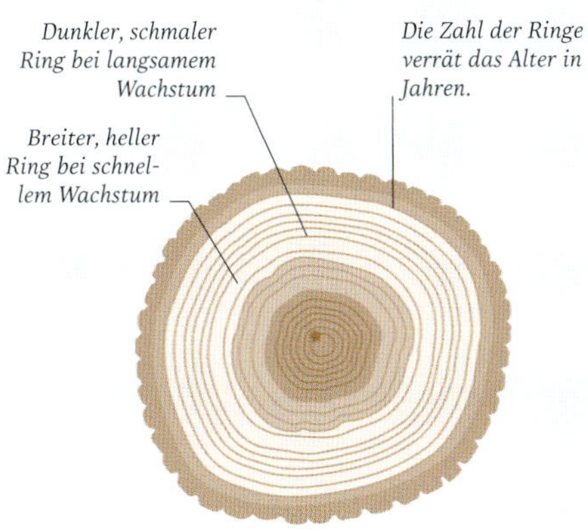

QUERSCHNITT EINES BAUMSTAMMS

CHILOÉ-BEUTELRATTE

Südchile

BERG-BEUTELTIER

Die meisten Beuteltiere der Neuen Welt sind Opossums, die nur entfernt mit den australischen Beuteltieren verwandt sind. Eine Art hat aber eine nähere Beziehung zu ihnen: Die Chiloé-Beutelratte (*Dromiciops gliroides*) ist der einzige Überlebende einer einst viel größeren prähistorischen südamerikanischen Gruppe, die sich von den australischen Beuteltieren getrennt hat, als die südlichen Kontinente noch eine zusammenhängende Landmasse bildeten. Heute lebt die Art nur noch in den aus Scheinbuchen und Bambus bestehenden kühlen chilenischen Regenwäldern.

URTÜMLICHE VÖGEL

Ostaustralien

Zu den Singvögeln gehört fast die Hälfte aller Vögel, etwa Krähen, Grasmücken, Drosseln und Finken. Genetische und fossile Hinweise deuten darauf hin, dass die Gruppe auf dem prähistorischen südlichen Superkontinent Gondwana entstanden ist. Als er sich teilte, gelangten die Singvögel von Australien zum Rest der Welt. In den gemäßigten australischen Wäldern leben noch immer urtümliche Singvögel, wie etwa die Leierschwänze (*Menura*-Arten), die sich früh in der Evolution der Gruppe entwickelt haben.

GRAURÜCKEN-LEIERSCHWANZ

NATURSCHUTZ

TASMANIEN ALS LETZTE ZUFLUCHT

Der Beutelwolf (*Thylacinus cynocephalus*), das größte Raubtier unter den Beuteltieren der jüngeren Geschichte, war entfernt mit dem heute noch lebenden Beutelteufel (*Sarcophilus harrisii*) verwandt. Fossilien belegen, dass der Beutelwolf und andere räuberische Beuteltiere einst über das australische Festland, Tasmanien und Neuguinea verbreitet waren, wo sie Kängurus und Opossums jagten. Doch die Ankunft menschlicher Siedler führte zu ihrem Niedergang. Während des 19. Jahrhunderts wurden die Beutelwölfe von europäischen Siedlern in Tasmanien gejagt. Die Siedler befürchteten, die Tiere könnten ihr Vieh angreifen. Um 1900 wurden die Beutelwölfe außerdem von einer nicht identifizierten Krankheit heimgesucht. Die letzte sichere Beobachtung eines Beutelwolfs in der Natur fand 1933 statt, das letzte gefangene Tier starb 1936 im Zoo von Hobart. Offiziell wurde die Art im Jahr 1982 als ausgestorben erklärt.

BEUTELWOLF

DIE WÄLDER GONDWANAS

Südamerika, Australien, Neuseeland

Die Baumarten der gemäßigten Wälder auf der Südhalbkugel (in Chile und Australien) sind nur entfernt mit denen der Nordhalbkugel verwandt. Im Süden dominieren die Scheinbuchen der Gattung *Nothofagus*. Unter sie mischen sich Koniferen (Nadelgehölze) wie die Steineiben, Kaurifichten und Araukarien. All diese meist immergrünen Bäume kommen vor allem auf der Südhalbkugel vor und sind in den warmen, feuchten Wäldern Gondwanas entstanden, eines Superkontinents, der in Südamerika, Afrika, Australien und Neuseeland zersplittert ist. Im Gegensatz dazu stammen die gemäßigten Wälder Eurasiens und Nordamerikas vom nördlichen Superkontinent Laurasia. Es ist möglich, dass der Laubabwurf dieser nördlichen Bäume, etwa der Eichen, auf die jahreszeitlich bedingte Trockenheit in der Heimat ihrer subtropischen Ahnen zurückgeht. Als ihre Abkömmlinge sich nach Norden ausbreiteten, funktionierte der Laubabwurf auch, um die eiskalten Winter überstehen zu können. In der Zwischenzeit bewirkte das mildere maritime Klima auf der Südhalbkugel, dass die dortigen gemäßigten Wälder überwiegend immergrün sind.

Fossilien von Scheinbuchen weisen darauf hin, dass sie sich vor 80 Millionen Jahren entwickelt haben, als sie auf Gondwana weit verbreitet waren.

REGENWALD-PINGUINE AN DER SÜDSPITZE NEUSEELANDS

Südinsel, Neuseeland

Ein feuchter Wald scheint nicht gerade der richtige Platz für Pinguine zu sein, doch einige dieser flugunfähigen Vögel nisten weit im Inland im Schatten der Bäume. Der Dickschnabelpinguin (*Eudyptes pachyrhynchus*) lebt in den Gewässern vor den Küsten Neuseelands und Tasmaniens, sucht aber im südlichen Winter den gemäßigten Regenwald auf. An der Südspitze der neuseeländischen Südinsel nistet er zwischen den Baumwurzeln unter den Ästen immergrüner Südinsel-Eisenholz-Bäume (*Metrosideros umbellata*) – Verwandten von Myrten und Eukalyptusbäumen. Er scheint weniger gesellig als andere Pinguinarten zu sein, sodass sich die Nester weit voneinander entfernt in einer losen Kolonie befinden. Etwa drei Viertel der Vögel kehren jedes Jahr zu ihrem Nistplatz zurück.

PFAD DER PINGUINE
Nachdem sie vor der Küste Fische gefangen haben, machen sich die Dickschnabelpinguine auf ihren Weg zurück zu den Nestern im Regenwald – auf Pfaden, die sie jedes Jahr immer wieder benutzen.

WÄLDER AUF NEUSEELAND
Eine Reihe Silberner Scheinbuchen (*Lophozonia menziesii*) säumt den Cleddau River, der sich durch den Steineiben- und Scheinbuchenwald schlängelt.

SCHLEIMSPRITZENDE STUMMELFÜSSER

Neuseeland

Gondwana war nicht nur die ursprüngliche Heimat immergrüner Bäume (siehe vorige Seite), sondern auch von Tieren, deren Nachkommen heute auf der Südhalbkugel leben. Zu ihnen gehören die bizarren Stummelfüßer. Diese winzigen Räuber bewegen sich auf ihren kurzen Beinen langsam über den Waldboden. Sie besitzen Drüsen am Kopf, die einen klebrigen Schleim ausstoßen, mit dem sie schnellere Beute lähmen können. Stummelfüßer sind entfernt mit den Arthropoden verwandt. Das sind die Gliederfüßer, zu denen Insekten, Spinnen- und Krebstiere gehören. In gemäßigten Regionen sind ihre gegen Austrocknung empfindlichen Körper gut an die feuchten Wälder Neuseelands angepasst, doch leben sie auch in den gemäßigten Regenwäldern Tasmaniens, Südostaustraliens und Chiles.

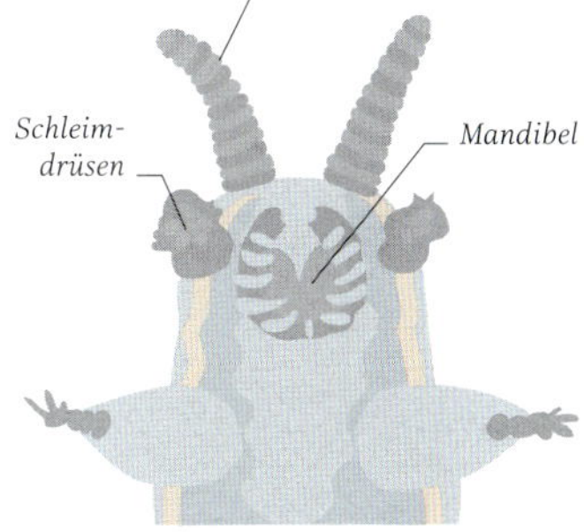

STUMMELFÜSSER (ANSICHT VON UNTEN)

STUMMELFÜSSER
Der Neuseeländische Stummelfüßer (*Peripatoides* spec.) benötigt eine dunkle, feuchte Umgebung. Die Moospolster und das Falllaub auf dem Waldboden stellen für ihn einen idealen Lebensraum dar.

RIESIGE INSEKTEN

Neuseeland

Das Fehlen von einheimischen Säugetieren auf Neuseeland hat einige ökologische Nischen für andere Tiere freigelassen. Zu ihnen gehören die Wetas, flugunfähige Langfühlerschrecken. Einige zählen zu den schwersten Insekten der Welt: Die größte, *Deinacrida heteracantha*, ist so groß wie ein Sperling. Dieser Riese lebt auf Little Barrier Island geschützt vor eingeschleppten Nagetieren, die das Insekt auf den Hauptinseln bedrohen. Daneben gibt es etwa 100 andere auf Neuseeland endemische Arten, darunter Höhlen-, Boden- und Baumbewohner (*Hemideina*). Sie fressen Pflanzen, Aas oder jagen andere Tiere.

BAUMWETA

LAND DER FLUGUNFÄHIGEN VÖGEL

Neuseeland

Zwei Familien flugunfähiger Vögel haben sich auf Neuseeland entwickelt – die Kiwis und die Moas. Die hühnergroßen Kiwis leben in Wäldern und stochern auf der Suche nach Würmern und Insekten mit ihren langen Schnäbeln im Boden. Ungewöhnlich für Vögel ist, dass sie ihre Beute mit dem Geruchssinn finden. Sie scheinen eine ähnliche ökologische Nische zu besetzen wie die Igel in Eurasien. Moas waren Pflanzenfresser unterschiedlicher Größe (der größte war größer als ein Mensch), die heute ausgestorben sind. Alle Arten sind von den ersten polynesischen Einwanderern ausgerottet worden. Trotz einer oberflächlichen Ähnlichkeit haben sich Kiwis und Moas unabhängig voneinander entwickelt.

GROSSER FLECKENKIWI
Der nur noch auf der Südinsel vorkommende Große Fleckenkiwi (*Apteryx haastii*) lebt in Scheinbuchen- und Steineibenwäldern, sucht aber auch die höher gelegenen Grassteppen auf.

Die Nadelwälder Westkanadas sind die Heimat des Kermodebärs (*Ursus americanus kermodei*), der manchmal auch als Geisterbär bezeichnet wird. Bis zu 20 Prozent dieser seltenen Unterart des Amerikanischen Schwarzbären haben ein weißes oder cremefarbenes Fell.

GEMÄSSIGTE NADELWÄLDER

Die größten und ältesten Bäume, die es auf der Welt gibt, wachsen in den gemäßigten Nadelwäldern. Mit ihren gewöhnlich kühlen Wintern und milden Sommern zählen diese immergrünen Wälder zu den artenreichsten Lebensräumen der Erde.

Nadelbäume (Koniferen) wachsen auch außerhalb der borealen Wälder des Nordens (siehe S. 22–31) – die größte Artenzahl findet sich in den mittleren gemäßigten Breiten Nordamerikas und Eurasiens, wo die Sommer mild und die Winter kühl sind.

VIELFALT DER NADELBÄUME

Kiefern-, Fichten-, Tannen-, Zedern-, Zypressen-, Wacholder- und Eibenwälder sind dort zu finden, wo die Bedingungen für Nadelbäume günstiger sind als für Laubbäume. In Gebieten mit feuchten, milden Wintern wachsen Buchen und Eichen, doch in trockenen Wintern gedeihen Nadelbäume besser. Einige ihrer Arten bevorzugen extremes Klima: Riesenmammutbäume wachsen unter den Bedingungen des gemäßigten Regenwalds, während Langlebige Kiefern nur langsam in trockenen Gebirgstälern vorkommen.

Die Blätter und Stämme der Nadelbäume enthalten Harze, die die Bäume leicht entflammbar machen, sodass Waldbrände entstehen können. Diese Arten haben daher eine dickere, feuerresistente Borke. Dabei bleiben die in großer Höhe wachsenden Nadeln oft unbeschädigt. Andere Organismen der gemäßigten Nadelwälder haben sich entsprechend angepasst. Insekten, Nagetiere und Rehe können die festen Blätter verdauen. Andere Tiere ernähren sich von den in den Zapfen enthaltenen Samen. Bei der großen Vielfalt der Baumarten in den gemäßigten Nadelwäldern finden die Tiere das ganze Jahr über Nahrung. Andere Tiere fressen Begleitpflanzen der Nadelbäume. Die Pandas etwa ernähren sich vom Bambus in asiatischen Wäldern.

WELTWEITE VERBREITUNG

Die hauptsächlichen Bereiche gemäßigter Nadelwälder befinden sich im westlichen Nordamerika und in Ostasien. Einige Teile Südamerikas und Australasiens weisen eine Vielfalt von Nadelbäumen auf, doch wachsen sie meist im vorherrschenden Laubwald (siehe S. 32–49).

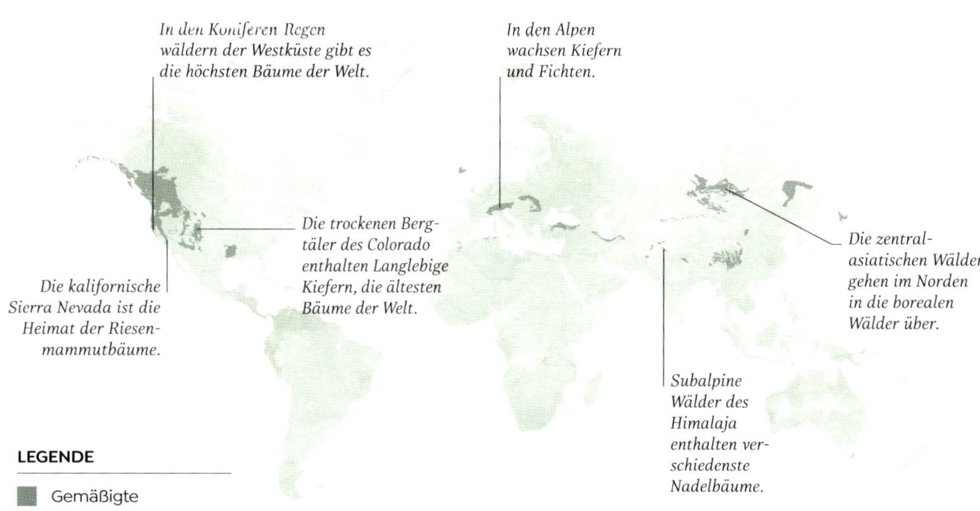

HÖCHSTER BAUM

Der an den kalifornischen Küsten vorkommende Küstenmammutbaum kann über 100 m hoch und über 2000 Jahre alt werden.

ROSABLÄTTRIGER HELMLING

Diese winzigen Pilze leben von Laub und organischen Stoffen, die sich auf den Ästen ansammeln.

PFLANZEN, DIE AUF BÄUMEN WACHSEN

Epiphyten wie die Immergrüne Heidelbeere wurzeln auf den Ästen, wo sie hoch über dem Boden genug Licht bekommen.

NESTER IN NADELBÄUMEN

Zu den wenigen in Bäumen nistenden Meeresvögeln gehört der Marmel-Alk, der sein einzelnes Ei auf einer Moosplattform bebrütet.

LEBEN AUF DEM WALDBODEN

Bananenschnecken können 25 cm lang werden. Sie ernähren sich von Falllaub und organischen Abfällen.

GROSSTIERE

Amerikanische Schwarzbären fressen Schösslinge, Beeren und Samen, jagen gelegentlich Wild und plündern Stöcke von Honigbienen.

In der Trockenzeit beziehen Wälder aus Küstenmammutbäumen mehr als die Hälfte des Wassers aus dem Nebel.

***Diademhäher** leben vor allem in Nadelwäldern, wo sie Samen und Wirbellose fressen.*

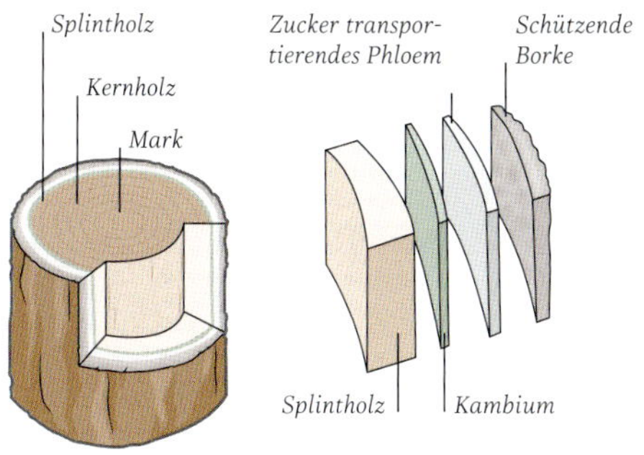

AUFBAU EINES BAUMS
Hohe Bäume gelangen besser ans Sonnenlicht als ihre Nachbarn, benötigen aber starke Stämme. Holz ist in Schichten aufgebaut, dabei umgibt das jüngere wasserleitende Splintholz das ältere, das Gewicht tragende Kernholz in der Mitte des Stamms.

GEMÄSSIGTE NADELWÄLDER

Immergrüne Nadelbäume herrschen in vielen gemäßigten Regionen vor, die eine ausgeprägte Trockenzeit aufweisen. Doch in anderen Gebieten, die das ganze Jahr über Niederschläge erhalten, gedeihen sie ebenfalls hervorragend. Die nordamerikanische Westküste weist einige der artenreichsten Nadelwälder auf. Der Küstenmammutbaum-Regenwald Kaliforniens ragt hoch über dem ständig nassen Boden auf, der dicht mit verschiedenen Moosen und Farnen bewachsen ist.

Die Gleithaut *der Gleithörnchen, das Patagium, reicht von den Handgelenken bis zu den Knöcheln.*

Pazifischer Rhododendron *bildet in Lichtungen dichte Bestände.*

GLEITENDES NAGETIER
Das Humboldt-Gleithörnchen besitzt eine Gleithaut zwischen den Vorder- und den Hinterbeinen, mithilfe derer es von Baum zu Baum gleiten kann.

SPITZENPRÄDATOR
Fleckenkäuze jagen mithilfe ihres guten Gehörs Nagetiere in der Dämmerung. Vor allem haben sie es auf Gleithörnchen abgesehen.

WO SEEVÖGEL AUF WALD TREFFEN

WEISSKOPF-SEEADLER MIT KÜKEN
Die Weißkopf-Seeadler nisten oft in einem alten oder toten Baum. Das Nest hat einen Durchmesser von etwa 1,8 m.

In jedem Sommer erleben die Wälder entlang der pazifischen Küsten Alaskas und Kanadas eine Invasion von Vögeln. Tausende von Alkenvögeln wie die Marmel-Alken (*Brachyramphus marmoratus*) kommen vom Meer, wo sie das Jahr über Fische gefangen haben, und gesellen sich zu den dort lebenden Weißkopf-Seeadlern (*Haliaeetus leucocephalus*), um hier zu nisten. Die Alkenvögel nutzen Höhlungen am Fuß der Bäume, nur die Marmel-Alken nisten in den Baumkronen des Koniferen-Regenwalds. Zusammen mit den dort nistenden Seeadlern fischen sie an der Küste. Die Bäume profitieren vom stickstoffreichen Vogelkot, der den Boden düngt, sodass die ursprünglich in den Fischen enthaltenen Mineralien das Wachstum begünstigen.

INSEKTENFRESSENDE PFLANZEN

Die harzhaltigen herabfallenden Nadeln sind sauer und bedecken den Waldboden, sodass die Abfallstoffe abbauenden Mikroben behindert werden. Daher ist die obere Bodenschicht in den Nadelwäldern nährstoffarm und manche Pflanzen müssen Insekten fangen, um genug Nährstoffe zu erhalten.

Die insektenfressende Kobralilie (*Darlingtonia californica*) wächst in den pazifischen Küstenwäldern Oregons und Kaliforniens. Mit ihr verwandte Schlauchpflanzen kommen an der atlantischen Seite Nordamerikas vor. All diese Pflanzen besitzen lange, vasenförmige Blätter, die Wasser ansammeln, in dem die Beute ertrinkt. Die atlantischen Arten nutzen dazu Regenwasser, doch die Kobralilie gibt Wasser ab, das sie mit den Wurzeln aufgenommen hat. Feine Haare im Blatt lassen die Insekten herabrutschen. Die Haube schützt vor Überflutung mit Regenwasser und sie verhindert das Entkommen der Insekten.

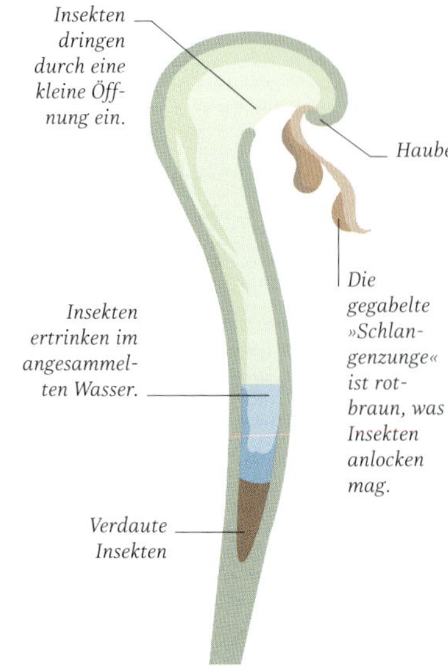

KOBRALILIE

TÖDLICHE PFLANZE
Das Innere der Kobralilie ist sehr schlüpfrig, sodass Insekten immer tiefer in die Falle rutschen. Bakterien und Protozoen im Wasser helfen bei der Zersetzung der Beute.

REGENERATION VON MAMMUTBÄUMEN

Starke Winde und mit Wasser vollgesogenes Laub können die höchsten Bäume zu Fall bringen. Für die meisten Nadelbäume bedeutet das den Tod, da sie nicht neu aus dem Stumpf austreiben können. Die kalifornischen Küstenmammutbäume (*Sequoia sempervirens*) sind jedoch dazu in der Lage. Ein gebrochener Stamm trennt die Verbindung zwischen den Wurzeln und den Blättern, sodass kein Wasser und keine Mineralien nach oben und keine Nährstoffe nach unten gelangen können. So stirbt die gefallene Baumkrone, doch der Baumstumpf wird von den Wurzeln am Leben gehalten. Die Stämme besitzen unter der Borke eine Kambium-Schicht, die aus dem Stumpf neue Schösslinge emporwachsen lassen kann.

NEUE BÄUME ENTSTEHEN
Nasses, stürmisches Wetter kann den Stamm eines älteren Mammutbaums zerbrechen. Ein natürlicher Niederwald entsteht, wenn sich neue Schösslinge an der Basis des Stumpfs entwickeln. Einer von ihnen wird einmal den gefallenen Baum ersetzen.

DIE GRÖSSTEN BÄUME DER WELT

Bäume sind die höchsten Lebewesen der Welt und die Mammutbäume sind die größten unter ihnen. Der Küstenmammutbaum (*Sequoia sempervirens*) erreicht vom Grund bis zur Krone manchmal Höhen von über 100 m. Der größte mit dem Namen Hyperion misst 116 m. Mammutbäume zählen auch zu den schwersten Organismen überhaupt, da jede Pflanze große Mengen an Blättern benötigt, um ausreichend Fotosynthese betreiben zu können. Daher investiert der Baum vor allem in einen dicken Stamm.

Bäume werden hoch, um genug Licht zu bekommen und nicht im Schatten ihrer Nachbarn stehen zu müssen. Das ist im immergrünen Wald besonders wichtig, da die Bäume mit ihrem dichten Laub das ganze Jahr über Schatten werfen.

Bäume können dank ihres holzigen Gerüsts so sehr in die Höhe wachsen. Ihre Leitgefäße – das sogenannte Xylem – werden versteift und sterben später ab, sodass Röhren übrigbleiben, die den Wasser- und Mineraltransport übernehmen. So entsteht das sogenannte Splintholz. Doch das älteste Xylem im Kern des Stamms verliert seine Transportfunktion vollständig. Dieses Kernholz hat die Aufgabe, den Stamm zu stabilisieren, und bildet daher den größten Teil des verholzten Stamms.

Der massereichste Baum – ein General Sherman genannter Riesenmammutbaum – misst am Grund 11 m im Durchmesser.

NATURSCHUTZ

RETTUNG DER MAMMUTBÄUME

Riesenmammutbäume sind imstande, Waldbrände zu überleben. Ihre Borke ist schwer entflammbar und ihre große Höhe schützt die empfindlichen Nadeln vor dem Feuer. Doch die globale Erwärmung erhöht die Häufigkeit und Intensität der Waldbrände. Fast 20 Prozent aller Bäume sind so verloren gegangen, sodass der Lebensraum und die hier lebenden Baumbewohner wie dieser Fischermarder gefährdet sind.

FISCHERMARDER ZWISCHEN DEN ZWEIGEN

RIESEN-MAMMUTBAUM
President, ein Riesenmammutbaum (*Sequoiadendron giganteum*) in Kalifornien, ist geschätzt etwa 3200 Jahre alt, sodass er vielleicht der älteste Mammutbaum der Welt ist.

DER ÄLTESTE BAUM DER WELT

Südwestliche Vereinigte Staaten

Nur wenige Lebewesen können in Bezug auf ihr Alter mit der Langlebigen Kiefer (*Pinus longaeva*) konkurrieren. Sie wächst knapp unterhalb der Baumgrenze der Rocky Mountains, die verkrüppelten und verdrehten Bäume sind die Methusaleme unter den Pflanzen. Das älteste Exemplar ist gekeimt, als Stonehenge und die Pyramiden von Gizeh gebaut worden sind. Doch das hohe Alter macht sie nicht zu Riesen: Sie werden mit 15 m Höhe kaum halb so groß wie eine Stiel-Eiche.

Die raue Umgebung lässt die Bäume sehr langsam wachsen. Das trockene Kalkgestein ist zu aggressiv für die meisten anderen Pflanzen und in einer Höhe von nahezu 3000 m fegen kalte Winde über die Berge. Doch die Bäume sind unglaublich widerstandsfähig: Sogar ihre Nadeln können 40 Jahre lang grün bleiben. Ihr dichtes, harziges Holz widersteht Insekten und Pilzen, die im Lauf der Zeit andere Bäume schädigen. Nur das Wetter trägt das Holz ab und lässt Teile absterben. Einige der ältesten Exemplare tragen blattartige Triebe, die von dünnen Streifen lebenden Gewebes versorgt werden, die durch ansonsten tote Stämme verlaufen.

Der älteste Baum der Welt, eine als Methuselah bekannte Langlebige Kiefer, hat ein geschätztes Alter von 4850 Jahren.

URALTE KIEFER
Langlebige Kiefern gehören zu den ältesten Lebewesen der Welt. Sie wachsen sehr langsam auf felsigem Untergrund in Lebensräumen, in denen nur wenig Niederschlag fällt.

DIE GRÖSSTE LEBENSFORM

Zentral-Oregon

DUNKLER HALLIMASCH

Die Fruchtkörper der Pilze geben kaum Hinweise auf ihre wahre Ausdehnung. Sie entspringen einem Netzwerk unterirdischer Fäden, dem Myzel, das Nährstoffe aufnimmt. Ein Dunkler Hallimasch (*Armillaria ostoyae*) in den Nadelwäldern des Malheur National Forest in Oregon könnte mit über 9 km^2 Ausdehnung ein größeres Myzel als jeder andere Pilz besitzen. Man nimmt an, dass es aus einer einzigen Spore entstanden ist und dass dieser Pilz den größten Organismus der Welt verkörpert, der nicht als Kolonie organisiert ist.

DER KLEINE NADELFRESSER

Oregon und Kalifornien

Die meisten Wühlmäuse leben am Boden und ziehen sich in Baue im dichten Gras oder unter der Erdoberfläche zurück. Die Rote Baumwühlmaus (*Arborimus longicaudus*) der pazifischen Küstenwälder Nordamerikas will dagegen hoch hinaus. Sie lebt die meiste Zeit in den Baumkronen älterer Douglasien (*Pseudotsuga menziesii*). Anders als andere Wühlmäuse ernährt sie sich fast ausschließlich von den Nadeln der Bäume. Allerdings muss sie dazu die Harzgänge der Nadeln entfernen. Diese aber nutzt sie zum Bau der Nester hoch oben in den Ästen, in Baumhöhlen oder sogar in Hörnchenkobeln, die beide Arten gleichzeitig nutzen können.

ROTE BAUMWÜHLMAUS
Die Spezialisierung dieses baumbewohnenden Nagetiers macht es verletzlich. Seine Verbreitung ist auf einen kleinen Küstenbereich in Oregon und Nordkalifornien beschränkt. Die Tiere nisten nur in älteren Douglasien.

EIN NADELBAUM ALS PIONIER

Westliches Nordamerika

In den Gebirgen des westlichen Nordamerikas gibt es weite Waldbereiche, die fast nur aus einer einzigen Art bestehen: der Küsten-Kiefer (*Pinus contorta*). Sie ist ein Pionier, der das Land nach Waldbränden wieder besiedelt. Nadelbäume enthalten großen Mengen brennbaren Harzes, sodass die Küsten-Kiefer – wie andere Arten auch – verbrennt und stirbt. Doch ihre ans Feuer angepassten Zapfen geben ihre Samen ab, wenn sie von den Flammen erhitzt werden. Die Schösslinge wachsen gemeinsam zu Bäumen gleichen Alters heran, die ein einheitliches Blätterdach haben. Mit der Zeit folgen auf die Küsten-Kiefer Fichten und Tannen, doch bis dahin ist der Wald übersät von den Baumstümpfen früherer Generationen. Sie sind wichtige Lebensräume für Spechte und andere Tiere, die das Totholz nutzen.

HAARSPECHT
Sowohl vom Feuer beschädigte als auch lebende Bäume haben den Spechten etwas zu bieten. Sie finden Käferlarven im geschwächten Holz und können Nisthöhlen anlegen.

MERKMALE VON NADELBÄUMEN DER WELT

Weltweit

Nadelbäume oder Koniferen stellen nur ein Prozent der Samenpflanzen, bilden jedoch oft große Wälder. Die Familie der Kieferngewächse umfasst die höchste Anzahl von Arten. Zu ihr gehören Kiefern, Fichten, Lärchen und Tannen. Zur Familie der Zypressengewächse gehören Mammutbäume und Wacholder. Viele ihrer Arten tragen Schuppenblätter. Die auf der Nordhalbkugel verbreitete Familie der Eibengewächse ist nahe mit ihnen verwandt. Die Araukarien- und Steineibengewächse kommen vor allem auf der Südhalbkugel vor. Alle Nadelbäume verholzen, die Blüten entwickeln sich in zapfenartigen Ständen. Der männliche Pollen wird vom Wind verbreitet. Oft enthalten die Wälder viele Bäume der gleichen Art, was die Befruchtungschance erhöht.

UNTERSCHIEDE DER NADELBÄUME
Die Hauptgruppen der Nadelbäume sind vor rund 200 Millionen Jahren entstanden – zur Zeit der Dinosaurier, als es noch keine Blütenpflanzen (Bedecktsamer) gab. Heute gibt es weniger Nacktsamer als Bedecktsamer, doch zu ihnen gehören die größten, ältesten und kälteunempfindlichsten Bäume der Welt.

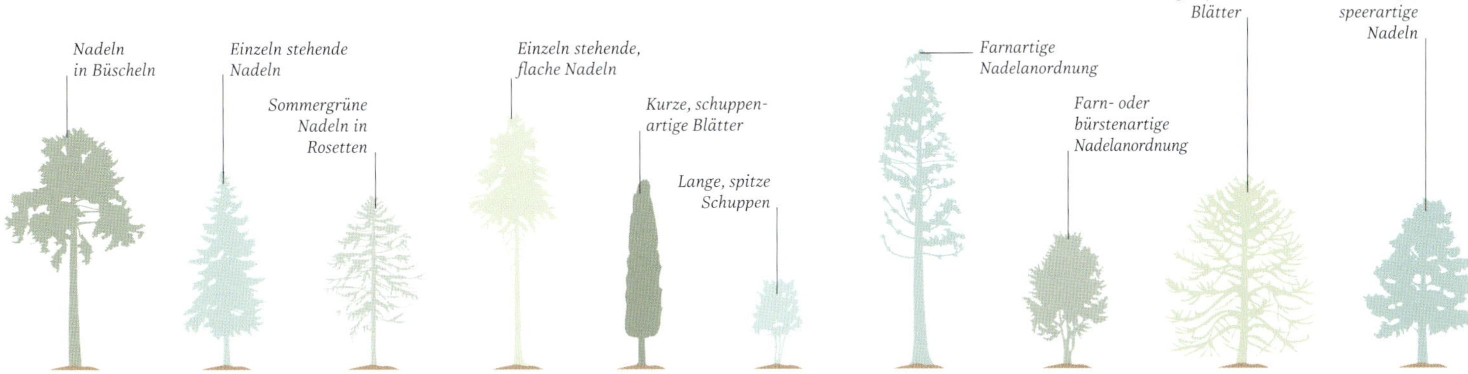

KÜSTENNEBEL
In den trockenen Sommermonaten an der kalifornischen Pazifikküste dringt der nächtliche Nebel ins Inland vor und versorgt die Küstenmammutbäume mit Feuchtigkeit. Die Bäume nehmen das Wasser über ihre Nadeln auf und können es in der Borke speichern. Auf den Waldboden fallende Tropfen versorgen das gesamte Ökosystem.

UNTERWEGS IN SCHOTTISCHEN WÄLDERN
Ein Bastard einer Wild- und einer Hauskatze streift durch die Nadelwälder von Glen Isla in den Grampian Mountains.

AAS-FRESSER

Nordanatolien

Das Pontische Gebirge in der Türkei ist mit Schwarz-Kiefern (*Pinus nigra*) und Kalabrischen Kiefern (*Pinus brutia*) bewachsen – Bäumen, die an das trockene Mittelmeerklima angepasst sind. Greifvögel kommen in diesen Wäldern häufig vor. Hier gibt es die meisten Geier im westlichen Eurasien. Der Mönchsgeier (*Aegypius monachus*), der Bartgeier (*Gypaetus barbatus*) und der Gänsegeier (*Gyps fulvus*) segeln in den Aufwinden über den Bergen, wo sie die Landschaft nach Kadavern von Nutztieren und von hier wild lebenden Steinböcken absuchen.

EURASISCHER GÄNSEGEIER

JÄGER IN DEN KARPATEN

Karpaten

Einige der artenreichsten Waldlebensräume Europas liegen in den Karpaten – dem großen Gebirgszug im südöstlichen Mitteleuropa. Die Eichen und Buchen des Tieflands werden in größeren Höhen durch Kiefern und Wacholder ersetzt. Die Gebiete unberührter Natur sind groß genug, um Raubtieren an der Spitze der Nahrungskette eine ausreichende Anzahl von Revieren zu bieten. Stein- und Kaiseradler (*Aquila chrysaetos* und *A. heliaca*) segeln am Himmel über einem Gebiet, das stabile Populationen von Beutetieren aufweist. Geschätzt leben in diesen Wäldern über 2000 Eurasische Luchse (*Lynx lynx*), über 3000 Wölfe (*Canis lupus*) und etwa 8000 Braunbären (*Ursus arctos*). Hier vorkommende Hirsche und Gämsen zählen zu den Tieren, die als Beute für alle Raubtiere infrage kommen.

GROSSER JÄGER
Die kleineren amerikanischen Luchsarten jagen vor allem Kaninchen und Hasen, doch der große Eurasische Luchs stellt hauptsächlich Rehen nach.

WILDKATZEN IN DEN SCHOTTISCHEN WÄLDERN

Schottland

Die Nadelwälder der schottischen Highlands sind die Reste früherer Wälder, die einst die Britischen Inseln bedeckt haben. Sie stellen auch das letzte Rückzugsgebiet der schottischen Population der Europäischen Wildkatze (*Felis silvestris*) dar.

Wildkatzen und ihre Verwandten bewohnen Laubwälder auf dem europäischen Festland, Grassteppen in Afrika und trockenes Buschland in Südwestasien. Durch die Entwaldung Schottlands leben die Katzen vor allem im Übergangsgebiet von Kaledonischem Wald zum Moor. Dort jagen sie Nagetiere, Kaninchen und Vögel. Wo es viele Kaninchen gibt, können Wildkatzen auf kleineren Territorien leben. Die Wildkatze wird jedoch durch die Hybridisierung mit Hauskatzen bedroht.

Wildkatzenschwänze sind dicker als die der Hauskatzen, sie haben eine stumpfe Spitze.

NATURSCHUTZ

RETTUNG DER WILDKATZE

Hybridisierung ist die größte Bedrohung der schottischen Wildkatzen. Verwilderte Hauskatzen haben sich mit so vielen Wildkatzen gepaart, dass kaum noch reine Wildkatzen existieren. Naturschützer fangen Hybriden und sterilisieren sie, damit sichergestellt ist, dass Wildkatzen nur mit anderen Wildkatzen Nachwuchs produzieren.

SCHUTZ DER WILDKATZEN

NADELBÄUME ALS NAHRUNG

Atlasgebirge

BERBERAFFEN

Der Berberaffe (*Macaca sylvanus*) ist der einzige nichtmenschliche Primat, der nördlich der Sahara lebt. Er bewohnt die Bergwälder Marokkos und Algeriens. Auch auf Gibraltar gibt es Affen, doch hier wurden sie von Menschen eingeführt, entweder im Mittelalter von den islamischen Herrschern dieser Gegend oder von britischen Soldaten im Jahr 1740. Berberaffen leben zwischen Zedern, Tannen und Steineichen, wo sie Laub fressen und die Borke abstreifen. Sie sollen alte Zedern durch die Schädigung der Borke zum Absterben gebracht haben. Möglicherweise waren sie in Dürrezeiten dazu gezwungen, da die menschliche Landnutzung ihren Zugang zu natürlichen Nahrungsquellen einschränkt und die Regeneration des Zedernwalds verhindert hatte.

NACH DEM GEHÖR JAGEN

Boreale Wälder weltweit, einige gemäßigte Nadelwälder

Der mit Schnee bedeckte Waldboden stellt für Nagetiere jagende Eulen eine Herausforderung dar. Wie viele andere Arten nutzt der Bartkauz (*Strix nebulosa*) sein gutes Gehör, das er seinem asymmetrischen Schädel verdankt: Das linke Ohr befindet sich weiter oben als das rechte. Der Zeitunterschied, mit dem er die Geräusche der Beute wahrnimmt, lässt ihn ihre Position orten, auch wenn sie sich 50 cm unter der Schneedecke befindet. Der Kauz stürzt sich herab, durchbricht die Schneedecke und ergreift die Beute mit den Krallen.

VERSTECKTE BEUTE JAGEN

Wenn die Beute sich unter der dicken Schneedecke versteckt, muss sich die Eule auf ihr Gehör und auf die unterschiedliche Position ihrer Ohren verlassen.

BARTKAUZ

NADELBÄUME IM TIEFSTEN FLUSSTAL DER WELT

Dihang-Schluchten, Tibet

Die Artenzusammensetzung der Bäume in einem Gebiet verändert sich, wenn mit zunehmender Höhe Tieflandarten durch montane Arten ersetzt werden, die besser an die kälteren, stürmischen Bedingungen angepasst sind. Diese Zonierung ist in den Dihang-Schluchten in Tibet besonders gut ausgeprägt. Dieses tiefste Flusstal der Welt reicht 6000 m weit hinab. Wie überall auf der Welt bestehen die Wälder an den extrem steilen Hängen aus Laubbäumen im unteren Bereich und Nadelbäumen im oberen. Im Gürtel mit Nadelbäumen gibt es von verschiedenen Himalaja-Arten dominierte Zonen: Kiefern herrschen im mittleren Bereich vor, an der Baumgrenze dagegen wächst Wacholder.

VEGETATIONSZONEN IM GEBIRGE
Mit zunehmender Höhe weichen empfindlichere Nadelbäume der Dihang-Schluchten robusteren Arten wie Himalaja-Wacholder und Pindrow-Tanne.

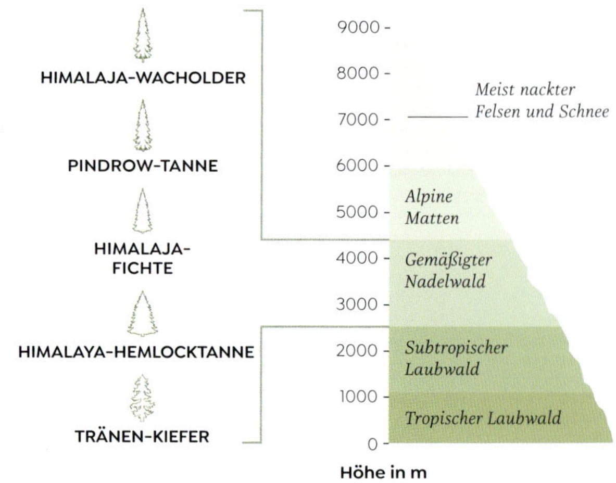

GROSSER PANDA
Anders als andere Bären muss der Panda nicht zur Nahrungssuche auf Bäume klettern. Doch er klettert, um Gefahren zu entgehen. Männchen klettern auch, um Weibchen zu beeindrucken.

IKONEN DES BAMBUS

Hengduan-Gebirge

Im zerklüfteten Hengduan-Gebirge in Zentralchina gedeihen Laub- und Nadelwälder gemeinsam mit dichten Bambusbeständen. Dutzende von Arten dieser riesigen Gräser bilden in mittleren Höhen das Unterholz zwischen den Kiefern, weiter höher zwischen den Fichten und in größeren Höhen zwischen den Tannen. Von 2000 bis 3000 m Höhe befindet sich die Heimat des Großen Pandas (*Ailuropoda melanoleuca*). Er ist der einzige rein vegetarisch lebende Bär der Welt: Über 99 Prozent seiner Nahrung bestehen aus Bambus. Er wählt bestimmte Arten und deren Teile aus, um ein gut verdauliches Mahl mit hohem Proteingehalt zu erhalten. Im Lauf des Jahres wandern die Pandas die Berge hinauf und hinab, da die verschiedenen Bambusarten zu unterschiedlichen Jahreszeiten wachsen. Die Bambusnahrung führt allerdings dazu, dass die Tiere die Hälfte ihres Lebens – Tag und Nacht – mit Fressen verbringen müssen und dass ein guter Teil der Nahrung unverdaut wieder ausgeschieden wird. Außerdem sterben Bambusbestände nach der gleichzeitigen Blüte ab und wenn dies in einem großen Gebiet geschieht, müssen die Pandas abwandern oder können sogar verhungern.

> *Heute gibt es mehr in menschlicher Obhut vermehrte Pandas als in der Natur lebende.*

NATURSCHUTZ
EIN GROSSER ERFOLG
Seit den 1960er-Jahren hat ein erfolgreiches chinesisches Zuchtprogramm den Bestand der Großen Pandas vergrößert und zur Sicherung ihrer Zukunft beigetragen. Doch für die wilden Pandas, von denen es nur noch weniger als 2000 Tiere gibt, bleibt die Situation kritisch. Da die Pandas in isolierten Populationen in weit verteilten Reservaten leben, bedroht Inzucht auf lange Sicht ihr Überleben.

DIE GRÖSSTEN EULEN DER WELT

Hokkaido, Japan

Tiere, die in kalten Lebensräumen vorkommen, verlieren Wärme an die Umgebung. Dabei sind gleichwarme Tiere, deren Körpertemperatur hoch gehalten werden muss, empfindlich gegen Auskühlung. Da größere Körper weniger Wärme verlieren als kleinere, hat die Evolution in kalten Lebensräumen größere Vögel und Säugetiere begünstigt. Das wird als Bergmanns Regel bezeichnet. Sie wird bei nah verwandten Arten besonders deutlich. Die größte Eule ist der Riesen-Fischuhu (*Ketupa blakistoni*). Er lebt in sehr kalten Bergnadelwäldern auf der nordjapanischen Insel Hokkaido.

GEWICHTSVERGLEICH
Die größten Eulen leben in den kälteren Gebieten. Der winzige Elfenkauz lebt dagegen im tropischen Mittelamerika.

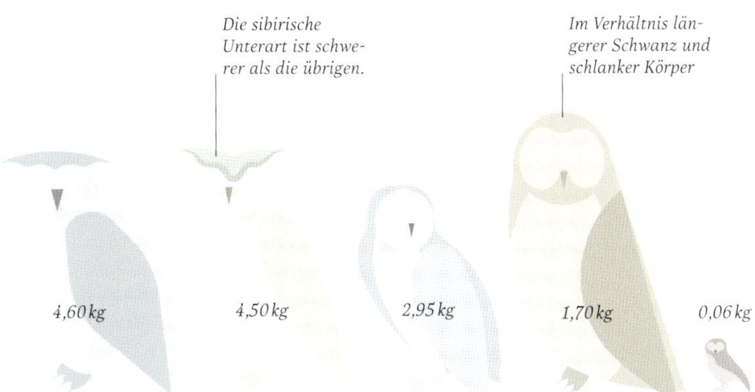

RIESEN-FISCHUHU
Der Riesen-Fischuhu ist die schwerste Eule und frisst hauptsächlich Fische, kann aber auch Vögel bis zur Größe eines Raufußhuhns schlagen. Er soll sogar schon Katzen und kleine Hunde erbeutet haben.

TANNEN AUF DEM FUJI

Zentral-Honshu, Japan

Die Maries-Tanne (*Abies mariesii*) ist der vorherrschende Baum in den verschneiten Wäldern des Bergs Fuji in Japan. Ihre konische Form mit den herabhängenden Zweigen wie ein Weihnachtsbaum bewirkt, dass der Schnee zu Boden rutscht. Wie die meisten anderen Nadelbäume vermehrt sich auch diese Art langsam. In jedem Jahr ermöglichen Pollenwolken, dass die Pollenkörner die weiblichen Zapfen erreichen. Doch danach dauert es noch sechs Monate, bis die Eier befruchtet und die Samen herangereift sind. Erst dann öffnen sich die weiblichen Zapfen und die mit einem Flügel versehenen Samen werden zu den nahe gelegenen Hügeln geweht, wo sie in der Erde auskeimen.

MARIES-TANNE
Die Zapfen auf diesem Baum sind unreif. Sie werden im Herbst verbräunen und ihre geflügelten Samen entlassen.

FASANEN-HOTSPOT

Süd-Himalaja

Unterhalb der Baumgrenze besteht der artenreiche subalpine Nadelwald des Himalajas aus Kiefern, Tannen und Fichten, unter die sich Eichen und Bambus mischen. Der Waldboden ist die Bühne für eindrucksvolle Schauspiele, wenn die Fasanenhähne den Hennen ihr farbenprächtiges Gefieder präsentieren. Diese Wälder beherbergen die größte Vielfalt an Fasanenarten auf der Welt, darunter Tragopane und Glanzfasane. Viele dieser Vögel fressen die Blätter, Samen oder Beeren der Bäume. Einige haben sich auf Nadelbäume spezialisiert: Der Koklasfasan frisst Kiefern- und Fichtennadeln, der Blutfasan frisst im Winter Triebe der Tannen und Wacholder.

TEMMINCK-TRAGOPAN
Mit den leuchtenden Farben will der männliche Temminck-Tragopan (*Tragopan temminckii*) eine potenzielle Partnerin beeindrucken. Bei der Balz stellt der Hahn die blauen »Hörner« an seinem Kopf auf.

Ein Kap-Honigvogel (*Promerops cafer*) sitzt auf einem blühenden Silberbaum am Westkap Südafrikas. Diese Region ist die Heimat des Fynbos, einem für den Artenreichtum unter den Pflanzen bekannten Strauchlands, in dem Eriken, Feuerlilien und über 300 Arten von Silberbäumen vorkommen.

HARTLAUB-VEGETATION

Das Mittelmeerbecken hat heiße, trockene Sommer und kühle, nasse Winter, die zur Entstehung verschiedener artenreicher Strauchsteppen und Wälder führten – ein Muster, das sich auch in anderen Teilen der Welt mit ähnlichem Klima wiederholt.

Nur ein kleiner Teil der Landfläche der Erde weist ein mediterranes Klima auf. Diese Gebiete liegen auf der westlichen Seite der Kontinente in den gemäßigten Breiten. Es gibt fünf große Blöcke: Kalifornien, Chile, Südwestafrika, Südaustralien und der Mittelmeerraum selbst. Trockene Sommer mit saisonalen Winden machen die Vegetation anfällig für herbstliche Brände. Das Ergebnis ist eine Hartlaubvegetation, die sich aus Pflanzen mit kleinen, ledrigen Blättern zusammensetzt. Sie überstehen Trockenheit und saisonale Feuer oder benötigen dies sogar. An manchen Stellen geht das Buschland in offene oder dichte Wälder über. Obwohl die Fauna und Flora in jedem der fünf Blöcke ähnliche Eigenschaften haben, unterscheiden sich ihre einzelnen Arten sehr.

UNTERSCHIEDE DER LEBENSRÄUME

In Kalifornien bestehen die Wälder aus Kiefern und Eichen, wohingegen im Chaparral genannten Strauchland Wüsten-Beifuß und Chamise-Büsche wachsen. In Chile gibt es Scheinbuchen-Wälder und Küsten-Strauchland. Der südafrikanische Fynbos ist für die saisonalen Blüten der Silberbäume bekannt. Die Mallee Australiens besteht aus Eukalyptussträuchern, während im Mittelmeerraum Eichenwälder und Olivenhaine sowie das Strauchdickicht der Macchie wachsen. In vielen Gegenden geht das Strauchland in Wüsten mit Niederschlägen im Winter über und viele Pflanzenfamilien findet man auch in trockeneren Regionen. Die Pflanzen der Hartlaubvegetation können aromatische Öle zur Abwehr von Pflanzenfressern produzieren. Doch manche Pflanzen liefern so viel Nektar, dass sie bestäubende Insekten, Vögel und sogar Säugetiere ernähren können.

WELTWEITE VERBREITUNG

Ein mediterranes Klima ist an den Westseiten der Kontinente zwischen 30° und 40° Breite gut ausgeprägt. Von den benachbarten Meeren erzeugte Winterregen liefern genug Wasser, um Wald- und Strauchland-Lebensräume entstehen zu lassen.

Mallee-Eukalyptus entwickelt nach der Erholung von Waldbränden oft mehrere Stämme.

NEKTARTRINKER
Der Weißaugen-Honigfresser und andere nektarfressende Vögel leben von Pflanzen, die zu unterschiedlichen Zeiten blühen.

ÜBERLEBENDE DES FEUERS
Die Eukalyptusarten des Mallee können an der Basis wieder austreiben, wenn ihr Laub dem Feuer zum Opfer gefallen ist.

PFLANZENFRESSER
Das Westliche Graue Riesenkänguru frisst vor allem Gras, während der Trockenzeit aber auch Buschwerk.

WALD- ODER STRAUCHLAND?
Verholzte Bäume und Sträucher können Lebensräume definieren: Bäume in den Wäldern haben einen einzelnen Stamm und hohe Kronen, Sträucher verzweigen sich dagegen schon unmittelbar über dem Boden.

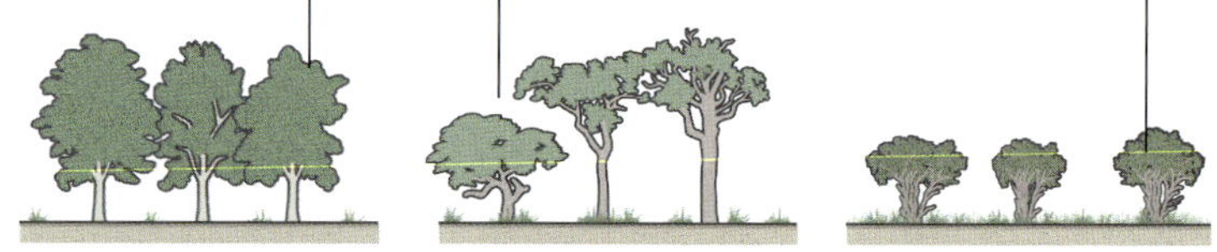

HARTLAUBVEGETATION

Wo das Strauchland an die Wälder grenzt, besitzen die Pflanzen kleine, ledrige Blätter. Sie können die Trockenheit des Sommers vertragen und sich sogar in der feuchten Winterzeit erholen, nachdem die regelmäßig auftretenden Waldbrände das ausgedörrte Laub vernichtet haben. Die Mallee-Region des südlichen Australiens ist ein gutes Beispiel für diesen Lebensraum. Sie wird von verholzten Sträuchern und Eukalyptus beherrscht und ihr Klima entspricht dem des Mittelmeerraums, der über 10 000 km weit entfernt ist. Seine ähnliche Vegetation besteht jedoch aus völlig verschiedenen Arten.

MEDITERRANES KLIMA
Lange, trockene Sommer und kühle, nasse Winter sind wesentliche Ursachen eines mediterranen Klimas. Die Temperaturen fallen selten unter den Gefrierpunkt, können im Sommer aber 30 °C übersteigen. Herbstwinde beschleunigen Waldbrände, die nach der Sommerdürre entstehen. Viele Pflanzen und Tiere sind an diese Brände angepasst oder profitieren sogar von ihnen.

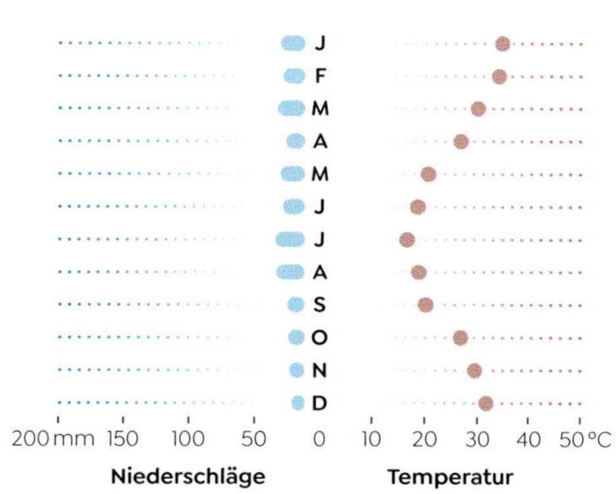

SOUTHERN CROSS, WESTAUSTRALIEN

SPITZENPRÄDATOR
In diesem Lebensraum sind Reptilien die Spitzenprädatoren. Ein Rautenpython tötet seine Beute (oft kleine Säugetiere) durch Umschlingen.

GRÄSER UND STRÄUCHER
Stachlige Igelgräser (Spinifex) und trockenheitsresistente Melden überleben die wüstenartig trockenen Sommer.

OPPORTUNISTISCHER JÄGER
Der Goulds Waran jagt alles, was er überwältigen kann, er plündert oft die Nester von Bodenbrütern.

AMEISENFRESSER
Wo Ameisen und Termiten in großer Zahl vorkommen, bohrt der Kurzschnabeligel seine Schnauze in den Boden und gräbt sie mit den Krallen der Vorderfüße aus.

THERMOMETERHUHN-NEST
Thermometerhühner bauen für die Eiablage große Hügel aus Blättern und Zweigen. Sie nutzen die Verrottungswärme zum Bebrüten. Die Küken graben sich nach dem Schlupf selbstständig ans Tageslicht.

LAUBABWURF IM SOMMER

Weltweit

Viele Bäume der Hartlaubvegetation verlieren in den heißen, trockenen Sommern ihre Blätter. Zu ihnen gehört die Blau-Eiche (*Quercus douglasii*), die in den Kalifornischen Küstengebirgen wächst. Im Gegensatz zu den sommergrünen Bäumen der gemäßigten Zonen sind ihre Äste im Sommer kahl und die Bäume tragen ihr Laub in den kühleren, feuchten Wintern.

KALIFORNISCHE BLAU-EICHE

NADELBÄUME DER KALIFORNISCHEN KÜSTE

Großraum Kalifornien (USA und Mexiko)

Der Großraum Kalifornien ist ein Rückzugsgebiet für einige endemische Nadelbaum-Arten, darunter die Monterey-Kiefer (*Pinus radiata*), die Grannen-Tanne (*Abies bracteata*) sowie die Kalifornische und die Monterey-Zypresse (*Hesperocyparis goveniana* und *H. macrocarpa*), die nun vor allem auf der Monterey-Halbinsel und im Santa-Lucia-Gebirge vorkommen. Die Bäume gedeihen im maritimen Klima mit kühlen, feuchten Wintern und heißen Sommern, in denen Nebel vom Meer herüberzieht. Fossile Zapfenfunde deuten darauf hin, dass sie weiter verbreitet waren, sich aber zur Küste zurückgezogen haben, als es nach der letzten Kaltzeit trockener wurde. Dort sind sie vom Meer und dem sich ausbreitenden trockenen Land umgeben. Sie haben heute das kleinste Verbreitungsgebiet aller Baumarten.

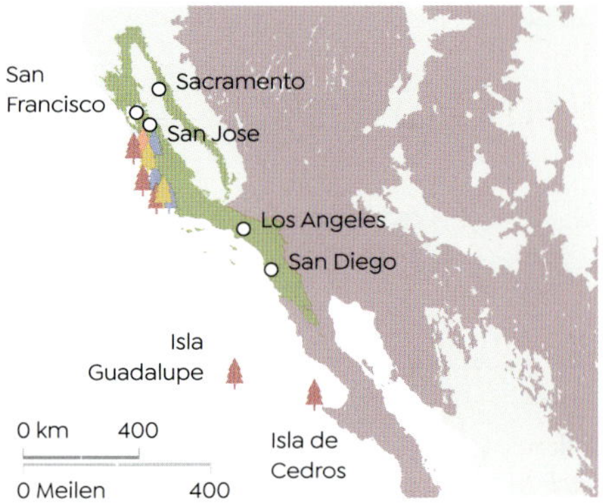

LEGENDE

- Hartlaubvegetation
- Wüsten
- Städte
- Monterey-Kiefer
- Grannen-Tanne
- Monterey-Zypresse
- Kaliforn. Zypresse

KALIFORNISCHE NADELBÄUME
Die vom Meer kommenden Nebel versorgen die zwischen dem Meer im Westen und den Wüsten im Osten eingeschlossenen Nadelbaumbestände.

POINT LOBO
Einer von nur zwei natürlichen Standorten der Monterey-Zypresse und der Monterey-Kiefer. Beide befinden sich an der mittleren Küste Kaliforniens. Viele Bäume haben wegen der Winde flache Kronen.

KALIFORNISCHER KONDOR
Ein Paar dieser Kondore bleibt meist ein Leben lang zusammen. Das Weibchen legt jedes zweite Jahr ein Ei und beide Eltern kümmern sich um das Küken, bis es selbstständig ist.

EIN RÜCKZUGSGEBIET FÜR DEN KALIFORNISCHEN KONDOR

Großraum Kalifornien und Grand Canyon

Der heutige Lebensraum des Kalifornischen Kondors (*Gymnogyps californianus*) in Flecken von Strauchland in den südwestlichen USA ist nur ein Schatten seiner einstigen Verbreitung. Fossilien legen nahe, dass die Art einmal in einem großen Teil Nordamerikas in Grassteppen, Halbwüsten und Mammutbaum-Wäldern zu Hause war. Wie sein südamerikanisches Gegenstück, der Andenkondor (*Vultur gryphus*), nutzt dieser große Vogel die Aufwinde zum Segelflug und entdeckt Aas mit seinen guten Augen. Er nistet an hoch gelegenen Stellen, von denen er seinen Flug starten kann: auf Klippen oder hoch oben in Mammutbäumen. Als der Bestand von Großtieren wie dem Bison nach der letzten Kaltzeit zurückging, sank auch die Zahl der Kondore. Ein derart großer Vogel, der nur ein Ei legt, benötigt mehr als eine Saison, um sein Junges großzuziehen. So kann sich die Population unter schwierigen Bedingungen kaum erhalten. Menschliche Einflüsse wie anfangs die Jagd und später die Bleivergiftung durch Munition in Kadavern waren entscheidend. In den 1980er-Jahren war die Art in der Natur ausgestorben. Intensive Maßnahmen haben sie zurückgebracht.

Der Kalifornische Kondor ist der größte Wildvogel in Nordamerika.

NATURSCHUTZ

RETTUNG DES KONDORS

In den 1980er-Jahren wurden die letzten 27 Kalifornischen Kondore mit ihren Gelegen in ein Brutprogramm aufgenommen, das von den Zoologischen Gärten in San Diego und Los Angeles organisiert wurde. Heute gibt es über 550 Tiere, die in der Natur oder in menschlicher Obhut leben. Die Art wurde an verschiedenen Orten in Kalifornien und Arizona ausgewildert. Die Zukunft der Kondore hängt vor allem von der Beschränkung des Einsatzes giftiger Bleimunition in ihrem Lebensraum ab.

PFLANZEN MIT WINTERMANTEL

Großraum Kalifornien (USA und Mexiko)

Die Pflanzen der Hartlaubvegetation besitzen dicke, robuste und ledrige Blätter. Diese Anpassungen verhindern den Wasserverlust in den trockenen, heißen Sommern. In den meisten Fällen behalten die Pflanzen ihre Blätter das ganze Jahr über. Doch manche Pflanzen wie der Kalifornische Salbei (*Salvia mellifera*) haben zwei verschiedene Blatttypen: Sie ersetzen die großen Winterblätter im Sommer durch kleinere, um Wasser zu sparen. Viele der Pflanzen produzieren Stoffe, um Insekten abzuwehren. Menschen dagegen nutzen einige davon als Würzkraut, etwa Thymian, Oregano und Minze.

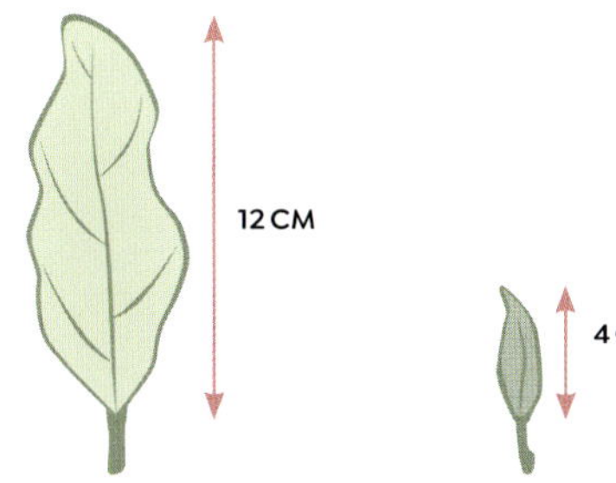

WINTERBLATT
Die Pflanze bekommt größere Blätter zur Lichtaufnahme.

SOMMERBLATT
Durch die kleinere Oberfläche geht weniger Wasser verloren.

KALIFORNISCHER SALBEI
Hier sieht man einige der dunklen Sommerblätter. Der Kalifornische Salbei ist im Matorral (entspricht der Macchie) der kalifornischen Küste verbreitet.

DIE GRÖSSTEN KOLIBRIS

Chilenisches Matorral

Der Riesenkolibri (*Patagona gigas*) ist schwalbengroß und damit der größte Kolibri der Welt. Er lebt weit oben in den Anden. Im größten Teil seines Verbreitungsgebiets bleibt er das ganze Jahr über, um die nektarreichen, aber weit verstreut wachsenden Blüten zu besuchen. Doch die Riesenkolibris des Chilenischen Matorral sind Sommergäste, die die saisonale Blütenfülle nutzen, um sich vom Nektar zu ernähren und zu nisten.

RIESENKOLIBRI

TROCKENWALD KORSIKAS

Teile der Mittelmeerregion werden von Nadelbäumen dominiert, die an heiße, trockene Sommer und kühle, feuchte Winter angepasst sind. Die Schwarz-Kiefer (*Pinus nigra*) wächst in Südeuropa von Spanien bis zur Türkei und kommt vor allem in den windgepeitschten Bergen vor. Ihre Zapfen öffnen sich zu Winterbeginn. Die Samen werden dann vom Wind verbreitet und dienen vielen Tieren als Nahrung. Der Korsenkleiber (*Sitta whiteheadi*) lebt in den Schwarz-Kiefer-Wäldern der korsischen Berge und ansonsten nirgendwo. Im Sommer erbeutet er Insekten und Spinnen, ernährt sich im Winter aber von Kiefernsamen, wenn sich die Zapfen an sonnigen Tagen öffnen. Doch der Korsenkleiber frisst sie nicht alle sofort. Einige bewahrt er für kältere, feuchtere Tage auf. Er versteckt sie in Spalten in der Borke oder unter Flechten auf dicken Ästen. Die Samen sind für den Kleiber ein lebenswichtiger Vorrat, besonders zu Zeiten, in denen die Zapfen mit Schnee bedeckt sind.

Fast alle Korsenkleiber leben im Regionalen Naturpark Korsika.

HOTSPOT DER MEDITERRANEN GRASMÜCKEN

Die Vogelgattung der Grasmücken ist mit vielen Arten in der Macchie heimisch, dem trockenen Buschland, das sich im Mittelmeerraum verbreitet hat, nachdem die Menschen den größten Teil der ursprünglichen Eichen- und Kiefernwälder gerodet haben. Heute lebt etwa ein Dutzend Grasmückenarten in der Macchie. Ihre unauffälligen braunen und grauen Farben erleichtern es ihnen, sich in der Vegetation zu verstecken. An weißen und schwarzen Flecken auf Kopf, Kehle und Schwanz sowie am lauten Gesang erkennen sich die Artgenossen. Eine Art, die Provence-Grasmücke (*Curruca undata*), hat ihr Verbreitungsgebiet bis nach Südengland ausgedehnt.

SAMTKOPF-GRASMÜCKE

GRASMÜCKEN IN DER MACCHIE
Einige Arten leben in dichteren Trockenwäldern, andere bevorzugen das dichte oder offene Buschland.

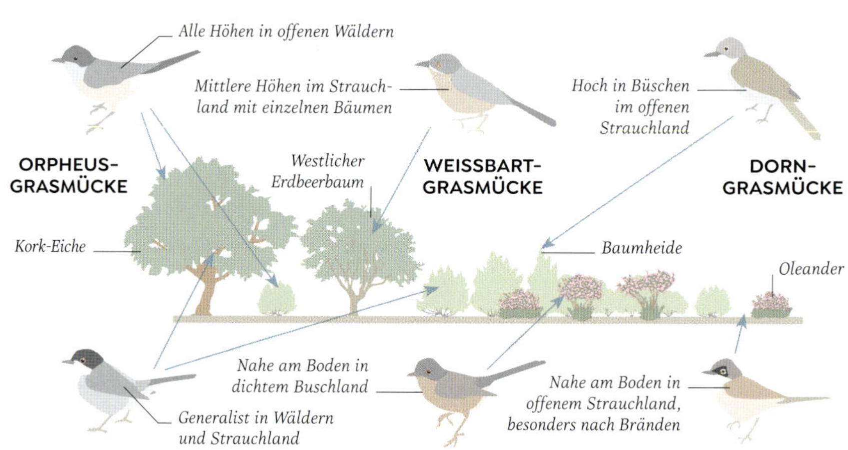

SCHWARZKIEFERN AM MONTE CINTO
An den Hängen des korsischen Monte Cinto wachsen Schwarz-Kiefern in Höhen von bis zu 2000 m. Die Bäume können Höhen von über 40 m erreichen.

STEIN-FRÜCHTE

Mittelmeer-raum

Der Olivenbaum (*Olea europaea*) hat ledrige Blätter, wie sie für an mediterrane Sommer angepasste Pflanzen typisch sind. Ihre silbrig grüne Farbe reflektiert die Sonnenstrahlen. Er besitzt Steinfrüchte, der Samen ist also von einer verholzten Fruchtschale umschlossen. Wilde Oliven haben kleinere Früchte als die kultivierten. Sie werden von fruchtfressenden Vögeln verbreitet, etwa der Singdrossel (*Turdus philomelos*) und der Mönchsgrasmücke (*Sylvia atricapilla*).

OLIVENBLÄTTER
Die Blätter des Olivenbaums sind meist silbrig grün mit hellerer Unterseite. Sie erreichen eine Länge zwischen 2,5 cm und 10 cm.

NATURSCHUTZ

KORK-EICHEN-WÄLDER

Die dicke Borke der Kork-Eiche (*Quercus suber*) schützt sie vor Waldbränden. Da der Baum wegen seiner Borke auch vom Menschen genutzt wird, gibt es ausgedehnte, künstlich angelegte Kork-Eichen-Wälder. An diesen Lebensraum sind Tierarten wie der Iberische oder Pardelluchs (*Lynx pardinus*) angepasst (siehe S. 355).

GEERNTETER KORK

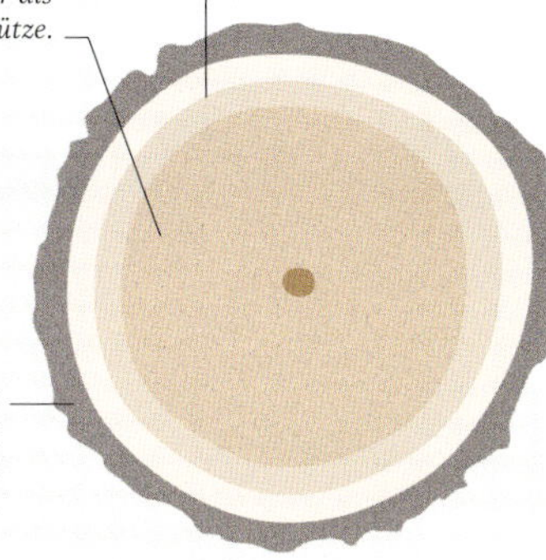

QUERSCHNITT DURCH EINEN STAMM

BIENEN TÄUSCHEN

Mittelmeerraum

Viele mediterrane Pflanzen haben unterschiedliche Methoden entwickelt, die heißen Sommer zu überstehen. Andere besitzen besondere Anpassungen, um die Bestäubung zu gewährleisten. Unter ihnen befinden sich verschiedene Arten der Ragwurzen. Sie können männliche Bienen mit Sexuallockstoffen anziehen und die Blüten sehen aus wie weibliche Bienen, sodass die Männchen Pollen bei einem Paarungsversuch übertragen. Da jede Bienenart einen anderen Duftstoff benutzt, muss sich auch jede Ragwurz spezialisieren. Sie ist daher auf eine bestimmte Bienenart angewiesen.

HUMMEL AUF EINER BIENEN-RAGWURZ
Die Bienen-Ragwurz (*Ophrys apifera*) benötigt die Langhorn-Biene (*Eucera longicornis*) zur Übertragung von Pollen. Ohne diese Biene muss sie sich selbst bestäuben.

EIDECHSEN DER KANAREN

Kanarische Inseln

Die Arten der Kanarischen Inseln leben auf Vulkangestein, das hoch genug aufragt, um die Nebel des Meeres aufzufangen und das Wachstum immergrüner Lorbeerwälder (siehe S. 39) und Kiefernwälder zu ermöglichen. Weiter unten bestehen die Lebensräume aus trockenem Küstenstrauch- und -waldland. Die Kanarischen Inseln begannen sich vor 70 Millionen Jahren zu formen, die älteste der heutigen Inseln besteht schon seit über 20 Millionen Jahren. So konnten sich hier große, pflanzenfressende Eidechsen wie die Kanareneidechse (*Gallotia galloti*) entwickeln. Die größte, heute ausgestorbene Art erreichte 1 m Länge.

KANAREN-EIDECHSE

SÜDAFRIKANISCHES FLORENREICH

Der Fynbos nimmt einen kleinen Teil der Kapregion im Südwesten Afrikas ein. Biologen betrachten ihn als eines der großen Reiche der Bedecktsamer. Dieser Lebensraum umfasst die nährstoffarmen, sauren Böden der Gebirge des Kap-Faltengürtels und der Küstenebenen. Wie in anderen Lebensräumen der Hartlaubvegetation benötigen die Pflanzen spezielle Anpassungen. Die meisten gehören zu drei Familien: den Erikagewächsen, den Seilgraswächsen und den Silberbaumgewächsen. Die Ericaceen und die Seilgrasgewächse machen einen großen Teil der immergrünen Bodendecker aus. Die Silberbaumgewächse sind höhere Sträucher, ihre großen Blütenstände verleihen dem Fynbos Farbe. Diese drei Pflanzengruppen machen aus dem Fynbos ein offenes Strauchland mit sehr wenigen Bäumen und einer Vielfalt von Kleinstlebensräumen, die sich in Bodentyp, Höhe, Gefälle und Niederschlägen unterscheiden. Tierarten kommen dagegen nur wenige vor, vermutlich wegen des nährstoffarmen Buschlands. Doch wie bei den Pflanzen sind viele hier vorkommende Tierarten endemisch.

VEGETATIONSPROFIL

Die immergrüne Vegetation, die den Boden überzieht, ist hier vielfältiger als in den meisten Teilen der Welt. In diesem baumlosen Heide- bis Buschland-Lebensraum werden die Sträucher, meist Silberbaumgewächse, nicht höher als 4 m. In tieferen, fruchtbareren Ebenen, dem Renosterveld, wachsen Astern und Gräser.

WÜRZIGER SILBERBAUM
Dieser Silberbaum trägt seinen Namen wegen seines Geruchs. Er wächst in den sandigen Teilen des Fynbos, wo die Blüten von Käfern bestäubt werden.

HONIGVÖGEL ZWISCHEN SILBERBÄUMEN

Fynbos, Südafrika

Unter den im südafrikanischen Fynbos lebenden Vögeln gibt es einen auf diesen Lebensraum spezialisierten Honigvogel: Der Kap-Honigvogel (*Promerops cafer*) ist in vielerlei Hinsicht von den Silberbaumgewächsen abhängig. Mit seinem langen Schnabel gelangt er an den Nektar der Blüten. Außerdem fängt er in den Sträuchern Insekten, die ihm zusätzliche Proteine liefern. Die Sträucher bieten ihm Nistplätze und die Nester kleidet er mit dem Flaum der Samen aus. Wie viele nektarfressende Vögel verteidigt der Kap-Honigvogel seine Blüten, die Männchen sind während der Brutzeit besonders aggressiv. Männchen setzen ihre langen Schwanzfedern bei der Balz ein und erzeugen mit den Flügeln klatschende Geräusche.

KAP-HONIGVOGEL AUF EINEM SILBERBAUM
Ein Weibchen des Kap-Honigvogels (mit kürzerem Schwanz als das Männchen) verteidigt die Blüten seines Reviers vor anderen Honigvögeln und Nektarfressern.

NAGETIER-BESTÄUBER

Fynbos, Südafrika

NAMAQUA-BUSCHLANDRATTE

Einigen Silberbaumarten im afrikanischen Fynbos fehlen die auffälligen Blüten, die die Vögel anlocken. Stattdessen sind die Blüten braun oder schwarz und befinden sich in Bodennähe. Diese Pflanzen haben sich auf die Bestäubung durch Nagetiere wie die Namaqua-Buschlandratte (*Aethomys namaquensis*) spezialisiert. Ein kräftiger Hefegeruch lockt Mäuse, Ratten und Gerbile an, die mit dem sirupartigen Nektar belohnt werden, den die Pflanzen produzieren. Beim Besuch bleibt Pollen an ihrem Kopf kleben.

NATURSCHUTZ

ALBANY-REGION

Die sandigen Böden und großen Temperaturextreme in der südafrikanischen Kapregion sind die Grundlage eines dichten Strauchlands mit Sukkulenten, wie sie oft nur in Halbwüsten vorkommen. Der sich in den Tälern aufstauende Nebel lässt in der Albany-Region viele Pflanzen wachsen, doch auch Elefanten spielen hier eine Rolle. Sie sorgen für freie Flächen und verteilen Samen mit ihrem Dung. In der Albany-Region lebt auch die größte Population des Spitzmaul-Nashorns (*Diceros bicornis*). Allerdings ist der Lebensraum bedroht: Mehr als die Hälfte der Fläche wird von Menschen genutzt, zum Beispiel als Ackerland.

STEPPENZEBRA

KEIMEN NACH DEM BRAND

Südafrika und Australien

Viele Pflanzen in Regionen mit mageren Böden haben Samen, die bestimmte Reize zum Keimen benötigen. Herbstliche Brände sind wichtige Auslöser, besonders in Australien und Afrika. Die Keimlinge profitieren von den in der Asche enthaltenen Mineralien und dem Winterregen. Bei manchen Pflanzen wie bestimmten Banksien sorgt das Feuer für die Freisetzung der Samen aus verholzten Früchten oder Zapfen. Bei anderen wie manchen Akazien knackt das Feuer die Hüllen der im Boden liegenden Samen.

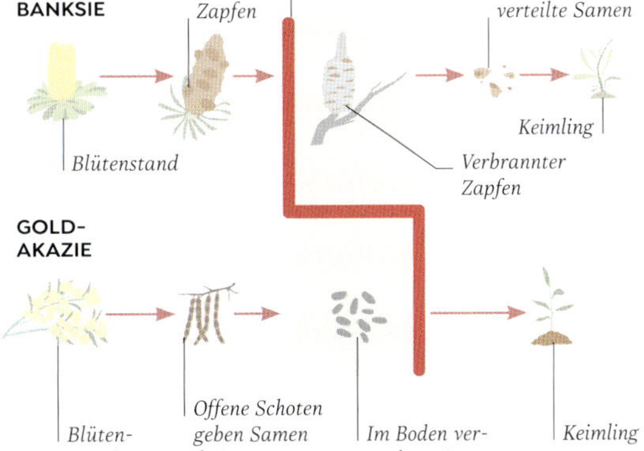

VERBRANNTER SILBERBAUM
Im Fynbos entlassen viele Silberbäume ihre Samen aus den Überresten der Samenstände nach einem Feuer, so wie es auch einige Kiefern und Banksien in anderen Teilen der Welt tun.

SAMENBANK
Bis die beste Zeit zum Keimen gekommen ist, verbleiben die Samen im Ruhezustand – entweder an der Elternpflanze (bei der Sägezahn-Banksie) oder im Boden (bei der Gold-Akazie).

DER PARASITISCHE WEIHNACHTSBAUM

Südwestliches Australien

Manche Pflanzen überleben auf nährstoffarmen Substraten, indem sie anderen Pflanzen die Nährstoffe stehlen. Misteln haben sich auf ein Leben als Parasiten spezialisiert und im südwestlichen Australien kommen die größten Arten von ihnen vor. Der Australische Weihnachtsbaum (*Nuytsia floribunda*) blüht zur Weihnachtszeit während des südlichen Sommers (daher der Name) und befällt die Wurzeln der benachbarten Bäume. Wie die kleineren Misteln, die in den Ästen der Bäume leben, zapft er das Xylem an (die Gefäße, die Wasser und Mineralien transportieren). Wie die Misteln benötigt er daher noch grüne Blätter für die Fotosynthese. Andere Parasiten wie die *Rafflesia* (siehe S. 101) zapfen auch das Phloem (den Teil der Leitbündel, der zuckerhaltigen Saft transportiert) mit seinen Assimilaten an und benötigen daher überhaupt keine Blätter. Sie beziehen ihre Nährstoffe vollständig vom Laub ihres Wirts.

BLÜHENDE AUSTRALISCHE WEIHNACHTSBÄUME

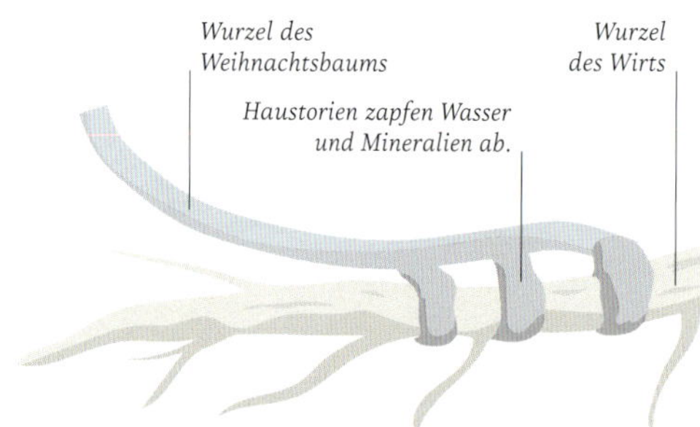

WURZELN INFIZIEREN WURZELN
Die Wurzeln des Weihnachtsbaums enden in Haustorien (Saugorganen). Diese dringen in die Wurzeln anderer Bäume ein und zapfen Wasser und Mineralien ab.

AUSTRALIENS SKINKE

Australien

Etwa ein Viertel aller Reptilienarten gehört zu den als Skinke bezeichneten Echsen. Sie sind in den Tropen mit den meisten Arten anzutreffen. Vor allem sind sie in trockenen Lebensräumen erfolgreich. Die glatten Schuppen, die meist von Hautknochenplatten (Osteodermen) gestützt werden, schützen sie vor Austrocknung und Fressfeinden. In den Hartlaublebensräumen Australiens – ein Hotspot für Echsen – leben Dutzende von Arten, darunter die größten Skinke der Welt: die bis zu 55 cm langen Blauzungenskinke (*Tiliqua* spp.). Sie sind Omnivoren, die Früchte, Blüten und Insekten fressen, doch in ihrer kargen Umgebung als Opportunisten auch Aas nicht verschmähen. Mit ihren kurzen Beinen sind sie nicht sehr schnell, sodass sie das aufgerissene Maul mit der blauen Zunge einsetzen, um Fressfeinde abzuschrecken.

Hungrige Blauzungenskinke fressen manchmal Kot von Emus und Kängurus.

NEKATARFRESSENDE BEUTELTIERE

Südwest-Australien

Wenige Säugetiere außer manchen Fledertieren sind so abhängig von Blüten wie der Honigbeutler (*Tarsipes rostratus*). Seine reduzierten Zähne und Kiefer sind zu schwach zum Kauen, sodass dieses kleine Beuteltier nur Nektar und Pollen fressen kann, die es mit seiner langen, bürstenartig endenden Zunge aufnimmt. Vor allem sind die Tiere von den Blüten der Banksien abhängig, die nur in den Heide- und Buschländern Südwestaustraliens in vielen Arten vorkommen. Die Hände und Füße der Honigbeutler, die opponierbare Zehen und Nägel anstelle von Krallen aufweisen, helfen ihnen, sich beim Fressen an den Blüten festzuhalten. Die verschiedenen Büsche blühen nach und nach das ganze Jahr über. Das bedeutet, dass die kleinen Tiere eine stetige Nahrungsversorgung haben und niemals einen Mangel an Nektar und Pollen überstehen müssen.

Ein neugeborener Honigbeutler ist so groß wie ein Reiskorn und wiegt nur etwa 0,004 g.

FRESSEN AN BANKSIEN-BLÜTEN
Zwei kleine Honigbeutler fressen Nektar und Pollen von einer Granit-Kunzea (*Kunzea pulchella*). Die Beuteltiere spielen im südwestlichen Australien eine wichtige Rolle als Bestäuber für viele Arten von Blütenpflanzen.

TANNEN-ZAPFENECHSE
Die starken Kiefer dieses Skinks (*Tiliqua rugosa*) eignen sich zum Zerkleinern fester Pflanzen, können aber auch Schneckenhäuser und Insektenpanzer knacken.

MAGERE BÖDEN

Weltweit

Erika- oder Heidekrautgewächse und mit ihnen verwandte Pflanzen sind so erfolgreich in bestimmten Lebensräumen, dass man sie nach ihnen benannt hat. Heiden sind in mediterranem Klima auf mageren, sandigen Böden verbreitet. Wie bei ihren Verwandten im Gebirge (siehe S. 175) ermöglichen es die kleinen Blätter dieser niedrigen Gewächse, Wasser und Nährstoffe zurückzuhalten und eine Überhitzung in heißen, trockenen Sommern zu vermeiden. Ihre Wurzeln können sehr gut die wenigen Mineralien aus dem Boden aufnehmen. Die meisten Pflanzen der Heiden haben Mykorrhiza-Pilze als Partner, die sie bei der Aufnahme von Mineralien unterstützen. Andere nutzen organische Säuren, um Phosphate abzuspalten, die an Bodenpartikel gebunden sind.

MYKORRHIZA-WURZELN
Bestimmte Pilze bilden mit den Erikagewächsen eine Partnerschaft, indem sie ihre Wurzeln infizieren. Sie geben Mineralien, die aus der Verrottung von Falllaub gewonnen wurden, an ihre Wirte ab.

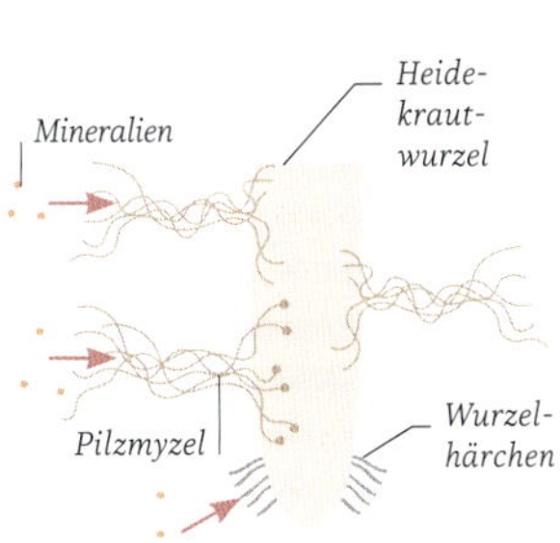

AUSTRALISCHER NEKTARFRESSER
Der Zwerghonigfresser (*Anthochaera lunulata*) nutzt die Blüten der Banksien – Pflanzen, die Mineralien mithilfe von organischen Säuren aufschließen.

NICHT-MYKORRHIZA-WURZELN
Die Wurzeln einiger Pflanzen, etwa der Banksien, geben organische Säuren ab. Sie ermöglichen die Mobilisierung und Nutzung der im Boden gebundenen Phosphate.

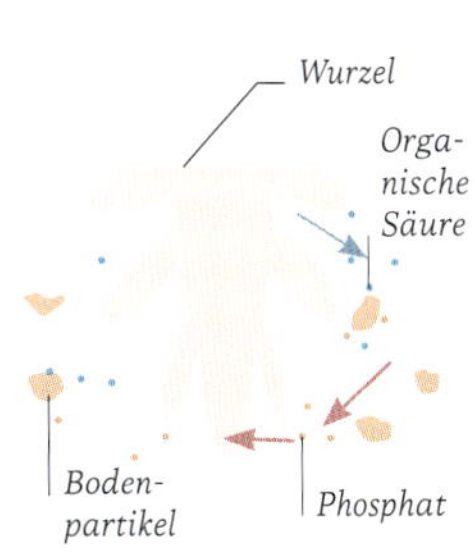

SAMEN MIT KÖDERN

Westaustralien

Viele Sträucher der Hartlaubvegetation nutzen Ameisen, um Samen zu verbreiten. Die Samen sind mit einem attraktiven, proteinreichen Köder versehen. Knotenameisen (*Pheidole hartmeyeri*) in Westaustralien bringen sie als Futter für die Larven zum Nest, die Samen werden verworfen und können nun keimen. Die Ameisen tragen die Samen nur so weit, wie sie Nahrung sammeln, was das begrenzte Verbreitungsgebiet der Pflanzenarten erklären kann.

KNOTENAMEISEN

TROPISCHE REGENWÄLDER

Keine anderen Landlebensräume beherbergen so viele Arten wie die tropischen Regenwälder. Sie wachsen in Regionen, in denen es das ganze Jahr über warm ist und die Niederschläge artenreiche Pflanzen- und Tiergemeinschaften ermöglichen.

Im Treibhausklima tropischer Regenwälder wimmelt es von Leben. Bäume verschiedener Höhe konkurrieren um das Licht und ermöglichen das Wachstum von Lianen und Epiphyten. Die Pflanzen des Unterholzes tragen dazu bei, den vertikalen Aufbau komplex zu gestalten. Die Urwaldriesen ragen über das Kronendach empor, während weit unten Farne zwischen den Bäumen wachsen, die von Brettwurzeln gestützt werden. Pflanzen tragen das ganze Jahr über Laub und wachsen ständig, sodass es eine endlose Abfolge von Blüten, Früchten und Samen gibt.

FRAGILE DIVERSITÄT

Der Artenreichtum des Regenwalds ist möglich, da das Leben sich hier spezialisiert hat. Die begrenzten Ressourcen teilen sich Tausende von Arten, von denen jede eine bestimmte Lebensweise verfolgt, die von anderen nicht beeinträchtigt wird. Es gibt Motten, die nur im Faultierfell leben, Pilze, die Insekten befallen, sowie Lemuren, die Zyanide enthaltenden Bambus fressen. Alles wird verbraucht und nichts wird verschwendet. Heiße, feuchte Bedingungen erlauben es den Arten, schnell zu wachsen und sich zu vermehren.

Trotz ihrer Lebensfülle sind tropische Regenwälder zerbrechliche, sich selbst erhaltende Lebensräume. Das Kronendach gibt so viel Wasser ab, dass es sein eigenes Wetter erzeugt. Zyklen von Leben, Tod und Zerfall folgen so schnell aufeinander, dass sich die Nährstoffe kaum ablagern können. Falllaub wird schnell von Pilzen verarbeitet, die seine Nährstoffe an Baumwurzeln weiterleiten. Das Verschwinden eines Regenwalds löscht nicht nur seine Biodiversität aus, sondern lässt karges Land zurück. Das Schicksal dieses Lebensraums ist eine der wichtigsten Fragen unserer Zeit.

VERBREITUNG TROPISCHER REGENWÄLDER

Drei Hauptblöcke des Regenwalds befinden sich auf dem Äquator im tropischen Amerika, in Afrika und in Südostasien. Kleinere Bereiche sind auf Madagaskar und in Australasien zu finden.

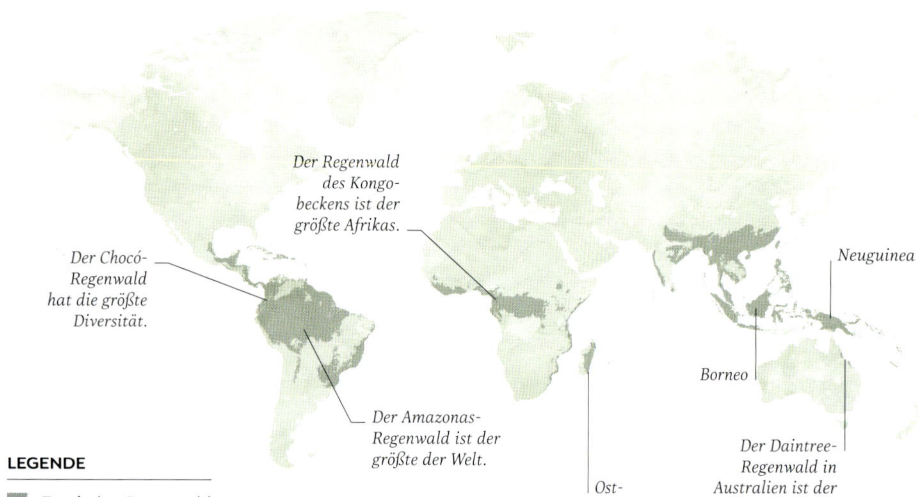

Der meist solitäre und reviertreue Ozelot (*Leopardus pardalis*) läuft, klettert, springt und schwimmt auf der Suche nach Beute durch die Regenwälder Mittel- und Südamerikas. Er jagt bei Nacht und in der Dämmerung Kleinsäuger, Reptilien, Vögel, Fische und Krebstiere.

TROPISCHE REGENWÄLDER

Pflanzen wachsen in den feuchten Tropen schnell und ihre Konkurrenz um das Licht schafft vertikale Ebenen. Bäume werden groß, nur wenn sie fallen, fällt Licht auf den Waldboden ein. Der Chocó-Regenwald westlich der nördlichen Anden ist besonders artenreich: Affen, Schmetterlinge, Spinnen und Katzen leben zwischen Ästen, die mit Orchideen und Bromelien schwer beladen sind.

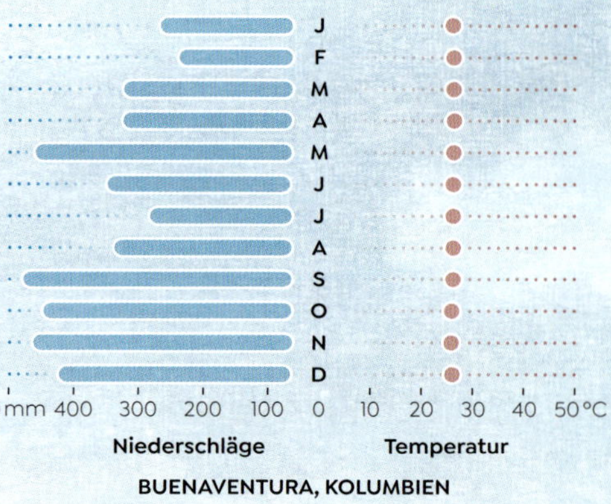

KAUM UNTERSCHIEDLICHE JAHRESZEITEN
Im äquatorialen Regenwald gibt es kaum Unterschiede zwischen den Jahreszeiten. Die Temperaturen bleiben hoch und die starken Niederschläge sorgen für genügend Wasser.

FRUGIVOR
Die ganzjährige Produktion von Früchten liefert den Lisztaffen, die auch Insekten, Echsen und Frösche fressen, einen ständigen Nachschub an Nahrung.

***Ein Baum** ist wegen des hohen Gewichts der Epiphyten nach einem Regen gestürzt.*

PFLANZEN AUF PFLANZEN
Bäume sind oft mit Epiphyten übersät – Pflanzen, die auf Pflanzen leben. Sie bewahren Wasser und Nährstoffe – und fördern lebendige Vielfalt.

***Schösslinge** wachsen in der neuen Lichtung und füllen bald die Lücke.*

***Das Sonnenlicht** erreicht den Boden nur, wenn Bäume fallen.*

***Tapire** sind die größten Pflanzenfresser des Regenwalds. Sie fressen die Pflanzen in der Lichtung.*

ZAHLLOSE ARTEN
Käfer wie dieser Rüsselkäfer stellen vielleicht ein Viertel der Tierarten des Regenwalds.

BAUMKRONEN-FROSCH
Der Gehörnte Beutelfrosch trägt seinen Namen, weil die Weibchen die Eier in einem Beutel behalten, wo Fröschchen ohne Kaulquappenstadium schlüpfen.

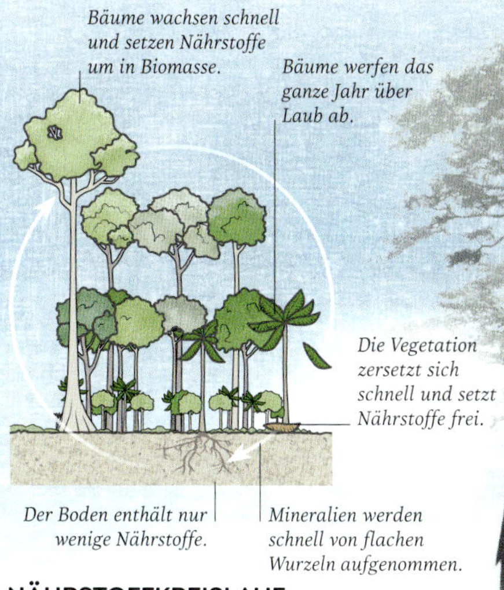

NÄHRSTOFFKREISLAUF
Wachstum und Recycling sind so effektiv, dass fast alle Nährstoffe in lebenden Organismen gebunden sind. Der Boden enthält dagegen nur wenig Nährstoffe.

URWALDRIESEN

URWALDRIESE
Die höchsten Bäume wie der Kapokbaum überragen das Kronendach, sodass sie mehr Licht bekommen und ihre Samen gut verbreiten können.

WEG NACH OBEN
Lianen bieten Tieren die Möglichkeit, ins Kronendach zu gelangen. Ihr Laub ist eine Nahrungsquelle für Insekten, Faultiere und Affen.

BAUMKATZE
Der Margay ist die am besten an Bäume angepasste Katze. Seine drehbaren Knöchel helfen beim Klettern und der Schwanz beim Balancieren.

KRONENDACH

Die meisten Regenwaldtiere leben im Kronendach, der Schicht aus Ästen, die über dem aus Büschen und jungen Bäumen bestehenden Unterholz, doch unterhalb der Kronen der großen Urwaldriesen liegt.

BLATTFRESSER
Blätter sind schwer verdaulich. Blattfresser wie das Braunkehl-Faultier werden von Darmbakterien unterstützt.

BIENENFALLE
Tausende von Orchideen haben bestimmte Insekten zum Partner. Die Arten der Gattung *Coryanthes* locken bestäubende Bienen mit aromatischen Ölen an, die die Bienen selbst als Lockstoff benutzen.

LAUERJÄGER
Dichte Vegetation ermöglicht Räubern, ihre Beute zu überraschen. Die giftige Greifschwanz-Lanzenotter jagt nachts Vögel und Frösche auf den Ästen.

PFLANZEN, DIE AUF BÄUME KLETTERN

Die Bäume des Regenwalds stehen so dicht beieinander, dass andere Pflanzen verschiedene Strategien anwenden müssen, um ans Licht zu gelangen. Zu ihnen gehören die Aronstabgewächse wie das Fensterblatt (*Monstera deliciosa*). Viele dieser Pflanzen sind an anfangs schwaches Licht angepasst, wachsen dann aber bei Sonnenlicht heran. Die Samen keimen auf dem Waldboden und die jungen Pflanzen kriechen darüber hinweg, bis sie den Stamm eines Baums erreichen. Dort heften sie sich an den Stamm und wachsen in die Höhe. Mit Haftwurzeln klammern sie sich an der Borke fest. Das Laub entwickelt sich erst im sonnenbeschienenen Kronendach vollständig. Hier blühen die Aronstabgewächse und verbreiten ihre Samen.

FENSTERBLATT
Der Name der Pflanze geht auf die Löcher in den großen Blättern zurück. Sie nimmt Wasser und Mineralien aus der feuchten Luft und von der Borke des Wirtsbaums mit Haftwurzeln auf.

ARONSTAB
Ein Aronstabschössling kriecht über den Waldboden. Hat er einen Baum gefunden, bildet er dichte, mittelgroße Blätter. Später, wenn er den Stamm hinaufwächst, entwickeln sich größere, geschlitzte Blätter. Die Pflanze blüht erst, wenn sie das Kronendach erreicht hat.

JUNGE PFLANZE **AUSGEWACHSENE PFLANZE**

GLASFLÜGEL-FALTER
Die Transparenz mag dem Glasflügelfalter (*Greta oto*) und seinen tropischen amerikanischen Verwandten helfen, sich davor zu schützen, dass ihn Vögel entdecken.

ARTEN-VIELFALT

Die Gesamtzahl der Arten im Regenwald – sein Artenreichtum – kann nur geschätzt werden. Die Artenzahl bekannter Gruppen wie der Säugetiere und der Vögel lässt sich gut überschlagen, doch die Kenntnisse über manche Gruppen wie der Insekten sind zu dünn, um etwas anderes als eine grobe Schätzung zu erlauben. Außerdem werden ständig neue Arten entdeckt. Doch die Diversität ist nicht nur ein Maß für die Gesamtzahl der Arten. Tropische Regenwälder haben nicht nur wegen der Artenzahl eine hohe Biodiversität, sondern auch, weil keine Art alle anderen beherrscht. Wenige Arten sind häufig und die Bäume bergen eine Fülle seltener Arten.

KÄFERREICHTUM
Ein Blattkäfer (*Alurnus* spec.) aus Ecuador ist eine von vermutlich mehreren Hunderttausend Arten von Regenwaldkäfern.

MESSEN DER DIVERSITÄT
Diversität hängt von der relativen Häufigkeit einer jeden Art sowie der Gesamtzahl der Arten ab. Herrscht eine Art vor, reduziert sie die Ausgewogenheit der Gemeinschaft, sodass die Diversität verringert wird. Hohe Diversität beruht auf Artenreichtum, kombiniert mit Ausgewogenheit.

1 Gemeinschaft 1
Die Artenzahl ist drei. Von drei Vogelarten dominiert eine, sodass die Diversität insgesamt gering ist.

2 Gemeinschaft 2
Die Artenzahl ist ebenfalls drei, doch die Zahl der Tiere jeder Art ist höher, sodass die Diversität höher ist.

3 Gemeinschaft 3
Eine höhere Artenzahl von vier mit einer höheren Ausgeglichenheit führt zu einer höheren Diversität.

EINE INSEL ALS FORSCHUNGSOBJEKT
Barro Colorado Island entstand, als ein Teil des Regenwalds beim Bau des Panamakanals in den Jahren 1913/1914 überflutet worden ist. Kurz danach wurde die Insel zu einem Naturschutzgebiet erklärt, verwaltet von der Smithsonian Institution in Washington und von Wissenschaftlern erforscht. Eine Fragestellung lautet, welchen Einfluss die Fragmentierung des Regenwalds auf die Biodiversität hat, da kleinere Flächen nur geringere Populationen umfassen können. Die Forschung dient dazu, diesen Effekt in anderen Reservaten zu minimieren.

BARRO COLORADO ISLAND, PANAMA

STOFFE AUS PFLANZEN

In Regenwäldern, in denen die Vielfalt der Pflanzen viel höher ist als in jedem anderen Lebensraum, gibt es sehr viele Arten, die zur Verteidigung Gifte einsetzen, insbesondere Alkaloide. Dies sind stickstoffhaltige Verbindungen, die bitter schmecken und die Physiologie der Tiere beeinflussen: Sie können stimulieren, abschwächen oder sogar töten. Nachtschattengewächse besitzen Alkaloide in den Blättern, die viele Pflanzenfresser abschrecken, doch manche Insekten haben die Gefahr in einen Vorteil verwandelt: Die Raupen der Glasflügelfalter speichern bittere Alkaloide in ihren Körpern, die Vögel abschrecken. Die Stoffe überstehen sogar die Metamorphose und werden durch weitere Gifte ergänzt, die der Schmetterling von giftigen Astern bezieht. Vögel, die eine Raupe oder einen Falter fressen, müssen erbrechen und meiden weiteren Kontakt. Die Alkaloide haben einen weiteren Zweck: Männliche Falter wandeln sie in ein Pheromon um, mit dem sie um Weibchen werben. Wenn das Weibchen einen Partner auswählt, haben die Alkaloide dazu beigetragen.

Der männliche Falter gibt beim Balzflug Pheromone in die Luft ab.

RUF DER FRÖSCHE

JOHNSTONES PFEIFFROSCH

Im Regenwald ist es niemals still. Hunderte verschiedener Sänger rufen nach Partnern oder stecken ihr Revier ab. In den artenreichen amerikanischen Wäldern konkurrieren Dutzende von Fröschen lautstark und die Vögel haben alle unterschiedliche Rufe. In einem dichten Wald benötigt jede Stimme die richtige Tonhöhe und Lautstärke, um von potenziellen Zuhörern wahrgenommen zu werden. Frösche sind hartnäckig: Ihre Rufe können stundenlang andauern.

TRAP-LINING BEI KOLIBRIS

Das Leben der Kolibris dreht sich um zuckerhaltigen Nektar. Blüten sind ihre Lebensgrundlage. Schmuckelfen (*Lophornis ornatus*) besuchen daher in einer täglichen Routine jede Blüte in ihrem Teil des Walds. Diese Technik bezeichnet man als Trap-Lining. Sie sorgt dafür, dass jeder neu am Tag produzierte Nektartropfen genutzt wird.

OPTIMALES ERNTEN
Die Schmuckelfe ist eine der vielen Kolibri-Arten in den Regenwäldern der Neuen Welt, die das Trap-Lining benutzen, um ihre tägliche Nektarausbeute zu maximieren.

GIFTIGKEIT VORTÄUSCHEN

Regenwälder weltweit

Im Kampf ums Überleben hat es Vorteile, andere Tiere zu imitieren. Räuber können ihrer Beute vortäuschen, harmlos zu sein, und Beute kann dem Räuber vormachen, gefährlich zu sein. Viele giftige Tiere haben unabhängig voneinander ähnliche Warnsignale entwickelt, die daher von allen verstanden werden. Doch die Giftproduktion ist aufwendig und manche Nachahmer haben sich die Warnsignale zugelegt, ohne selbst gefährlich zu sein. So schrecken sie einen potenziellen Fressfeind ab, obwohl er nichts zu befürchten hätte. Die Form der Nachahmung, bei der ein gefährliches Tier ein gefährliches kopiert, nennt man Müllersche Mimikry, die Form, bei der ein harmloses Tier ein gefährliches kopiert, Batessche Mimikry. Benannt sind diese Begriffe nach Fritz Müller und Henry Bates. Die beiden Naturforscher betrieben im 19. Jahrhundert Feldarbeit in den südamerikanischen Regenwäldern.

PARIDES PHOTINUS
Die leuchtenden Farben dieses tropischen amerikanischen Schwalbenschwanzes signalisieren, dass er schlecht schmeckende Stoffe enthält.

LEGENDE

Nachahmer

Gewünschte Beute

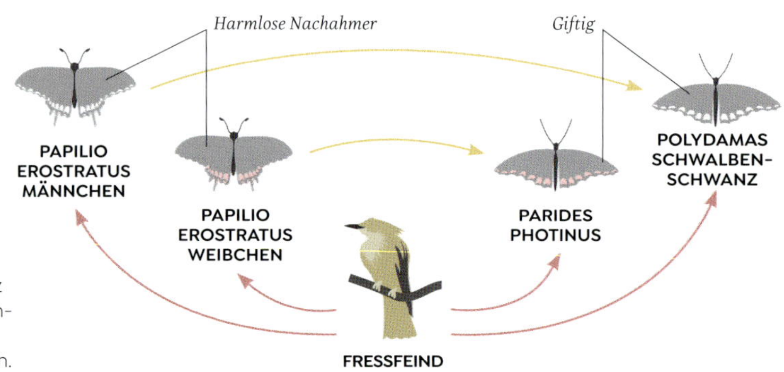

ZWEI NACHAHMER, EINE ART
In dem Beispiel der Batesschen Mimikry ist der Schwalbenschwanz *Papilio erostratus* nicht giftig. Männchen und Weibchen ahmen aber unterschiedliche giftige Arten nach.

KILLER-PILZ

Regenwälder weltweit

Regenwälder beherbergen mehr Amphibienarten als andere Lebensräume, weil sie sich perfekt für sie eignen. Doch ein größerer Teil der Amphibien wie etwa der Glasfrosch (*Centrolene peristicta*) ist vom Aussterben bedroht – mehr als andere Wirbeltiere. Chytridiomykose ist ein wesentlicher Grund dafür. Diese Pilzinfektion tötet Amphibien. Deren durchlässige Haut macht sie dafür besonders empfindlich.

GLASFROSCH

ZOMBIE-INSEKTEN

Regenwälder weltweit

Die meisten Pilze leben in der Erde und verarbeiten organische Reste, doch eine Gruppe, zu der auch die Arten der Gattung *Cordyceps* gehören, befällt lebende Insekten. Eingeatmete Pilzsporen wachsen zu einem den Körper durchdringenden Myzel heran und befallen letztlich das Gehirn. Das verändert das Verhalten des Insekts, sodass es auf einen Schössling oder ein Blatt klettert, wo es stirbt. Die aus dem Körper wachsenden Fruchtkörper geben Sporen ab, sodass der Zyklus von Neuem beginnt.

VOM PILZ INFIZIERTE AMEISE

WARNFARBEN BEI GEFÄHRLICHEN TIEREN

Regenwälder weltweit

Viele Tiere zeigen die gleichen Merkmale, mit denen andere Arten ihre Gefährlichkeit signalisieren, etwa Warnfarben bei stechenden oder giftigen Tieren. Leuchtende Farben, besonders Rot, Orange, Gelb und als Kontrast Schwarz, stellen einen universellen Code dar, der von Fressfeinden schnell verstanden und gemieden wird.

Ein auffälliges Muster wie beim Harlekin-Baumsteiger (*Oophaga histrionica*) aus Ecuador und Kolumbien kann unverwechselbar sein, auch für Augen, die keine gute Farbwahrnehmung haben. Derartige Muster warnen entweder vor Stichen oder Bissen, die Gifte in den Körper des Angreifers injizieren, oder vor giftiger Haut und giftigem Fleisch, die bei Kontakt oder beim Verschlucken schaden. Räuber werden diese Farben meiden, wenn sie gestochen worden sind oder sich erbrechen mussten.

Die größten Gifttiere wie zum Beispiel die Klapperschlangen sind offensiver. Sie nutzen ihre Tarnung, um sich vor der Beute zu verstecken und so effizienter angreifen zu können. Doch für kleinere, verletzliche Tiere wie Frösche oder Schmetterlinge zahlt sich der Gebrauch von Warnfarben aus, um potenzielle Angreifer abzuschrecken. Ihre Warnfarben gehören zu den auffälligsten im Regenwald.

Einige Arten südamerikanischer Baumsteigerfrösche werden von indigenen Menschen genutzt, um ihre Blasrohrpfeile zu vergiften.

EPIPHYTEN IM REGENWALD

Weltweite Regenwälder

Der beste Platz für viele Regenwaldpflanzen ist hoch oben in den Bäumen, wo sie genug Licht bekommen. Die Äste sind oft von den heftigen Niederschlägen so durchnässt, dass Aufsitzerpflanzen (Epiphyten) auf ihnen wurzeln können. Sie nutzen die Mineralien, die aus herabfallendem Abfallstoffen (Detritus) stammen. Und je mehr Epiphyten hier wachsen, desto mehr Detritus sammelt sich an.

Nur auf den am höchsten gelegenen Ästen, weit über dem nassen Laub, lässt die tropische Sonne manche Pflanzen vertrocknen. Doch einige Epiphyten gedeihen hier. Diese »Luftpflanzen« haben wasserspeichernde Gewebe, ähnlich wie Wüstenpflanzen (siehe S. 241), sowie winzige Schuppen, mit denen sie Wasser aus der sie umgebenden feuchten Luft aufnehmen können. Die Bestäubung übernehmen Schmetterlinge, Kolibris und Fledertiere.

HOCH OBEN
Tillandsien, von denen es etwa 650 Arten gibt, sind typische Epiphyten der tropischen amerikanischen Regenwälder.

TROPF-SPITZE

Weltweite Regenwälder

Die Niederschläge fallen in den Regenwäldern so regelmäßig und die Luftfeuchtigkeit ist so hoch, dass nichts vollständig austrocknet. Feuchte Oberflächen ermöglichen es kleinen Pflanzen sowie Moosen und Flechten, die Feuchtigkeit direkt über ihre Blättchen aufzunehmen. Dadurch können sie auf den Blättern größerer Pflanzen wachsen. Viele Blätter von Regenwaldpflanzen besitzen eine glatte Oberfläche und Tropfspitzen, die das Regenwasser von der Blattspreite ableiten, denn die zur Fotosynthese zur Verfügung stehende Fläche wäre beim herabhängenden Blatt kleiner.

REGENRINNE
Pflanzen mit Tropfspitze sind im Unterholz mehr als im Kronendach verbreitet – etwa die Flamingoblume, deren Blätter in der Sonne schnell austrocknen.

Das Regenwasser wird über die Mitte des Blatts zur Tropfspitze geleitet.

VARIABLER FROSCH
Der Harlekin-Baumsteigerfrosch besitzt eine leuchtende, jedoch sehr variable Warnzeichnung. Manche Tiere sind rot und orange, andere gelb, braun, schwarz und weiß.

BUFFET IN DEN BÄUMEN
Die frischen Knospen und Blätter der Ameisenbäume des brasilianischen Atlantik-Regenwalds sind eine gute Nahrungsquelle für das Braunkehl-Faultier (*Bradypus variegatus*). Grünalgen leben in seinem zottigen Fell und sorgen in den Baumkronen für eine gewisse Tarnung.

AMEISEN ALS BAUERN

Einige Insekten sind als Landwirte genauso von ihrer Ernte abhängig wie ihre menschlichen Gegenstücke. In tropischen amerikanischen Regenwäldern bauen Blattschneiderameisen Pilze an, die es außerhalb ihrer Nester nirgendwo gibt. Die Blattstücke, die sie sammeln, dienen dabei als Dünger. Innerhalb der Kolonie nehmen verschiedene Ameisenkasten unterschiedliche Rollen ein. Manche sammeln Blätter, während andere die Gärten pflegen und von anderen Pilzen befreien, die ihrer Pilznahrung schaden könnten – genauso wie ein Landwirt Unkraut entfernt. Weder Ameise noch Pilz könnten ohne ihren Partner leben. Der Pilz produziert ein Enzym, das die Blätter aufweicht. Es passiert den Darm der Ameisen und wird in Tröpfchen ausgeschieden, die die Blattstücke auflösen und so ihre Qualität als Pilzdünger verbessern.

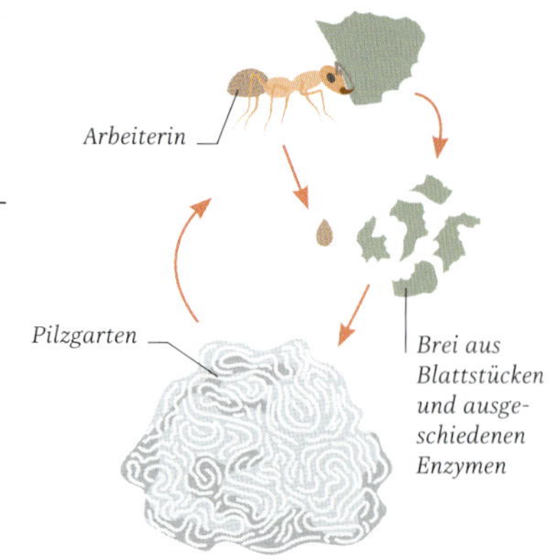

PILZFARM DER AMEISEN
Die Arbeiterinnen fressen die nährstoffreichsten Teile des Pilzes und verfüttern sie auch an die Larven und die Königin. Der Pilz wird wiederum von den verarbeiteten Blattstücken ernährt.

BLATTSCHNEIDERAMEISEN
Die Arbeiterinnen können Blattstücke tragen, die mehrere Male so schwer wie sie selbst sind. Wenn sie die Blätter zerschneiden, nehmen sie ein wenig vom Saft auf, doch die eigentliche Nahrung sind die Pilze im Nest.

VÁRZEA – DER SAISONAL ÜBERFLUTETE WALD

Einige Regenwälder werden in den niederschlagreichsten Teilen des Jahrs so weit überflutet, dass nur noch die Baumkronen aus dem Wasser herausragen. In Teilen des Amazonasbeckens werden die Flussufer regelmäßig überspült, sodass ein als Várzea bezeichneter überfluteter Wald entsteht. Hier kommen das Leben in den Bäumen und im Fluss zusammen. Viele Fische schwimmen zwischen den Stämmen umher und laichen in der überfluteten Vegetation ab. Samen, Nüsse und Früchte gelangen ins Wasser und werden von herbivoren Fischen wie den Pacus (siehe S. 217) verbreitet. Fallen Tiere wie etwa Jungvögel aus den Baumkronen herab, können sie den Piranhas zum Opfer fallen. Die Anreicherung des Bodens mit Nährstoffen durch die Überflutung sorgt für eine große Diversität der Várzea.

Die Wälder können noch in bis zu 20 km Entfernung von den Flussufern überschwemmt werden.

VERÄNDERTE LANDSCHAFT
Die saisonale Überflutung von Teilen Amazoniens führt zu einem Anstieg des Wasserspiegels um 10 bis 15 m, wodurch sich die Lebensräume des Walds in Gebieten wie dem Tapajós-Becken in Brasilien völlig verändern.

FRÜCHTE AM STAMM

Amazonien

Regenwälder sind voller Pflanzen, deren Samen und Pollen von Tieren verbreitet werden. In der feuchten Luft des Kronendachs kann der Wind höchstens winzige Sporen fortwehen. An Blüten und Früchten interessierte Tiere sind zuverlässiger, doch gibt es einen Wettbewerb um ihre Dienste. Die meisten Bäume öffnen ihre Blüten im belebten Kronendach, doch manche wie der Kakaobaum (*Theobroma cacao*) tragen ihre Blüten und Früchte direkt am Stamm. Das nennt man Kauliflorie oder Stammblütigkeit. Der Kakaobaum wird von Insekten bestäubt, doch bei manchen kaulifloren Pflanzen besuchen Fledermäuse die Blüten.

AM STAMM WACHSENDE KAKAOFRUCHT

MINI-ÖKOSYSTEME IN BROMELIENTRICHTERN

Mittel- und Südamerika

Ein großer Teil der Artenvielfalt im Kronendach beruht auf den Epiphyten – Pflanzen wie die Orchideen und Farne, die auf den Ästen der Bäume wachsen. Viele haben Laub, das von oben herabfallenden Detritus und sogar Wasser sammelt und sie so überleben lässt. Die Blätter vieler Bromelien überlappen sich auf eine Weise, die die Bildung von Kleinstgewässern erlaubt. Die größten dieser Bromelientrichter können bis zu 5 l Wasser enthalten. Epipyten beziehen ihre Nährstoffe nicht von ihrem Wirt, doch können sie ihm trotzdem schaden: Eine Baumkrone kann so viele Epiphyten tragen, dass ihr Gewicht zusammen mit dem des organischen Abfalls und dem des Wassers dazu führt, dass sie zu schwer wird und der Baumstamm bricht.

BROMELIENTRICHTER IM KRONENDACH
Bromelientrichter bieten Wassertieren wie Insektenlarven und Kaulquappen Kleinstlebensräume, sodass viele dieser Tiere ihren Lebenszyklus vollenden können, ohne die Baumkronen zu verlassen.

NATURSCHUTZ

BEDROHTER ARAPAIMA

Die überfluteten Wälder des Amazonasbeckens sind der Lebensraum von einem der größten Süßwasserfische der Welt. Der bis zu 3 m lange Arapaima (*Arapaima gigas*) überlebt in den sauerstoffarmen, mit Vegetation zugewucherten Gewässern, indem er Luft atmet. Doch Überfischung und Entwaldung bedrohen die Zukunft des Arapaimas in einem Großteil seines Lebensraums.

ARAPAIMA

NUTZNIESSER DER WANDERAMEISEN

Südamerika

Die Rostkappen-Ameisendrossel (*Formicarius colma*) gehört zu einer Gruppe südamerikanischer Vögel, die das Verhalten der Wanderameisen nutzen, die über den Waldboden laufen und jedes Tier angreifen, das sie überwältigen können. Ameisendrosseln und andere Tiere warten in der Nähe, um die Grillen, Spinnen und anderen Wirbellosen zu erbeuten, die vor den Ameisen fliehen. Dies ist eine der Strategien der Beutesuche, die Vögel angenommen haben, um den direkten Wettbewerb in Regenwald-Lebensräumen zu vermeiden, in denen Insektenfresser häufig sind.

BLATTWENDER
Rostkappen-Ameisendrosseln kooperieren mit Ameisenvögeln und anderen Tieren. Sie drehen Blätter um, um vor Ameisen fliehende Insekten zu finden.

BRETTWURZELN

Weltweit

BRETTWURZELN EINER FEIGE

Die meisten Regenwaldbäume wurzeln flach, da sich die Nährstoffe an der Oberfläche des Bodens konzentrieren. Doch eine schlechte Verankerung kann zum Umstürzen des Baums führen. Daher besitzen viele Bäume Brettwurzeln. Diese wachsen nach außen über den Boden, sodass der Baum sich selbst stabilisiert, wenn er sich in eine Richtung neigt. Senkwurzeln wachsen unter den Bäumen zur Verankerung und Nährstoffversorgung senkrecht in den Boden.

DIE ARTENVIELFALT DER NEUWELTAFFEN

Mittel- und südamerikanische Regenwälder

Anders als die afrikanischen Affen, von denen manche die Steppe bewohnen, leben die amerikanischen Affen alle in den Bäumen. Die meisten von ihnen sind von den Regenwäldern abhängig und an ein Leben hoch über dem Boden angepasst. Von Mexiko bis nach Paraguay bewohnen Affen die meisten Waldlebensräume, doch die höchste Artenzahl gibt es im Amazonasbecken. Viele Neuweltaffen haben ein beschränktes Verbreitungsgebiet und viele Arten sind bedroht.

Im tropischen Amerika leben die einzigen Affenarten mit Greifschwanz. Die Kapuziner- und Klammeraffen nutzen ihn als fünftes Bein, an dem sie auch bei der Nahrungssuche von einem Ast herabhängen können. Die Sakis haben auch lange Schwänze, können sie aber nicht zum Greifen benutzen. Einige Neuweltaffen sind auf Blätter spezialisiert, doch die meisten sind Allesfresser, die kleine Tiere, Früchte, Nüsse und Blüten verzehren. Viele Krallenaffen nagen die Borke an und fressen zuckerreiche Baumsäfte. Zu dieser Gruppe gehören die kleinsten Primaten der Welt, die etwa 120 g schweren Zwergseidenäffchen.

Die lautesten Affen, die Brüllaffen, leben im tropischen Amerika, ebenso wie die Nachtaffen, die einzigen nachtaktiven Eigentlichen Affen. Südamerika ist auch die Heimat besonders intelligenter Affen: Die Kapuzineraffen haben das größte Gehirn im Verhältnis zur Körpergröße (wenn man vom Menschen absieht).

AFFENFAMILIEN

Die 186 Arten der Neuweltaffen bilden fünf Familien. Von jeder ist eine repräsentative Art abgebildet. Brüllaffen gehören zur Familie der Klammerschwanzaffen.

VOGELSPINNE DER SÜDAMERIKANISCHEN WÄLDER

Mittel- und südamerikanische Regenwälder

Im 18. Jahrhundert zeichnete ein Künstler eine Spinne, die einen Kolibri fing, und löste Diskussionen aus, ob es eine vogelfressende Spinne gebe. Der Künstler hat nicht übertrieben. Die sogenannten Vogelspinnen haben große, behaarte Körper und können große Beute überwältigen, ohne dass sie dafür Netze verwenden. Manche Arten fangen sogar tatsächlich manchmal kleine Vögel und Fledermäuse. Es gibt über 1000 Vogelspinnen-Arten in den Tropen, doch ihre größte Diversität erreichen sie in den südamerikanischen Regenwäldern. Die meisten hier lebenden Vogelspinnen besitzen Brennhaare. Sie setzen sie frei, indem sie mit den Beinen über den Hinterleib reiben. Die Haare können die Haut und die Augen eines Angreifers reizen.

GRÖSSTE SPINNE

Die Goliath-Vogelspinne (*Theraphosa blondi*) hat eine tellergroße Beinspannweite. Sie lebt auf dem Regenwaldboden des nördlichen Südamerikas, wo sie Insekten jagt und gelegentlich auch Echsen oder Frösche. Sie fängt aber nur selten Vögel.

NATURSCHUTZ

KONIFERE DES REGENWALDS

Im atlantischen Regenwald des südlichen Brasiliens wächst als Besonderheit die Brasilianische Araukarie (*Araucaria angustifolia*). Araukarien sind Nadelbäume der Südhalbkugel. Die Art überragt als Urwaldriese die übrigen Bäume und beherbergt als subtropischer Lebensraum viele Affen und Vögel, die es nirgendwo sonst gibt. Die Rodung für die Landwirtschaft hat den Wald drastisch reduziert. Inzwischen stellt er einen von der Vernichtung bedrohten Lebensraum dar.

ARAUKARIENWALD

WEISSKOPF-SAKIS
Wie andere Neuweltaffen besitzen Sakis zur Seite und nicht nach unten gerichtete Nasenlöcher. Links ist das Weibchen zu sehen, rechts das Männchen.

FAULTIERE UND ALGEN

Südbrasilien

MIT ALGEN BEDECKTES KRAGENFAULTIER

Faultiere ergänzen ihre nährstoffarme Nahrung, indem sie Algen aus ihrem Fell fressen. Die Algen leben wiederum von den Ausscheidungen der im Fell lebenden Motten. Gibt ein Faultier seinen Kot auf dem Waldboden ab, legen die Falter ihre Eier hinein. Die Raupen ernähren sich vom Kot und suchen nach der Metamorphose ein anderes Faultier im Kronendach auf.

ANPASSUNGEN AN DAS LEBEN IN DEN BÄUMEN

Südbrasilien und Paraguay

Einige Tiere des Regenwalds verbringen praktisch ihr ganzes Leben in den Bäumen. Das schützt sie vor auf dem Boden jagenden Fressfeinden wie dem Jaguar, doch müssen sie sich vor von oben drohender Gefahr wie den Adlern in Acht nehmen. Neuweltaffen nutzen Hände und Füße, manche auch ihren Greifschwanz, um sich fortzubewegen, doch sie benötigen auch eine gute Balance.

Baumbewohner wie die Affen, Vögel, Eichhörnchen und Echsen haben meist nach vorn gerichtete Augen, mit denen sie Entfernungen abschätzen können. – Beim Sprung von Ast zu Ast ist das lebensnotwendig. Manche wie die Brüllaffen nutzen ihre lauten Stimmen, um in der dichten Vegetation kommunizieren zu können.

DIE LAUTESTEN AFFEN
Brüllaffen wie der Mantelbrüllaffe (*Alouatta palliata*) gehören zu den größten Affen der tropischen amerikanischen Regenwälder. Durch ihre Rufe stecken sie ihre Reviere ab, ungehindert von dichter Vegetation.

AUSSICHTSPUNKT
Die über das Kronendach emporragenden Kronen der Urwaldriesen vertragen extreme Bedingungen und bieten den verschiedensten Wildtieren einen Lebensraum. In Amazonien ruhen Gruppen von frugivoren Schwarzgesicht-Klammeraffen in den Ästen. Sie verteilen auch die Samen der Bäume.

PARASITÄRE KNOLLEN

Eine Möglichkeit für Pflanzen, auf dem dunklen Regenwaldboden zu überleben, ist es, die Fotosynthese aufzugeben und Parasiten zu werden. Im tropischen Afrika ist *Thonningia sanguinea* ein Parasit vieler tropischer Baumarten. Die Pflanze erinnert an eine Ananas, ist aber nicht mit ihr verwandt. Die rosafarbenen, stachligen Blüten werden von einem kurzen Stängel getragen und sind mit winzigen, schuppenartigen Blättern umgeben, denen das grüne Chlorophyll vollständig fehlt. Im Boden befindet sich unter jeder Blüte eine Knolle, die die Wurzel eines Baums anzapft. Von dort bezieht die Pflanze Zucker und andere Verbindungen, die ursprünglich von den fotosynthetisch aktiven Blättern des Baums hoch oben im sonnendurchfluteten Kronendach erzeugt wurden.

***THONNINGIA* MIT BESTÄUBENDEN AMEISEN**

VERSCHIEDENE STRATEGIEN BEI MEERKATZEN-GILDEN

Viele afrikanische Affen gehören zu den Meerkatzen. Mit Ausnahme einiger Savannenarten leben sie in den Regenwäldern. Über 20 Arten lassen sich anhand der Farben und Zeichnungsmuster unterscheiden. Viele haben charakteristische Gesichtszeichnungen. Sie fressen Früchte, Blätter und gelegentlich kleine Tiere, sind jedoch selten Nahrungsspezialisten. Stattdessen vermeiden sie direkte Konkurrenz, indem sie Nahrung auf unterschiedliche Weise suchen. Sie gehören zu verschiedenen ökologischen Gilden. Die in den Baumkronen lebende Gilde steigt selten auf den Boden herab, die am Boden lebende bleibt dort.

STRATEGIEN DER NAHRUNGSSUCHE

In Zentralafrika kann bis zu ein Dutzend Meerkatzenarten im gleichen Waldgebiet leben, wobei sie an verschiedene Ebenen und manche auch an Lichtungen gebunden sind.

HOCH OBEN

Die Dianameerkatze (*Cercopithecus diana*) lebt im Kronendach und sucht nur selten den Boden auf. Sie ernährt sich von Früchten.

BERGGORILLA
Die breite Brust des jungen Berggorillas wird im Alter kahl werden. Das verstärkt das Trommeln auf der Brust, das ihm hilft, sein zukünftiges Revier zu sichern.

VEGETARISCHE AFFEN

Zentralafrika

Gorillas sind die größten aller Primaten. Die Körpergröße ist ein Vorteil für einen Affen, der Pflanzen und kaum etwas anderes frisst. Der montane Regenwald an den Hängen der afrikanischen Virunga-Vulkane ist kühler als der des Kongobeckens. Die hier lebenden Berggorillas (*Gorilla beringei beringei*) haben ein längeres Fell als ihre Verwandten im Flachland. Das Unterholz enthält Bambus und verschiedene Kräuter. Es gibt außerdem Schopfbäume und Lobelien – große Pflanzen, die einzigartig für den afrikanischen subalpinen Lebensraum sind. Die Berggorillas fressen von all diesen Pflanzen, wobei sie mehr Blätter und Stängel als die eher frugivoren Flachland-Gorillas zu sich nehmen.

Wie andere Herbivore haben Gorillas spezielle Anpassungen an ihre Nahrung. Ihre Backenzähne ähneln denen der Menschen und zermahlen Blätter und Stängel, der Dickdarm enthält Mikroben, die Enzyme zum Abbau der Pflanzenfasern abgeben. Die Gorillas verbringen einen großen Teil des Tages in Ruhe, um die langsam arbeitende Verdauung ihre Arbeit machen zu lassen.

Aus nur drei Pflanzenarten bestehen bis zu 75 Prozent der Nahrung eines Berggorillas.

NATURSCHUTZ
BUSHMEAT

Menschen haben die afrikanischen Wildtiere als Eiweißquelle schon so lange gejagt, wie sie den Kontinent bewohnen, doch mit immer effektiveren Waffen werden die Bestände immer weiter reduziert. Heute werden geschätzte fünf Millionen Tonnen Bushmeat aus Subsahara-Afrika in jedem Jahr gehandelt. Dazu gehören Antilopen, Primaten und andere Tiere der Wälder und Savannen, von denen viele vom Aussterben bedroht sind.

Diese Praxis hat auch die Gefahr erhöht, dass Krankheiten von den Tieren auf Menschen übertragen werden. Zu diesen Zoonosen gehören verheerende Virusinfektionen. Manche werden regelmäßig übertragen, doch andere wie etwa Ebola können bei ihren Ausbrüchen viele Menschen töten. Daher ist die Kontrolle von Bushmeat sowohl im Interesse der Gesundheit als auch des Naturschutzes. Doch ohne bezahlbare Alternativen ist sie schwer durchzusetzen.

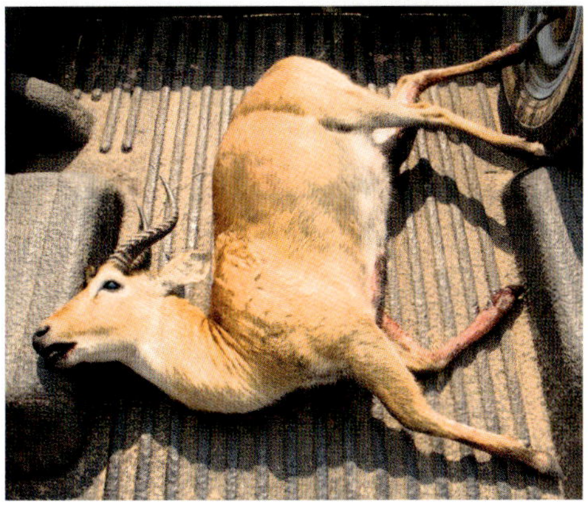

PUKU-ANTILOPE ALS BUSHMEAT

RIESIGE INSEKTEN

Zentralafrika

Die meisten Insekten sind klein, weil sie über Tracheen atmen. Die Luft dringt über diese Röhren von der Körperwand ins Gewebe ein. Das funktioniert nicht, wenn die Distanz zu groß ist. Doch die tropische Hitze ermöglicht das Wachstum. Faustgroße Goliathkäfer (*Goliathus*) pumpen die Luft mit Muskeln durch die Tracheen.

GOLIATH-KÄFER

GROSSTIERE DES REGENWALDS

West- und Zentralafrika

Einige der geheimnisvollsten Regenwaldtiere sind auch die größten. In Zentralafrika leben Okapis (*Okapia johnstoni*) und als Bongos bezeichnete Antilopen (*Tragelaphus eurycerus*) neben Afrikanischen Waldelefanten (*Loxodonta cyclotis*). In Westafrika kommen Zwergflusspferde (*Choeropsis liberiensis*) vor. Okapis sind kurzhalsige Verwandte der Giraffen. Auch sie haben eine lange Zunge, mit der sie Blätter ergreifen können. Sie haben im Verhältnis größere Ohren und mehr seitlich positionierte Augen als die Giraffen, sodass sie im Wald besser hören können und eine bessere Rundumsicht haben. Große Tiere zertrampeln die Vegetation und schaffen Lichtungen, in denen neue Pflanzen wachsen können. Waldelefanten sind kleiner als Steppenelefanten und ihre kürzeren Stoßzähne verfangen sich nicht so leicht in der Vegetation. Bongos legen aus den gleichen Gründen ihre spiralförmigen Hörner an den Rücken an.

OKAPI
Das Zeichnungsmuster des Okapis löst seine Umrisse im Regenwald auf. Obwohl es größer als ein Mensch ist, kann das Tier schnell durch das Dickicht schlüpfen.

WARNFARBEN BEI FRÖSCHCHEN

Madagaskar

Anders als die Reptilien mit ihrer robusten Haut müssen Amphibien ihre Haut feucht halten, um atmen zu können. Bis zur Hälfte des benötigten Sauerstoffs nehmen sie über die Haut auf und geben noch mehr Kohlendioxid über sie ab. Um nicht auszutrocknen, besitzen sie Hautdrüsen, die wie die Drüsen in unseren Lungen Schleim abgeben. Die empfindliche Haut und das Fehlen von spitzen Zähnen und Krallen zur Verteidigung machen die Frösche zur leichten Beute. Doch viele Frösche haben den Nachteil in einen Vorteil verwandelt und bestimmte Drüsen modifiziert, die starke Gifte abgeben. Diese Frösche weisen mit auffälligen Farben wie Gelb, Orange, Rot und Schwarz darauf hin. Das bezeichnet man als Aposematismus.

Die Baumsteigerfrösche (die auch als Pfeilgiftfrösche bezeichnet werden) Südamerikas und die weniger bekannten Buntfröschchen Madagaskars besitzen Gifte, die die Haut des Angreifers durchdringen können. Sie beziehen die Vorstufen dieser Gifte aus ihrem Lebensraum: Sie fressen Milben und Insekten, die sie sich wiederum von giftigen Pflanzen holen.

Keine Krallen zur Verteidigung

Leuchtfarben warnen vor dem Gift.

BUNTFRÖSCHCHEN
Die Gifte von Barons Buntfröschchen (*Mantella baroni*) sind Alkaloide, die ursprünglich von Insekten stammen.

Buntfröschchen sind tagaktiv, sodass ihre Fressfeinde die Warnfarben sehen können.

ZYANID-TOLERANZ

Madagaskar

GOLDENER BAMBUSLEMUR

Eine der von Pflanzen entwickelten Methoden der chemischen Verteidigung ist die Produktion von Zyanid. Diese tödliche Substanz stört die Zellatmung. Die meisten Herbivoren werden durch ihren bitteren Geschmack abgeschreckt, doch viele können Zyanide in gewissen Mengen vertragen oder in harmlose Verbindungen umwandeln. In den Regenwäldern Madagaskars frisst der Goldene Bambuslemur (*Hapalemur aureus*) zyanidhaltigen Bambus und beherrscht beide Methoden, sodass er Mengen aufnehmen kann, die einen Menschen töten würden.

CHAMÄLEON AUS MADAGASKAR
O'Shaughnessys Chamäleon (*Calumma oshaughnessy*) lebt in einem relativ kleinen Bereich unberührten Regenwalds im Südosten Madagaskars.

TENREKS UND DIE KONVERGENTE EVOLUTION

In den Regenwäldern, in denen das Leben jede Nische ausfüllt, können sich Pflanzen und Tiere in verschiedenen Teilen der Welt ähnlich entwickeln. Auf Madagaskar leben die Tenreks, Säugetiere, die es sonst nirgendwo auf der Welt gibt. Da auf dieser Insel keine Igel oder Spitzmäuse vorkommen, haben die Tenreks deren Positionen besetzt. Sie wurden zu Bodenbewohnern, die Insekten, Würmer und andere Wirbellose fressen. Wie in anderen Fällen der Konvergenz ist die Übereinstimmung nicht exakt (viele Tenreks sind im Vergleich zu Spitzmäusen eher omnivor), doch klar ist, wie verschiedene, nicht verwandte Arten ähnliche Rollen übernehmen können.

EINEM IGEL ÄHNLICH
Der Eigentliche Streifentenrek (*Hemicentetes semispinosus*) erzeugt Geräusche, indem er seine Stacheln aneinanderreibt. Dies dient der Kommunikation.

KÄFER MIT HÄLSEN

GIRAFFENHALSKÄFER

Keine andere Tiergruppe erreicht die Diversität der Käfer. Die Rüsselkäfer in weiterem Sinne bilden die größte Gruppe. Es gibt nahezu 100 000 Arten dieser herbivoren Käfer, von denen die meisten in Regenwäldern leben. Madagaskar ist ein Hotspot für die zu ihnen gehörenden Giraffenhalskäfer (*Trachelophorus*). Die Männchen haben die längsten Hälse. Sie setzen sie wie ihre Namensgeber bei Kämpfen mit Rivalen ein. Weibchen falten nach der Befruchtung ein Blatt eines Schwarzmundgewächses zu einer Tasche und legen ein einzelnes Ei hinein. Das Blatt dient als Nahrung für die geschlüpfte Larve.

HOTSPOT DER CHAMÄLEONS

Die Erdgeschichte spielt bei der Bildung der Regenwaldgesellschaften eine große Rolle. Auf Madagaskar lebt fast die Hälfte aller Chamäleonarten der Welt, vielleicht, weil diese Gruppe tropischer Echsen hier entstanden ist. In den madagassischen Regenwäldern findet man die größten und die kleinsten Arten, darunter eine der kleinsten Reptilienarten der Welt. Chamäleons jagen Insekten auf eine sehr spezielle Weise. Sie nutzen ihre Tarnung, um sich der Beute zu nähern, und fangen sie dann mit weit herausgeschleuderter Zunge. Einige bewohnen den Waldboden und imitieren Falllaub, doch viele leben in den Bäumen. Bei allen Chamäleons sind die Zehen zu zwei opponierbaren Gruppen verwachsen, sodass sie gut Zweige greifen können. Außerdem besitzen sie einen Greifschwanz, sodass sie sehr geschickt klettern können.

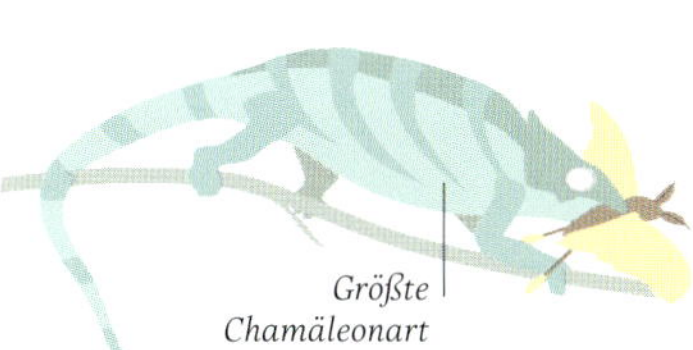

PARSONS CHAMÄLEON

PANTHERCHAMÄLEON

MAROJEJY-PEAK-CHAMÄLEON

NANO-CHAMÄLEON

OBEN UND UNTEN
Der Artenreichtum der Chamäleons wird in den verschiedenen Lebensräumen deutlich. Die meisten, wie Parsons und Pantherchamäleon, leben im Kronendach, doch winzige, das Falllaub nachahmende Chamäleons bewohnen den Waldboden. Das Marojejy-Peak-Chamäleon lebt in montanem Buschland.

NATURSCHUTZ
CHAMÄLEON-HANDEL
Wie viele andere ungewöhnliche Tiere werden Chamäleons als Haustiere gehandelt, obwohl nur Spezialisten sie pflegen können. Arten wie das Pantherchamäleon (*Furcifer pardalis*) wurden zwar in menschlicher Obhut vermehrt, doch viele Arten sind durch illegalen Fang und die Abholzung des Regenwalds bedroht. Die am meisten gefährdeten Wildtiere stehen durch das Washingtoner Artenschutzübereinkommen (Convention on International Trade in Endangered Species of Wild Fauna and Flora, CITES) unter Schutz, doch wegen der Ähnlichkeit vieler Chamäleonarten können seltene mit den häufiger vorkommenden verwechselt werden.

PANTHERCHAMÄLEON

ARBEITSTIERE
Im 20. Jahrhundert war das Holz der Andamanen sehr gefragt. Einige der Asiatischen Elefanten, die man als Arbeitstiere auf die Inseln gebracht hatte, wurden zurückgelassen, als die Nachfrage zurückging. Eine kleine, abnehmende Elefantenpopulation wurde auf den Inseln heimisch.

MINERALIEN FÜR SCHMETTERLINGE

Weltweite Regenwälder

Mineralien können in tropischen Regenwäldern Mangelware sein. Sturzbachartige Niederschläge waschen sie aus dem Boden aus, sodass viele Pflanzen Mykorrhiza-Pilze als Partner benötigen, die Mineralien aus organischen Stoffen aufnehmen und zu ihren Wurzeln leiten. Kalzium und Natrium fehlen besonders oft, insbesondere den Insekten, die zuckerhaltigen Nektar trinken und keine andere Nahrung zu sich nehmen. Daher locken mineralreiche Stellen wie die Umgebung bestimmter Gesteine oder sogar Urin Schmetterlinge und andere Insekten zu Tausenden an. Sie nehmen mineralreiche Flüssigkeit in ähnlicher Weise auf, wie sie es auch mit dem Nektar tun.

Andere Tiere wie Vögel und Affen tun das Gleiche, doch ihre vielfältigere Nahrung lässt auf einen anderen Grund schließen. Viele von ihnen fressen giftige Früchte, Blätter oder Schösslinge. Ein Gegenmittel dafür ist Ton, der siliziumreiche Kaolinite enthält, die Gifte binden, sodass sie das Verdauungssystem der Tiere passieren können, ohne Schaden anzurichten.

ERDFRESSER
Eine aus verschiedenen Arten wie Weißlingen und Schwalbenschwänzen bestehende Schmetterlingswolke versammelt sich am mineralreichen Ufer eines Flusses auf Borneo. Die Aufnahme von Mineralien gleicht die einseitige, aus zuckerreichem Nektar bestehende Nahrung aus.

FRÜCHTE UND SAMEN

Weltweite Regenwälder

Da die Regenwälder das ganze Jahr über warm und feucht sind, können Pflanzen ständig blühen und Früchte produzieren. Frugivore Tiere können sich daher auf eine ständige Versorgung mit Nahrung verlassen und müssen nicht abwandern. Im Gegenzug stehen den Pflanzen genug Tiere zur Verbreitung ihrer Samen zur Verfügung.

Reife Früchte locken Tiere mit ihrem Duft und ihrem saftigen Fruchtfleisch an. Visuell orientierte Tiere wie Vögel und Affen reagieren auf ihre roten, blauen oder gelben Farben. Die Samen in den Früchten haben oft eine feste Schale, um das Verdauungssystem der Tiere unbeschadet passieren zu können. Doch oft ist das unnötig, da viele Vögel und Flughunde die Samen vor dem Fressen der Frucht entfernen oder sie danach wieder hervorwürgen. Auf jeden Fall hat sich der Fruchtfresser meist so weit vom ursprünglichen Baum fortbewegt, dass die Samen ohne Wettbewerb zu ihm keimen können.

Für manche Pflanzen hat die Passage durch den Verdauungstrakt einen weiteren Vorteil: Durch den Verzicht auf die Samenschale wird die Chance auf ein Keimen erhöht. Einige Samen müssen sogar mit den Verdauungssäften eines bestimmten Tiers in Kontakt kommen, um zu keimen. Viele Samen, die mit dem Kot ausgeschieden werden, erhalten damit auch gleich genug Dünger, den sie nach dem Keimen nutzen können.

Samen im Regenwald können besser keimen, wenn sie den Körper eines frugivoren Hornvogels oder Gibbons passiert haben.

VERLÄNGERTE REICHWEITE
Der große Schnabel ermöglicht es dem Orient-Hornvogel (*Anthracoceros albirostris*), die Früchte zu erreichen und sie wie mit einer Pinzette zu greifen.

BLATT-NAHRUNG

Regenwälder der Alten Welt

Blätter haben als Nahrung einen Vorteil: Es gibt sie überall im Regenwald. Und zur Ernte ist nicht viel Intelligenz erforderlich: Die blattfressenden Altweltaffen (Stummelaffen in Afrika und Schlankaffen in Asien) haben relativ zur Körpergröße kleinere Gehirne als ihre eher omnivoren Verwandten.

Blätter enthalten viel Zellulose und manche Pflanzen versuchen Herbivore mit Bitterstoffen abzuschrecken. Stummelaffen und Languren haben daher ähnlich wie Rinder mehrkammrige Mägen. Die in ihnen enthaltenen Mikroben zerlegen die Zellulose und wirken den Pflanzengiften entgegen. Manche Languren würgen sogar Nahrung wieder hervor und kauen sie noch einmal, ähnlich wie Wiederkäuer.

BLATTNAHRUNG
Ein südostasiatischer Schlankaffe, der Rotschenklige Kleideraffe (*Pygathrix nemaeus*) ernährt sich zu 80 Prozent von Blättern (er ist folivor) und bevorzugt die jungen Blätter wegen ihres höheren Proteingehalts.

WÜRGEFEIGEN ERSTICKEN IHRE WIRTE

Weltweite Regenwälder

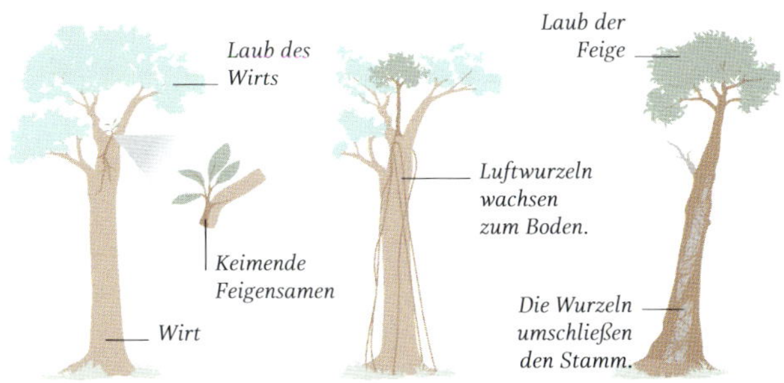

LEBENSZYKLUS EINER WÜRGEFEIGE
Die Wurzeln der Feige umschließen den Wirt, der abstirbt, weil die Feigenblätter ihm in der Baumkrone das Licht rauben. Während der Wirtsstamm verrottet, bleibt ein »Käfig« aus Feigenwurzeln übrig.

Einige Regenwaldbäume tun alles, um einen Platz im Kronendach einzunehmen. Feigen beschatten ihre Wettbewerber und verdrängen sie. Diese Bäume beginnen ihr Leben als Samen, der mit Vogelkot auf einen der oberen Äste eines Baums fällt. Aus dem Samen wird ein Epiphyt, der auf dem Ast sitzt und Luftwurzeln in die Tiefe sendet, die schließlich im Boden wurzeln und den Stamm des Wirts umgeben. Einige Würgefeigen stützen anfangs den Wirt, doch wenn sie sein Laub in der Baumkrone beschatten, stirbt dieser schließlich.

KÄFIGARTIGE FEIGENWURZELN

RIESIGE ORCHIDEEN MIT WINZIGEN SAMEN

Thailand und Malaysia

TIGERORCHIDEE

Tausende von Orchideenarten wie die riesige südostasiatische, manchmal über 1 t schwere Tigerorchidee (*Grammatophyllum speciosum*) sind Epiphyten des Regenwalds. Eine einzige Orchideenblüte kann Millionen von Samen erzeugen, die so leicht sind, dass sie wie Staub in der Luft verteilt werden. Doch diese leichten Samen enthalten kaum Nährstoffe, die sie beim Keimen unterstützen. Sie benötigen daher die Hilfe eine Pilzes, der sich mit den neuen Wurzeln des Keimlings verbindet und ihm Nährstoffe liefert.

NATURSCHUTZ

ENTDECKUNG UND VERLUST

Das südostasiatische Festland wurde von Kriegen überzogen und viele seiner Regenwaldlebensräume wurden vernichtet. Viele Großtiere wurden ausgerottet, etwa die lokalen Formen des Sumatra- und des Java-Nashorns. Die übrig gebliebenen Wälder sind jedoch wenig erforscht, sodass Expeditionen in den letzten Jahrzehnten überraschende Entdeckungen gemacht haben. Darunter ist die Saola (*Pseudoryx nghetinhensis*), ein seit den 1990er-Jahren bekanntes Tier, das einer Antilope ähnelt, aber näher mit den Rindern verwandt ist. Seit dem Jahr 2000 ist die Liste der neu entdeckten Arten aus den Regenwäldern von Vietnam, Laos und Kambodscha gewachsen und enthält Frösche, Reptilien, Vögel und Nagetiere.

EIN RIESE IM KRONENDACH

Sumatra und Borneo

Orang-Utans (*Pongo*) verbringen mehr Zeit in den Bäumen als andere Menschenaffen und haben im Vergleich die längsten Arme. In früheren Zeiten, als die Tiere in einem großen Teil Südostasiens verbreitet waren, hatte ein Leben in den Bäumen große Vorteile. Sie waren hier vor Tigern und anderen am Boden lebenden Fressfeinden relativ sicher. Heute leben Orang-Utans nur noch in wenigen Gebieten auf Sumatra und Borneo und auch die Tiger sind fast verschwunden. Große Männchen verbringen vor allem in geschädigten Wäldern mehr Zeit auf dem Boden, doch ansonsten sind Orang-Utans Baumbewohner, die Schlafnester hoch oben in den Ästen anlegen. Sie fressen vor allem Früchte und kennen die saisonalen Unterschiede, da die Pflanzen zu unterschiedlichen Zeiten blühen.

Orang-Utans leben als einzige Menschenaffen überwiegend als Einzelgänger. Weibchen ziehen ihr einzelnes Junges allein auf, werden aber manchmal von einem älteren Jungtier unterstützt. Orang-Utans haben die längste Kindheit aller nichtmenschlichen Säugetiere und bleiben bis zu sieben Jahre lang oder länger bei ihrer Mutter.

NATURSCHUTZ

VOM AUSSTERBEN BEDROHT

Wenige Tiere der asiatischen Regenwälder sind so bedroht wie die Orang-Utans: Ihre Abhängigkeit vom unberührten Primärwald mit seinen hohen Bäumen ist einer der Gründe dafür. Drei Arten – zwei auf Sumatra und eine auf Borneo – sind als vom Aussterben bedroht eingestuft.

Viele Regenwaldbäume sind wegen der Nachfrage nach tropischen Harthölzern gefällt worden und viele Wälder mussten Plantagen weichen, auf denen vor allem Ölpalmen (*Elaeis guineensis*) angebaut werden. Sie werden als Monokulturen in einem großen Teil Südostasiens gepflanzt. Das Öl ihrer Früchte kommt vor allem bei der Produktion von Fertignahrung, Kosmetika, Biokraftstoffen und Nahrung für Rinder zum Einsatz.

ENTWALDUNG AUF BORNEO

DIE GRÖSSTE BLÜTE DER WELT

Sumatra und Borneo

In den südostasiatischen Regenwäldern gibt es auch die größten Blüten der Welt. Die Blüten der *Rafflesia*-Arten können einen Durchmesser von über 1 m erreichen und so viel wie ein vier Monate altes Kind wiegen. *Rafflesia*-Knospen entspringen wie braune Kohlköpfe unmittelbar dem Boden und öffnen sich dann zu fleischfarbenen, nach Aas riechenden Blüten, die Fliegen zur Bestäubung anlocken. Weder Blätter noch Spross oder Wurzeln begleiten die Blüte. Die Pflanze ist nämlich ein Parasit, der vollständig in einer Liane lebt.

AASBLUME
Diese Art, *Rafflesia arnoldii*, kommt auf Sumatra und Borneo vor und entwickelt die größten Blüten, die aber nur wenige Tage alt werden.

GLEITFLUG IM KRONENDACH

Südostasien

GEHÖRNTER FLUGDRACHE

Ein Baumbewohner, der verfolgt wird, kommt schließlich am Ende eines Asts an. Eichhörnchen und Affen können zum nächsten Ast springen, doch eine Alternative ist der Gleitflug. Verschiedene Säugetiere, etwa Riesengleiter und Gleithörnchen, spannen Häute an ihren Seiten auf, die sie von Baum zu Baum tragen. Südostasiatische Reptilien und Amphibien haben das Gleiche gemacht. Flugfrösche benutzen extragroße Schwimmhäute an den Zehen, während Flugdrachen ihre langen, mit Haut verbundenen Rippen abspreizen. Es gibt sogar Schlangen, die sich abplatten, um durch die Luft zu gleiten.

INNERER KOMPOSTHAUFEN

Südostasien

Pflanzen sind oft Partner von Ameisen geworden. Einige Ameisen verbreiten Samen (siehe S. 75), andere verteidigen Blätter (siehe S. 147) und in Regenwäldern liefern Ameisen sogar Nahrung. Manche Epiphyten lassen Ameisen Nester in ihren Wurzeln anlegen, wo die Insekten organische Abfälle sammeln, aus denen die Pflanzen Mineralien beziehen. Doch die Große Urnenpflanze (*Dischidia major*) geht noch einen Schritt weiter: Ihre Blätter bilden urnenförmige Behälter, in denen Ameisen der Gattung *Philidris* Nester anlegen. Die Pflanze verankert sich mit Adventivwurzeln an einem Baum, doch manche Wurzeln wachsen auch in die Urnen ein, um Nährstoffe aus organischen Resten in den Nestern zu beziehen.

GROSSE URNENPFLANZE
Alle Arten der Urnenpflanzen werden von Ameisen ernährt, doch die Große Urnenpflanze beherbergt sie in besonderen Blättern.

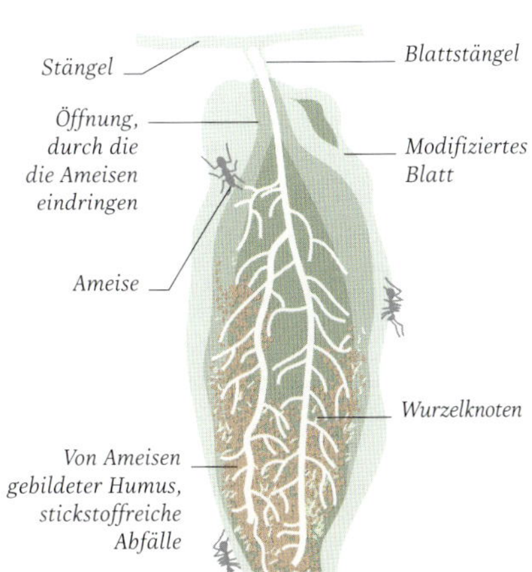

SCHNITT DURCH EIN URNENBLATT

VERBLÜFFENDE NACHAHMER

Südostasien

Regenwälder sind voller Tiere, die Pflanzenteile nachahmen. Manche verstecken sich vor Fressfeinden, andere wiederum vor der Beute. Bei Insekten gibt es einige der bemerkenswertesten Formen der Nachahmung. Wandelnde Blätter verschmelzen mit dem Laub und Gespenstschrecken mit den Zweigen. Südostasiatische Fangschreckenarten imitieren verschiedene Blüten und sind je nach Art rosa, gelb oder weiß gefärbt. Sie lauern zwischen den Blüten Nektar suchenden Insekten auf.

FANGSCHRECKE
Diese Fangschrecke der Gattung *Hymenopus* versteckt sich zwischen gleich gefärbten Blüten, etwa von Orchideen.

GROSSE SHOW

Neuguinea

Einige der eindrucksvollsten Vögel leben auf Neuguinea. Paradiesvögel stammen von krähenähnlichen Vorfahren ab, die auf einer regenwaldreichen Insel, die nur wenige große Prädatoren aufweist, eine auffällige Balz entwickeln konnten. Diese Vögel haben den Gipfel der sexuellen Selektion erreicht. Die Männchen beeindrucken mit ihren Farben und extravaganten Tänzen, während die unscheinbaren Weibchen das Männchen aussuchen und dann ihre Küken allein aufziehen.

Das Gefieder der männlichen Paradiesvögel wird von keiner Vogelgruppe übertroffen. Die Schmalschwanz-Paradies-Elster (*Astrapia mayeri*) hat den im Verhältnis zur Größe längsten Schwanz unter den Vögeln. Der Wimpelträger-Paradiesvogel (*Pteridophora alberti*) trägt ein Federpaar, dessen Fahnen wie kleine blaue Flaggen geformt sind.

Die meisten Paradiesvögel stellen ihr Gefieder in einer komplexen Choreografie zur Schau. Besonders eindrucksvoll sind Gruppen von Männchen, die auf sogenannten Leks balzen.

Einige der seltensten Paradiesvögel haben sich als Naturhybriden entpuppt.

BALZPLATZ
Zwei Große Paradiesvögel (*Paradisaea apoda*) springen und tanzen, während ein einzelnes Weibchen zusieht, um die Balz zu beurteilen und ein Männchen auszuwählen.

TÄUSCHENDE ORCHIDEEN

Neuguinea

Pflanzen benötigen Bestäuber und belohnen sie mit Nektar. Doch zuckerreicher Nektar ist in der Herstellung aufwendig, vor allem, wenn große Mengen für einen Vogel benötigt werden. In den Hochländern Neuguineas ahmen verschiedene Orchideen der Gattung *Dendrobium* große, rote Rhododendron-Blüten nach. Der Rhododendron liefert den bestäubenden Vögeln Nektar, die Orchideen allerdings nicht. Die getäuschten Vögel bestäuben die Orchideen gleichfalls.

Die Blüten locken Nektarvögel und Honigfresser an.

TÄUSCHUNG
Dendrobium cuthbertsonii ist eine der Rhododendren nachahmenden Orchidee, die keinen Nektar liefert. Sie wächst auf Bäumen im montanen Regenwald – neben Nektar liefernden Rhododendren.

VÖGEL ALS DEKORATEURE

Neuguinea und Ostaustralien

Viele männliche Vögel versuchen, ihre Weibchen mit ihrem Gesang und ihrem Balzverhalten zu beeindrucken. In den Regenwäldern Neuguineas und Australiens dagegen präsentieren männliche Laubenvögel ihre Konstruktionen. Die Weibchen beurteilen die Männchen nach der Qualität ihrer Lauben. Manche Arten wie der Flammenlaubenvogel (*Sericulus ardens*) bauen Alleen aus parallel aufgestellten Gräsern und Zweigen. Andere wie der Hüttengärtner (*Amblyornis inornata*) errichten Lauben vom Maibaumtyp. Wie auch immer ihr Stil ist – alle Laubenvögel sind hervorragende Dekorateure, die ihre Lauben mit Blüten, Früchten und sogar Dingen aus dem menschlichen Müll schmücken.

STRASSENBAUER
Flammenlaubenvögel dekorieren ihre Alleen mit Beeren. Wenn sich eine potenzielle Partnerin nähert, weitet und kontrahiert das Männchen seine Pupillen, um sie zu beeindrucken.

WÄLDER IM NEBEL

In den Tropen können die Niederschläge in den Bergen hoch sein, sodass auch hier Regenwald wächst. Doch die Arten im kühleren montanen Regenwald unterscheiden sich von denen des Tieflands. In einer vom Standort abhängigen Höhe entsteht bei einer bestimmten Konstellation aus Temperatur und Luftfeuchtigkeit Nebelwald. Der Nebel bleibt hier den größten Teil des Tages über bestehen. Normalerweise wird Wasser durch Transpiration über die Blätter in einer Pflanze hochgesaugt, weil die Sonne trocknet. Doch wenn die Luft vom Wasserdampf gesättigt ist, funktioniert das nicht. Stattdessen nehmen die Blätter des Nebelwalds das Wasser unmittelbar aus der Luft auf.

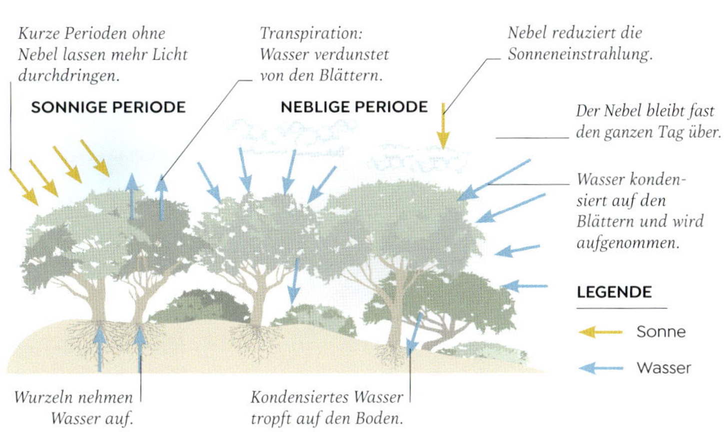

WASSER AUS DER LUFT
Kondensierender Nebel erhält den Nebelwald feucht, das Wasser tropft dann von den Blättern herab. Die meiste Zeit erhalten die Pflanzen mehr Wasser aus der Luft als aus dem Boden.

EPIPHYTEN DES NEBELWALDS
Bartflechten der Gattung *Usnea* wachsen an Bäumen in den Bergen von Neuguinea. Das Kondenswasser hält alles feucht, sodass Epiphyten gut gedeihen können.

WÜRGE-SCHLANGEN

Nahezu alle Schlangen ernähren sich von lebender Beute, sodass sie Methoden entwickelt haben, diese zu überwältigen. Viele setzen Gift ein, das sie mit dem Biss injizieren. Andere setzen auf pure Stärke: Sie umschlingen ihre Beute und behindern damit die Durchblutung, der Herzschlag stoppt.

Die größten Schlangen der Welt nutzen diese Methode: Die in der Neuen Welt, Afrika und Asien lebenden Boas sind meist lebendgebärend, die von Afrika bis zum Indopazifik vorkommenden Pythons legen Eier. Die Regenwälder Neuguineas gehören zu den wenigen Gebieten, in denen beide Gruppen vorkommen.

GRÜNER BAUMPYTHON
In den Ästen der Regenwälder von Neuguinea lebt der Grüne Baumpython (*Morelia viridis*), eine Würgeschlange, die kletternde Säugetiere, Reptilien und gelegentlich Vögel erbeutet.

NATURSCHUTZ

PAZIFISCHE SCHNECKEN

Die Regenwälder der polynesischen Inseln waren einmal der Lebensraum für eine hohe Diversität von über 70 Arten luftatmender Schnecken der Gattung *Partula*. Als die Große Achatschnecke (*Lissachatina fulica*) als potenzielle Delikatesse eingeführt wurde, wurde sie zu einem Schädling. Also hat man die carnivore Rosige Wolfsschnecke zu ihrer Kontrolle eingeführt. Doch diese rottete zwei Drittel der *Partula*-Arten aus.

***PARTULA*-SCHNECKE AUF MO'OREA**

TROPISCHE TROCKENWÄLDER

Wenige Lebensräume verändern sich im Lauf des Jahres so sehr wie die dem tropischen Monsun ausgesetzten Wälder, in denen die regengetränkte Vegetation einer saisonalen Dürre ausgesetzt ist, sodass sie trocken wie eine Wüste werden kann.

Die Hitze der Tropen lässt artenreiche Wälder entstehen, doch nur die immerfeuchten Regenwälder befinden sich das ganze Jahr über im Wachstum. In einem Drittel der tropischen Wälder variieren die Niederschläge. Diese Wälder sind weiter vom Äquator entfernt als die Regenwälder und die Regenwolken transportierenden Wettersysteme erreichen sie nur für einen Teil des Jahres. Die saisonalen Niederschläge, die man als Monsun bezeichnet, unterscheiden sich von Ort zu Ort. Monsunwälder können also das halbe Jahr über oder nur wenige Monate lang beregnet werden. Für den Rest des Jahres herrscht Trockenheit.

EXTREME JAHRESZEITEN

Während der Regenfälle sind die Wälder kaum von Regenwäldern zu unterscheiden. Die Lebewesen nutzen diese Bedingungen: Pflanzen wachsen und tragen Früchte, Insekten schwärmen und Vögel nisten. Doch die Trockenzeit bringt Monate der Dürre. Einige der Bäume sind immergrün und besitzen feste, ledrige Blätter. Doch viele werfen das Laub ab, wie es die Bäume der gemäßigten Breiten im Winter tun. Viele Tiere ertragen die Trockenzeit nicht. Einige können in andere Gebiete abwandern, andere halten einen Trockenschlaf. Insekten und frugivore Vögel suchen feuchtere Lebensräume auf. Manche Frösche verbringen die Zeit in Kokons unter der Erde. Trotz des dramatischen saisonalen Wechsels geht das Leben weiter. Die Dürre regt manche Pflanzen zum Blühen und zu neuem Wachstum an, vielleicht, um das kahle Kronendach zu nutzen, das mehr Licht auf den Boden fallen lässt. Die saisonalen Trockenwälder der Tropen sind ein Lebensraum sich ständig verändernder Diversität.

TROPISCHE TROCKENWÄLDER
In den Tropen liegen die saisonalen Trockenwälder zwischen 10° und 20° nördlicher Breite sowie südlich des Äquators im tropischen Amerika, in der Karibik, im südlichen Zentralafrika, im westlichen Madagaskar, in Südasien und auf den pazifischen Inseln.

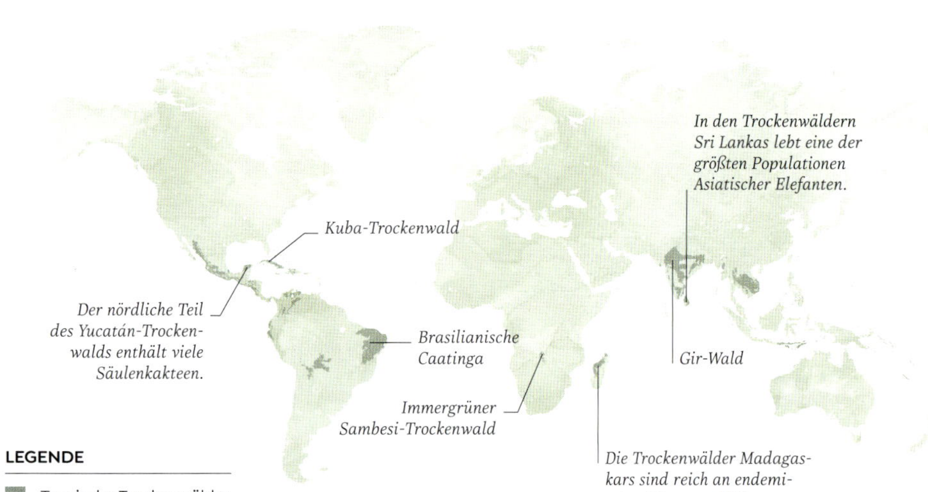

Die Fossa (*Cryptoprocta ferox*) ist ein katzenähnliches madagassisches Säugetier. Sie jagt sowohl am Tag als auch in der Nacht, wobei Lemuren einen großen Teil ihrer Nahrung ausmachen. In der Trockenzeit, wenn es weniger zu erbeuten gibt, legt sie größere Entfernungen zurück.

TROPISCHE TROCKENWÄLDER

In Teilen der Tropen folgen auf starke Monsunregen Dürren. In der Regenzeit sind die Bäume grün und die Tiere haben genügend Nahrung. Doch an Orten wie dem indischen Chota-Nagpur-Plateau dauert die Trockenzeit mehr als ein halbes Jahr an. In dieser Zeit verlieren die Pflanzen ihre Blätter und viele Tiere halten eine Trockenruhe oder wandern in andere Gegenden ab.

REGENZEIT

FRÜCHTEFRESSER
Der Doppelhornvogel nistet während der Regenzeit in Baumhöhlen und muss in der Trockenzeit in einem größeren Gebiet nach Nahrung suchen.

VIELSEITIGER KARNIVORE
Die kleine Rohrkatze jagt in der offenen Steppe wie auch in den Wäldern. Regelmäßig taucht sie am Waldrand auf.

Tiger *pirschen sich oft an Hirsche heran, die am Wasserloch trinken.*

NEUE BLÄTTER
Der Regen löst das Wachstum neuer Blätter aus. Sie ersetzen jene, die während der Dürre verloren gingen.

LAUB UND GRAS
Rudel von Axishirschen leben an den Waldrändern, wo sie sowohl Gras als auch das Laub der Bäume und Sträucher fressen.

Rotscheitel-Bartvögel *fressen Früchte und große Insekten.*

Helle Tigerpythons *sind während der Regenzeit aktiv, in der Trockenzeit jedoch ruhiger.*

Monarchen *suchen nach Insekten und Spinnen.*

Indische Weißschwanz-Stachelschweine *graben komplexe Baue mit tiefgelegenen Kammern.*

Schikra-Sperber sind Greifvögel, die oft kleine Vögel im Flug fangen.

LANGE TROCKENZEIT

Tropische Trockenwälder gibt es, wo die Trockenzeit bis zu acht Monate dauert. Die Temperaturen sind immer hoch, doch die Niederschläge wechseln zwischen Überschwemmung und Dürre. Klima und Geologie bestimmen die Verhältnisse.

BRASILIEN

INDIEN

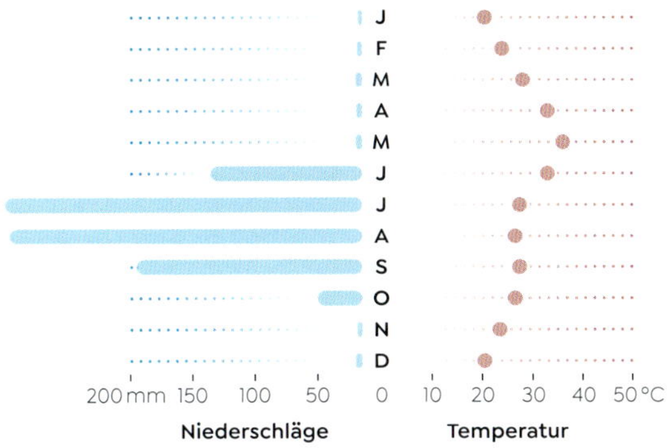

NAGPUR, INDIEN

Salbäume werfen dort das Laub ab, wo es eine Trockenzeit gibt. Bei ganzjährigen Niederschlägen sind sie sommergrün.

Wasserlöcher locken auch in der Regenzeit Tiere an.

Falllaub wird durch den Wind angehäuft.

Wasserlöcher schrumpfen während der langen Trockenzeit.

TROCKENZEIT

KAHLE BÄUME

In der Trockenzeit verlieren die Bäume ihre Blätter. Die Zersetzung des Falllaubs ist der wichtigste Vorgang, damit organisches Material und Nährstoffe wieder zurück in den Boden gelangen.

TROCKENZEITBESUCHER

Hirschziegen-Antilopen und andere Steppenarten suchen zur Trockenzeit die Wälder auf, um Wasser zu suchen.

LAICHEN IN DER REGENZEIT

Ornament-Dreiecksfrösche verbringen die Trockenzeit unter dicken Falllaubschichten und kommen erst in der Regenzeit zum Ablaichen hervor.

AASFRESSERRUDEL

Rothunde können in den trockensten Monaten vom Jäger zum Aasfresser werden.

INSEKTENFRESSER

Mit seiner langen Zunge, mit der er Ameisen und Termiten aufnehmen kann, ist der Lippenbär ein Nahrungsspezialist. Ameisen gibt es auch in der Trockenzeit in großen Mengen.

DAS GANZE JAHR ÜBER NEKTAR
Bienenelfen benötigen das ganze Jahr über Nektar. An Kolibris angepasste Pflanzen wie die *Antigonon*-Arten blühen daher auch in der Regenzeit.

VERZÖGERTE FRUCHTBILDUNG

Mexiko, Mittelamerika und nördliches Südamerika

Der in Mittelamerika und im nördlichen Südamerika wachsende Guanacaste (*Enterolobium cyclocarpum*) öffnet seine weißen, pomponartigen Blüten zu Beginn der Regenzeit, wenn es genug bestäubende Bienen gibt. Die Zeit reicht jedoch nicht, die Samen noch während der Regenzeit reifen zu lassen. Stattdessen verzögert der Baum die Entwicklung. Die Hülsen beginnen zu Beginn der Trockenzeit zu wachsen, reifen und fallen aber erst zu Boden, wenn der Regen zurückkehrt – ein volles Jahr, nachdem die Bienen die Blüten bestäubt haben. Die Hülsen müssen von Herbivoren geöffnet und die Samen angeritzt werden, bevor sie keimen können. Kein heutiges hier lebendes Wildtier kann das leisten. Daher nimmt man an, dass diese Aufgabe früher von heute ausgestorbenen Säugetieren wie den Riesenfaultieren (*Megatherium*) übernommen wurde.

Die Hülsenfrucht ist wie ein Elefantenohr geformt.

GUANACASTE-SAMEN
Jede große, flache Hülse enthält bis zu 16 radial angeordnete Samen. Der Baum ist heutzutage von Menschen und Nutztieren abhängig, um sie freizusetzen.

STÄMME ALS SPEICHER

Nordmexiko

Tropische Trockenwälder erreichen ihre nördliche Grenze an den Rändern der Sonora-Wüste und entlang des mexikanischen Niederkaliforniens, wo Elefantenbäume (*Pachycormus discolor*) zu den am besten an die Trockenheit angepassten Gewächsen gehören. Ihr Name bezieht sich auf den dicken Stamm. Wegen der kleinen Blätter haben Elefantenbäume einen minimalen Wasserbedarf. Außerdem speichern sie Wasser für die Zeit der größten Trockenheit in den Stämmen.

ELEFANTENBAUM

BLÜTEN IN DER TROCKENZEIT

Kuba

Einige Pflanzen der Trockenwälder blühen in der Trockenzeit – eine Strategie, bei der die Bestäubung eher durch Vögel als durch Insekten erfolgen muss. Im Gegensatz zu den Insekten gibt es nämlich auch in der Trockenzeit noch genug Vögel und der Blütennektar sichert ihnen das Überleben während der Dürreperiode. In den amerikanischen Tropen können daher auch Kolibris in den Trockenwäldern leben. Kuba ist die einzige karibische Insel, auf der mehr Trocken- als Regenwald gedeiht. Hier lebt die Bienenelfe (*Mellisuga helenae*). Sie ist mit nur 5 cm Länge und weniger als 2 g Gewicht der kleinste Vogel der Welt. Die Bienenelfe brütet in der Trockenzeit, wobei die Weibchen zwei Eier in das winzige napfförmige Nest legen, das aus Pflanzenfasern und Flechten gebaut wurde. Zu den nektarreichen Blüten, die die Bienenelfe nun besucht, gehört die des Goldkelchs *Solandra grandiflora*, eines Nachtschattengewächses.

Das Nest der Bienenelfe hat die Größe eines Fingerhuts.

GRABENDE KRÖTEN

Mexiko und Mittelamerika

In der Regenzeit tauchen in den mittelamerikanischen Trockenwäldern bizarre Kröten aus dem Boden auf. Temporäre Tümpel ziehen die Nasenkröte (*Rhinophrynus dorsalis*) an. Hier versammeln sich die Männchen und rufen, um Weibchen anzulocken. Die befruchteten Eier sinken ab, die Kaulquappen schlüpfen schnell. Sie müssen sich in erwachsene Kröten verwandelt haben, bevor die Pfützen austrocknen. Dann vergraben sich die Kröten wieder, indem sie sich rückwärts mit den spatenähnlichen Fersen einen Bau anlegen, in dem sie die Trockenzeit verbringen.

AMEISENFRESSER
Das kleine, zahnlose Maul, das eine ausstreckbare Zunge enthält, ist eine Anpassung der Nasenkröten an die Termiten- und Ameisennahrung, die sie unter der Erde zu sich nehmen.

TITAN-SCHWÄRMER

BLÜTEN-BESTÄUBER

Westmexiko

Die meisten Nachtfalter sind nachtaktiv, doch die Arten der Familie der Schwärmer sind tagsüber unterwegs und schweben wie kleine Kolibris über den Blüten, um Nektar zu trinken. Ihre großen Augen, der spitz zulaufende Körper und die schnell schlagenden Flügel ermöglichen das Fressen und die Flucht vor Räubern. Einige Arten mit transparenten Flügeln imitieren sogar Bienen. Der amerikanische Titan-Schwärmer (*Aellopos titan*) ist ein Bestäuber mittelamerikanischer Trockenwälder, der gern Lichtungen mit Färberkrapp und Verbenen aufsucht.

FREUND UND FEIND DER BÄUME

Zentralmexiko

Mexikanische Agutis (*Dasyprocta mexicana*) sind Nagetiere mit langen Beinen, auf denen sie schnell über den Waldboden laufen können. Sie gehören zu den wichtigsten Pflanzenfressern der amerikanischen Tropen. Sie fressen Samen, Nüsse und Schösslinge, dadurch behindern sie das Nachwachsen der Bäume. Doch ihr Tun ist auch von Vorteil. Agutis sind die einzigen tropischen amerikanischen Nagetiere, die Samen und Nüsse sammeln, vor allem in Trockenwäldern, wo während der Trockenzeit Vorräte erforderlich sind. Zu Zeiten der Fülle können Agutis Tausende von Samen in kleinen Vorräten verteilt über eine große Fläche einlagern. Einen großen Teil dieser vergrabenen Schätze vergessen die Tiere, sodass die Samen keimen können. Außerdem sind Agutis nahezu die einzigen Tiere, die sich durch die Schale der Paranüsse nagen können. Daher ist der Paranussbaum (*Bertholletia excelsa*) fast vollständig von den Agutis abhängig. Ohne sie würden die Samen in den Nüssen nicht freigesetzt.

SCHLÜSSELARTEN
Ein Dutzend Arten tropischer amerikanischer Agutis spielt eine zentrale Rolle in der Ökologie der Wälder. Die Tiere fressen Pflanzen, verteilen Samen, ermöglichen die Keimung und dienen als Nahrung für die Fleischfresser.

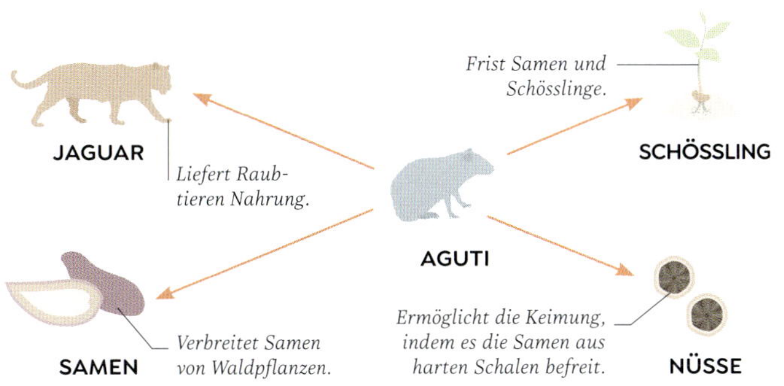

MEXIKANISCHE AGUTIS

TROCKENE BARRIEREN

Cauca- und Magdalena-Täler, Kolumbien

Viele Trockenwälder liegen im Regenschatten von Gebirgen. Aufsteigende Regenwolken tränken die Hänge mit Wasser, doch die andere Seite der Berge bleibt trocken. Die komplexe Topografie der Anden erzeugt viele trockene Täler. Zwei der größten – die des Cauca und des Magdalena – beherbergen einige der artenreichsten südamerikanischen Trockenwälder. Die an sie angepassten Tiere und Pflanzen sind von Regenwäldern umgeben, sodass sie sich isoliert entwickelt haben. Gleichzeitig bilden die Täler Korridore, in denen Trockenwaldarten von Mittelamerika nach Süden gelangen. Hier lebt die an trockenes Buschwerk angepasste Rotscheiteltangare (*Stilpnia vitriolina*).

Frisst Früchte und Insekten. **ROTSCHEITELTANGARE**

IM REGENSCHATTEN
Die Anden erhalten Niederschläge vom Pazifischen Ozean im Westen und dem Amazonasbecken im Osten.

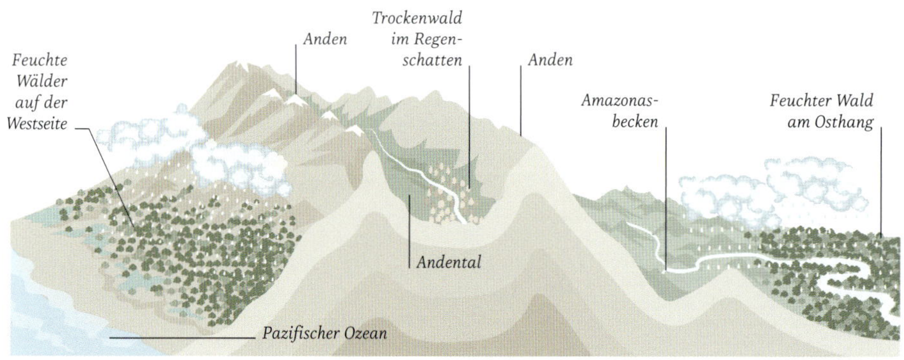

ÜBERFLUTET ODER TROCKEN

Provinz Mato Grosso, Brasilien

In einem großen Teil des Amazonasbeckens regnet es das ganze Jahr über, doch zum Südosten hin gibt es jahreszeitliche Unterschiede und der Regenwald geht in Feuchtsavannen über. Hier, in der Mato-Grosso-Region Brasiliens, wechseln sich abhängig von der Jahreszeit sturzbachartige Regenfälle, die die Bäume überfluten, mit einer Dürreperiode ab. Während dieser Trockenzeit versickert das Wasser in höher gelegenen porösen Böden, sodass die Vegetation austrocknet und durch Waldbrände gefährdet ist, ganz wie die Feuchtsavannen des Cerrado weiter im Süden (siehe S. 139).

Viele der Tiere in diesen Wäldern überleben die Überschwemmungen der Regenzeit und die Dürre der Trockenzeit im Kronendach hoch über dem Boden. Affen wie der Rotbauch-Springaffe (*Plecturocebus moloch*), Vögel wie der Schwanzbinden-Pipra (*Pipra fasciicauda*) und andere Tiere, die zwischen Lebensräumen wechseln können, müssen nomadisch sein, da die Pflanzen dieser Region ihre Früchte, Blüten und Schösslinge zu verschiedenen Jahreszeiten an unterschiedlichen Orten produzieren.

Der Mato Grosso beherbergt den größten Trockenwald des Amazonasbeckens.

EL-NIÑO-REGEN

Nordwesten Perus

FEUERFLÜGELSITTICHE

Die Pazifikküste des äquatorialen Südamerikas ist trocken, da die Westwinde auf das Meer hinauswehen und Regenwolken das Land nicht erreichen. Der Regenwald geht im Norden in einen Trockenwald über. Doch die Winde schwächen während der El-Niño-Jahre ab, sodass das Land mehr Regen erhält und mehr Früchte wachsen, wovon Tiere wie die Sittiche profitieren.

URSPRUNG UND SCHICKSAL DER TROCKENWÄLDER

Chiquitano-Region, östliches Bolivien und südwestliches Brasilien

Das Klima aller Lebensräume hat sich im Verlauf von Jahrmillionen verändert. Trockenwälder waren einmal weiter verbreitet, als sie es heute sind, auch in Südamerika. Untersuchungen der Chiquitano-Region am südlichen Rand des Amazonasbeckens wiesen anhand von fossilen Pollen und Holzkohle von an Trockenheit angepassten Pflanzen nach, dass Südamerika kühler und trockener war und die Regenwälder nicht so groß waren wie heute. Die Analyse weist auch darauf hin, dass heutige Trockenwälder eine geringere Biodiversität aufweisen als vor Tausenden von Jahren.

FLACHLANDTAPIR
Anpassungsfähige Waldbewohner wie der Flachlandtapir (*Tapirus terrestris*) haben prähistorische Veränderungen vom Trockenwald zum Regenwald überstanden.

SCHWARZKEHL-ARASSARI
Arassaris spielen bei der Verbreitung von Fruchtbaumsamen eine wichtige Rolle. Der Schwarzkehl-Arassari (*Pteroglossus aracari*) lebt im Trocken- und im Regenwald.

FEUCHTGEBIETE BEREICHERN DIE CAATINGA

Nordostbrasilien

Das größte Gebiet des Trockenwalds in Südamerika ist eine brasilianische Region namens Caatinga. Es ist einer der Trockenwaldlebensräume mit der höchsten Biodiversität. Die Trockenzeit, die im Süden besonders ausgeprägt ist, hat einen Wald geschaffen, in dem viele Kakteen wachsen. Viele Tiere wie der bedrohte Lear-Ara (*Anodorhynchus leari*) leben nur hier, während von ozeanischen Regenwolken befeuchtete Hochebenen kleine Regenwaldbereiche aufweisen.

ARARIPE-BEWOHNER
Der 1996 entdeckte Vogel lebt nur in den feuchten Bereichen der Caatinga – in den Tälern des Araripe-Plateaus. Hier kommen nur noch etwa 800 Exemplare vor.

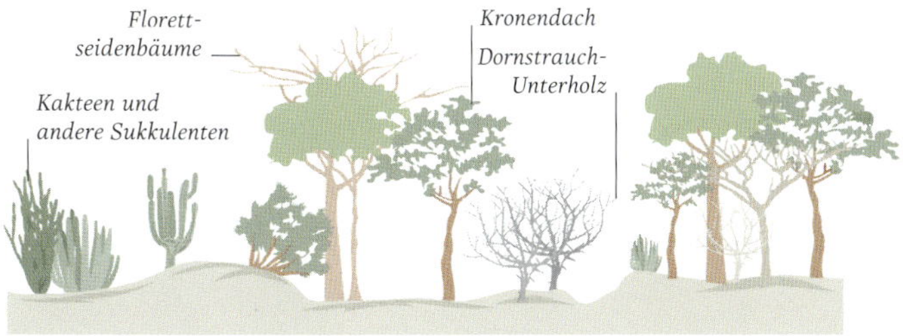

AUFBAU DES WALDS
Der Trockenwald der Caatinga hat einen komplexen Aufbau. Hohe Bäume, die ihr Laub in der Trockenzeit abwerfen, bilden ein Kronendach über einem Dornstrauch-Unterholz, in dem Akazien, Palmen und Kakteen dominieren.

HOTSPOT DER KATZEN

Zentralbolivien

Die Nebelwälder der Anden gehören zu den dauerhaft feuchten Gebieten der Erde, doch weiter im Süden bringen tropische Monsune saisonale Trockenheit. Hier gibt es trockenere Wälder mit Kakteen und anderen dornigen Pflanzen sowie Gebiete mit dem größten Katzenreichtum der Neuen Welt. Hier leben Salzkatze (*Leopardus geoffroyi*), Puma, Jaguar, Ozelot und Colocolo.

SALZKATZENKATER

URSACHEN DES MONSUNS

Süd- und Südostasien, tropisches Afrika und Australien

Die saisonalen Veränderungen der Niederschläge im Bereich des Indischen Ozeans sind Teil des tropischen Monsun-Phänomens. Die am Äquator senkrecht stehende Sonne erwärmt die feuchte Luft, sodass im Bereich der Regenwälder heftige Niederschläge auftreten. Weiter vom Äquator entfernt scheint die Sonne mehr jahreszeitlich abhängig. Der Bereich der warmen, feuchten Luft bewegt sich, sodass ein nasser Sommer zuerst im Norden, dann im Süden auftritt. Zu anderen Zeiten gibt es hier trockene Winter. Der Effekt verstärkt sich, wenn wie in Südasien Norden und Süden von einem Kontinent und einem Meer getrennt werden. Die Sonne erwärmt das Land nämlich schneller als das Meer und das Land kühlt im Winter schneller ab.

SÜDASIATISCHER MONSUN
Starke Monsune treten durch die Kombination der Bewegung des Niederschlaggürtels mit der Erwärmung und Abkühlung des Lands auf.

LEGENDE
Kühle Luft — Warme Luft

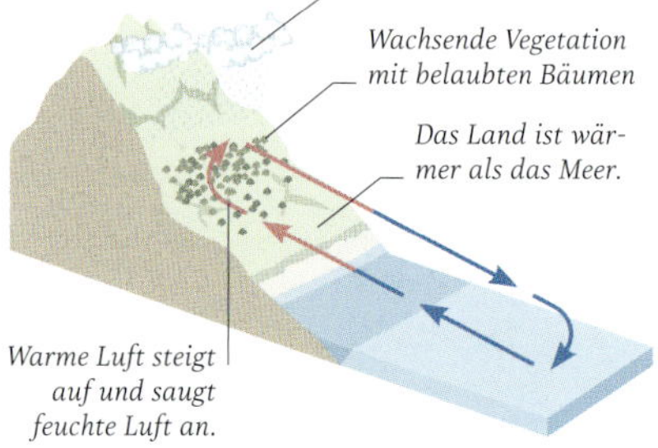

NÖRDLICHE REGENZEIT

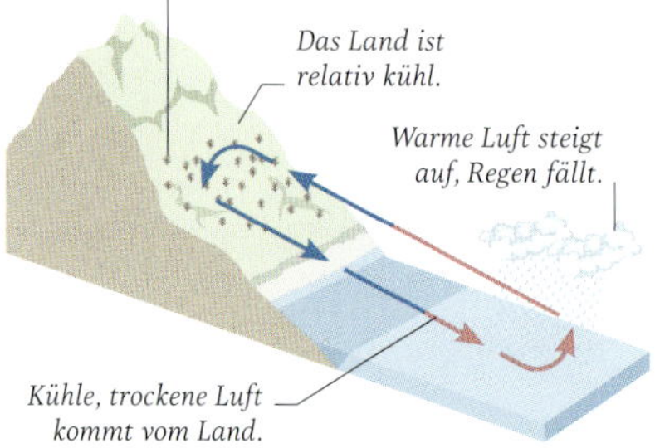

SÜDLICHE REGENZEIT

MAVUNDA-BAUM-BLÜTEN

IMMERGRÜNER TROCKENWALD

West-Lunga-Nationalpark, Sambia

In den meisten Gebieten mit saisonalen Trockenzeiten im tropischen Afrika herrschen Savannen vor. Dies sind Grasländer mit verstreut wachsenden Bäumen (siehe S. 135). Doch südlich des Kongo-Regenwalds im West-Lunga-Nationalpark, Sambia, gibt es einen Trockenwald mit einem 15–18 m hohen Kronendach und einem dichten Unterholz aus Sträuchern. Der Mavunda-Baum (*Cryptosepalum exfoliatum*) prägt diesen Wald. Anders als viele andere Baumarten des Trockenwalds ist er immergrün, sodass der Wald einen wichtigen Lebensraum für verschiedene Tiere wie den Gelbrücken-Ducker (*Cephalophus silvicultor*), eine kleine Antilope, und das Pinselohrschwein (*Potamochoerus porcus*) darstellt.

KALKSTEIN-KATHEDRALE
Der Nationalpark Tsingy de Bemaraha ist ein UNESCO-Weltnaturerbe und mit 1500 km² einer der größten Bereiche der als Tsingy bezeichneten Karstlandschaft.

RÜCKZUGSGEBIET DER LETZTEN ASIATISCHEN LÖWEN

Gir-Nationalpark, Indien

Die Regenzeit der indischen Kathiarbar-Gir-Region ermöglicht mit ihren Niederschlägen das Wachstum von Trockenwaldbäumen wie Akazien und Teak. Hier gibt es jedoch auch Sukkulenten aus dem nahen trockenen Buschland. Das ergibt einen Lebensraum, der den afrikanischen Savannen ähnelt. Asiatische Arten kommen zu jenen für Afrika typische Arten hinzu. Zu ihnen gehört eine kleine Population asiatischer Löwen, die vor rund 20000 Jahren hierhin gelangt ist. Die Temperaturen können an den heißesten Sommertagen über 45 °C steigen und in Winternächten unter 0 °C fallen. Dieser Trockenwald ist einer der wichtigsten Reste dieses zurückweichenden Lebensraums in Südasien.

ASIATISCHER LÖWE, GIR-NATIONALPARK

NATURSCHUTZ

KONFLIKT MIT DEN MENSCHEN

Weniger als 700 asiatische Löwern leben noch im Gir-Nationalpark in Gujarat, Indien. Infolge von Schutzmaßnahmen hat der Bestand im letzten Jahrzehnt zugenommen. In früheren Zeiten reichte das Verbreitungsgebiet der Löwen bis in die Türkei und zur Arabischen Halbinsel, doch durch die Jagd verringerten sich die Bestände. Inzucht stellt für die verbleibende Population ein Problem dar und das Anlocken der Tiere mit Fleisch für die Touristen kann ihr Jagdverhalten beeinflussen. Ursprünglich sind die Axishirsche (*Axis axis*) ihre Hauptbeute gewesen.

AXISHIRSCHE

ASIEN UND AFRIKA

Die auf den Gir-Nationalpark beschränkten asiatischen Löwern sind etwas schmaler und haben ein dünneres Fell als die afrikanischen. Beide gehören jedoch zur Art *Panthera leo*. Ihre Unterschiede sind durch rund 20000 Jahre der Isolation entstanden.

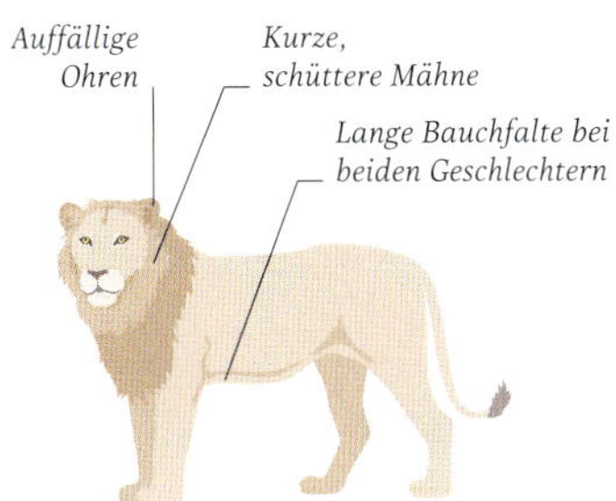

MÄNNLICHER ASIATISCHER LÖWE

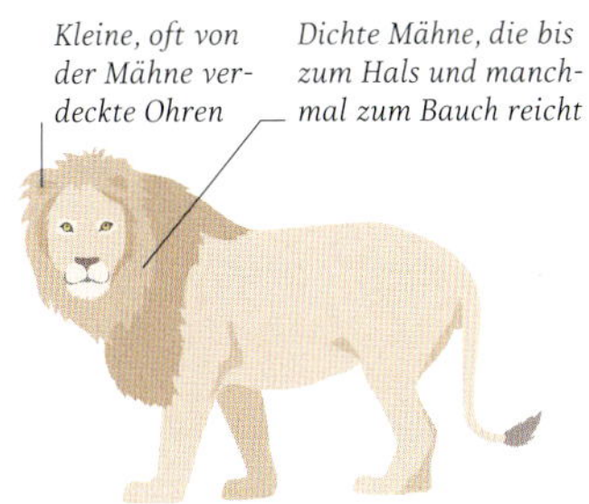

MÄNNLICHER AFRIKANISCHER LÖWE

WALD ÜBER KALKNADELN AUF MADAGASKAR

West-Madagaskar

Der Trockenwald im Westen Madagaskars ist einer der bemerkenswertesten Lebensräume der Welt. Als Tsingy (»Ort, an dem man nicht barfuß laufen kann«) wird eine Karstlandschaft spitzer Kalknadeln bezeichnet. Im Verlauf von Jahrtausenden haben das Grundwasser und der Regen das Kalkgestein erodiert und diese Nadeln stehen gelassen. Einige von ihnen sind über 50 m hoch und weisen fast senkrechte Seiten auf.

Die Vegetation des Tsingy ist ein Trockenwald sukkulenter Pflanzen, zu denen auch Baobabs (*Adansonia*) und Madagaskarpalmen (*Pachypodium*) gehören, deren verdickte Stämme Wasser speichern können. Es entstand ein komplexes Mosaik von Pflanzen, mit feuchtigkeitsliebenden Farnen und Schraubenbäumen in tiefen Tälern, die vom Wasser der Flüsse bewässert werden, sowie trockenheitsresistenten Pflanzen an den trockenen Felsnadeln.

Der Tsingy-Lebensraum kommt an verschiedenen Stellen Westmadagaskars vor. Viele heimische Tiere haben sich in diese für Menschen nahezu unzugänglichen Gebiete zurückgezogen. Unter ihnen befinden sich verschiedene Arten der Lemuren sowie madagassische Raubtiere wie die Fossa (*Cryptoprocta ferox*, siehe S. 104, 259) und der Ringelschwanzmungo (*Galidia elegans*). Der Tsingy ist auch wichtig für Fledermäuse: Die Hälfte ihrer madagassischen Arten hat hier ihre bevorzugten Lebensräume, vor allem dort, wo das Gestein durch Erosion ausgedehnte Höhlensysteme geschaffen hat.

Über 350 Pflanzenarten, die auf dem Kalkgestein des Tsingys leben, wachsen nirgendwo außerhalb von Madagaskar.

FETT-SCHWÄNZE

West-Madagaskar

Die Lage Madagaskars im Westen des Indischen Ozeans führt dazu, dass die Ostseite von November bis April heftigem Regen ausgesetzt ist, während die Westküste relativ trocken bleibt. Zu den Lemuren der westlichen Trockenwälder gehört der Westliche Fettschwanzmaki (*Cheirogaleus medius*), der für die Trockenzeit Fett in seinem Schwanz speichert. Das nachtaktive Tier kann dann in einen bis zu sechsmonatigen Torpor verfallen, der dem Winterschlaf mancher Säugetiere der gemäßigten Zonen entspricht. Er ist der einzige Primat, der einem derartigen Zyklus folgt.

WESTLICHER FETT-SCHWANZMAKI

BITTERE SAMEN

Hawaii

An den gegenüberliegenden Hängen der bergigen Hawaii-Inseln gibt es unterschiedliche Waldtypen: Regenwald auf der windzugewandten Ostseite, Trockenwald auf der windabgewandten Westseite. Die Bäume des Trockenwalds verteidigen sich besonders in der Trockenzeit gegen Pflanzenfresser. So produziert der Māmane-Baum (*Sophora chrysophylla*) bittere Samen, die die meisten Tiere verschmähen. Doch der Schwarzmasken-Kleidervogel (*Loxioides bailleui*) ernährt sich von ihnen. Er sucht sich die jüngsten, weichsten Samen aus, vielleicht weil sie die wenigsten Bitterstoffe enthalten.

MĀMANE-SPEZIALIST
Der Schwarzmasken-Kleidervogel frisst Insekten, vor allem aber Māmane-Samen. Die Pflanze findet man ausschließlich in den Trockenwäldern Hawaiis.

SANDDÜNENWÄLDER

Vietnamesische Küstenebene

In Teilen der Welt entstehen Trockenwälder in Abhängigkeit von Klima und Geologie. Entlang der vietnamesischen Küstenebene im Regenschatten des weiter im Inland gelegenen Truong-Son-Gebirges schüttet der Wind sandige Böden zu hohen Dünen auf. Wasser sickert sehr schnell durch den instabilen Sand. Er stellt deshalb kein gutes Substrat für Pflanzen dar, vor allem nicht für Flachwurzler. Zu ihnen gehören die Flügelfruchtgewächse, die besser an lehmige Böden angepasst sind, die knapp unter der Oberfläche Nährstoffe bergen. Auf Dünen gedeihende Gewächse wie Australische Teebäume (*Melaleuca*) benötigen lange Wurzeln, um an das Grundwasser zu kommen.

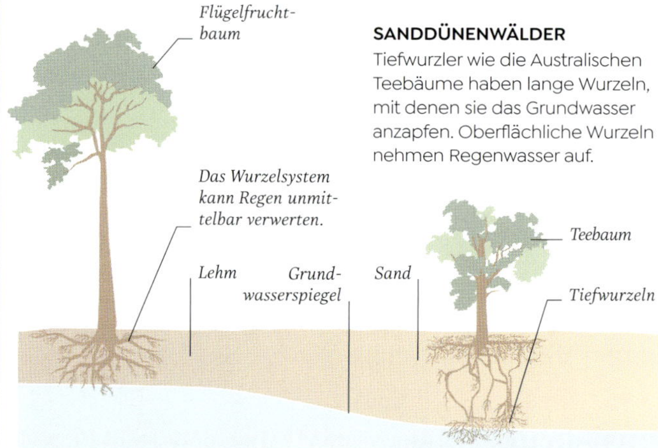

SANDDÜNENWÄLDER
Tiefwurzler wie die Australischen Teebäume haben lange Wurzeln, mit denen sie das Grundwasser anzapfen. Oberflächliche Wurzeln nehmen Regenwasser auf.

DÜNENBESIEDLER
Baeckea frutescens ist auf trockenen Sand spezialisiert und kann auf südostasiatischen Dünen gedeihen.

REISENDE ZUR SEE

Fidschi

Mit Anpassungen, die Pflanzen und Tieren das Gedeihen in Trockenwäldern ermöglichen, können sie auch lange Reisen auf das Meer ohne Süßwasserversorgung überleben. Landbewohnende Reptilien wie Echsen, Schlangen und Schildkröten haben die Meere schon auf schwimmenden Bäumen oder Pflanzenflößen überquert. Auf diese Weise besiedeln die Tiere weit entfernte Inseln, wo sie sich zu neuen Arten entwickeln.

Einige der bemerkenswertesten Inselechsen leben auf den Fidschi-Inseln: die Fidschi-Leguane (*Brachylophus vitiensis*). Alle übrigen Leguan-Arten sind in der neuen Welt heimisch. Das bedeutet, dass einst die Ahnen der Fidschi-Leguane ihre Inselheimat vom weit entfernten Südamerika aus erreicht haben müssen, vielleicht indem sie den nach Westen fließenden Südäquatorialstrom bei der Überquerung des Pazifiks genutzt haben.

Die Ahnen der Leguane müssen rund 9000 km per Floß zurückgelegt haben.

NATURSCHUTZ
STERNSCHILDKRÖTEN

Die Birma-Sternschildkröte (*Geochelone platynota*) ist wegen ihres Fleisches sowie der Nachfrage in der traditionellen Medizin sowie dem Tierhandel vom Aussterben bedroht. Dieser Omnivore, der sowohl Schnecken und Regenwürmer als auch Pflanzen frisst, war weitgehend auf den Trockenwald und das Buschland im Irrawaddy-Becken im Schatten des Arakan-Joma-Gebirges beschränkt.

Im Jahr 2000 war die Schildkröte in der Natur ausgestorben. Doch ein erfolgreiches Brutprogramm in menschlicher Obhut rettete die Art, sodass über 14 000 Tiere in weniger als zwei Jahrzehnten nachgezüchtet werden konnten. Über 2000 von ihnen wurden in Schutzgebieten ausgewildert, wo sie unter strenger Bewachung stehen. Viele von ihnen vermehren sich nun in der Natur.

BIRMA-STERNSCHILDKRÖTE

VERLORENE RIESEN DER WÄLDER

Flügelfruchtgewächse dominieren die Trockenwälder Südostasiens, Gräser bedecken den Boden. Viele Bäume haben als Anpassung an regelmäßige Waldbrände eine verkorkte Borke. Diese Wälder waren einmal der Lebensraum einer einzigartigen Gesellschaft großer Säugetiere, doch Entwaldung und Wilddiebstahl haben den Tierbestand vernichtet. Hier lebten der Kouprey (*Bos sauveli*), ein großes Rind, wie auch Populationen der Java- und Sumatra-Nashörner (*Rhinoceros sondaicus* und *Dicerorhinus sumatrensis*). Der Kouprey ist seit den 1970er-Jahren nicht mehr gesehen worden und das letzte vietnamesische Java-Nashorn wurde 2010 von einem Wilddieb erschossen.

SUMATRA-NASHORN
Wie andere Großtiere verdichten Sumatra-Nashörner den Boden und verändern ständig die Waldstruktur. Diese Art war einmal von Indien bis nach Indonesien verbreitet, ist aber nun vom asiatischen Festland verschwunden und lebt nur noch auf Sumatra.

FIDSCHI-LEGUAN
Die leuchtend grüne Färbung dieser Art ist die perfekte Tarnung im Laub der Sträucher. Die Fidschi-Leguane steigen nur selten auf den Waldboden herab.

TIMOR – ASIEN BEGEGNET AUSTRALIEN

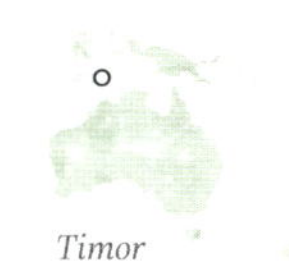

Zwischen Asien und Australien verläuft eine Inselkette von Java bis Timor und der tropische Monsun wirkt sich weiter im Osten immer stärker aus. Daraus folgt, dass der Westen Javas aus üppigen Regenwäldern besteht, während sich auf Timor Trockenwälder und Buschland erstrecken. Auf Timor und den Nachbarinseln treffen Tiere dieser unterschiedlichen Lebensräume und verschiedener Teile der Welt zusammen. Drosseln und Fliegenschnäpper aus asiatischen Regenwäldern mischen sich mit Papageien und Honigfressern aus australischen Baumsteppen. Über Jahrmillionen auf Timor isolierte Populationen haben sich zu endemischen Arten entwickelt.

EINFLÜSSE VON OST UND WEST
Etwa 20 Vogelarten kommen ausschließlich in den Trockenwäldern Timors vor. Einige stammen von asiatischen und andere von australischen Vorfahren ab.

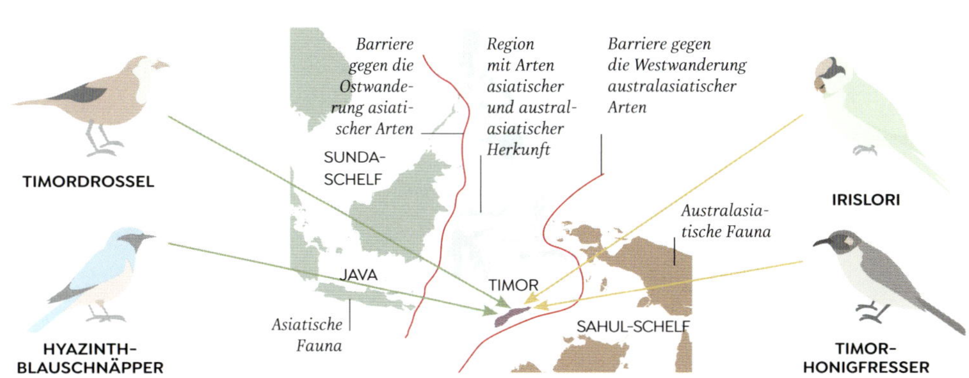

Vom November bis zum März verbringen Millionen von Monarchfalter (*Danaus plexippus*) den Winter in den dichten Beständen der Heiligen Tanne (*Abies religiosa*) in Mexikos Sierra Madre Occidental. An warmen Tagen sind die Falter aktiver und fliegen zum Wasser, um zu trinken.

TROPISCHE NADELWÄLDER

In einigen Teilen der Tropen und Subtropen beherrschen Nadelbäume die Wälder in Gebieten, die so unterschiedlich wie das Mexikanische Hochland, die sandigen Karibischen Inseln und die steilen Hänge des Himalajas sind.

Nur wenige Nadelwälder wachsen in der Nähe des Äquators. Viele ihnen gründen darauf, dass die Bedingungen für Laubbäume zu rau sind. Im subtropischen Klima, wo sich die Winter nicht durch Frost, sondern durch Dürre auszeichnen, setzen sich Nadelbäume in Gebirgen wie den Sierras Mittelamerikas durch. Hier mischen sie sich mit immergrünen Eichen und bilden Wälder mit dem größten Artenreichtum an Nadelbäumen. Auch die hier lebenden Tierarten stellen eine Mischung dar: Es gibt Kolibris aus Südamerika und Laubsänger aus Kanada und den USA. Vögel und Insekten wandern hierhin, um dem kalten Winter zu entkommen.

UNTERSCHIEDLICHER ARTENREICHTUM

Im Gegensatz zu den Nadelwäldern der Tropen der Neuen Welt wirken die asiatischen eher karg. Wo Nadelbäume vorherrschen, etwa in Teilen des Himalajas und in den Bergen Südostasiens, der Philippinen und Sumatras, setzen sich die Wälder meist nur aus einer einzigen Kiefernart zusammen. Dieser Unterschied im Artenreichtum geht auf eine andere Entstehungsgeschichte zurück. Tropische Nadelbäume der Neuen Welt mit ihren Ursprüngen in den gemäßigten Kiefern-Mammutbaum-Wäldern des pazifischen Nordamerikas haben sich in Mittelamerika zu vielen verschiedenen Arten entwickelt. In Asien treten dagegen wenige Arten von Kiefern gegen eine große Vielfalt von Laubbäumen an.

TROPISCHE NADELWÄLDER

Die größten und zum Teil artenreichsten tropischen Nadelwälder sind die Madrean-Kiefern-Eichen-Wälder in Mexiko und Guatemala. Kleinere Gebiete dieses Lebensraums gibt es auf einigen karibischen Inseln, den Bermudas und Gebirgen in Süd- und Südostasien.

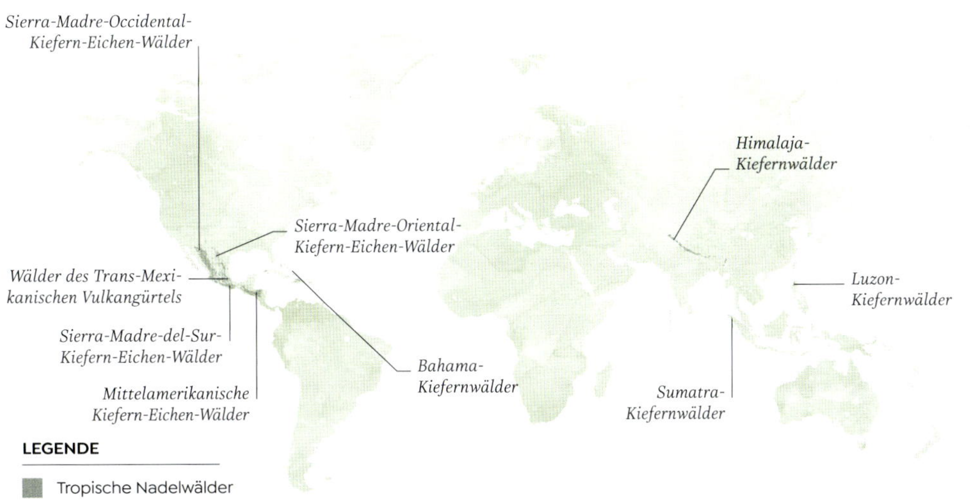

TROPISCHE NADELWÄLDER

Nadelbäume können in rauer Umgebung überleben, dadurch können sie die kältesten und trockensten Orte beherrschen. In den Tropen sind Nadelwälder in höheren Lagen imstande, die im Flachland vorherrschenden Laubwälder zu verdrängen. Besonders artenreich sind die immergrünen Kiefern-Eichen-Wälder der mexikanischen Sierra Madre.

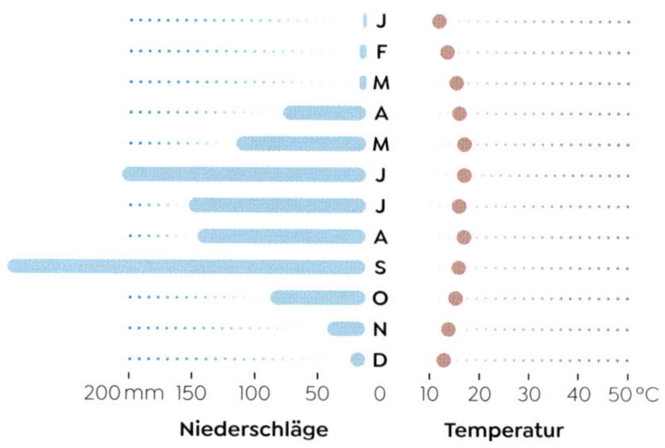

SAN CRISTÓBAL DE LAS CASAS, MEXIKO

MONSUNKLIMA
Die meisten tropischen Nadelwälder haben ein Monsunklima. Lange Trockenzeiten folgen auf kurze, heftige Regenzeiten. Durch ihre Lage sind sie kühler als die Regenwälder.

Der Schwarzmantel-Trupial ist ein insektivorer Vogel, der sogar den giftigen Monarchfalter fressen kann.

KIEFERN-EICHEN-GEMEINSCHAFT
Zu den vielen hier vorkommenden Arten gehören Hartwegs Kiefer, Montezuma-Kiefer, Chililo-Eiche in höherer, Chiapas-Kiefer und Weiß-Eiche in tieferer Lage.

ALLESFRESSER DER BAUMKRONEN
Der Bronze-Trogon frisst große Insekten und saisonale Früchte. Er trägt zur Samenverbreitung bei.

SAMENVERBREITUNG
Rotbauch-Hörnchen fressen vor allem Kiefernsamen und Eicheln. Sie lassen jedoch viele in ihren Verstecken liegen, sodass sie dort keimen.

SALAMANDER-HOTSPOT
In den subtropischen Hochländern gibt es eine Vielfalt von lungenlosen Salamandern, die in der kühlen, sauerstoffreichen Umgebung über die Haut atmen können.

Sierra-Juarez-Bachfrösche laichen in Bergbächen.

Weiß-Eichen verlieren die Blätter nur kurz im Frühjahr, sodass sie fast immer Laub tragen.

Chiapas-Kiefern wachsen am besten, wo der Lebensraum durch Nebel befeuchtet wird.

Weißwedelhirsche fressen junge Blätter, Knospen, Zweige und sogar Früchte.

Gräser und krautige Pflanzen wachsen, weil das offene Kronendach genügend Licht durchdringen lässt.

SPITZENPRÄDATOR
Der Puma jagt Weißwedelhirsche. Sein Lebensraum reicht von den Tropen bis in die kühleren Gebiete.

BESTÄUBER
Wie viele andere Nektarfresser wird der Granatkehl-Kolibri besonders von roten Farben wie denen des Weihnachtssterns angezogen.

SUBTROPISCHE PAPAGEIEN

Nordmexiko

Der Ara-Sittich (*Rhynchopsitta pachyrhyncha*) kommt nur in den Kiefern-Eichen-Wäldern der westlichen Sierra Madre vor. Er ist somit der am weitesten nördlich lebende amerikanische Papagei. Seine Zwillingsart, der Maronenstirn-Sittich (*Rhynchopsitta terrisi*), kommt in einem ähnlichen Lebensraum in Nordmexiko vor. Beide Arten sind auf Nadelbäume spezialisiert, wobei Kiefernsamen den größten Teil der Nahrung ausmachen. Die mexikanische Artenvielfalt sorgt dafür, dass es zu jeder Jahreszeit Samen gibt. Ein möglicher Vorteil des hoch gelegenen Lebensraums ist, dass es weniger Schlangen als im Tiefland gibt, die Jungvögel aus Baumhöhlen erbeuten könnten.

FRESSEN MIT SYSTEM
Nach dem Pflücken des Zapfens bearbeitet der Maronenstirn-Sittich ihn sorgfältig, sodass nichts verloren geht. Die bedrohte Art frisst auch Agavensamen.

WINTER-QUARTIER

Oaxaca, Mexiko

Die milden Nadelwälder des mexikanischen Hochlands sind für die Überwinterung von Vögeln wichtig, etwa den insektivoren Waldsängern. Einige wie der Gelbsteiß-Waldsänger (*Leiothlypis virginiae*) kommen aus ähnlichen Kiefernwäldern im gemäßigten Norden. Der Goldwangen-Waldsänger (*Setophaga chrysoparia*) tauscht dagegen sommerlichen Eichenwald gegen montane Kiefernwälder ein. Das subtropische Mexiko bietet ihm auch im Winter genug Insekten. Hier trifft er Standvögel wie den Rosen-Waldsänger (*Cardellina versicolor*).

Der feine Schnabel ist typisch für Waldsänger.

ROSEN-WALDSÄNGER

MONARCHFALTER ÜBERWINTERN IN GROSSEN GRUPPEN

Michoacán, Mexiko

In jedem Winter begrüßen die Berge der mexikanischen Sierra Madre Millionen von Monarchfaltern. Sie haben über 3000 km zurückgelegt, um vom östlichen Nordamerika aus in wärmere Gebiete zu gelangen. Die Wintertemperaturen fallen in Mexiko selten unter den Gefrierpunkt und die von den dicht aneinander gedrängten Faltern erzeugte Körperwärme hält sie am Leben. Sie bleiben hier, bis der Frühling sie zur Paarung und zur Eiablage anregt. Die nächste Generation fliegt dann nach Norden. Anders als die Tiere auf dem Hinweg halten sie unterwegs an, um sich zu paaren. Drei oder vier Generationen, von denen jede weiter nach Norden vordringt, sind nötig, um die Orte zu erreichen, von denen aus sie wieder nach Süden wandern.

FLÜSSIGKEITSAUFNAHME
Die in ihrem Winterquartier ankommenden Monarchfalter trinken von Pfützen, um Wasser zu ersetzen, das sie während der langen Reise verloren hatten.

NATURSCHUTZ
SCHMETTERLINGSSCHUTZ
Migration über lange Strecken bedeutet, dass ein Tier Lebensräume in verschiedenen Teilen der Welt bewohnt. Das Winterquartier des Monarchfalters ist viel kleiner und störungsanfälliger als das Sommerquartier. Untersuchungen zeigen, dass die überwinternden mexikanischen Populationen zurückgehen, sodass die Populationen im östlichen Nordamerika überwacht werden müssen.

VULKAN-KANINCHEN

Eines der seltensten Kaninchen der Welt lebt in den Kiefernwäldern der Vulkanhänge innerhalb von Zentralmexiko. Das hier vor allem von Montezuma-Kiefern (*Pinus montezumae*) gebildete Kronendach ist so licht, dass auf dem Waldboden dichtes Gras gedeihen kann. Die bis auf Brusthöhe wachsenden Gräser verbergen die Kaninchenlöcher (meist sind es Eingänge von aufgegebenen Bauen der Gürteltiere und Dachse). Die Kaninchen fressen auch von den Gräsern. Die Vermehrung des Vulkankaninchens (*Romerolagus diazi*) gelingt zwar in menschlicher Obhut, doch Lebensraumschwund und Bejagung bleiben ernsthafte Bedrohungen für diese gefährdeten Tiere und ihre Bestände gehen weiter zurück.

MINIATURKANINCHEN
Das Vulkankaninchen wiegt mit 375–600 g weniger als die Hälfte eines europäischen Wildkaninchens (*Oryctolagus cuniculus*). Die mexikanische Art hat im Vergleich kleinere Ohren, Augen und Füße sowie eine rundere Schnauze.

ANGEPASSTE MARDER

Tropische Nadelwälder an den Hängen des Himalajas setzen sich vor allem aus der Emodi-Kiefer (*Pinus roxburghii*) zusammen. Der Baum gedeiht im Regenschattenklima, das in manchen Bereichen der ausgedehnten Gebirge vorherrscht. Der Lebensraum hat ein weniger buschiges Unterholz als die benachbarten Laubwälder, sodass er weniger Arten beherbergt. Klimawandel und Entwaldung könnten sogar dazu führen, dass der Emodi-Kiefern-Wald sich auf Kosten artenreicherer Wälder ausdehnt.

In den Emodi-Kiefern-Wäldern liefern Armenische Brombeere, Himalaja-Wildhimbeere und Johannisbeere dem Buntmarder (*Martes flavigula*) Nahrung. Dieser Verwandte des eurasischen Baummarders lebt auch in weiteren asiatischen Gebieten. Wie andere Marder ist er ein Generalist, der Tiere von Mäusen, Ratten, Eidechsen und Bodenbrütern bis hin zu jungen Rehen, Wildschweinen und Gorals (eine Wildziegenart) erbeutet, die er oft in Gruppen von drei oder mehr Tieren verfolgt.

Marder folgen gelegentlich Tigern und stehlen ihre Beute.

BERMUDA-WACHOLDER

Der Bermuda-Wacholder (*Juniperus bermudiana*), der nur auf den Bermuda-Inseln wächst, ist einer der seltensten Nadelbäume der Welt. Der Wacholder bildet einen einzigartigen Lebensraum und ist an eine Landschaft angepasst, die aus ursprünglich von Korallen gebildetem Kalkgestein besteht. Doch die Rodung des Wacholders für den Schiffsbau und das Einschleppen von Schildläusen hat fast zu seiner Ausrottung geführt. Eingeschleppte Wacholderarten, die gegenüber Schildläusen resistent sind, bedrohen den Bermuda-Wacholder durch Hybridisierung. Das langsame Wachstum des Bermuda-Wacholders, der 200 Jahre braucht, bis er ausgewachsen ist, stellt ein weiteres Problem dar.

NATURSCHUTZ
SCHÄDLINGSBEKÄMPFUNG
Auf die Bermudas wurden Tiere zur Bekämpfung der Schildläuse eingeführt, doch diese haben wiederum die Nahrungsketten gestört. Zuerst hat man es mit Käfern versucht, die Schildläuse jagen sollten. Allerdings wurden die Käfer von eingeführten Saumfingerechsen gefressen, sodass Tyrannen zur Kontrolle der Echsen auf die Inseln geholt wurden. Die Tyrannen fraßen jedoch gefährdete einheimische Arten, Bienen und die mittlerweile ausgestorbenen Bermuda-Zikaden. Da die Tyrannen von keinem Raubtier kontrolliert wurden, explodierte ihr Bestand und sie bedrohten andere Vögel, deren Nester sie plünderten. Dieser Versuch der biologischen Schädlingsbekämpfung hat Naturschützer gelehrt, dass Lebensräume fragile Gemeinschaften beherbergen.

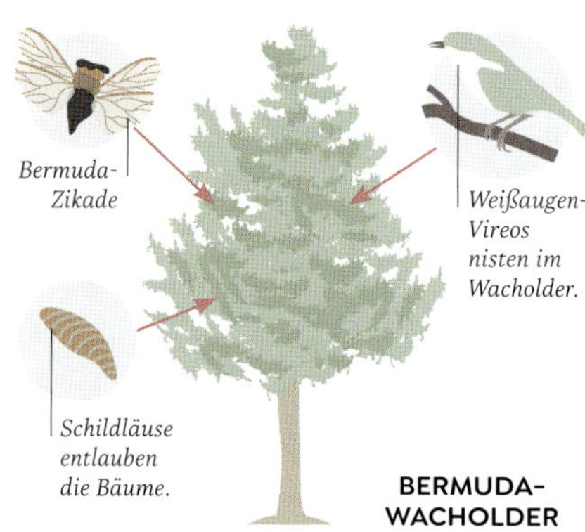

RÜCKGANG ABHÄNGIGER ARTEN
Von den Bäumen abhängige Tiere verschwinden mit ihnen. Bermuda-Zikaden (*Neotibicen bermudianus*) sind wohl ausgestorben und Weißaugen-Vireos (*Vireo griseus bermudianus*) bedroht.

GIFTIGE SÄUGETIERE

DOMINIKANISCHER SCHLITZRÜSSLER

Ein großer Teil der Karibischen Inseln besteht aus Sand und Karstlandschaften. Das sind schlechte Bedingungen für Bäume, doch die Karibische Kiefer (*Pinus caribaea*) überlebt hier sogar die regelmäßigen Hurrikane. Schlitzrüssler finden in Höhlen des Waldbodens Unterschlupf. Es gibt nur zwei Arten dieser spitzmausähnlichen Tieren mit giftigem Speichel: den Kubanischen Schlitzrüssler (*Atopogale cubana*) auf Kuba und den Dominikanischen Schlitzrüssler (*Solenodon paradoxus*) auf Hispaniola – die letzten einer einst größeren nordamerikanischen Gruppe.

ELTERNTIER UND JUNGES
Ein Buntmarder passt gut auf sein Junges auf. Diese Allesfresser ziehen sich in Baue zurück, die sich in Felsspalten oder Baumhöhlen befinden.

BERG-FASANE

Westhimalaja

Die meisten tropischen Nadelwälder sind nicht so artenreich wie die ausgedehnten Laubwälder, doch manche Tiere bevorzugen das offene, aus verstreuten Kiefern, Tannen und Wacholdern bestehende Waldland. Unter ihnen befindet sich der Schopffasan (*Catreus wallichii*) des Westhimalajas, der Gräser, Wildrosen und Berberitzen frisst, die in seinem steinigen Lebensraum wachsen. Seinen Namen trägt er wegen seines Federschopfs. Dieser langschwänzige Fasan nistet zwischen den schroffen Felsen in bis zu 3000 m Höhe über dem Meeresspiegel. Er ruht oft in kleinen Gruppen in den Zweigen der Emodi-Kiefern, um Katzen, Füchsen und Wölfen zu entgehen.

Die rote Haut im Gesicht leuchtet bei Hähnen intensiver.

Das graubraune Gefieder tarnt das Tier und schützt es vor Raubtieren.

LAUTER CHOR
In der Dämmerung erzeugen die Schopffasane einen Chor weitreichender Rufe. Dieser vorsichtige Vogel hat die Gewohnheit, täglich an derselben Stelle zu fressen.

ORCHIDEEN AUF DER BORKE

Sumatra und Philippinen

Manche Hochlandlebensräume in Süd- und Südostasien besitzen Inseln von Nadelwäldern, die vollständig vom Tiefland-Regenwald umgeben sind. Dazu gehören Berge auf Sumatra und den Philippinen, auf denen die Merkus-Kiefer (*Pinus merkusii*) wächst – die einzige Kiefer, die südlich des Äquators vorkommt. Die Kiefern bedecken den Boden mit einer harzigen Nadelschicht, die viele Pflanzen behindert, im Gegensatz zu den epiphytisch lebenden Orchideen. Sie wachsen auf dem Stamm und den Ästen der Nadelbäume besser als auf den Laubbäumen.

AUF DER BORKE
Epiphyten wie die Orchidee *Dendrobium sanderae* klammern sich an Bäume, ohne ihnen Nahrung zu entziehen. Ihre fleischigen Wurzeln nehmen Wasser und Mineralien von der Borke auf, während sie ihre Position für eine ausreichende Lichtausbeute nutzen.

Das einst in der Natur ausgestorbene Przewalski-Pferd (*Equus przewalskii*) wurde in seinem ursprünglichen Lebensraum in der Mongolei und China erfolgreich wieder ausgewildert. Gruppen von Stuten grasen in der eurasischen Steppe.

GEMÄSSIGTE GRASSTEPPEN

Teppiche grünen Grases sind der Lebensraum und die Nahrung für Tiere auf und unter dem Erdboden. Doch ohne schützende Bäume können Grassteppen im Winter eiskalt und im Sommer glühend heiß werden, es wehen oft schneidende Winde.

Wo die Bedingungen für Wälder zu trocken sind, aber noch keine Wüsten entstehen, wachsen Gräser. In feuchterem Klima werden die Grassteppen schließlich von Bäumen beschattet, doch vor allem in der Mitte der Kontinente, in weiter Entfernung zu den Meeren, sind die Grassteppen Jahrmillionen alte Klimaxgesellschaften. Kein anderer Landlebensraum wird in dieser Form von einer Pflanzengruppe dominiert. Dank ihrer Widerstandskraft und Regenerationsfähigkeit können Gräser das Land mit einem dichten Rasen bedecken. Wurzeln und Rhizome dienen den Pflanzen als Speicher über die Wintermonate, um im nächsten Frühjahr neue Halme sprießen zu lassen. In Grassteppen kann die im Boden befindliche Biomasse viel größer als der Anteil des oberirdischen Aufwuchses sein.

NEUE LEBENSRÄUME

Die größten gemäßigten Grassteppen sind die Prärien Nordamerikas, die Pampas Patagoniens und die Steppen des zentralen Eurasiens. Ausgedehnte Grassteppen sind jedoch ein recht junger Lebensraum. Zu Zeiten der Dinosaurier gab es sie noch nicht in dieser Form. Erst in den trockenen Klimaperioden zur Zeit des Niedergangs der Dinosaurier entwickelten sich die Gräser. Seitdem liefern sie sich ein evolutionäres Kopf-an-Kopf-Rennen mit den großen Huftieren, die sich von Gräsern ernähren. Gräser haben ihre Blätter mit Kieselsäure erhärtet und Halme entwickelt, die vom Grund aus nachwachsen, wenn sie von oben abgeweidet werden. Pflanzenfresser haben im Gegenzug neue Wege der Verdauung entwickelt. Die heutigen Grassteppen geben den Beweis dafür, dass beide Parteien erfolgreich waren.

VERBREITUNG GEMÄSSIGTER GRASSTEPPEN

Im Innern eines jeden Kontinents mit Ausnahme von Antarktika breiten sich Grassteppen aus. Die größten Gebiete gibt es in Nordamerika, Südamerika und Eurasien. Kleinere, vor allem in größeren Höhen gelegene Grassteppen befinden sich in Südafrika und Australasien.

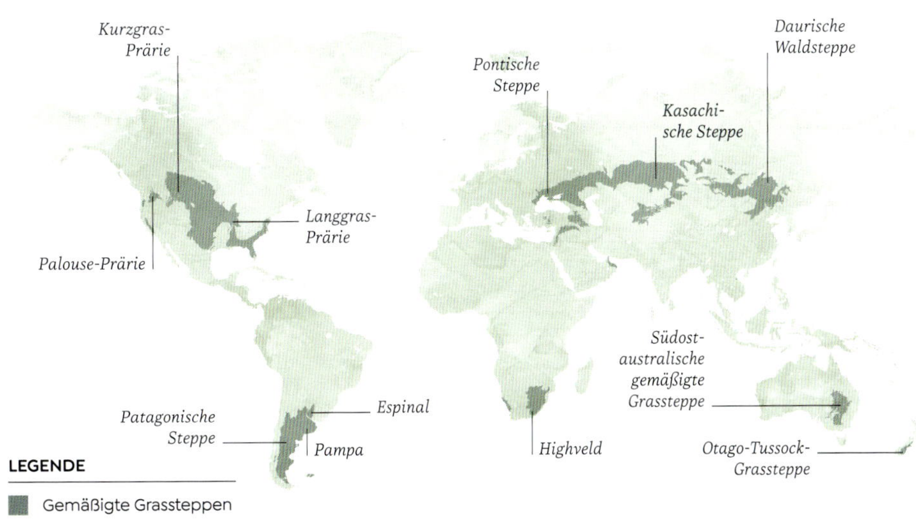

MODERAT UND MILD

Das typische Klima gemäßigter Grassteppen führt mit hohen Temperaturen und Niederschlägen zu warmen Sommern, während die Winter von Frost und Trockenheit bestimmt werden. Doch diese Lebensräume unterscheiden sich stark durch ihre geografische Lage und reichen von den trockensten innerkontinentalen Steppen bis zu wassergesättigten Wiesen.

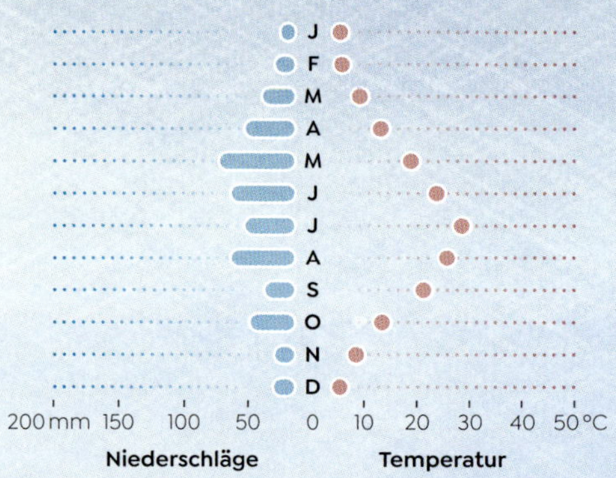

SCHNELLER INSEKTENFRESSER

Mengen grasfressender Insekten und Pflanzenbestäuber sind für den Scherenschwanz-Königstyrann eine interessante Beute.

WESTLICHE KURZGRAS-PRÄRIE

Trockenes Klima fördert kurze Gräser wie das Büffelgras und das Moskitogras, lässt jedoch weniger Nichtgräser als in den östlichen Regionen wachsen.

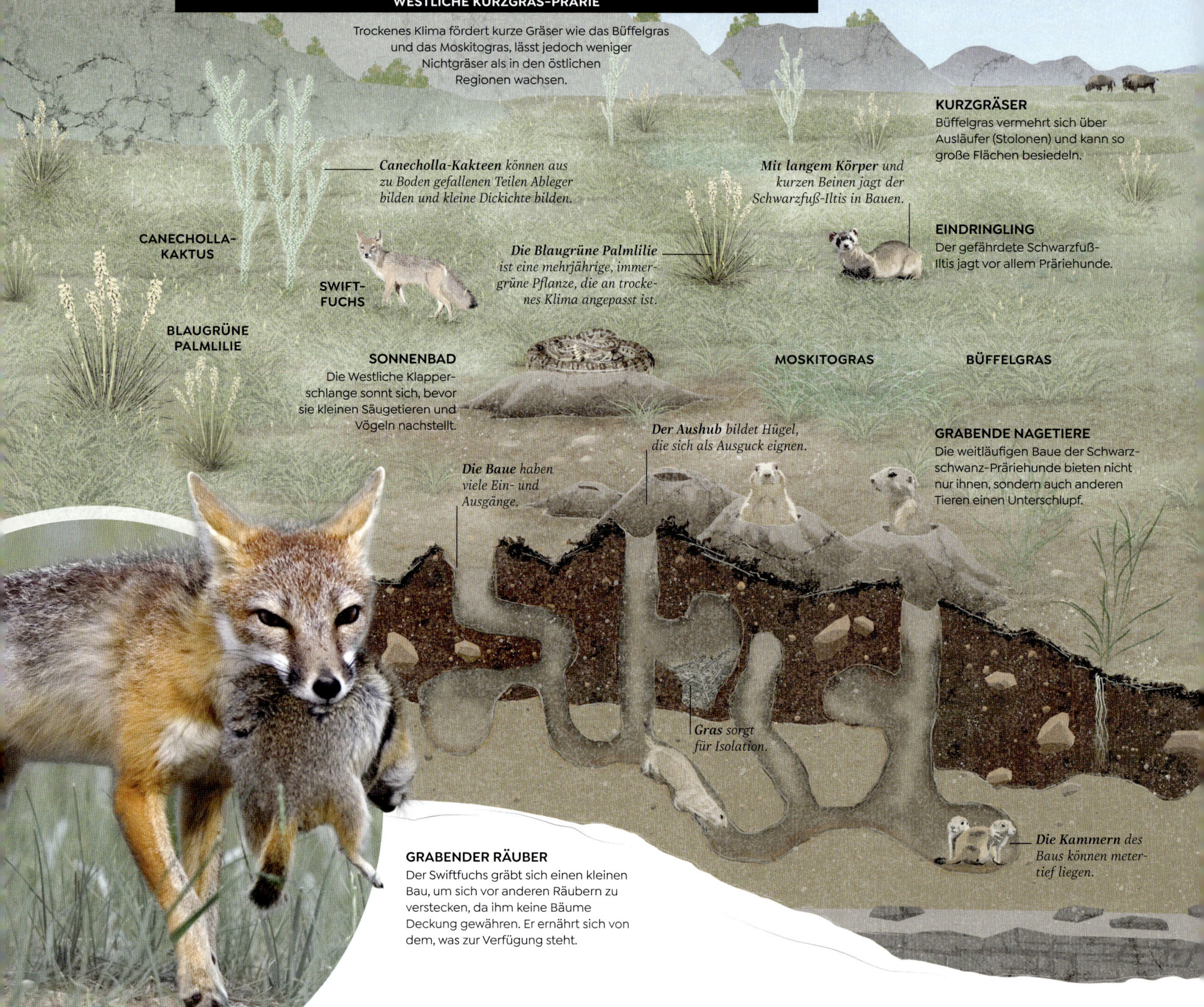

KURZGRÄSER

Büffelgras vermehrt sich über Ausläufer (Stolonen) und kann so große Flächen besiedeln.

EINDRINGLING

Der gefährdete Schwarzfuß-Iltis jagt vor allem Präriehunde.

SONNENBAD

Die Westliche Klapperschlange sonnt sich, bevor sie kleinen Säugetieren und Vögeln nachstellt.

GRABENDE NAGETIERE

Die weitläufigen Baue der Schwarzschwanz-Präriehunde bieten nicht nur ihnen, sondern auch anderen Tieren einen Unterschlupf.

GRABENDER RÄUBER

Der Swiftfuchs gräbt sich einen kleinen Bau, um sich vor anderen Räubern zu verstecken, da ihm keine Bäume Deckung gewähren. Er ernährt sich von dem, was zur Verfügung steht.

GEMÄSSIGTE GRASSTEPPEN

Gräser verbreiten sich durch Ausläufer oder über vom Wind verbreitete Samen, doch das Klima hat einen großen Einfluss auf die Grassteppen. Die amerikanischen Prärien sind im Osten feuchter, da sie hier nicht im Regenschatten der Rocky Mountains liegen. Hier wachsen hohe Gräser und andere Pflanzen, die im Frühjahr bunt blühen. Die westlichen Prärien erleben dagegen regelmäßige Dürren, sodass die Vegetation unterschiedlich hoch wächst.

ABGRASEN UND WACHSEN

Einige Grasarten bilden durch vegetative Vermehrung große Rasen. Horizontale Rhizome in der Erde produzieren neue Triebe. Die Halme wachsen von der Basis aus, sodass sie nach dem Abgrasen wieder austreiben können. Gräser haben sich parallel mit den Grasfressern entwickelt und profitieren davon, abgegrast zu werden.

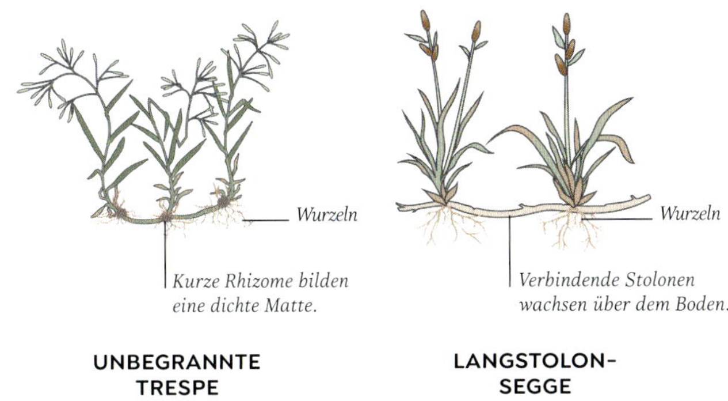

ÖSTLICHE LANGGRAS-PRÄRIE

Die Frühjahrs- und Sommerregen durchfeuchten den Boden, sodass höhere Gräser wie Gerards Blauhalm und viele krautige Pflanzen gedeihen.

SAUGENDE INSEKTEN
Viele Insekten der Grassteppen wie die Schaumzikaden ernähren sich von Pflanzensäften.

GRÖSSTER PFLANZENFRESSER
Bisons zogen einmal in Millionen über die Prärie, doch die Herden sind heute auf Reservate und private Ländereien beschränkt.

HOHE GRÄSER
Gerards Blauhalm hat lange Wurzeln und kann bis zu 3 m hoch werden.

PRÄRIEBÖDEN
Wegen der Art und Weise, in der Gräser wachsen, befindet sich in Prärien mehr organisches Material im Boden als darüber. Die Böden eignen sich daher gut als Ackerland.

BLÜHENDE PRÄRIE
Sonnenblumen und andere Pflanzen blühen zwischen Gräsern im Frühjahr und Sommer.

BODENBRÜTER
In dem baumlosen Lebensraum brüten die Präriehühner auf dem Boden.

***Organisches Material** besteht aus abgestorbenen Gräsern und tierischen Abfällen.*

***Mutterboden** ist mit organischen Stoffen angereichert und wird von den Wurzeln der Gräser durchzogen.*

***Im Unterboden** mischen sich Mineralien aus dem Gestein mit organischem Material.*

***Verwittertes Grundgestein** besteht aus Teilchen des anstehenden Gesteins.*

AUF DER SPUR DER BISONS

BRAUNKOPF-KUHSTÄRLINGE AUF EINEM BISON

Braunkopf-Kuhstärlinge (*Molothrus ater*) folgten einst den Herden der Bisons in der Kurzgras-Prärie, um von ihnen aufgescheuchte Insekten zu erbeuten. Da die Bisons weitgehend verschwunden sind, lebt der anpassungsfähige Vogel heute auf Feldern oder sogar in Städten. Da er als Brutparasit seine Eier in die Nester anderer Vögel legt, bedroht seine Ausbreitung in Nordamerika viele andere Arten, darunter Laubsänger und Singammern.

LEBEN UNTER DER STEPPE

Unter der Steppe des Edwards Plateau, in der verstreut Eichen und Wacholder wachsen, gibt es im weichen Gestein ein Netzwerk von Höhlen. Im Sommer existiert hier eine der größten Fledermauskolonien der Welt. Millionen von Mexikanischen Bulldogg-Fledermäusen (*Tadarida brasiliensis*) kommen aus ihrem mexikanischen Winterquartier hierhin. Sie bekommen hier ihre Jungen und starten in der Abenddämmerung, um von hier aus nachtaktive Insekten zu jagen. Steppengreifvögel wie der Präriebussard (*Buteo swainsoni*) warten auf Bäumen in der Nähe auf die reiche Beute und schnappen sich einzelne Fledermäuse aus dem Schwarm.

FLEDERMAUS-METROPOLE
Etwa 20 Millionen der Mexikanischen Bulldogg-Fledermäuse verbringen den Sommer in der texanischen Bracken Cave. Sie bilden die größte bekannte Fledermauskolonie der Welt und eine der größten Konzentrationen von Wirbeltieren auf diesem Planeten.

WANDERUNGEN DER BISONS

Die Qualität der Pflanzennahrung kann sich in einer Grassteppe von Ort zu Ort und in unterschiedlichen Jahreszeiten deutlich unterscheiden. Daher unternehmen die großen Pflanzenfresser Migrationen oder sie sind Nomaden. Auf diese Weise suchen sie jeweils die Gebiete mit der besten Nahrung auf. Früher haben die auch als Büffel bezeichneten Bisons (*Bison bison*) beide Strategien verfolgt. Wo die Ressourcen sich auf vorhersehbare Weise veränderten, wanderten großen Herden zwischen ihren Sommer- und Wintergebieten hin und her. An anderen Orten waren die Herden Nomaden.

Die heutigen Gruppen sind nur ein Überrest der früher Nordamerika beherrschenden Herden. Wegen des Lebensraumverlusts wurde es für sie schwierig oder unmöglich, den traditionellen Routen zu folgen. Im Yellowstone-Nationalpark bleiben sie innerhalb der Grenzen des Parks und umfassen jeweils 20 bis 200 Tiere. Die kleineren Herden werden von älteren Kühen angeführt. Größere sind gemischte Gruppen, die sich auch fortpflanzen. In der Brunftzeit in Frühjahr und Sommer migrieren die Herden in die Täler, wo sie bessere Vegetation vorfinden. Im Winter suchen sie das mildere Flachland auf.

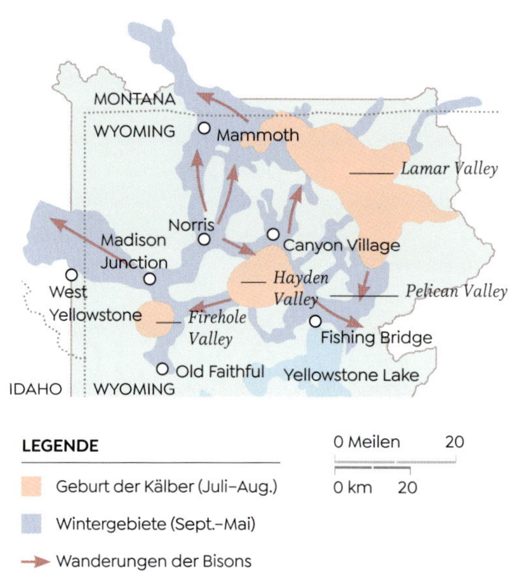

MIGRATIONEN IM YELLOWSTONE-NATIONALPARK
Die Bisons legen auf ihren Wanderungen im Yellowstone-Nationalpark über 100 km zwischen den Sommer- und den Wintergebieten zurück.

INSEKTENFALLEN IN DER STEPPE

Die subtropischen Steppen der Atlantikküste Carolinas sind übersät mit langsam wachsenden Sumpf-Kiefern (*Pinus palustris*), die sich auf dem sandigen Boden gut entwickeln. Unter diesen Bedingungen gedeihen auch fleischfressende Pflanzen, die ihre Mineralversorgung mit tierischen Proteinen ergänzen. Nur hier wachsen Venusfliegenfallen (*Dionaea muscipula*) in der Natur. Keine andere fleischfressende Pflanze fängt ihre Beute so wie sie: Härchen an den Blättern lösen einen Reiz aus, der die Falle schließt. So fängt die Venusfliegenfalle unterschiedlichste Insekten.

GEFANGEN IM BLATT
Die Bewegungen der Wespe bewirken, dass sich das Blatt weiter schließt, sodass die Verdauungssäfte effektiver arbeiten können.

Die Venusfliegenfalle kann ihr Blatt in weniger als einem Zehntel einer Sekunde schließen.

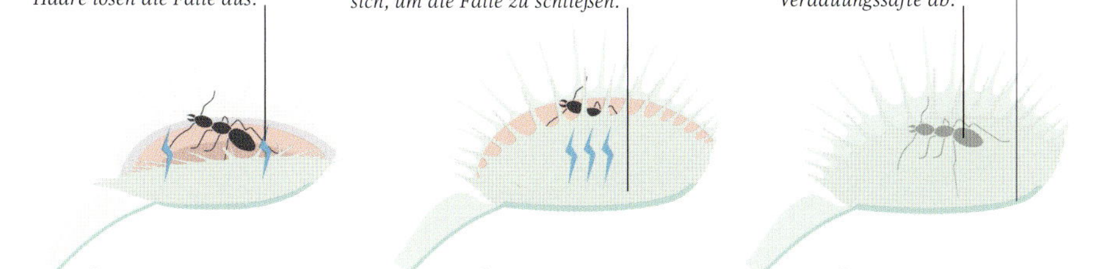

1 Beuteerkennung
Ein Insekt berührt die Haare auf der rötlich gefärbten Oberfläche der Blätter.

2 Aktivierung
Die Haare lösen ein Aktionspotenzial aus, woraufhin die scharnierartige Mittelrippe die Falle schließt.

3 Beutefang
Die beiden Teile der Falle schließen sich um das Insekt und fangen es. Die Verdauung kann beginnen.

Das zappelnde Insekt berührt weitere Haare.

DURCH DEN SCHNEE PFLÜGEN
Dichtes Fell schützt die in einer Reihe laufenden Bisons im kalten Winter. Sie schwingen die Köpfe hin und her, um den Schnee von der Vegetation zu wegzuwischen.

NATURSCHUTZ

ABSCHLACHTEN DER BISONS

Wegen der Jagd ging die Zahl der Bisons in den vergangenen Jahrhunderten drastisch zurück. Die indigenen Völkern hatten sie nachhaltig gejagt, doch die europäischen Siedler töteten sie gegen Ende der 1880er-Jahre massenweise, getrieben von einem prosperierenden Markt für Fleisch und Häute. Außerdem wurden die Herden abgeschlachtet, um den nomadischen Lebensstil der indigenen Völker zu untergraben. Innerhalb weniger Jahrzehnte waren keine 1000 Bisons mehr übrig. In den 1890er-Jahren gestartete Schutzprogramme retteten die Art. Heute leben allerdings die meisten Tiere in halb domestizierten, privat gehaltenen Herden.

BERG AUS BISONSCHÄDELN

FLUGUNFÄHIGE VÖGEL DER OFFENEN GRASSTEPPE

Südamerika

Grassteppen sind die Heimat der Nandus, der größten südamerikanischen Vögel. Sie sind typische Laufvögel: große Vögel, die flugunfähig geworden sind, sich laufend fortbewegen und am Boden nisten. In der baumlosen, feuchten Pampa ist der Große Nandu (*Rhea americana*) im Tiefland und auf den Ebenen mittlerer Höhe verbreitet. Er lebt auch in den Baumsteppen des wärmeren Nordens. Der Darwin-Nandu (*R. pennata*) bevorzugt die mit Sträuchern bewachsenen Halbwüsten weiter im Süden und kann in bis zu 3500 m Höhe auf den Puna genannten Steppen der Anden vorkommen.

GROSSER NANDU IN PATAGONIEN
Im Frühjahr und Sommer bleiben die jungen Großen Nandus in Gruppen zusammen, bis sie etwa zwei Jahre alt sind.

AUSGESTORBENER VOGEL
Nandus teilen sich ihre Heimat mit den Steißhühnern, verwandten hühnergroßen Vögeln. Sie können fliegen, wenn auch schlecht, doch die DNA verrät, dass ihre nächsten Verwandten nicht die Nandus sind. Das scheinen die Moas zu sein, eine Gruppe flugunfähiger Laufvögel, die in den Grassteppen und Wäldern Neuseelands gelebt hatten. Sie wurden von den ersten menschlichen Siedlern ausgerottet. Die Vorfahren der Moas müssen gute Flieger gewesen sein und erst auf Neuseeland ihre Flugfähigkeit verloren haben.

MOA

SPRINGENDER PUMA
Die Wachsamkeit der Herde schützt die Guanakos vor Raubtieren, doch den Angriffen von Pumas fallen dennoch viele Tiere zum Opfer.

LEBEN IN DER STEPPE

Patagonische Steppe

Große Unterschiede in den Jahreszeiten, geringe Niederschläge und starke Winde sind Herausforderungen vieler gemäßigter Grassteppen wie auch der Patagonischen Steppe. Hier wachsen die Pflanzen nur langsam, sodass allein robuste Tiere wie das Guanako (*Lama guanicoe*) hier leben. Doch offene Landschaften haben den Vorteil, dass sie dem Puma wenig Deckung bieten. Das Guanako kommt vom Meer bis in 4500 m Höhe in den Anden vor. Dadurch schien das Tier ideal für die Domestikation, dadurch ist das Lama als Packtier und Fleischlieferant entstanden. Eine andere wilde Art ist das kleinere Vikunja (*Vicugna vicugna*), von dem das domestizierte Alpaka abstammt.

SÜDAMERIKANISCHE KAMELVERWANDTE
Guanakos, Vikunjas und ihre größeren domestizierten Formen, das Lama und das Alpaka, haben alle ein dichtes Fell, das sie vor Kälte und Wind schützt.

PALMEN-SAVANNE

Campos-Savanne

In den Campos-Savannen Südamerikas gehen die tropischen Grassteppen des Nordens in die gemäßigte Pampa im Süden über. Die Temperaturen in dieser Übergangszone sind mild, gerade recht für die Yatay-Palme (*Butia yatay*), die fast nur in dieser Region vorkommt. An manchen Stellen ist sie die dominante Art der Savanne. Ihre Früchte und Samen bedeuten eine wichtige Nahrung für Tiere wie die Papageien. Der Lebensraum wird durch die Abholzung für Weideland bedroht und die Palmen sind Gegenstand eines Schutzprojekts.

NATIONALPARK EL PALMAR

GEFRÄSSIGE FRÖSCHE

Argentinien und Uruguay

Das harsche Leben in der Pampa hat aus manchen Tieren gefräßige Räuber gemacht. Wie andere Amphibien verbringt der Argentinische Schmuckhornfrosch (*Ceratophrys ornata*) die kalten, trockenen Winter in Kokons unter der Erde, erscheint aber wieder hungrig im Frühjahr. Mit seinem riesigen Maul kann er andere Frösche verschlingen, er frisst aber auch kleine Nagetiere.

ARGENTINISCHER SCHMUCKHORNFROSCH

GRABENDE GÜRTELTIERE

Südamerikanische Pampa

Fünf Gürteltierarten leben in der südamerikanischen Pampa, wo sie Wirbellose und – abhängig von der Art – Pflanzenmaterial verzehren. In Grassteppen fehlt der Schatten der Bäume, sodass die Gürteltiere sich in Bauen vor extremen Temperaturen schützen. Die kleinsten Arten, die Gürtelmulle, verbringen fast ihr ganzes Leben unterirdisch. Einige wie das Braunborsten-Gürteltier (*Chaetophractus villosus*) sind weit verbreitete Opportunisten. Andere haben sich an trockenere Lebensräume angepasst und ähneln daher Wüstensäugetieren. Das Zwerggürteltier (*Zaedyus pichiy*), ein kleines Gürteltier aus den südlichsten trockenen Teilen der Pampa, ist die einzige südamerikanische Gürteltierart, die einen Winterschlaf hält.

Das Weißhaar-Gürteltier schreit bei Bedrohung wie ein menschliches Baby.

OPPORTUNISTISCHES GÜRTELTIER
Das Braunborsten-Gürteltier ist in den argentinischen Grassteppen das häufigste Gürteltier. Sein Vorkommen auf Ackerland lässt vermuten, dass es zu den wenigen Profiteuren des Ackerbaus gehört.

STEPPEN ÜBER KONTINENTE HINWEG

Das von Norden nach Süden verlaufende Altai-Gebirge teilt eine der größten Grassteppen der Welt. Die »Blumensteppe« im Westen produziert aufgrund des fruchtbaren Bodens in jedem Frühjahr neues Grün. Krautige Triebe überragen die hohen Federgräser, bunt blühen unter anderem Tulpen und Wolfsmilchgewächse. Östlich des Gebirges im Herzen des kontinentalen Eurasiens sind in der Mongolei und Mandschurei die Bedingungen härter. Die Pflanzen blühen später, wenn der Sommermonsun geringe Niederschläge bringt. Durch das Klima liegt ein viel geringerer Artenreichtum als im Westen vor. Das Ergebnis ist eine ausgedörrte, von horstigen und fedrigen Grasbeständen geprägte Landschaft. Die Winter sind lang und trocken, die Temperaturen sinken bis auf –43 °C. In Teilen geht diese östliche »Gräsersteppe« in eine gemäßigte Wüste über. In allen Teilen der Eurasischen Steppe gibt es ähnliche Tiere: Vögel wie die Lerchen und Flughühner mischen sich mit Wildpferden und Wildeseln, Katzen und grabenden Blindmäusen. Jahrtausendelang wurde in feuchteren Gebieten besonders im Westen Landwirtschaft betrieben.

LEGENDE

- Westliche Steppe
- Östliche Steppe

WESTEN UND OSTEN
Die sich von Ungarn bis in die Mandschurei erstreckenden eurasischen Steppen bilden einige der am weitesten ausgedehnten Grassteppen der Welt.

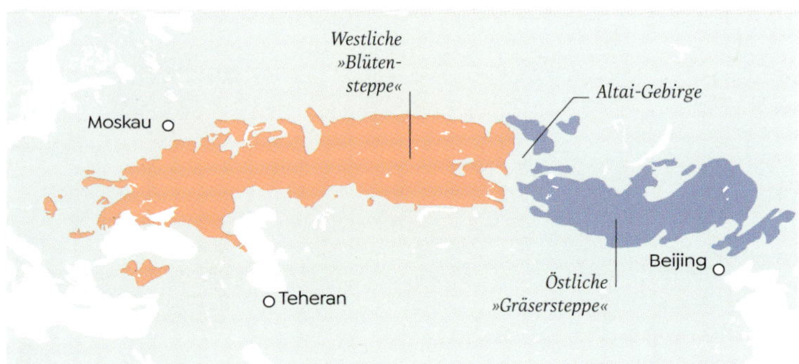

VERSPIELTE WILDPFERDE
Ein älterer und ein jüngerer Hengst des Przewalski-Pferds spielen im Takhin-Tal-Nationalpark, Mongolei. Es ist ein geschütztes Gebiet zur Auswilderung von Wildtieren.

WINDGESCHÜTZT

WESTBLINDMAUS

Das unterirdische Leben hat in der Grassteppe einige Vorteile. Grabende Tiere sind nicht dem Wind ausgesetzt und der Boden isoliert gegen extreme Temperaturen. Außerdem ist die Biomasse der Wurzeln eine verlässliche Nahrungsquelle. Die Blindmäuse (*Spalax* spp.) des gemäßigten Eurasiens haben keine funktionsfähigen Augen und der breite, an jeder Seite mit einem »Kiel« aus Sinneshaaren versehene Kopf schiebt sich wie ein Bulldozer durch die Erde. Mit den großen unteren Schneidezähnen graben die Tiere, sie fressen Wurzeln, Zwiebeln und Insekten.

STAUB FILTERN IN DER TROCKENEN STEPPE

Die Steppen Zentralasiens erfordern spezielle Anpassungen. Die Saiga-Arten (*Saiga* spp.), die zu den Antilopen gehören, sind Steppenspezialisten und vom Aussterben bedroht. Sie legen auf der Suche nach guten Weiden große Distanzen zurück und wirbeln dabei auf dem trockenen Boden Staub auf. Um ihn nicht einzuatmen, senken sie die Köpfe, doch sie haben auch große, mit Haaren ausgekleidete Nasenhöhlen, um die Atemluft zu filtern.

SAIGA

ÄUSSERER AUFBAU **INNERER AUFBAU**

NASENHÖHLE
Alle Säugetiere besitzen Nasenhöhlen, die Teilchen aus der Luft filtern, doch die der Saiga sind besonders groß. Die Auskleidung mit Haaren nimmt Staub auf, der ansonsten in die Lungen gelangen würde. Er wird durch Niesen ausgestoßen. Schleimdrüsen in den Nasenhöhlen helfen ebenfalls, den Staub zu binden.

JAGD MIT STEINADLER
Der Steinadler (*Aquila chrysaetos*) ist einer der größten und am weitesten verbreiteten Greifvögel der Nordhalbkugel. Er ist eine typische Art der offenen Lebensräume, einschließlich der Grassteppen, Wüsten und Berge. Das Jagen mit Adlern auf dem Pferderücken ist eine jahrhundertealte mongolische Tradition. Heute gibt es nur noch wenige Dutzend Steinadler-Jäger in der westlichen Mongolei. Jeder Vogel wird nur von einer Person trainiert und geflogen. Die Adler sind stark genug, um Füchse und Rehe zu töten, meist indem sie ihnen das Rückgrat brechen. Das Fell bleibt weitgehend unbeschädigt.

STEINADLER-JÄGER

HOHER SALZGEHALT

Anatolische Hochebene

Der Salzgehalt der von der Sommersonne ausgedörrten eurasischen Ebenen stellt für Pflanzen eine besondere Herausforderung dar. Gelegentliche Niederschläge spülen Mineralien in Tümpel, in denen sich bei der Verdunstung des Wassers die Salze konzentrieren. Die hier wachsenden Pflanzen sind wie die Salzkräuter der Anatolischen Hochebene Halophyten. Sie sammeln das Salz in Vakuolen ihrer Zellen. Dadurch wird kein Wasser aus der Pflanze in den salzigen Boden gesogen und der Wassertransport von den Wurzeln zu den Blättern wird aufrechterhalten.

DORNIGE PFLANZE
Das Dornige Salzkraut (*Noaea mucronata*) ist eine salztolerante Pflanze der Grassteppen des Nahen Ostens. Seine Dornen schrecken Pflanzenfresser ab.

HOTSPOT DER KRANICHBALZ

Daurien

ÜBER DIE STEPPE SCHWEBEN
Ein typischer Kranich benötigt Feuchtgebiete. Die Zahl der Weißnackenkraniche nimmt wegen der zunehmenden Dürren in der Mongolei ab.

In den daurischen Regionen der Mongolei, in denen die nördlichen Wälder in südliche baumlose Steppe übergehen, bilden Grassteppen und Feuchtgebiete ein Mosaik von Lebensräumen. Die Bedingungen eignen sich besonders gut für Kraniche, die offene, ungestörte Lebensräume benötigen. Von den vier hier brütenden Arten benötigen der Weißnackenkranich (*Antigone vipio*), der Graue Kranich (*Grus grus*) und der Mandschurenkranich (*Grus japonensis*) Feuchtgebiete, in denen sie als Nester Hügel aus Süßgräsern, Schilf und Binsen bauen. Der Jungfernkranich (*Anthropoides virgo*) toleriert trockenere Grassteppen und legt seine Eier oft auf den nackten, kiesigen Boden.

DIE BEDROHTEN ASIATISCHEN GEPARDEN

Iran

Geparden waren einst in den asiatischen Grassteppen weit verbreitet – vom Nahen Osten über Kasachstan bis nach Indien. Die asiatischen Geparden (*Acinonyx jubatus venaticus*) bilden eine eigene Unterart, sind kleiner als die afrikanischen und haben ein dichteres Fell. Wilddiebstahl und Lebensraumverluste haben die asiatischen Geparden an den Rand des Aussterbens gebracht. Kaum ein Dutzend Tiere ist noch übrig und lebt in der gemäßigten Grassteppe des Iran. Naturschützer hoffen, dass intensivere Bemühungen wie die Überwachung der einzelnen Tiere und eine erhöhte öffentliche Wahrnehmung die Zukunft dieser Unterart sichern könnten. Ein Nachzuchtprogramm mit einem Männchen und einem Weibchen in einem der Nationalparks hat mittlerweile einen Wurf Jungtiere erbracht.

SCHNELLE VERFOLGUNG
Die kleine überlebende Population des asiatischen Geparden ist auf den Iran beschränkt. Dieses alte Männchen jagt einen Hasen im Wildreservat Miandascht, wo wohl nur wenige der Katzen leben.

UNNATÜRLICHE GRASSTEPPEN

Island, Britische Inseln, Neuseeland

Im Lauf der Zeit verwandelt die Sukzession einen Lebensraum in einen anderen. Während der letzten großen Eiszeit bedeckten riesige Gletscher Neuseeland und zerstörten bestehende Lebensräume. Doch mit zunehmender Erwärmung wichen die Gletscher zurück. Sie hatten Gestein erodiert, das neue Böden bildete. Zuerst kamen Pioniere wie die Flechten und Moose, die auf nackten Böden überleben konnten, danach entstanden die Grassteppen. Wo es zu trocken für Bäume war, konnte die Entwicklung hier stoppen, doch das feuchte neuseeländische Klima führte dazu, dass Sträucher und Bäume schließlich einen Wald bildeten – die Klimaxgesellschaft. Auf ganz Neuseeland wurde diese Sukzession von Nutztieren gestört, die Sträucher und Bäume kahl fraßen, sodass nur Grassteppe übrig blieb. Diese abgeleitete Klimaxgesellschaft entsteht überall, wo der menschliche Einfluss besonders groß ist. Entsprechende Klimaxgesellschaften sind die schottischen Moore und die englischen Kalkrasen.

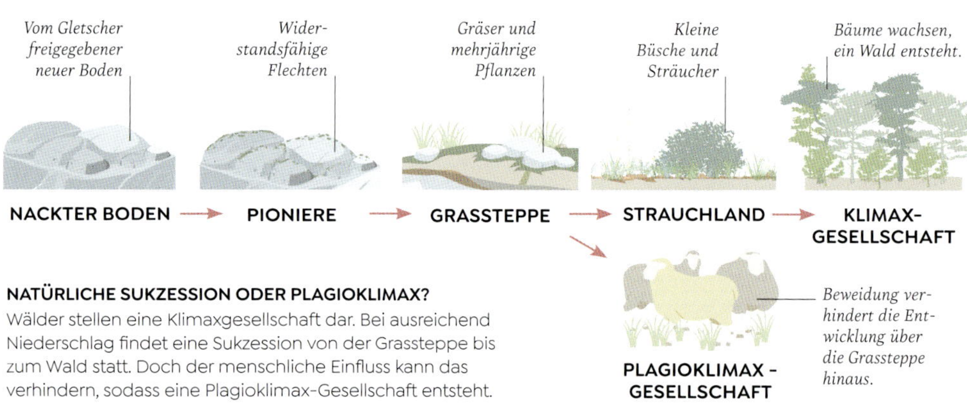

NATÜRLICHE SUKZESSION ODER PLAGIOKLIMAX?
Wälder stellen eine Klimaxgesellschaft dar. Bei ausreichend Niederschlag findet eine Sukzession von der Grassteppe bis zum Wald statt. Doch der menschliche Einfluss kann das verhindern, sodass eine Plagioklimax-Gesellschaft entsteht.

TASMANIENS GRÄSER

Tasmanien

GRÜNFUSS-TEICHHUHN

Obwohl die Entwaldung die Biodiversität verringert, können einzelne Arten profitieren. Die tasmanischen Aborigines brennen die Wälder seit rund 12 000 Jahren nieder, schaffen damit Savannen und fördern feuerresistente Pflanzen. Durch die Kolonisation der Europäer veränderten sich die Lebensräume von Neuem, mit weniger Feuern und zunehmendem Buschwerk. Das Grünfuß-Teichhuhn (*Tribonyx mortierii*) ist ein flugunfähiger Vogel, der nur auf Tasmanien vorkommt. Diese Art des offenen Lands hat sich während dieser Zeit verbreitet. Es besiedelt sogar Ackerland und benutzt Straßen als Korridore.

NATURSCHUTZ

EIN MÖGLICHER AHNE DER PFERDE

Einige Zoologen meinen, der wilde Vorfahre des domestizierten Pferds sei der ausgestorbene eurasische Tarpan (*Equus ferus*), die Domestikation habe vor rund 5500 Jahren stattgefunden. Der Tarpan war kleiner und gedrungener als die heutigen Hauspferde. Er hatte ein großes Verbreitungsgebiet, das über Grassteppen und Wälder von Europa bis zum zentralen Russland reichte. Doch die Art wurde wegen ihres Fleisches und wohl auch zur Verhinderung der Kreuzung mit den wertvolleren Hauspferden gejagt. Sie überlebte in den südlichen Teilen der russischen Steppen bis in die späten 1800er-Jahre. Das letzte in der Natur lebende Tier wurde 1879 bei einem Versuch, es zu fangen, getötet. Der letzte gefangene Tarpan starb im Jahr 1917 oder 1918.

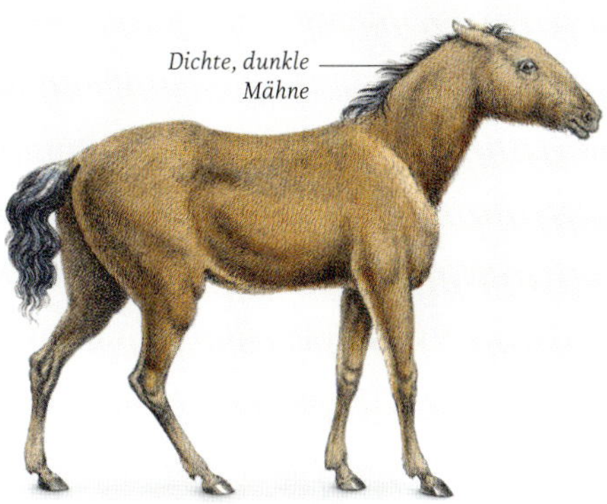

TARPAN

TUSSOCK-GRAS

Tussock-Gras wächst auf den windgepeitschten subantarktischen Inseln (siehe S. 164–169), doch sein Vorkommen in Nachbarschaft der neuseeländischen Wäldern hat einen zweifachen Grund. Teile der Südinsel in der Nähe von Otago haben ein trockenes Klima und liegen im Regenschatten der Südlichen Alpen. Dies verhinderte wohl das Wachstum der Bäume. Das Tussock-Gras hat sich dagegen ausgebreitet, vermutlich wegen der Menschen. Polynesische Siedler rodeten die Küstenwälder und heute gedeiht es dort, wo einst Sumpf- und Nadelwälder wuchsen.

TUSSOCK-GRAS

WALLABY IM WINTER
Rotnacken-Wallabys (*Notamacropus rufogriseus*) leben im Gras und Buschland in Höhen, in denen es in den Wintermonaten schneien kann.

LAND DER BEUTELTIERE

Die australischen Böden sind weniger fruchtbar als die anderer Kontinente, doch eine einzigartige Gesellschaft von Herbivoren hat sich hier entwickelt, darunter Echsen wie die Skinke (*Tiliqua* spp.). Beuteltiere sind die vorherrschenden Weidetiere und wie die Säugetiere anderer Kontinente haben sie verschiedene Methoden entwickelt, ihre faserhaltige Nahrung zu verdauen. Kängurus haben einen vergrößerten Magen, der ähnlich wie der vielkammrige Magen eines Rinds Mikroben enthält, die die Nahrung fermentieren. Wombats ähneln in dieser Hinsicht eher Pferden. Wie bei ihnen leben die Mikroben im Dickdarm; sie leisten aber eine ähnliche Arbeit.

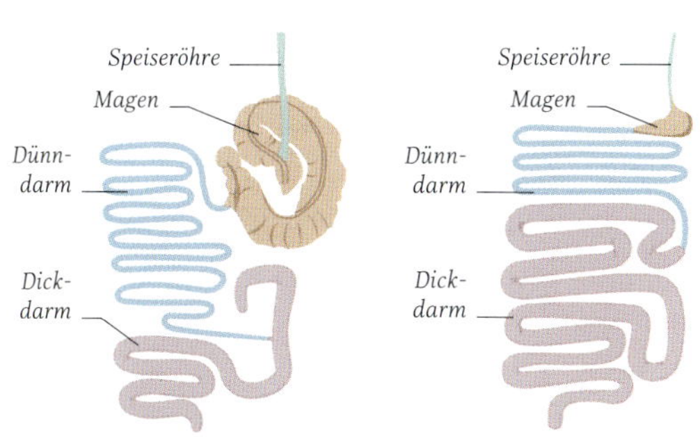

VERGLEICH DER DÄRME
Kängurus und Wombats weisen einen ähnlichen Verdauungstrakt auf, doch Teile davon sind modifiziert. Beide nutzen Mikroben, um das faserhaltige Pflanzenmaterial zu verdauen.

Müde Löwen klettern auf die wenigen Bäume der offenen Savanne, um einen Schattenplatz zu finden und den stechenden Insekten auf dem Boden zu entgehen.

TROPISCHE GRASSTEPPEN

Hohe Temperaturen, sommerliche Niederschläge und winterliche Dürren schaffen die Voraussetzungen für eine der klassischen tropischen Landschaften: mit verstreuten Bäumen übersäte Savannen, die von Großtieren bewohnt werden.

Die Grassteppen der Tropen können hochproduktive Lebensräume sein. Unter der äquatorialen Sonne bei hohen Niederschlägen haben viele Gräser einen äußerst effektiven Fotosyntheseweg zur Umsetzung von Kohlendioxid in Nährstoffe entwickelt. Dadurch können die Gräser schnell wachsen und genug Nahrung liefern, um Herden großer Pflanzenfresser zu ernähren. In Afrika leben Millionen von Gnus und anderer Huftiere vom Gras. Andere Säugetiere fressen Gras als Ergänzung zu den Blättern der Gehölze.

ÜBERLEBEN UND SICH ERNEUERN

Am Äquator bewegen sich tropische Wettersysteme jährlich nord- und südwärts, sodass die Niederschläge kommen und gehen. Trockenzeiten folgen, die heftige Dürren verursachen, bei der Gräser vergilben und Tiere verhungern.

Tiere wie die Frösche und die Lungenfische können die Trockenheit eingegraben im Boden überleben. Andere wandern ab und folgen dem Regen in andere Gebiete. Die bleibenden Tiere müssen ihre Ernährung ändern und trockene Stängel fressen oder nach Wurzeln graben.

Die Bäume der tropischen Grassteppen vertragen mehr Pflanzenfresser als die der gemäßigten. Einzeln stehende afrikanische Akazien und australische Eukalyptusbäume können unter der brennenden Sonne bestehen. Grassteppen mit verstreuten Bäumen, die Savannen, bieten Tieren den Schutz, der ihnen in baumlosen Steppen fehlt. Doch die Bäume liefern auch zusätzliche Nahrung – zumindest für Tiere, die die oberen Äste erreichen können. Sie machen aus tropischen Grassteppen Orte großer Diversität, in denen zwischen Pflanzen, Pflanzen- und Fleischfressern ein bisweilen dramatischer Kampf ums Überleben stattfindet.

VERBREITUNG TROPISCHER GRASSTEPPEN
Grassteppen in den Tropen sind meist kontinentale Lebensräume mit saisonalen Niederschlägen. Die größten findet man in Südamerika, Afrika und Australien.

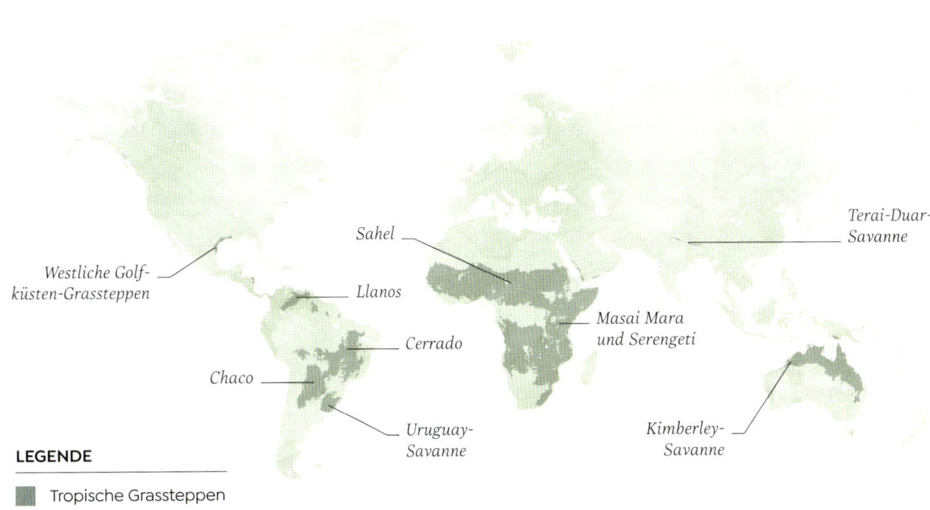

UNGLAUBLICHE BESCHLEUNIGUNG
Savannen bieten Platz zur Beschleunigung und erlauben Raubtieren, ihre Beute zu jagen. Da es keine Verstecke gibt, haben sich auch die Beutetiere so entwickelt, dass sie schnell entkommen können.

TROPISCHE GRASSTEPPEN

Tropische Grassteppen verändern sich im Verlauf des Jahres und abhängig vom Gebiet. Die nach den Sommerregen üppigen grünen Gräser vergilben in der Trockenzeit, sodass grasende Tiere auf der Nahrungssuche weite Entfernungen zurücklegen müssen. Die Dürre in der ostafrikanischen Masai Mara- und Serengeti-Region löst den Zug riesiger Gnuherden von den baumlosen Ebenen nach Norden in die von Akazien dominierten Savannen aus.

HÖHEPUNKT DER TROCKENZEIT

Zum Höhepunkt der Trockenzeit befinden sich die Herden in den nördlichen, von Bäumen übersäten Savannen, in denen sie gut grasen können. Kehrt der Regen zurück, ziehen sie wieder nach Süden.

GREIFZUNGE
Die lange Zunge erlaubt es der Giraffe, Blätter von den Zweigen zu pflücken, ohne sich an den Dornen der Akazie zu verletzen. Die dunkle Farbe verhindert einen Sonnenbrand.

AASFRESSER
Weißrückengeier halten nach Kadavern Ausschau, die Raubtiere zurückgelassen haben.

LAUB DER BAUMKRONEN
Einige Pflanzenfresser ernähren sich von Laub und Giraffen können das Laub der Baumkronen erreichen.

INGENIEUR DES ÖKOSYSTEMS
Afrikanische Steppenelefanten können Bäume fällen, wenn sie an das Laub der Kronen gelangen wollen.

NAHRUNG OBEN UND UNTEN
Gräser können im Boden so viel Wachstum aufweisen wie darüber. Während die Halme die Weidetiere ernähren, sind die Wurzeln eine Nahrungsquelle für kleine grabende Tiere.

***Erdferkel** verbringen die heißen Tage in ihren Bauen. Nachts erbeuten sie Ameisen und Termiten.*

***Die Bodenschichten** sind im Norden der Serengeti dicker, sodass tiefwurzelnde Bäume gedeihen können.*

DÜRRE UND MONSUN
Der Monsun der tropischen Grassteppen ist typisch für das Klima auch anderer äquatorialer Lebensräume: Es gibt ausgeprägte Regen- und Trockenzeiten. Eine Regenzeit findet von März bis Mai und eine kürzere, weniger zuverlässige im Winter statt. Es fallen im Vergleich zu Wäldern geringere Niederschläge. Die feuchtesten Grassteppen sind die mit Bäumen übersäten Savannen, die trockensten sind Ebenen, die in Halbwüsten übergehen.

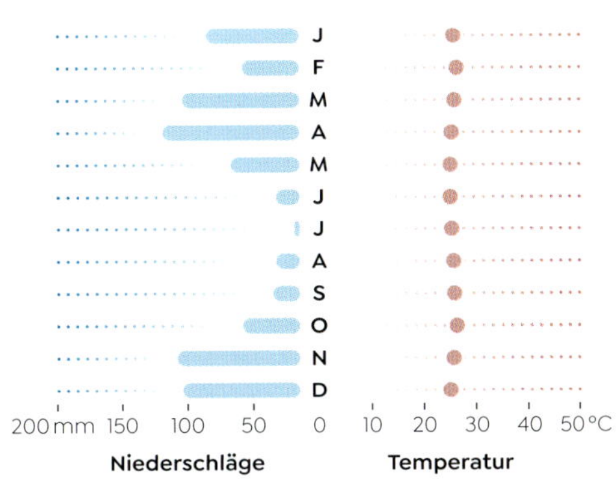

MASAI MARA UND SERENGETI

BÄUME DER SAVANNE
Grassteppen mit verstreuten Bäumen werden als Savannen bezeichnet. Man findet sie meist in den Tropen. Die vorherrschenden Bäume unterscheiden sich und charakterisieren die jeweilige Savanne: Kiefern in Mittelamerika, Palmen in Südamerika, Akazien in Afrika und Eukalyptus in Australien.

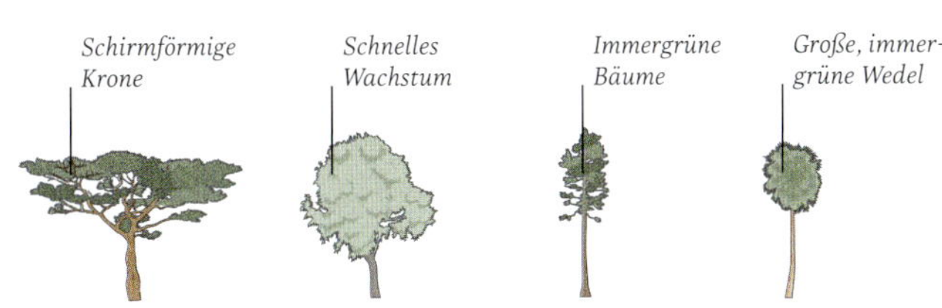

AKAZIE EUKALYPTUS KIEFER PALME

KNÖCHELGANG
Die Krallen dienen dazu, Ameisen- und Termitenhügel aufzubrechen. Sie sind so lang, dass der Große Ameisenbär auf den Knöcheln laufen muss, damit sie ihn nicht behindern.

GEFÄHRDETES LEBENDES FOSSIL

Gran Chaco, Südamerika

Der Chaco bildet einen Übergang zwischen Grassteppe und Wald. Seine dornige Vegetation ist dichter als die der typischen Savanne, sodass die Wildtiere schwer zu beobachten sind. Eine Art gibt es nur hier – das Chaco-Pekari (*Catagonus wagneri*), das lange Zeit nur von Fossilien bekannt war, bis lebende Tiere in den 1970er-Jahren entdeckt wurden. Pekaris sind schweineähnliche Säugetiere, die nur im tropischen Amerika leben. Sie haben schlankere Beine und kleinere Eckzähne als echte Schweine.

KAKTEENFRESSER
Das Chaco-Pekari ist die größte der drei heutigen Pekari-Arten. Es frisst Kakteen, die auch den Großteil seines Wasserbedarfs decken.

FEUERTOLERANTE PALMEN

Gran Sabana, Venezuela

Palmen sind typisch für die Gran Sabana, eine Savanne, in der nährstoffarme Böden und regelmäßige Brände verhindern, dass andere Bäume wachsen. Palmen sind feuerresistenter als andere Bäume. Typisch für Einkeimblättrige Pflanzen sind die über den ganzen Stamm verteilten Gefäßbündel. Bei den verholzenden Bäumen befinden sich die Gefäße im äußeren Stammbereich. Sie sind dadurch empfindlicher für Feuerattacken.

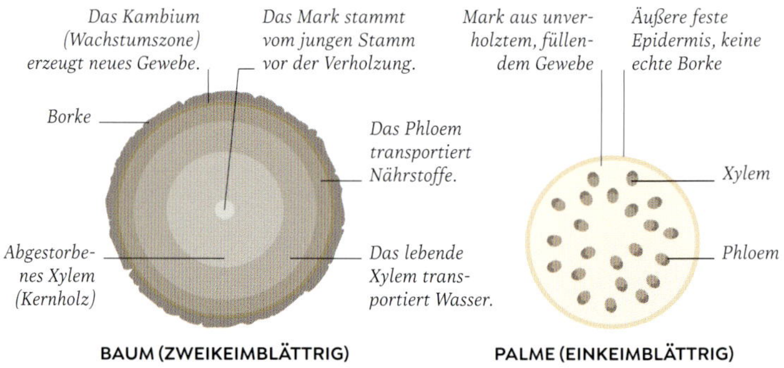

SCHNITT DURCH VERHOLZTEN BAUM UND PALME
Das Fehlen verholzten Gewebes im Stamm der Palme macht sie eigentlich zur krautigen Pflanze, obwohl die höchsten Palmenarten viele verholzte Bäume überragen können.

PLÜNDERUNG VON TERMITENHÜGELN

Mittel- und Südamerika

In Grassteppen kommen Unmengen von Ameisen und Termiten vor. In ihren Bauen können Millionen von Tieren leben, sodass sie für Insektenfresser attraktiv sind – zumindest die, die ihre Stiche und Bisse ertragen können. Dem Großen Ameisenbär (*Myrmecophaga tridactyla*) sieht man an, wie nahrhaft diese Nahrung ist, vor allem die Kombination von fettreichen Larven und erwachsenen Insekten. Zum effizienten Erbeuten der kleinen Ameisen und Termiten besitzt der Ameisenbär eine sehr lange, mit klebrigem Speichel bedeckte Zunge, sodass er viele Insekten auf einmal aufnehmen kann. Starke Muskeln ermöglichen es ihm, viele Male pro Minute zu lecken.

SPEZIELLE ZUNGE
Durch ein kleines, rundes Maul streckt sich die gut 60 cm lange Zunge eines Großen Ameisenbären. Sie ist weit unten in der Brust verankert.

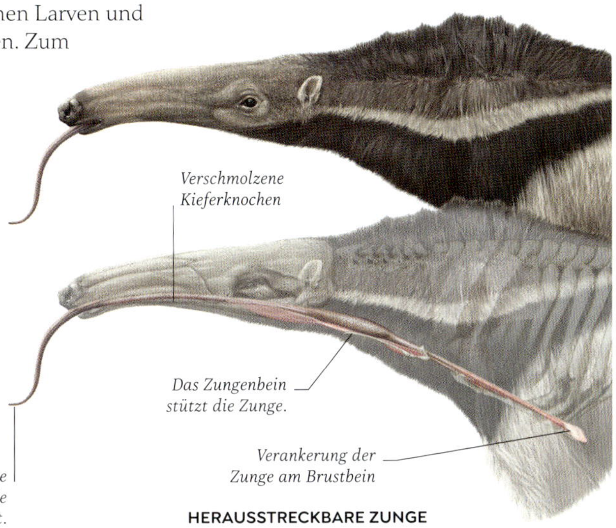

HERAUSSTRECKBARE ZUNGE

FEUERFESTE SAVANNE

Cerrado, Brasilien

Die als Cerrado bezeichnete tropische südamerikanische Savanne ist artenreicher als jede andere Grassteppe. Wie in anderen Grassteppen betreiben die Gräser Fotosynthese im C4-Stoffwechsel, der das vorhandene Kohlendioxid besonders effektiv nutzt. So können sie während der kurzen, nassen Sommer besonders schnell wachsen. Die darauf folgenden langen Winter sind eine Zeit der Dürre, sodass die Gräser austrocknen und leicht Feuer fangen. Regelmäßige Buschfeuer geben Mineralien an den Boden zurück, sodass wieder neue Gräser wachsen können. Dieser Zyklus verhindert, dass sich Bäume verbreiten und einen Wald bilden. Er erhält die offene Landschaft der Savanne.

ÜBERLEBENDE DES FEUERS
Wenn Feuer durch die trockene Vegetation streichen, überleben viele der verstreut wachsenden Bäume, weil ihre dicke Borke sie schützt. Dank ihrer ledrigen Blätter überstehen sie die Trockenheit.

PALMENINSELN

Moxos-Ebene, Bolivien

Die meisten Aras nutzen ihre starken Schnäbel, um Samen und Nüsse aufzubrechen, doch der Blaukehl-Ara (*Ara glaucogularis*) lebt in der isolierten Moxos-Ebene, die von Regenwald umgeben ist. Er verzehrt vor allem die Früchte der lokalen Palmen, die in Vegetationsinseln auf der Ebene wachsen. Die Vögel öffnen die unreifen Samen der Urucuri-Palme (*Attalea phalerata*), um die enthaltene Flüssigkeit zu trinken.

BLAUKEHL-ARA

FLEISCHFRESSENDE BROMELIEN

Guayana- und Brasilianischer Schild

In Teilen der südamerikanischen Hochebenen breiten sich flachgründige, steinige Böden zwischen zerklüfteten Gipfeln aus. Hier werden die fruchtbareren Savannen des Tieflands durch Grassteppen mit Pflanzen ersetzt, die Trockenheit und magere Böden vertragen. Einige von ihnen sind Fleischfresser geworden, einschließlich einer Bromelie. Die meisten Bromelien leben als Epiphyten im Regenwald und sammeln Regenwasser in ihren Blatttrichtern. Doch die am Boden lebende *Brocchinia* ertränkt darin Insekten, die sie mit ultraviolett leuchenden Schuppen und einem süßlichen Duft anlockt. Die Pflanze nimmt dann die Nährstoffe der zerfallenden Körper auf.

INSEKTENFALLE
Insektenfangende Bromelien lenken auch die Aufmerksamkeit von insektenfressenden Tieren auf sich, etwa Laubfröschen, die unbeschadet die Blätter aufsuchen.

Auch die Ananas gehört zu den Bromeliengewächsen.

FEUCHTGEBIET-INSELN

Dort wo Bolivien, Brasilien und Paraguay zusammentreffen, befindet sich eine Grassteppe, die während der Regenzeit überflutet wird: Das Pantanal bildet das größte Feuchtgebiet der Welt. Doch etwa 20 Prozent des Pantanals liegen etwas höher und können dem Wasser entkommen. So entstehen Inseln trockenerer Baumsavanne. Hierhin ziehen sich Landtiere wie der Jaguar (*Panthera onca*) zurück.

IM GRAS LAUERNDER JAGUAR

SCHLAF-KRANKHEIT

Im Afrika südlich der Sahara saugen die auf diesen Kontinent beschränkten Tsetse-Fliegen (*Glossina* spp.) Blut. Mit ihrem Biss übertragen sie als Trypanosomen bezeichnete Einzeller, gegen die manche afrikanische Säugetiere immun sind. Bei Menschen können sie jedoch die Schlafkrankheit hervorrufen und mit Nutztieren arbeitende Leute gefährden, sodass die Landwirtschaft eingeschränkt wird, wo die Fliegen verbreitet sind.

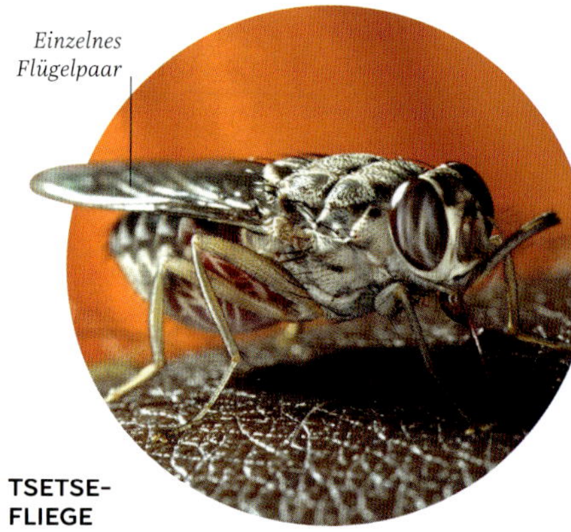

TSETSE-FLIEGE

KALZIUM AUS KADAVERN

In Afrika sind die Reptilien vor allem als fleischfressende Schlangen und Echsen vertreten, doch gibt es auch pflanzenfressende Schildkröten. Sie legen Eier und zu deren Produktion müssen sie Kalzium aufnehmen. Die Pantherschildkröten (*Stigmochelys pardalis*) fressen daher an Knochen, die von Raubtieren zurückgelassen worden sind. Sie fressen sogar Hyänenkot, der wegen des Knochenmaterials oft weiß ist.

PANTHERSCHILDKRÖTE

DIE GROSSE WANDERUNG

Die Kombination der Landschaft mit saisonalen Regenfällen macht die Masai Mara- und Serengeti-Region zum Schauplatz einer der größten Migrationen der Erde. Im Norden befindet sich die Masai-Mara-Savanne mit fruchtbaren Böden und verstreuten Bäumen. Im Süden macht der Regenschatten des Ngorongoro-Kraters die baumlosen Ebenen der Serengeti trockener, doch wegen der Vulkanasche fruchtbar. Die Regen zu Beginn des Jahres lassen hier das Gras wachsen und die Gnus aus dem Norden kalben hier. Setzt die Dürre ein, wandern sie zurück zur Masai Mara.

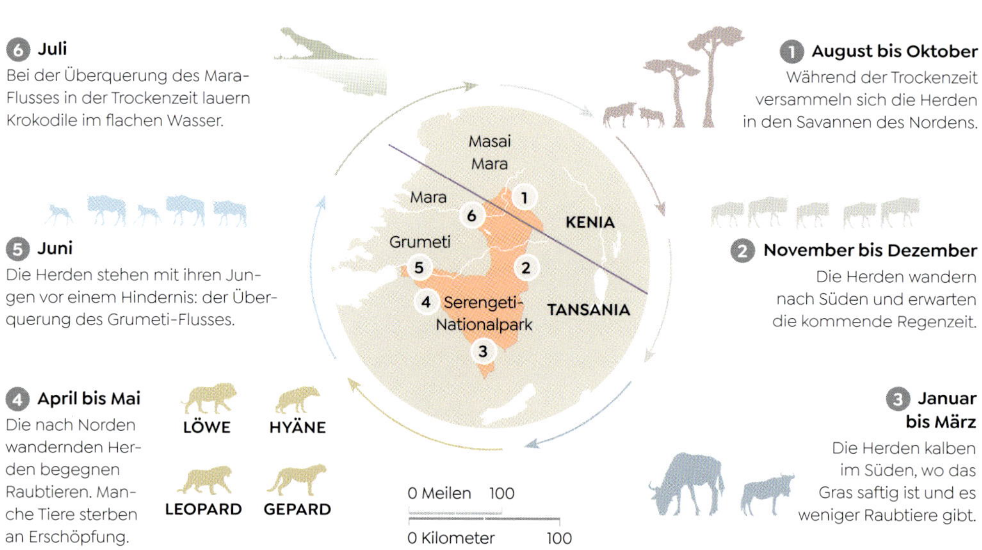

SPRUNG INS WASSER
Eine Herde von Serengeti-Weißbartgnus (*Connochaetes mearnsi*) springt auf der Wanderung in den Mara-Fluss – das letzte Hindernis vor der Masai Mara.

DER URSPRUNG DER MENSCHHEIT

Vor nahezu einer halben Million Jahren veränderte sich das ostafrikanische Klima so sehr, dass aus dem Regenwald eine trockene Grassteppe entstand. Das war ausschlaggebend für die menschliche Evolution. Die Hominiden wurden zum modernen Menschen, dem *Homo sapiens*. Ihre Gehirne wurden größer, um unter den veränderten Bedingungen zu überleben. Die ältesten Fossilien der Gattung *Homo* aus Äthiopien sind 2,8 Millionen Jahre alt. Doch ältere Hominiden wie die Gattung *Australopithecus* bewohnten die Gegend schon vier Millionen Jahre früher.

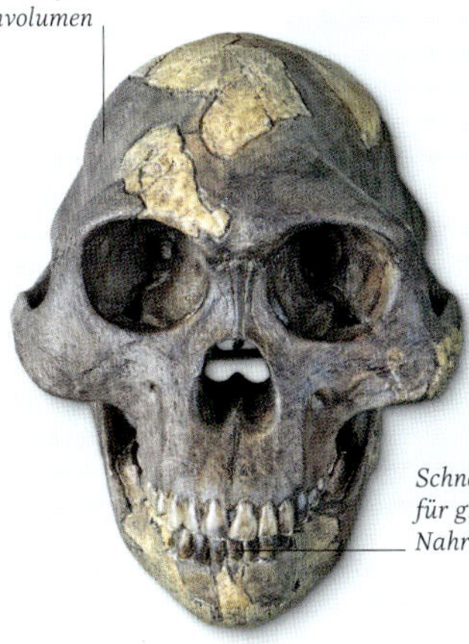

SCHÄDEL EINES *AUSTRALOPITHECUS*

ÜBERWEIDUNG UND WÜSTENBILDUNG

Zwischen der Sahara im Norden und den Wäldern im Süden befindet sich die als Sahel bezeichnete trockene Grassteppe. Hier dauert die Trockenzeit besonders lang. Ein großer Teil dieses Lebensraums wurde in Äcker und Weiden umgewandelt, doch die Landwirtschaft stellt keinen Ersatz für eine natürliche Grassteppe mit kurzen Regenzeiten und minimaler Beweidung dar. Wenn die Vegetation entfernt, Nutzpflanzen angepflanzt und Nutztiere gehalten werden, verschlechtern sich die Bedingungen durch Erosion und die Sahel wird zur Wüste. Nährstoffe, die sich im ursprünglichen Lebensraum im Kreislauf befanden, werden ausgespült. Zurück bleibt ein unfruchtbarer Boden.

> Die *Sahel* erstreckt sich vom *Atlantik* bis zum *Roten Meer.*

SCHWIERIGE BEDINGUNGEN

Die Kultivierung entfernt die Nährstoffe aus dem Boden und die Nutztiere verdichten ihn, wobei Mineralien unter der Oberfläche den Boden verhärten.

1 Offenes Waldland
Die natürliche Vegetation schützt den Boden und sorgt für den Nährstoff- und Wasserkreislauf.

2 Äcker und Weiden
Die Entwaldung setzt das Land der Erosion aus, die den Oberboden beseitigt. Ackerbau entzieht Nährstoffe.

3 Wüste
Regen kann nicht in den verhärteten Boden eindringen, sodass das Land trocken bleibt und verarmt.

DOKA-SAVANNE

Typen der afrikanischen Savanne wie etwa Mopane und Miombo wurden nach vorherrschenden Bäumen benannt: die westafrikanische Doka-Savanne nach dem Doka-Baum (*Isoberlinia doka*). Sie bildet ein feuchteres Gegenstück zur Sahel. Die Gräser dienen auch in der Trockenzeit als Nahrung, die Riesen-Elenantilope (*Taurotragus derbianus*) verzehrt Doka-Blätter.

RIESEN-ELEN
Dies ist eine der größten Antilopen der Welt. Sie kann Äste des Doka-Baums mit den Hörnern abbrechen, um die Blätter zu fressen.

VERSCHIEDENE ARTEN DER VERDAUUNG VON GRAS

Die verschiedenen Pflanzenfresser der afrikanischen Steppen fressen auf unterschiedliche Weise, sodass sie nicht miteinander konkurrieren. In den Baumsavannen ernähren sich Zebras und Gnus von Gras. Gnus sind Wiederkäuer – zu dieser Gruppe von Paarhufern gehören auch Hirsche, Antilopen und Rinder. Sie besitzen einen vierkammrigen Magen, von denen der größte, der Pansen, Bakterien zur Verdauung von Zellulose enthält. Die im Pansen verarbeitete Nahrung wird hochgewürgt, noch einmal gekaut und wieder geschluckt. So lassen sich besonders viele Nährstoffe aus dem Gras gewinnen. Zebras sind dagegen Enddarm-Fermentierer. Bei ihnen befinden sich die Bakterien im Dickdarm, wo sie gröbere Gräser gut verarbeiten können. Das bedeutet, dass Zebras auch dann überleben können, wenn nur höhere Gräser mit hohem Stängelanteil vorhanden sind.

DÄRME VON ZEBRAS UND GNUS
Bakterien können in verschiedenen Teilen des Verdauungssystems vorhanden sein. Sie spalten mithilfe von Enzymen die Zellulose der Pflanzen auf.

ENDDARM-FERMENTIERER (ZEBRA) **WIEDERKÄUER (GNU)**

Bakterien im Verdauungstrakt der Herbivoren erzeugen Methan als Abfallprodukt, was das Tier ausstößt.

TERMITENHÜGEL ALS MIKROHABITATE

Termiten gehören zu den häufigsten Insekten der Tropen und sind für die Böden genauso wichtig wie Regenwürmer. Manche fressen Falllaub, Dung oder anderen Abfall, doch andere, die es nur in Afrika und Asien gibt, kultivieren Pilze als Nahrung. Sie bilden komplexe Staaten und errichten Baue, indem sie Bodenpartikel zusammenkleben. Dabei entstehen oft Hügel, die selbst große Tiere in ihrer Umgebung überragen können. Termiten dienen vielen Insektenfressern als Nahrung. Oft suchen Gäste wie höhlenbrütende Vögel, sonnenbadende Echsen oder Mangusten die Hügel auf.

WACHPOSTEN
Gruppen der Südlichen Zwergmanguste (*Helogale parvula*) bewohnen Höhlen in Termitenhügeln, um nachts zu schlafen und sich tagsüber zurückzuziehen. Sie nutzen die Hügel, um nach Feinden Ausschau zu halten.

NATURSCHUTZ

MENSCHEN AUSSCHLIESSEN

Reservate dienen dem Schutz afrikanischer Lebensräume und ihrer Arten, doch kann dies manchmal auf Kosten der lokalen Bevölkerung gehen. Die Massai haben jahrtausendelang in Ostafrika Wildtiere gejagt und Nutztiere gehalten, doch durch die Schutzgebiete werden viele von ihren traditionellen Gebieten ausgeschlossen. Naturschutzprojekte, die die Massai einbeziehen, wie der Masai Mara Nationalpark, sollen dazu beitragen, Konflikte zu besänftigen.

MASSAI-DORF

ELEFANTEN ALS INGENIEURE

Afrika

Alle Arten können wichtig für einen Lebensraum sein, doch die sogenannten Schlüsselarten haben einen größeren Einfluss, als ihre Häufigkeit vermuten lässt. Afrikanische Steppenelefanten (*Loxodonta africana*) sind Schlüsselarten der afrikanischen Savanne: Sie verzehren mehr verholztes Pflanzenmaterial als andere Herbivore, verbreiten Samen mit ihrem Dung und verändern die Struktur des Lebensraums, indem sie Bäume beschädigen oder fällen. Dadurch wird das Kronendach gelichtet und die Vegetation am Boden profitiert davon. Das beschädigte Holz stellt auch einen Lebensraum für Wirbellose, Reptilien, Vögel und holzverarbeitende Destruenten dar.

EINEN BAUM SCHÜTTELN

ISOLIERTE INSELBERGE

Afrikanische Savannen

In den bergigen Teilen Afrikas gibt es als Inselberge bezeichnete einzelne Berge, die hoch über die Savanne oder den Wald emporragen. Sie sind die Überreste einstmals weitläufiger Gebirge. Diese wurden von den Sturzfluten abgetragen, die mit den Sommerregen einhergehen. Inselberge findet man häufiger in den trockenen Teilen von Ost- und Südafrika. Sie beherbergen viele Tiere und Pflanzen, deren Vorfahren aus den umgebenden Savannen und Wüsten stammen und die nun an eine bergige Umgebung angepasst sind. Zu ihnen gehören Klippschliefer (*Procavia capensis*), Nagetiere, Vögel und Echsen. Auffällig sind die Klippspringer (*Oreotragus oreotragus*), kleine, über die Felsen springende Antilopen.

GESCHICKTE KLETTERER
Klippspringer finden einen besonders guten Halt, weil sie auf den abgerundeten Spitzen ihrer Hufe stehen können. Sie springen auf den Felsen wie Bergziegen umher, wobei ihr robustes Fell erlittene Stöße abfedert.

NASHORN-SCHUTZ

Great Limpopo Transfrontier Park

Der Mopane (*Colophospermum mopane*) wächst als Strauch oder als Baum. Der Great Limpopo Transfrontier Park wird den Limpopo- und den Kruger-Nationalpark umfassen, um ein großes Gebiet des Mopane-Waldlands zu schützen, in dem die Hälfte der afrikanischen Nashörner lebt, sowohl Spitzmaul- (*Diceros bicornis*) als auch Breitmaulnashörner (*Ceratotherium simum*).

GRASENDES BREITMAULNASHORN

WEITE SPRÜNGE
Gefahr droht an den Wasserlöchern des südafrikanischen Kruger-Nationalparks. In der Trockenzeit lauern hier Krokodile Tieren auf, die ihren Durst stillen wollen. Diese Impalas können jedoch zum Glück bis zu 3 m hoch springen, um den zuschnappenden Kiefern der Panzerechsen zu entgehen.

WER IST ALS ERSTER AN DER REIHE?

Kruger-Nationalpark, Südafrika

GERANGEL UM DIE RESTE
Weißrückengeier verdrängen andere Aasfresser wie die Hyänen durch ihre schiere Anzahl. Die Vögel krächzen und zischen, wenn sie sich um die Beute streiten.

Ein von Löwen getötetes Gnu zieht Aufmerksamkeit auf sich, auch nachdem die Katzen verschwunden sind. In den meisten Teilen der afrikanischen Savanne versammeln sich verschiedene Geierarten am gleichen Kadaver. In Südafrika ist der erste – und größte – der Ohrengeier (*Torgos tracheliotos*), der sich mit den Hyänen um das frische Fleisch streitet. Hinzu kommen der kleinere Wollkopfgeier (*Trigonoceps occipitalis*) und der Kappengeier (*Necrosyrtes monachus*), die heruntergefallene Stücke vertilgen. Ist die Haut geöffnet, stecken Kapgeier (*Gyps coprotheres*) und Weißrückengeier (*Gyps africanus*) ihre langen, nackten Hälse ins Innere, um die Eingeweide zu fressen. Manchmal kriechen sie sogar in den Brustkorb. Wenn nur noch Haut und Knochen übrig sind, kehren die Ohrengeier zurück, um die widerstandsfähigsten Reste mit ihren großen Schnäbeln zu verzehren.

REIHENFOLGE DER GEIER AM KADAVER
Am Kadaver setzen sich die größeren Geier gegenüber den kleineren durch, doch die unterschiedlichen Arten sind auch darauf spezialisiert, den Kadaver in bestimmten Stadien der Verwertung aufzusuchen.

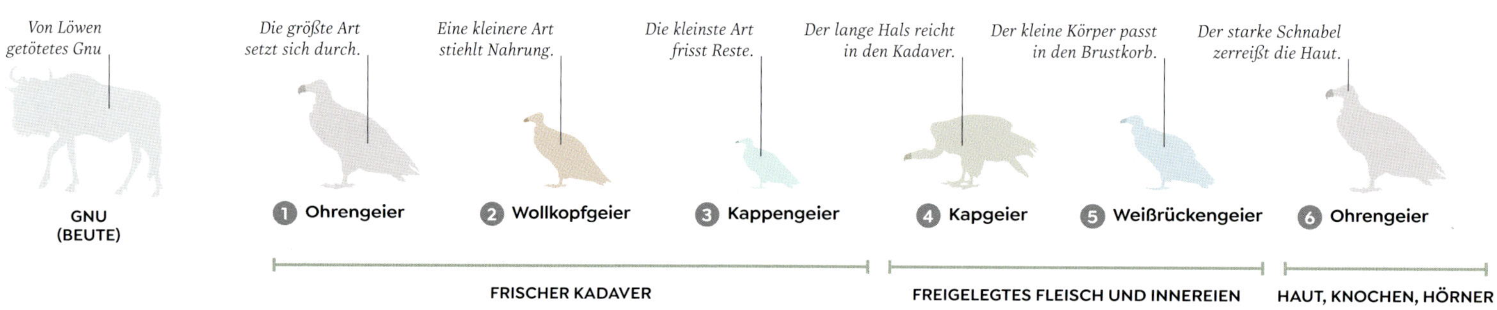

OPPORTUNISTISCHE HYÄNEN

Afrikanische Savannen

Tüpfelhyänen, die in den meisten afrikanischen Savannen vorkommen, gelten als Aasfresser, sie gelangen aber an die meiste Nahrung durch die Jagd. Sie sind nämlich sehr gute Jäger. Sie greifen größere Beute in Rudeln an, beißen und zerren an dem Opfer, bis es erschöpft ist und sich überwältigen lässt. Das Tier stirbt meist am Schock oder am Blutverlust. Diese Taktik, in großen Gruppen aufzutreten, hilft den Hyänen auch, wenn sie andere Prädatoren einschüchtern wollen, darunter so große wie Löwen. Die Ausdauer macht sich bezahlt und Löwen geben manchmal ihre Beute auf, insbesondere dann, wenn sie von allen Seiten bedrängt werden.

GENERVTE LÖWEN
Mehrere Löwen können Tüpfelhyänen (*Crocuta crocuta*) von der Beute fernhalten, doch eine große Hyänenanzahl kann die Verhältnisse umkehren.

Das Insekt wird gegen den Ansitz geschlagen.

HOHER ANSITZ
Der Schwalbenschwanzspint fängt Insekten im Flug von seinem hohen Ansitz aus.

GUSU-WALDGEBIETE

Südafrika

Die Kalahari ist eine Trockensavanne mit sandigem Boden. Doch die Wurzeln der Zambesi-Teakbäume (*Baikiaea plurijuga*) reichen in diesem Lebensraum so weit, dass sie Wasseradern tief unter der Erde anzapfen können. So können sie sehr groß werden und eine Savanne namens Gansu Waldland schaffen. Sie ist ein wichtiger Lebensraum für viele baumbewohnende Tiere. Unter ihnen sind Schwalbenschwanzspinte (*Merops hirundineus*), die von Bienen angelockt werden, die die Teakbäume bestäuben.

WOHNKOLONIEN AUS GRAS

Südafrika

SIEDELWEBER-KOLONIE

Der Siedelweber (*Philetairus socius*) ist kaum größer als ein Spatz und baut das größte Nest in Relation zu seiner Körpergröße. Das ist möglich, da die Weber in Kolonien von Hunderten von Tieren leben. Grassavannen liefern das Baumaterial, das die Vögel mithilfe ihrer Schnäbel und Zehen zu Nestern verflechten, die außerhalb der Reichweite von Fressfeinden von den Ästen herabhängen. Der Siedelweber benutzt zum Bau unter anderem das Bewimperte Fahnengras (*Stipagrostis ciliata*). Das Ergebnis ist ein großes Gemeinschaftsnest, in dem die einzelnen Familien separate Kammern beziehen. Durch seine Größe lockt es auch Untermieter wie Finken und Unzertrennliche an.

In der größten Nistkolonie der Siedelweber finden etwa 100 Vogelpaare eine Heimat.

AMEISEN UND AKAZIEN

Afrikanische Savannen

In den afrikanischen Savannen besteht zwischen vielen Akazien- und Ameisenarten eine Beziehung zu gegenseitigem Nutzen. Die Bäume bilden gallenartige Strukturen, die von den Ameisen ausgehöhlt werden und ihnen als Nester dienen. Im Gegenzug profitiert die Pflanze davon, dass die Ameisen ihre Nester verteidigen: Sie beißen oder stechen Pflanzenfresser. Diese offensichtlich erfolgreiche Taktik verfolgen fast alle Akazien der afrikanischen Savanne.

AMEISENNEST

DIE HÖCHSTE GRASSTEPPE DER WELT

PANZER-NASHORN
Grasfresser müssen sich beim Fressen meistens nach unten beugen, doch das Wilde Zuckerrohr (*Saccharum spontaneum*) wird so hoch, dass das Panzernashorn vollständig von ihm verdeckt ist.

Das Terai-Duar-Savannen- und Grasland am nepalesisch-indischen Fuß des Himalajas umfasst die höchsten Grassteppen der Welt. Dort wachsen Zuckerrohr-Arten, die über die dort lebenden Nashörner hinausragen. Das Grasland wird durch mineralhaltigen Schlamm gedüngt, den die Monsunfluten die Berge herunterschwemmen. Diese Flut verhindert die Entstehung von Wald, doch die Gräser regenerieren sich schnell, wenn das Wasser sich zurückzieht. Das Panzernashorn (*Rhinoceros unicornis*) ist an diesen Lebensraum angepasst. Die hohen Gräser bieten ihm Schutz, es kann sich im Schlamm suhlen und findet Wasserpflanzen, die seine Grasnahrung ergänzen. Stehen die Fluten am höchsten, suchen die Nashörner höhere Stellen auf und ziehen sich dann unter die Salbäume (*Shorea robusta*) zurück. Zwischen den hohen Gräsern leben auch der Königstiger und seine Beutetiere. Außerdem sind sie ein wichtiger Lebensraum für die Zwergwildschweine (*Porcula salvania*) – die kleinsten wilden Schweine der Welt – und die Barttrappe (*Houbaropsis bengalensis*). Beide Arten sind vom Aussterben bedroht.

Panzernashörner ergreifen Gräser mit ihren fingerartigen Lippen.

NATURSCHUTZ

VERGIFTUNG DURCH MEDIKAMENTE

In den 1990er-Jahren stellte man im indischen Keoladeo-Nationalpark fest, dass ein Rückgang der Geierbestände mit der Anreicherung des Arzneimittels Diclofenac in Rinderkadavern zusammenhing. Untersuchungen zeigten, dass das Mittel die Geier vergiftete und mehrere Arten in ihrem Bestand gefährdete. Heute sind viele Arten in Asien und auf der ganzen Welt durch derartige Vergiftungen bedroht. Eine geringere Zahl von Aasfressern bedeutet, dass tote Tiere für längere Zeit in ihrem Lebensraum verwesen, mit Gesundheitsrisiken für Wildtiere und Menschen.

GEIER AM KADAVER

DRACHEN DER GRASSTEPPEN

Komodo und Flores

KAMPF MIT ZÄHNEN UND KLAUEN
Männliche Komodowarane kämpfen um die Weibchen, indem sie sich auf die Hinterbeine stellen und versuchen, den Rivalen zu Boden zu drücken.

In der australasiatischen Region haben sich riesige Warane zu den Spitzenprädatoren offener Lebensräume entwickelt, darunter der australische Riesenwaran (*Varanus giganteus*) und der Komodowaran (*Varanus komodoensis*) – der größte von allen – auf den indonesischen Inseln Komodo und Flores. Hier hat das Monsunklima die Trockenzeit verlängert, sodass die Savanne die feuchteren Regenwälder ersetzt hat, die weiter im Westen gedeihen. Die prähistorischen Komodowarane mögen die einst hier vorkommenden Zwergelefanten erbeutet haben. Heute fressen sie Hirsche, Wasserbüffel und Schweine. Angriffe auf Menschen sind auch bekannt geworden.

NATURSCHUTZ

RETTUNG DES KÖNIGSTIGERS

Königstiger (*Panthera tigris tigris*) gehören zu den größten Katzen und leben in Indien sowie in benachbarten Gebieten in Bangladesch, Bhutan und Nepal. In Indien existiert mit geschätzten 3300 Tieren die weltgrößte Tigerpopulation. Jedoch verteilen sich die Tiger über verstreute Schutzgebiete und man befürchtet, dass der Bestand in vielen Gebieten zu klein ist, um stabil zu bleiben. Das Tracking mit Radiokragen ermittelt, wie groß die Reviere sind und wie viel Lebensraum eine Population zum Überleben benötigt.

Früher hat man menschenfressende Tiger verfolgt und Prämien auf ihre Köpfe ausgesetzt. Auch heute besteht Furcht vor Tigerangriffen, wobei es durch das Schrumpfen der Lebensräume zunehmend zu Konflikten mit Menschen kommt. Eine Zukunft für den Tiger ermöglichen nur genügend große Schutzgebiete mit entsprechendem Huftierbestand, etwa Hirschen, als Beute.

REVIERMARKIERUNG

MASSEN-BLÜTE

Neuguinea und Australien

Savannen erstrecken sich über die südlichen Tiefebenen Neuguineas, einer Insel, die ansonsten von Regenwald bedeckt ist. Diese Savannen finden sich auch in Nordaustralien, wo die gleiche vom Monsun bestimmte Abfolge von Regen- und Trockenzeit herrscht. Während der Monsunregen ziehen beide Regionen viele Wasservögel an. Die Myrtenheiden blühen und werden von nektartrinkenden Vögeln und Insekten besucht.

Honigfresser dienen als Bestäuber.

NEKTARNAHRUNG
Eine blühende Myrtenheide (*Melaleuca* spec.) lockt viele Wellenbrust-Honigfresser (*Ramsayornis fasciatus*) und andere nektarfressende Vögel an.

SAVANNE EINER PAZIFISCHEN INSEL

Laysan

Der größte Teil des Hawaii-Archipels ist mit Regenwald bedeckt, doch die Gipfel der Vulkane werfen Regenschatten an der windabgewandten Seite, außerdem haben die nördlichen, flacheren Inseln wie Laysan und Midway ein trockeneres Klima. Viele Arten von Inlandpflanzen sind entstanden, die es nirgendwo sonst gibt, doch entlang der Küsten wachsen Gräser und andere Pflanzen, die auf verschiedenen pazifischen Inseln gedeihen.

NISTENDE ALBATROSSE
Der Laysan-Albatros (*Phoebastria immutabilis*) baut seine Nester an der mit Gras bewachsenen Küste.

BAUMLOSE GRASSTEPPE

Australische tropische Savanne

Zwischen den nordöstlichen Küstenwäldern Australiens und der Wüste im Innern befinden sich Ebenen tropischer Grassteppe, die zu trocken für Bäume sind. Die Vegetation wird von Horsten der Mitchell-Gräser (*Astrebla-Arten*) dominiert, die lange Dürreperioden in einem Ruhezustand überstehen können. Diese nur in Australien vorkommenden Gräser haben sehr lange Wurzeln, die bis ins Grundwasser herabreichen können. Regen fällt hier saisonabhängig, aber unregelmäßig, und die Tiere haben sich daran angepasst. Beutelmäuse verstecken sich zwischen den Gräserhorsten, während Vögel temporäre Seen aufsuchen, die sich nach starken Niederschlägen bilden. Viele der Vögel wie der Wellensittich (*Melopsittacus undulatus*) sind sehr mobil. Große Schwärme dieses kleinen Papageis legen oft große Entfernungen zurück, wenn sie den Niederschlägen folgen und nach Samen suchen. Die Samen der Mitchell-Gräser können dabei überwiegen, doch im trockenen Innern Australiens sind die Pflanzen der Halbwüsten häufiger, etwa Melden (*Atriplex*-Arten) und Flindersgräser (*Iseilema*-Arten). Gelegentliche starke Niederschläge regen die Wellensittiche zur Brut an, da mehr Samen für die Jungen zur Verfügung stehen.

Große Wellensittich-Schwärme können bis zu 60 000 Tiere umfassen.

KOMPASS-TERMITEN

Darwin, Australien

Termitenhügel sind Musterbeispiele guter Belüftung und Temperaturkontrolle. Die Sonne kann einen Bau überhitzen, der über eine Million Tiere und ihre Nahrungsvorräte enthält. Termitenarten regeln die Temperatur auf verschiedene Weise, doch eine der bemerkenswertesten lebt in den Savannen um Darwin herum. Die Kompasstermiten, eine Heu sammelnde Art, errichten schmale Hügel, deren breite Seiten nach Osten und Westen gerichtet sind. Mittags erreichen die Strahlen der senkrecht stehenden Sonne nur die Schmalseite, sodass Überhitzung vermieden wird.

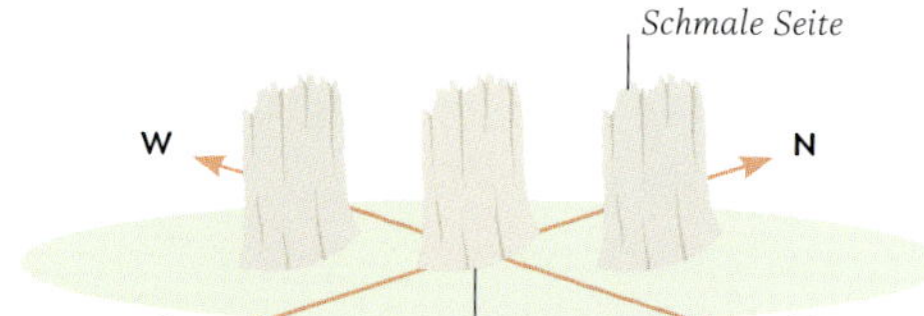

HIMMELSRICHTUNGEN
Nach den Himmelsrichtungen ausgerichtete Hügel werden in den kühlen Morgen- und Abendstunden erwärmt. Da die Sonne im Osten auf- und im Westen untergeht, werden die Seiten vollständig erreicht.

MAGNETISCHE SINNE
Kompasstermiten (*Amitermes meridionalis*) können das Magnetfeld der Erde wahrnehmen, um ihre Hügel zur optimalen Temperaturkontrolle auszurichten.

FELSIGES GEBIET

Kimberley, Australien

In der Kimberley-Region haben von Monsunregen erodierte Berge eine Landschaft von Schluchten hinterlassen. Hier ist ein feuchtes Refugium in einer ansonsten flachen und trockenen Landschaft entstanden. In der kurzen Regenzeit können feuchtigkeitsliebende Sträucher zwischen den Gräsern wachsen. Dies ist der Lebensraum der Felskängurus (*Petrogale*-Arten), die die Vegetation abgrasen, sich zwischen den Felsen verstecken und mit Sprüngen Spalten überwinden können.

GELBFUSS-FELSKÄNGURU

WELLENSITTICH-SCHWARM
Schwärme von Wellensittichen können so groß sein, dass sie den Himmel verdunkeln. Ihre natürliche Färbung ist eine Mischung aus leuchtendem Grün und Gelb.

NOMADISCHE VÖGEL

Australische tropische Savanne

BLAUOHR-HONIGFRESSER

Viele Vögel des trockenen australischen Nordens leben nomadisch. Der wesentliche Teil der australischen Savanne erstreckt sich über den größten Teil des Northern Territory und des nördlichen Queenslands. Hier wachsen verstreute Eukalyptusbäume. An trockeneren Orten finden sich Horste von Mitchell-Gräsern, an feuchteren tritt Gedrehtes Bartgras (*Heteropogon contortus*) an ihre Stelle. In dieser Landschaft verschiedener Mikrohabitate leben viele Vögel wie die Finken und Honigfresser nomadisch. Sie suchen blühenden Eukalyptus als Nektarquelle auf, bauen Nester aus Bartgräsern und folgen dem Regen.

FEUER-FEST

Australische tropische Savanne

Zu Beginn der stürmischen Monsunzeit können Blitze die ausgedörrte Vegetation entzünden. Verschiedene Eukalyptusbäume (*Eucalyptus*-Arten) können einen Teil ihrer dicken Borke opfern, wenn das Feuer sich durch das Unterholz frisst, sodass das lebende Gewebe intakt bleibt. Doch auch im Fall von größeren Schäden können die Bäume wieder aus der verdickten Basis (dem sogenannten Lignotuber) des Stamms und aus den Wurzeln austreiben. Bei vielen Pflanzen der Savanne löst Feuer die Regeneration aus und manche Bäume können sogar nur dann Samen freisetzen, wenn deren Hüllen vom Feuer versengt worden sind.

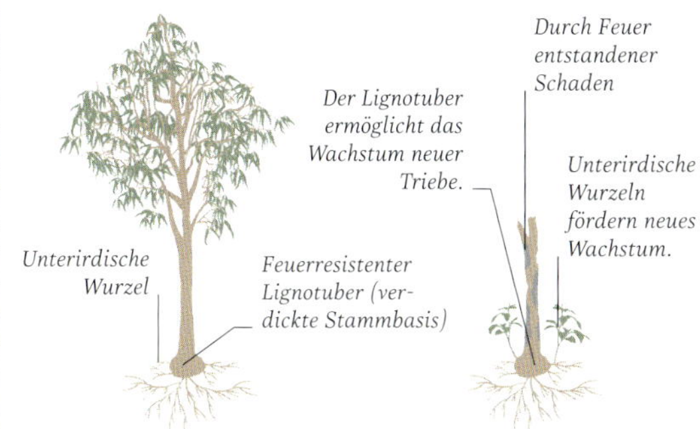

ANGEPASSTER EUKALYPTUS **REGENERATION**

LAND DER ECHSEN

Australische tropische Savanne

Die australischen Säugetiere sind überwiegend Beuteltiere wie Kängurus und Koalas, doch insgesamt gibt es weniger unterschiedliche Arten als auf anderen Kontinenten. Das bedeutet, dass dort mehr Reptilien die ökologischen Nischen verschiedener Säugetiere besetzt haben, vor allem in den trockenen Savannen und Wüsten. Die Artenvielfalt der Echsen ist in Australien ungewöhnlich hoch, an manchen Orten sind sie die wichtigsten Fleisch- und Pflanzenfresser in der Nahrungskette. Die Kragenechse (*Chlamydosaurus kingii*) ist in den Savannen und dem offenen Waldland Nordaustraliens weit verbreitet. Sie jagt Wirbellose in den Bäumen und im Gras. Mit dem Spreizen ihres Kragens und einem lauten Zischen erschreckt sie größere Räuber. Wenn das misslingt, hat sie einen Plan B: Sie läuft sehr schnell auf den Hinterbeinen durch offenes Gelände, bis sie einen schützenden Baum erreicht.

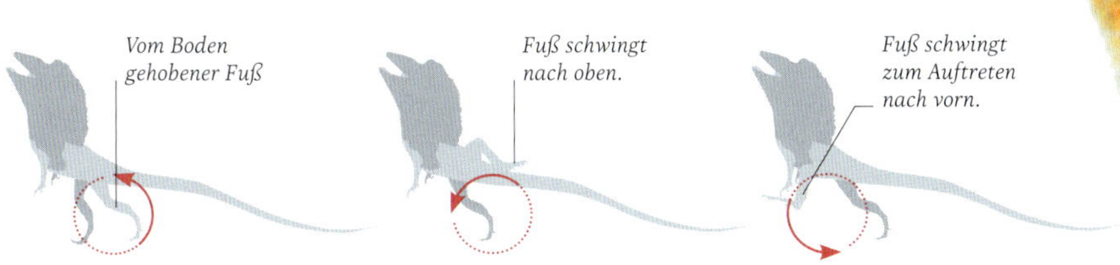

LAUFEN AUF ZWEI BEINEN
Da bei Echsen die Beine nach außen gerichtet sind, müssen sie zum aufrechten Laufen die Hinterbeine drehen, während sie mit dem Schwanz die Balance halten.

KRAGENECHSE
Bei Bedrohung kann die Echse Knochenfortsätze aufrichten, die einen aus Haut bestehenden Kragen tragen, sodass das Tier größer wirkt.

BESONDERE

Die Topografie unseres Planeten ermöglicht die Bildung unterschiedlichster Lebensräume. Inseln liegen in den Meeren, Gebirge, Seen und Flüsse prägen das Land. Ein großer Teil des Lebens entwickelt sich isoliert. Neue Arten stammen von Formen ab, die von ihren ursprünglichen Lebensräumen getrennt wurden. Seen enthalten besondere Fische, auf Bergen wachsen seltene Pflanzen und auf Inseln gibt es riesige Schildkröten. Doch immer werden diese Lebensräume durch eingeführte Arten bedroht.

WELTEN

Die Galapagos-Inseln sind ein vulkanisches Archipel, dessen Arten von Besiedlern aus Südamerika abstammen, der am nächsten gelegenen Landmasse. Die Española-Riesenschildkröte (*Chelonoidis hoodensis*) und die Española-Spottdrossel (*Mimus macdonaldi*) gibt es nur auf der Insel Española.

INSELN

Inseln stellen wegen ihrer Isolation besondere Lebensräume dar. Das bedeutet, dass ihre Pflanzen und Tiere – oft beschränkt auf Arten, die das Meer überwinden konnten – sich unabhängig entwickelt haben und sonst nirgendwo zu finden sind.

Bei Inseln lassen sich zwei Kategorien unterscheiden: ozeanische Inseln, die durch Vulkanausbrüchen unter dem Meeresspiegel gebildet wurden, und kontinentale, die durch Trennung vom Festland entstanden sind. Unterseeische Vulkane, die sich oft an der Grenze tektonischer Platten befinden, speien Lava aus, die sich im Wasser verfestigt und so neues Gestein bildet, das schließlich über den Meeresspiegel hinausragt. Diese ozeanischen Inseln werden nach und nach von den Wellen und vom Wind abgetragen, sodass ein Tiefseeberg oder Seamount übrig bleibt. Dieser Prozess lässt sich beim Hawaii-Archipel beobachten, er umfasst bergige Inseln, erodierte Atolle und Seamounts. Die Inseln können wachsen, wenn die vulkanische Aktivität andauert, sodass Inseln wie Island und die Galapagos-Inseln entstehen.

Ozeanische Inseln beginnen ihr Dasein als nackter Fels, der nach und nach von Pflanzen und Tieren besiedelt wird, die vom Festland oder benachbarten Inseln stammen. Als erste Arten erscheinen fliegende oder angeschwemmte Samen, Vögel oder Insekten. Durch Lava und vulkanische Asche entstehen nährstoffreiche Böden, auf denen Moose, Flechten und Pflanzen langsam geeignete Substrate für komplexere Lebensgemeinschaften schaffen.

KONTINENTALE INSELN

Kontinentale Inseln können entstehen, wenn der Meeresspiegel steigt, Tiefland überspült wird und höher liegende Gebiete isoliert werden. Sinkt der Wasserspiegel, können sie sich wieder mit dem Festland verbinden, etwa während einer Eiszeit. Inseln wie Madagaskar entstanden, als die Bewegung der tektonischen Platten das Land zerriss.

Anders als ihre ozeanischen Gegenstücke verfügen kontinentale Inseln bereits über Pflanzen und Tiere, die sie vom Festland mitgenommen haben. Manche dieser Arten können auf dem begrenzten Lebensraum aussterben, während sich andere zu neuen Arten entwickeln.

VERTEILUNG DER INSELN

Ozeanische Inseln bilden sich ständig. Manche, wie etwa Island, sind Gipfel mittelozeanischer Rücken, an denen die vulkanische Aktivität eine neue Kruste bildet. Andere wie die Hawaii-Inselkette bilden sich über Hotspots im Erdmantel. Die Karte zeigt auch kontinentale Inseln.

INSELN

Vulkanische Aktivitäten erschaffen neues Land, das von Pflanzen und Tieren besiedelt wird. Mit der Zeit wird durch den Prozess der Sukzession nackter Fels in Lebensräume umgewandelt, die so üppig wie dichter Wald sein können. Das geschieht bei entfernt von der nächsten Landmasse liegenden Inseln langsamer, da nur wenige widerstandsfähige Festlandorganismen sie erreichen und Populationen bilden können. Vulkanische Hotspots können Inselketten wie Hawaii bilden und die Pflanzen und Tiere ihrer älteren Inseln können die neuen schnell besiedeln.

Nur sechs Monate nach einem Ausbruch können sich bereits viele Gefäßpflanzen auf der Lava niedergelassen haben.

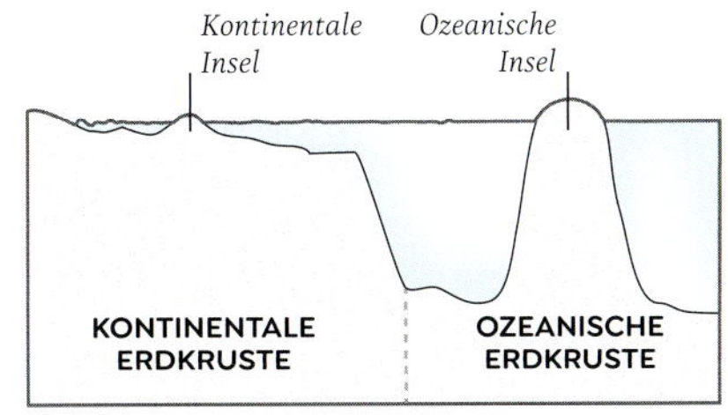

KONTINENTALE UND OZEANISCHE INSELN

Inseln trennen sich vom Festland beim Anstieg des Meeresspiegels, bei der Erosion der Küste oder bei Erdbeben. Ozeanische Inseln werden von Vulkanen auf dem Meeresboden gebildet.

***Mit dem langen Schnabel** kann der Iiwi-Kleidervogel die Nektarien der einheimischen Pflanzen erreichen.*

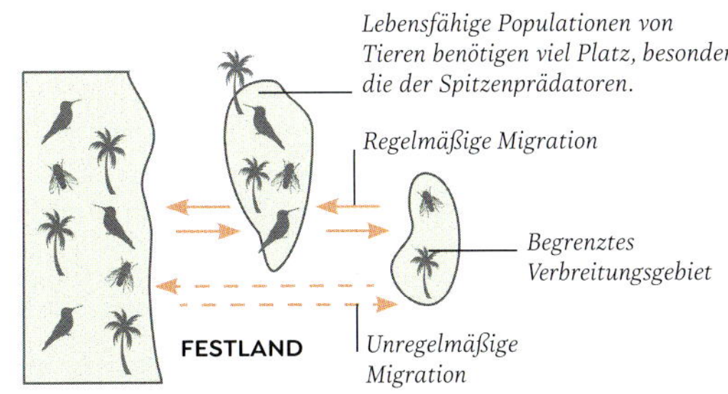

ARTENREICHTUM

Die Zahl der Arten auf einer Insel wird von der Größe und Entfernung anderer Landmassen beeinflusst sowie dem Alter der Insel. Größere Inseln haben eine höhere Diversität der Lebensräume und besitzen daher mehr Arten. Seltener kommt es zur Abwanderung auf entferntere Inseln, daher beherbergen diese weniger Arten.

***Mit genügend Zeit** erzeugen Gräser die richtigen Bedingungen für das Strauchland, das dann der Klimaxgesellschaft weicht, dem Wald auf Hawaii.*

***Der Wald** ist das Ende der Sukzession vom nackten Fels. Er bedeckt die Gebirge Hawaiis und bietet Tieren wie dem Iiwi-Kleidervogel in über 1250 m Höhe einen Lebensraum.*

NEKTARFRESSER

Der Iiwi-Kleidervogel ist nur eine von fast 40 Kleidervogel-Arten, die von einer Finken-Art abstammen, die die Inseln vor etwa sechs Millionen Jahren besiedelt hat. 16 Arten sind durch die Entwaldung und durch invasive Arten bereits ausgerottet worden.

***Die Hawaii-Mönchsrobbe** lebt wie viele andere Arten ausschließlich hier und ist vom Aussterben bedroht.*

SCHWIMMENDE SAMEN

Große, schwimmende, wasserfeste Samen wie die der Kokosnuss werden von den Strömungen transportiert. Diese Arten zählen oft zu den ersten Besiedlern.

***Korallenriffe** entwickeln sich schnell um neue vulkanische Inseln herum, da die Strömung die Larven der Korallen transportiert.*

MARINE PRÄDATOREN

Hat sich eine Insel gebildet, nutzen sie Robben als Ruheplatz. Die Hawaii-Mönchsrobbe taucht in Küstenlagunen und über Seamounts nach Fischen, Kalmaren und Krebstieren. Die Weibchen ziehen die Jungen an Sandstränden auf.

INSEL-KOLIBRIS BRINGEN NEUE ARTEN HERVOR

Kleine Antillen

Der kleine, nektarfressende Antillen-Haubenkolibri (*Orthorhyncus cristatus*) lebt nur auf den Inseln der östlichen Karibik. Trotz ihrer geringen Größe sind die Männchen sehr aggressiv und jagen andere Kolibris, die mit ihnen um Nektar und Reviere konkurrieren. Die Männchen tragen einen bunten Federkamm auf dem Kopf. Unterarten dieses Kolibris leben auf unterschiedlichen Inseln. Man kann sie an der Farbe des Federkamms unterscheiden: Auf den nördlichen Inseln ist er grün mit blauen Spitzen, bläulich grün auf Saint Vincent, golden auf Barbados und violett auf den Grenadinen und auf Grenada. Diese Variationen deuten darauf hin, dass eine lange Zeit vergangen ist, seit die Vögel die Inseln besiedelt haben. Die Populationen auf den verschiedenen Inseln konnten in dieser Zeit kleine Unterschiede in der Färbung ihrer Gefieder entwickeln.

ANTILLEN-HAUBENKOLIBRI
Die männlichen Kolibris von der Insel Antigua haben einen grünen Kamm mit blauen Spitzen. Sie gehören zur Unterart *Orthorhyncus cristatus exilis*.

KORB-BLÜTLER

Galapagos-Inseln

***SCALESIA*-WALD**

Die vulkanischen Galapagos-Inseln beherbergen 15 Arten der Gattung *Scalesia*. Die großen, verholzten Korbblütler stammen von Vorfahren aus den Anden ab und wachsen hier als Sträucher. Die Art *Scalesia pedunculata* wird als Baum 20 m hoch. Sie überzieht die feuchtere Seite der Berghänge mit einem einzigartigen Wald.

DIE ENTWICKLUNG BEOBACHTEN
Surtsey ist eins der am besten untersuchten Beispiele für die Besiedlung einer Insel und die Entwicklung eines Ökosystems. Nachdem die Insel im Jahr 1963 entstanden ist, hielten Wissenschaftler jeden Schritt fest. Surtsey war von Anfang an geschützt, sodass die Insel ein natürliches Labor darstellt, mit dessen Hilfe das Entstehen eines Ökosystems untersucht werden konnte. Die ersten Samenpflanzen fand man 1965 an ihren Stränden, zwei Jahre später wuchsen Moose auf den Lavafeldern. Seitdem hatte man 62 Pflanzenarten sowie über 140 Wirbellosenarten, darunter Spinnen, Schmetterlinge und Käfer, auf der Insel gefunden. Die Ausscheidungen großer Seevogelkolonien lieferten den Dünger für reiche Grassteppen.

NEUE VEGETATION ENTWICKELT SICH

SÄENDE VÖGEL

Surtsey, Island

Vögel haben bei der Entwicklung neuer Pflanzengesellschaften auf der Vulkaninsel Surtsey vor der isländischen Küste eine wichtige Rolle gespielt. Die ersten Pflanzensamen wurden vermutlich mit der Meeresströmung angespült, doch etwa drei Viertel der Pflanzenarten gelangten mit der Hilfe von Seevögeln hierhin, entweder an ihren Füßen oder in ihrem Kot. Eissturmvögel (*Fulmarus glacialis*) und Gryllteisten (*Cepphus grylle*) nisteten als erste Arten auf der Insel, gerade einmal drei Jahre, nachdem die Vulkanausbrüche im Jahr 1967 aufgehört hatten. Im Jahr 1985 bildeten Heringsmöwen (*Larus fuscus*) hier eine Kolonie. Heute nisten elf Vogelarten auf der Insel, darunter Silbermöwen (*Larus argentatus*), Papageitaucher (*Fratercula arctica*) und Küstenseeschwalben (*Sterna paradisaea*). Die Vögel bringen nicht nur Pflanzensamen – ihr an Stickstoff, Phosphor und Kalium reicher Kot ermöglicht auch die Entwicklung von Grasländern. Seevögel würgen Fische und Wirbellose hervor, um ihre Küken zu füttern. Die Reste davon fügen den Böden weitere Nährstoffe hinzu.

Die Seevögel haben die Pflanzendiversität und die Böden verbessert.

NEUES GRÜN
Vulkanische Eruptionen unter Wasser haben die kleine Insel Surtsey gebildet. Noch bevor der Lavafluss stoppte, hatten die Pflanzen bereits mit der Besiedlung der neuen Küsten begonnen.

FLIEGENDE SPINNEN

Spinnen sind wegen ihrer einzigartigen Fortbewegungsweise oft die ersten Besiedler neuer Inseln. Viele Arten können fliegen, indem sie einen hohen Punkt erklettern, Beine und Hinterleib anheben und dünne Seidenfäden ausscheiden. Diese werden von Luftströmungen erfasst und lassen die Spinne abheben. Mithilfe dieses Spinnenflugs oder Balloonings können die Tiere weite Entfernungen zurücklegen. Verschiedene Arten der Gattung *Philisca* leben auf der Robinson-Crusoe-Insel, 670 km vom chilenischen Festland entfernt. Vermutlich haben ihre Vorfahren die Insel im Flug erreicht.

WIE SPINNEN ABHEBEN

Aus den Spinndrüsen abgegebene Seide hat eine negative elektrostatische Ladung. Sie bewirkt Auffächerung der Fäden, sodass die Tiere Luftströmungen nutzen können.

ERWACHSENE SPINNE

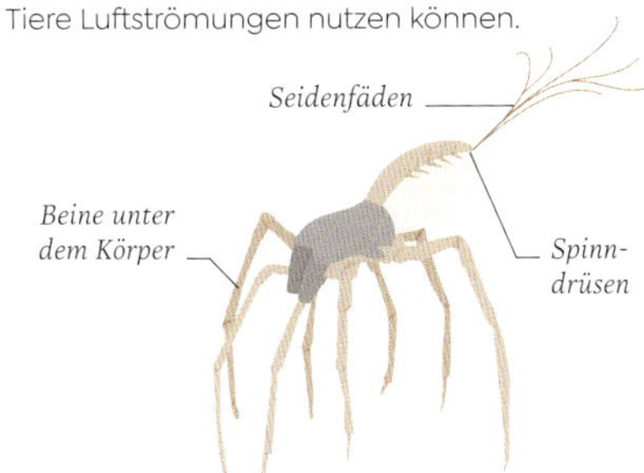

FLIEGENDE SPINNE

INSEL-ANPASSUNGEN

13 Arten von Galapagos-Finken besitzen an ihre bevorzugte Nahrung angepasste Schnäbel. Dies ist ein Beispiel der sogenannten adaptiven Radiation, bei der sich eine Art in neue Arten aufspaltet, von denen jede eine bestimmte Rolle einnimmt. So fängt der kleine Zwerg-Darwinfink (*Camarhynchus parvulus*) mit seinem konischen Schnabel Insekten. Der Groß-Grundfink (*Geospiza magnirostris*) knackt mit seinem kräftigen Schnabel Nüsse und der Kaktus-Grundfink (*Geospiza scandens*) nimmt mit seinem spitzen Schnabel Kakteennektar und das Fruchtfleisch auf.

ZWERG-DARWINFINK

MOOS-FELDER

Im südlichen Island sind die Lavafelder mit Zottigem Zackenmützenmoos (*Racomitrium lanuginosum*) bedeckt. Diese Landschaft hat sich in Hunderten von Jahren kaum verändert. Moose sind oft die ersten Besiedler karger Landschaften, bevor sich Gräser und Samenpflanzen ausbreiten. Doch auf diesen Lavafeldern hat die dicke Moosmatte das Wachstum von Gräsern, Sträuchern und Bäumen gehemmt und so die Entwicklung zum Grasland und schließlich zum Wald verhindert. Die Moosfelder bieten kleinen Wirbellosen wie Springschwänzen, Rädertierchen, Fadenwürmern und Bärtierchen Unterschlupf.

ISLÄNDISCHE MOOSPOLSTER

Polster aus Zottigem Zackenmützenmoos können auf den Lavafeldern des südlichen Islands eine Stärke von 50 cm erreichen, wie hier auf dem Skaftáreldahraun-Feld, das 1783 bei einem Ausbruch entstanden ist.

RIESIGE INVASIVE HAUSMÄUSE

Es kann geschehen, dass Inselformen bestimmter Tiere größer als ihre kontinentalen Vorfahren werden. Auf der Gough-Insel im Südatlantik leben Hausmäuse (*Mus musculus*), die von europäischen Seeleuten im 19. Jahrhundert eingeschleppt worden waren. In nur wenigen Hundert Generationen haben sie ihre Größe fast verdoppelt. Dieser als Inselgigantismus bezeichnete Effekt mag durch den Mangel an Prädatoren hervorgerufen werden, der kleineren Organismen die Möglichkeit bietet, selbst in deren Rolle zu schlüpfen. Die Mäuse der Gough-Insel bedrohen jedenfalls die dort brütenden Seevögel, indem sie ihre Eier fressen, darunter gefährdete Arten wie den Tristan-Albatros (*Diomedea dabbenena*), MacGillivray-Entensturmvogel (*Pachyptila macgillivrayi*) und den Schlegelsturmvogel (*Pterodroma incerta*). Die Mäuse greifen sogar Küken und erwachsene Vögel an.

In der Brutsaison 2017/2018 schlüpften nur 21 Prozent der Tristan-Albatros-Küken. Seitdem reduziert ein Ausrottungsprogramm die Zahl der Mäuse. Es soll den Vögeln helfen, sich zu erholen.

RUSSALBATROS
Ein Drittel des weltweiten Bestands des gefährdeten Rußalbatrosses (*Phoebetria fusca*) brütet auf der Gough-Insel, wo riesige Mäuse die Küken erbeuten können.

SCHNELLE ENTWICKLUNG
Im Durchschnitt sind die Mäuse auf der Gough-Insel fast doppelt so groß wie ihre Verwandten auf dem Festland. Die größten wiegen fast 50 g. Man hat herausgefunden, dass die Inselmäuse vor allem in den ersten sechs Lebenswochen sehr schnell wachsen.

NATURSCHUTZ
GEFÄHRDETE ARTEN
Inseln sind oft die Heimat einzigartiger Arten, die sich in Abwesenheit von Raubtieren entwickelt haben. Sie sind daher gefährdet, wenn nichtheimische Prädatoren eingeführt werden. Dies war auch auf St. Helena geschehen, einer Vulkaninsel im Südatlantik, auf der über 500 endemische Arten leben, darunter der St.-Helena-Regenpfeifer (*Charadrius sanctaehelenae*). Da die Vögel auf dem Boden nisten, sind sie besonders bedroht und die Einführung von Katzen hat sie an den Rand des Aussterbens gebracht. Schutzbemühungen haben es der Art ermöglicht, sich wieder ein wenig zu erholen, doch gibt es nur noch 545 erwachsene Tiere auf der Insel.

ST.-HELENA-REGENPFEIFER

BEHARRLICHES LEBEN

Vulkanausbrüche können den Prozess der Sukzession, bei der Flechten und Moose von Gräsern und schließlich von Bäumen ersetzt werden, zurücksetzen. Das Krakatau-Archipel liegt auf einem Vulkan und die Inseln sind wiederholt durch Ausbrüche sterilisiert worden. Im Jahr 1883 zerstörte ein Ausbruch einen Teil der Hauptinsel, doch 15 Jahre später wuchs wieder Gras an verschiedenen Stränden. Ausbrüche von den frühen 1900er- bis zu den frühen 1980er-Jahren zerstörten regelmäßig die Pflanzen und die Sukzession setzte immer wieder neu ein.

KRAKATAU-VULKAN

ZWERGELEFANTEN DER INSELN

Malta und Sizilien

Malta befindet sich auf einem ozeanischen Rücken, der Sizilien mit Nordafrika verbindet. Abhängig vom Meeresspiegel gab es daher immer wieder eine Landverbindung. Zuletzt bestand eine Landbrücke während der letzten Kaltzeit vor über 11 000 Jahren.

Bis vor etwa 450 000 Jahren waren Malta und Sizilien die Heimat der kleinsten Elefantenart der Welt, dem Sizilianischen Zwergelefanten (*Palaeoloxodon falconeri*), der nur 1 m groß und 250 kg schwer wurde. Zwergelefanten wuchsen langsamer als ihre Verwandten vom Festland und wurden erst im Alter von 15 Jahren geschlechtsreif. Dies ist ein extremes Beispiel der Inselverzwergung, bei der große Arten nach der Besiedlung einer Insel kleiner werden. Wie beim Inselgigantismus (siehe linke Seite) ist eine Erklärung für diesen Effekt, dass die Gründerpopulation klein ist, sodass ihre genetischen Vorgaben eine Entwicklung in die eine oder andere Richtung einleiten.

Heute ausgestorbene Zwergelefanten gab es auch auf den griechischen Inseln Tilos und Kreta. Die Kalifornischen Kanalinseln waren die Heimat eines Zwergmammuts.

KLEIN UND GROSS
Sizilianische Zwergelefanten erreichten nur ein Viertel der Höhe eines Afrikanischen Steppenelefanten. Andere Inselformen waren auch recht klein.

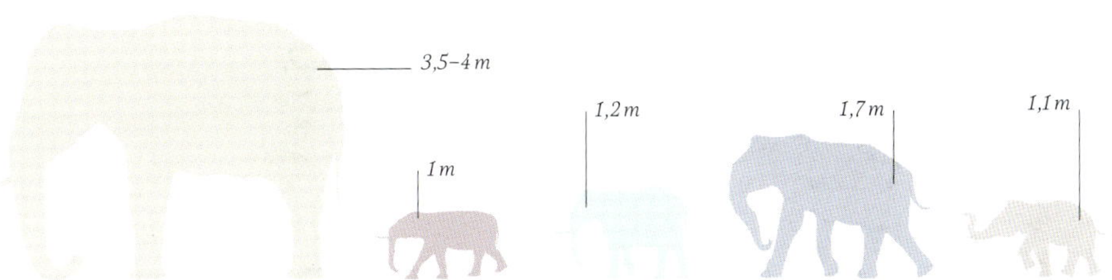

GEFANGEN IN DER ARKTIS

Spitzbergen, Nordpolarmeer

SPITZBERGEN-RENTIER

Spitzbergen ist eine Inselgruppe im Nordpolarmeer. In diesem eisigen Lebensraum lebt das Spitzbergen-Rentier (*Rangifer tarandus platyrhynchus*). Während die Rentiere des Festlands im Winter nach Süden ziehen können, haben die Spitzbergen-Tiere diese Möglichkeit nicht. Allerdings beeinflusst der Klimawandel ihren Lebensraum und ihre Lebensweise. Regen im Winter erzeugt Eisschichten, die das Freilegen von Nahrung erschweren. Andererseits fördern höhere Temperaturen den sommerlichen Pflanzenwuchs und ermöglichen es den Rentieren, im Sommer Fettreserven anzulegen.

DRACHEN IN DER DÄMMERUNG
Die schirmförmigen Kronen der Drachenbäume verringern den Wasserverlust der steifen, dicht stehenden Blätter, die Wasser aus den vom Meer kommenden Nebeln auffangen.

DRACHENBÄUME

Sokotra, Jemen

Sokotra liegt im Indischen Ozean rund 225 km östlich von Somalia. Die Insel war zuletzt vor rund 20 Millionen Jahren mit dem Festland verbunden. Wegen dieser langen Isolation ist sie die Heimat vieler ungewöhnlicher Pflanzen und Tiere: Ein Drittel ihrer Pflanzenarten gibt es nirgendwo sonst auf der Welt.

Eine dieser Arten ist der Sokotrische Drachenbaum (*Dracaena cinnabari*), dessen Beeren und Borke einen tiefroten Saft enthalten. Vögel fressen die Beeren und verbreiten die Samen mit ihrem Kot. Blätter wachsen nur an den Spitzen der jüngsten Äste, sie werden alle drei bis vier Jahre abgeworfen. Der von der schirmförmigen Krone des Baums geworfene Schatten erlaubt das Aufkommen neuer Schösslinge, sodass mehrere Bäume oft in unmittelbarer Nähe beieinander stehen. Die Bäume können Hunderte von Jahren alt werden, doch ihr langsames Wachstum macht sie empfindlich für den Klimawandel. Eingeführte Arten wie die Ziegen können junge Pflanzen schädigen.

Das Baumharz wird als Farbstoff und in der Medizin genutzt.

PFLANZEN OHNE BESTÄUBER

Hawaii

Die Hawaii-Inseln liegen über 3000 km vom nordamerikanischen Festland entfernt. Infolge einer langen Isolation beherbergen sie viele einzigartige Pflanzen und Tiere, wie etwa die Vulkanpalme (*Brighamia insignis*). Die große Sukkulente wuchs ursprünglich auf den Hängen der Inseln Kaua'i und Ni'ihau. Sie wurde von eingeführten Schweinen und Ratten gefressen und von invasiven Pflanzen verdrängt. Außerdem ist sie von Schwärmern abhängig, die ihre zarten gelben Blüten bestäuben, doch zwei von den drei einheimischen Schwärmerarten sind gefährdet oder sogar ausgestorben. Ohne Schwärmer zum Bestäuben war die Vulkanpalme auf menschliche Hilfe angewiesen.

Zur Rettung der Art begannen Naturschützer, die Pflanze von Hand zu bestäuben, wobei sie sich oft an Klippen abseilen mussten. Im Jahr 2014 lebte vermutlich nur noch eine Pflanze in der Natur, auf der Insel Kaua'i. Wissenschaftler konzentrieren sich nun auf die Vermehrung in menschlicher Obhut.

Weitere Bedrohungen der Vulkanpalme sind Klimawandel und Hurrikane.

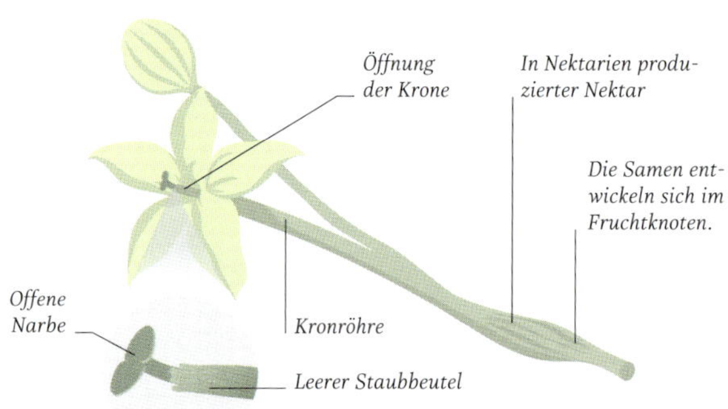

VULKANPALMEN-BLÜTE

TROMPETENARTIGE BLÜTEN
Die Staubblätter reifen vor den weiblichen Teilen der Blüte, um Selbstbefruchtung zu vermeiden. Haben sie den Pollen abgegeben, öffnet sich die Narbe, um den Pollen einer anderen Pflanze aufzunehmen. Nektar entsteht nahe der Kronröhrenbasis.

ENDEMISCHE VULKANPALME
Die sternförmigen Blüten der Vulkanpalme bilden eine bis zu 10 cm lange Kronröhre. Nur Schwärmer können den Nektar an der Röhrenbasis mit ihrem langen Rüssel erreichen.

BEUTELTEUFEL

Tasmanien, Australien

Die vor der australischen Küste gelegene Insel Tasmanien ist ein Refugium für Tierarten, die auf dem Festland ausgestorben sind, wie der Beutelteufel (*Sarcophilus harrisii*) und der Beutelwolf (*Thylacinus cynocephalus*). Beutelteufel sind Beuteltiere, die ihre Jungen in einem Beutel tragen und säugen. Es handelt sich um die größten fleischfressenden Beuteltiere, nachdem der Beutelwolf in den 1930er-Jahren ausgerottet wurde (siehe S. 47). Hunde und Dingos haben den Beutelteufel auf dem australischen Festland ausgerottet. Krankheiten, eingeschleppte Raubtiere und die Verfolgung gefährden ihn auch auf Tasmanien.

BEUTELTEUFEL AN EINEM KADAVER
Obwohl der Beutelteufel aggressiv wirkt, gehört dieses Verhalten zum Fressritual oder wird durch Angst ausgelöst.

TOROMIRO-BÄUME

Osterinsel

Der Toromiro (*Sophora toromiro*) ist ein Blüten tragender Baum, der auf der Insel Rapa Nui (Osterinsel) im Pazifischen Ozean vorkam. Nachdem menschliche Siedler im 17. Jahrhundert angekommen waren, wurden die Wälder der Insel abgeholzt. Der letzte Toromiro wurde 1960 gefällt, sodass der Baum nur noch in botanischen Sammlungen vorkommt. Wissenschaftler in Großbritannien und Schweden versuchen, ihn wieder in seiner Heimat anzusiedeln.

BLÜHENDER TOROMIRO

BESONDERE VÖGEL

Neukaledonien

Neukaledonien ist ein Fragment des einstigen Superkontinents Gondwana und damit ein Hotspot der Biodiversität. Die hier lebenden Arten waren mindestens 60 Millionen Jahre lang isoliert – genug Zeit für die Entwicklung bemerkenswerter Gruppen. Zu ihnen gehören *Amborella* (eine sehr alte Gattung der Bedecktsamer), Riesengeckos und der weiße, flugunfähige Vogel namens Kagu (*Rhynochetos jubatus*), der mit keiner anderen Vogelgruppe näher verwandt ist.

WARNVERHALTEN DES KAGU

NATURSCHUTZ

SCHADEN DURCH EINDRINGLINGE

Die Einführung eines neuen Prädators kann Inselarten auslöschen. Die Braune Nachtbaumnatter (*Boiga irregularis*) wurde versehentlich per Schiff auf die Pazifikinsel Guam gebracht. Da es nur wenig Konkurrenz durch einheimische Prädatoren gab, verbreitete sie sich schnell und schadete den hier lebenden Tieren, die an den Feinddruck nicht gewöhnt waren. Trainierte Hunde prüfen heute ablegende Schiffe und Flugzeuge, damit die Schlangen nicht auf benachbarte Inseln gelangen.

BRAUNE NACHTBAUMNATTER

RIESENKRÄUTER

Macquarie-Insel und Campbell-Insel

PLEUROPHYLLUM SPECIOSUM

Die subantarktischen Inseln südlich von Australien und Neuseeland sind die Heimat großer Pflanzen, der sogenannten »Megaherbs« (siehe S. 167). Zu ihnen gehört *Pleurophyllum hookeri*, die auf den Macquarie- und Campbell-Inseln lebt und bis zu 90 cm hoch wird. Eine andere hier vorkommende Pflanze ist *Pleurophyllum speciosum* von den Campbell-Inseln, die bis zu 50 cm groß wird und einen Durchmesser von 1 m erreicht. Isoliert von ihren Festlandahnen hat sie große, niedrig wachsende Blätter entwickelt, die bei starkem Wind als Verankerung dienen. Das Fehlen von einheimischen Pflanzenfressern fördert das Pflanzenwachstum. Warum die Pflanzen der subantarktischen Inseln so groß geworden sind, versteht man noch nicht ganz, auch nicht, warum sie auf isolierten tropischen Bergen leben (siehe S. 180, 182).

DIE SCHWIERIGE POSITION DER INSELPRÄDATOREN

Mindanao, Philippinen

Prädatoren an der Spitze der Nahrungskette benötigen große Gebiete zur Jagd – ein Problem auf manchen Inseln. Nur die größten Inseln können auch die größten Räuber ernähren. Die Philippinen bestehen aus über 7000 Inseln, teils ozeanischen, teils kontinentalen. Sie sind ein Hotspot endemischer kleiner Wirbeltiere wie Frösche, Echsen, Nagetiere, Insektenfresser und Fledertiere. Doch die größten Säugetiere der Philippinen – Philippinenhirsch und die kleine Büffelart Tamarau – sind Pflanzenfresser. Die Spitzenprädatoren sind Vögel. Der Philippinenadler (*Pithecophaga jefferyi*) ist groß genug, um Gleitflieger, Zibetkatzen und Affen zu erbeuten. Er benötigt ausgedehnte Regenwälder auf den größten Inseln wie Luzon und Mindanao. Überall ist er durch Entwaldung gefährdet.

PHILIPPINENADLER

Mit 2 m Spannweite und bis zu 8 kg Gewicht ist der Philippinenadler einer der größten Greifvögel der Welt.

Haubenpinguine (*Eudyptes schlegeli*), die sich auf der Macquarie-Insel zu großen Brutkolonien versammeln, dringen bis zu 1,6 km ins Inland vor, um die besten Nistplätze zur Aufzucht ihrer Jungen zu finden.

SUBANTARKTISCHE GEBIETE

Die windgepeitschten Inseln des Südpolarmeers stellen einen einzigartigen baumlosen Lebensraum dar, in dem die Seevögel zwischen Grashorsten nisten und sich mit Antarktischen Seebären um die besten Plätze streiten.

Im Gegensatz zum vom Land umschlossenen Norden des Planeten, wo die Kontinente boreale Nadelwälder tragen, befindet sich in der Antarktis in der gleichen Entfernung vom Pol nur Wasser. Das einzige Land in diesen Breiten jenseits der Südspitze Patagoniens gehört zu Inselgruppen wie Südgeorgien und den Kerguelen, wo der Einfluss des Meers den Boden am Gefrieren hindert. Hier im Bereich der antarktischen Konvergenz sinkt das kalte antarktische Wasser unter das wärmere, vom Äquator kommende, sodass die Wasser- und Lufttemperaturen höher sind als die des weiter im Süden befindlichen polaren Lands.

ZUFLUCHT FÜR SEEVÖGEL

Einige der unerbittlichsten Wetterereignisse finden in diesen rauen Gewässern statt. Die starken Westwinde, die ungehindert um Antarktika zirkulieren, verhindern das Wachstum von Bäumen und Sträuchern. Die Inseln sind zu einem großen Teil des Jahres von Wolken umgeben. Eine Pflanze – Cooks Tussockgras – dominiert und bietet nistenden Vögeln und ihren Küken Schutz.

Die mit Gras bewachsenen Inseln stellen für Seevögel sichere Häfen dar – genügend isoliert, um vor Raubtieren des Festlands sicher zu sein, und umgeben von den Nahrungsressourcen des Südpolarmeers. Der Lebensraum birgt eine Nahrungskette von Wirbellosen bis zu Landvögeln, doch die großen Tiere sind wie in Antarktika auf das Meer angewiesen. Subantarktische Länder beherbergen die größte Pinguinkolonie und sind auch für das Leben der Albatrosse wichtig.

Albatrosse sind die größten fliegenden Seevögel. Nur die Kondore kommen an die Spannweite der größten heran. Albatrosse benötigen starke Winde, die den Segelflug ermöglichen, damit sie mehrere Tage lang in der Luft bleiben können. Das erklärt, warum die meisten Arten zu Tausenden auf den Subantarktischen Inseln brüten.

VERTEILUNG DER SUBANTARKTISCHEN GEBIETE

Subantarktische Lebensräume befinden sich auf Inseln um oder jenseits der antarktischen Konvergenz, wo das Polarklima dem milderen subantarktischen Klima weicht.

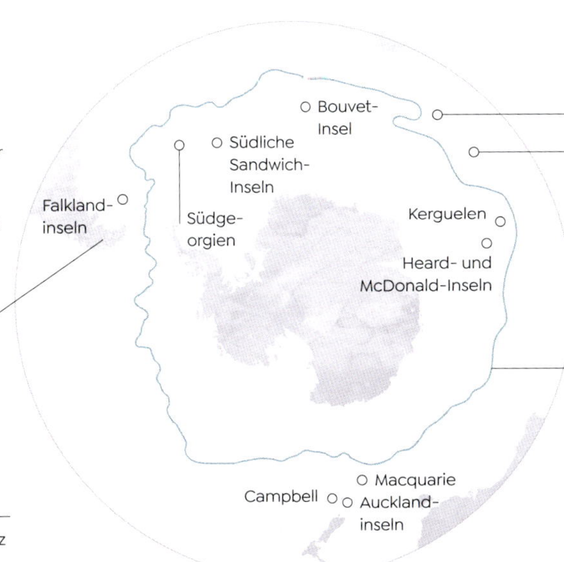

Patagonien an der Südspitze Südamerikas ist die südlichste kontinentale Landmasse nördlich der atlantischen Konvergenz.

Antarktische Konvergenz, wo das kalte antarktische Wasser auf milderes subantarktisches Wasser trifft

LEGENDE

— Antarktische Konvergenz

○ Subantarktische Länder

SUBANTARKTISCHE GEBIETE

Die subantarktischen Gebiete auf den Inseln, die das Südpolarmeer umgeben, haben nährstoffreichere, eisfreiere Böden als die Antarktis. Diese Böden ermöglichen weiter im Inland das Wachstum großer Tussock-Gräser und Heide. Die starken Winde auf Inseln wie Südgeorgien verhindern, dass Bäume wachsen, ermöglichen aber den Albatrossen ihren Segelflug.

STURMGEPEITSCHT

Die kleinen Inseln sind vom Meer umgeben, dessen Oberflächenströme sich in den Tropen aufgewärmt hatten. Dadurch sind die Bedingungen milder als in den gleichen Breiten der Nordhalbkugel. Der Frost dauert im Winter nicht lang genug an, um Permafrostböden zu bilden, doch die Stürme bringen das ganze Jahr über starke Winde und Niederschläge.

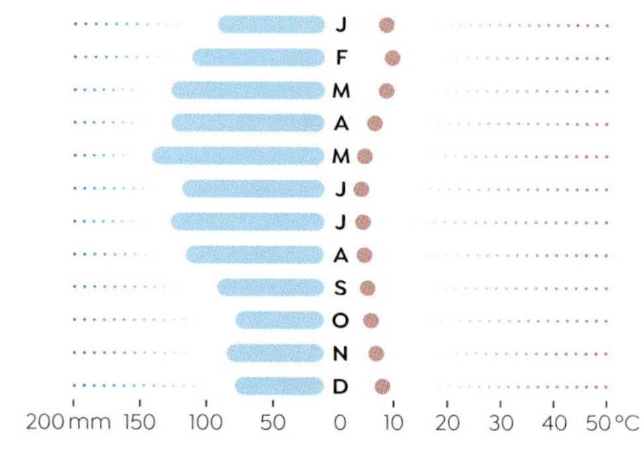

GRYTVIKEN, SÜDGEORGIEN

BRÜTEN IM TUSSOCK

Subantarktische Inseln

Die subantarktischen Inseln sind die Heimat von zehn der insgesamt 22 Albatrosarten der Welt. Der größte ist der Wander-Albatros (*Diomedea exulans*), der mehr als einen Sommer benötigt, um sein einzelnes Küken aufzuziehen, sodass er nur jedes zweite Jahr brüten kann. Nach einer aufwendigen Balz, die die Paarbindung festigt, bauen die meisten Arten ein napfförmiges Nest, das sie oft in einen Grashorst einfügen. Das Gras stabilisiert das Nest und bietet Eiern und Küken Schutz vor dem Wetter. Während der ersten Wochen nach dem Schlupf bewacht ein Elternteil das Küken, während das andere im Meer Fische und Kalmare jagt. Ältere Küken werden auch zurückgelassen, wenn beide Eltern mehrere Tage lang jagen. Die Küken wachsen mit ihrer reichhaltigen und öligen Nahrung schnell heran. Die meisten Paare bleiben ein Leben lang zusammen und kehren oft zum gleichen Nest zurück.

FÜRSORGLICHE ELTERN
Ein Schwarzbrauen-Albatros (*Thalassarche melanophris*) putzt und füttert sein einzelnes Küken in einer Brutkolonie zwischen den Tussock-Gräsern der Falklandinseln.

BALZTANZ DER ALBATROSSE
Der ausgesprochen aufwendige Balztanz der Albatrosse besteht aus ritualisierten Figuren und festigt die Bindung bei einem neu gebildeten Paar.

OPPORTUNISTEN DES SÜDENS

Falklandinseln

Subantarktische Vögel, die nicht auf dem Meer jagen können, müssen ihre Nahrung an Land finden: Aasfressen oder Stehlen sind lohnende Optionen. Die Falkland-Karakaras (*Phalcoboenus australis*) sind sehr opportunistisch. Im Sommer fressen sie tote erwachsene Tiere und Küken der Seevögel oder bedrängen Möwen, bis diese ihre Mahlzeit fallen lassen. Sie fressen auch die Nachgeburten der Seebären und bilden »Gangs«, um Gänse, Enten und Kormorane anzugreifen.

BEDROHUNG VON OBEN
Ein Falkland-Karakara fliegt auf der Suche nach einem unbewachten Ei oder Küken über eine Kolonie von Eselspinguinen hinweg.

RIESIGE »MEGAHERBS«

Aucklandinseln

Obwohl die windgepeitschten subantarktischen Inseln keine Sträucher oder Bäume aufweisen, führt das Fehlen von herbivoren Säugetieren dazu, dass manche krautigen Pflanzen zu riesigen »Megaherbs« geworden sind. Viele, wie die Rosslilie (*Bulbinella rossii*) der neuseeländischen Auckland- und Campbell-Inseln, wachsen grasartig, sodass sie starken Winden gut widerstehen können. Andere bilden steife Rosetten. Die Einführung von Nutztieren gefährdet viele dieser Pflanzen.

RIESIGE LILIE
Die Rosslilie ist entfernt mit den Aloen verwandt und weniger schmackhaft als andere subantarktischen Pflanzen. Sie bildet zwischen den Gräsern große Bestände.

VULKANISCHE HOTSPOTS

Auf den vulkanischen Südlichen Sandwich-Inseln ist das Land mit Fumarolen übersät – Löchern und Spalten, die heiße Gase und Dämpfe ausstoßen. Diese Quellen geothermischer Wärme sind Hotspots in einem ansonsten kalten und trostlosen Land. Natürlich beeinflusst die Wärme des Bodens um die Fumarolen herum auch das lokale Leben. Der Dampf kann die Bodentemperatur in einer Schrittlänge Entfernung vom Auslass auf bis zu 60 °C erhöhen und hitzeresistente Vegetation wachsen lassen. Da die Temperatur mit der Entfernung sinkt, wechseln sich die Pflanzengemeinschaften ab und bilden ein Ringmuster. Die am meisten hitzetoleranten Moose wachsen in der Nähe der Fumarole. Dann folgen Ringe weniger widerstandsfähiger Lebermoose. Auch Zügelpinguine wissen diesen vulkanischen Lebensraum zu nutzen.

Einige antarktische Vulkane sind subglazial – sie sind von einem Eisschild bedeckt.

ZÜGELPINGUIN-KOLONIE
Über eine Million Zügelpinguine (*Pygoscelis antarctica*), eine typische subantarktische Pinguinart, nisten an den Küsten der Zavodovski-Insel.

GEPEITSCHT VON STARKEN WINDEN

Die subantarktischen Inseln verdanken ihre Stürme den Meeren. Da die Erde um ihre Achse rotiert, werden die vom Äquator zu den Polen wehenden Winde um die Subantarktis von Westen nach Osten abgelenkt. In höheren Breitengraden werden sie immer stärker – bei den »Roaring Forties«, den »Furious Fifties« und den »Screaming Sixties«. Durch die große Ausdehnung des Südpolarmeers wehen die Stürme ungehindert, sodass Böen über 100 km/h entstehen können. Tussock-Gräser und andere Pflanzen mit schmalen Blättern bieten wenig Widerstand, sodass sie nicht entwurzelt werden. Kissenförmig wachsende Pflanzen befinden sich ganz nah am Boden und sind mit ihren kleinen Trieben und Blättern geschützt.

HOHE WELLEN AN DER GOUGH-INSEL
Die »Roaring Forties« bilden große Wellen und machen die Küsten oft zu einem lebensfeindlichen Ort. Dennoch gibt es große Seevogelkolonien auf 40° südlicher Breite und die Tiere kehren jedes Jahr zum Brüten zurück.

VERDREHTE ZWEIGE

SUBANTARKTISCHE WÄLDER

Die meisten subantarktischen Inseln sind zu kalt und allzu starken Stürmen ausgesetzt, um mehr als Tussock-Gräser wachsen zu lassen. Die zerklüfteten Aucklandinseln im Süden Neuseelands beherbergen jedoch einen der südlichsten Wälder der Welt. Hier wächst das Südinsel-Eisenholz (*Metrosideros umbellata*), ein entfernter Verwandter des Eukalyptus. Die Bäume gedeihen an geschützten Stellen, bleiben aber trotzdem niedriger als auf der Südinsel und ihre Kronen sind auf typische Weise vom Wind verdreht worden.

NATURSCHUTZ

LEBEN AUF EINEM MINENFELD

Aus den Kriegen stammende Minenfelder sind für Wildtiere eher unwahrscheinliche Lebensräume. Die auf den Falklandinseln während des Kriegs im Jahr 1982 gelegten Minen haben jedoch Menschen viele Jahre lang abgeschreckt. Bis sie geräumt waren, wurden Orte wie Yorke Bay auf diese Weise zu Reservaten, in denen sich Kolonien von Esels- und Magellanpinguinen bildeten, die zu leicht sind, um einen Zünder auszulösen. Da Yorke Bay mittlerweile minenfrei ist, bereitet die Aussicht auf neue menschliche Besucher manchen Naturschützern Sorgen.

ESELSPINGUINE

NATURSCHUTZ

EINGESCHLEPPTE ARTEN

Die Macquarieinsel im Süden von Neuseeland ist aus gutem Grund ein UNESCO-Weltnaturerbe: Hier gibt es eine große Artenvielfalt und es ist der einzige Ort, an dem Gestein aus dem Erdmantel natürlich zu Tage tritt. Der nur in dieser Gegend vorkommende Haubenpinguin kommt hier neben Schopf-, Esel- und Königspinguinen vor. Auf der Insel lebten auch ein endemischer Sittich und eine endemische Ralle, die jedoch von eingeführten Nagetieren, Kaninchen, Katzen und Weka-Rallen (ein neuseeländischer flugunfähiger Vogel) ausgerottet wurden. Allerdings hat ein groß angelegtes Programm (vielleicht das größte seiner Art) zur Ausrottung der eingeschleppten Arten geführt. Dadurch erholen sich jetzt die verbliebenen heimischen Pflanzen und Tiere langsam.

GRAUMANTEL-ALBATROS

AUF DEM WIND SEGELN

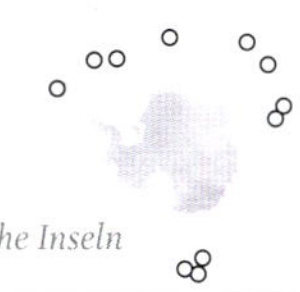

Weil sie den Segelflug beherrschen, können Albatrosse die abgelegenen subantarktischen Inseln erreichen. Anstatt ständig mit den Flügeln zu schlagen, gewinnen sie mithilfe der Aufwinde an Höhe. Über dem Meer nutzen sie die Tatsache, dass der Wind über dem Wasser in größerer Höhe stärker weht. Bei unruhigem Wasser gleiten sie mit Rückenwind in ein Wellental und drehen sich dann, sodass der Wind von vorn kommt. Dabei werden sie schneller, während sie zum Wellenkamm steigen, an Höhe gewinnen und eine Strecke zurücklegen. Dann tauchen sie in das nächste Wellental ab und wiederholen den Vorgang. So können Albatrosse weite Entfernungen in einem Zickzackkurs zurücklegen, ohne mit den Flügeln zu schlagen. Die Tiere verlassen sich so sehr darauf, dass sie bei Windstille zum Schwimmen gezwungen sein können.

BULLER-ALBATROS

SEGELFLUG

Der Zickzackflug eines Albatros ist möglich, da der Vogel gegen den Wind Höhe und Strecke bewältigt und seitlich wieder an Höhe verliert. Die Wellen können den Albatros dabei unterstützen.

Im schweizerischen Berner Oberland überquert eine Herde von Alpensteinböcken (*Capra ibex*) einen Gebirgsgrat. Die hervorragenden Kletterer können bis in 3300 m Höhe leben.

ALPINE HÖHEN

Im Gebirge und auf Hochländern vorkommende Tiere und Pflanzen überleben kalte, windige Bedingungen wie ihre Gegenstücke in den Polargebieten. Viele Arten haben sich in der Isolation von der sie umgebenden Welt entwickelt.

Die höchsten Berge der Welt erheben sich so weit, dass ihre Gipfel aus der normal atembaren Atmosphäre herausragen. Der niedrigere Luftdruck führt zu geringerer Sauerstoffzufuhr und niedrigeren Temperaturen. Die Winde verstärken die rauen Bedingungen, die sich auf das Leben auswirken. So werden die Bäume durch niedrige Sträucher ersetzt. In noch größeren Höhen weicht die Gehölzvegetation alpinem Grasland. Die höchsten Gipfel der Erde bestehen aus wenig mehr als nacktem Fels und Eis.

INSELN IM HIMMEL

Die Gebirge sind durch geologische Vorgänge entstanden. Wenn sich die Kontinente bewegen, stoßen sie aneinander und ihre Landmassen werden nach oben gedrückt. Gebirgsketten wie die Anden bilden sich entlang der Grenzen tektonischer Platten, während Vulkanausbrüche isolierte Gipfel wie den Kilimandscharo entstehen lassen. Hochländer müssen nicht aus steilen Gebirgen bestehen. In Gebieten wie Tibet werden sie von flachen Plateaus gebildet.

Viele Arten der großen Höhen stammen von Tieflandarten ab, die neue Lebensräume erschlossen haben. Sie haben sich in Millionen von Jahren der Isolation entwickelt. Im Ergebnis sind sie so einzigartig wie die Arten isolierter Inseln mitten in riesigen Ozeanen. Überall auf der Welt sind ganze Gruppen wie zum Beispiel die Ziegenartigen zu Bergspezialisten geworden. Doch in prähistorischen Zeiten hat sich das Leben immer wieder abhängig vom Klima angepasst. An die Kälte angepasste Pflanzen und Tiere haben ihr Verbreitungsgebiet während der Kaltzeiten ausgedehnt und sich in den Warmzeiten zurückgezogen.

Heute verändert der durch fossile Brennstoffe und die Entwaldung hervorgerufene Klimawandel das alpine Leben rasant. Er schiebt Bergarten in Richtung der Gipfel, verkleinert dabei Lebensräume und Ressourcen. Dies könnte zum Aussterben einzigartiger Pflanzen und Tiere führen.

DIE HÖHENLAGEN DER ERDE

Das Land oberhalb der Baumgrenze, die alpinen Lebensräume, bedecken etwa 3 Prozent des Festlands der Erde außerhalb der Antarktis. Den größten Teil davon bilden Berge und Hochebenen des gemäßigten Nordamerikas und Eurasiens sowie Gipfel anderer Kontinente.

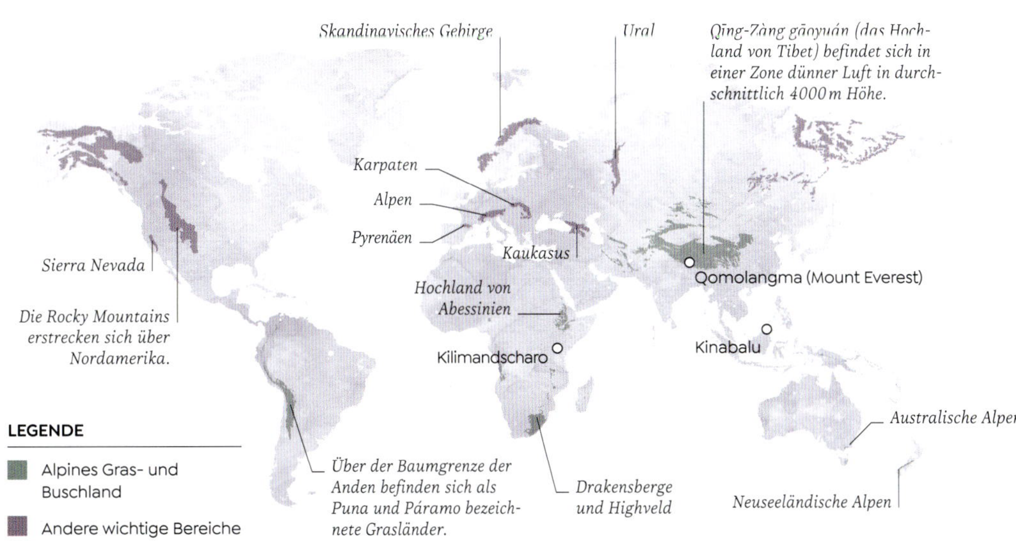

VEGETATIONSZONEN GROSSER HÖHEN

Zwischen dem Tiefland und den Gipfeln gibt es eine Reihe von Vegetationszonen, da verschiedene Pflanzen an unterschiedliche Höhen angepasst sind. Wälder reichen in den wärmeren Tropen höher hinauf und manche tropischen Berge beherbergen Megaherb-Pflanzen. Mit zunehmender Höhe sinkt der Luftdruck und damit auch die Temperatur. Damit gehen auch die Partialdrücke der einzelnen Gase zurück, sodass weniger Sauerstoff und Kohlendioxid zur Verfügung stehen. Daher muss die Physiologie der Tiere und Pflanzen in Bezug auf Atmung und Fotosynthese an die vorherrschenden Verhältnisse angepasst sein.

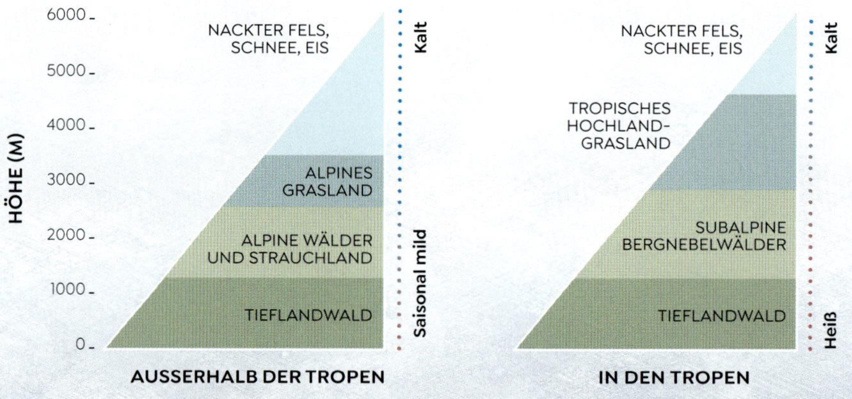

ALPINE WÄLDER

Der höchste montane Wald an den tieferen Hängen hat ein niedrigeres Kronendach als der Tieflandwald und enthält mehr an Kälte angepasste Bäume, etwa Nadelbäume.

ALPINES STRAUCHLAND

Oberhalb der Baumgrenze wird die Vegetation von niedrigen Sträuchern beherrscht. Typisch ist die auffällige Vielfalt der Rhododendren im Himalaja.

ALPINES GRASLAND

In großen und windigen Höhen wachsen keine Gehölze, sondern Heidekräuter, Gräser und krautige Pflanzen.

SEGELNDER GREIFVOGEL
Steinadler nisten in hoch gelegenem Geröll, suchen aber die tieferen baumlosen Hänge auf, um kleine Säugetiere und Vögel aus dem Segelflug heraus zu erbeuten.

BLÜHENDE BERGE
Die Blüten der Rhododendren ernähren nektarfressende Vögel und Insekten der mittleren Höhen.

EINZELGÄNGER
Der Schneeleopard jagt Ziegen und andere große Säugetiere in den kalten, felsigen Bergen.

AM HÖCHSTEN
Die Himalaja-Springspinne lebt in 6000 m Höhe auf dem Mount Everest, wo sie von winzigen Insekten wie Fliegen und Springschwänzen lebt, die der Wind ihr zuträgt.

Unter alpinen Bedingungen kann es so kalt und windig sein, dass viele der hier wachsenden Pflanzen denen der arktischen Tundra ähneln.

Streifengänse überfliegen die Gipfel in rund 7000 m Höhe.

SUBNIVALES GERÖLL

Lockeres Geröll sammelt sich an den Hängen und auf flacherem Gelände an. Gräser und Moose wachsen in den Ritzen.

NIVALE HÖHENSTUFE

In der schneebedeckten Zone können manche Tiere vom organischen Material leben, das der Wind heranweht. Algen und Flechten wachsen auf dem nackten Fels.

Wasser fällt als Regen oder Schnee, daher ist die Luft im Bereich der Gipfel sehr trocken.

AASFRESSER
Aasfresser wie der Schneegeier nutzen die Aufwinde, um auf der Suche nach Aas über die Berge zu segeln.

TAHR

SCHWINGEL

GRASENDE ZIEGEN
Verschiedene Huftiere wie der Takin und der Tahr verzehren Süßgräser, Seggen und Heidekraut.

KLEINE SEGGEN
Pflanzen mit steifen Blättern nahe am Boden wie Zwergseggen trocknen nicht so schnell aus.

ALPINE LEBENSRÄUME

In zunehmenden Höhen können die Bedingungen so rau werden, dass keine Bäume mehr wachsen können. Sträucher weichen alpinen Heiden und Grasländern. Es folgen nackter Fels und in den größten Höhen sogar Eis. Im Himalaja wird der Regenwald des indischen Tieflands von Rhododendron-Strauchland und von Felshängen abgelöst, an denen Schneeziegen leben. Weiter oben kämpfen Moose und Gräser darum, durch das lockere Gestein zu brechen, und nur wenige Tiere leben hier.

EIN LANGER WINTER-SCHLAF UNTER DER ERDE

EISGRAUES MURMELTIER
Alle Murmeltiere halten einen Winterschlaf, doch das Eisgraue Murmeltier (*Marmota caligata*) verbringt sieben bis acht Monate in seinem Bau, wo es von Fettreserven lebt.

Die Gebirge des hohen Nordens weisen ein kaltes alpines Klima auf, da sich die Nähe der Arktis auswirkt. Die Winter stellen hier eine Herausforderung dar, denn es kann wochenlang Frost herrschen. Einige Tiere bleiben das ganze Jahr über aktiv. Lemminge und Wühlmäuse suchen unter dem Schnee Schösslinge und Wurzeln, während die Pfeifhasen Vorräte aus Heu und Samen anlegen. Murmeltiere (*Marmota*-Arten) entgehen dem Winter, indem sie in ihren Bauen über ein halbes Jahr lang Winterschlaf halten. Die Jungen kommen zur Welt, wenn es im alpinen Grasland genug Nahrung gibt.

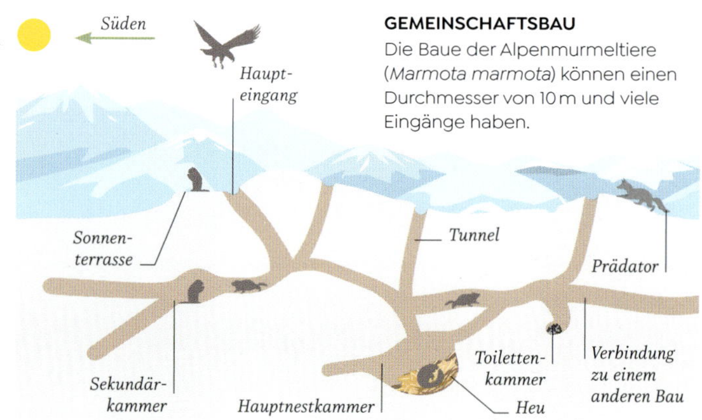

GEMEINSCHAFTSBAU
Die Baue der Alpenmurmeltiere (*Marmota marmota*) können einen Durchmesser von 10 m und viele Eingänge haben.

LEBEN AUF DEM SCHNEE

ALPENSCHNEEHUHN IM WINTERGEFIEDER

Auf der ganzen Welt, sogar in den Tropen, besitzen hohe Berge schneebedeckte Gipfel. Schnee fällt in der sogenannten nivalen Zone das ganze Jahr über. Das Pflanzenwachstum beschränkt sich auf Bereiche mit dünnerer Schneedecke. Für Tiere kann der Schnee von Vor- oder von Nachteil sein. Er isoliert die in den Boden gegrabenen Baue vor der Kälte, verhindert aber, dass die Bewohner an Nahrung kommen. Wo die Schneefälle eher saisonal sind, etwa im schottischen Hochland, werden Tiere wie das Alpenschneehuhn (*Lagopus muta*) im Winter weiß, um sich vor Fressfeinden zu verstecken.

ALPINE WIESEN

Wenn die Bedingungen in größeren Höhen kälter und windiger werden, entstehen lichtere Wälder und die Gehölze weichen den bodenbedeckenden krautigen Gewächsen. An steilen Felshängen konzentriert sich die Vegetation auf Spalten und Klüfte, in denen sich Feuchtigkeit und Nährstoffe ansammeln können. Dagegen können alpine Wiesen auf eher ebenem, Feuchtigkeit speicherndem Boden eine hohe Biodiversität aufweisen. Derartige Gebiete finden sich etwa in den europäischen Alpen und im Himalaja. Dort gedeihen Pflanzen wie die Enzian- oder Primelgewächse und Orchideen in den feuchten Wiesen. Diese Pflanzen ernähren Insekten, die in diesem alpinen Lebensraum wichtige Bestäuber sind.

NATURSCHUTZ

BEDROHTE ALPINE WIESEN

Alpine Pflanzen widerstehen dem Frost und dem Wind, doch ihre Lebensräume werden durch den Klimawandel bedroht. Wenn sich die globalen Temperaturen erhöhen, können weniger dieser Pflanzen an ihren derzeitigen Orten überleben, dagegen dringen viele andere Pflanzen weiter nach oben vor. Doch an den Gipfeln geht es nicht weiter, sodass die Gefahr besteht, dass viele alpine Arten aussterben.

HOHE BIODIVERSITÄT
Alpine Wiesen sind Hotspots der Biodiversität. Allein in den europäischen Alpen gibt es 4500 Pflanzenarten, von denen ein Zehntel nirgendwo sonst auf der Welt vorkommt.

ARKTISCHER EINFLUSS

Nördliche Rocky Mountains

BLÜHENDE WEISSE SILBERWURZ

Die nordamerikanischen Rocky Mountains erstrecken sich von British Columbia aus nach Süden und bilden einen Korridor kalter Lebensräume, der es arktischen Tieren erlaubt, ihr Verbreitungsgebiet von der Tundra aus zu erweitern. Unter ihnen ist die Weiße Silberwurz (*Dryas octopetala*), eine arktische Pflanze, die ihre Blüten zur Sonne ausrichtet, damit ihre schwachen Strahlen einfängt und Bestäuber anlockt. In der Tundra erfüllen diese Rolle vor allem Fliegen, doch weiter im Süden übernehmen diese Aufgabe auch andere Insekten, die oft aus Waldlebensräumen stammen.

Über 12 000 Jahre alter Pollen lässt vermuten, dass die Pflanze weiter verbreitet war.

IM GEBIRGE ÜBERLEBEN

Weltweit

Niedrige Temperaturen verlangsamen das Verrotten organischen Materials, das den Pflanzen Mineralien liefern kann. Daher sind die Böden der Berge, die oft schon durch Erosion geschädigt sind, für viele Pflanzen zu nährstoffarm. Zu den hier wachsenden gehören Heidekrautgewächse wie Erika und Krähenbeeren. Diese Gruppe hat kleine, immergrüne Blätter, die Mineralien speichern, und an den Wurzeln Pilze als Partner, die Mineralien aus den dürftigen Böden auslösen können.

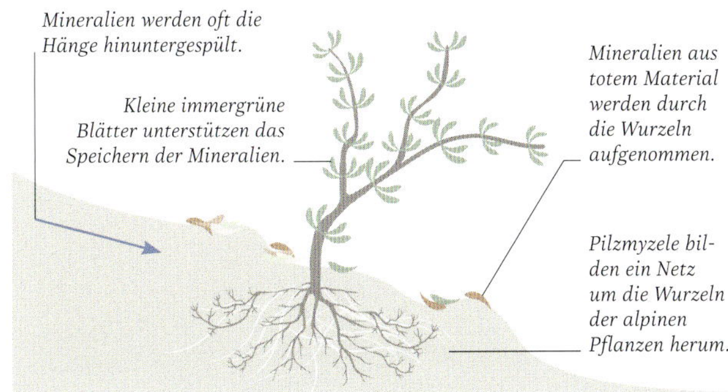

HEIDEKRAUT-PILZ-PARTNERSCHAFT
Pilze bilden mit den Heidekrautgewächsen eine als ericoide Mykorrhiza bezeichnete Partnerschaft. Sie hilft den Pflanzen, Mineralien aus dem Boden aufzunehmen.

FROST-RESISTENZ

Skandinavisches Gebirge

Einige alpine Tiere gehen den montanen Wintern aus dem Weg, indem sie ins Tiefland ziehen, doch andere haben sich an sie angepasst. Schmetterlinge durchlaufen verschiedene Lebensphasen – Larve, Puppe und flugfähige Adulte – und jedes Stadium benötigt eine eigene Überlebensstrategie. Die Schmetterlinge des Skandinavischen Gebirges haben oft große Flügel, um die Sonne des alpinen Sommers nutzen zu können, doch sterben sie bereits nach einer Saison. Den größten Teil ihres Lebens haben sie jedoch als Raupe verbracht. So konnten sie mithilfe von Frostschutzmitteln überwintern und bis zu zwei Jahre lang wachsen.

ÄHNLICHER PERLMUTTFALTER
Während der warmen Sommermonate nutzt der Ähnliche Perlmuttfalter (*Boloria napaea*) seine große Flügeloberfläche, um Sonnenwärme aufzunehmen. Er ernährt sich von energiereichem Blütennektar.

ÜBERSTEHEN VON KÄLTE

Puna-Wüste, Peru

ESTELLA-ANDENKOLIBRI

Kleine Körper benötigen weniger Sauerstoff, kühlen aber schneller aus. Der Estella-Andenkolibri (*Oreotrochilus estella*) gehört zu den kleinsten gleichwarmen Gebirgsbewohnern. Wenn die Temperaturen in der Nacht absinken, sucht er eine Spalte auf, senkt seine Körpertemperatur ab und verfällt in einen Torpor.

VON KNOCHEN LEBEN

Sajangebirge

In abgelegenen Gebirgen ist die Nahrung knapp, doch viele Tiere leben von Resten, die andere übrig lassen. Der Bartgeier (*Gypaetus barbatus*) ist einer dieser Aasfresser. Er lebt in den kalten Gebirgen der europäischen gemäßigten Zone bis hin zum sibirischen Sajangebirge. Der Vogel frisst Knochen, die er vollständig verschlingt. Seine starken Verdauungssäfte ermöglichen die Nutzung des nährstoffreichen Marks. Wie andere Geier segelt er hoch am Himmel, um Kadaver zu finden. Große Knochen lässt er auf Felsen fallen, damit sie in Stücke zerbrechen.

KNOCHENBRECHER
Knochen machen bis zu 90 Prozent der Nahrung eines Bartgeiers aus. Er bevorzugt große Knochen mit hohem Fettanteil, etwa Beine von Schafen und Ziegen.

STEILER ABSTIEG
Ein Schneeleopard (*Panthera uncia*) verfolgt Sibirische Steinböcke (*Capra sibirica*) im Himalaja. Wenn ein Steinbock stolpert, kann ihn der Schneeleopard leicht erbeuten.

SPEICHER-ORGANE

Im Mittelmeergebiet sind die Winter kalt und nass, die Sommer dagegen heiß und trocken. Die Pflanzen überwintern in Form unterirdischer Speicherorgane, etwa Zwiebeln oder Knollen. Die eingelagerten Reserven ermöglichen das Wachstum im Frühjahr. Viele Gartenpflanzen wie die Tulpen und Hyazinthen stammen von Wildpflanzen der Mittelmeerregion ab.

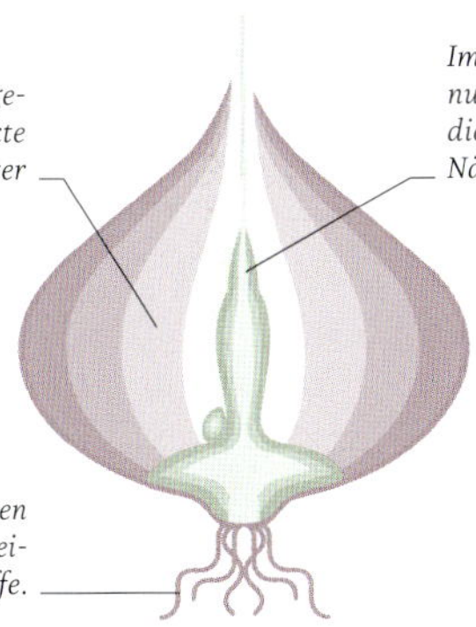

WACHSTUM EINER TULPE

WANDERER TROCKENER LÄNDER

Der asiatische Kontinent ist so groß und sein Zentrum so weit von den Meeren entfernt, dass wenig Regen sein Inneres erreicht. Im Hochland von Tibet kommen die Höhe und die Dürre zusammen und schaffen einen unbarmherzigen, windgepeitschten Lebensraum. Nur die robustesten Gräser wachsen hier, sie werden vom Schmelzwasser der Gletscher versorgt. Einige Weidetiere leben dort und legen bei der Nahrungssuche große Entfernungen zurück. Yaks (*Bos mutus*) sind mit ihrem langen, wärmenden Fell und einer rauen Zunge, die äußerst kurze Gräser erreichen kann, an Kälte, Dürre und Nahrungsmangel angepasst.

GALLOPIERENDER YAK
Während die seit Jahrtausenden domestizierten Yaks friedliche Tiere sind, kann ein wilder Yak eine Gefahr für einen Menschen darstellen, insbesondere in der Brunftzeit.

SICHERE KLETTERER

Zerklüftete Berghänge können Sicherheit bieten oder eine Gefahr darstellen. Ein Ort zwischen den Felsen kann vor kalten Winden schützen und Gipfel können für Raubtiere zu steil sein. Wilde Ziegen und Schafe sind besonders trittsicher. Sie stammen wohl ursprünglich aus den Höhen Zentralasiens. Die trockenen Gebirge des westlichen Himalajas beherbergen besonders viele Arten. Zu ihnen gehören Goral, Serow, Tahr und Argali. Ihre gespaltenen Hufe sind an das Erklettern von Felshängen angepasst und die gummiartigen Sohlen verbessern den Halt. An Raubtieren gibt es nur Spezialisten wie den Tibetischen Wolf und den Schneeleoparden.

HUFE MIT GRIP
Ziegen haben zweizehige Füße. Ihre Zehen spreizen sich und zusammen mit den gummiartigen Sohlen ermöglichen sie einen guten Halt auf dem Fels.

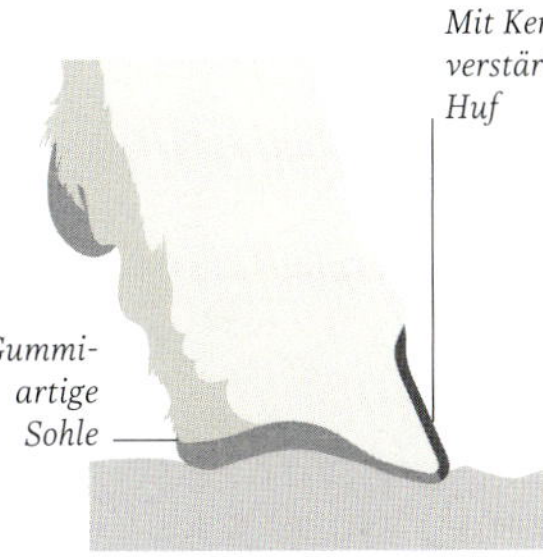

SEITENANSICHT

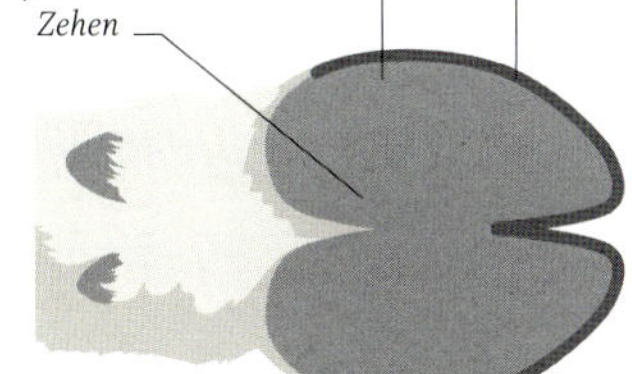

ANSICHT VON UNTEN

Steinböcke bekommen an steilen Hängen ihre Jungen und weichen somit Raubtieren aus.

LEBEN IN GROSSER HÖHE

Dscheladas (*Theropithecus gelada*) leben ausschließlich im Äthiopischen Hochland und können in Höhenlagen bis zu 4400 m vordringen. Sie sind hochgradig bodenbewohnende Primaten, die den größten Teil ihres Lebens mit dem Grasen an steilen Klippen verbringen.

SEGELNDER KONDOR
Mit einer Spannweite von über 3 m gehört der Andenkondor zu den größten flugfähigen Vögeln. Er sucht aus der Luft nach Kadavern, von denen er sich ernährt.

SCHUTZ UNTER RIESIGEN PFLANZEN

Hochanden

Die meisten Berggipfel der Welt weisen eine dünne, niedrige Vegetation auf, doch in den feuchten Tropen gedeihen auf manchen Bergen »Megaherbs« – krautige Pflanzen, die hier zu außergewöhnlicher Größe heranwachsen. Das feuchte montane Grasland oder Páramo der nördlichen Anden beherbergt mit den *Espeletia*-Arten riesige Korbblütler. Weiter im Süden in der saisonal trockenen Puna wächst die Riesenbromelie (*Puya raimondii*) in vergleichbaren Höhen. Die Blätter dieser »Megaherbs« bieten Nagetieren, Vögeln und Insekten Schutz, deren Ausscheidungen wiederum die Pflanzen düngen.

BLÜTENSTÄNDE DER RIESENBROMELIE

BLUT FÜR DÜNNE LUFT

Südamerika

WARM BLEIBEN
Ein dichtes, aus langen, feinen Haaren bestehendes Fell schützt das Vikunja in großen Höhen vor den niedrigen Temperaturen.

Die dünne Luft in großen Höhen bedeutet, dass jeder Atemzug weniger Sauerstoff enthält als es auf Meeresspiegelhöhe der Fall wäre. Bergtiere wie das Vikunja (*Vicugna vicugna*) besitzen ein Blut, das besonders gut Sauerstoff aufnehmen und damit die Zellen versorgen kann. Sie besitzen mehr sauerstofftransportierende, besonders effektive rote Blutkörperchen. Das liegt daran, dass das darin enthaltene Hämoglobin (die Verbindung, die das Blut rot macht und den Sauerstoff aufnimmt) besonders gut Sauerstoff aus der dünnen Luft binden kann.

SEGELFLUG ÜBER DEN TÄLERN

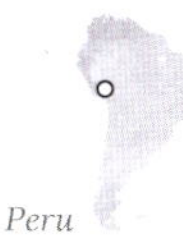

Hoch über den Anden segelnd verschafft sich der Kondor auf Nahrungssuchen einen Überblick über die Landschaft. Der aasfressende Vogel setzt dabei vor allem seine Augen ein. Der Andenkondor (*Vultur gryphus*) ist einer der schwersten flugfähigen Vögel, der vor allem den Segelflug nutzt, da das Schlagen der Flügel bei seinem Körpergewicht zu viel Energie benötigen würde. Um in der Luft zu bleiben, segelt er. Das Colca-Tal bietet dafür die besten Voraussetzungen, denn als eins der tiefsten Täler der Welt reicht es 3400 m tief hinab. Der Vogel nutzt die an einer Klippe oder einem Steilhang aufsteigenden Hang-Aufwinde. Wenn sich ebenes Land durch die Sonne erwärmt, steigt die Luft darüber ebenfalls auf, sodass thermale Aufwinde entstehen. Die zerklüftete Topografie der Anden, in denen das Colca-Tal liegt, weist steile Hänge und der Sonne ausgesetzte Bergrücken auf, sodass der Kondor sowohl Hang- als auch thermale Aufwinde zum Segeln nutzen kann.

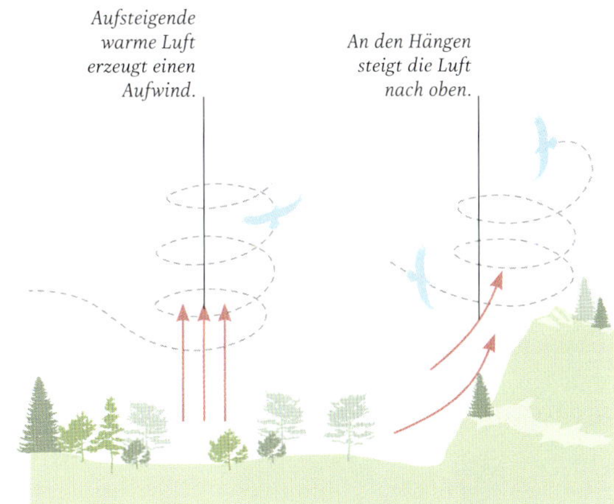

SEGELTAKTIK
Zum Segeln nutzt der Vogel die Energie der Aufwinde, die ihn immer höher tragen. Er legt große Entfernungen zurück, indem er von Aufwind zu Aufwind wechselt.

Viele tote Tiere, die der hoch fliegende Andenkondor entdeckt, waren unglückliche Lawinenopfer.

GRASENDE AFFEN

Es gibt viele Affenarten, die hauptsächlich Blätter fressen, doch der ausschließlich in Äthiopien lebende Dschelada (*Theropithecus gelada*) ist als einziger auf Gras spezialisiert. Die meisten afrikanischen Grasländer des Tieflands bringen nur saisonalen Aufwuchs und Grasfresser müssen während der Trockenzeit migrieren oder die Nahrungsstrategie ändern. Der Dschelada frisst das ganze Jahr über an den gleichen Orten Gras – den Ebenen im Hochland von Abessinien. Er rutscht beim Grasen auf dem Hinterteil über den Boden und flüchtet vor Fressfeinden auf hohe Klippen. Er pflückt das Gras mit den langen, dicken Fingernägeln. In der Trockenzeit gräbt er Wurzeln und Rhizome aus.

GRASENDE GRUPPE
Dscheladas leben in Familiengruppen, die aus einem Männchen, seinen Weibchen und ihren Nachkommen bestehen. Gibt es genug Nahrung, schließen sich auch mehrere Gruppen zusammen.

VULKANISCHE »MEGAHERBS«

Grabenbruch

Die Geologie des Ostafrikanischen Grabenbruchs hat Vulkane mit einigen der reichsten Gesellschaften alpiner Pflanzen hervorgebracht, die es oft nirgendwo sonst gibt. Afrikanische Berge beherbergen Schopfbäume (*Dendrosenecio*-Arten) und Lobelien mit dicken Stämmen. Ihr altes Laub verwittert auf den Pflanzen und schützt so ihr Kerngewebe vor den tiefen Temperaturen im Gebirge.

SCHOPFBÄUME

BLÜTEN-BESTÄUBER

Afrikanische alpine Grasländer

Nektarfressende afrikanische Nektarvögel bestäuben Blüten, wie es die Kolibris in den amerikanischen Tropen tun. Viele haben sich in Berglebensräumen entwickelt, wo sie den energiereichen Nektar aus den Blüten der Gebirgspflanzen aufnehmen. Die Röhrenblüten der Pflanzen und die langen Schnäbel der Nektarvögel haben sich parallel entwickelt. Beim Fressen bekommen die Vögel eine Ladung Blütenstaub auf die Stirn und der Pollen wird beim nächsten Blütenbesuch auf eine andere Pflanze übertragen. Die meisten dieser Pflanzen sind Sträucher, die nahe der Baumgrenze wachsen, doch Nektarvögel können auch kleinere Pflanzen bestäuben. Auf dem Nyika-Plateau besuchen die Vögel die winzigen Blüten der Orchidee *Disa chrysostachya* und übertragen den meisten Pollen mit ihren Füßen.

MALACHIT-NEKTARVOGEL AUF EINER BLÜTE
Der Malachit-Nektarvogel (*Nectarinia famosa*) frisst den Nektar eines Silberbaums, wie er in Ost- und Südafrika häufig vorkommt. Seine Zunge bildet eine Röhre, sodass er den Nektar über Kapillarkräfte aufnehmen kann.

Das Verbreitungsgebiet des Malachit-Nektarvogels reicht in Tansania von der Höhe des Meeresspiegels bis in 3000 m Höhe.

RIESIGE KANNENPFLANZE

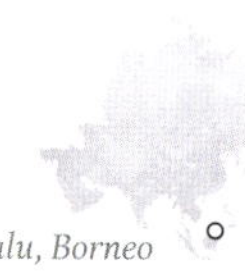

Mount Kinabalu, Borneo

Der Gipfel des Mount Kinabalu ist für viele Pflanzen ein feindlicher Lebensraum. Das nur von dünnem Boden bedeckte Gestein verhindert das Wachstum alpiner Grasländer. Außerdem enthalten die Böden Metalle, die für viele Pflanzen giftig sind. Hier wachsen nur robuste Bäume wie *Leptospermum recurvum*, der Erdreste in Felsspalten nutzen kann. In der Nähe der Baumgrenze kommen jedoch zwischen den Gräsern die größten Kannenpflanzen der Welt vor. Die Kannen dieser fleischfressenden Pflanzen sind groß genug, um kleine Wirbeltiere wie etwa Frösche zu fangen und zu verdauen. Die Kinabalu-Kannenpflanze (*Nepenthes rajah*) lockt mit ihren zuckrigen Ausscheidungen Insekten und sogar Hochland-Spitzhörnchen (*Tupaia montana*) an. Die rattengroßen Tiere können jedoch nicht in die Kanne fallen, doch ihr Kot liefert auch Nährstoffe, die die Pflanze benötigt.

SPITZHÖRNCHEN-TOILETTE
Spitzhörnchen gelangen an eine Süßigkeit, indem sie die Flüssigkeit vom Deckel der Kannenpflanze ablecken. Bei der Flüssigkeitsaufnahme kotet das Tier auch in die Kanne der Pflanze.

ALPINER BEUTLER

Australische Alpen

Eines der kleinsten Beuteltiere Australiens ist gleichzeitig das einzige alpine Säugetier des Kontinents. Der Berg-Bilchbeutler (*Burramys parvus*) lebt in den südöstlichen Australischen Alpen, einer steinigen, im Winter mit Schnee bedeckten Strauchlandschaft. Dieses winzige Tier überlebt den Winter, indem es in den vom Schnee isolierten Geröllhalden Winterschlaf hält. Im Frühjahr stillt es seinen Hunger mit Schwärmen von fetten Bogong-Faltern (*Agrotis infusa*), die in die Berge ziehen, um dort einen Sommerschlaf in den Höhlen zu halten.

BERG-BILCHBEUTLER

BERGBEWOHNENDER PAPAGEI

Südinsel, Neuseeland

Papageien sind intelligente, opportunistische Vögel, von denen die meisten in den tropischen Wäldern der Welt leben, obwohl es auch in gemäßigten Breiten eher kältetolerante Arten gibt. Neuseeland besitzt drei große Papageien-Arten, die es ansonsten nirgendwo gibt: den Kaka, den Kea und den flugunfähigen Kakapo. Das Verbreitungsgebiet des Kakas (*Nestor meridionalis*) umfasst die Nord- und die Südinsel. Er lebt vor allem in den Wäldern des Tieflands und in mittleren Höhen. Der Kea (*Nestor notabilis*) und der Kakapo (*Strigops habroptilus*) bewohnen die alpine Zone. Der vom Aussterben bedrohte Kakapo lebt im subalpinen Grasland unterhalb der Baumgrenze, doch der Kea erweist sich als opportunistischer: Wenn er im Herbst in den Neuseeländischen Alpen lebt, frisst er Beeren und gräbt nach Wurzeln und anderer Nahrung. Keas legen lange Entfernungen zurück, dadurch sind sie wichtig für die Samenverbreitung. Doch sie werden auch von menschlicher Aktivität angezogen. Die Vögel sammeln sich an Parkplätzen und bei Skiressorts, wo sie von den Touristen profitieren. Sie sollen auch Schafe auf offener Weide angegriffen haben, eine Angewohnheit, die sich vielleicht aus dem Aasfressen an Kadavern entwickelt hat.

GRABWERKZEUG
Der Oberschnabel des Keas ist im Verhältnis länger als bei den meisten anderen Papageien-Arten, sodass er mit ihm nach Wurzeln und Rhizomen graben kann. Weibchen haben einen schwächer gebogenen Unterschnabel als die Männchen, doch beide Geschlechter können kräftig zubeißen.

MÄNNCHEN

WEIBCHEN

GEFÄHRDETER KEA
Ein Kea spreizt seine Flügel im Arthur's-Pass-Nationalpark in Neuseeland. Abgesehen von Einzeltieren sind Keas heute nur noch auf der Südinsel Neuseelands zu finden. Funde von Fossilien zeigen, dass sie einst auch auf der Nordinsel heimisch waren.

FLIESS-GEWÄSSER

Süßgewässer durchfließen die meisten Landschaften der Erde – von plätschernden Bächen bis zum großen Flussdelta. Die Kraft des Wassers wirkt sich auf das Landschaftsbild und auf die hier lebenden Pflanzen und Tiere aus.

Fließgewässer repräsentieren nur einen kleinen Teil der Wassermasse der Erde, sie machen nur 0,5 Prozent aller Oberflächen-Süßgewässer aus. Vom Wildwasser über mäandernde Flüsse und Bäche bis zu Ästuaren – Süßgewässer gehören zu den dynamischsten und abwechslungsreichsten Lebensräumen unseres Planeten.

Flüsse entspringen in hoch gelegenen Gebieten, meistens dort, wo Niederschläge oder Schmelzwasser die Hänge hinabfließen. Von hier an beeinflussen die Breite und das Gefälle des Flusses die Fließgeschwindigkeit, die wiederum die Sedimentfracht, den Sauerstoffgehalt und die Zusammensetzung der hier lebenden Organismen bestimmt. Schnell fließende Gebirgsbäche sind sauerstoffreich und viele Insektenlarven wie die der Steinfliegen können nur hier leben. Langsam fließende Flüsse – besonders die der Tropen – enthalten weniger Sauerstoff, sind aber stärker organisch belastet. Einige Fischgruppen nehmen daher Luft von der Wasseroberfläche zur Atmung auf. Flüsse können sich saisonabhängig verändern. Starke Niederschläge in den kühleren Monaten verwandeln zuvor tröpfelnde Rinnsale in schnell fließende Sturzbäche. Gewässer können in der Sommerhitze auch vollständig austrocknen.

VERBINDUNGEN UND BARRIEREN

Flüsse zerschneiden Landschaften, bieten Migrationsrouten für Fische und bringen nährstoffreiche Sedimente von den Oberläufen zu den Überschwemmungsgebieten. Sie können auch als Barrieren für an Land lebende Tiere dienen, sodass auf beiden Seiten unterschiedliche Arten entstehen. Doch Flüsse sind auch Hotspots der Biodiversität mit einer Vielzahl aquatischer Organismen.

FLUSSSYSTEME DER WELT

Flusssysteme zerschneiden jeden Kontinent. In Afrika befindet sich der längste Fluss – der Nil mit etwa 6600 km Länge. Der südamerikanische Amazonas ist der wasserreichste Fluss und transportiert etwa 20 Prozent des Oberflächensüßwassers der Erde.

Flache, klare Fließgewässer mit Kiesboden bieten Lachsen und Forellen ideale Laichplätze – wie etwa der nordamerikanischen Colorado-River-Cutthroat-Forelle (*Oncorhynchus clarki pleuriticus*).

Der Kapuas ist der längste Fluss Borneos: Von der Quelle bis zur Mündung sind es 1143 km.

FLIESSGEWÄSSER

Flüsse liefern Energie, Wasser und Nährstoffe. Sie verbinden eine Vielzahl aquatischer Lebensräume, darunter Bergbäche, Wasserfälle und Tieflandtäler. Das Wasser der Oberläufe wird von Quellen oder Schmelzwasser gespeist, erodiert das Gestein und liefert dem Tiefland Sedimente. Der indonesische Kapuas fließt von einem tröpfelnden Oberlauf in Borneos Müllergebirge nach Westen bis zu einem sumpfigen Ästuar, wo er ins Südchinesische Meer mündet.

ANGEPASSTE PFLANZEN

In schnell fließendem Wasser lebende Pflanzen besitzen Anpassungen, die verhindern, dass sie beschädigt oder weggespült werden. Flache, bandförmige oder fein gefiederte Blätter bieten dem fließenden Wasser den geringsten Widerstand.

BREITER FLUSS | **ÄSTUAR**

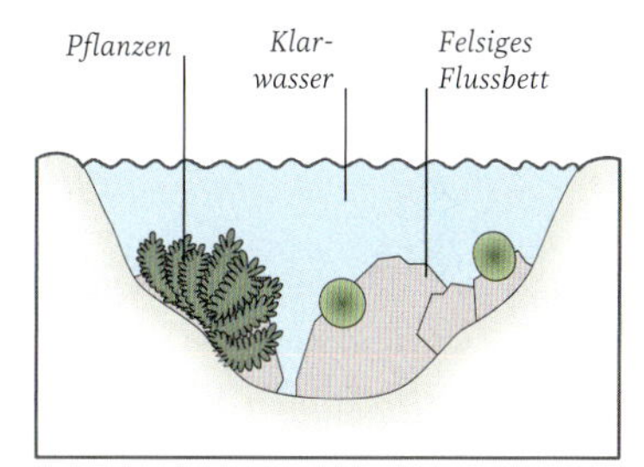

STEILES UFER

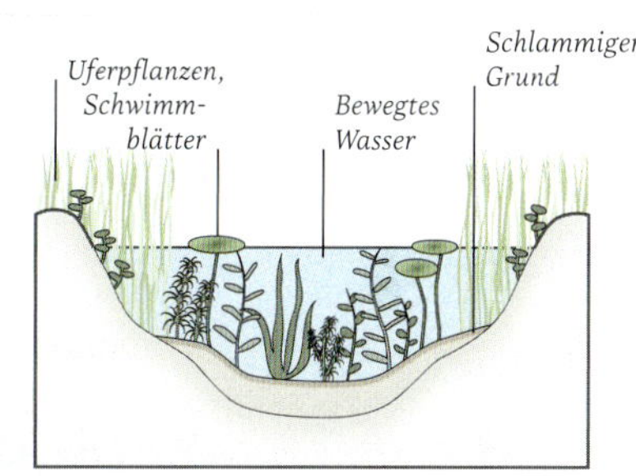

FLACHES UFER

FLUSSQUERSCHNITT

Sind die Ufer steil, fließt das Wasser schneller. Pflanzen mit Schwimmblättern gedeihen im flachen Wasser. Im schnell fließenden Wasser klammern sich verschiedene Moose an das Gestein.

SPITZENPRÄDATOR

Große, langsam fließende Flüsse können größere Räuber ernähren, etwa das Siam-Krokodil, das Fische, Amphibien und kleine Säugetiere im Wasser und am Flussufer erbeutet.

SCHUTZ-HÜLLEN

Weltweit

Viele Insektenlarven leben in den Oberläufen der Flüsse. Köcherfliegenlarven bewohnen den Grund kleiner Bäche, bevor sie sich zur Paarung in flugfähige Adulte verwandeln. Die Larven geben klebrige Seide aus Drüsen in ihrem Mund ab. Köcherbildende Arten benutzen sie, um aus Sand, Steinchen, Zweigen oder Blättern eine Hülle zusammenzufügen. Mit diesem Köcher bewegen sie sich auf der Suche nach Algen und winzigen Tieren umher. Netze spinnende Arten verankern ihre Hülle am Gestein. Ein Seidennetz am Eingang fängt kleine Algenpartikel und winzige Wirbellose auf, sodass die Nahrungsversorgung gewährleistet ist. Diese Hüllen mögen klein sein, haben aber durchaus einen Einfluss auf das Gewässer. Sie verlangsamen die Wassergeschwindigkeit oberhalb und unterhalb der Larve und verringern so die Erosion des Flussbetts.

KÖCHERBILDENDE KÖCHERFLIEGENLARVE
Die Hülle dieser Gezähntfühlerigen Köcherfliege (*Odontocerum albicorne*) besteht aus Steinchen, könnte aber auch aus anderem Material hergestellt werden. So ist der Köcher gut getarnt.

LAUB- UND LEBERMOOSE

Weltweit

ÜBER MOOSE FLIESSENDES WASSER

Flache, schnell fließende Bäche sind zu klein für größere Pflanzen, können aber viele Fotosynthese betreibende Lebensformen beherbergen. Algen, etwa die mikroskopisch kleinen Kieselalgen, sowie die verschiedenen Moose bilden die Basis der Nahrungskette in gemäßigten und tropischen Bächen. Moose sind einfache Pflanzen, die keine echten Wurzeln besitzen und sich stattdessen mit fadenartigen Strukturen verankern, die man als Rhizoiden bezeichnet. Die Blättchen der Laubmoose bieten kleinen Wasserinsekten und Fischlarven Nahrung, die sich hier vor Räubern verstecken.

GEGEN DEN STROM

Küste des Golfs von Alaska

Viele Fische wie die Lachse, Barsche und Störe ziehen flussaufwärts, um in den gleichen flachen Oberläufen zu laichen, in denen sie selbst geschlüpft sind. In jedem Jahr tauchen daher Atlantische, Königs-, Rot- und andere Lachse in den nordamerikanischen Flüssen auf. Für die Königslachse (*Oncorhynchus tshawytscha*) bedeutet diese einmalige Reise das Bezwingen von Stromschnellen und das Überwinden von Wasserfällen. Dazu nutzen sie die stehende Welle am Fuß der Wasserfälle, um sich nach oben zu schnellen. Haben sie ihren Schlupfort erreicht, legen sie ihre Eier in Kiesnester am Grund und sterben.

Ein toter Lachs liefert anderen Fischen und Wirbellosen Nahrung, sodass die über 3000 km weiten Migrationen den Columbia River hinauf marine Nährstoffe weit in die Flüsse hinein transportieren. Dabei überwinden die Tiere einen Höhenunterschied von 1500 m.

LEGENDE
- Nord-British-Columbia-Populationen
- Puget-Sound-Populationen
- Südost-Alaska- und grenzüberschreitende Populationen
- Untere Columbia-Populationen

WANDERUNG IN DEN MEEREN
Königslachse verbringen einen großen Teil ihres Lebens als ozeanische Räuber. Die Lachse werden nach drei bis vier Jahren im Meer von ihrem Geruchssinn und dem Magnetfeld der Erde zu dem Ort geleitet, an dem sie geschlüpft sind. Mithilfe ihrer DNA versucht man, ihre Herkunft zu ermitteln.

BEUTE FÜR DIE BÄREN
Wenn die Lachse im Sommer die Flüsse hinaufschwimmen, versammeln sich die Braunbären (*Ursus arctos*) zum Fischen an den Flüssen Alaskas.

AUF DER SUCHE NACH KREBSTIEREN

Die Wasseramsel (*Cinclus cinclus*) ist ein kleiner Vogel, der in schnell fließenden Bächen in Europa und Zentralasien jagt. Wasseramseln ähneln zwar den Amseln, sind aber nicht näher mit ihnen verwandt. Auf jeden Fall ist das Wasser ihr Element. Sie fangen Krebstiere, Insekten, Schnecken und Fische, indem sie tauchen oder durch das fließende Wasser laufen. Sie waten von einem sicheren Ansitz aus ins Wasser, halten sich zuerst mit den Füßen im Bachbett fest und schwimmen dann, wobei sie ihre Flügel für den Vortrieb benutzen. Von ihnen ist dann nur noch eine Reihe von Luftblasen zu sehen, die zur Wasseroberfläche aufsteigt.

SICH IN DER GISCHT ORIENTIEREN
Wasseramseln können tauchen und durch schnell strömende Bäche schwimmen, um Krebstiere und kleine Fische zu fangen. Sie fliegen praktisch unter Wasser.

NATURSCHUTZ

UNTERBRECHUNG DES FLUSSES

Dämme können zur Erzeugung von Elektrizität genutzt werden, stellen jedoch für viele Süßwasserfische eine Gefahr dar. Denn die Barriere verhindert, dass migrierende Arten an ihre Laichplätze in den Oberläufen gelangen. So ist der Schwertstör (*Psephurus gladius*) im Jahr 2022 für ausgestorben erklärt worden. Ein Grund für sein Verschwinden waren wohl zwei Talsperren – die Gezhouba-Talsperre und der Drei-Schluchten-Staudamm. Sie hatten die Migration der Art verhindert.

DREI-SCHLUCHTEN-STAUDAMM

STURZBACH-ENTEN

Die passend bezeichnete Sturzbach-Ente (*Merganetta armata*) ist ein Spezialist für schnell fließende Gewässer. Sie lebt in den Stromschnellen der Anden, wo sie sich von Insektenlarven ernährt. Diese Enten sind extrem gute Schwimmer und dank ihrer großen, mit Schwimmhäuten versehenen Füße können sie auf den schlüpfrigen Felsen sicher stehen. Die langen, steifen Schwanzfedern geben den Vögeln sowohl an Land als auch im Wasser Halt. Ihre Nester bauen die Tiere in geschützten Höhlen am Ufer.

WEIBLICHE STURZBACH-ENTEN

DER BAU VON DÄMMEN

Amerikanische Biber (*Castor canadensis*) benutzen ihre kräftigen Zähne, um Bäume zu fällen und Zweige zu sammeln, mit denen sie Flüsse stauen. Ist der Damm fertig und hat das Wasser einen Teich gebildet, errichten die Tiere eine Biberburg in seiner Mitte, die nur unter Wasser zugänglich und so vor Fressfeinden wie Wölfen oder Pumas geschützt ist. Der Teich ermöglicht es den Bibern, ihre Jungen sicher aufzuziehen. Außerdem stellt er einen Lebensraum mit Wasservögeln, Fischen, Amphibien und Wirbellosen dar.

Wegen ihres großen Einflusses auf ihren Lebensraum bezeichnet man Biber auch als Landschaftsbauer. Biberteiche sammeln Sedimente und Schadstoffe und verbessern so die Wasserqualität. Sie dienen auch als Reservoir, das bei Regen Wasser aufnehmen und die Gefahr einer Überflutung verringern kann. In Trockenzeiten kann es das Grundwasser ergänzen. Die Biber halten ihre Dämme ständig instand. Die Reparaturarbeiten führen sie meist im Herbst als Vorbereitung auf den Winter durch.

BIBERBAU

Die Bauwerke der Biber bestehen aus einem Damm und einer zentralen Biberburg. Der unter dem Wasserspiegel befindliche Eingang hält landlebende Fressfeinde fern.

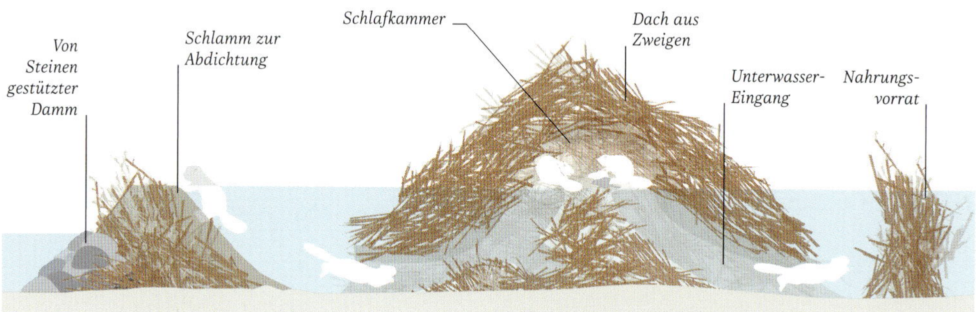

BIBER-DÄMME

Biber sind die größten Nagetiere in Nordamerika. Ihre Dämme können Überflutungen verursachen, sodass Bäume absterben. Doch manche Arten sind an diese Bedingungen angepasst.

NATURSCHUTZ

INVASIVE KREBSE

Edelkrebse (*Astacus astacus*) leben in nicht verschmutzten europäischen Flüssen und ernähren sich von Würmern, Schnecken und Wasserpflanzen. Ihre ins Ufer gegrabenen Baue schützen sie vor Fressfeinden, aber nicht vor Krankheiten. Eine Bedrohung stellt der in den 1960er-Jahren aus Nordamerika eingeschleppte Signalkrebs (*Pacifastacus leniusculus*) dar. Signalkrebse können eine Form der Krebspest übertragen, die ihnen nicht schadet, für Edelkrebse jedoch tödlich ist.

SIGNALKREBS

TIEF HÄNGENDE FRÜCHTE

Der fruchtfressende Piraputanga (*Brycon hilarii*) lebt im brasilianischen Pantanal. Er spielt dort eine wichtige Rolle für das Ökosystem. Obwohl er manchmal Wirbellose und kleine Fische frisst, bevorzugt er Pflanzen, Früchte und weiche Samen. Kleine Früchte und Beeren, die ins Wasser fallen, sind leicht aufzusammeln, doch die Tiere springen auch aus dem Wasser, um Früchte gezielt zu pflücken. Obwohl die Samen der Früchte zum Teil mit den Zähnen zerdrückt werden, passieren viele den Darm unbeschadet. Dadurch wird der Piraputanga zum wichtigen Langstrecken-Samenverbreiter für die tropischen Bäume in seinem Verbreitungsgebiet. Er stellt jedoch auch einen beliebten Angelfisch für Sport- und kommerzielle Fischer dar, sodass diese störungsanfällige Beziehung bedroht ist.

EIN GEWALTIGER SPRUNG

Man kann den Piraputanga häufig bei bis zu 1 m hohen Sprüngen beobachten, bei denen er mit seinen Zähnen weiche Früchte von Ästen pflückt, die über das Wasser ragen.

TAUCHENDE ECHSE

Costa Rica

Der Wasser-Anolis (*Anolis aquaticus*) lebt an den felsigen Flussufern der Tiefländer von Costa Rica und Panama. Wenn er von einem Fressfeind bedroht wird, springt er ins Wasser, um zu entkommen. Die Tiere können auch unter Wasser bleiben, bis die Bedrohung vorüber ist, indem sie eine Luftblase einfangen und die in ihr enthaltene Luft ein- und wieder ausatmen. Die wasserabweisende Haut der Echse hält die Luftblase an ihrem Platz, sodass das Tier etwa 16 Minuten lang unter Wasser bleiben kann. So kann es aquatische Insekten erbeuten, die ansonsten unerreichbar wären.

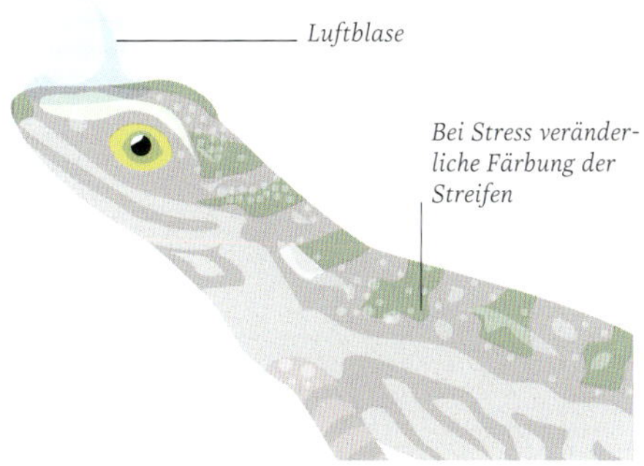

WASSER-ANOLIS

FALLLAUB VERARBEITEN

Weltweit

Bewaldete Bachufer sind oft die Grundlage einer artenreichen Wassertiergesellschaft, da die von den Bäumen herabfallenden Blätter wertvolle organische Stoffe ins Wasser einbringen. Wirbellosenlarven, etwa von Schnaken, Steinfliegen oder Köcherfliegen, verzehren die Blätter. Diese Larven dienen wiederum Spinnen, Fischen, Amphibien, Vögeln und Säugetieren als Nahrung – und versorgen damit auch den übrigen Teil der Nahrungskette.

DIE SCHNAKENLARVE FRISST VERROTTENDE PFLANZENTEILE.

UNTER WASSER BLEIBEN

Mary River, Australien

Die Mary-River-Schildkröte kann Stunden auf dem Grund des seichten, schnell fließenden, australischen Mary Rivers zubringen, wo sie geduldig auf einen Fisch oder Frosch wartet. Ist die Beute nah genug, schnappt sie zu. Um so lange unter Wasser zu bleiben, hat die Schildkröte die ungewöhnliche Methode entwickelt, durch ihre Kloake zu atmen, die Öffnung, durch die sie sowohl Urin und Kot als auch ihre Geschlechtsprodukte abgibt. Kiemenartige Strukturen in der Kloake erlauben es ihr, einige Tage lang unter Wasser zu bleiben.

GUTE TARNUNG
Der Kopfschmuck der Mary-River-Schildkröte (*Elusor macrurus*) ist ein eigenes Ökosystem. Algen bedecken den Kopf und den Körper, sodass sich die Schildkröte vor ihrer Beute und vor Fressfeinden verstecken kann.

KONKURRENZ UM PLATZ
Im Little Pigeon River, Tennessee, USA, wird es während der Laichzeit eng. Leuchtend rote und orangefarbene *Notropis leuciodus* und *N. rubricroceus* versammeln sich zum Laichen über dem Flussbett. Dagegen verteidigen Männchen einer *Campostoma*-Art ihre eigenen Nisthöhlen.

JAGEN IM FLUG
Ein Großes Hasenmaul fängt seine Beute über dem Wasser. Es handelt sich um eine der wenigen fischfressenden Fledermäuse. Sie benötigt daher für die Jagd klare Bäche und Teiche.

MASSENVORKOMMEN

In jedem Jahr fliegen über sauerstoffreichen Flüssen Millionen von Insekten, wie etwa die Theiß-Eintagsfliege über der ungarischen Theiß. Die Nymphen leben im Sediment des Bachgrunds, wo sie größeren Insekten, Fischen und Amphibien als Beute dienen. Sie verwandeln sich im Zeitraum von wenigen Tagen in fliegende erwachsene Tiere und stellen die Nahrung für Vögel, Fische und Insekten wie zum Beispiel Libellen. Erwachsene Eintagsfliegen können nicht fressen. Ihr Lebenszweck ist es, sich zu paaren und Eier abzulegen. Innerhalb von 24 Stunden sterben sie. Nach der Paarung fallen die Körper in den Fluss, wo sie wiederum Fischen als Nahrung dienen.

THEISS-BLÜTE
Die Theiß-Eintagsfliege (*Palingenia longicauda*) ist mit bis zu 10 cm Länge die größte europäische Eintagsfliegen-Art. Touristen bestaunen ihre Schwärme jährlich an der ungarischen Theiß.

GIFTIGE SPITZMÄUSE

RÄUBER AM UFER

Das harmlose Aussehen der Wasserspitzmaus (*Neomys fodiens*) weist nicht auf einen furchterregenden Räuber hin. Die Tiere kommen in Teichen und Bächen von Westeuropa bis Sibirien vor. Sie können aus Drüsen unter der Zunge ein Gift abgeben, das Beute wie Krebstiere, Insekten, kleine Fische und Amphibien lähmen kann. Die steifen Haare auf dem Schwanz und die großen Hinterfüße dienen den Tieren im Wasser für den Antrieb. Das dichte, Wasser abstoßende Fell schützt sie vor dem kalten Wasser und sorgt mit der enthaltenen Luft für Auftrieb. Noch im Fell enthaltenes Wasser wird in den engen Gängen des Baus herausgequetscht.

FISCHEN ÜBER DEM WASSER

Das Große Hasenmaul (*Noctilio leporinus*) lebt im tropischen Tiefland vom südlichen Mexiko bis zum nördlichen Argentinien. Mithilfe der Echoortung kann diese Fledermaus von Insekten, Fischen und Krebsen hervorgerufene Wellen orten, wenn sie über das Wasser fliegt. Ist eine Beute in Sicht, nähert sich das Hasenmaul ihr mit nach hinten gerichteten Beinen, deren Krallen nach vorn gestreckt sind. Es ergreift sie, indem es kurz ins Wasser eintaucht. Wenn das misslingt, zieht es seine Füße mehrere Meter weit durch das Wasser, bis es einen Fisch fangen kann. Dann entfaltet es eine Hautmembran zwischen den Beinen, um die Beute zu sichern, bis es sie im Flug zum Maul führen kann. Um einen Zusammenstoß mit anderen Fledermäusen zu vermeiden, warnt es akustisch.

1 Echoortung
Die mit nach hinten gestreckten Beinen fliegende Fledermaus nutzt die Echoortung.

2 Ergreifen
Die Fledermaus fängt einen kleinen Fisch mit den langen, nach vorn gerichteten Krallen.

3 Transport
Ist der Fisch mithilfe der Krallen und der Beinmembran gesichert, wird er zum Maul gebracht.

4 Fressen im Flug
Die Fledermaus ergreift den zappelnden Fisch mit den spitzen Zähnen und verzehrt ihn im Flug.

ZUSAMMENTREFFEN DER WÄSSER

AMAZONAS UND RIO NEGRO

Das dunkle, saure Schwarzwasser des Rio Negro und das Weißwasser des Amazonas treffen bei Manaus in Brasilien aufeinander, doch sie bleiben getrennt. Die Eigenschaften der beiden Wässer sind so unterschiedlich, dass sie 6 km weit nebeneinander herlaufen, bevor sie sich vermischen. Der Rio Negro ist der größte Schwarzwasserfluss der Welt. Seine dunkle Farbe beruht auf dem pflanzlichen Material, das er auf seinem Weg durch die Regenwälder Kolumbiens aufgenommen hat. Der kühlere, schneller fließende Amazonas enthält dagegen Sedimente, die er von den Anden mitgebracht hat.

NAVIGATION IN TRÜBEM WASSER

Das sedimenthaltigen Wasser des Indus erschwert seinen Bewohnern die Orientierung. Der Indus-Delfin (*Platanista minor*) setzt daher bei der Jagd und zur Navigation die Echoortung ein. Nach vielen Generationen im trüben Wasser werden die Linsen der Augen nicht mehr ausgebildet, sodass die Tiere fast vollkommen blind sind. Um seichte Stellen im Fluss zu überwinden, legen sich die Tiere beim Schwimmen auf die Seite, wenn sie Krebstiere und Fische jagen.

INDUS-DELFIN

DELFIN-ECHOORTUNG
Das Siebbein reflektiert hochfrequente Klicklaute aus der Nasenhöhle, die die fettgefüllte Melone auf die Beute richtet. Die zurückkehrenden Schallwellen werden von den ölgefüllten Nebenhöhlen zum Ohr geleitet.

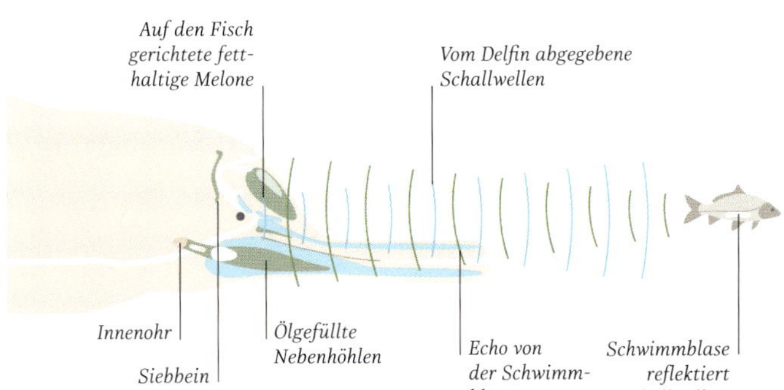

VERBREITUNG VON SAMEN

In nährstoffreichen gemäßigten Flüssen gedeihen die Karpfen (*Cyprinus carpio*). Diese robusten Omnivoren fressen Wasserpflanzen, Samen und Wirbellose. Sie spielen eine wichtige ökologische Rolle, da sie mit ihren Exkrementen die Samen verschiedenster Pflanzen verbreiten. Ein Weibchen kann über eine Million Eier pro Jahr laichen. Andere Tieren fressen viele davon, sodass sie zur lokalen Nahrungskette beitragen. Allerdings wurden Karpfen in Gewässer auf der ganzen Welt verbracht. Dort schaden sie dem lokalen Ökosystem und können andere Arten verdrängen.

ALLESFRESSENDER KARPFEN

MISCHUNG DES WASSERS

Somerset Island, Kanada

Tausende von Weißwalen oder Belugas (*Delphinapterus leucas*) suchen Flussmündungen im arktischen Kanada auf, wenn sie aus ihren Winterquartieren kommen. Sie nutzen das relativ warme Süßwasser, um ihre Kälber aufzuziehen und sie vor Räubern wie den Schwertwalen zu schützen. In den Flussmündungen trifft Süß- auf Salzwasser, sodass sich die Salzkonzentration verändert. Wasserreiche Flüsse verringern die Salinität, wo sich ihr Wasser mit dem Meerwasser mischt. Eine starke Flut kann dagegen Meerwasser ein Stück weit einen schwächer fließenden Fluss hinaufdrücken. Im Brackwasser der Flussmündungen können viele Salz- und Süßwasserarten ständig oder eine Zeit lang zusammen vorkommen.

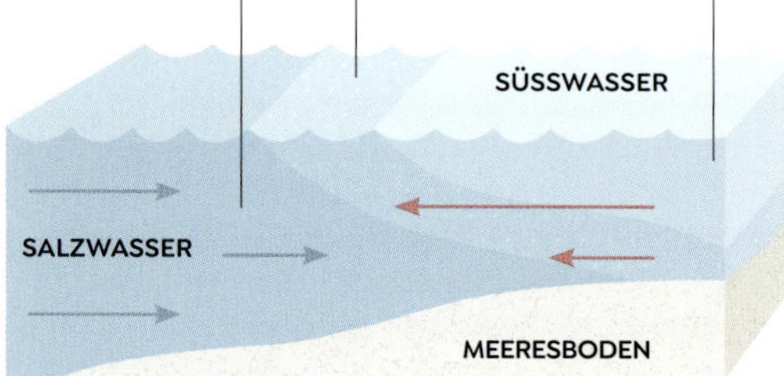

WO SICH FLUSS UND MEER TREFFEN
Die Salinität des Küstenwassers wird von der Wassermenge des Flusses und der Stärke der Flut beeinflusst. Salzwasser ist schwerer als Süßwasser, sinkt ab und bildet einen Keil.

WEISSWAL-SPA
Tausende von Weißwalen versammeln sich jeden Sommer in Kanada in der Mündung des Cunningham Rivers. Sie nutzen Steine auf dem Grund der Mündung zur Hautpflege.

LOTOS-EFFEKT

Eurasien und Australien

Für Samenpflanzen ist es eine Herausforderung, ihre Blätter und Blüten an der Wasseroberfläche schwimmen zu lassen, wo sie Sonnenlicht erhalten und Bestäuber anlocken können. Die Indische Lotosblume (*Nelumbo nucifera*) wächst in Teichen und auf Überschwemmungsflächen in ganz Asien. Die Blüten und Blätter schwimmen, da sie von einer wachsartigen Kutikula bedeckt sind, die ihr Austrocknen verhindert, ohne das für die Fotosynthese nötige Licht abzublocken. Lotosblumenblätter besitzen auch eine Oberflächenstruktur, die sie hydrophob (wasserabstoßend) macht. Die ablaufenden Wassertröpfchen nehmen Schmutz von der Blattoberfläche auf, sodass sich die Pflanze selbst reinigt.

Eine bestäubte Blüte lässt später ihre Samen in das Wasser fallen. Fische oder aquatische Insekten fressen einige davon, manche treiben sofort zu neuen Pflanzen aus und andere ruhen vorher für eine längere Zeit.

FROSCH AUF EINEM LOTOSBLUMENBLATT

WASSERABSTOSSEND
Lotosblumenblätter sind mit mikroskopisch kleinen Strukturen bedeckt, die Wassertröpfchen abperlen lassen. Dadurch können die Blätter auf der Oberfläche der Gewässer schwimmen.

NATURSCHUTZ

ZU VIEL DES GUTEN

Im Unterlauf eines Flusses kann ein Nährstoffüberschuss entstehen, wenn stickstoffreiche Dünger von den Feldern und Äckern ins Wasser gespült werden. Die Nährstoffe regen das Algenwachstum an und erzeugen eine sogenannte Algenblüte. Wenn dichte Algenbestände das Licht abblocken, sterben die Algen ab und der Zersetzungsprozess verbraucht Sauerstoff. Der Sauerstoffmangel schadet wiederum Tieren und Pflanzen, sodass ein Fischsterben auftreten kann.

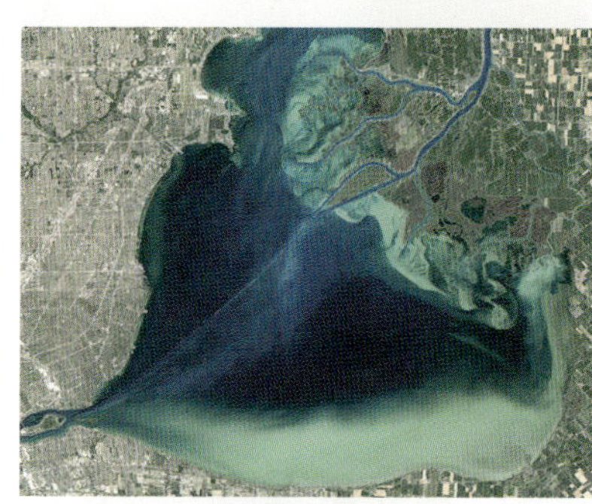

ALGENBLÜTE

ÜBERLEBEN IN TEMPORÄREN GEWÄSSERN

In Gebieten mit ausgeprägter Trockenzeit fließen einige Bäche nur zeitweilig, sodass aquatische Tiere nicht ausweichen können, wenn das Wasser verdunstet. Einige Arten wie der Westafrikanische Lungenfisch (*Protopterus annectens*) können die Trockenzeit überleben, indem sie sich im feuchten Boden vergraben. Bei niedrigen Wasserspiegeln schwimmen sie nicht mehr, sondern kriechen mithilfe ihrer Flossen.

Wie ihr Name schon sagt, haben diese Fische Lungen und können Luft atmen, sodass sie lange außerhalb des Wassers überleben können. Um nicht auszutrocknen, erzeugen sie aus Schleim und Sand einen schützenden Kokon, in dem sie in einen Trockenschlaf (Ästivation) verfallen. In diesem Zustand können sie monate- oder sogar jahrelang verharren.

DIE DÜRRE ÜBERSTEHEN
Der Westafrikanische Lungenfisch nutzt die saisonale Überflutung des Nationalparks Gorongosa in Mosambik, um Insekten und andere Wirbellose zu jagen, bevor die Trockenzeit beginnt.

Die Kokons afrikanischer Lungenfische wirken antibakteriell, um Infektionen zu verhindern.

ELEKTROREZEPTION IN TRÜBEM WASSER

Das Schnabeltier (*Ornithorhynchus anatinus*) ist perfekt an die Suche nach Beute angepasst: Es stöbert im Schlamm ostaustralischer Bäche und Flüsse Larven, Würmer und Krebstiere auf, die sich dort vergraben haben. Sein Entenschnabel ist ein hochempfindliches Sinnesorgan, das versteckte Beute anhand der elektrischen Felder orten kann, die von der Muskulatur der Tiere ausgehen. Das Schnabeltier bewegt den Schnabel sehr schnell von einer Seite zur anderen über das Flussbett, dadurch erkennt es mithilfe dieser Elektrorezeption mit geschlossenen Augen, in welcher Richtung und in welcher Entfernung sich die Beute befindet.

ELEKTRISCHE SINNE
Schnabeltiere können die Bewegung der Beute auf dem Flussbett mithilfe der Reihen von Elektro- und Mechanorezeptoren in ihrem Schnabel erkennen.

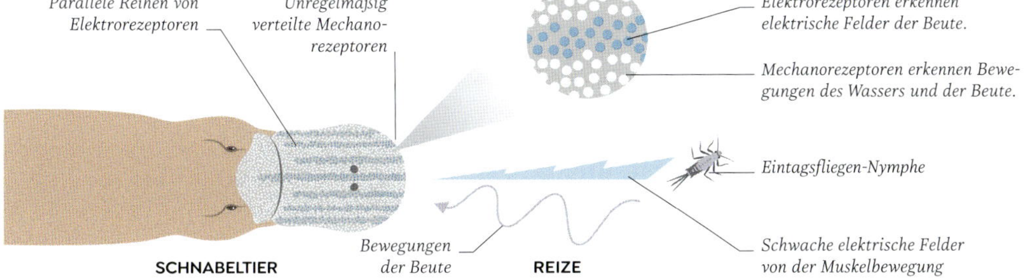

ANS WASSER ANGEPASST
Spezielle Hautfalten verhindern, dass Wasser in die Augen und Ohren des Schnabeltiers gerät. Das Tier kann auch die Nasenlöcher verschließen. Die Schwimmhäute an den Füßen und der breite, flache Schwanz dienen dem Schwimmen.

Die ruhigen Seen und Teiche locken eine Vielfalt von Wasservögeln an, etwa diese Krauskopf-Pelikane (*Pelecanus crispus*) in Griechenland. Die Vögel tragen zur Verbreitung von Wasserpflanzen und -tieren bei. Sie transportieren etwa anhaftende Samen zu anderen Gewässern.

STILLGEWÄSSER

Seen und Teiche sind im Inland gelegene Süßgewässer, die von Bächen, Niederschlägen oder Grundwasser gespeist werden. Ihre weitgehende Isolierung von anderen Gewässern führt dazu, dass sie oft der Lebensraum einzigartiger Organismen sind.

Seen bilden sich, wenn sich Wasser in Bodensenken sammelt, die durch die Erosion oder die Bewegung tektonischer Platten entstanden sein können. Einige Seen haben Abflüsse zu den Meeren, andere sind abgeschlossen (endorheisch, siehe S. 263) und werden immer salziger.

Die relativ ruhigen Seen sind als Lebensräume stabiler als Flüsse, doch die Bedingungen verändern sich mit den Jahreszeiten. Im Vergleich zu Flüssen verfügen Seen über geringere Sauerstoffkonzentrationen und größere Temperaturunterschiede zwischen Oberfläche und Grund.

Falllaub und Sedimente aus ihren Zuflüssen führen den Seen organische Stoffe und Nährstoffe zu, können sie aber auch zur langsamen Verlandung führen. Im Verlauf von Jahrhunderten oder Jahrtausenden können selbst die größten Seen zu Feuchtgebieten werden, kleine Teiche können in wenigen Jahren austrocknen. Die Organismen in Seen sind oft isoliert, da sie von terrestrischen Lebensräumen umgeben sind, doch können sie sich auf neue Seen verbreiten, indem sie Eier oder Samen produzieren, die gegen Austrocknung resistent sind oder durch migrierende Tiere verbreitet werden.

ISOLATION ALS ANTRIEB DER EVOLUTION

In einem See eingeschlossene Wasserbewohner passen sich an ihren Lebensraum an. Nach vielen Generationen kann es geschehen, dass sie sich mit ihren Gegenstücken aus anderen Seen nicht mehr fortpflanzen können – eine neue Art ist entstanden. Dies kann auch in einem einzelnen See stattfinden, der durch sich verändernde Wasserspiegel geteilt und wieder vereint worden ist.

GROSSE SÜSSWASSERSEEN

Zwei der größten Seen der Welt sind ein Teil größerer Komplexe: der Obere See gehört zu den nordamerikanischen Großen Seen und der Victoriasee zu den Afrikanischen Großen Seen. Andere gewaltige Seen sind der Titicacasee in Peru und Bolivien, der russische Baikalsee und der Tonlé Sap in Kambodscha.

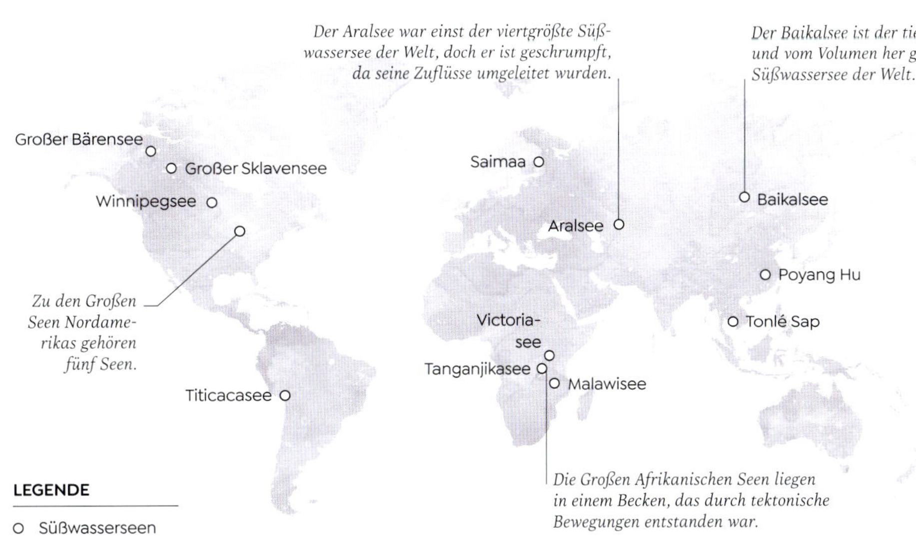

STILLGEWÄSSER

Seen beherbergen unterschiedliche Lebensräume, insbesondere wenn sie sehr tief sind. Das Oberflächenwasser wird von der Sonne erwärmt und vom Wind bewegt. Es ist warm, enthält viel Sauerstoff und ist reich an Algen und Pflanzen. Der Grund des Sees ist im Gegensatz dazu kühl und dunkel. Er enthält hohe Nährstoffkonzentrationen aus abgesunkenen Sedimenten und Falllaub. Seen verändern sich im Lauf der Jahreszeiten deutlich. Der russische Baikalsee ist vom Volumen her der größte Süßwassersee der Welt. Dennoch bildet sich auf ihm in jedem Winter eine geschlossene Eisdecke.

OFFENES WASSER

Im tiefen Wasser sind die sonnenbeschienene Oberfläche und der nährstoffreiche Grund zu weit voneinander entfernt, als dass höhere Pflanzen gedeihen könnten, doch große Prädatoren haben Raum zum Schwimmen.

SPITZENPRÄDATOR

Die Baikalrobbe ist die einzige reine Süßwasserrobbe der Welt. Sie jagt Baikal-Ölfische und zieht ihre Jungen auf dem gefrorenen See auf.

SCHWIMMPFLANZEN

Einige Wasserpflanzen sind nicht verwurzelt. Sie treiben umher und beziehen ihre Nährstoffe aus dem Wasser.

WASSERPFLANZEN

Verglichen mit einem Fluss ist das Wasser der Seen relativ klar, sodass vollständig untergetauchte Wasserpflanzen Fotosynthese betreiben können.

ROBBENFUTTER

Der Baikal-Omul, ein Verwandter des Lachses, erbeutet kleinere Fische, aquatische Insekten und Krebstiere. Er selbst dient größeren Tieren als Nahrung.

UNGEWÖHNLICHE ARTEN

In vielen Seen leben endemische Arten. Die Baikal-Ölfische leben in den Tiefen des Baikalsees und steigen nachts zum Fressen auf.

SAMENVERBREITUNG

Wasservögel nisten an der Wasseroberfläche oder auf kleinen Inseln. Sie können im Kot befindliche oder an Beinen und Federn haftende Samen und Eier transportieren und so Wasserorganismen verbreiten.

ZONEN DES LICHTS

Das Sonnenlicht erreicht nur die Oberfläche eines Sees. Dieser euphotische Bereich ermöglicht die Fotosynthese, sodass Pflanzen und Algen wachsen können. In tieferen Seen dringt kein Licht bis zum Grund vor, sodass hier eine aphotische Zone entsteht, in der kein Pflanzenwachstum möglich ist.

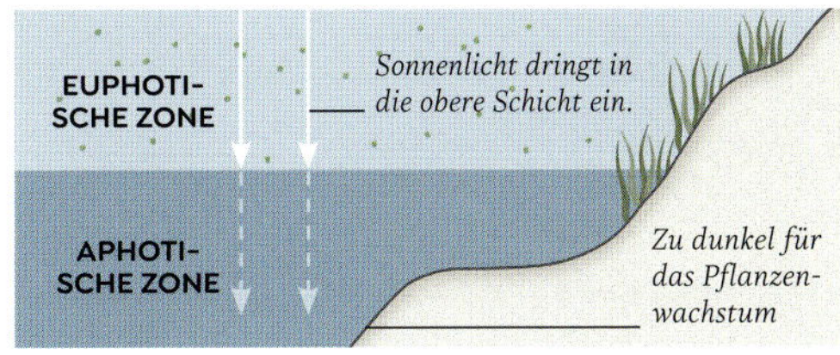

VOLLZIRKULATION

In tiefen gemäßigten Seen vermischen sich Wasserschichten unterschiedlicher Temperatur nur schwer. Im Sommer erwärmt sich die Oberfläche und kühleres Wasser sinkt ab. Im Winter kehrt sich der Temperaturgradient um. Im Frühjahr und Herbst vermischen sich die Schichten. So gelangen sauerstoffreiches Wasser zum Grund und Nährstoffe an die Oberfläche. In tropischen Seen können die saisonalen Einflüsse zu gering sein, um eine Vollzirkulation zu erreichen, sodass die tieferen Schichten sauerstoffarm werden.

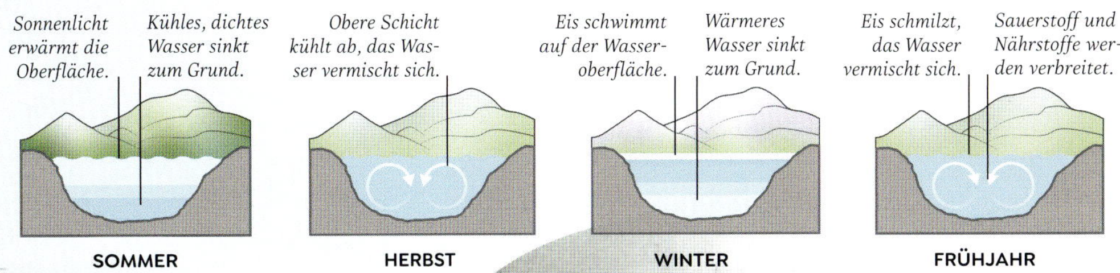

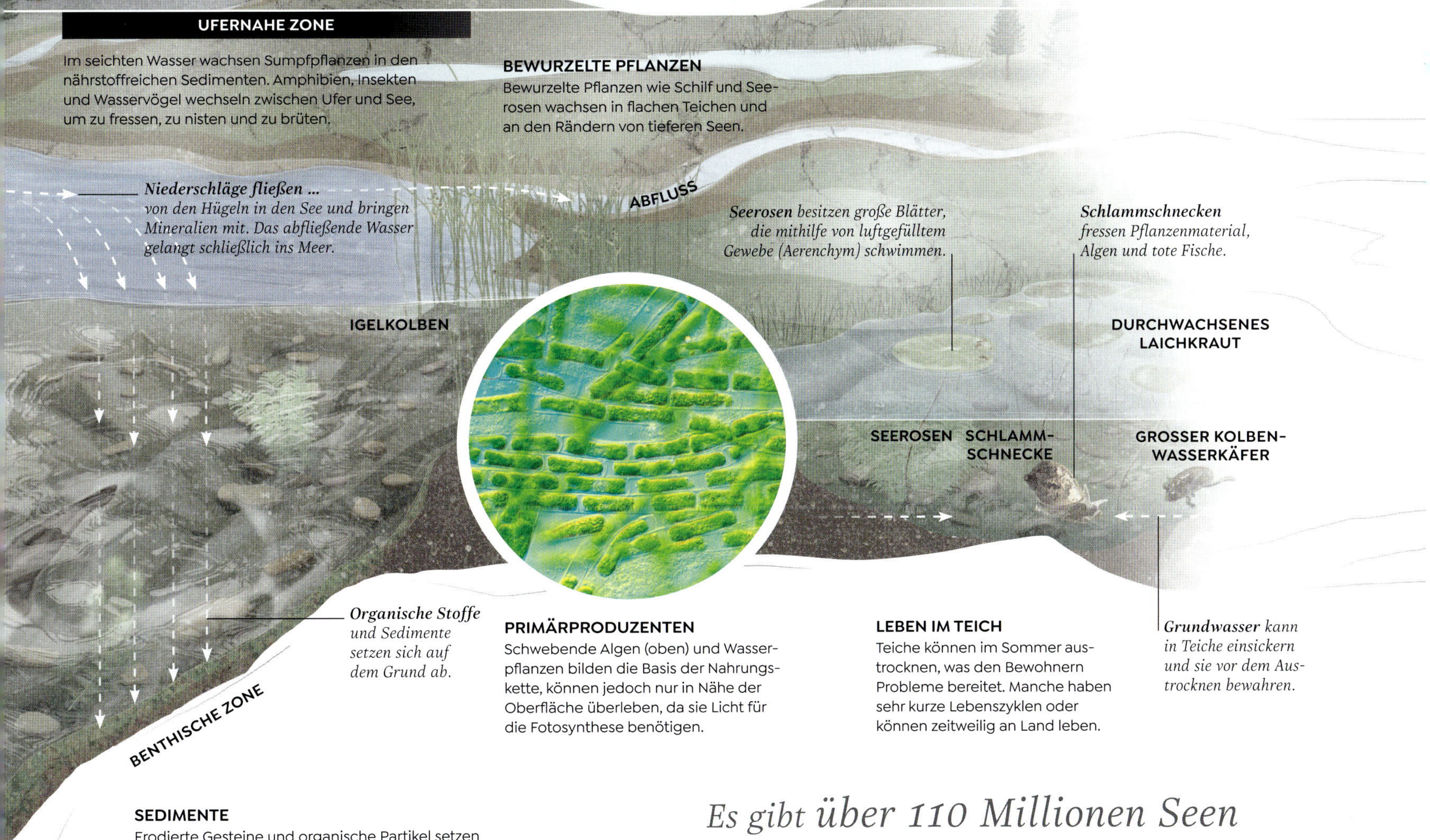

UFERNAHE ZONE

Im seichten Wasser wachsen Sumpfpflanzen in den nährstoffreichen Sedimenten. Amphibien, Insekten und Wasservögel wechseln zwischen Ufer und See, um zu fressen, zu nisten und zu brüten.

BEWURZELTE PFLANZEN

Bewurzelte Pflanzen wie Schilf und Seerosen wachsen in flachen Teichen und an den Rändern von tieferen Seen.

PRIMÄRPRODUZENTEN

Schwebende Algen (oben) und Wasserpflanzen bilden die Basis der Nahrungskette, können jedoch nur in Nähe der Oberfläche überleben, da sie Licht für die Fotosynthese benötigen.

LEBEN IM TEICH

Teiche können im Sommer austrocknen, was den Bewohnern Probleme bereitet. Manche haben sehr kurze Lebenszyklen oder können zeitweilig an Land leben.

SEDIMENTE

Erodierte Gesteine und organische Partikel setzen sich als Sedimente auf dem Grund ab. In den tiefsten Seen können durch den Sauerstoffmangel nur wenige Organismen diese Nährstoffe nutzen. Mit der Zeit tragen die Sedimente zur Verlandung des Sees bei.

Es gibt über 110 Millionen Seen auf der Erde. Sie bedecken 3,7 Prozent der Kontinent-Oberfläche.

BLITZSCHNELLER LEBENSZYKLUS

Nord- und Südamerika

Der Rückenschaler (»Urzeit-Krebs«) *Triops longicaudatus* ist auf temporäre Gewässer spezialisiert. Wenn der Regen im Frühjahr diese Teiche füllt, erwachen Zysten, die im Boden geruht haben, in einem nun von Fressfeinden freien Gewässer. Die größtenteils weiblichen Larven können ihre Entwicklung zum fortpflanzungsfähigen Krebschen in nur sieben bis acht Tagen abschließen. Verschlechtern sich die Bedingungen, produzieren die Tiere neue Zysten, die jahrelange Dürre überstehen können.

RÜCKENSCHALER

SEDIMENT AUFWIRBELN

Nordamerika, Europa, Asien

Viele Fische und Wirbellose leben auf dem Grund der Seen, wo sie zwischen Schlick und Kies Nahrung und Schutz finden. Indem sie diese Sedimente aufwühlen, spielen sie eine wichtige Rolle im Ökosystem des Sees. Quappen (*Lota lota*) gehören zu den Dorschartigen, legen aber ausgedehnte Baue und bis zu 5 m lange Gräben auf dem Grund der Seen an. Beim Graben befördern sie Schlamm vom Grund in das freie Wasser und mit ihm verschiedene Nährstoffe. Man findet Quappen in großen, kalten Seen und Flüssen in Europa, Asien und Nordamerika. Sie bevorzugen das kühlere Wasser am Grund: Im Oberen See in Nordamerika fand man sie in Tiefen von über 300 m. Sie können in zugefrorenen Seen überleben und laichen auch bei niedrigen Temperaturen ab.

KALTWASSERBEWOHNER
Die erwachsene Quappe ist auf dem Rücken grünbraun gefärbt und trägt dunkle Flecken. Der Süßwasserfisch verbringt den Tag auf dem Seegrund. Seine Bewegungen tragen dazu bei, dass im Sediment enthaltene Nährstoffe ins freie Wasser gelangen.

NACH FISCHEN TAUCHEN

Weltweit

Klare Süßwasserseen bieten fischfressenden Vögeln wie dem Fischadler (*Pandion haliaetus*) einen idealen Lebensraum. Fischadler können hervorragend sehen, sodass sie beim Überfliegen die Fische unter der Wasseroberfläche erkennen können. Sie tauchen mit den Füßen voran in das Wasser ein, manchmal sogar mit dem ganzen Körper. Die Vögel können dabei ihre Nasenlöcher verschließen und ihr dichtes, fettiges Gefieder verhindert, dass sie vollständig durchnässt werden. Ihre Klauen sind besonders an den Fang und das Festhalten schlüpfriger Fische angepasst.

Diese Greifvögel findet man an den Seen und Flüssen aller Kontinente mit Ausnahme von Antarktika. Sie wiegen bis zu 2 kg und haben eine Spannweite von bis zu 1,7 m, sodass sie große Nester benötigen. Fischadler bauen ihre Nester aus Zweigen und Pflanzenmaterial. Sie platzieren sie in den Astgabeln hoher Bäume oder auf Felsvorsprüngen, wo die Jungvögel relativ sicher vor Fressfeinden sind.

Fischadlernester können einen Durchmesser von 1,8 m haben und über 100 kg wiegen.

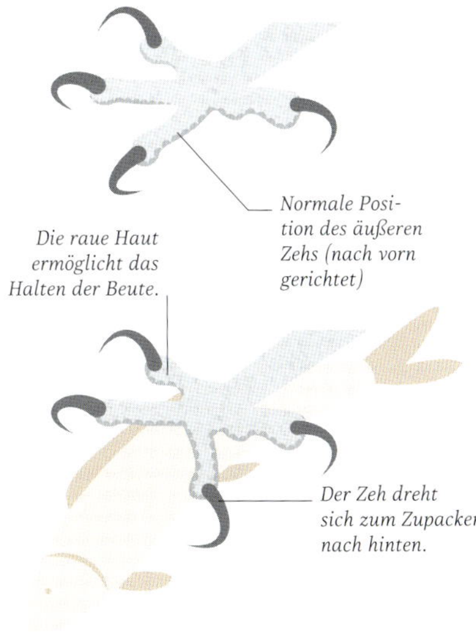

SCHLÜPFRIGE BEUTE FANGEN
Fischadler haben drehbare äußere Zehen, die an der Unterseite Stacheln und nach hinten gerichtete Schuppen tragen, um schlüpfrige Fische ergreifen zu können.

EINDRUCKSVOLLER FANG
Ein Fischadler steigt vom Wasserspiegel auf und hat seinen Fang fest im Griff. Man hat Fischadler sind beobachtet, wie sie über 2 kg schwere Fische erbeutet haben.

IM WASSER BLEIBEN

Xochimilco-See, Mexiko

Der Xochimilco-See in Mexiko ist die Heimat des Axolotl. Gewöhnlich entwickeln sich Schwanzlurche von im Wasser lebenden Larven zu überwiegend an Land lebenden erwachsenen Tieren. Im Gegensatz dazu verbleiben Axolotl lebenslang im Larvenstadium. Das bezeichnet man als Neotenie. Weil sie nur im Wasser leben, fällt die Besiedlung neuer Gebiete schwer. Axolotl haben einmal in verschiedenen Seen in der Umgebung von Mexico City gelebt, doch die meisten davon wurden im 16. Jahrhundert trockengelegt, sodass Axolotl heute nur noch in einem Gewässer vorkommen. Sie sind durch Wasserverschmutzung und andere menschliche Einflüsse vom Aussterben bedroht. Es gibt in der Natur wohl nur noch weniger als 1000 Tiere.

UNTER WASSER ÜBERLEBEN
Axolotl besitzen sechs gefiederte Außenkiemen, mit denen sie Sauerstoff aus dem Wasser entnehmen. Sie können auch unmittelbar über die Haut atmen.

NATURSCHUTZ
EINZIGARTIGE LEBENSRÄUME
Von anderen Lebensräumen weitgehend isolierte Seen sind oft die Heimat einzigartiger oder endemischer Pflanzen- und Tierarten. Tiere, die nur an wenigen Orten leben, sterben auch leichter aus, wenn ihr Lebensraum zerstört oder verschmutzt wird. Der Axolotl lebt nur noch in einem einzigen See in Mexiko. Dieser stellt wegen der als Chinampas bezeichneten einzigartigen Gärten auf künstlichen Inseln eine Touristenattraktion dar. Die Wasserbelastung durch die menschlichen Aktivitäten hat diesen ungewöhnlichen Schwanzlurch an den Rand des Aussterbens gebracht.

TOURISTENBOOTE AUF DEM XOCHIMILCO-SEE

SCHWIMMENDE NESTER

Patagonien, Argentinien

Goldscheiteltaucher (*Podiceps gallardoi*) sind Wasservögel, die auf hoch gelegenen Seen in der argentinischen Patagonischen Steppe brüten. Sie nutzen Wasserpflanzen wie das Anden-Tausendblatt (*Myriophyllum quitense*), um schwimmende Nester zu errichten, in die sie zwei Eier legen, von denen sich nur eins entwickelt. Mit der Zeit sinkt das Pflanzenmaterial ab, sodass die Vögel es ständig ergänzen müssen, um das Gelege über Wasser zu halten. Goldscheiteltaucher werden vom Klimawandel und eingeschleppten Tieren bedroht, etwa dem Amerikanischen Nerz, der ihnen nachstellt, oder Fischen, die das Anden-Tausendblatt abweiden.

NISTENDE GOLDSCHEITELTAUCHER

UNFREIWILLIGE ELTERN

Der Kuckuckswels (*Synodontis multipunctatus*) bringt andere Fische dazu, seine Jungfische auszutragen. Dazu dienen ihm maulbrütende Buntbarsche im Tanganjikasee. Der Wels wartet darauf, dass die Buntbarsche ablaichen, und tauscht ihre Eier gegen seine aus, bevor die Maulbrüter die Eier aufnehmen können. Auf diese Weise spart sich der Wels die Brutpflege und kann schneller wieder selbst ablaichen.

ABWESENDE ELTERN
Der Kuckuckswels besitzt wie andere Welse auffällige Barteln. Er ist nach dem Vogel benannt worden, der anderen Vögeln seine Eier unterschiebt.

IM WASSER GEBOREN

Die ruhigen Gewässer der Seen und Teiche sind die Kinderstube vieler Insektenlarven, etwa die der Käfer, Eintags- und Köcherfliegen sowie der Libellen. Diese Larven spielen in der Nahrungskette eine wichtige Rolle, da sie organisches Material verarbeiten, Pflanzen und Algen verzehren, Nährstoffe recyceln und Fischen, Vögeln und Spinnen als Nahrung dienen. Viele Insekten sind als Larven selber wiederum Prädatoren.

Im Wasser leben auch Larven schädlicher Arten wie etwa Mückenlarven, die sich im stehenden Wasser temporärer oder permanenter Teiche entwickeln können. Mücken können Parasiten und Viren übertragen, die Wildtieren, Nutztieren und auch dem Menschen schaden, darunter Denguefieber, Gelbfieber, Malaria und Zika.

ENTWICKLUNG IM WASSER
Insekten wie die Stechmücke (*Culex pipiens*) beginnen ihr Leben in Teichen, um sich dann an der Wasseroberfläche in das flugfähige adulte Tier zu verwandeln.

SCHWIMMENDE WANZEN

Viele Insektenarten schließen ihren gesamten Lebenszyklus im Wasser ab. Unter ihnen befinden sich Wanzen mit stechenden Mundwerkzeugen und langen, behaarten Beinen, mit denen sie sich fortbewegen. Zu ihnen gehören die Ruderwanzen, die Nährstoffe von Pflanzen und Detritus aufsaugen. Dagegen können die an der Oberfläche schwimmenden Rückenschwimmer Tiere anstechen. Oft gehören auf die Wasseroberfläche gefallene Insekten zu ihrer Beute.

RÜCKENSCHWIMMER

DAS WASSER FILTERN

SÜSSWASSERSCHWAMM

Süßwasserschwämme sind wie ihre marinen Verwandten Filtrierer, die Bakterien, Algen oder Pflanzenteilchen aufnehmen können. Kleine Poren auf ihrer Außenseite lassen das Wasser hinein, das dann durch eine größere Öffnung (Osculum) wieder abgegeben wird. Die grüne Färbung wird durch Algen verursacht, die im Schwamm leben und Zucker sowie Sauerstoff abgeben. Schwämme dienen Köcherfliegenlarven und auf sie spezialisierten Schwammfliegenlarven als Nahrung und Unterschlupf.

WASSERFALLE

Die Wasserfalle (*Aldrovanda vesiculosa*) ist eine wurzellose aquatische Pflanze, die mit der Venusfliegenfalle verwandt ist. Sie bleibt an den Füßen von Wasservögeln kleben und ist daher entlang der Vogelzugrouten in Europa, Asien, Afrika und Australasien weit verbreitet. Ihre rund um den zentralen Spross angeordneten Blätter sind winzige Fallen zum Fangen kleiner Wirbellose. Durch diese Art der Ernährung kann die Pflanze auch in nährstoffarmem Wasser überleben.

WASSERFALLE

ÜBERFLUTETE WURZELN UND SCHÖSSLINGE

Für Pflanzen bedeutet es eine Herausforderung, zum Teil im Wasser zu stehen, denn ihre Wurzeln benötigen Sauerstoff. Daher besitzen manche Pflanzen der Feuchtgebiete ein als Aerenchym bezeichnetes schwammiges Gewebe in ihren Blättern, Sprossen und Wurzeln. So kann Sauerstoff von den oberhalb des Wasserspiegels liegenden Pflanzenteilen zu dem untergetauchten Spross und den Wurzeln transportiert werden. Außerdem erhalten Pflanzenteile dadurch Auftrieb, sodass die Blätter an der Wasseroberfläche schwimmen und Fotosynthese betreiben können.

Aerenchyme sind bei in Seen, Teichen, Flüssen und Feuchtgebieten vorkommenden Pflanzen verbreitet. Sie können sich auf zwei verschiedene Weisen bilden: Die Zellen im Zentrum des Pflanzenteils können absterben oder sie weichen auseinander, sodass ein Hohlraum im Spross oder in der Wurzel verbleibt.

Vollständig untergetaucht wachsende Pflanzen müssen den Sauerstoff unmittelbar aus dem Wasser aufnehmen. Dazu müssen sie ihre Blattoberfläche vergrößern, was sie oft durch eine Vielzahl kleiner oder stark unterteilter Blätter tun. Die meisten Wasserpflanzen wurzeln im Grund des Gewässers und können so Nährstoffe aus den Sedimenten aufnehmen, doch frei schwimmende Pflanzen sind darauf angewiesen, die zur Verfügung stehenden Nährstoffe unmittelbar aus dem umgebenden Wasser zu erhalten.

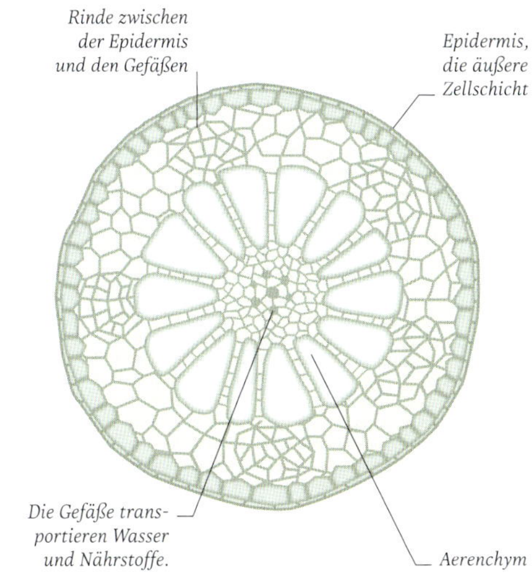

GASTRANSPORT
Das Aerenchym besteht aus luftgefüllten Kanälen in Wurzeln und Spross, die Sauerstoff zu den untergetauchten Pflanzenteilen führen. Die Kanäle sind durch Gewebe getrennt.

*Einige **Landpflanzen**, etwa der Mais, können **Luftkammern** in ihren Wurzeln bilden, wenn der **Boden überflutet wird**.*

UNTER DEM WASSERSPIEGEL
In klaren, seichten Gewässern gelangt genug Licht ins Wasser, damit Wasserpflanzen wachsen können. Luftgefüllte Stängel geben ihnen Auftrieb.

Das seltsame Leuchten der Langhornmücke *Arachnocampa luminosa* dient als ungewöhnliche Lichtquelle in den Kalksteinhöhlen der Waitomo Glowworm Caves in der Nähe von Waipu, Neuseeland.

LEBEN IM UNTERGRUND

Die dunkelsten Landlebensräume befinden sich im Untergrund: Das Leben gedeiht in den Höhlen, im Boden und manchmal sogar im Grundgestein. Abgeschirmt von Sonnenstrahlen leben Organismen, die an eine Welt ohne Licht angepasst sind.

Ein Leben im Untergrund bedeutet entweder, zwischen Oberfläche und Tiefe zu wechseln oder niemals das Tageslicht zu sehen. Grabende Tiere wie Murmeltiere und Kaninchen finden im Boden Schutz und Orte für die Aufzucht ihrer Nachkommen, Fledermäuse verlassen ihre Höhlen auf der Nahrungssuche, während Insekten aus im Boden lebenden Larven schlüpfen und Pflanzen aus Zwiebeln austreiben. Auf der anderen Seite gibt es Tiere wie Schwanzlurche oder Spinnen, die an die vollständige Dunkelheit angepasst sind und im Verlauf sogar blind geworden sind.

BODEN UND HÖHLEN

Wenn das Gestein der Erdkruste im Lauf der Zeit erodiert wird, mischen sich entstandene Sedimente mit organischen Stoffen, sodass Böden entstehen. Sie können sehr unterschiedlich sein – von sandigem Lehm bis zu klebrigem Ton –, doch immer enthalten sie Lebewesen. Pflanzenwurzeln dringen darin ein und entnehmen Wasser und Mineralien, während sich Tiere von Wurzeln und Detritus ernähren. Die kleinsten Organismen leben zwischen den Bodenteilchen. Ein Teelöffel voll kann Tausende von Arten enthalten.

Höhlen sind meist durch Korrosion entstanden. Saures Wasser löst Kalkstein auf, sodass große Hohlräume entstehen. Viele Höhlen liegen unterhalb des Grundwasserspiegels, sodass luftatmende Arten im oberen Bereich von aquatischen im unteren getrennt sind. Ohne Sonnenlicht und Pflanzen als Nahrung sind die Höhlenbewohner von den von außen kommenden Stoffen abhängig, etwa von Fledermauskot. Durch die Isolation können sich eigenständige Arten entwickeln.

UNTERIRDISCHE NETZWERKE

Höhlensysteme gibt es weltweit, aber viele sind noch unerforscht. Das längste dokumentierte Höhlensystem der Welt ist die Mammoth Cave in Kentucky, USA. Torfmoore – wichtige Speicher für Kohlenstoff – sind ebenfalls weltweit verbreitet. Die größten gibt es in Russland, Kanada und der Demokratischen Republik Kongo.

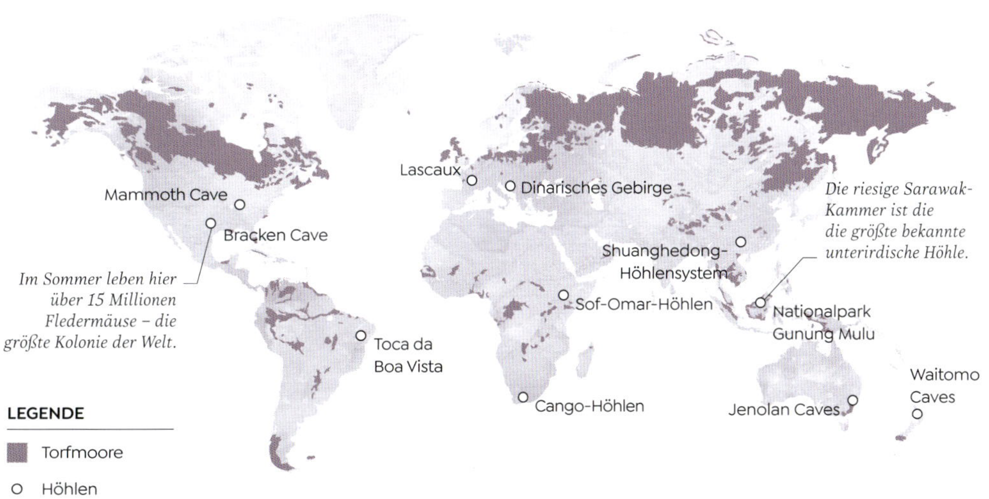

TIEFE HÖHLE

HÖHLEN-PRÄDATOR
Hundertfüßer sind Spitzenprädatoren, die an den Wänden entlanglaufen. Dabei jagen sie Insekten, Spinnen und kleine Fische.

Einige Fledermäuse nutzen die Höhlen für ihren Winterschlaf.

INDIANA-MAUSOHR

Höhlengrillen suchen Nahrung mithilfe ihrer extrem langen Antennen.

HÖHLENSPEZIALIST
Ständige Höhlenbewohner wie die Höhlenfische sind oft blind, haben keine Pigmentation und entwickeln sich wegen des Nahrungsmangels langsam.

UNTERIRDISCHER BACH
Kalksteinhöhlen wie die Mammoth Cave sind entstanden, als sich saures Wasser durch das Gestein gefressen hat. Es liefert auch ein wenig Nahrung.

***Grundwasser** dringt in die Lücken zwischen Boden- und Felspartikeln ein, sodass Mikroorganismen sogar tief im Boden leben können.*

HÖHLENINNERES

***Die Wurzeln** können von der Oberfläche in Kalkstein eindringen und die Struktur schwächen.*

SCHLAFRAUM
Fledermäuse schlafen am Höhlendach, wo sie vor den meisten Fressfeinden sicher sind, doch sie können nicht von den Ressourcen der Höhle leben. Zum Fressen müssen sie die Höhle verlassen.

GROSSE BRAUNE FLEDERMAUS

***Fledermauskot** regnet von der Decke herab und liefert vielen Höhlentieren Nahrung.*

EIN ÖKOSYSTEM AUS KOT
Tiere wie die Schaben und die Fliegen ernähren sich vom Kot. Sie werden wiederum von anderen Höhlenbewohnern gefressen.

KOT

EINGANG

***Im Wasser gelöste** Mineralien bilden Stalaktiten.*

NÄCHTLICHER BEWOHNER
Große Braune Fledermäuse verlassen die Höhle in der Dämmerung, um Insekten zu jagen. Sie übernachten an der Höhlendecke.

***Mit dem Bauch** voller Insekten bringen die Fledermäuse organische Substanzen in die Höhle.*

HÖHLEN

Höhlen können ausgedehnte Ökosysteme enthalten, die vom sonnenbeschienenen Eingang in die dunkelsten Tiefen reichen. Hier wachsen keine Pflanzen, doch organische Stoffe gelangen von außen langsam hinein. Diese zu nutzen, ist eine Herausforderung für die Höhlenbewohner. Die Mammoth Cave in Kentucky, USA, ist das längste Höhlensystem der Welt.

HÖHLENKLIMA
In der gemäßigten Zone liegen die Außentemperaturen zwischen 0 °C im Winter und 30 °C im Sommer, doch in der Höhle bleiben sie das ganze Jahr über gleich.

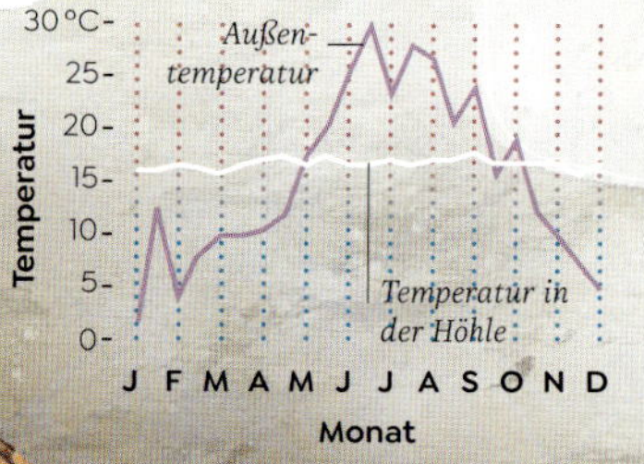

AMPHIBISCHER GAST
Schwanzlurche mögen feuchte Höhlen, doch nicht alle bleiben als ständige Bewohner hier.

GROTTEN-GELB-SALAMANDER

DER BODEN ALS KOHLENSTOFFSPEICHER

Organismen bestehen aus Kohlenstoffverbindungen, die schließlich in Form ihrer Körper oder Teile ihrer Körper (etwa Falllaub) wieder in den Boden gelangen. Dieses Material ist reich an Nährstoffen und Energie und dient einer Vielzahl von Mikroben, Pilzen und Tieren als Nahrung, die man als Destruenten bezeichnet. Aas- und Detritusfresser wie die Regenwürmer nutzen wie auch die Bakterien und Pilze dieses organische Material. Sie ermöglich dadurch die erneute Verwertung von Mineralien. Pflanzen nehmen diese aus dem Boden auf, sie geben durch die Atmung wieder Kohlendioxid in die Luft ab.

Manche Bedingungen wie ein wasserdurchtränkter Boden oder die Ansäuerung durch bestimmte Pflanzenbestandteile behindern die Destruenten, sodass der Abbau langsamer stattfindet. Deshalb lagern sich die organischen Stoffe im Lauf der Zeit als Torf ab. Da der Kohlenstoff hier gebunden bleibt, wird er nicht recycelt und die Torfmoore können große Kohlenstoffmengen für Jahrtausende speichern.

KOHLENSTOFF IN BODEN UND ATMOSPHÄRE
Organisches, Kohlenstoff enthaltendes Material wird von Bodenorganismen abgebaut. Ein Teil des Kohlenstoffs wird in die Atmosphäre abgegeben, ein anderer Teil bleibt im Boden gespeichert.

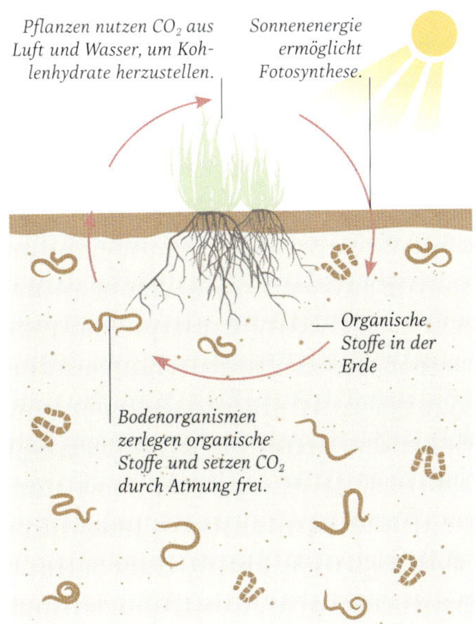

Pilzgärtner
Blattschneiderameisen bringen Kohlenstoffverbindungen in ihr Nest, wenn sie Blattfragmente zur Düngung ihres Pilzgartens sammeln. Mit ihrer Atmung geben sie das CO_2 in die Luft ab.

GENERATIONEN IM UNTERGRUND

Viele Tiere graben Baue im Boden, dadurch kommt es zur Durchmischung der Erde und diese spielt eine wichtige Rolle für den Nährstoffkreislauf. Denn dadurch gelangt organisches Material tief in den Untergrund. Wühlende Tiere leisten auch einen Beitrag für das Auskeimen von Samen, indem sie welche in ihre unterirdischen Vorratskammern transportieren.

Ostafrikanische Nacktmulle (*Heterocephalus glaber*) graben weitläufige Baue und kommen kaum jemals an die Oberfläche. Wie Honigbienen sind sie eusozial – sie leben in einem Staat, dem eine Königin vorsteht. Nur die Königin und einige Männchen dürfen sich vermehren. Der Rest der Tiere hilft bei der Jungenaufzucht, bei der Nahrungssuche und bei der Verteidigung des Baus.

Knollen als Nahrung
Nacktmulle fressen unterirdische Pflanzenknollen, die sehr nahrhaft sind. Eine Knolle kann eine Kolonie mehrere Monate lang versorgen, da die Tiere daran nagen können, ohne den Pflanzen großen Schaden zuzufügen.

ZWISCHEN DEN PARTIKELN

Die als Interstitial bezeichneten Zwischenräume zwischen den Bodenpartikeln beherbergen eine Vielzahl von Organismen. So sind 1 mm lange Nematoden (Fadenwürmer) bestens an diesen Lebensraum angepasst. Sie spielen hier unterschiedliche Rollen – von der Verarbeitung von Pflanzenmaterial bis zum Fressen von Bakterien. Nematoden sind auch für die Nahrungskette wichtig. Arten wie *Caenorhabditis elegans* (unten) ergeben Beute für andere Wirbellose wie größere Nematoden und Insekten.

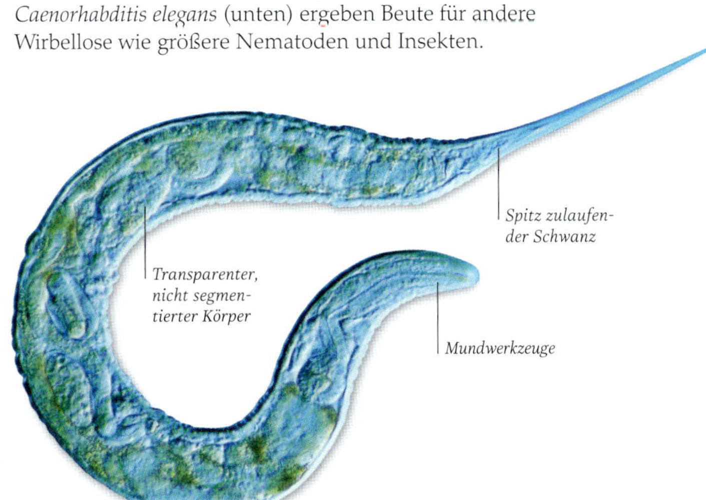

NEMATODE

SICHERHEIT IM UNTERGRUND

Yucatán-Halbinsel, Mexiko

Viele Fledermäuse finden in Höhlen einen sicheren Platz, um den Tag zu verbringen. Die geringen Temperaturschwankungen und die Feuchtigkeit sind für sie ideal, da ihre kleinen Körper leicht Wärme und Wasser verlieren. Fledermäuse navigieren mithilfe von Echoortung in der Dunkelheit. Im Freien setzen sie sie zur Jagd auf Insekten ein. Höhlen schützen schlafende Fledermäuse vor Regen und Wind, nur wenige Fressfeinde können sie an ihren Plätzen an der Höhlendecke erreichen.

Einige Prädatoren haben jedoch einen Weg gefunden, an die Tiere heranzukommen. Die Yucatán-Nachtnatter (*Pseudelaphe phaescens*) erwischt Fledermäuse an der Decke mexikanischer Höhlen, wenn sie in der Dämmerung ausfliegen. Da sie im Dunkeln nicht sehen kann, müssen sich die Schlangen auf andere Sinnesorgane verlassen. Sie erkennen die Luftverwirbelung durch die vorbeifliegenden Fledermäuse.

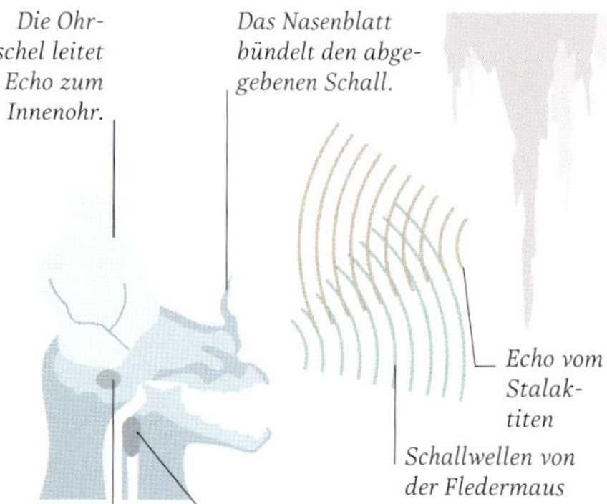

ECHOORTUNG
Die meisten Fledermäuse nutzen die Echoortung zur Navigation und zur Jagd. Sie geben hochfrequente Töne ab und erkennen durch das von Hindernissen oder fliegenden Insekten zurückgeworfene Echo die Position, Größe und Form des Objekts.

AUF DER JAGD
Die von der Höhlendecke herabhängende Nachtnatter ergreift eine Fledermaus aus der Luft, die die Höhle verlassen wollte. Sie zieht sich dann zum Verschlingen der Beute in eine Spalte zurück.

*Nachtnattern **quetschen** ihre Beute meist zu Tode, sie können **Fledermäuse** auch ganz verschlingen.*

NAVIGATION OHNE AUGENLICHT

Höhle von Movile, Rumänien

Nach Tausenden von Jahren in dunklen Höhlen verlieren Organismen oft nicht benutzte Eigenschaften, etwa das Sehvermögen oder die Hautfärbung. Der Grottenolm (*Proteus anguinus*) ist ein aquatischer Schwanzlurch, der in überfluteten Höhlensystemen in Mittel- und Südosteuropa lebt. Wegen seiner unterentwickelten Augen ist er nahezu blind, seine Haut ist rosaweiß. Die Mexikanische Blinde Brotula (*Typhliasina pearsei*) ist ein Raubfisch, der überhaupt keine Augen hat. Er lebt in den Cenoten Mexikos.

Höhlenbewohner wie diese müssen sich mangels Sehvermögen mit anderen Sinnen behelfen. Die Mexikanische Brotula kann äußerst leichte Vibrationen wahrnehmen, wohingegen der Grottenolm elektrische Felder erkennt. Beide nutzen ihre Sinne, um in den dunklen Höhlen Krebstiere zu jagen.

Die Höhlenassel hat keine Augen. Sie benutzt die Antennen zur Orientierung.

IM DUNKELN ENTWICKELT
Die 5,5 Millionen Jahre lang in der Höhle von Movile, Rumänien, isolierte Höhlenassel (*Armadillidium* spec.) hat sich in totaler Dunkelheit entwickelt und besitzt daher weder Augen noch Farbstoffe.

ÜBERWINTERN IN HÖHLEN

Weltweit

KLEINE BARTFLEDERMAUS

In gemäßigtem Klima überwintern viele Fledermäuse wie auch die Kleine Bartfledermaus (*Myotis mystacinus*) in Höhlen, da die Insektennahrung knapp ist. Dazu suchen sie einen Ort in der Höhle auf, an dem die Temperatur den ganzen Winter über knapp über dem Gefrierpunkt bleibt. Die Körper kühlen auf diese Temperatur ab und verfallen in einen Winterschlaf, in dem sie von ihrem gespeicherten Körperfett zehren. In feuchten Höhlen setzen sich kondensierte Wassertröpfchen an ihren kalten Körpern ab.

ENERGIE IM DUNKELN

Deer-Höhle

Ohne Licht für die Fotosynthese können Pflanzen und Algen nicht jenseits des Höhleneingangs leben, sodass Höhlenbewohner oft auf von außen eingebrachte Nahrung angewiesen sind. Die Fledermäuse sind eine Nahrungsquelle. Ihr nährstoffreicher Kot bedeckt den Höhlenboden und dient als Substrat für Pilze. Insekten wiederum fressen Pilze und auch den Kot selbst. In der malaiischen Deer-Höhle leben unter anderen Goldene Höhlenschaben (*Blattella cavernicola*) vom Fledermauskot.

HÖHLENSCHABEN AUF FLEDERMAUSKOT

SALZ-ABBAU

Kitum-Höhle, Kenia

Höhlen können Tieren wertvolle Ressourcen wie Wasser oder Mineralien liefern. Bei den richtigen Bedingungen kann verdunstendes Wasser eine Salzkruste auf den Höhlenwänden und -böden hinterlassen, die von Tieren genutzt wird. Afrikanische Steppenelefanten (*Loxodonta africana*) besuchen daher die Kitum-Höhle in Kenia regelmäßig und geben dieses Wissen auch an ihre Nachkommen weiter. Sie brechen mit ihren Stoßzähnen Stücke salzigen Gesteins heraus, um es zu zerkleinern und aufzunehmen. Dadurch haben sie die Höhle im Lauf der Zeit vergrößert.

AFRIKANISCHE ELEFANTEN IN DER KITUM-HÖHLE

KLEBRIGE SEIDENFÄDEN

Neuseeland

Die meisten Höhlenbewohner leben in völliger Dunkelheit, doch eine kleine Gruppe karnivorer Langhornmücken bringt in Australien und Neuseeland ein schwaches Licht in ihre unterirdische Welt. Die Larven der neuseeländischen Art (*Arachnocampa luminosa*) erzeugen durch Biolumineszenz ein blaugrünes Licht, um Beute wie etwa andere Mücken anzulocken. Sie bauen Seidennester an der Höhlendecke, von denen klebrige Fäden herabhängen. Wenn kleine, vom Licht angezogene Insekten sich in diesen Fäden verfangen, werden sie von den Larven hochgezogen und verzehrt. Allerdings sind sie durch ihre leuchtenden Nester ihrerseits auch ein Ziel für Fressfeinde. Bestimmte Weberknechte (*Forsteropsalis*-Arten) besitzen – ungewöhnlich für Höhlenbewohner – funktionierende Augen, die es ihnen erlauben, die Langhornmückenlarven zu erkennen und aus ihrem Nest zu ziehen.

Leuchtende Larven
Mit Tropfen aus klebrigem Schleim versehene Seidenfäden hängen von der Decke der neuseeländischen Waitomo-Höhle herab, in der Langhornmückenlarven ihre Beute mit Biolumineszenz anlocken.

Rotaugenlaubfrösche laichen in Costa Rica ab, wenn starke saisonale Niederschläge temporäre Feuchtgebiete schaffen. Unter den richtigen Bedingungen legt Spurrells Rotaugenlaubfrosch (*Agalychnis spurrelli*) seine Eier an Palmwedeln über dem Wasser ab.

SÜSSWASSER-FEUCHTGEBIETE

Süßwasser-Feuchtgebiete sind im Inland liegende Lebensräume, die entweder saisonal oder permanent überflutet werden. Sie bilden eine Übergangszone zwischen Land und Wasser, in der sich Pflanzen und Tiere beider Bereiche begegnen.

Süßwasser-Feuchtgebiete sind Lebensräume, in denen der Boden mit Wasser gesättigt ist, sodass zusätzliche Wasserzufuhr durch Niederschläge, Gletscher und Flüsse zur Bildung von Gewässern auf der Oberfläche führt. Sie sind relativ seicht und unterscheiden sich dadurch von Seen (siehe S. 198–199), sodass Pflanzen über den Wasserspiegel hinausragen können. Diese Feuchtgebiete entstehen, wenn aus einem unterirdischen Wasserkörper Wasser austritt oder durch saisonale Überflutungen der Flüsse.

TYPEN DER FEUCHTGEBIETE

Zu den Süßwasser-Feuchtgebieten gehören überschwemmte Grasländer wie Nasswiesen sowie Bruchwälder. Sümpfe sind zeitweilig stark vernässte Lebensräume, die organische Substanzen vollständig zersetzen. Moore sind dagegen ständig überschwemmt und in ihnen entsteht aus organischen Stoffen Torf.

Das Wasser in diesen Lebensräumen ist meist sauerstoff- und nährstoffarm, was eine Herausforderung für ihre Organismen darstellt. Nichtsdestotrotz werden Feuchtgebiete oft von vielen Vogel-, Fisch-, Reptilien-, Amphibien- und Wirbellosenarten besiedelt. Sie bieten vielen Landtieren Trinkwasser und Schutz vor Fressfeinden. In ständig überfluteten Gebieten trifft man eher Feuchtgebiet-Spezialisten an, in temporär überfluteten eine Mischung aus Arten, die auch an Seen, Flüssen und auf dem trockenen Land leben.

Einige Feuchtgebiete trocknen über einen längeren Zeitraum aus. Sie können mit Sedimenten aus der Bodenerosion bedeckt werden, dann verändern sich die Pflanzengesellschaften zu denen des trockenen Lands.

GLOBALE VERBREITUNG DER FEUCHTGEBIETE

Süßwasser-Feuchtgebiete gibt es mit Ausnahme von Antarktika auf jedem Kontinent. Das Pantanal in Südamerika, die Everglades in Nordamerika, das Westsibirische Tiefland und der afrikanische Sudd gehören zu den größten Feuchtgebieten der Welt.

Torfmoore bedecken 3 Prozent des Festlands der Erde, speichern aber 30 Prozent des im Boden gebundenen Kohlenstoffs.

SÜMPFE UND MARSCHEN

In Sümpfen wachsen Gräser und nicht verholzte Blütenpflanzen, die Überflutungen tolerieren. Die überspülte Vegetation bietet Fischen, Reptilien, Amphibien und Wirbellosen Schutz. Im Marschland an der Küste mischen sich Süß- und Salzwasser.

SCHNECKENFRESSER
Greifvögel jagen über offenen Feuchtgebieten. In der Neuen Welt sind Schneckenbussarde verbreitet, die vor allem größere Arten wie die Apfelschnecken erbeuten.

LAUERNDER PRÄDATOR
Mississippi-Alligatoren sind Lauerjäger, die fast alles erbeuten, was nah genug herankommt. Sie graben große Löcher, in die sich die Fische während der Trockenzeit zurückziehen.

Flüsse und Bäche bringen Süßwasser in das Marschland.

INSEKTEN AM WASSER
Viele Insekten besitzen aquatische Larven und legen ihre Eier im Wasser oder auf untergetauchten Pflanzen ab. Libellen sind agile Prädatoren anderer Insekten.

Im Sumpf wird die Fließgeschwindigkeit durch Pflanzen verringert, sodass sich Sedimente absetzen.

WATVOGEL
Watvögel suchen im Flachwasser der Marschen nach Nahrung. Rosalöffler benutzen ihre flachen Schnäbel, um im Schlamm nach Pflanzenmaterial, Insektenlarven und Krebstieren zu stochern.

Die Wurzeln geben den abgelagerten Sedimenten Halt.

***Apfelschnecken** laichen oberhalb des Wasserspiegels, sodass die Eier vor Fischen sicher sind.*

BINDUNG DER SEDIMENTE
Verschiedenste Gräser wachsen im überschwemmten Boden. Ihre Wurzeln binden die Sedimente und verlangsamen die Fließgeschwindigkeit des Wassers.

RAUBFISCHE
In tieferen Bereichen können größere Fische leben, darunter der Forellenbarsch. Er jagt kleinere Fische, Krebstiere, Amphibien und Reptilien, die im Sumpfland leben.

BRUCHWALD

In Bruchwäldern wachsen spezialisierte Bäume, darunter in der Neuen Welt Sumpfzypresse und Weiße Scheinzypresse. Sie vertragen es, wenn sie im Wasser stehen. Aus einem Bruchwald kann ein Moor entstehen (siehe unten).

BAUMBEWOHNER
Bruchwälder sind die Heimat kletternder Tiere wie der Laubfrösche, die auf Blättern und Zweigen sitzen. Die Frösche legen ihren Laich an den Wasserpflanzen ab.

EPIPHYTEN
Epiphyten wie die Bromelien wachsen auf anderen Pflanzen und bekommen Feuchtigkeit vom Regenwasser. Sie stellen Lebensräume für Insekten und Frösche dar.

***Seerosen** haben schwimmende Blätter und Blüten sowie untergetauchte Stängel.*

***Schwarzbart-Rohrdommeln** fischen im Flachwasser.*

***Schnappschildkröten** fressen Fische und andere Wassertiere.*

UNTERGETAUCHTE BÄUME
Sumpfzypressen und andere Bäume der Bruchwälder haben oft Brettwurzeln, die ihnen Halt geben. Ihre Samen werden über das Wasser oder über die Tiere der Feuchtgebiete verbreitet.

SÜSSWASSER-FEUCHTGEBIETE

Überflutete Grasländer und Wälder enthalten den größten Teil des Süßwassers der Welt. In gemäßigten Regionen unterliegen Feuchtgebiete mit den Jahreszeiten starken Wechseln. Seichte Gewässer können im Winter gefrieren und im Sommer austrocknen. Tiefere Bereiche stellen Rückzugsgebiete für im Wasser lebende Tiere dar. Auch in tropischen Feuchtgebieten gibt es saisonale Schwankungen. In den subtropischen Everglades fällt ein Viertel der Niederschläge in der »Trockenzeit«. Hier gibt es sowohl Sümpfe als auch Bruchwälder.

***Moore** erhalten ihr Wasser durch Niederschläge.*

***Fließgewässer** bringen Mineralien ein, sodass Sümpfe weniger sauer als Moore sind.*

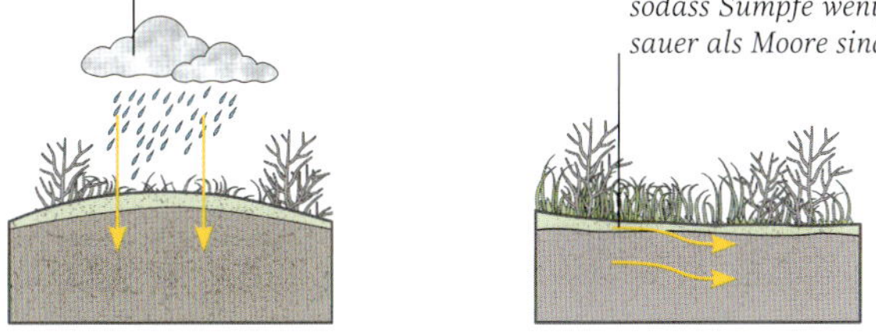

MOORE UND SÜMPFE
In Mooren bildet sich Torf aus Pflanzenmaterial, das hier nicht vollständig zersetzt wird. Das Wasser erhalten sie im Gegensatz zu Sümpfen überwiegend aus Niederschlägen. Sümpfe werden oft von Fließgewässern gespeist und das organische Material in ihnen zersetzt sich weitgehend.

TÖDLICHE UMARMUNG
Jaguar und Brillenkaiman sind beide Spitzenprädatoren der südamerikanischen Feuchtgebiete, in denen sie auch aufeinandertreffen können.

VERDAUEN VON GRÄSERN

Pantanal-Feuchtgebiete

Wasserschweine oder Capybaras (*Hydrochoerus hydrochaeris*) sind die größten Nagetiere der Welt. Die semiaquatischen Säugetiere leben in Südamerika, vor allem in den Feuchtgebieten des Pantanal. Sie fressen Gräser und Wasserpflanzen. Wie bei vielen anderen Herbivoren unterstützen Bakterien die Verdauung. Bei den Capybaras leben die Bakterien im hinteren Teil des Darms, wo sie dem Pflanzenmaterial die Nährstoffe entziehen. Wie Kaninchen fressen auch die Capybaras die aus dieser ersten Passage entstandenen Pellets, um mit einem zweiten Durchgang weitere Nährstoffe aufzunehmen.

NAGETIERE DER FEUCHTGEBIETE
Capybaras verbringen viel Zeit im Wasser, um sich abzukühlen und Fressfeinden zu entgehen. Sie können bis zu fünf Minuten lang unter Wasser bleiben.

DER BAUM DES LEBENS

Amazonas-Becken

BURITI-PALMEN

In den Torfbruchwäldern Brasiliens, Kolumbiens und Ecuadors dominiert die Buriti-Palme (*Mauritia flexuosa*). Die in manchen indigenen Gesellschaften als »Baum des Lebens« bezeichnete Palme hat kohlenhydratreiche Früchte, die von vielen Vögeln und Säugetieren gefressen werden. Rotbauch-Aras ernähren sich fast ausschließlich von ihren Früchten und Samen. Epauletten-Trupiale hängen ihre gewebten Nester an ihre Wedel.

EIN SPITZENPRÄDATOR DES PANTANALS

Pantanal-Feuchtgebiete

Der Jaguar (*Panthera onca*) ist die einzige heute lebende Art der Gattung *Panthera*, die in der Neuen Welt vorkommt. Das Pantanal ist eines der größten Rückzugsgebiete dieser eleganten Großkatze. Anders als viele andere Katzen ist der Jaguar nicht wasserscheu. Heimisch in Feuchtgebieten, erweist er sich in der Tat als ein hervorragender Schwimmer.

Mit seinem kräftigen Biss kann der Jaguar Schildkrötenpanzer und die Schädel großer Säugetiere durchlöchern. Auf diese Weise erbeutet er Sumpfhirsche, Pekaris, Schildkröten, Fische und sogar Kaimane, Capybaras und Große Ameisenbären. Jaguare pirschen sich an ihre Beute heran und bringen einen tödlichen Biss an, bevor sie fliehen kann. Hat der Jaguar seine Beute erlegt, schleppt er sie oft an einen geschützten Platz, um ungestört zu fressen.

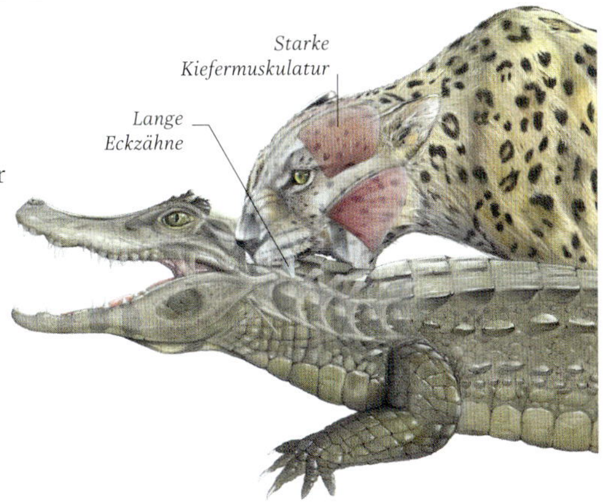

EIN KAIMAN ALS BEUTE
Jaguare benutzen ihre kräftige Kiefermuskulatur und die Eckzähne, um den Schädel zu perforieren und das Gehirn zu beschädigen, sodass die Beute rasch stirbt.

Jaguare haben von allen Großkatzen der Welt den relativ zu ihrer Größe stärksten Biss.

VERBREITUNG VON SAMEN

Pantanal-Feuchtgebiete

Der Pacu (*Piaractus mesopotamicus*) ist ein großer, hauptsächlich vegetarisch lebender Verwandter des Piranhas. Seine Nahrung macht ihn zu einem der wichtigsten Samenverbreiter im Pantanal, insbesondere für große Samen wie die der Palmen, die für kleinere Fische zu groß sind. Flussaufwärts schwimmende Pacus transportieren Samen, die ihren Verdauungstrakt unbeschädigt passiert haben, in neue Verbreitungsgebiete.

PACUS IM RIO DA PRATA

NATURSCHUTZ

GEJAGT WEGEN DES FELLS

Riesenotter (*Pteronura brasiliensis*) sind semiaquatische Raubtiere, die in Flüssen des nördlichen und zentralen Südamerikas leben. Ihre Zahl ist stark zurückgegangen, da sie wegen ihrer Pelze verfolgt worden sind. Nach dem Verbot des internationalen Handels mit den Pelzen in den 1970er-Jahren hat sich die Zahl der Tiere leicht erholt. Doch durch den Verlust ihrer Lebensräume gehören sie zu den am meisten bedrohten südamerikanischen Säugetieren. In der Natur leben vermutlich nur noch weniger als 5000 Tiere.

EIN RIESENOTTER FRISST EINEN FISCH.

FISCHEN IN GRUPPEN

Südamerika

Brillenkaimane (*Caiman yacare*) sind nachtaktive Prädatoren, die in Seen, Flüssen und Feuchtgebieten in Argentinien, Brasilien, Bolivien und Paraguay vorkommen. Sie fressen hauptsächlich Fische, Schlangen, Schnecken und andere Wasserbewohner, erbeuten jedoch auch manchmal Capybaras (siehe vorherige Seite). Sie fischen manchmal gemeinsam, wobei zwei bis 15 Tiere sich in einem Wasserlauf gegen die Strömung ausrichten und nach vorbeischwimmenden Fischen schnappen. Brillenkaimane waren wegen ihrer Häute einmal nahezu ausgerottet, doch ein 1992 erlassenes Verbot des Handels mit Krokodilleder hat die Populationen wieder anwachsen lassen, sodass heute vermutlich Millionen von Tieren allein im Pantanal leben.

NÄCHTLICHE JÄGER
Brillenkaimane leben in südamerikanischen Feuchtgebieten. Ein reflektierendes Tapetum hinter der Netzhaut ihrer Augen ermöglicht ein gutes Sehen im Dunkeln.

SCHECKENFALTER

Nordeurasien und Nordafrika

Skabiosen-Scheckenfalter (*Euphydryas aurinia*) stehen in enger Beziehung zum Gewöhnlichen Teufelsabbiss (*Succisa pratensis*), der in feuchtem Boden wächst. Die Weibchen legen einige hundert Eier auf die Unterseite eines Blatts. Die Raupen verbinden mehrere Blätter mit Seide zu einem Zelt, leben dort gemeinsam und ernähren sich von der Pflanze. Sie überwintern im Innern des dichten Seidennests und erscheinen im Frühjahr wieder, um die Verwandlung zum erwachsenen Schmetterling zu vollziehen.

SKABIOSEN-SCHECKENFALTER AUF TEUFELSABBISS

KLÄRUNG DES WASSERS

Weltweit

Feuchtgebiete werden manchmal als Nieren der Welt bezeichnet, da sie das hindurchfließende Wasser reinigen können, bevor es in Bäche und Flüsse gelangt. Sie können Schadstoffe ausfiltern und überflüssige Nährstoffe aufnehmen, etwa Stickstoff- und Phosphorverbindungen, die aus landwirtschaftlichen Düngemitteln stammen. Die dichte Vegetation bremst den Wasserdurchfluss durch die Feuchtgebiete und ermöglicht es, dass sich Sedimente absetzen. Dadurch werden Schadstoffe wie etwa Schwermetalle im Boden gebunden.

Pflanzen der Feuchtgebiete und Bodenbakterien können einige Schadstoffe in weniger problematische Verbindungen umwandeln, etwa wird Ammoniak in Nitrat übergeführt. Allerdings kann sich auch ein hoher Nitratgehalt auf die Tiere und Pflanzen eines Lebensraums schädlich auswirken.

SCHILFBEET-FILTER
Eine Zwergdommel hält sich bei der Nahrungssuche am Schilf fest. Dichte Schilfbestände helfen bei der Reinigung des Wassers, da ihre Wurzeln Sauerstoff abgeben, der das Wachstum aerober Bakterien fördert.

NICHT ZUGÄNGLICHE NÄHRSTOFFE

Weltweit

Torfmoore bilden sich, wenn sich abgestorbenes Pflanzenmaterial aufschichtet, aber der saure, wenig Sauerstoff enthaltende Boden die Bakterien an der Zersetzung des Materials behindert. Das bedeutet, dass den Pflanzen der Torfmoore nur relativ wenige Nährstoffe zur Verfügung stehen, sodass einige Arten zu Fleischfressern geworden sind. Sonnentau-Blätter sind mit Tentakeln bedeckt, die einen dicken, zuckerhaltigen Nektar produzieren, der kleine Insekten anlockt und festhält. Manche Arten wie die Katapult-Leimfalle (*Drosera glanduligera*) besitzen sogar Schnelltentakel, die ihre Beute auf das klebrige Zentrum der Pflanze katapultieren.

Andere Pflanzen der Moore wie Erika bilden als Mykorrhiza bezeichnete Beziehungen mit an ihrer Wurzel lebenden Pilzen (siehe S. 75, 175). Ihre Pilzpartner können Nährstoffe aus dem Boden aufnehmen und dabei Stickstoff freisetzen, der von der Pflanze aufgenommen wird.

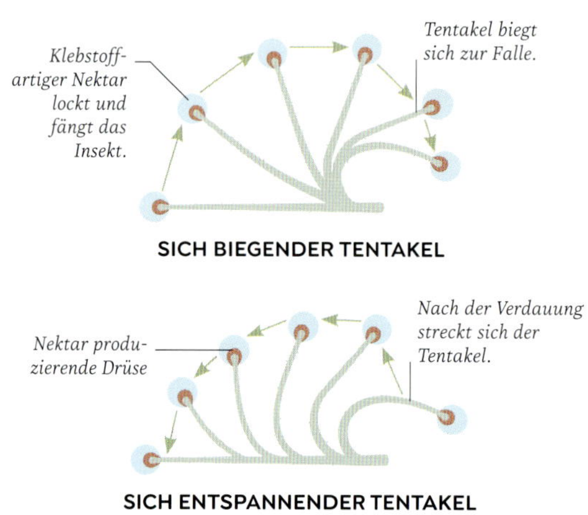

VORBEREITUNG ZUR VERDAUUNG
Einige Sonnentau-Arten biegen ihre Tentakel, um Insekten zu fangen und schließlich mit Nektartröpfchen zu beschießen.

An Katapult-Leimfallen finden sich mit die schnellsten beweglichen Fallen unter den Pflanzen.

NATURSCHUTZ

INVASIVE ART

Das Flutende Heusenkraut (*Ludwigia peploides*) ist eine aquatische Samenpflanze, die die europäischen Feuchtgebiete stört. Sie stammt aus Nord- und Südamerika, Australien und Neuseeland, wurde als Zierpflanze für Gartenteiche eingeführt und gilt heute als am stärksten invasive Pflanze Frankreichs. Sie kann aus kleinen Stängel- oder Wurzelfragmenten ausschlagen und ist daher extrem gut in der Lage, neue Lebensräume zu besiedeln. Sie überwuchert Feuchtgebiete mit dichten Matten, sodass anderen Arten Sauerstoff, Licht und Platz fehlen. In einem großen Teil Europas ist der Handel mit dieser Pflanze verboten.

EIN BIBER FRISST FLUTENDES HEUSENKRAUT.

NEST-BAU

Europa, Afrika und Südwestasien

Beutelmeisen sind eine Gruppe kleiner Singvögel, die vor allem in Europa, Afrika und Asien leben. Sie tragen ihren Namen, da ihre Nester an einen Beutel erinnern. Sie hängen sie an lange, dünne Zweige oder Schilfstängel, oft ein paar Meter über der Wasseroberfläche. Das Männchen und das Weibchen arbeiten beim Nestbau zusammen und weben Pflanzenfasern, Gräser und sogar Spinnweben, Haare und Wolle zusammen. Das dichte Nest hält die Eier warm. Einige Arten der Beutelmeisen erbauen einen langen, röhrenförmigen Eingang, durch den gerade einmal die Eltern passen. Sie bauen auch einen zweiten, falschen Eingang, der in eine leere Kammer führt, um Fressfeinde zu verwirren. Der echte Eingang ist fast unsichtbar, wenn er nicht gerade benutzt wird.

BEI DER ARBEIT
Ein Pärchen der Eurasischen Beutelmeise (*Remiz pendulinus*) arbeitet zusammen an der Errichtung des beutelförmigen Nests.

KEINE GEFAHR
Eine Hufeisen-Azurjungfer (*Coenagrion puella*) ruht auf einem Mittleren Sonnentau (*Drosera intermedia*). Sie ist zu groß, als dass sie an den klebrigen Tröpfchen hängenbleiben könnte.

SCHWARZ-WASSER

Sumatra und Borneo

DURCH TANNINE GEFÄRBTES WASSER

Die südostasiatischen Torfmoorwälder bestehen aus großen Bäumen mit Brett- oder Stelzwurzeln, die ihnen im instabilen Untergrund Halt geben. Zwischen den Wurzeln leben kleine Fische wie Kampffische und Guramis. Die robusten Blätter der Bäume enthalten chemische Verbindungen wie Phenole und Tannine, die die Zersetzung durch Bakterien behindern. Daher sammelt sich das Falllaub an und wird zu Torf. Die Tannine färben das Wasser dunkelbraun.

IM SEICHTEN FISCHEN

Okavango-Delta, Botswana

Die Pflanzen der Feuchtgebiete haben oft unterirdische Rhizome, die untergetaucht überleben können. Im Okavango-Delta in Botswana ernährt sich der Klunkerkranich (*Bugeranus carunculatus*) von den Rhizomen der Seggen und Seerosen sowie von Knollen. Dieser große, omnivore Vogel sucht seine Nahrung im seichten Wasser und im Schlamm. In der Trockenzeit ergänzt er sie mit kleinen Wassertieren.

KLUNKERKRANICH

SCHWIMMENDE MATTEN

Sudd, Südsudan

Pflanzen der Feuchtgebiete können schwimmende Matten bilden. Eins der größten Feuchtgebiete der Welt ist der Sudd im Südsudan, benannt nach arabisch *sadd* für Barriere. Die dicken Matten können frei dahintreiben oder im Boden verwurzelt sein. Sie bieten Unterschlupf für Fische und andere Wasserbewohner. Die Matten können bis zu 30 km lang werden, eine Barriere zwischen dem Wasser und der Luft bilden und dadurch den Sauerstoffgehalt im Wasser verringern. Viele Pflanzenarten können solche Matten bilden, doch der Papyrus (*Cyperus papyrus*) ist eine der wichtigsten. Seine schwimmenden Stängel bilden Matten im tieferen Wasser und seine Blütenstände bieten Vögeln Nistplätze.

NEUE WASSERLÄUFE
Afrikanische Steppenelefanten (*Loxodonta africana*) arbeiten sich durch die dichte Vegetation des Sudds und erzeugen dabei neue Wasserläufe.

LAUFEN IN TIEFEM WASSER

Sambia und Botswana

Letschwes (*Kobus leche*) kommen in den Feuchtgebieten des Okavango in Botswana sowie in den Überschwemmungsebenen des Kafue und den Bangweulu-Sümpfen in Sambia vor. Diese Antilopen sind hervorragend an die saisonalen Überschwemmungsgebiete zwischen den tieferen Wasserrinnen und dem trockeneren Grasland angepasst. Diese Landschaft behindert Löwen (*Panthera leo*) und Afrikanische Wildhunde (*Lycaon pictus*), verschafft dem Letschwe aber einen Geschwindigkeitsvorteil. Ähnlich wie die Gazellen auf trockenem Land, die das Prellspringen beherrschen, kann der Letschwe mit allen vier Beinen gleichzeitig aus dem Wasser springen.

WASSERLÄUFER
Ein männlicher Letschwe mit langen, gerillten Hörnern springt durch das Wasser des Okavango-Deltas. Nur die Männchen tragen Hörner.

NATURSCHUTZ

RÜCKZUGSGEBIET FÜR PRIMATEN

Das Cuvette Centrale Peatland im Kongobecken ist eins der größten Torfmoore der Welt. Die dichte Vegetation und der wasserdurchtränkte Boden machen die Gegend zu einem Rückzugsgebiet für Wildtiere. Darunter befinden sich zwei unserer nächsten Verwandten: der Westliche Flachlandgorilla (*Gorilla gorilla gorilla*) und der Bonobo (*Pan paniscus*). Der Westliche Flachlandgorilla ist vom Aussterben bedroht, doch noch leben große Populationen in den Feuchtgebieten, wo sie sich von Sumpfpflanzen und Früchten ernähren. Das Cuvette Centrale Peatland ist 145 000 km^2 groß und bindet geschätzte 30 Milliarden Tonnen Kohlenstoff.

WESTLICHE FLACHLANDGORILLAS

FLUSSPFERDE UND ELEFANTEN

Afrika südlich der Sahara

Große Tiere wie die Flusspferde (*Hippopotamus amphibius*) und die Afrikanischen Steppenelefanten (*Loxodonta africana*) spielen eine wichtige Rolle in den Ökosystemen der Feuchtgebiete. Durch ihre Größe können sie den feuchten Boden bewegen und tiefe Kanäle bilden, die anderen Wassertieren wie den Fischen Lebensräume bieten. Diese Kanäle dienen Wasserbewohnern während der Regenzeit als Rückzugsgebiete und helfen, Wasser und Sedimente in Lagunen zu transportieren.

Flusspferde folgen einer täglichen Routine, die sie zu effektiven Kanalarbeitern macht: In der Hitze des Tages bleiben sie untergetaucht im tiefen Wasser, um nicht zu überhitzen, während sie nachts an Land grasen. Sie wandern in jeder Nacht bis zu 5 km umher und fressen dabei etwa 40 kg Gras. So schaffen sie vegetationsfreie Pfade, durch die das Wasser fließen und Sauerstoff einbringen kann.

EIN GLIED DER NAHRUNGSKETTE
Der Kot der Flusspferde bringt Nährstoffe ins Wasser, die Pflanzen und Algen düngen und Mikroben ernähren. Die Mikroben bilden die Basis der Nahrungskette.

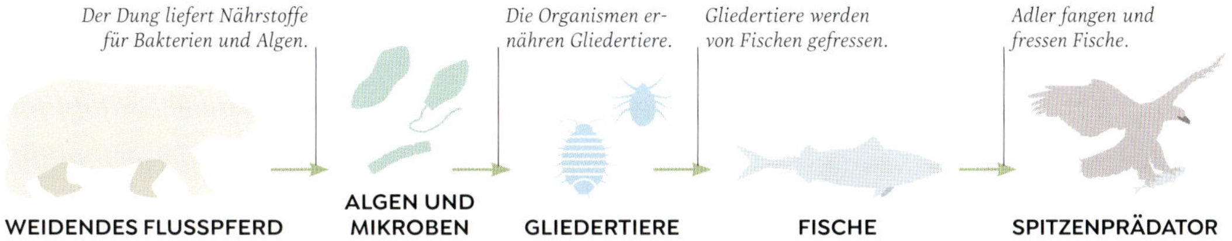

NATURSCHUTZ

INVASIVE ART

In Kolumbien entkam eine Flusspferdherde in den späten 1990er-Jahren aus einem Privatzoo und ließ sich im Becken des Río Magdalena nieder, 11 000 km von ihrer afrikanischen Heimat südlich der Sahara entfernt. Diese Tiere sind nun die größte invasive Art der Welt. Die zuständigen Behörden debattieren, wie sie mit der wachsenden Population umgehen sollen.

FLUSSPFERDE IM SEE

AUFGEWÜHLTES WASSER
Ein Flusspferd galoppiert durch das seichte Wasser eines Feuchtgebiets in Tansania, wühlt das langsam fließende Wasser auf und bringt Sauerstoff zum Grund ein.

LEBEN IM

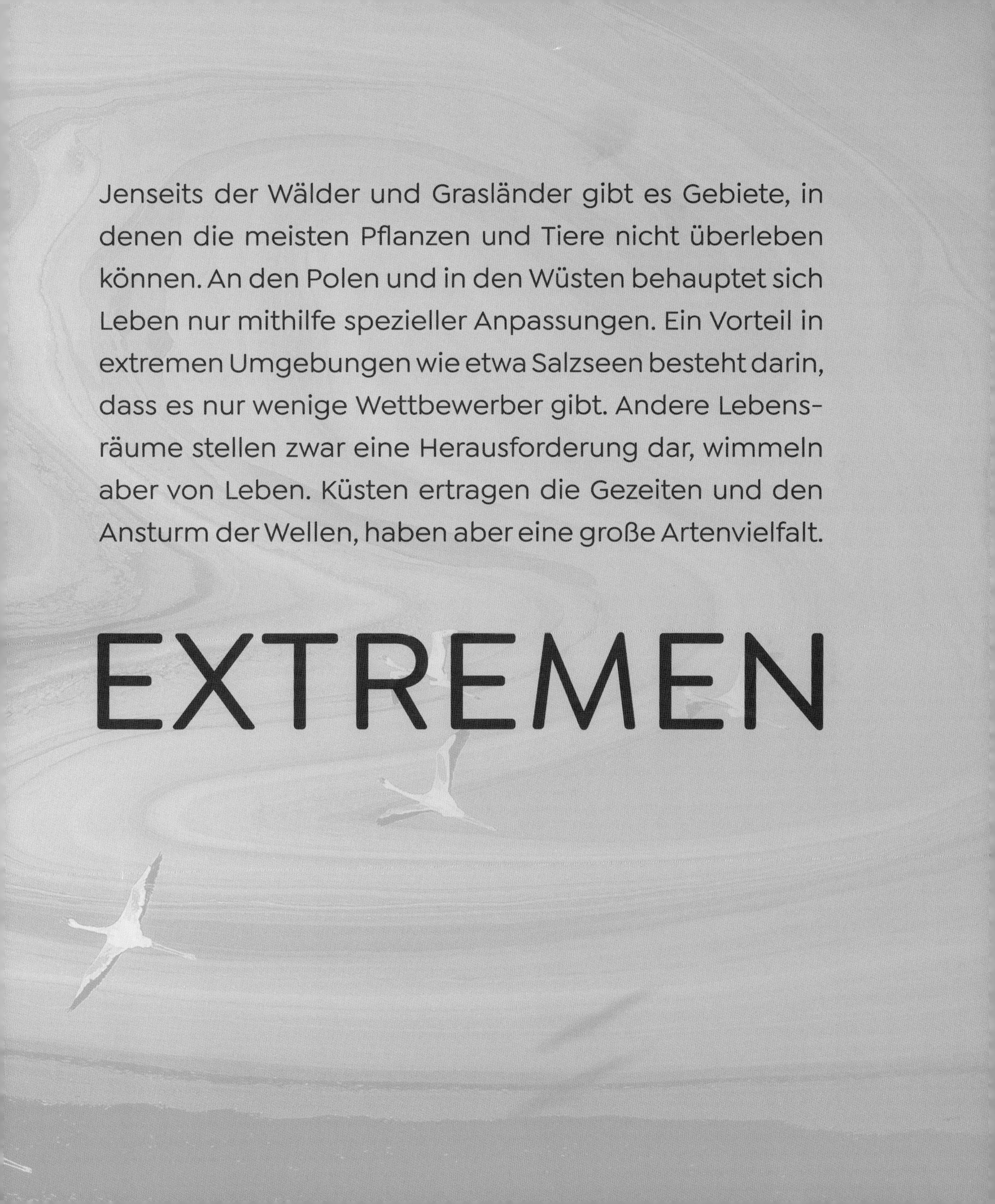

Jenseits der Wälder und Grasländer gibt es Gebiete, in denen die meisten Pflanzen und Tiere nicht überleben können. An den Polen und in den Wüsten behauptet sich Leben nur mithilfe spezieller Anpassungen. Ein Vorteil in extremen Umgebungen wie etwa Salzseen besteht darin, dass es nur wenige Wettbewerber gibt. Andere Lebensräume stellen zwar eine Herausforderung dar, wimmeln aber von Leben. Küsten ertragen die Gezeiten und den Ansturm der Wellen, haben aber eine große Artenvielfalt.

EXTREMEN

Im heftigen Schneefall von Spitzbergen ruht sich ein Polarfuchs (*Vulpes lagopus*) einen Moment lang aus. Sein dichtes Winterfell isoliert sehr gut, sodass das Tier erst bei Temperaturen von weniger als −40 °C zu zittern beginnt.

POLARGEBIETE

In den Polargebieten muss das Leben das ganze Jahr über bitterer Kälte widerstehen: im Norden auf den arktischen Inseln, die vom Nordpolarmeer umgeben sind, im Süden auf dem Kontinent Antarktika, der direkt über dem Südpol liegt.

Jenseits der nördlichen Baumgrenze der Arktis muss sich die Vegetation über dem Permafrostboden behaupten, der auch an den wärmsten Tagen gefroren bleibt. Wenige Pflanzen überragen hier die Gräser, doch bedecken sie die als Tundra bezeichnete Landschaft mit einem Pflanzenteppich. Da sich die Pole aufgrund der geneigten Erdachse je nach Jahreszeit der Sonne zuneigen oder von ihr abwenden, herrscht im Sommer ständiges Tageslicht, während es im Winter durchgehend dunkel ist. In jedem Sommer setzt in der Tundra neues Wachstum ein, das damit die arktische Nahrungskette unterstützt, zu der Meeresvögel, Rentiere und Wölfe gehören.

LEBENSSPENDENDES MEER

Antarktika am anderen Ende der Welt bildet einen absoluten Kontrast. Das meiste Land besteht aus nacktem Fels oder ist mit Eis bedeckt – zu unfruchtbar für Pflanzen. Die Seevögel und Robben Antarktikas leben vor allem an der Küste, wo sie ihre Nahrung aus dem Meer beziehen. Letztlich leben die meisten Tiere vom Antarktischen Krill, kleinen schwimmenden Krebstieren, die unglaublich dichte Schwärme bilden.

Die Tiere und Pflanzen der Polargebiete wurden wie kein anderer Landlebensraum von der Kälte geprägt. In diesen Wüsten gibt es kein flüssiges Wasser. Eine über 2 km dicke permanente Eisschicht bedeckt das Land. Starke Winde wehen jegliche Feuchtigkeit weg und die Temperaturen liegen unter dem Gefrierpunkt. Daher beschränkt sich das Leben weitgehend auf Mikroben, die im Gestein und im Eis leben können.

Doch die Robustheit des polaren Lebens täuscht über seine Widerstandsfähigkeit gegenüber einer sich verändernden Welt hinweg. Es ist nämlich sehr empfindlich gegenüber der globalen Erwärmung. Durch einen Temperaturanstieg können die Organismen der Polargebiete am stärksten von allen Lebewesen gefährdet sein.

VERBREITUNG DER POLARGEBIETE

Jenseits des nördlichen und des südlichen Polarkreises erstrecken sich die jeweiligen Polargebiete, die die nördlichsten Teile Nordamerikas, Grönlands und Eurasiens, Antarktika und einige subpolare Inseln auf beiden Erdhalbkugeln umfassen.

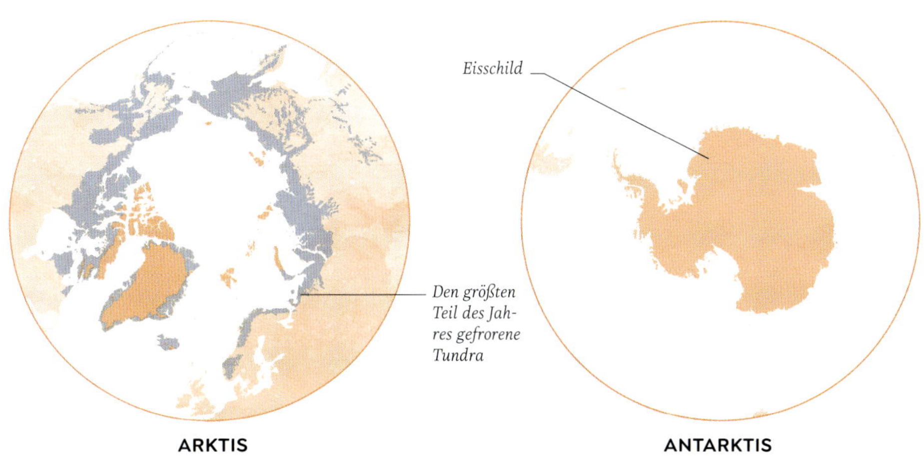

LEGENDE

Arktische Tundra · Polare Wüste

ARKTISCHE TUNDRA

Die am nächsten zu den Polen gelegenen Lebensräume gehören zu den kältesten der Erde. In der arktischen Tundra begrenzt eine dicke Schicht Permafrostboden das Baumwachstum, doch die Oberfläche schmilzt im Frühjahr, sodass niedrige Pflanzen eine kurze Zeit wachsen und im Sommer blühen können. In Sibirien reicht die Tundra weit nach Norden, bis das Pflanzenwachstum schließlich in der Kältewüste zum Erliegen kommt.

ZUGVÖGEL
Nachdem sie im Sommer in der Tundra gebrütet haben, fliegen die Rothalsgänse zum Überwintern nach Süden.

GEFRIEREN UND TAUEN

In der arktischen Tundra fallen moderate Niederschläge, doch während einer Jahreshälfte ist das Oberflächenwasser gefroren und steht Pflanzen nicht zur Verfügung. Starke Wind tragen zur Austrocknung bei. Das Leben ist während der Tauperiode im Sommer am aktivsten. Das antarktische Klima ist sogar noch kälter und trockener, sodass sich das Leben hier vor allem auf die Küsten beschränkt.

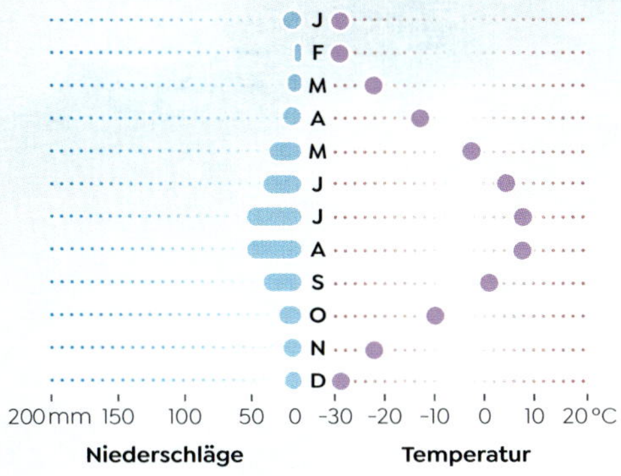

TIKSI, SIBIRIEN

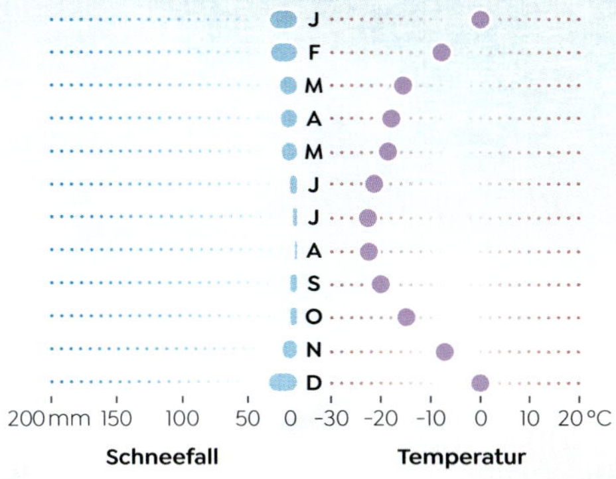

MCMURDO-STATION, ANTARKTIKA

TROCKENE TUNDRA

Der höher gelegene Boden ist ein Lebensraum für krautige Pflanzen und kriechende Gehölze, die im Sommer blühen, wenn der Boden taut.

KÄLTEWÜSTE

Es ist zu kalt und die Sommer sind zu kurz, um viel Leben in der Kältewüste zu ermöglichen. Hier wachsen nur Moose und kleine Pflanzen.

WICHTIGE PFLANZE
Die ausgesprochen kältetolerante Rentierflechte ist eine wichtige Nahrungsquelle für die Tiere.

JÄGER DER TUNDRA
Schnee-Eulen leben dort, wo es ganzjährig genug Beute gibt, vor allem Gänsevögel und Lemminge.

GRASENDE HERDEN
Rentiere grasen in der sommerlichen Tundra, doch die meisten suchen im Winter weiter südlich gelegene Wälder auf.

***Die Gelbflechte** überzieht die Felsen und nutzt das Sonnenlicht zur Fotosynthese.*

***Tauwassertümpel** überfluten den Boden, doch darunter liegender Permafrost und Eiskeile verhindern die Versickerung.*

***Eiskeile** dehnen sich aus und sprengen die Oberfläche.*

DAUERHAFTER BEWOHNER
Das pflanzenfressende Moorschneehuhn bleibt das Jahr über in der Tundra. Es frisst im Sommer Blätter und Samen und Weidenknospen im Winter.

GRABENDES SÄUGETIER
Die tagaktiven Lemminge ernähren sich von der Vegetation der Tundra und graben im Winter unter dem Schnee.

KOPFSTÖSSE
Moschusochsen sind die größten Pflanzenfresser der Arktis. Ihre Fettvorräte speichern Energie, während die auch als Qiviuq bezeichnete dicke Unterwolle die Körperwärme bewahrt.

GROSSE HERBIVOREN DER TUNDRA

Alaska und Kanada

Trotz des Mangels an Pflanzen können auch in der Tundra große Pflanzenfresser leben. Sie nutzen die sommerliche Vielfalt der Gräser und blühenden Kräuter, fressen aber auch Moose. Rentiere (*Rangifer tarandus*) besitzen sogar besondere Enzyme, die ihnen die Verdauung von Flechten ermöglichen. Diese arktischen Hirsche ziehen im Winter nach Süden, um nahe der borealen Baumgrenze Strauchschösslinge abzuweiden. Die größeren Moschusochsen (*Ovibos moschatus*) bleiben und überstehen den arktischen Winter auf höher gelegenem Gelände, wo sie Schnee und Erde wegscharren, um an den grünen Aufwuchs und die Wurzeln darunter zu kommen. Diese Huftiere teilen die Tundra mit kleinen Herbivoren wie Lemmingen, Hasen und Schneehühnern. Gemeinsam liefern sie genug Fleisch für eine Vielzahl von Karnivoren.

Erwachsene Moschusochsen-Bullen können manchmal bis zu 400 kg wiegen.

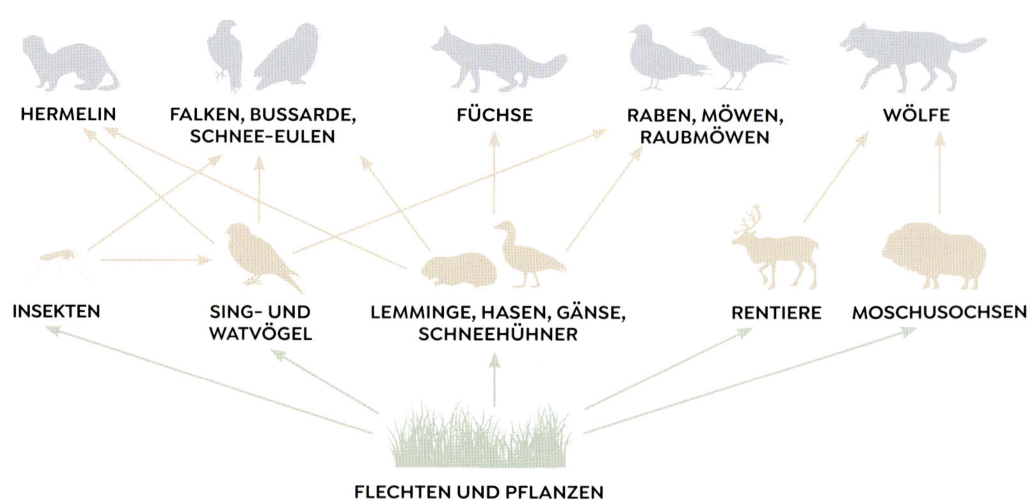

NAHRUNGSNETZ DER KANADISCHEN TUNDRA
Nahrungsnetze der Arktis gründen auf der Fotosynthese. Die Tieranzahl hängt von den Jahreszeiten ab. Die Zahl der Lemminge etwa ist im Frühjahr am größten.

DIE NÖRDLICHSTE PFLANZE

Nördliches Grönland

GEGENBLÄTTRIGER STEINBRECH

Als am weitesten nördlich gelegenes Land wird meistens die Kaffeklubben-Insel angesehen, eine unbewohnte Insel vor der grönländischen Nordküste. Obwohl es keinen Schutz vor eisigen Polarwinden gibt, überdauert hier pflanzliches Leben: Der Gegenblättrige Steinbrech (*Saxifraga oppositifolia*) wächst weiter im Norden als jede andere Art. Er übersteht die extremen Bedingungen, weil er nahe am Boden wächst und kleine, haarartige Blätter besitzt, mit denen er die knappe Feuchtigkeit bewahren kann.

VOM EIS VERBUNDENE INSELN

Spitzbergen, Europa

Arktische Landtiere sind nicht durch die Küsten beschränkt, da die Meeresoberfläche wegen der niedrigen Temperaturen gefriert und dadurch Eisbrücken zwischen den Inseln und dem Festland entstehen. Das Eis ist ein Rückzugsort für Seevögel und Robben. Es hilft den Eisbären auch, sich weiter von ihren Höhlen zu entfernen und bessere Plätze zur Robbenjagd zu erreichen.

JAGD AUF DEM EIS

Gelegentlich jagen Eisbären (*Ursus maritimus*) von Eisschollen aus und erbeuten Robben, die gerade das Wasser verlassen.

NATURSCHUTZ

VERSCHWINDENDER LEBENSRAUM

Die globale Erwärmung führt zum Rückgang des arktischen Meereises, sodass den Eisbären immer weniger Lebensraum für die Jagd zur Verfügung steht. Daher nutzen die hungrigen Bären ihre einzige weitere Option: Sie suchen in Städten und Niederlassungen nach Nahrungsvorräten und Abfällen, was wiederum zu Konflikten mit Menschen führt.

IM MÜLL STÖBERNDE BÄREN

GANZJÄHRIGER SCHNEE

Brooks-Kette, Alaska

Teile des arktischen Nordamerikas und Eurasiens sind bergig, sodass die niedrigen Temperaturen sowohl auf der Nähe zum Pol als auch auf der Höhenlage beruhen. Schnee sammelt sich in den Tälern und bleibt das ganze Jahr über liegen. Diese ganzjährigen Schneefelder wie in der Brooks-Kette in Alaska fangen vom Wind verwehte Insekten ein, die wiederum kleine insektenfressende Vögel anlocken, etwa die Ohrenlerche (*Eremophila alpestris*).

OHREN-LERCHE

MIGRATIONEN DER WATVÖGEL

Asien

In den tiefer liegenden Teilen der Arktis sammelt sich Wasser, das ein Mosaik von Sumpfgebieten schafft, in denen aquatische Larven wie jene der Mücken leben. Diese Larven und die Schwärme der adulten Insekten sind eine reiche Nahrungsquelle für Watvögel, etwa die Schnepfen. In jedem Sommer ziehen sie ihre Jungen in der Tundra auf und fliegen im Winter nach Süden, um an den Küsten nach Nahrung zu suchen.

PFUHLSCHNEPFE

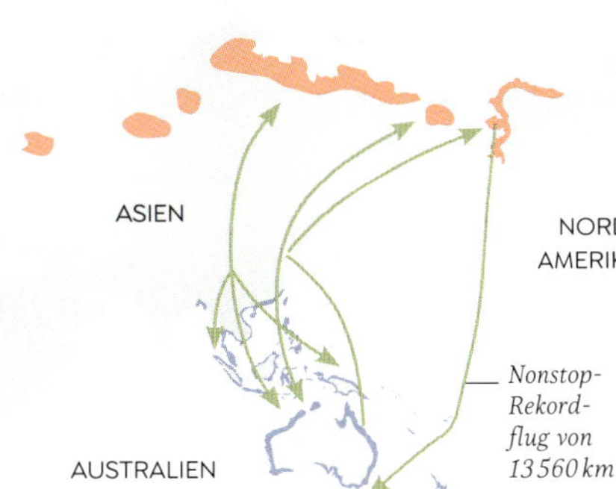

LEGENDE

- Keine Brutgebiete
- Brutgebiete
- Migrationsrouten

REKORD-MIGRATION

Einige Pfuhlschnepfen (*Limosa lapponica*) – typische Watvögel der Tundra – fliegen in der längsten Nonstop-Migration aller Vögel nach Süden.

SCHLEMMEN IM SOMMER

Die Sommer der arktischen Tundra sind für viele Arten eine Zeit des Überflusses. Das frische Grün ermöglicht die Vermehrung der weiter oben in der Nahrungskette stehenden Tiere, und Raubtiere wie die Polarfüchse (*Vulpes lagopus*) müssen alles daran setzen, den saisonalen Beuteüberschuss zu nutzen. Um den Winter zu überstehen, müssen sie sich nun Fettreserven anlegen.

Für den bevorstehenden Winter wechseln viele Tiere ihr Fell oder ihr Federkleid, um eine bessere Isolation zu erreichen. Manche verändern auch ihre Farbe und tauschen ein dunkles Sommerfell gegen ein weißes. Das dunkle tarnt im Sommer auf den nackten Böden und das weiße auf dem winterlichen Schnee. Der Auslöser für den Farbwechsel ist die Veränderung der Tageslänge, die hormonelle Umstellungen bewirkt.

Das Polarfuchsfell isoliert besser als das aller anderen Säugetiere.

MOOSPOLSTER

Grün sieht man in Antarktika selten, doch an manchen Stellen der Ostküste, etwa an der Casey-Station, gibt es Moospolster. Die winzigen Pflanzen kommen dort vor, wo es ausreichend von Seevogelkot gedüngte Böden gibt. Sie wachsen unglaublich langsam, höchstens wenige Millimeter pro Jahr. Trotz ihrer Isolation sind sie durch Umwelteinflüsse bedroht. Die globale Erwärmung trocknet den Osten Antarktikas aus und vernichtet dabei den größten Teil der Moosbestände.

MOOSPOLSTER

KATABATISCHE WINDE

Die massiven Eisschilde, die den Kontinent Antarktika bedecken, haben einen unmittelbaren Einfluss auf das polare Klima. Die über den Eisschilden abgekühlte Luft wird dichter und schwerer, durch die Schwerkraft sinkt sie herab auf tiefer gelegene Böden. Das Ergebnis sind heftige Fallwinde, die katabischen Winde, die sich die antarktischen Täler hinabbewegen, den Schnee hinwegfegen und das Land austrocknen. Derartige Winde machen die Antarktischen Trockentäler zu einer lebensfeindlichen Wüste, in der nichts außer einigen Mikroben im Gestein oder unter den Gletschern existieren kann. Hier treten nur selten Niederschläge auf. Manchmal trifft man auf mumifizierte Kadaver desorientierter Robben, die versehentlich in diese Täler gelangt sind. Sie mögen frisch aussehen, können aber einige Jahrhunderte alt sein.

GEGEN DEN WIND ZUSAMMENSTEHEN
Kolonien von Kaiserpinguinen auf dem Meereis sind den katabischen Winden ausgesetzt, die von den Eisschilden kommen und über das Tiefland und das Meer wehen.

WEGGEJAGT
Das weißbraune Fell des von einer Eiderente verscheuchten Polarfuchses befindet sich im Fellwechsel. Die Füchse ernähren sich in manchen Gegenden von brütenden Vögeln, den Küken oder Eiern.

FLORA DER TUNDRA

Arktische Tundra

BLÜTEN DER POLAR-WEIDE

Die meisten arktischen Pflanzen sind immergrün und mehrjährig. Sie leben mehrere Jahre lang und behalten ihre Blätter im dunklen Winter. Um ohne Fotosynthese auszukommen, müssen sie genug Reserven besitzen. Die Frühlingssonne löst eine schnelle Erneuerung aus, doch manche Pflanzen sind besser ausgestattet als andere: Sie haben schlafende Knospen, die bereits im vorigen Sommer angelegt wurden. So können sie schnell blühen und es steht ihnen ein längerer Zeitraum für die Bestäubung zu Verfügung.

GRENZE DES LEBENS

Transantarktisches Gebirge

Wie andere Kontinente weist auch Antarktika Gebirgszüge auf. Durch die Kombination von polaren Breiten und großen Höhen werden sie zu den unwirtlichsten Lebensräumen der Erde. Doch auch hier – weit entfernt von den trockeneren Ebenen und Tälern – gibt es komplexes Leben. Flechten und Moose bilden die Grundlage der einfachsten polaren Nahrungsketten. Alles hier ist eine Miniaturausgabe: Die Weidetiere sind Springschwänze, die Prädatoren Milben, die Destruenten winzige Nematoden. Die Springschwänze sind zwischen Sandkörnern unter Felsen vor der trockenen Luft geschützt, die sie innerhalb von Minuten ausdörren würde.

WINZIGES WEIDETIER
Springschwänze sind kleiner als ein Sesamkorn. Sie leben an der Sonnenseite des Transantarktischen Gebirges, wo sie das Schmelzwasser nutzen können.

ALGEN IN STEINEN, EIS UND SCHNEE

Antarktika

Eines der einfachsten Ökosysteme der Welt gibt es in Antarktika: Kälteresistente Mikroben leben in Schnee oder Eis, während Bakterien, Algen und Flechten innerhalb von lichtdurchlässigem Gestein vorkommen. Sie bewohnen kleine Lücken zwischen den Kristallen des Gesteins, betreiben Fotosynthese oder ernähren sich von organischen Abfällen. Diese Organismen verraten sich durch die grünliche Färbung des Gesteins, doch ihre chemische Aktivität verläuft ansonsten sehr träge.

ORGANISMEN IM GESTEIN
Im Land des Eises verbleibt das Gesteinsinnere als einziger Lebensraum für einfachste Organismen.

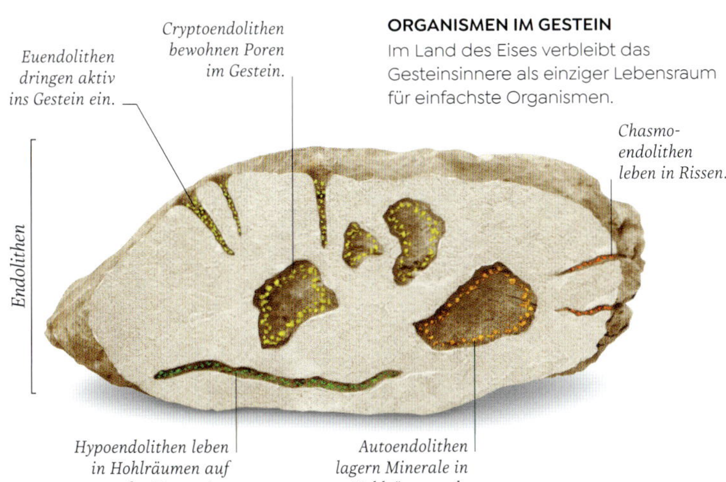

BLUTSCHNEE
Kolonien der Grünalge *Chlamydomonas nivalis* färben den Schnee rötlich. Das Foto entstand auf Bergen außerhalb der Polargebiete, da diese Algen in permanenten Schneefeldern auf der ganzen Welt vorkommen.

GETARNTE RENTIER-KÄLBER
Die kleine Gruppe von Rentier-Kälbern ist im Schnee auf Spitzbergen, Norwegen, kaum zu erkennen. Etwa 60 Prozent Spitzbergens sind von Gletschern bedeckt, das Land ist von Menschen kaum beeinflusst. Hier leben auch Eisbären, Polarfüchse und viele Seevögel.

KINDERKRIPPE
Heranwachsende Kaiserpinguine besitzen ein graues Daunenkleid mit einem schwarzen »Helm«, das ihre Körper während des Winters isoliert. Sie leben in sogenannten Crèches.

ANTARKTISCHE FJÄLLFELDER

ANTARKTISCHE SCHMIELE

Regelmäßige Zyklen von Gefrieren und Tauen bilden sogenannte Fjällfelder. Gefrierendes Eis dehnt sich aus, hebt die Böden an, bildet trockene Spalten und drückt sogar Pflanzen aus dem Substrat. Und doch sind die Fjällfelder die einzigen Orte der Antarktischen Halbinsel, an denen Bedecktsamer wie die Antarktische Schmiele und die Antarktische Perlwurz gedeihen.

SEEVOGEL- UND ROBBENDÜNGER

Der Mangel an Landpflanzen führt dazu, dass antarktische Wildtiere ihre Nahrung vor allem aus dem Meer beziehen. Doch große Kolonien von Seevögeln und Robben düngen das Land mit ihren Exkrementen, sodass Moose und andere einfache Pflanzen wachsen können. Der Kot ist reich an Stickstoff, ein Element, das alle Organismen für ihr Wachstum benötigen. Stickstoff wird in Form von Harnsäure, der weißen Komponente der Vogelexkremente, abgegeben und von Bakterien zu Ammoniak und schließlich zu Nitrat verarbeitet. Ein Teil der Nitrate wird von Pflanzen aufgenommen, doch der größte Teil gelangt ins Meer.

EXKREMENTE DER VÖGEL
Die reiche Stickstoffproduktion einer Vogelkolonie ist am Geruch des Ammoniaks zu erkennen, das zum großen Teil in die Luft entweicht.

PINGUINKOLONIE

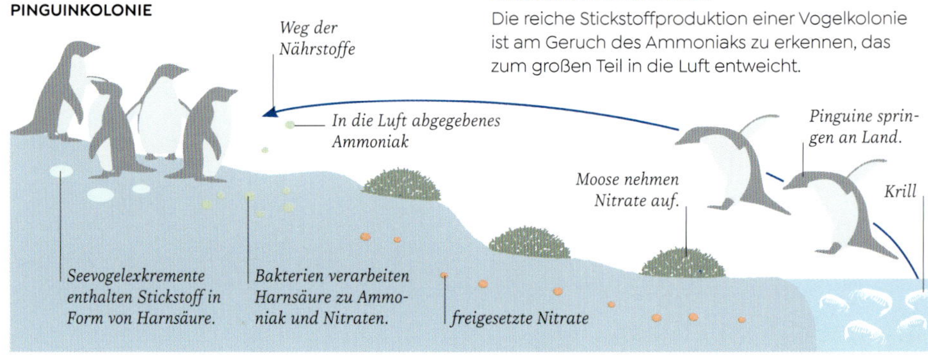

PINGUINE DER ANTARKTIS

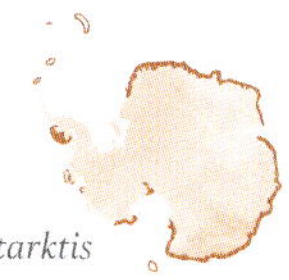

Pinguine leben in der Antarktis, wo es keine Landraubtiere gibt. In der Arktis wären sie die Beute von Bären, Wölfen und Füchsen. Sie sind an die kalten südlichen Meere angepasst und kommen – mit Ausnahme einer Art auf den Galapagos-Inseln – nur auf der Südhalbkugel vor. Die meisten Arten bewohnen die subantarktischen Inseln, fünf jedoch Antarktika. Nur zwei – der Kaiser- (*Aptenodytes forsteri*) und der Adelie-Pinguin (*Pygoscelis adeliae*) – leben südlich der Antarktischen Halbinsel. Wasserdichtes Gefieder, flossenartige Flügel und ein torpedoförmiger Körper ermöglichen es den Pinguinen, Fische, Kalmare und Krill auch in großer Tiefe zu erbeuten. Sie brüten meist in Kolonien an den Küsten. Meistens ziehen die Eltern ihre Jungen gemeinsam im antarktischen Sommer auf. Doch Kaiserpinguine benötigen zur Aufzucht ihrer Jungen so lange, dass die Brutzeit den Winter einschließt, in dem die Männchen die Eier bebrüten. Die Jungen wärmen sich in Crèches und müssen vier Monate lang gefüttert werden.

Satelliten haben neue Kaiserpinguin-Kolonien aufgespürt.

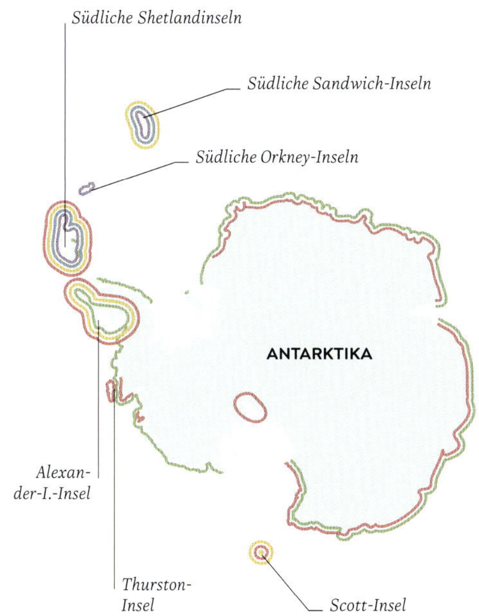

LEGENDE

- Adelie-Pinguin
- Zügelpinguin
- Kaiserpinguin
- Eselspinguin
- Goldschopfpinguin

PINGUIN-LEBENSRÄUME
Die am südlichsten lebenden Arten kommen auf dem Kontinent Antarktika und benachbarten Inseln vor. Die meisten ernähren sich von Krill, der im Südpolarmeer in großen Mengen lebt. Kaiserpinguine bevorzugen Fische und Kalmare.

NISTEN AUF DEN NUNATAKS

Isolierte Berge, genannt Nunataks, erheben sich über den Schnee und das Eis Antarktikas. Die am weitesten vom Meer entfernten tragen kein höheres Leben, doch einige sind eisfreie Rückzugsgebiete für Seevögel. Der Svarthamaren im Osten Antarktikas beherbergt die größte Vogelkolonie des Kontinents. Sie besteht ausschließlich aus Antarktik-Sturmvögeln (*Thalassoica antarctica*). Pinguine gibt es hier nicht, da der Berg für diese flugunfähigen Vögel zu hoch ist und zu weit im Inland liegt. Doch er befindet sich nah genug am Meer, sodass es die Sturmvögel zur Nahrungssuche aufsuchen können. Er liegt so weit im Inland, dass Raubtiere der Küste, etwa Seeleoparden, ihn nicht erreichen und die Jungvögel nicht gefährden können.

ANTARKTIK-STURMVOGEL-KOLONIEN
Die zwischen schneefreien Gipfeln in über 200 km Entfernung vom Meer brütenden Antarktik-Sturmvögel sind vor den Prädatoren der Küste sicher.

NATURSCHUTZ

ERWÄRMUNG DER ANTARKTIS

In jedem Jahr bedroht die globale Erwärmung die Tiere der Antarktis. Die Küken der Adelie-Pinguine schlüpfen mit weichen Daunenfedern, die noch nicht die Öle enthalten, mit denen die erwachsenen Tiere ihr Gefieder imprägnieren. Das wärmere Wetter verwandelt Schnee in Regen, sodass die Küken nass werden und sich mit Schlamm beschmieren. Das nasse Gefieder wärmt nicht mehr, sodass die Küken erfrieren können.

Nasse und schlammige Daunenfedern

ADELIE-PINGUINE

WÜSTEN

Ein Wort beschreibt die Wüste am besten: trocken. Wüsten mögen unwirtlich und lebensfeindlich erscheinen, doch die Pflanzen und Tiere haben Wege gefunden, trotz des Wassermangels in diesem harschen Lebensraum zu überleben.

Ein trockenes Klima beruht sowohl auf der Sonnenhitze als auch auf den Niederschlägen. Einer der trockensten Plätze der Erde, die südamerikanische Atacama-Wüste, erhält so viel Sonnenenergie, dass die geringen Niederschläge 200-mal verdunstet werden könnten. Andererseits erreichen starke Niederschläge innerhalb kurzer Zeit die Pflanzenwurzeln nicht, sondern fließen nutzlos ab. Daher gibt es große Unterschiede zwischen den trockenen Lebensräumen der Erde. Einige bestehen aus kaum mehr als nackten Steinen und Sand, andere sind semiarides Strauchland mit eingestreuten Bäumen. Viele Wüsten befinden sich in den Tropen, andere in kühleren Regionen. Sie alle erleben große Temperaturunterschiede. In Winternächten kann es in der zentralasiatischen Gobi –30 °C kalt werden.

SAND UND FELSEN

Wüsten gehören zu den Lebensräumen mit der geringsten Produktivität. Obwohl sie viel Sonnenlicht bekommen, verhindert der Wassermangel das Wachstum größerer Pflanzenbestände. Daher gibt es in Wüsten weder stabilisierendes Wurzelwerk noch eine verrottende Pflanzenmasse, die Böden bilden kann. Stattdessen gibt es entblößtes Gestein oder vom Wind bewegten Sand. Dieses knochentrockene Substrat enthält nur wenig organisches Material und der Boden kann kaum Wasser für eine längere Zeit halten.

Daher kommt alles Leben in der Wüste, sei es Pflanze oder Tier, nur dünn verstreut vor. Ein Wüstentier muss sich mit Extremen wie der großen Tageshitze und einer eisigen Kälte in der Nacht auseinandersetzen und einen dementsprechenden Unterschlupf finden. Die Tiere legen auf der Nahrungssuche oft große Strecken zurück. Pflanzen müssen vor allem das vorhandene Wasser bewahren, sodass in Wüsten viele Sukkulenten, wie etwa die Kakteen im Amerika, gedeihen. Manchmal keimen schon lange ruhende Samen nach einem Regen und führen zu einer spektakulären Superblüte.

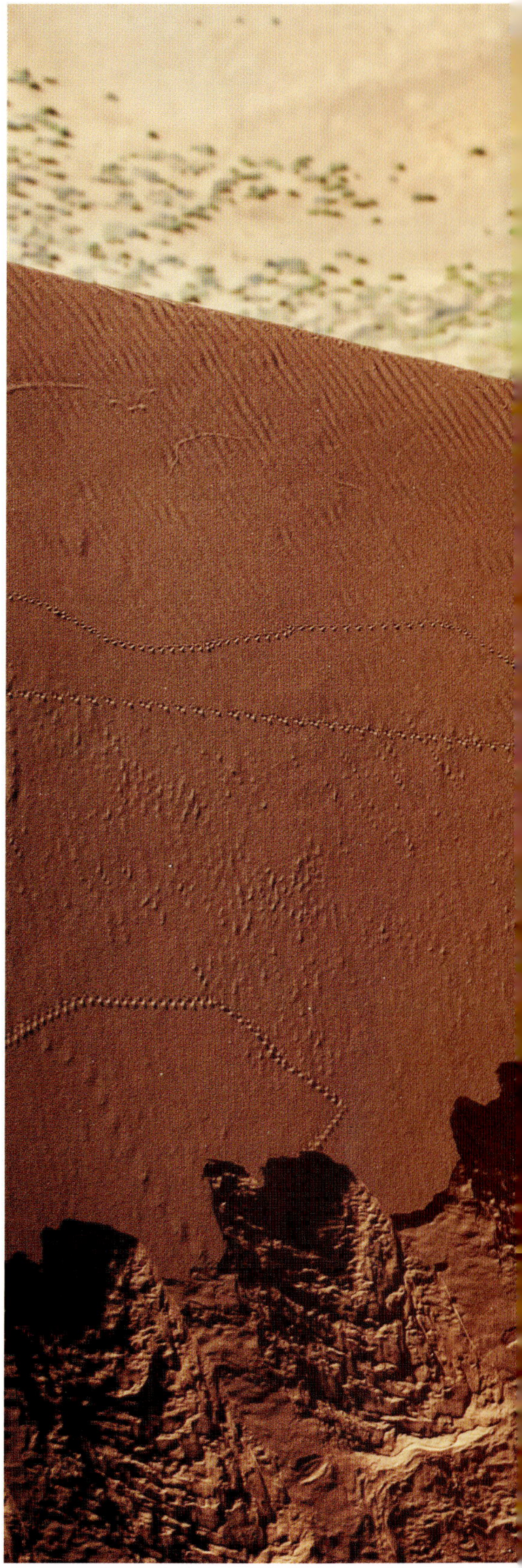

WÜSTEN DER WELT

Wüsten bedecken mehr als ein Fünftel der Erdoberfläche. Die größten befinden sich in den heißen tropischen Zonen etwa 15–35° nördlich und südlich des Äquators. Kleinere Wüsten gibt es in den gemäßigten Zonen, etwa in Zentralasien und Nordamerika.

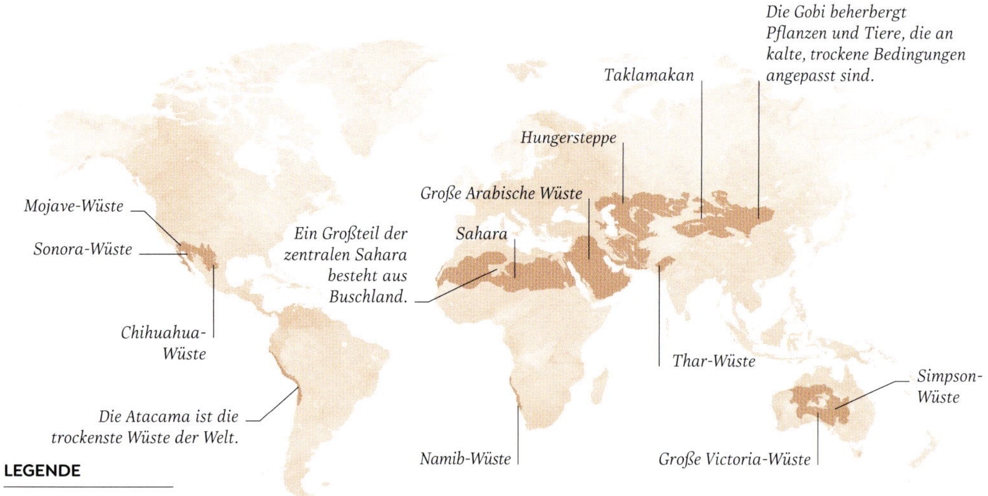

Ein Spießbock überquert auf der Nahrungssuche eine Düne in der Namib-Wüste. Der Spießbock (*Oryx gazella*) kann wochenlang ohne Trinkwasser auskommen, da ihm die Feuchtigkeit aus gefressenen Gräser und Wurzeln genügt.

LEBEN IN DER WÜSTE

Wüsten zeichnen sich durch geringe Niederschläge aus. In ihnen gibt es extreme Temperaturunterschiede – von der Tageshitze bis zu nächtlicher Kälte. Die Jahreszeiten spielen auch eine Rolle, mit kurzen Regenzeiten und fern vom Äquator kalten Wintern. Die Sonora-Wüste im amerikanischen Südwesten hat heiße Sommer, milde Winter und Niederschlagsmaxima im August und September. Hier wachsen vor allem Kakteen.

GERINGE NIEDERSCHLÄGE
Der Himmel über den Wüsten ist großenteils wolkenlos. In der Nacht sinken die Temperaturen. Es gibt vier Gründe für die geringen Niederschläge. Für die größte Wüste, die Sahara, treffen alle vier zu. Die Sonora ist eine Kombination von Regenschatten- und Subtropischer Wüste.

Wüsten sind leere Orte – durchschnittlich gibt es weniger als 20 g Biomasse pro Quadratmeter.

BLÜTE IN DER NACHT
Viele Wüstenpflanzen vermeiden Wasserverlust, indem sie ihre Blüten nachts öffnen. Sie locken Bestäuber mit starken Düften an.

NACHTAKTIVES TIER
Einige Tiere wie das Nordamerikanische Katzenfrett verstecken sich tagsüber und kommen nachts zum Fressen heraus.

WASSERSPEICHER
Wüstenpflanzen müssen einen Wasservorrat für die Trockenperioden anlegen. Kakteen und Sukkulenten speichern Wasser in fleischigen Stängeln und Blättern.

ANGEPASSTE BLÄTTER
Der Kreosotbusch hat für einen geringen Wasserverlust kleine, wachsbedeckte Blätter.

LAUERJÄGER
In Wüsten lebende Schlangen wie die Texas-Klapperschlange lauern gut getarnt ihrer Beute auf. Diese Strategie setzen viele Wüstenprädatoren ein.

HÜPFENDER NAGER
In den Wüsten hüpfen viele Nagetiere wie die Merriam-Kängururatte eher, als dass sie laufen, um Fressfeinden zu entkommen.

REGENSCHATTENWÜSTE

Wenn die Luft aufsteigt, kühlt sie ab und es entstehen Niederschläge. Hat sie das Gebirge überwunden, kann sich in der trockenen Luft eine Wüste bilden.

BINNENWÜSTE

Die wichtigste Niederschlagsquelle sind die Meere. Die Winde lassen die Niederschläge in Küstennähe niedergehen, im Binnenland ist die Luft sehr trocken.

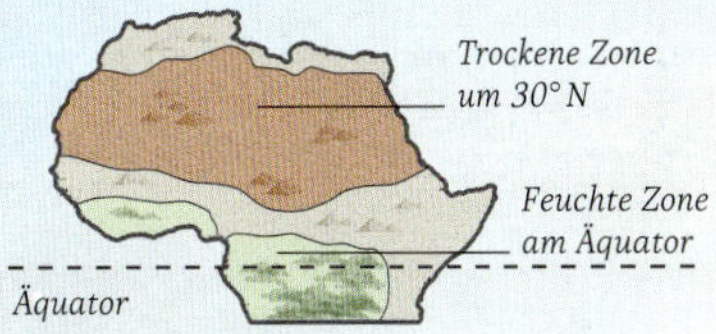

SUBTROPISCHE WÜSTE

Die Luftfeuchtigkeit schlägt sich am Äquator als Regen nieder. Trockene Luft bewegt sich in Richtung 30° N und 30° S, wo sie Hochdruckzonen erzeugt.

KALTE KÜSTENWÜSTE

Die Meeresströmungen an einigen Westküsten sind kalt. Das kühle Wasser sorgt eher für Nebel als für Regen, sodass die Küstenregion trocken bleibt.

NACH DEM REGEN

WÜSTENOPPORTUNIST

Der Wegekuckuck frisst, was er finden oder fangen kann – eine sinnvolle Strategie bei knapper Nahrung.

SUPERBLÜTE

Nach ungewöhnlich starken Regenfällen blühen zahllose Pflanzen, deren Samen nach langer Ruhe gekeimt sind, zur gleichen Zeit.

RUHENDE AMPHIBIEN

Der Südliche Schaufelfuß verbringt die Trockenzeit in seinem Bau. In dieser Zeit frisst er nichts.

Kröten erscheinen nachts, paaren sich und laichen in temporären Tümpeln, die der Regen hinterlassen hat.

NISTPLATZ

Der Gilaspecht meißelt sein Nest in einen Saguaro-Kaktus. Das Nest wird mitunter von anderen Vögeln genutzt, etwa dem Elfenkauz.

DIE HÖCHSTE KAKTEE DER WELT

Sonora-Wüste

Die Sonora-Wüste in Arizona und Nordmexiko ist für ihre großen Säulenkakteen bekannt. Der Saguaro-Kaktus (*Carnegiea gigantea*), die bekannteste Art, wird etwa 12 m hoch, während der mit ihm verwandte Riesen-Cardón (*Pachycereus pringlei*) manchmal sogar 19 m Höhe erreicht. Von den gerippten Säulen zweigen vertikale Arme ab. Wasser wird über ein ausgedehntes Wurzelsystem gesammelt, das sich vom Kaktus aus in alle Richtungen erstreckt.

Die Blüten öffnen sich nur eine Nacht lang.

SAGUARO-KAKTUS
Drei junge Wüstenbussarde (*Parabuteo unicinctus*) sitzen auf den Armen eines blühenden Saguaro-Kaktus.

SCHUTZ VOR DER HITZE

Grand Canyon

Wüstentiere haben verschiedene Strategien entwickelt, um die extremsten Temperaturen zu meiden. Im Grand Canyon in Arizona ist es in den Tiefen der Schlucht, wo die Temperatur im Sommer 38 °C übersteigen kann, heißer und trockener als weiter oben am Rand. Schlangen wie die Grand-Canyon-Prärieklapperschlange (*Crotalus lutosus abyssus*) sind überwiegend tagaktive Jäger, doch auch sie verstecken sich während der größten Hitze unter den Felsen. Im Winter suchen sie dagegen tiefere Höhlen auf, um dem manchmal hier herrschenden Frost zu entkommen.

Da es hier keine schattenspendenden Bäume gibt, schlüpfen viele kleinere Tiere wie der Kaninchenkauz (*Athene cunicularia*) oder die Wüsten-Kängururatte (*Dipodomys deserti*) in Baue, um der Sonne zu entfliehen. Andere Tiere wie der Eselhase (*Lepus californicus*) führen ein dämmerungsaktives Leben und ziehen sich in den heißesten Stunden des Tages oder den kältesten Zeiten der Nacht in Baue oder unter Gestein zurück.

Größere Wüstentiere, etwa die Arabische Oryx, haben helles Fell, das die Wärme reflektiert.

KLAPPERSCHLANGE
Die Grand-Canyon-Prärieklapperschlange, eine Unterart der Great-Basin-Klapperschlange, lebt im unteren Bereich des Canyons. Diese hat einen Schattenplatz gefunden.

BESTÄUBUNG VON PALMLILIEN IM DEATH VALLEY

Mojave-Wüste

Palmlilien oder Yuccas sind in der Mojave-Wüste und in ihrer Umgebung mit ihren spitz zulaufenden Blättern, den weißen Blüten und dem verzweigten Stamm leicht auszumachen. Wahrscheinlich ist die bekannteste Art die Josua-Palmlilie (*Yucca brevifolia*), die in Südkalifornien sehr verbreitet ist, auch im Death Valley, einem der heißesten und trockensten Orte der Erde. Die Pflanze wächst sehr langsam und kann über 100 Jahre alt werden – manche mögen noch viel älter sein.

Wie bei allen Yucca-Arten ist die symbiotische Beziehung zur Yucca-Motte (*Tegeticula yuccasella*) wichtig, die den Pollen von einer Pflanze zur anderen überträgt. Die erwachsenen Schmetterlinge sind nicht in der Lage zu fressen und können nicht mit Nektar belohnt werden, wie es bei den meisten Bestäubern der Fall ist. Stattdessen bietet ihnen die Pflanze eine Kinderstube für ihre Larven an. Die Raupen leben im Innern der Yucca-Früchte und fressen etwa die Hälfte der Samen, bevor sie sich verpuppen. Der Rest der Samen wächst zu neuen Yucca-Pflanzen heran.

YUCCA-LEBENSZYKLUS

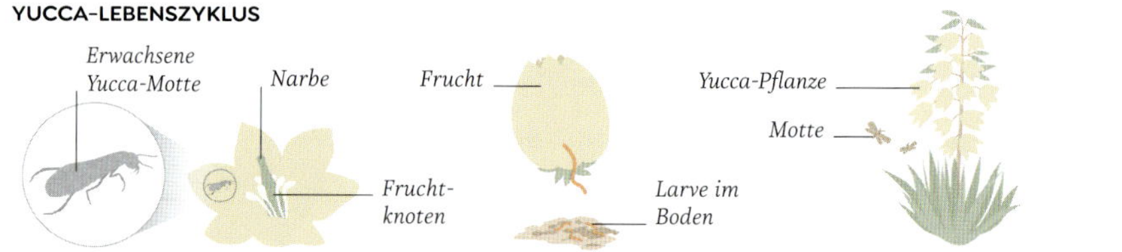

1 Eiablage
Die Motte legt Eier im Fruchtknoten ab und bestäubt die Narbe, damit sich Samen entwickeln.

2 Larve und Samen
Die Larve entwickelt sich mit den Samen in der Frucht, kommt heraus und landet im Boden.

3 Adulte Motte
Die Motte verlässt den Boden. Nach der Paarung legt das Weibchen seine Eier in eine Yucca.

JOSHUA-TREE-NATIONALPARK
Für die Josua-Palmlinie wurde in Kalifornien ein Nationalpark eingerichtet. Die meisten Palmlinien wachsen strauchartig, doch diese ähnelt mit einem Stamm und Ästen einem Baum.

GRABENDER KAUZ

Nordamerikanische Steppen und Grasländer

KANINCHENKAUZ AN SEINEM BAU

In den nordamerikanischen Wüsten, Gras- und Buschländern nisten Kaninchenkäuze (*Athene cunicularia*) in von Präriehunden oder Erdhörnchen angelegten Bauen. Anders als andere Eulen jagen sie vor allem am Tag, gehen aber der Mittagshitze in ihrem Bau aus dem Weg. Bei Bedrohung suchen sie ebenfalls ihren Bau auf und produzieren rasselnde oder zischende Geräusche. Der Angreifer soll glauben, dass sich eine Schlange in der Höhle befinde. Die Käuze jagen Insekten im Flug, können aber auch zu Fuß Nahrung suchen. Sie sollen sogar Dung sammeln, um ihn als Köder für Mistkäfer zu benutzen.

KAKTEEN-HOTSPOT IN DER CHIHUAHUA-WÜSTE

Chihuahua-Wüste

Die Chihuahua-Wüste liegt in Nordmexiko, erstreckt sich aber bis Texas und Neumexiko. Sie besteht aus niedrigen Becken und höher gelegenen Regionen (»Himmelsinseln«), die ein wenig mehr Regen erhalten und die Heimat einzigartiger Pflanzengemeinschaften sind, darunter der verschiedenen Kakteen, für die die Wüste berühmt ist. Viele der Kakteen wie der Peyote (*Lophophora williamsii*) sind kaum zu sehen, da sich die Wurzeln als der größte Teil im Boden befinden. Zum Schutz der Kakteen vor Wasserverlust gehört auch ihre Art der Fotosynthese. Wie alle Pflanzen müssen sie Kohlendioxid über Spaltöffnungen aufnehmen. Kakteen öffnen diese Stomata nur in der Nacht, damit sie tagsüber kein Wasser verlieren.

ARTENREICHTUM DER KAKTEEN

Etwa 350 der 1500 Kaktusarten der Welt leben in dieser Wüste. Kakteen sind meistens klein, können aber die verschiedensten Formen annehmen.

Mit vielen feinen Dornen bedeckt — *Schlank mit spitzen Dornen* — *Fassförmiger Körper mit rosafarbenen Blüten* — *Haarartiger Flaum schützt gegen Frost.* — *Langsam wachsend mit flacher Oberfläche*

CYLINDROPUNTIA SPINOSIOR — **CYLINDROPUNTIA KLEINIAE** — **ECHINOCEREUS REICHENBACHII** — **CEPHALOCEREUS SENILIS** — **ECHINOCACTUS HORIZONTHALONIUS**

VOM NEBEL LEBEN

Atacama-Wüste

Die Atacama-Wüste ist die trockenste nichtpolare Wüste der Welt. Hier fallen im Durchschnitt 2 mm Regen pro Jahr – in den letzten 500 Jahren gab es größtenteils überhaupt keine Niederschläge. Doch Feuchtigkeit erreicht die Wüste durch den vom Meer kommenden Nebel. Er genügt, um anspruchslose Pflanzen wie *Tillandsia landbeckii* wachsen zu lassen, die den Nebel nutzen können. Viele *Tillandsia*-Arten sind Aerophyten – Pflanzen, die ihr Wasser und ihre Nährstoffe aus der Luft beziehen.

TILLANDSIA LANDBECKII

SALZPFANNE
Isla Incahuasi ist eine Insel in der Salzpfanne Salar de Uyuni in Bolivien. Dieser Lebensraum liegt oberhalb der Atacama-Wüste und ist eigentlich ein Teil des Puna-Graslands der Anden. Hier ist es so trocken, dass die Seeufer-Vegetation aus überaus robusten Wüstenpflanzen besteht, etwa dem Kaktus *Leucostele atacamensis*.

FORTBEWEGEN AUF LOCKEREM SAND

Jeder, der einmal einen Strandspaziergang gemacht hat, weiß, wie ermüdend es ist, über Sand zu laufen. Im lockeren und instabilen Sand bedeutet jeder Tritt zur Fortbewegung auch das Wegschieben der Sandkörner. Um dieses Problem zu meistern, haben einige Wüstenottern eine neue Form der Fortbewegung entwickelt – das Seitenwinden. Wie der Name schon sagt, bewegt sich die Schlange dabei seitlich. Der Körper wird fast vollständig vom Boden abgehoben, sodass nur zwei Stellen im Kontakt zum Sand verbleiben. Die Schlange schiebt den Kopf nach vorn. Während der Körper folgt, bewegen sich die beiden Kontaktpunkte im Verhältnis zum Körper rückwärts, bleiben aber an der gleichen Stelle auf dem Boden.

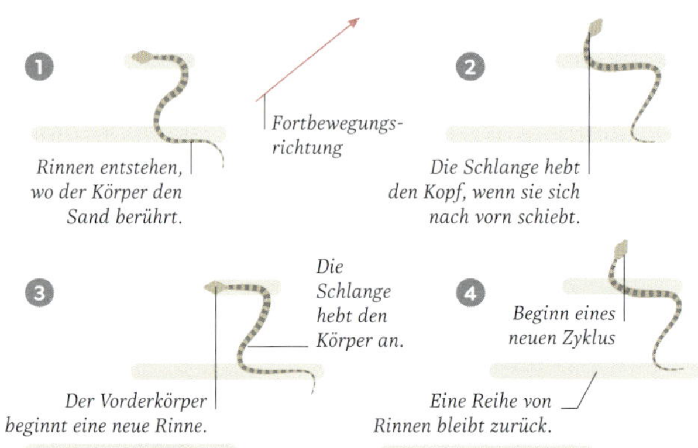

SEITENWINDEN
Ein Seitenwinder bewegt sich seitwärts, indem er den größten Teil des Körpers über den Sand hebt anstatt ihn durch die losen Sandkörner zu schieben.

INSELN DES LEBENS IN DER WÜSTE

Oasen sind oft Inseln des Lebens in einem Meer aus Sand. Sie bilden sich, wo Grundwasser zur Oberfläche aufsteigt oder wo sich Regen in durch Erosion entstandenen Becken sammelt. Ein großer Teil des Grundwassers regnete ursprünglich auf weit entfernte Berghänge ab. Es sickerte durch ein als Aquifer bezeichnetes poröses Gestein und floss weiter, bis es durch undurchlässige Felsen blockiert wurde. Durch Druck kam es dann an die Oberfläche. Einige Oasen enthalten Süßwasser, sodass hier Pflanzen und Tiere leben können. Doch andere sind salzhaltig. Die Aquifere geben Mineralien in das Wasser ab, die sich in der Wüstenhitze konzentrieren, bis das Wasser salziger als Meerwasser ist.

UM-EL-MA-SEE
Dieser See in der lybischen Wüste ist salziger als das Meer. Nur salztolerante Pflanzen können hier wachsen. Schwärme von Salzfliegen leben von den Algen. Da die Fliegen das Salz ausscheiden können, sind sie eine Süßwasserquelle für Zugvögel.

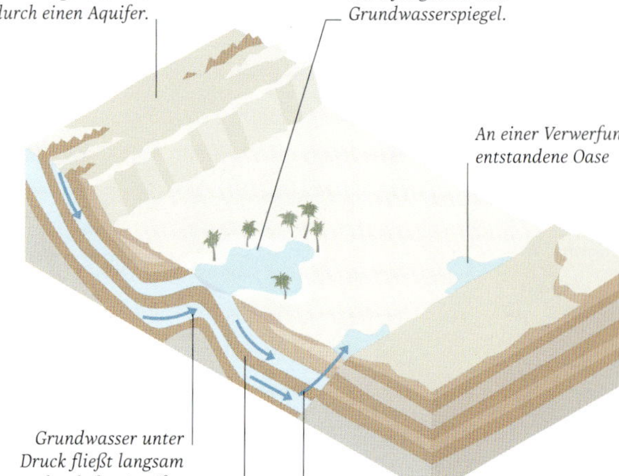

ENTSTEHUNG EINER OASE
Eine Schicht wassertragenden Gesteins wird als Aquifer bezeichnet. Eine Oase entsteht, wenn sich im Aquifer so viel Druck aufbaut, dass das Wasser an die Oberfläche gelangt. Das kann an einer Verwerfung oder einer Vertiefung geschehen.

ZWERG-PUFFOTTER
Die in den Wüsten Namibias und Angolas lebende Zwergpuffotter (*Bitis peringueyi*) ist ein Lauerjäger, der sich mit Leichtigkeit über die Dünen bewegen kann.

NEBEL-KÄFER

Die Käfer der Namib-Wüste haben wie der Nebeltrinker-Käfer (*Onymacris unguicularis*) einen Weg gefunden, wie sie Wasser aus dem Nebel gewinnen können, der regelmäßig die Dünen umhüllt – sie machen einen Kopfstand. Die Käfer sind Aasfresser, die ihre Nahrung im Sand finden. Frühmorgens klettern sie auf kleine Sandkämme und drehen ihre Körper in den Wind. Dann heben sie ihren Hinterleib, sodass die glatten Elytren (Flügeldecken) dem Nebel ausgesetzt sind. Auf ihnen befinden sich hydrophile Erhebungen, an denen sich der Nebel niederschlägt. Die Tropfen werden immer größer, bis sie schwer genug sind, sodass sie zum Mund herabfließen und das Tier sie aufnehmen kann.

WASSERSAMMELN IN DER DÄMMERUNG
Neben den hydrophilen Erhebungen haben die Elytren Rinnen, die mit hydrophobem Wachs ausgekleidet sind. So kann das Wasser schnell über den Rücken laufen.

NATURSCHUTZ
WIEDERAUSWILDERUNG
Die Arabische Oryx (*Oryx leucoryx*) ist 1972 in der Natur ausgestorben, nachdem mit Geländefahrzeugen und Gewehren ausgerüstete Jäger fast alle dieser Antilopen getötet hatten. Die wenigen überlebenden Tiere wurden eingefangen und in Reservate überführt, zusammen mit in menschlicher Obhut gezüchteten Tieren. Seitdem haben sich die Antilopen vermehrt. Mittlerweile konnten über 1000 Tiere wieder in Reservaten ausgewildert werden.

ARABISCHE ORYX

EIN LEBENDES FOSSIL IM SÜDEN AFRIKAS

Welwitschia mirabilis ist eine ungewöhnliche Pflanze, die im Kaokoveld im Südwesten Afrikas wächst. Sie lebt eindrucksvolle 2000 Jahre lang und gilt wegen der von ihr produzierten zapfenähnlichen Blütenstände als älteste lebende Verwandte der heutigen Koniferen. Die Welwitschie besitzt nur zwei Blätter, die zwischen 16 und 60 cm breit werden und ständig nachwachsen. Jedes Blatt kann 4 m lang werden, doch ein großer Teil liegt im Sand und spaltet sich auf. Eine einzelne, dicke Wurzel reicht mehrere Meter tief in den Boden, um Wasser aufzunehmen.

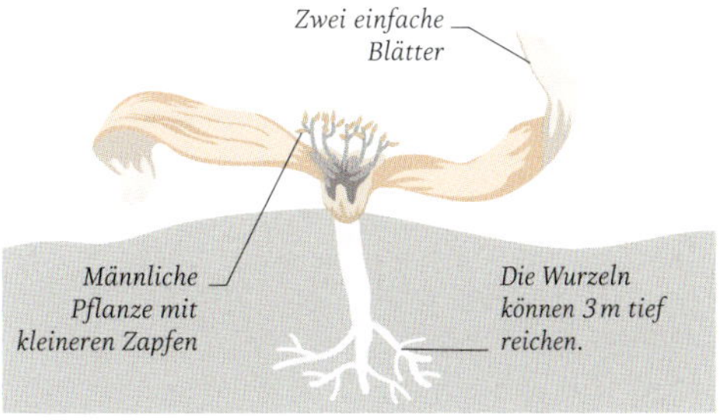

RIESIGER KEIMLING
Die Welwitschie wird manchmal mit einem riesigen Keimling verglichen – zwei (Keim-)Blätter und eine Wurzel.

WEIBLICHE WELWITSCHIE

WÜSTE IN DEN BERGEN

Auf der tibetischen Hochebene muss das Leben nicht nur Kälte und die dünne Luft ertragen. Das Land liegt auch im Regenschatten der höchsten Berge der Welt, sodass der Lebensraum trocken wie eine Wüste sein kann. Der Kiang (*Equus kiang*) ist der größte Wildesel und hat hier seine Heimat.

KAMELE DER HEISSEN UND KALTEN WÜSTEN

Sahara, Arabien, Zentralasien, eingeführt in Australien

Altweltkamele sind eine Gruppe großer, herbivorer Säugetiere, die an trockene Lebensräume angepasst sind. Es gibt zwei Arten: das Dromedar (*Camelus dromedarius*) und das Trampeltier (*Camelus ferus*). Das einhöckrige Dromedar ist an die heißen Wüsten Nordafrikas und des Nahen Ostens angepasst. Es kann wochenlang ohne Wasser auskommen und seine langen Wimpern schützen die Augen vor dem Sand. Das zweihöckrige Trampeltier ist an ein Leben in den kalten Wüsten Zentralasiens angepasst. Sein Fell besteht aus dickem, zottigem Haar. Aus dem Fett der Höcker kann der Stoffwechsel Energie gewinnen. Säugetiere tragen ihr Fett meist verteilt unter der Haut, doch das würde in der Wüste die Wärmeabgabe behindern.

AN WÜSTEN ANGEPASST
Die wilden Vorfahren des Dromedars haben sich wahrscheinlich in der heißen Arabischen Wüste entwickelt. Die großen Füße verhindern, dass es im Sand einsinkt.

NATURSCHUTZ

DIE LETZTEN WILDEN TRAMPELTIERE

Kamele sind schon vor Jahrtausenden domestiziert worden. Das letzte wilde Dromedar lebte vor etwa 2000 Jahren, doch es gibt noch etwa 1000 wilde Trampeltiere im Nordwesten Chinas und im Süden der Mongolei. Genetische Analysen zeigen, dass sie sich von domestizierten Tieren unterscheiden. Maßnahmen zum Schutz der vom Aussterben bedrohten Tiere konzentrieren sich auf den Schutz ihrer Lebensräume.

TRAMPELTIER

NAHRUNGSKETTEN DER WÜSTEN

Thar-Wüste

Obwohl sie eine der am dichtesten besiedelten trockenen Regionen der Erde ist, bleibt die zwischen Pakistan und Indien gelegene Thar-Wüste ein Rückzugsgebiet für Wildtiere. Das liegt zum Teil an Naturschutzmaßnahmen, aber auch am Mangel von brauchbarem Ackerland in dieser Region. Die Nahrungskette, die die hier lebenden Wildtiere verbindet, wird nicht durch menschliche Einflüsse gestört. Daher leben hier andernorts bedrohte Arten, etwa die Asiatische Wildkatze (*Felis lybica ornata*) und die Hindutrappe (*Ardeotis nigriceps*). Es gibt typische Lebensräume wie den Rann-von-Kachchh-Salzsumpf und den Lal-Suhanra-Nationalpark.

WILDKATZE IN DER WÜSTE
Die Asiatische Wildkatze ist einer der Spitzenprädatoren in der Thar-Wüste. Tagsüber jagt sie Nagetiere und andere kleine Tiere.

NAHRUNGSNETZ
Da es nur wenig Deckung durch Pflanzen gibt, begünstigt die Thar-Wüste nur eine kleine tierische Biomasse. Dennoch kommt hier der typische Mix aus Herbivoren, Omnivoren und Karnivoren vor.

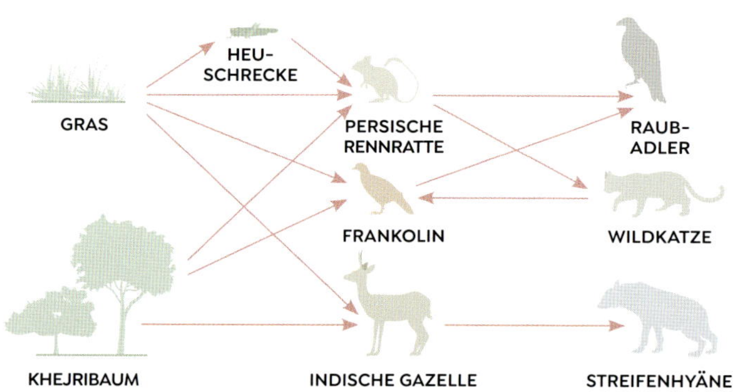

ENGSTELLEN DER MIGRATION

Den Nahen Osten durchziehen einige »Schnellstraßen« für Zugvögel. Landvögel wechseln zwischen ihren Winterquartieren und Brutgebieten, wobei sie das offene Meer meiden. Das kältere Wasser erzeugt weniger Aufwinde, die die Vögel zum Erreichen ihrer Ziele nutzen können. Das Rote Meer zwischen Afrika und Asien zwingt die Tiere, die Straße von Bab al-Mandab zu nutzen oder die Sinai-Halbinsel zu überqueren. Schieferfalken (*Falco concolor*) nutzen diese Engstellen, sie erbeuten im Frühjahr Zugvögel und brüten hier.

SCHIEFERFALKEN
Diese mittelgroßen Falken stürzen sich von einem Ansitz herab auf ihre Beute. Sie fressen in ihrer Brutzeit vor allem kleine Zugvögel.

Die dunklen Schwingen gaben der Art den Namen.

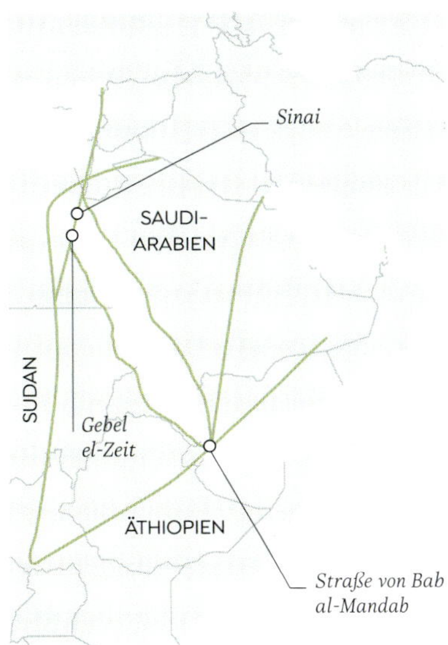

LEGENDE
- ○ Größere Engstellen
- ■ Wichtige Flugrouten

ÜBERRASCHUNG

Oft gibt es in der Wüste kein Versteck. Der zentralasiatische Bärtige Krötenkopf (*Phrynocephalus mystaceus*) ist ein schneller Läufer und die Farbe seiner Schuppen tarnt ihn auf dem Sand. In die Enge getrieben, setzt er seine Geheimwaffe ein: Er öffnet das Maul und spreizt rosarote Hautfalten in den Mundwinkeln ab. Das plötzliche Erscheinen dieser Hautfalten überrascht einen potenziellen Fressfeind. Das Maul scheint einem viel größeren Tier zu gehören, sodass der Krötenkopf Zeit zum Entkommen hat.

BÄRTIGER KRÖTENKOPF MIT HAUTFALTEN

WINTER IN DER TAKLAMAKAN-WÜSTE
Die Winter sind hart in der Taklamakan-Wüste. Es herrschen starke, eisige Winde vor. Schnee ist selten, doch die Temperaturen fallen oft auf −20 °C.

WASSERSPEICHER

Die Taklamakan-Wüste im Westen Chinas ist ein endorheisches Becken. Sie ist ein von Hochebenen umgebenes Tiefland, in das alle Flüsse der Umgebung entwässern. Es gibt keinen Abfluss, durch den das Wasser ins Meer gelangen könnte. Es verdunstet jedoch in der Hitze, hinterlässt dabei aber Salze, die sich im Boden anreichern. Zu den wenigen hier lebenden Tieren gehören Kaninchen, Gazellen und wilde Trampeltiere. Pflanzen sind in dieser Wüste selten. Wie in ähnlichen asiatischen Becken müssen sie eine hohe Salztoleranz haben und die sich verändernden Dünen sowie den Wassermangel aushalten. Einer der wenigen Bäume, die dazu in der Lage sind, ist der Saxaul (*Haloxylon ammodendron*). Der langsam wachsende Baum speichert Wasser in seiner Borke und hat winzige schuppenartige Blätter, die Wasserverluste verhindern. Seine Wurzeln können 8 m tief reichen, sodass sie dem Wind widerstehen und den Sand stabilisieren können.

Der Saxaul wird in China gepflanzt, um die Ausbreitung der Wüste zu stoppen. Seine Wurzeln halten den Boden zusammen.

AMEISEN-FRESSER

Gibson-Wüste

Wie andere australische Wüsten ist auch die Gibson-Wüste die Heimat vieler an Trockenheit angepasster Tiere, vor allem einer großen Reptiliengemeinschaft. Zu ihnen gehören der Woma (*Aspidites ramsayi*), verschiedene Skink-Arten und der Dornteufel (*Moloch horridus*), eine mit Stacheln bedeckte, etwa 11 cm lange Echse. Der Dornteufel bewohnt den Westen Australiens und lebt fast ausschließlich von Ameisen, von denen er 750 Stück am Tag verzehren kann. Die Stacheln seines Körpers machen ihn für einen Angreifer ungenießbar. Sie helfen ihm aber auch dabei, sich mit Wasser zu versorgen. Am frühen Morgen, wenn es noch kühl ist, sucht die Echse offene Flächen auf. Tau kondensiert auf ihren Stacheln und die sich bildenden Tropfen folgen den Kanälen dazwischen, die zum Maul führen. Das Wasser wird hier durch Kapillarkräfte bewegt. Die Echse kann auch über die Stacheln am Bauch Wasser gewinnen, wenn sie über feuchten Sand kriecht.

Dornteufel verstecken sich im Spinifex-Gras und erscheinen bei Temperaturen über 24 °C zum Fressen.

LANGSAME ECHSE
Der Dornteufel wiegt sich beim Laufen vor und zurück. Das mag Fressfeinden vorgaukeln, dass er eine sich im Wind bewegende Pflanze sei. Bei Bedrohung verfällt er in Starre.

BLÜHENDE WÜSTE

Große Victoria-Wüste

Weite Teile der Großen Victoria-Wüste werden von scheinbar toten Steinpflastern bedeckt, die man hier als Gibber bezeichnet. Der Lebensraum wird daher als Gibber-Ebene bezeichnet. Zwischen den Steinen ruhen Samen, die schlagartig keimen können, wenn der Regen fällt. Einige wenige Wochen lang sind dann die Ebenen mit Farbe bedeckt. Dann geben die Pflanzen ihre Samen zwischen die Steine ab, wo sie auf die Niederschläge des nächsten Jahres warten.

STURTS WÜSTENERBSE

KAKADUS IM OUTBACK

Australien

Australien ist ein Land der Papageien. Hier leben 56 Arten und viele von ihnen sind Kakadus, eine Gruppe, die sich durch die eindrucksvollen Hauben auf ihren Köpfen auszeichnet. Kakadus sind im Allgemeinen Samenfresser, sodass viele Arten im trockenen Innern des Kontinents leben, wo sie sich vor allem von Grassamen ernähren. Zu ihnen gehören der Inka-Kakadu (*Cacatua leadbeateri*) mit seiner mehrfarbigen Haube und der Rosakakadu (*Eolophus roseicapilla*), der am weitesten verbreitete australische Kakadu. Diese Vögel versammeln sich oft zu großen und lebhaften Schwärmen. Die Rosakakadus werden in diesen Wüstenschwärmen oft von Nacktaugenkakadus (*Cacatua sanguinea*) begleitet, die am ganzen Körper weiß gefärbt sind.

ELEGANTE HAUBE
Die Zahl der Inka-Kakadus geht zurück, da ihre Lebensräume von menschlichen Aktivitäten geschädigt werden. Zunehmend werden ihre Populationen durch die der anpassungsfähigeren Rosakakadus ergänzt.

WÜSTENGRÄSER MIT SCHARFEN KANTEN

SPINIFEX-GRAS-RINGE

Die Stachelkopfgräser (*Triodia*-Arten) des Outbacks werden auch als Spinifex-Gräser bezeichnet. Sie sind in vielen australischen Wüsten weit verbreitet und bilden charakteristische Horste. Die älteren und größeren Blätter enthalten Siliziumkristalle, sodass sie heller als frische Halme sind. Dies dient der Verteidigung gegen Herbivoren wie die Kängurus. Die Kristalle machen die Blätter so scharf, dass man sich an ihnen schneiden kann. Die Horste bewahren die Feuchtigkeit im Sand darunter. Ältere Horste verwandeln sich in Ringe.

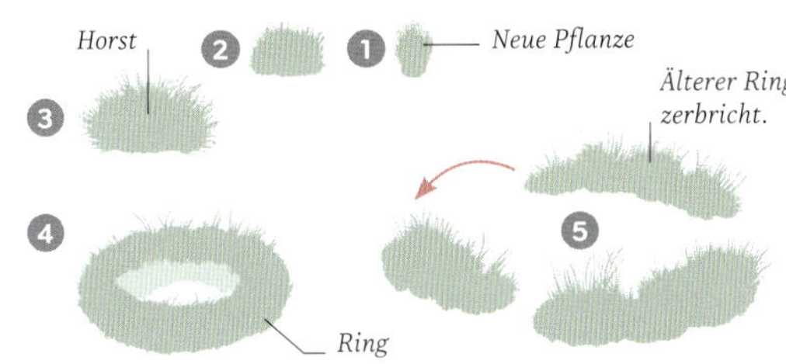

RINGBILDUNG
Die Ringe entstehen, wenn der älteste Teil der Pflanze in der Mitte abstirbt und die jüngeren Teile sich weiter nach außen ausdehnen.

HOTSPOT DER GIFTSCHLANGEN

Australien ist die Heimat vieler giftiger Tiere, doch in der Simpson-Wüste in seinem Zentrum leben einige der gefährlichsten Schlangen der Welt Zu ihnen gehören die Östliche Braunschlange (*Pseudonaja textilis*), die sich für gewöhnlich von Fröschen, Vogeleiern und Mäusen ernährt, sowie der Inland-Taipan (*Oxyuranus microlepidotus*), eine unauffällig wirkende Schlange, die Nagetieren und Nasenbeutlern nachstellt. Sie ist allerdings ein Anwärter auf den Titel der giftigsten Landschlange der Welt. Ein Biss enthält genug Gift, um 100 erwachsene Menschen zu töten. Der Giftcocktail greift Nerven, Blut und Organe gleichzeitig an. Zudem beißt die Schlange mehrmals zu, um sicherzustellen, dass die Beute sofort stirbt. Ihr Gift hat vermutlich mit der zunehmenden Resistenz ihrer Fressfeinde an Wirksamkeit zugenommen. Einer ihrer wichtigsten Feinde ist die Mulgaschlange (*Pseudechis australis*), eine weitere hochgiftige Schlange, die eine Immunität gegen das Gift des Inland-Taipans entwickelt hat.

SOMMERFÄRBUNG
Dieser Inland-Taipan zeigt eine hellere, olivfarbene Sommerfärbung. Im Winter wird die Haut dunkler, um besser Wärme aufnehmen zu können.

GIFTZÄHNE
Der Inland-Taipan ist eine Giftnatter wie die Kobras. Andere Giftschlangenfamilien sind die Vipern und die Nattern. Die Gruppen unterscheidet man anhand der Giftzähne.

STRAUCH-SAVANNEN

Diese semiariden Lebensräume erhalten sehr wenig Regen und es herrscht fast ständig Dürre. Und doch sind sie die Heimat widerstandsfähiger Tiere und verholzter Pflanzen, die sich an diese Bedingungen angepasst haben.

Die auch als xerisches Buschland (abgeleitet vom griechischen Wort für »trocken«) bezeichneten Strauchsavannen bilden sich dort, wo es nur wenige Niederschläge gibt, doch sind sie nicht so lebensfeindlich wie eine Wüste (siehe S. 236). Es gibt oft ausgeprägte Regenzeiten und fruchtbarere, weniger sandige Böden. Hier wachsen Xerophyten – an trockene Bedingungen angepasste Pflanzen, unter anderem Sträucher, deren Zahl jedoch nicht für ein geschlossenes Kronendach ausreicht. Meist fehlen die Gräser der Savanne. Die zwischen Wüste, Grassteppe (siehe S. 135) und Trockenwald (siehe S. 104) liegende Strauchsavanne bildet oft ein Stadium der Desertifikation in einem Gebiet, das vom Klimawandel oder menschlicher Aktivität beeinflusst worden ist. Anders als etwa in der mediterranen Hartlaubvegetation (siehe S. 65) speichern die Pflanzen hier oft Wasser, doch haben sie ebenfalls oft kleine, wachsbeschichtete Blätter, die viele in der Trockenzeit abwerfen. Sträucher sind hier den Gräsern und krautigen Pflanzen oder den Sukkulenten überlegen, weil der Grundwasserspiegel zu tief liegt für Graswurzeln und verholzte Sträucher überleben die häufigen Brände besser. Dornstrauchsavannen entstehen oft auf Flächen, auf denen Herbivore die Pflanzen abgeweidet haben.

TIERE DER TROCKENSAVANNE

Trockensavannen sind die Heimat vieler Gehölze, die sich mit Dornen verteidigen und Verbindungen bilden, die bei weidenden Tieren zu Magenbeschwerden führen. Trotz der harschen Bedingungen lebt in Trockensavannen eine Vielzahl von kleinen Tieren, von den Pekaris der Neuen Welt bis zu den Lemuren Madagaskars und den Erdmännchen Südafrikas. Zu den typischen Prädatoren gehören Schlangen, Schakale und Falken, die Jagd auf kleinere Tiere machen.

VERBREITUNG DER TROCKENSAVANNEN

Diese Lebensräume ähneln sehr den echten Wüsten, sie liegen auch in ähnlichen Erdregionen. Sie sind vor allem in den Tropen zu finden, doch auch im nordamerikanischen Großen Becken.

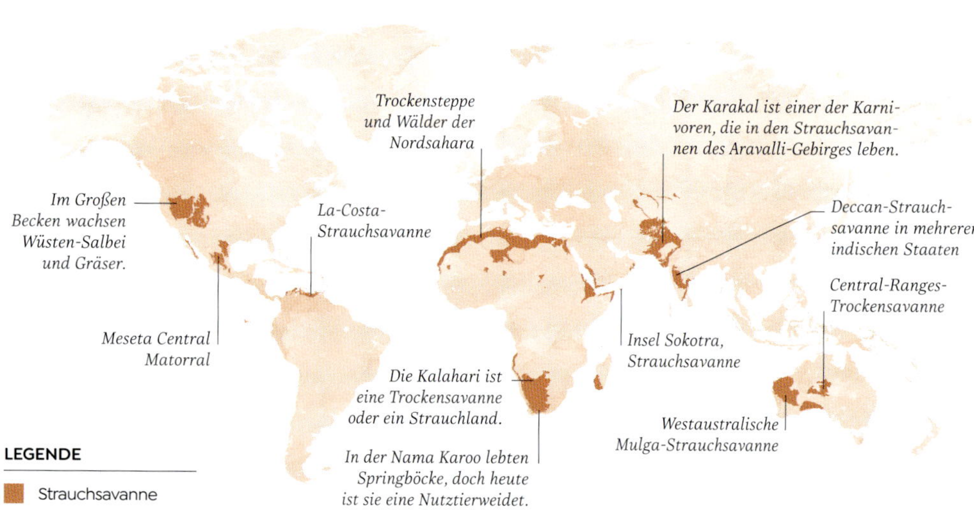

Namibias majestätische Köcherbäume (*Aloidendron dichotomum*) können bis zu 9 m hoch werden. In ihren röhrenförmigen Ästen befinden sich wasserspeichernde Fasern. Die südafrikanischen San stellen aus den Ästen Pfeilköcher her.

DORNEN ZUR VERTEIDIGUNG
Der Tintenfischbaum wird durch Dornen geschützt, die seinen Stamm umgeben. Die schmalen, grünen Blätter, die er in der Regenzeit bekommt, verliert er in der Trockenzeit.

STAMM ALS WASSERSPEICHER
Der dicke Stamm des Baobabs dient in der Trockenzeit als Wasserspeicher. Sein Inneres besteht aus schwammartigen Fasern.

***Die Langschwanz-Erdracke** sucht im Falllaub nach Insekten. Männchen haben längere Schwänze.*

***Gruppen von omnivoren Kattas** leben zwischen dem Buschwerk.*

***Der Madagaskar-Sandleguan** sucht zu Beginn der Regenzeit einen Partner.*

***Das Buschwerk** ist die Heimat vieler Chamäleon-Arten.*

FRÜCHTE, BLÄTTER UND BLÜTEN
Der Larven-Sifaka ist eine seltene Lemurenart, die sich von Blättern, Früchten und Blüten ernährt. Er bevorzugt das Leben in den Bäumen. Auf dem Boden setzen die Tiere ihre langen Beine ein und springen sehr schnell in seitlicher Richtung.

BLÜTE ZUR REGENZEIT
Wenn der Regen kommt, beginnen die Pflanzen der Strauchsavanne zu blühen. Der Sukkulente Sesam bekommt gelbe Blüten, die von pollenfressenden Käfern bestäubt werden. In der Trockenzeit verliert er seine Blätter.

LAUBABWURF IN DER TROCKENZEIT
Baobabs und Dickfußbäume tragen in der Regenzeit eine Blätterkrone. Nach den Regenfällen werfen sie die Blätter ab, um Wasserverlust zu vermeiden.

WASSERSPEICHER IM BLATT
Aloe-Pflanzen speichern das Wasser größtenteils im Gel ihrer fleischigen Blätter. Geschützt wird der Vorrat durch spitze Fortsätze an den Blattkanten.

KURZE REGENZEIT
Die meisten Strauchsavannen liegen in tropischen und subtropischen Zonen, in denen es ganzjährig warm bleibt. Eine nur zwei- oder dreimonatige Regenzeit reicht aus, um die Vegetation zu erhalten, doch Dürren können über ein Jahr lang dauern. Die Trockenheit kann aus verschiedenen Gründen ansteigen (siehe S. 239). Madagassische Strauchsavannen sind so trocken, weil sie im Regenschatten der Berge im Osten liegen.

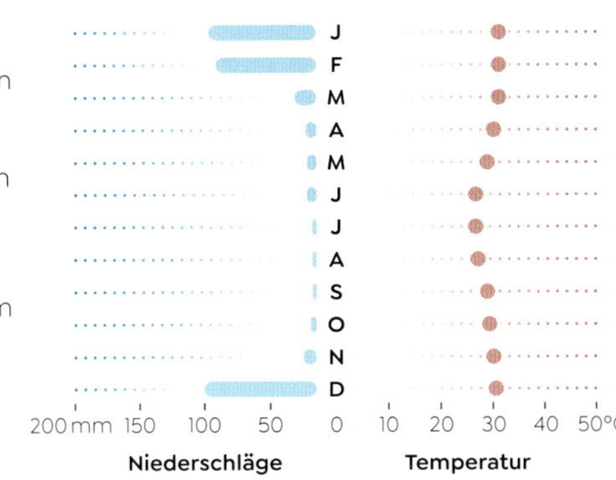

TOLIARA, MADAGASKAR

WASSERGEWINNUNG
Wasser ist in trockenen Regionen rar. Einige Pflanzen, darunter nordamerikanische, haben entweder Pfahlwurzeln oder ein Wurzelnetzwerk entwickelt, um an Wasser zu gelangen.

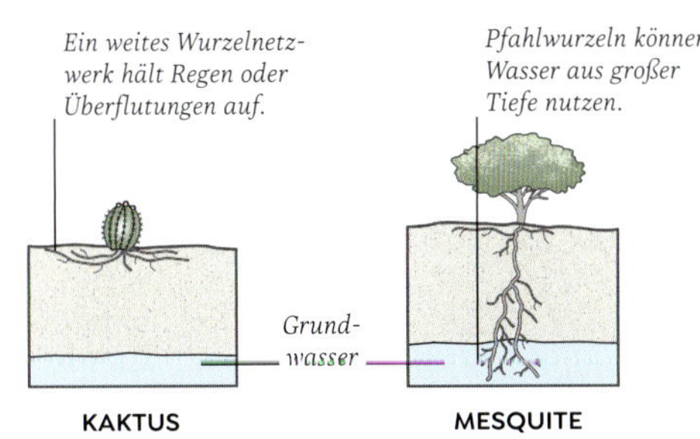

STRAUCHSAVANNEN

Die Pflanzen der trockenen Lebensräume in den Strauchsavannen sind an eine lange Trockenzeit angepasst. Viele von ihnen speichern Wasser in den Blättern und Stängeln oder sie werfen während der Trockenheit ihre Blätter ab, um den Wasserverlust zu verringern. Die stachligen Dickichte im Süden Madagaskars sind die Heimat vieler an die Trockenheit angepasster Pflanzen – und der Tiere, die sie fressen oder in ihnen leben. Während der Regenzeit explodiert das Leben, wenn die Pflanzen blühen und die Tiere sich paaren und vermehren.

NATURSCHUTZ

BEDROHTE PAPAGEIEN

Der Norden Venezuelas wird von Grassteppen dominiert. Entlang der karibischen Küste gehen sie in trockene Strauchsavannen über, da der Boden sandiger wird und die Niederschläge abnehmen. Jahrhundertelang betriebene Landwirtschaft hat Schäden hinterlassen, sodass Wildtiere wie die kaktusfressende Gelbschulter-Amazone (*Amazona barbadensis*) stark bedroht sind.

GELBSCHULTER-AMAZONE

LEBENDE KRUSTEN DES GROSSEN BECKENS

Großes Becken

Die Oberböden der Strauchsavannen weisen oft eine große biologische Aktivität auf. Sie sind besonders in den trockenen Gebieten Nordamerikas, etwa der Region des Großen Beckens, gut untersucht. Hier machen sie oft drei Viertel des Lebens aus, das den Boden in der Trockenzeit bedeckt. Die dunklen, oft nur wenige Millimeter dicken Krusten enthalten Cyanobakterien, Pilze, Flechten und einfache, keine Gefäße enthaltende Pflanzen wie etwa Moose. Diese Organismen ruhen weitgehend in der Trockenzeit, doch ihre Gegenwart hält den Boden zusammen und verhindert die Erosion, sodass die tieferen Bodenschichten mehr Wasser halten können. Einige der Krusten erfüllen ihre Aufgabe schon seit Tausenden von Jahren, doch sind sie durch grasende Nutztiere, Mountainbiker und den Klimawandel gefährdet.

WÜSTEN-BEIFUSS

Die lebenden Krusten des Großen Beckens sind die Heimat des Wüsten-Beifußes (*Artemisia tridentata*), eines mittelgroßen Strauchs mit kleinen silbergrauen Blättern. Er stellt eine wichtige Nahrungsquelle für Gabelböcke (*Antilocapra americana*) dar.

INVASIVE STRÄUCHER

Westliche USA

Durch eine trostlose Landschaft rollende Tumbleweeds oder Steppenläufer beschwören typische Bilder des amerikanischen Westens herauf. Und doch ist diese Pflanze, das Ruthenische Salzkraut (*Salsola tragus*), eine invasive Art, die in den 1870er-Jahren aus Zentralasien eingeführt wurde. Vermutlich waren ihre Samen zwischen importierte Leinsamen geraten. Sie hat sich seitdem immer weiter verbreitet, vor allem durch ihre Art der Samenverbreitung. Das Tumbleweed besteht aus trockenen Zweigen oder Blütenständen, die sich von der Mutterpflanze gelöst haben und als Ball vom Wind fortgeweht werden. Es zerbricht dabei und verteilt Samen weit von der Mutterpflanze entfernt.

JUNGPFLANZE DES TUMBLEWEEDS

LEBENSZYKLUS DES TUMBLEWEEDS

Die Pflanze keimt im nackten Boden und wächst zu einem Strauch heran. Nach der Samenproduktion trocknet sie aus und bricht vom Hauptstängel ab.

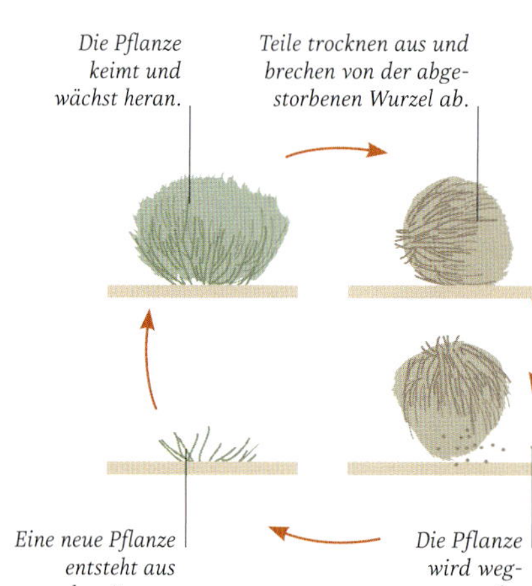

ERDMÄNNCHEN

Kalahari-Buschland

Die Kalahari ist das größte Trockengebiet im südlichen Afrika. Sie kann als Strauchsavanne oder als Grassteppe (siehe S. 136) betrachtet werden. Zu ihren bekanntesten Bewohnern gehören die Erdmännchen (*Suricata suricatta*), eine sehr gesellige Mangustenart. Sie leben in Familiengruppen, die ein kleines Revier um ihr gemeinsames unterirdisches System von Bauen verteidigen. Sie jagen Reptilien, Insekten und andere Gliedertiere der Wüste und sind gegen einige Schlangen- und Skorpiongifte immun. Erdmännchen sind tagsüber unterwegs, doch besteht das Risiko, von Schlangen oder Greifvögeln erbeutet zu werden. Um die Gruppe zu schützen, halten einige ältere Tiere auf den Hinterbeinen stehend Wache, während die anderen Tiere Nahrung suchen. Der Wächter alarmiert die Gruppe bei Gefahr, sodass die übrigen Tiere in Deckung gehen oder flüchten können.

Erdmännchen beherrschen Dutzende von Rufen mit spezifischen Warnungen vor Vögeln oder Raubtieren.

LEBENDE STEINE

Sukkulenten-Karoo

Einen großen Teil des Jahres über kann man diese kleinen südafrikanischen Sukkulenten (*Lithops*-Arten) kaum von Kieselsteinen unterscheiden. Jeder dieser Lebenden Steine besitzt zwei rundliche Blätter, die einem weitgehend im Sand verborgenen Spross entspringen. Die Blätter speichern Wasser, doch Licht scheint von oben in das grüne, weiter innen gelegene Gewebe. Wenn im Herbst der Regen kommt, entwickeln die Pflanzen süß duftende Blüten.

BLÜHENDER LEBENDER STEIN

DIE BEIDEN SEITEN DER SÜDAFRIKANISCHEN KAROO

Karoo-Buschland

Die Karoo ist ein Strauchland, das einen großen Teil der südafrikanischen Kapregion bedeckt. In der westlichen Küstenregion fällt die Regenzeit in die kühleren Wintermonate. Hier gibt es weniger Niederschläge als im östlich gelegenen Inland, wo der Regen im Sommer fällt. Daher unterscheidet sich die Vegetation der Karoo-Regionen: Im Westen befindet sich die Sukkulentenkaroo, in der die Pflanzen das Wasser in den Blättern und Stängeln speichern. Im Osten, in der Nama-Karoo, wachsen eher verholzte Sträucher und mehrjährige Gräser. Der Unterschied bei den Regenzeiten bedeutet, dass viele Vogel- und herbivore Säugetierarten auf der Nahrungssuche zwischen den beiden Lebensräumen wechseln. Früher gehörten auch große Springbockherden (*Antidorcas marsupialis*) zu diesen Migranten.

ALOE-WALD
Die Sukkulentenkaroo ist ein Hotspot der Biodiversität. Über ein Drittel der Sukkulenten wie etwa diese Aloe (*Aloe ferox*) sind in diesem Gebiet endemisch.

SKORPIONJÄGER
Schon in früher Jugend lernen Erdmännchen, wie sie sicher Skorpione fangen und töten können, die im Buschland der Kalahari eine wichtige Proteinquelle darstellen.

FRÜHLING IM NAMAQUALAND

Namaqualand, Südafrika

BLÜTEZEIT IM NAMAQUALAND

Einen großen Teil des Jahres über ist Namaqualand ein spärlich bewachsenes Strauchland mit einigen Dornbüschen und Sukkulenten. Wenn die Regenzeit in der Mitte des Winters vorbei ist, beginnt die Blütezeit der Region. Im späten August ist das Land von Millionen von farbenfrohen Blüten bedeckt. Tausende von Blütenpflanzen blühen und locken Insekten und Vögel wie die Nektar- und Honigvögel (siehe S. 73) an. Sie bilden Samen, bevor die Trockenzeit wiederkommt und sie absterben. Die Samen überstehen die Trockenzeit im staubigen Boden und sind bereit zu keimen, wenn die Winterregen zurückkehren und dieses spektakuläre Naturphänomen von Neuem einleiten.

DICKSTÄMMIGE BÄUME

Südöstliches Madagaskar

Die zylindrischen grauen Stämme der Baobab-Bäume in den trockenen Gebieten Madagaskars erinnern an die Säulenbeine der Elefanten. Dicke Stämme sind typisch für die sukkulente Pflanzengruppe, die man als pachycaule Pflanzen bezeichnet. Hier ist der Stamm im Verhältnis zu der Baumkrone viel dicker als bei den meisten anderen Pflanzen. Eine derartige Wuchsform kommt bei an die Trockenheit angepassten Pflanzen besonders häufig vor, da der Stamm als Wasserspeicher dient (ein großer Baobab kann viele tausend Liter enthalten). Die kurzen Äste und die kleinen Blätter wiederum verringern die Wasserabgabe durch Transpiration. Baobabs werfen ihr Laub während der Trockenzeit ab, um den Wasserverlust zu minimieren. Daher wachsen die Bäume sehr langsam. Andere pachycaule Pflanzen wie die Faßkakteen sind in der Lage, Fotosynthese über ihren Stamm zu betreiben. Sie sind daher unabhängig von den Blättern.

BLATT- UND STAMMSTRUKTUREN

Sukkulenten haben fleischige Blätter und Stämme, die Wasser speichern. Blätter anderer Pflanzen verlieren das Wasser recht schnell.

LEGENDE

- Enthält Wasser
- Enthält Chloroplasten

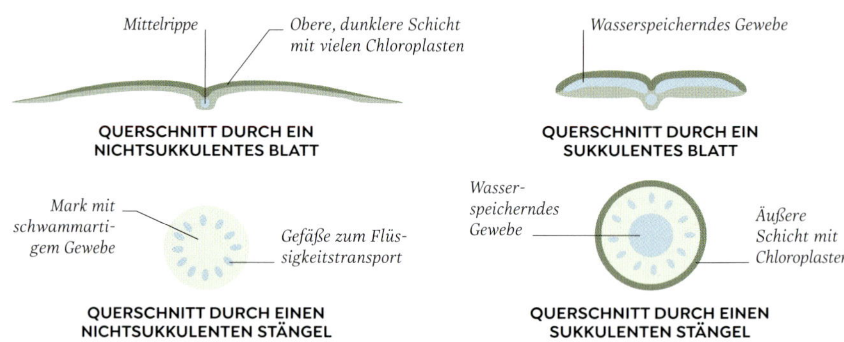

LEMUREN ZWISCHEN DEN DORNEN

Südliches Madagaskar

Viele Pflanzen der Strauchsavannen besitzen Stacheln oder Dornen zum Schutz vor Herbivoren. Oft bestehen diese Strukturen aus modifizierten Blättern, die sich eher zur Verteidigung als zur Fotosynthese eignen. Auf Madagaskar leben in den Dornendickichten Lemuren, die geschickt genug sind, zwischen den Stacheln Früchte, Blüten und frische Blätter zu ernten. Die Meister dieser Art zu leben sind vielleicht die Sifakas (*Propithecus*-Arten), die besonders gern in den Tintenfischbäumen nach Nahrung suchen. Sie haben lange, schlanke Hände und Füße, mit denen sie zwischen den Stacheln Halt finden. Sie können auch weite Sprünge von einem Baum zum anderen unternehmen, ohne sich zu verletzen. In der Nacht, wenn sich die Sifakas ausruhen, übernehmen die Weißfuß-Wieselmakis (*Lepilemur leucopus*) ihre Funktion und fressen von ähnlich stachligen Sträuchern. Im dichteren Gebüsch suchen die kleineren Grauen Mausmakis (*Microcebus murinus*) zwischen den dünneren, höher gelegenen Zweigen nach Insekten und Früchten.

KATTA

Kattas (*Lemur catta*) leben auf dem Boden und in den niedrigen Pflanzen der Dornendickichte. Sie können sowohl tag- als auch nachtaktiv sein.

Die Dornendickichte haben den höchsten Anteil endemischer Pflanzen auf Madagaskar.

SONNENAUFGANG BEI DEN BAOBABS Dieser dürftige Wald im Westen Madagaskars wird als Baobab-Allee bezeichnet. Einige der hier wachsenden Bäume können bis zu 800 Jahre alt sein.

MADAGASKARS SPITZENPRÄDATOR

Madagaskar

Madagaskar ist vom afrikanischen Festland von einer Wasserstraße getrennt, die sich vor bis zu 185 Millionen Jahren geöffnet hat. Daher haben sich die hier lebenden Arten in Isolation entwickelt und unterscheiden sich oft deutlich von denen des afrikanischen Festlands. Das größte einheimische Raubtier ist die Fossa (*Cryptoprocta ferox*), ein Nachfahre von Mangusten, die die Insel vielleicht vor Millionen von Jahren auf Flößen aus Pflanzenmaterial erreicht haben. Dieser Jäger hat eine katzenähnliche Form entwickelt und kann mit Schwanz bis zu 150 cm lang werden. Er ist vor allem nachtaktiv und jagt in den Bäumen und am Boden nach Lemuren, Vögeln und Insekten.

KRÄFTIGER PRÄDATOR Die Fossa kann ausgezeichnet klettern und jagt oft in den Bäumen. Sie hat eine stumpfere Nase und einen eckigeren Kiefer als die mit ihr verwandten Mangusten. Die Kopfform erlaubt einen kräftigen Biss.

AMMENPFLANZEN

Weltweit

In den Strauchsavannen der Erde bilden ältere Pflanzen wie bei der Chinesischen Jujube (*Ziziphus jujuba*) schattige Mikrohabitate, die es jüngeren Pflanzen ihrer Art erlauben, unter den herben Bedingungen heranzuwachsen. Außerdem verbergen diese Ammenpflanzen die Jungpflanzen vor grasenden Herbivoren.

SCHUTZ BIETEN Die ältere Ammenpflanze schützt Jungpflanzen vor der Sonne und vor Herbivoren. Ihr Wurzelwerk hält Wasser im umgebenden Boden, das die Jungpflanze nutzt.

AUF DEM ANSITZ
Karakale leben in Strauchsavannen und Waldgebieten Afrikas sowie Zentral- und Südasiens. Sie besitzen typische Ohrbüschel, an denen die meist solitär lebenden Katzen möglicherweise Artgenossen erkennen können.

KARNIVOREN EINES GESCHÄDIGTEN WALDS

Im Westen Indiens gibt es auf den Hügeln am Fuß des Aravalli-Gebirges eine Strauchsavanne, die den Übergang zwischen den höher gelegenen bewaldeten Hängen und der Thar-Wüste im Westen (siehe S. 248) darstellt. Dieser Lebensraum ist durch die Landwirtschaft stark geschädigt, dennoch lebt hier noch eine große Zahl karnivorer Säugetiere. Zu ihnen gehören der Leopard (*Panthera pardus*), der Goldschakal (*Canis aureus*) und die Streifenhyäne (*Hyaena hyaena*) sowie der Karakal (*Caracal caracal*), ein anpassungsfähiger Jäger. Die Hälfte seiner Nahrung besteht aus Vögeln, die er mit akrobatischen Sprüngen im Flug erbeutet. Neben Nagetieren und anderen kleinen Bodenbewohnern wagt sich diese Wildkatze auch an kleine Antilopen oder Nutztiere heran. Im Sprint erbeutet sie Tiere, die dreimal so groß sind wie sie selbst, und tötet sie mit einem Biss in die Kehle.

MEISTER DES SPRUNGS
Der Erfolg des Karakals bei der Jagd in kargen Lebensräumen besteht vor allem in seiner Fähigkeit, hoch in die Luft zu springen und Vögel im Flug zu fangen.

1 Vogel erkannt
Der Sprung gelingt in der Regel aus dem Stand oder mit kurzem Anlauf.

2 Vorbereitung
Die Hinterbeine sind sehr lang und verfügen über schnell einsetzbare Muskeln.

3 Sprung
Die Hinterbeine heben die Katze mehr als eine Körperlänge hoch in die Luft.

4 Fang
Der Vogel wird mit den Krallen gefangen. Die Landung ist weniger kontrolliert als der Sprung.

PARASITÄRE WÜSTENPFLANZEN

Cistanchen (*Cistanche*-Arten) werden auch als Wüstenhyanzinthen bezeichnet. Sie haben keine grünen Blätter und betreiben keine Fotosynthese. Stattdessen sind diese in trockenen Gebieten Arabiens und Chinas vorkommenden Pflanzen Holoparasiten. Das bedeutet, dass sie das Wasser und alle Nährstoffe, die sie benötigen, bei anderen Pflanzen entnehmen. Der größte Teil der Pflanze besteht aus einem Netzwerk dünner Wurzeln, das sich durch den sandigen Boden windet und die Gefäße von Sträuchern und Sukkulenten anzapft. Der einzige sichtbare Teil der Pflanze ist ein fleischiger Blütenstand auf einem kurzen Stängel. Die Blüten verströmen einen Geruch nach Aas, um Fliegen als Bestäuber anzulocken. Die kleinen Samen fallen später auf den Sand und ruhen, bis eine Wurzel einer potenziellen Wirtspflanze in der Nähe wächst. Cistanchen sind gefährdet, teils wegen der Zerstörung ihres Lebensraums, aber auch, weil sie in einigen Ländern als traditionelle Medizin gelten und gesammelt werden.

WÜSTENHYAZINTEN
Diese in chinesischen Wüsten vorkommende Wüsten-Cistanche (*Cistanche deserticola*) bezieht ihr Wasser und ihre Nährstoffe oft vom hier wachsenden Saxaul (siehe S. 249).

DAS MULGA-BUSCHLAND UND SEINE VÖGEL

Westaustralien

Die steinigen, trockenen Lebensräume des westaustralischen Inlands sind die Heimat der Mulga (*Acacia aneura*), einer Akazienart, die der Dürre mit einer langen Pfahlwurzel begegnet. Dieser mittelgroße Baum wächst im offenen Waldland neben anderen Akazienarten (*Acacia*-Arten), dem Spinifex-Gras (*Triodia*-Arten) sowie einigen *Eucalyptus*-Arten. Zusammen bilden sie einen Lebensraum, der nach der Mulga auch als Mulga-Buschland bezeichnet wird. In diesem Gebiet leben viele Wildtiere, insbesondere verschiedene Schlangen und Echsen. Doch das Strauchland ist besonders für die vielen Vogelarten bekannt, die hier leben. Zu ihnen gehört der Vielfarbensittich (*Psephotellus varius*), dessen Verbreitungsgebiet im Wesentlichen dem des Baums entspricht. Er frisst Samen, Früchte und die Blüten verschiedener Pflanzen. Andere Vögel, die hier leben, sind der Schwarz-Haubendickkopf (*Oreoica gutturalis*) und der Graubrust-Dickkopf (*Colluricincla harmonica*), ein kleiner Vogel, der vor allem Insekten und Echsen jagt. Eine besonders auffällige Art der Mulga-Gemeinschaft ist der Türkis-Staffelschwanz (*Malurus splendens*), ein kleiner Singvogel mit einem leuchtend blauen Gefieder.

BUNTE GESELLSCHAFT
Zwei männliche Vielfarbensittiche sitzen auf einem Zweig. Die Weibchen haben ein etwas unauffälligeres olivgrünes Gefieder mit leuchtenden Flecken auf dem Kopf, den Flügeln und dem Bauch.

Paare der Vielfarbensittiche bleiben meist ein Leben lang zusammen und bilden nur selten Schwärme.

RAUBBEUTLER

Westaustralien

KAMMSCHWANZ-BEUTELMAUS

Eine Gruppe australischer Säugetiere wird oft als Beutelmäuse bezeichnet, weil sie mit ihrer Körperform, den langen Schwänzen und den spitzen Schnauzen an Mäuse erinnern. Sie gehören jedoch in die Familie der Raubbeutler (*Dasyuridae*), ebenso wie die Beutelmarder (*Dasyurus*-Arten) und der Beutelteufel (*Sarcophilus harrisii*), die erheblich größer als Hausmäuse sind.

Die Pilbara-Region, ein westaustralisches Buschland, ist ein Hotspot der kleinen Raubtiere und außerdem die Heimat eines der kleinsten Beuteltiere, des Pilbara-Ningaui (*Ningaui timealeyi*), der sich von Insekten ernährt, die er zwischen den Gräsern findet. Der kleine, nachtaktive Jäger ist nur 5 cm lang und wiegt weniger als 10 g. Kleinere, mäuseähnlichere Arten wie die Kammschwanz-Beutelmaus (*Dasycercus cristicauda*), jagen Insekten und andere kleinere Tiere in den Wüsten des Outbacks. Dieses Beuteltier jagt sogar die echten Mäuse, die von europäischen Siedlern nach Australien eingeschleppt worden sind.

IM SAND SCHWIMMENDE ECHSEN

Westaustralien

Das Carnarvon-Buschland Westaustraliens ist die Heimat mehrerer Arten im Sand lebender Skinke (*Lerista*-Arten). Ihre Körper eigen sich perfekt, um sich durch den Sandboden zu wühlen, in dem sie kleine Wirbellose jagen, vor Fressfeinden fliehen oder der Tageshitze aus dem Weg gehen. Diese Echsen besitzen je nach Art verschiedene Formen, doch meistens weisen sie einen walzenförmigen Körper mit vier sehr kleinen Beinen auf. Einige Arten haben allerdings nur zwei Beine, andere überhaupt keine. Auf dem Boden schlängeln sich die Tiere vorwärts. Diese Fortbewegungsweise benutzen sie auch, um sich durch den Boden zu wühlen. Die schaufelförmige Schnauze hilft ihnen dabei.

AUS DEM SAND AUFTAUCHEN
Der Gekielte Skink (*Lerista planiventralis*) lebt in den Sandböden Westaustraliens. Sein Schwanz weist einen Kiel auf, der die Fortbewegung im Sand vermutlich unterstützt.

NATURSCHUTZ

VOM AUSSTERBEN BEDROHTE VÖGEL

Die Dekkan-Dornstrauchsavannen in Zentralindien waren einst die Heimat vieler Vogelarten und großer Säugetiere, doch die Überweidung und die Landwirtschaft haben nur Fragmente dieser Ökoregion übrig gelassen. Heute leben hier einige der seltensten Vogelarten der Welt. Weniger als 250 Godavari-Rennvögel (*Rhinoptilus bitorquatus*) gibt es hier noch und auch die Flaggentrappe (*Sypheotides indicus*) ist vom Aussterben bedroht. Beide Arten leben von Insekten, die sie zwischen den Sträuchern finden.

FLAGGENTRAPPE

Mineralien wie Siliziumdioxid, die sich im Salzwasser befinden, können wunderschöne farbige Muster auf der Oberfläche von Salzseen erzeugen. Zwergflamingos (*Phoeniconaias minor*) versammeln sich in großer Zahl an afrikanischen Natronseen, etwa dem Magadisee in Kenia im Großen Grabenbruch.

SALZSEEN

Salzseen bilden sich in abflusslosen Becken, in denen sich durch die Verdunstung gelöste Salze konzentrieren. Einige sind salziger als das Meer, andere wegen ihrer Natriumverbindungen ätzend. Alle stellen eine Herausforderung für Lebewesen dar.

Wasser fließt den Salzseen zu in Form von Flüssen, Bächen oder vom Land ablaufenden Niederschlägen. Es transportiert Mineralien, die es aus Gesteinen und Böden herausgelöst hat. Man bezeichnet diese Seen als endorheisch. Das bedeutet, dass sie keinen Abfluss haben, sodass das Wasser entweder verdunstet oder versickert. Durch Verdunstung bleiben die gelösten Mineralien wie etwa Kochsalz zurück, sodass der Salzgehalt des Wassers zunimmt. In trockenen Lebensräumen entstehen hypersaline Seen, die salziger als das Meer sind.

BINNENMEER ODER SALZPFANNE?

Die Natur der Salzseen hängt von den in ihnen enthaltenen Mineralien ab, die wiederum durch die Chemikalien in den Gesteinen der Umgebung bestimmt werden. Sind sie vulkanischen Ursprungs, reagiert das Wasser sauer, sodass sie nur von spezialisierten Mikroben besiedelt werden können. Ein größerer Teil der Seen enthält Kochsalz. Diese Seen sind meist nur leicht alkalisch, doch im Hinblick auf ihre Salinität kann es sich um brackige Binnenmeere oder aber auch um unwirtliche hypersaline Seen handeln, die manchmal zu Salzpfannen austrocknen. Seen mit hohen Natriumkarbonat- oder Natriumbikarbonat-Konzentrationen werden als Natronseen bezeichnet. Sie sind sehr alkalisch, sodass das Wasser ätzend wirkt. Nur hochspezialisierte Organismen können unter diesen extremen Bedingungen leben, doch sie haben wenig Konkurrenz und können in großen Mengen vorkommen. Die Karbonate der Natronseen bewirken, dass sie zu den produktivsten Ökosystemen der Erde zählen, da zum Beispiel die einst als Blaualgen bezeichneten Cyanobakterien hohe Fotosyntheseraten erzielen. Spezialisierte Tiere wie die Flamingos nutzen diese Vielfalt der Mikroorganismen.

Im Gegensatz dazu fehlt anderen Salzseen eine geeignete Kohlenstoffquelle, sodass sie nahezu kein Leben aufweisen.

SALZSEEN DER WELT

Salzseen gibt es auf jedem Kontinent, sogar auf Antarktika, wo kleine hypersaline Seen auch in der polaren Kälte flüssig bleiben. Der größte Salzsee ist das Kaspische Meer, gefolgt vom Yssykköl in Kirgisistan. Der größte Natronsee der Welt ist der türkische Van-See.

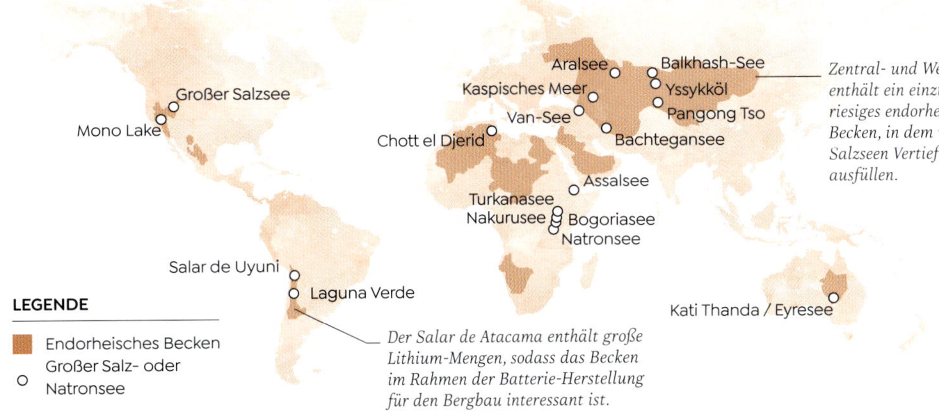

Zentral- und Westasien enthält ein einziges, riesiges endorheisches Becken, in dem viele Salzseen Vertiefungen ausfüllen.

Der Salar de Atacama enthält große Lithium-Mengen, sodass das Becken im Rahmen der Batterie-Herstellung für den Bergbau interessant ist.

SAUER ODER ALKALISCH?

Der Charakter eines Salzsees hängt von der Art der im Wasser gelösten Mineralien ab. Karbonate machen aus Natronseen sehr produktive Lebensräume, wohingegen saure Seen fast oder vollständig lebensfeindlich sein können. Salzseen können auch hypersalin sein und eine höhere Salzkonzentration als das Meerwasser aufweisen.

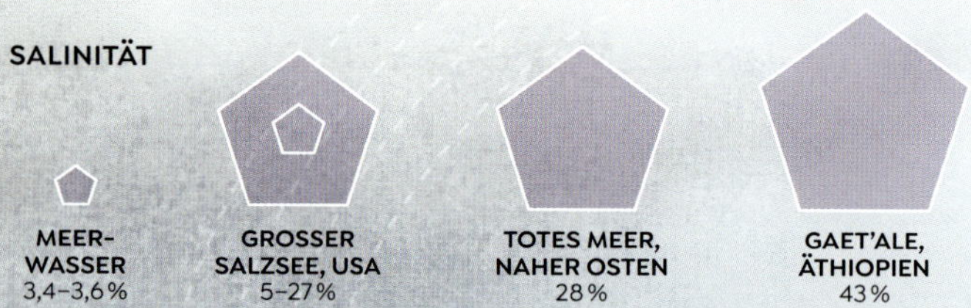

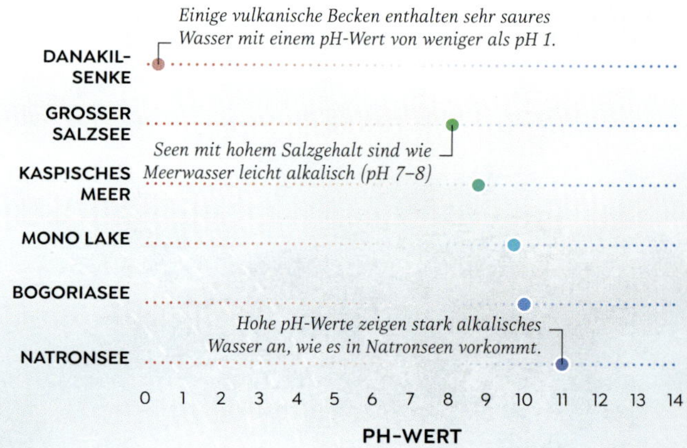

SALZSEEN

Salzseen und Natronseen repräsentieren einige der extremsten Lebensräume der Erde. Die hier herrschenden Bedingungen können sich im Verlauf eines Jahres dramatisch verändern. In der Regenzeit können starke Niederschläge große Süßwassermengen in die Seen eintragen, die Wildtiere aus der gesamten Umgebung anlocken. Wenn es trocken wird, kann das Wasser vollständig verdunsten, sodass eine trockene und öde Salzpfanne zurückbleibt. Nur wenige Arten kommen mit dem Salzgehalt und dem pH-Wert einiger dieser Seen zurecht, doch so manche Spezialisten gedeihen bei diesen Bedingungen und sind vollkommen von den Salzseen abhängig. Der Natronsee in Tansania ist zum Beispiel die Heimat von zwei Dritteln der auf der ganzen Welt vorkommenden Zwergflamingos.

HALOPHIL
Höhere Pflanzen können in den meisten Salzseen nicht überleben, salztolerante (halophile) dagegen schon. Halophile Cyanobakterien erzeugen rote Pigmente, die sie bei der Fotosynthese im Salzwasser unterstützen, sodass der See eine rötliche Farbe annimmt. Die schnell wachsenden Bakterien bilden die Basis der Nahrungskette des Sees.

SPEZIALISTEN UND GENERALISTEN

Sowohl die Rosa- als auch die Zwergflamingos besuchen die Seen, doch die Zwergflamingos (unten) sind darauf spezialisiert, Cyanobakterien aus stark alkalischem Wasser zu filtern. Die Rosaflamingos sind weiter verbreitet. Sie fressen kleine Krebstiere und Algen in Salzseen, Flussmündungen und Küstenlagunen.

HYPERSALINE GEWÄSSER

KONSUMENTEN

Zwergflamingos filtern Cyanobakterien aus dem Wasser. Sie sind die hauptsächlichen Konsumenten dieses Ökosystems. Die robuste Haut ihrer Beine erlaubt es ihnen, stundenlang im ätzenden Wasser zu waten.

SALZPFANNEN

AUF DER DURCHREISE

Salzpfannen können migrierenden Tieren wie etwa den Antilopen eine Abkürzung auf dem Weg zu angenehmeren Lebensräumen bieten. Doch das kann gefährlich sein. Die Salzkruste kann brechen und weichen Schlamm freigeben, der zur Falle werden kann.

Eine dünne Wasserschicht *bedeckt den Seeboden. Weil viel Wasser verdunstete, ist sie hypersalin – sie enthält eine hohe Salzkonzentration.*

Der See *mag einen großen Teil des Jahres oder sogar mehrere Jahre hintereinander trockenfallen. Das Leben ruht, da nichts ohne Wasser auskommt.*

Polygonale Muster *mit 1–2 m Durchmesser bilden sich oft in der Salzkruste, wenn das gesamte Wasser verdunstet ist.*

Salzschichten bilden sich *im Verlauf von Jahrtausenden. Sie können für Menschen nützlich sein, doch ihr Abbau kann die Lebensgemeinschaften der Seen gefährden.*

Wenn die dem See zufließende Wassermenge geringer als die verdunstete ist, verschwindet der See und es bleibt eine Salzpfanne zurück.

ENTSTEHUNG VON SALZPFANNEN

Salzpfannen bilden sich, wenn die Verdunstung bei mineralreichem Wasser schneller als der Zufluss vonstatten geht. Die übrig gebliebenen Salze fallen aus und bilden eine harte, weiße Kruste, die im Sonnenlicht glitzert.

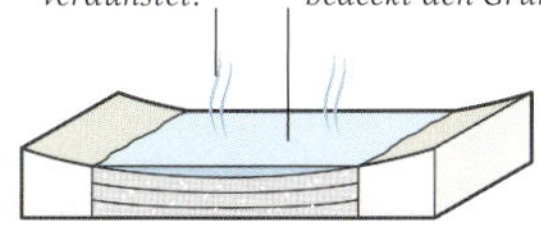

SEE

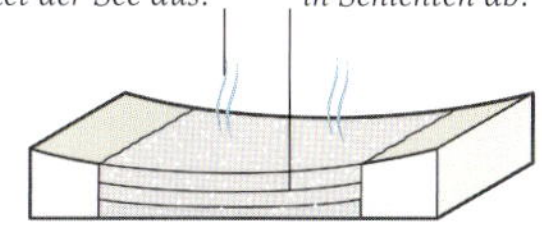

SALZPFANNE

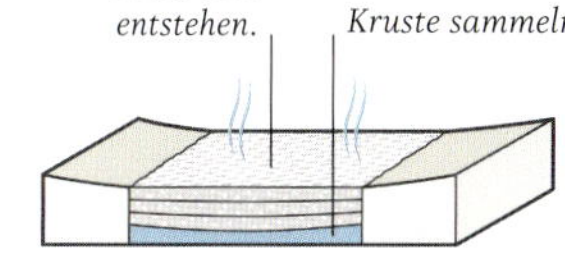

KRUSTE

UNGEWÖHNLICHE NACHBARN

Nhecolândia, südliches Pantanal

Obwohl das Pantanal für seine Süßwasser-Feuchtgebiete bekannt ist, gibt es in einer als Nhecolândia bezeichneten Region über 12 000 flache Süßwasser- und Natronseen. Sie werden voneinander durch verfestigte Böden getrennt, sodass sich ihr Wasser nicht vermischen kann. Befinden sich undurchlässige Schichten oberhalb des Grundwasserspiegels, kann das Wasser nicht versickern, sodass sich Mineralien in ihnen konzentrieren.

Die Süßwasserseen werden von Wasserpflanzen und Grünalgen besiedelt, wohingegen in Natronseen spezielle Bakterien leben. In der Trockenzeit herrschen in den Natronseen extreme Bedingungen. Dann bilden die fotosynthetisch aktiven Cyanobakterien Matten, die das Sonnenlicht abschirmen. Bei den Überflutungen der Regenzeit können sich benachbarte Seen verbinden, sodass auch Süßwassermikroben gedeihen.

SALZWASSERSEEN
In Nhecolândia im südlichen Pantanal gibt es eine Mischung aus kleinen Süßwasserseen (grün) und flachen Natronseen (dunkelblau), in denen Bakterien und Fotosynthese betreibende Cyanobakterien leben.

NATURSCHUTZ

RETTUNG DER NATRONSEEN

Der Neusiedler See an der Grenze von Österreich und Ungarn ist ein großer endorheischer Salzsee, der von vielen kleineren Natronseen umgeben ist. Die Seen dienen den Zugvögeln als Rastplatz. 300 Arten wurden hier beobachtet, darunter Weißstörche, Graureiher und Großtrappen. Der Neusiedler See ist auch die Heimat einer der größten Brutkolonien des Silberreihers (*Ardea alba*) mit bis zu 700 Brutpaaren. Salzwassertümpel haben sich gebildet, weil der Boden reich an Tonen und Natriumbikarbonat ist, sodass sich Niederschläge an der Oberfläche ansammeln und sich Mineralien im Wasser lösen. Allerdings führt der Klimawandel dazu, dass diese einzigartigen Seen austrocknen. Naturschützer versuchen, mit Dämmen den Wasserspiegel zu erhöhen und zu verhindern, dass das Salz ausgewaschen wird.

SILBERREIHER

SALZ-FLIEGEN

Großer Salzsee, USA

Der Große Salzsee in Utah, USA, ist der größte Salzwassersee der westlichen Welt. Obwohl das Wasser salziger als Meerwasser ist, stellt der See ein erstaunlich ergiebiges Ökosystem dar. Die Larven der Salzfliegen (*Ephydra cinerea* und *Ephydra hians*) und der Salinenkrebschen (*Artemia monica*) ernähren sich von den Bakterien und Algen des Grunds. Sie wiederum werden von Wasserkäfern gefressen. Wasservögel wie der Wilson-Wassertreter und der Amerikanische Stelzenläufer bilden die Spitze der Nahrungskette. Die Salzfliegen legen ihre Eier auf der Wasseroberfläche ab. Die aquatischen Larven verpuppen sich und die Puppen lassen sich mithilfe einer Luftblase ans Ufer treiben, wo die Fliegen schlüpfen und sich paaren. Unter günstigen Bedingungen können sie zu Milliarden auftauchen und Vogelschwärme anlocken.

Der Große Salzsee trocknet allerdings infolge des Klimawandels aus. Möglicherweise wird er gegen Ende des Jahrzehnts verschwinden, was für die von ihm abhängigen Lebenwesen böse Konsequenzen hätte.

VOM SALZ- INS SÜSSWASSER

Kaspisches Meer

Fische wie die Störe und Lachse sind anadrom: Sie leben im Salzwasser, laichen aber im Süßwasser ab. Hormonelle Veränderungen erlauben ihnen, überschüssiges Salz auszuscheiden. Die meisten anadromen Fische leben im Meer, einige jedoch auch in Salzseen. Der Russische Stör (*Acipenser gueldenstaedtii*) ist ein bedrohter Fisch, der im Kaspischen Meer lebt und zum Laichen die Flüsse hinaufschwimmt. Die Überfischung und die Dämme, die ihn bei der Wanderung die Flüsse hinauf behindern, haben zu einem deutlichen Rückgang der Art geführt.

LANGSAME ENTWICKLUNG
Der im Schwarzen und im Kaspischen Meer heimische Russische Stör benötigt acht bis 16 Jahre, bis er geschlechtsreif ist.

MIGRATIONSROUTE
Anadrome Fische, die in Salzseen leben, wandern die Flüsse hinauf, um zu laichen. Nach dem Schlupf schwimmen die Larven flussabwärts in den See.

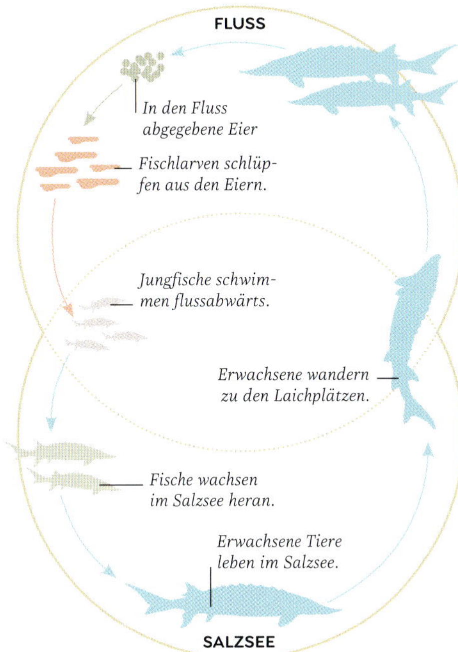

LEBENDE FELSEN

Van-See, Türkei

CALCIT-BÄUMCHEN IM VAN-SEE

Der Van-See in der Türkei ist der größte Natronsee der Welt, doch der Klimawandel führt zu seinem Austrocknen. Das zurückgehende Wasser hat gewaltige Mikroben-Matten freigelegt (vor allem von Cyanobakterien erzeugte Ablagerungen). Die von ihnen gebildeten Calcit-Bäumchen können zu Türmen werden, die sich bis zu 40 m hoch über den Seegrund erheben. Sie bieten der endemischen Van-Bachschmerle (*Oxynoemacheilus ercisianus*), die in ihren Ästen und Höhlen vorkommt, einen Lebensraum.

REICH GEDECKT
Bis zu fünf Millionen Vögel, darunter der Wilson-Wassertreter (*Steganopus tricolor*), können sich am Großen Salzsee versammeln, um die massenhaft auftretenden Salzfliegen zu fressen.

VON DER LUFT GESCHÜTZT

Mono Lake, USA

Salzfliegen (*Ephydra hians*) leben in nordamerikanischen Sodaseen, etwa dem kalifornischen Mono Lake. Sein Wasser ist etwa dreimal salziger als das Meerwasser, sodass es sich für die meisten Arten als lebensfeindlich erweist, doch die Fliegen haben sich angepasst. Wenn sie zum Fressen von Algen oder zur Eiablage in den See tauchen, umgeben sie sich mit einer Luftblase, die sie vor dem aggressiven Salzwasser schützt.

Eine Lufttasche erlaubt es den Salzfliegen, 15 Minuten lang im Wasser des Natronsees zu tauchen.

IN EINER BLASE
Salzfliegen haben eine wasserabweisende Behaarung. Die winzigen Härchen halten Luft fest, wenn sie in das unwirtliche Wasser des Mono Lake tauchen.

NAHRUNGSSUCHE IN ÄTZENDEM WASSER

Das Wasser im Natronsee (siehe S. 264–265) ist so ätzend, dass es die meisten Tiere schädigt. Doch die Zwergflamingos (*Phoeniconaias minor*) können sich hier dank der widerstandsfähigen Haut ihrer Beine zu Millionen versammeln und Cyanobakterien (*Arthrospira fusiformis*) aus dem alkalischen Wasser fressen. Ihre Pigmente färben die Flamingos rosa. Die Vögel tauchen zum Fressen den Schnabel mit der Oberseite voran ins Wasser, füllen ihn damit und pressen das Wasser mit der Zunge durch die feinen Lamellen in ihrem Oberschnabel. Dafür ist der Unterschnabel fixiert und der Oberschnabel beweglich.

Die einzigen Süßwasserquellen am Natronsee sind die heißen Quellen an den Ufern. Auch hier ermöglicht es die robuste Haut der Beine den Vögeln, zum Trinken durch das heiße Wasser zu waten. Zwergflamingos sind davon abhängig, dass der Wasserstand die richtige Höhe aufweist, die nicht nur das Wachstum der Cyanobakterien unterstützt, sondern auch das Nisten auf den Inseln (siehe unten) ermöglicht.

*Die **meisten Zwergflamingos** weltweit brüten auf einem einzigen See in Tansania. Hier leben bis zu **75 Prozent** der **3,2 Millionen Zwergflamingos** der Welt.*

1 Zu voll
Bei zu hohem Wasserstand sinkt der Salzgehalt und die Mikroben gehen zurück.

2 Genau richtig
Bei der richtigen Tiefe bleiben Fressfeinde von den Nestern fern.

3 Zu flach
Zu seichte Seen erschweren das Fressen und lassen Fressfeinde herankommen.

4 Fressfeinde
Verschiedene Fressfeinde jagen die Flamingos, wenn sie es können.

GEFÄHRDETE FLAMINGOS
Ein Schabrackenschakal (*Lupulella mesomelas*) jagt Zwergflamingos. Das Wasser des Natronsees in Tansania ist hier zu seicht, um den Schakal fernzuhalten.

SAURE SEEN

Die Danakil-Senke in Äthiopien ist eine der heißesten und trockensten Stellen der Erde. Hier treffen drei tektonische Platten aufeinander. Vulkanische Verwerfungen und heiße Quellen haben im Dallol-Geothermalgebiet am Norden der Senke eine Reihe von Salzseen geschaffen. Diese Gewässer sind extrem sauer (pH-Wert 0,2) und heiß (teils über 100 °C), sodass hier auch die widerstandsfähigsten Organismen keine Chance mehr haben. Südöstlich des Dallol befindet sich das salzigste Gewässer der Welt – der Gaet'ale-See. Er hatte sich nach einem Erdbeben im Jahr 2005 gebildet und weist einen Salzgehalt von 43 Prozent auf.

REICH AN MINERALIEN
Der Dallol ist von extrem sauren, heißen Salztümpeln übersät. Gelöste Mineralien wie Eisen und Kupfer färben sie in leuchtenden Grün- und Gelbtönen.

NATURSCHUTZ

SALZABBAU

Der im Senegal liegende Retba-See ist einer der salzigsten Seen der Welt. Von Algen rosa gefärbte Salzkristalle bilden sich auf seiner Oberfläche. Etwa 3000 Sammler bauen jährlich 60 000 Tonnen des Salzes ab. Damit das nicht überhand nimmt, ist der maschinelle Abbau verboten worden und Teile des Sees müssen halbjährig unberührt bleiben, damit sich das Salz regenerieren kann. Pläne für einen maschinellen Salzabbau bedrohen andere afrikanische Seen, etwa den Natronsee.

SALZE IM RETBA-SEE

FLAMINGO-ARTEN

JAMES-FLAMINGO
Dieser südamerikanische Flamingo ernährt sich vor allem von winzigen Kieselalgen, die in den Natronseen leben.

ROSAFLAMINGO
Diese Vögel nutzen tieferes Wasser als die übrigen Flamingos. Sie fressen auch Insekten und Weichtiere.

ZWERGFLAMINGO
Diese kleinste Flamingo-Art ist ein spezialisierter Filtrierer, der sich vor allem von den Cyanobakterien der Natronseen ernährt.

CHILE-FLAMINGO
Wie der Rosaflamingo hat auch diese südamerikanische Art einen breiten Schnabel, der es ihr erlaubt, Krebstiere und Insekten zu fressen.

VOGELGRIPPE-HOTSPOT

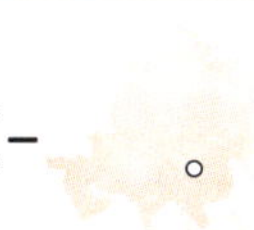

Qinghai-See, China

VOGELINSEL IM QINGHAI-SEE

Am chinesischen Qinghai-See kreuzen sich die Vogelzug-Routen. Über 180 Arten, darunter Lachmöwen (*Chroicocephalus ridibundus*) und Streifengänse (*Anser indicus*), lassen sich zum Brüten oder Rasten auf einer kleinen, felsigen Halbinsel nieder. So wurde der See leider auch zu einem Hotspot der oft tödlichen Vogelgrippe (Influenza-A-Virus, H5N1). Überlebende Vögel können das Virus weltweit verbreiten.

ANGELOCKT VON DER ÜBERSCHWEMMUNG

Kati Tanda / Lake Eyre, Australien

Der größte australische Salzsee, der auch als Lake Eyre bezeichnete Kati Tanda, ist nur gelegentlich mit Wasser gefüllt. Doch dann leben hier Tausende von Wasservögeln, wie etwa Schlammstelzer, Brillenpelikane und Silberkopfmöwen. Die Vögel legen bis zu 2000 km zurück, um sich mit den Krebstieren, Wirbellosen und Fischen vollzufressen, die hier während der zeitweiligen Überschwemmung leben. Wie sie die Flut im Voraus erahnen können, bleibt ein Rätsel, doch die Vögel nehmen zu diesem Zweck vielleicht Infraschall, Temperatur und Luftdruck wahr. Der üblicherweise stark salzhaltige See wird durch das Regenwasser verdünnt, sodass das Leben blüht, bevor die Salzkonzentration wieder steigt.

PELIKANSCHWÄRME
Während der Fluten kommen Tausende von Brillenpelikanen (*Pelecanus conspicillatus*) an den See, um zu brüten. Mit ihren großen Schnäbeln schöpfen sie Fische aus dem Wasser.

Die Wurzeln der Mangroven sind die Basis eines komplexen Unterwasser-Lebensraums, der kleine Meeresfische wie den Gürtel-Kardinalbarsch (*Sphaeramia orbicularis*) vor Fressfeinden schützt und die Kinderstube vieler anderer tropischer Fische darstellt.

MANGROVEN UND SALZMARSCHEN

Mangrovenwälder und Salzmarschen finden sich im Gezeitenbereich der Flussmündungen und geschützten Küsten, wo sich feine Sedimente absetzen. Sie bilden sandige und schlammige Böden, in denen Samenpflanzen einwurzeln.

Marschen oder Salzwiesen sind ein Typ des Graslands, auf dem krautige Samenpflanzen wachsen, wohingegen die Mangroven bewaldete Sümpfe mit überwiegend verholzten Sträuchern und immergrünen Bäumen bilden. Wie andere Gezeitenzonen werden sie regelmäßig vom Meerwasser überschwemmt. In den meisten Fällen geschieht das zweimal täglich mit der Flut, doch manche Mangrovenwälder und Salzwiesen werden nur bei Sturmfluten oder außergewöhnlich hohen Springtiden überflutet.

ANPASSUNGEN AN DAS SALZWASSER

Die in den Mangroven und Salzmarschen lebenden Pflanzen sind Halophyten. Sie sind daran angepasst, teilweise oder ganz unter Wasser zu leben. Sie gedeihen auch in weichem, schlammigem Boden, der recht instabil sein kann. Die überfluteten Böden sind oft sauerstoffarm, sodass manche Pflanzen ihren Sauerstoffbedarf mit Luftwurzeln decken, die bei Ebbe über den Wasserspiegel hinausragen. Die meisten Pflanzen dieser Lebensräume sind mit im Süßwasser oder an Land lebenden Arten verwandt und haben unabhängig voneinander Lösungen entwickelt, um in diesen extremen Lebensräumen nicht nur zu überleben, sondern auch zu gedeihen.

Mangroven und Salzmarschen sind auch die Heimat der verschiedensten Tierarten, vom mikroskopisch kleinen Zooplankton bis zum größten Reptil, dem Leistenkrokodil. Die Tiere verstecken sich zwischen den überfluteten Pflanzen, wohingegen an Land lebende Krabben bei Ebbe aus ihren Bauen auftauchen und gemeinsam mit den Watvögeln im Schlamm nach Nahrung suchen.

GLOBALE VERBREITUNG

Mangroven finden sich nur an tropischen oder subtropischen Küsten, da sie keine Kälte vertragen. Salzwiesen gibt es auf der ganzen Welt, doch vor allem kommen sie in gemäßigten und subpolaren Regionen vor, in denen sie nicht der Konkurrenz der Mangroven ausgesetzt sind.

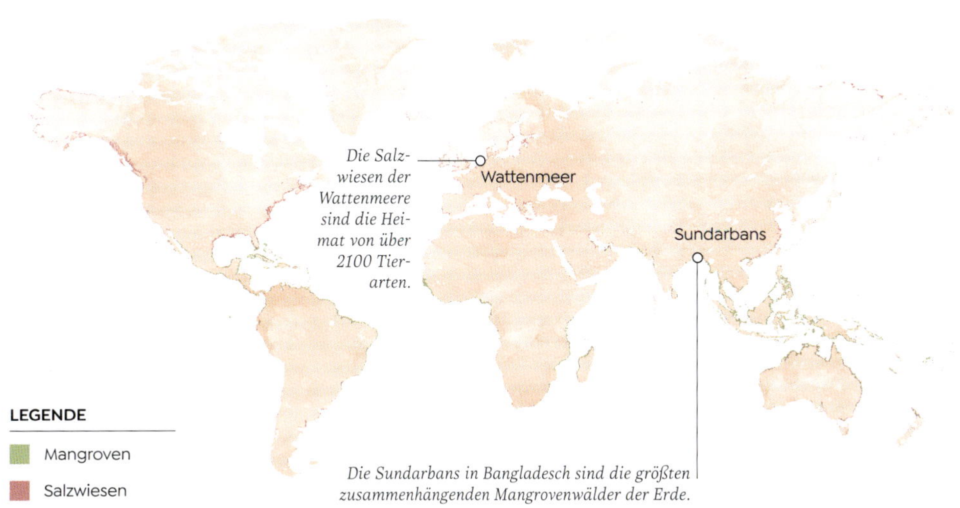

MANGROVENSÜMPFE

Mangroven gedeihen in tropischen Flussmündungen und an geschützten Küsten mit ganzjährig relativ konstanten Bedingungen. In diesen Lebensräumen wie den von Indien bis Bangladesch reichenden Sundarbans bieten die Mangrovenwurzeln Schutz, halten feinen Schlamm fest und dämpfen den Einfluss der Wellen.

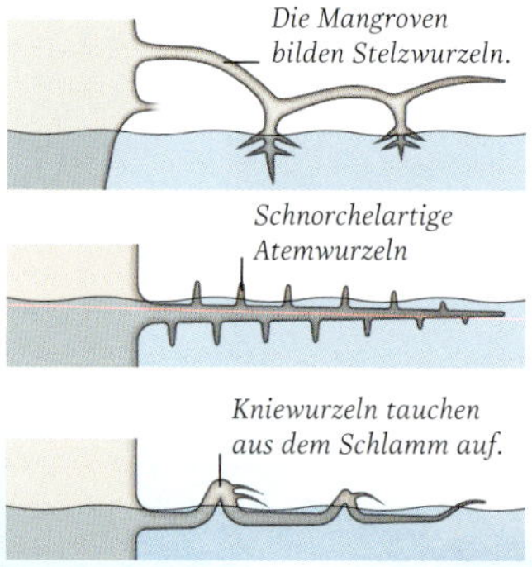

MANGROVENWURZELN
Mangroven haben Wurzeln, die durch kleine Poren Sauerstoff aus der Luft aufnehmen können. Einige Arten bilden dazu Atem- oder Kniewurzeln, die aus dem Boden ragen. Andere besitzen Stelzwurzeln, die vom Stamm aus nach unten gerichtet sind.

DOMINANTER BAUM
Sundari-Bäume ertragen keine hohe Salinität. Sie stehen daher weiter landeinwärts die dominanten Mangroven und haben den Sundarbans ihren Namen gegeben.

LANDBEREICH
Die am weitesten vom Meer entfernten Bäume erleben nur unregelmäßige Überflutungen. Hier wächst eine größere Vielfalt von Pflanzenarten.

MITTLERER BEREICH
Die hier lebenden Mangroven und anderen Pflanzen vertragen es nur für kurze Zeit, überflutet zu werden.

RÄUBERISCHER TAUCHER
Der Braunflügel-Liest wartet in den Mangrovenästen und taucht im Wasser nach Fischen und Krebstieren.

FISCHKATZE
Diese Wildkatze wartet am Ufer, erbeutet Fische aus dem seichten Wasser oder taucht im tieferen Wasser.

AMPHIBISCHER FISCH
Schlammspringer können lange Zeit an Land leben, wobei sie Luft aus ihren Kiemenkammern nutzen.

TOP-PRÄDATOR
Das größte Reptil der Welt, das Leistenkrokodil, jagt Fische und Säugetiere, die sich zu nah ans Wasser wagen.

INSEKTENFRESSENDER FISCH
Schützenfische springen aus dem Wasser, um eine Spinne oder ein Insekt zu erbeuten, oder sie schießen die Beute mit einem Wasserstrahl von einem Ast oder aus der Luft ab.

MEERESBEREICH
Dieser Bereich wird regelmäßig für längere Zeit überflutet, sodass die Mangroven Wasser und Salz ertragen müssen.

KINDERSTUBE FÜR DEN ZITRONENHAI

Ostpazifische, karibische und atlantische Mangroven

JUNGER ZITRONENHAI
Die bei der Geburt nur 60 cm langen Zitronenhaie können leicht von größeren Fischen gefressen werden, doch zwischen den Mangroven sind sie gut geschützt.

Zitronenhaie (*Negaprion brevirostris*) leben in den seichten subtropischen Küstengewässern des Atlantiks und Pazifiks. Bevor sie ihre lebenden Jungen gebären, kehren die erwachsenen Weibchen zum gleichen Mangrovengebiet zurück, in dem sie selbst zur Welt gekommen sind. Die Mangrovenwurzeln schützen die Jungen und bieten ihnen auch kleinere Fische als Nahrung. Hier leben sie in lockeren sozialen Gruppen und jagen manchmal zusammen. Die jungen Haie bleiben in dieser Kinderstube, bis sie in Korallenriffen, Buchten und über Seegraswiesen jagen können. Die Wurzeln der Mangroven bieten noch anderen Meerestieren Schutz. Viele andere Fischarten der Riffe wie der Regenbogen-Papageifisch (*Scarus guacamaia*), der Riesen-Zackenbarsch (*Epinephelus itajara*) und der Schwarzflecken-Schnapper (*Lutjanus fulviflamma*) laichen hier, damit ihre Jungen im Schutz der Mangroven aufwachsen können.

ANGELN MIT KÖDER

Mangroven der Welt

Der in vielen Feuchtgebieten heimische Mangrovereiher (*Butorides striata*) kommt – wie der Name schon sagt – vor allem in Mangrovensümpfen vor, wo er auf Ästen brütet, die über dem Wasser hängen. Brutpaare errichten hier eine Plattform aus Stöcken. Das Weibchen legt zwei bis fünf blassgrüne Eier, die von beiden Eltern bebrütet werden. Die kleinen Reiher ernähren sich von Fischen, Fröschen, Krebstieren und aquatischen Insekten, die sie im flachen Wasser erbeuten. Sie lassen sogar einen Köder, zum Beispiel ein Insekt oder ein Blatt, auf die Wasseroberfläche fallen, um damit Fische anzulocken.

MANGROVEREIHER MIT KÖDER
Mangrovereiher bleiben lieber am Ufer im seichten Wasser und gehen nicht ins tiefere. Man kann beobachten, wie sie Beute mit einem Köder herbeilocken.

NATURSCHUTZ

AUFFORSTUNG DER MANGROVEN

Mangrovenlebensräume sind ökologisch wichtig, bieten Wildtieren einen Lebensraum, schützen die Küste vor Erosion und speichern Kohlenstoff. Doch viele wurden durch Umweltverschmutzung geschädigt oder wurden zur Gewinnung von Acker- oder Bauland abgeholzt. Aufforstungsprojekte zielen darauf ab, die Gezeitenflächen wieder zu errichten und Mangrovensetzlinge zu pflanzen.

ROTE MANGROVE

TREIBENDE KEIMLINGE

Ostpazifik, Karibik, Atlantik

Die Roten Mangroven (*Rhizophora mangle*) haben eine ungewöhnliche Vermehrungsstrategie. Die Art kommt vor allem in den Tropen des Atlantiks und Ostpazifiks vor. Die Samen keimen, während sie sich noch am Elternbaum befinden, sodass sie in einem Gezeitenlebensraum schnell verwurzeln können. Die länglichen Keimlinge haben nahezu die gleiche Dichte wie Meerwasser und treiben nach der Trennung von der Elternpflanze an der Wasseroberfläche. Strömungen befördern sie oft weiter, bis sie an eine andere Küste getrieben werden und im weichen Boden einwurzeln.

Die Keimlinge können über ein Jahr lang im Meerwasser treiben und dabei sogar wachsen und Wurzeln bekommen. Dadurch haben sie eine größere Chance anzuwachsen, wenn sie schließlich an eine geeignete Küste getrieben werden.

DIE KEIMLINGE DER ROTEN MANGROVE
Die Keimlinge entwickeln sich am Elternbaum und fallen dann ins Wasser. Sie treiben dahin, bis sie an eine neue Küste gespült werden.

VERBREITUNG DER KEIMLINGE

VIELFARBIGER ÜBERZUG Lichtstrahlen fallen durch die Wurzeln einer Roten Mangrove im Nationalpark Jardines de la Reina, Kuba. Sie sind von Algen, Schwämmen und Seescheiden überzogen.

BAUE IM SCHLAMM

Weltweit

Mangroven- und Winkerkrabben leben in großer Zahl in den Mangroven der Welt. Sie fressen Algen, Mikroben und sich zersetzendes Pflanzenmaterial und finden die Nahrung zwischen Falllaub und weichem Schlamm. Sie graben Baue in den Boden, die Sauerstoff, Nährstoffe und nützliche Mikroben ins Sediment eintragen und seine Salinität verringern, sodass sie das Wachstum der Mangroven fördern. Die schwimmenden Krabbenlarven sind eine wichtige Nahrung für kleine Fische, während die erwachsenen größeren Tieren als Beute dienen, etwa dem Reiherläufer (*Dromas ardeola*).

WEIBLICHE WINKERKRABBE

WIEDERKÄUENDER AFFE

Mangroven und Regenwälder Borneos

Nasenaffen (*Nasalis larvatus*) bewohnen die überfluteten Mangroven- und Torfsümpfe Borneos und halten sich meist in den Baumkronen auf. Sie fressen Früchte und Blätter, die jedoch schwer verdaulich sind. Um genügend Nährstoffe aufnehmen zu können, besitzen sie spezielle Mikroben in ihrem mehrkammerigen Magen, der dem eines Wiederkäuers ähnelt. Diese Mikroben sind in der Lage, Zellulose zu zerlegen. Die Nasenaffen würgen halbverdaute Nahrung hervor, kauen sie noch einmal und schlucken sie wieder, sodass auch die restlichen Nährstoffe aufgenommen werden können.

DICKBÄUCHIGER PRIMAT Der Magen des Nasenaffens ist fast doppelt so groß wie der verwandter blattfressender Arten.

WIRBELLOSE WURZELBEWOHNER

Kuba, Karibik

Die verzweigten Wurzeln der Mangroven bieten marinen Algen, Schwämmen und Seescheiden eine große Oberfläche zur Besiedlung. Die Mangroven profitieren davon, weil dieser Bewuchs Pflanzenfresser davon abhält, sich an ihren Wurzeln zu vergreifen. Die Mangroven-Seescheide (*Ecteinascidia turbinata*) lebt in Kolonien und kommt in großer Zahl in den seichten, warmen Gewässern des Nationalparks Jardines de la Reina, Kuba, vor. Jede Kolonie besteht aus vielen orangefarbenen Tieren, die als Zooide bezeichnet werden. Sie sind an ihrer Basis miteinander verbunden und besiedeln die Oberfläche der Mangrovenwurzeln.

Ungewöhnlich für ein Tier ist es, dass die Wand eines jeden Zooids mit Zellulose verstärkt ist. Das Zooid nimmt durch eine Öffnung Wasser in den Körper auf und filtert mithilfe seines Kiemendarms Nahrungspartikel heraus. Winzige Krebstierchen leben im hohlen Körper und profitieren ebenfalls von der Nahrung.

Seescheiden behalten die befruchteten Eier in ihrem Körper und entlassen kleine, frei schwimmende Larven, die neue Gebiete besiedeln können, aber oft im gleichen Mangrovensystem bleiben, in dem sich auch ihre Eltern befinden.

Ähnlich wie die Seescheiden filtrieren auch Schwämme Nährstoffe aus dem Wasser und besiedeln Mangrovenwurzeln. Als Gegenleistung für den Lebensraum beliefern die Schwämme die Mangroven mit Stickstoff, einem für sie wichtigen Nährstoff.

Die Mangrovenwälder der Welt bedecken eine Fläche von über 140 000 km² – ungefähr 0,1 Prozent der Erdoberfläche.

LICHTER IN DER NACHT

Südostasiatische Mangroven

LICHT IN DEN MANGROVEN

In den südostasiatischen Mangrovenwäldern versammeln sich nachts Tausende von Glühwürmchen der Gattung *Pteroptyx*. Die Männchen werben auf den Ästen mit Lichtsignalen um die Weibchen. Bei manchen Arten wird das Aufblitzen des Lichts sogar synchronisiert. Die Mangroven sind ideal für die Insekten, da die Lichtsignale von Weitem zu sehen sind und Nahrung sowie Eiablageplätze für die Weibchen nahebei liegen. Aus den Eiern schlüpfen semiaquatische Larven, die sich von Schnecken am Ufer ernähren.

NATURSCHUTZ

GARNELENFARMEN

Sowohl in Asien als auch in der Neuen Welt wurden die Mangroven infolge der Garnelenzucht beeinträchtigt. Mangrovenwälder wurden abgeholzt oder wurden von belastetem Wasser mit hohen Nährstoffgehalten oder Chlorverbindungen und Antibiotika vergiftet. Einige Regierungen und Naturschutzorganisationen fördern allerdings integrierte Methoden, bei denen Garnelen ohne den Einsatz von Pestiziden oder Düngemitteln in gesunden Ökosystemen vermehrt werden. So können die Menschen vor Ort von der Garnelenzucht leben, gleichzeitig die Mangroven erhalten und die Vorteile nutzen, die der nicht geschädigte Lebensraum bietet.

INTENSIVE GARNELENZUCHT IN THAILAND

SALZ-ABGABE

Weltweit

Salzwasser kann Pflanzen schädigen. Daher haben die Mangroven Methoden entwickelt, um dieses Problem zu lösen. Einige Arten filtern das Salz bei der Aufnahme über die Wurzeln aktiv aus dem Wasser, während andere überschüssiges Salz über die Blätter abgeben oder es in ihrer Borke speichern. Mangroven der Gattung *Avicennia* wie die Graue Mangrove (*Avicennia marina*) kombinieren mehrere dieser Methoden. Verdickte Wurzelzellen verringern die Menge des aufgenommenen Salzes und Drüsen in den Blättern scheiden überschüssiges Salz aus, sodass sich kleine Kristalle auf der Blattoberfläche bilden. Die hohe Salztoleranz ermöglicht es der Art, als erste in neuen Küstensedimenten Fuß zu fassen.

SALZDRÜSEN

Im Innern des Mangrovenblatts konzentriert sich das Salz in speziellen Zellen an der Basis einer Salzdrüse. Das Salz wird dann in die Zellen an der Blattoberseite transportiert und durch Poren abgegeben, sodass es an der Blattoberseite kristallisiert.

MANGROVENBLATT

TANZENDE MANGROVEN
Die verschlungenen Stämme und Äste der Mangrove *Aegialitis annulata* am Walakiri-Strand der indonesischen Insel Sumba haben der Art den Spitznamen »tanzende Mangrove« eingebracht. Diese niedrig wachsende Mangrove besitzt typische spatelförmige Blätter.

SALZWIESEN

Salzwiesen oder Marschen werden durch die Gezeiten überflutet, besonders stark bei Neu- und bei Vollmond. Um sie zu nutzen, sind Landpflanzen immer weiter in Richtung des Meers vorgedrungen. An hohe Salinität angepasste Pflanzen findet man vor allem an Flussmündungen und in der Umgebung des Wattenmeers.

WASSERAUFNAHME
Halophyten sind im Gegensatz zu anderen Pflanzen (Glykophyten) an hohe Salzkonzentrationen angepasst. Das Wasser bewegt sich von Bereichen niedriger in Bereiche hoher Salzkonzentration. Der Queller nimmt zum Beispiel so viel Salz auf, dass immer noch Wasser nachströmt.

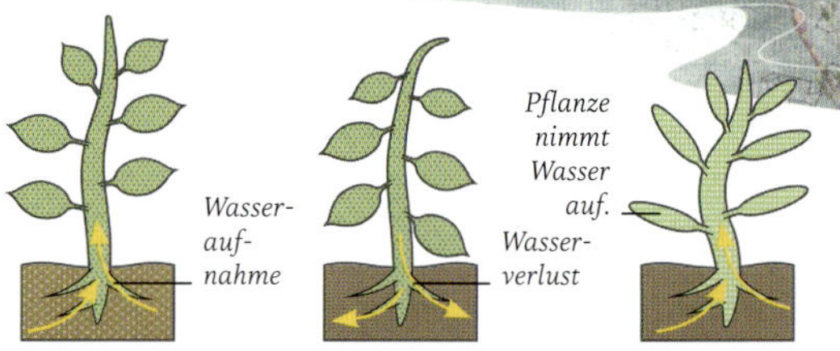

SALZTOLERANTE MAUS

Salzwiesen der San Franciso Bay

Die Salzwiesen-Erntemaus (*Reithrodontomys raviventris*) lebt nur in den Salzwiesen der Küsten der Bucht von San Francisco, Kalifornien, USA. Sie ernährt sich vor allem von den sukkulenten grünen und roten Blättern des Quellers (*Salicornia virginica*) und frisst auch Samen, Gräser und Insekten. Der Queller schützt sie auch vor Fressfeinden. Es gibt zwei Unterarten (*R. r.* subsp. *raviventris* und *R. r.* subsp. *halicoetes*), die wegen ihres begrenzten Verbreitungsgebietes beide gefährdet sind.

Salzwiesen-Erntemäuse können salzige Nahrung fressen und Meerwasser trinken.

SALZIGER SNACK
Um Überflutungen aus dem Weg zu gehen, klettern Salzwiesen-Erntemäuse auf die Vegetation wie hier auf den Queller. Sie können aber auch gut schwimmen.

WINTER-QUARTIERE

Südafrikanische Salzwiesen

Die südafrikanischen Salzwiesen sind Brutgebiete und Winterquartiere für viele hier lebende oder hierhin ziehende Watvögel, etwa den hier überwinternden Sichel-Strandläufer (*Calidris ferruginea*). Er stochert mit seinem langen Schnabel auf der Suche nach kleinen Krebsen und anderen Wirbellosen im Sand. Zwischen den 1930er-Jahren und 2018 sind 43 Prozent dieses Lebensraums als Bau- und Ackerland verloren gegangen. Die verbliebenen Reste sind heute durch den Klimawandel gefährdet.

SICHEL-STRANDLÄUFER

PILZ-FARMER

Salzwiesen der Ostküste

STRANDSCHNECKE

Die Strandschnecke *Littoraria irrorata* lebt an der Ostküste der USA. Sie frisst Löcher in die Stängel des Glatten Schlickgrases (*Sporobolus alterniflorus*) und hinterlässt hier ihre Ausscheidungen, die Pilzsporen und Stickstoffverbindungen als Dünger enthalten. Später kehrt die Schnecke zurück, um die hier wachsenden Pilze zu fressen. Sie geht Fressfeinden wie den Sumpfschildkröten aus dem Weg, indem sie bei Flut die Halme des Schlickgrases erklimmt.

ROT WERDEN, UM ZU ÜBERLEBEN

Panjin-Salzwiesen, nordöstliches China

Auf den Salzwiesen von Panjin im nordöstlichen China wachsen vor allem Salzmelden (*Suaeda salsa*), salztolerante sukkulente Pflanzen, die auf den alkalischen Böden im Einzugsbereich des Liao He gedeihen. Die Blätter wechseln ihre Farbe im September und Oktober von Grün zu einem dunklen Rot. Diese Veränderung ist eine Reaktion auf Stress, der auf Veränderungen der Temperatur und des Salzgehalts beruht. Bei stärkeren Gezeiten und niedrigeren Temperaturen produzieren die Pflanzen mehr Betacyanin. Das rote Pigment schützt die Pflanzen wohl vor den winterlichen Bedingungen.

PANJIN
In jedem Herbst verändern die Salzmelden ihre Farbe und verwandeln sich in einen roten Teppich, der 132 km² des Einzugsbereichs des Liao He bedeckt.

FELSKÜSTEN

Obwohl Felsküsten zu den unwirtlichsten marinen Lebensräumen zählen, beherbergen sie eine überraschende Vielfalt von Pflanzen, Tieren und anderen Organismen, von denen jede Art an das Leben in dieser rauen Umgebung angepasst ist.

Wo die Erosion durch das Meer die Umwelt prägt, kann sich kein feines Sediment ablagern, sodass die Küste aus Grundgestein besteht und oft von steilen Klippen begrenzt wird. Beim Gestein kann es sich um harten Granit, aber auch weicheren Sandstein handeln. Die Brandung kann das Profil der Küste im Lauf der Jahrhunderte geformt haben. Die Wellen schleudern Steine, Kies und Sand gegen die Klippen und tragen das Gestein ab. Komprimierte Luft in den Spalten kann große Felsbrocken absprengen und die Verwitterung zerkleinert das Gestein.

WO DAS LAND AUF DAS MEER TRIFFT

Durch die Gezeiten hervorgerufene große tägliche Veränderungen im Wasserstand bilden horizontale Zonen, in denen man verschiedene Lebensgemeinschaften findet. Wenn die Ebbe Teile der Küste der Luft aussetzt, müssen die dort lebenden Organismen besondere Anpassungen aufweisen, um extreme Wechsel der Temperatur, der Salinität und der Sauerstoffkonzentration zu ertragen und vor allem nicht auszutrocknen. Manche Tiere können sich in Spalten verstecken, unter Felsen oder in Gezeitentümpeln, ihr Gehäuse dicht verschließen oder sich aneinanderdrängen, um Feuchtigkeit zu erhalten. Wo kräftige Wellen gegen die Felsküsten schlagen, können sich Tiere mit einem muskulösen Fuß oder einem biologischen Kitt festhalten oder sich mit der Strömung bewegen.

Wirbellose wie Seepocken, Napfschnecken, Krabben und Seesterne beherrschen oft diesen Lebensraum. Zu ihnen gehören stationäre Filtrierer und mobile Arten, die sich beim Abweiden des Aufwuchses fortbewegen. Viele Seetang-Arten benutzen wurzelähnliche Rhizoide, um sich am Fels zu verankern. Der Bestand der Tange nimmt in Richtung der Tiefwassermarke zu und setzt sich manchmal unter Wasser als Kelpwald fort. Seevögel nisten an Felsenküsten und marine Säugetiere wie Eisbären und Robben suchen nach Nahrung oder ruhen sich hier aus.

REKORDBRECHENDE FELSKÜSTEN

Die auf der ganzen Welt vorhandenen Felsküsten umfassen hohe Klippen, lange, schmale, als Fjorde bekannte Buchten und Gebiete mit extremem Tidenhub (das ist die Höhendifferenz zwischen dem Wasserstand bei Flut und dem der darauffolgenden Ebbe).

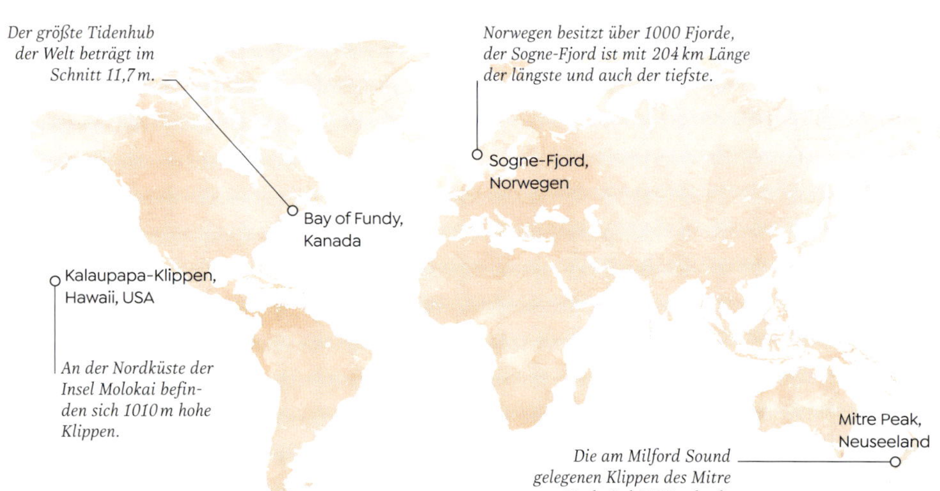

Wenn die Ebbe kommt, werden die Gezeitentümpel zu einem Rückzugsort für viele Tiere. Andere wie die Grüne Riesenanemone (*Anthopleura xanthogrammica*) und der Sonnenblumen-Seestern (*Pisaster ochraceus*) können stundenlang auf dem Trockenen aushalten, bis die Flut zurückkommt.

SPRITZWASSERZONE

Die von den Wellen befeuchtete, aber selten überflutete Spritzwasserzone liegt über der höchsten Flutmarke und ist fast immer der Luft ausgesetzt.

OBERE KÜSTE

Die Organismen des oberen Küstenbereichs müssen lange trockene Perioden überstehen können, da die Flut nicht immer bis hierhin steigt.

MITTLERE KÜSTE

Der mittlere Bereich wird regelmäßig von der Flut überspült und den Wellen ausgesetzt, sodass die Diversität und die Anzahl der Organismen hier größer als im oberen Bereich ist.

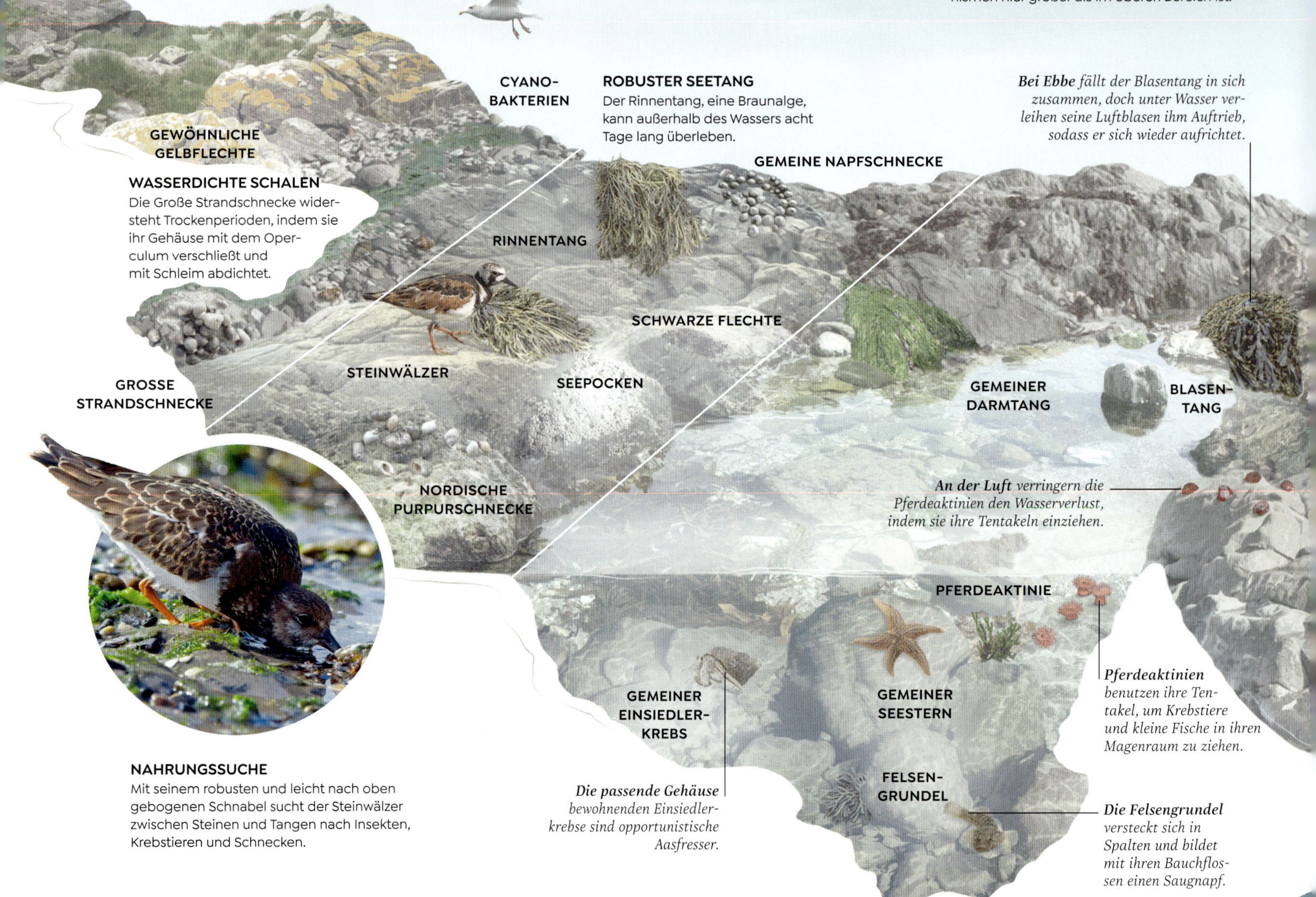

WASSERDICHTE SCHALEN

Die Große Strandschnecke widersteht Trockenperioden, indem sie ihr Gehäuse mit dem Operculum verschließt und mit Schleim abdichtet.

NAHRUNGSSUCHE

Mit seinem robusten und leicht nach oben gebogenen Schnabel sucht der Steinwälzer zwischen Steinen und Tangen nach Insekten, Krebstieren und Schnecken.

FELSENKÜSTEN

An den meisten Orten überspült die Flut zweimal am Tag Teile der Felsenküsten. Nur ein paar Stunden später fallen sie bei der Ebbe wieder trocken. Zusammen mit der Brandung entstehen höchst anspruchsvolle Lebensräume wegen dem Wechsel zwischen extremen Lebensbedingungen. Die unterschiedlich hohen Wasserstände teilen ihn in vertikal aufeinander folgende Zonen. Die Organismen sind dabei an ihre jeweilige Schicht angepasst. Der größte Teil der Küsten des nordöstlichen Atlantiks besteht aus Felsenküsten, die zusätzlich einer kräftigen Brandung ausgesetzt sind.

GEZEITENTÜMPEL

Wenn die Ebbe kommt, bleiben in Vertiefungen im Gestein Gezeitentümpel zurück, in denen Tiere Schutz vor dem Austrocknen und vor Fressfeinden finden.

ANPASSUNGSFÄHIG

Die Kleine Felsengarnele kann unter den sich ständig ändernden Bedingungen eines Gezeitentümpels leben, da sie extreme Unterschiede der Salinität, der Temperatur und des Sauerstoffgehalts verträgt.

Granville im nordwestlichen Frankreich hat mit 8,5 m den größten Tidenhub auf dem europäischen Festland.

FILTRIERER
Da sie große Wassermengen verarbeiten, um Nahrung und Sauerstoff zu gewinnen, erhöhen Muscheln die Wasserqualität, indem sie Algen und organische Bestandteile entfernen.

GEZEITEN
Die Gezeiten sind Wasserbewegungen im Meer, die durch die Gravitationskräfte der Sonne und des Monds hervorgerufen werden. Addieren sich ihre Kräfte, entstehen hohe Springtiden. Stehen sie im rechten Winkel zueinander, bilden sich schwächere Nipptiden.

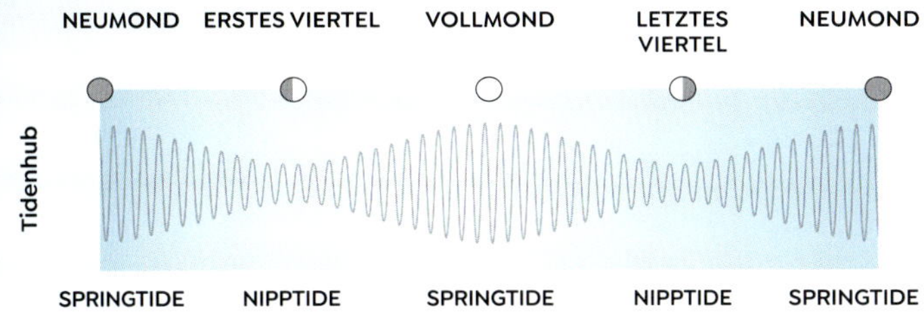

TÄGLICHE VARIATIONEN
Die Bewohner der Gezeitentümpel erleben nur stabile Bedingungen, wenn der Tümpel von der Flut überspült ist. Wenn er bei Ebbe isoliert wird, treten große Temperaturunterschiede auf. Bei Flut wird sein Inhalt gegen Meerwasser ausgetauscht, das wärmer oder auch kälter sein kann.

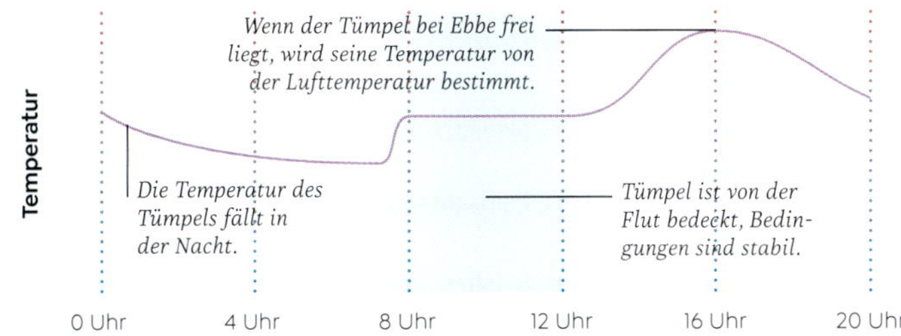

GEZEITENTÜMPEL IM VERLAUF VON 20 STUNDEN

UNTERE KÜSTE
Dieser Bereich ist nur bei tiefem Wasserstand der Luft ausgesetzt. Daher sind hier die Tange und Tiere nicht an längere Perioden der Trockenheit angepasst.

SUBLITORAL
Unterhalb des tiefsten Wasserstands liegt diese ständig vom Wasser bedeckte Zone, in der keine großen täglichen Veränderungen stattfinden.

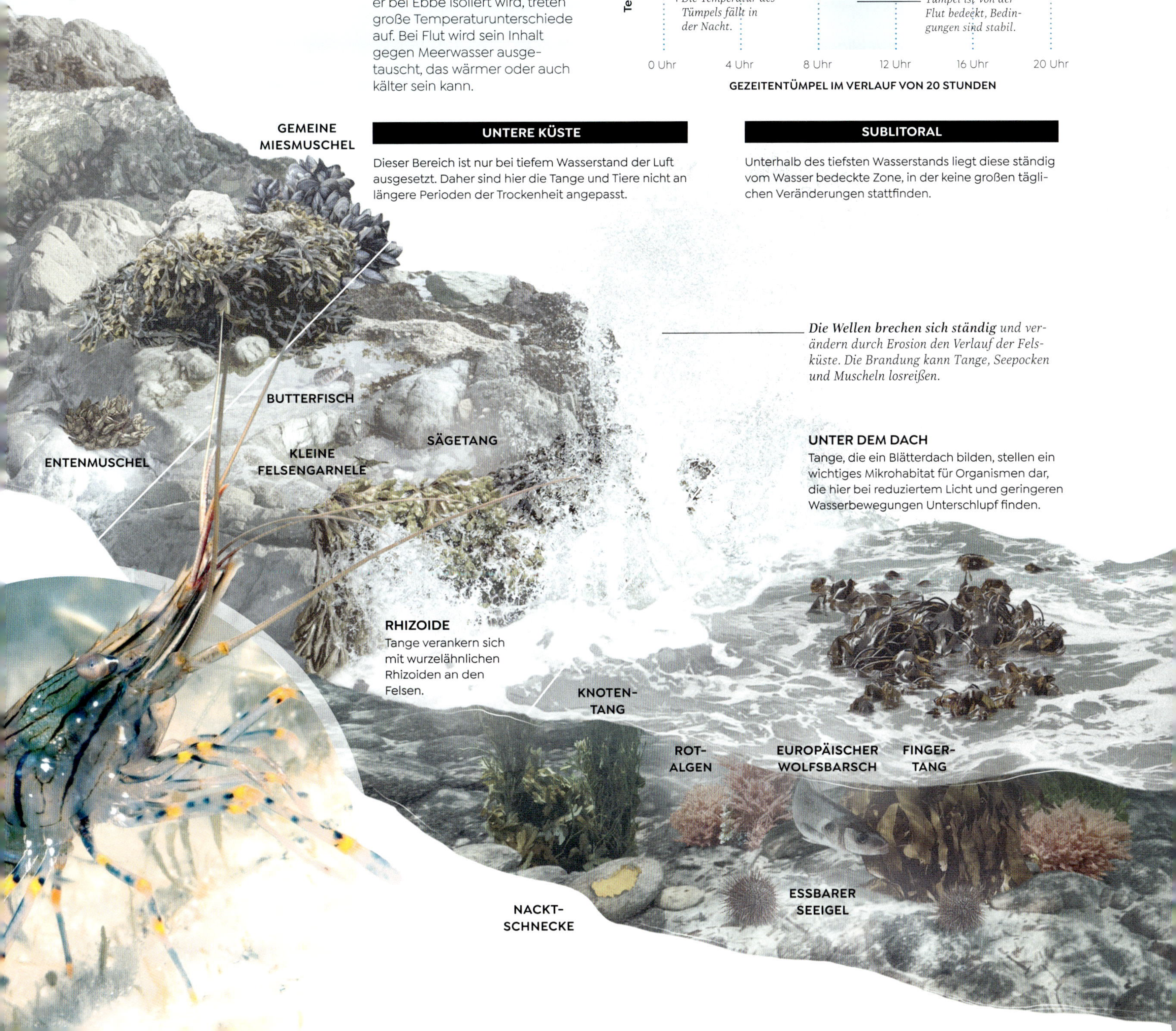

***Die Wellen brechen sich ständig** und verändern durch Erosion den Verlauf der Felsküste. Die Brandung kann Tange, Seepocken und Muscheln losreißen.*

UNTER DEM DACH
Tange, die ein Blätterdach bilden, stellen ein wichtiges Mikrohabitat für Organismen dar, die hier bei reduziertem Licht und geringeren Wasserbewegungen Unterschlupf finden.

RHIZOIDE
Tange verankern sich mit wurzelähnlichen Rhizoiden an den Felsen.

EIN SEESTERN ALS SCHLÜSSELART

Nordöstlicher Pazifik

Der Sonnenblumen-Seestern (*Pisaster ochraceus*) erbeutet Muscheln an den Felsküsten der amerikanischen Westküste. In den 1960er-Jahren führte der Ökologe Robert Paine ein Experiment durch: Er entfernte alle Sonnenblumen-Seesterne aus einem Gebiet und beobachtete die Folgen. Innerhalb von zwölf Monaten verringerte sich die Zahl aller Arten um die Hälfte und nach fünf Jahren dominierte nur noch eine Art, die Kalifornische Miesmuschel (*Mytilus californianus*). Damit hatte Paine demonstriert, dass der Seestern eine Schlüsselart ist. Indem er Muscheln und Rankenfußkrebse frisst, die um den begrenzten Lebensraum konkurrieren, kontrolliert er ihre Bestände und ermöglicht es, dass sich gesunde Populationen anderer Arten entwickeln können.

EIN SONNENBLUMEN-SEESTERN FRISST EINE KALIFORNISCHE MIESMUSCHEL
Der Seestern in Farben von Orange bis Violett kann eine lange Zeit an der Luft überleben und bei Ebbe Muscheln erbeuten.

FOTOSYNTHESE

Nordöstlicher Pazifik

GRÜNE RIESENANEMONE

Um ihre Nahrungsquelle auszubeuten, lässt sich die Grüne Riesenanemone (*Anthopleura xanthogrammica*) meist zwischen Muschelbänken an den Felsküsten des nordöstlichen Pazifiks nieder. Sie ergreift jede von den Wellen abgelöste Muschel oder kleine Krebse und Fische mit ihren Tentakeln. Doch wenn die Nahrung knapp ist, kann sie auch von den Fotosynthese betreibenden Dinoflagellaten in ihrem Gewebe profitieren. Im Gegenzug zu den erhaltenen Nährstoffen bieten die Seeanemonen den Mikroorganismen einen sicheren Lebensraum.

SESSILE KREBSE

Nordpolarmeer, Atlantik, Pazifik

SICH HÄUTENDE SEEPOCKE

Die oft an Felsenküsten anzutreffenden Seepocken (*Balanus balanus*) sind Rankenfußkrebse, die sich hier zeitlebens niedergelassen haben. Hat die freischwimmende Krebslarve einen passenden Ort gefunden, gibt sie aus speziellen Drüsen einen Klebstoff ab, der sie mit dem Untergrund verbindet. Dann erstellt sie eine konische Mauerkrone aus Kalkplatten mit vier kleineren, beweglichen Platten an der Oberseite. Im Wasser streckt sie die als Cirren bezeichneten Gliedmaßen aus, um Plankton aus dem Wasser zu filtrieren. Fällt das Tier bei Ebbe trocken, schließt es die Platten, um nicht auszutrocknen. Um zu wachsen, muss sich die Seepocke häuten.

AN DEN FELSEN GEKLAMMERT

Nordöstlicher Atlantik

Anders als Muscheln und Seepocken ist die Gemeine Napfschnecke (*Patella vulgata*) nicht dauerhaft mit den Felsen der Küste verbunden. Unter Wasser nutzt sie ihren muskulösen Fuß, um sich fortzubewegen und Algen abzuweiden. Danach folgt sie ihrer Schleimspur zurück zu ihrem Ausgangspunkt – einer Vertiefung im Gestein, die sie mit ihrem Gehäuse angelegt hat. So kann sich die Schnecke bei Ebbe sicher verankern, ohne auszutrocknen oder von einem Fressfeind erbeutet zu werden.

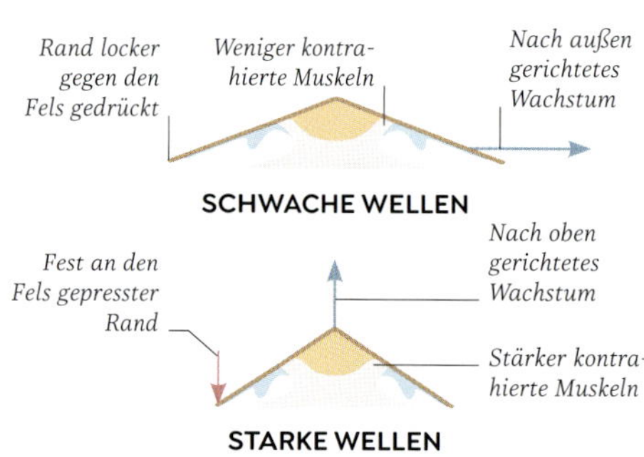

GEHÄUSEFORMEN
Bei schwachen Wellen sind die Gehäuse breit und niedrig. Sind die Wellen stärker, kontrahieren die Muskeln mehr, sodass ein höheres Gehäuse entsteht.

NAPFSCHNECKEN WIDERSTEHEN DEN WELLEN
Indem die Schnecken den muskulösen Fuß kontrahieren und Schleim abgeben, verbinden sie das Gehäuse mit dem Fels, sodass es nicht weggespült wird.

VON FRESSFEINDEN NICHT ZU ERREICHEN

Nordatlantik, Mittelmeer

Isolierte Felseninseln, Felsvorsprünge und steile Klippen bieten Seevögeln die Gelegenheit zu fressen, sich auszuruhen und zu brüten. Hier werden sie von nur wenigen nicht aus der Luft kommenden Fressfeinden gestört. Der Basstölpel (*Morus bassanus*) brütet in riesigen Kolonien, die sich vor allem zwischen den Felsenküsten der Bretagne im nordwestlichen Frankreich und Norwegen befinden, obwohl es auch ein paar an der nordamerikanischen Atlantikküste gibt.

Basstölpelpaare bleiben ein Leben lang zusammen. Die Paarbindung wird durch Balzrituale gefestigt: Die Vögel schlagen ihre Schnäbel aneinander und zeigen, wenn sie das Nest verlassen wollen, mit dem Schnabel in den Himmel. Beide Elternteile bauen ein Nest aus Tangen, Gräsern, Federn, Schlamm und Guano, das in jedem Jahr verstärkt wird, da die Vögel viele Jahre lang zum gleichen Ort zurückkehren. Der Platz ist auf einer Felseninsel oder einer Klippe knapp, sodass die Nester nah beieinander liegen und vehement verteidigt werden.

Wenn sie nicht brüten, verbringen die Basstölpel ihre Zeit auf dem Meer, wo sie auf der Jagd Hunderte von Kilometern im Segelflug zurücklegen können. Große Gruppen suchen die Meeresoberfläche aus Höhen von 10 bis 40 m nach Fischschwärmen ab, zum Beispiel nach Heringen oder Makrelen. Dabei hilft ihnen ihr binokulares Sehen. Wenn sie Fische gesichtet haben, legen die Vögel die Flügel an und stürzen sich mit bis zu 86 km/h in das Wasser, wo sie teilweise mithilfe ihrer Flügel bis zu 20 m tief nach ihrer Beute tauchen.

Mit einer Spannweite von 1,8 m ist der Basstölpel ein guter Flieger. Er kann in einem Umkreis von mindestens 540 km Nahrung suchen.

NATURSCHUTZ

VOGELGRIPPE

Seevogelpopulationen sind bereits durch den Klimawandel und die Überfischung bedroht, zusätzlich ist eine neue Krise aufgetaucht: Eine tödliche Variante der Vogelgrippe hat sich im Sommer 2022 in Schottland verbreitet, wo mehr als die Hälfte des globalen Bestands des Basstölpels lebt. Diese Krankheit hat Tausende von Tieren getötet, deren Kadaver die Felsküsten bedeckt haben. Die dichte Population der Vögel hat die Verbreitung des Virus begünstigt. Die Basstölpel sind gegenüber solchen Ausbrüchen sehr empfindlich, da die Paare nur ein Ei pro Saison legen.

TOTER BASSTÖLPEL

BRUTFELSEN
Meistens halten sich in der Hochsaison über 150 000 Basstölpel auf Bass Rock vor der schottischen Ostküste auf, sodass diese Insel die größte Kolonie der Welt beherbergt.

SPRITZWASSER

Weltweit

GEWÖHNLICHE GELBFLECHTE

Die Bedingungen am Fuß einer Felsküste sind rau: Wegen des Felsens können Pflanzen nicht wurzeln und Unterwasser-Organismen können nicht oberhalb der Hochwasserlinie existieren. Einige Flechten tolerieren jedoch das salzige Spritzwasser der sich brechenden Wellen. Flechten bestehen aus einem Pilz und einer oder zwei Algenarten, die eine Symbiose bilden. Der Pilz bildet den Körper und die Alge betreibt Fotosynthese. Die Gewöhnliche Gelbflechte (*Xanthoria parietina*) wächst in Form von leuchtend gelben Flecken in der Spritzwasserzone und verankert sich mit wurzelähnlichen Rhizinen.

FELSIGER MEERESGRUND

Südwestlicher und östlicher Atlantik, Mittelmeer, westlicher Indischer Ozean

Schleimfische gehören zu den häufigsten Fischen der Gezeitenzone und sind im Intertidal und Subtidal der Felsküsten zu finden. Einige Arten leben amphibisch und fressen bei Ebbe Algen, doch die meisten halten sich am Grund auf. Der Variable Schleimfisch (*Parablennius pilicornis*) lebt in Tiefen von 0 bis 25 m. Das Fehlen der Schwimmblase, mit der die meisten Knochenfische ihren Auftrieb kontrollieren, bedingt, dass die Fische nicht im freien Wasser schwimmen.

Die vergrößerten Brustflossen des Variablen Schleimfischs erfüllen verschiedene Aufgaben: Die untere Hälfte wird zusammen mit den Bauch- und Afterflossen dazu eingesetzt, sich auf Felsen festzuhalten und den Wellen zu widerstehen. Die obere Hälfte hilft dem Fisch dabei, über den Meeresgrund zu hüpfen. Da sie zu den Kammzahn-Schleimfischen gehören, haben Variable Schleimfische eine einzige Reihe spitzer Zähne in Ober- und Unterkiefer, mit denen sie Algen, Muscheln und kleine Wirbellose erbeuten.

MEISTER DER TARNUNG

Der Variable Schleimfisch lebt versteckt und hält sich meist in Löchern und Spalten auf. Als Meister der Tarnung kann er die Farbe seines schuppenlosen Körpers innerhalb von Sekunden ändern und sich so seinem Untergrund anpassen.

NATURSCHUTZ

SEEOHR-FISCHEREI

Seeohren, auch als Abalonen bezeichnet, sind herbivore marine Schnecken, die oft in Spalten oder unter Felsen vorkommen. Ihr großer, muskulöser Fuß wird in vielen Ländern als Delikatesse angesehen, sodass ihr Fang und der Export lukrativ sind. Trotz der Überfischung und des Zusammenbruchs vieler Bestände auf der ganzen Welt gibt es in Westaustralien einen nachhaltigen Fang wilder Seeohren. Die Fangzeit ist eine der kürzesten der Welt. Die Sportfischerei ist nur an vier Tagen im Jahr für jeweils eine Stunde erlaubt.

GLATTES AUSTRALISCHES SEEOHR

MEERECHSEN
Jeder Zahn im Maul der Meerechsen besteht aus drei scharfen Zacken. Damit schabt und reißt das Tier Meersalat und größere Algen von den Felsen.

STUMPFNASIGE ALGENVERTILGER

Galapagos-Inseln

Meerechsen (*Amblyrhynchus cristatus*) wärmen sich in der Morgensonne an den Felsküsten der Galapagos-Inseln im Ostpazifik auf. Sie nehmen die Wärme durch ihre dunklen Schuppen auf. Als einzige Echse suchen sie ihre Nahrung im Meer. Sobald ihre Körpertemperatur hoch genug ist, suchen sie das Wasser auf. Der abgeflachte Schwanz hilft bei der Fortbewegung und die Herzfrequenz wird herabgesetzt, um Energie zu sparen und die Zeit der Nahrungsaufnahme zu verlängern.

Die stumpfe Nase und die scharfen Zähne ermöglichen es den Tieren, Algen von den Felsen zu schaben und zu reißen. Größere Exemplare schwimmen auf der Nahrungssuche weiter ins Meer hinaus und tauchen tiefer, wobei sie sich mit den Krallen an den Felsen festhalten. Kleinere und jüngere Tiere bleiben in Küstennähe und fressen in Gezeitentümpeln und in der Gezeitenzone. Das mit der Nahrung aufgenommene überschüssige Salz können die Meerechsen über spezielle Drüsen aus dem Blut entfernen und dann ausniesen.

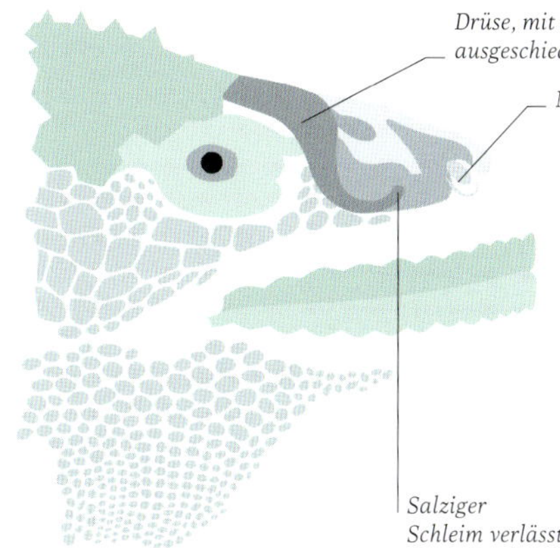

SALZDRÜSEN IN DER NASE
Überschüssiges Salz vermischt sich mit Schleim und wird regelmäßig durch Niesen ausgeschieden. So entsteht eine Salzkruste, die die Oberfläche der Meerechsenköpfe bedeckt.

Im El-Niño-Ereignis wird die Nahrung knapp und die Körperlänge der Meerechsen verringert sich um bis zu 20 Prozent.

LEBEN AN DER KANTE

Arktis, Nordatlantik, Nordpazifik

Steile Klippen mögen nicht der am besten geeignete Nistplatz sein, doch sind sie gleichzeitig auch für Fressfeinde schlecht zu erreichen. Lummen legen ihr einzelnes Ei unmittelbar auf einen nackten Felsenvorsprung oder zwischen die Spalten einer Küstenklippe. Trottellummen (*Uria aalge*) sind sehr gesellig, daher brütet eine große Anzahl dieser Vögel in dicht besiedelten Kolonien. Die Eier sind ganz unterschiedlich gefärbt, doch alle laufen an einem Ende spitz zu.

TROTTELLUMMEN-EI
Die Variationen in Farbe und Zeichnung mag den Eltern helfen, ihr Ei zu erkennen, wenn sie zum überfüllten Brutplatz zurückkehren.

ABENTEUERLUSTIGER EISBÄR
Trotz der steilen Klippen sind die Brutplätze vor Fressfeinden nicht vollkommen sicher. In der Arktis unternehmen Eisbären manchmal gewagte Kletterpartien, um Dickschnabellummen (*Uria lomvia*) zu erbeuten.

Diese Form ist wohl besonders stabil, hält auch bei den oft ungeschickt wirkenden Landungen der Altvögel stand und rollt nicht weg.

Nach etwa 30 Tagen schlüpft das mit Dunen bedeckte Küken. Bevor sie fliegen können, stürzen sich junge Lummen todesmutig von ihrem Felsvorsprung in das Wasser, wobei sie von ihrem Vater begleitet werden. Ihre kleinen Flügel dienen als primitiver Fallschirm, doch die Jungen können bereits schwimmen. Sie verbringen dann die nächsten fünf bis sieben Wochen zusammen im Meer, wobei der Vater das Junge mit der doppelten Menge an Nahrung füttert, die am Land von beiden Eltern herangeschafft werden könnte.

SANDKÜSTEN UND WATTENMEER

Die Wind, Wellen, Gezeiten und Strömungen ausgesetzten Sandküsten und Wattflächen verändern sich ständig. Die Bewohner dieser Lebensräume sind dazu in der Lage, diesen Veränderungen ihrer Umgebung zu widerstehen.

Die Kraft des sich bewegenden Wassers lagert an den Küsten Sedimente ab, trägt sie ab und verlagert sie, seien es Schlamm, Sand oder Kies. Sandstrände oder Wattflächen bestehen aus diesen Materialien. Sie machen weltweit einen großen Teil der Küsten aus, können von felsigen Landzungen begrenzt werden oder sich auf Sandbänke ausdehnen. Hinter ihnen können sich Klippen befinden, aber auch Dünen, Mangrovenwälder oder Salzwiesen.

ABGELAGERTE SEDIMENTE

Sandstrände bilden sich dort, wo die Wellen Sedimente ablagern, die von Flüssen angespült oder vom Grundgestein abgetragen worden sind. Wattflächen entstehen in flacheren Bereichen, wo die Energie der Wellen geringer ist, sodass sich hier feinere Sedimente wie Ton und Schlick absetzen.

Ein Lebensraum mit sich verlagernden Sedimenten bietet keine stabilen Oberflächen, auf denen Tange Halt finden könnten. Es gibt also wenig Deckung für Tiere. Fotosynthese wird hier vor allem von treibendem Phytoplankton betrieben. Die meisten Bewohner graben sich im Sand oder Schlamm ein. Muscheln, Würmer und andere Tiere filtern Nahrungsteilchen aus dem Wasser oder nehmen organischen Detritus aus dem Sand oder Schlamm auf. Wie andere Lebensräume der Gezeitenzone werden die Sandküsten und Wattflächen regelmäßig überflutet und trockengelegt. Die Biodiversität nimmt weiter von der Küste entfernt zu, wo es nass bleibt und wo gleichmäßigere Temperatur und Salinität herrschen.

Sand- und Wattküsten spielen eine wichtige ökologische Rolle. Sie bieten nicht nur Eiablageplätze für Meeresschildkröten und Nistplätze für Vögel, sondern filtern und recyceln Nährstoffe, die das marine Leben unterstützen.

WICHTIGE SAND- UND WATTKÜSTEN

Sand- und Wattküsten bilden sich dort, wo sich Sedimente leicht ablagern. Unten finden sich einige wichtige Beispiele.

Tausende von Knutts (*Calidris canutus*) waten über die Wattfläche des Wash, Norfolk, Großbritannien. Diese Zugvögel werden von der steigenden Flut zusammengedrängt, bis ein Greifvogel auftaucht und sie alle gemeinsam auffliegen.

SAND-KÜSTEN

Sandküsten sind dynamische Ökosysteme unter dem starken Einfluss von Wind, Wellen und Gezeiten. Viele der hier lebenden Pflanzen und Tiere müssen regelmäßiges Überfluten und Austrocknen ertragen. Die japanischen Sandküsten beherbergen verschiedene ständige, aber auch zeitweilige Gäste.

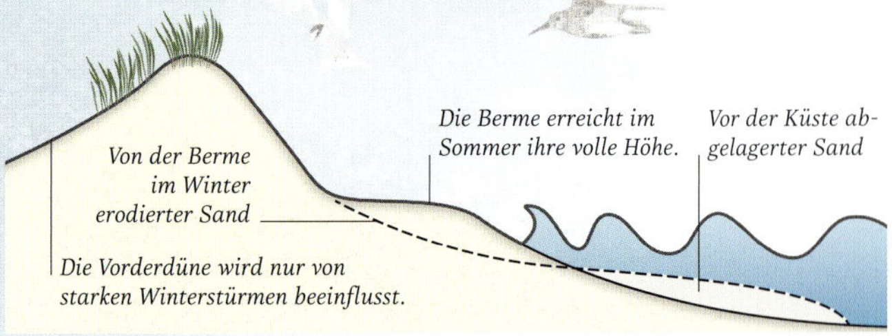

SOMMER- UND WINTERPROFILE EINER SANDKÜSTE

SAISONALE SCHWANKUNGEN

Im Winter tragen große Wellen die Terrassen (Bermen) des oberen Strands ab und verfrachten den Sand ins seichte Wasser vor der Küste. Im Sommer bringen ihn kleinere Wellen wieder an den Strand.

SUPRATIDAL

Der am höchsten gelegene Teil der Küste wird nur von den stärksten Stürmen beeinflusst. Die hier lebenden Pflanzen vertragen auch salzige Gischt.

__Strandhafer__ ist eine der ersten Pflanzen, die einen Sandstrand besiedeln. Er verträgt salziges Spritzwasser und stabilisiert die Dünen.

DÜNEN

Küstendünen entstehen, wenn der Wind trockenen Sand auf den Strand weht. Die Dünen, die nah am Wasser liegen, werden Vordünen genannt.

TIDAL

Die zwischen der Hoch- und der Niedrigwasserlinie liegende Zone ist zweimal am Tag dem Wechsel von Ebbe und Flut ausgesetzt.

__Ein Alpenstrandläufer__ sucht nach Nahrung, etwa kleinen Krebstieren.

__Der Spülsaum__ besteht aus von der Flut abgelagerten Tangen und Treibholz, die ein Mikrohabitat für kleine Tiere bilden.

NAHRUNGSSUCHE

Der Große Brachvogel stochert nach tief im Sediment verborgenen Würmern und Krebstieren.

VERGRABENER FILTRIERER

Filtrierer wie die Scheidenmuschel vergraben sich zu ihrem Schutz im Sand. Bei Flut filtern sie Plankton aus dem Wasser.

__Eine Geisterkrabbe__ hat ihren Bau verlassen und sucht bei Ebbe Nahrung.

__Öffnungen__ verraten die eingegrabenen Filtrierer wie die Scheidenmuscheln und die Venusmuscheln.

GRÜNE MEERESSCHILDKRÖTE

Diese Schildkröte schlüpft gleichzeitig mit den anderen Tieren ihres Nests, das ihre Mutter in den Sand gegraben hat. Sie flüchtet sofort zum Meer.

__Lose Teile__ des Meersalats werden von der Flut angespült und dienen als Nahrung für die Strandbewohner.

__Wattwürmer__ leben versteckt in Röhren und hinterlassen ausgeschiedenen Sand, dessen organische Bestandteile sie verdaut haben.

SUBTIDAL

Unter der tiefsten Flutlinie gelegen, ist dieser Bereich ständig von Wasser bedeckt. Die Wellen schaffen im flachen Wasser einen instabilen Lebensraum für die hier lebenden Organismen.

PRIMÄRPRODUZENT

Der Meersalat nutzt die Fotosynthese, um mithilfe der Sonnenenergie Nahrung herzustellen. Auf sandigem Untergrund ist er selten, da er sich dort nicht verankern kann.

SEDIMENTVERARBEITUNG

Die Japanische Stachelseegurke nutzt ihre Tentakel, um Sand aufzunehmen. Organische Stoffe werden verdaut, restliche Sedimente werden ausgeschieden.

AN DER KÜSTE LEBENDE BODENBRÜTER

Golf von Kalifornien, Westatlantik und Seen im Inland

Viele offene Sandstrände sind die Heimat von Vögeln der Küste, die oberhalb der Hochwasserlinie auf dem Boden brüten. Der Flöten-Regenpfeifer (*Charadrius melodus*) nistet an Teilen der nordamerikanischen Küste und einigen Seen im Inland. Er legt eine Vertiefung im Sand oder Kies an, oft neben einem Stein oder Grasbüschel. Sein Gelege besteht aus vier hellbraunen Eiern mit dunklen Flecken. Beide Eltern brüten abwechselnd. Die getarnten Eier und das Gefieder, sowohl der Elternvögel als auch der Küken, schützen vor der Entdeckung durch Fressfeinde. Nähert sich jedoch ein Prädator, täuscht der Elternvogel einen gebrochenen Flügel vor und versucht, ihn vom Nest wegzulocken. Die kleinen Nester werden leicht von Stürmen – und unaufmerksamen menschlichen Besuchern – zerstört.

VON OBEN GESCHÜTZT
Ein Flöten-Regenpfeifer setzt sich wieder auf sein Nest. Sein sandfarbener Kopf und Rücken schützen ihn davor, dass ihn Räuber der Lüfte, wie Möwen, entdecken.

NATURSCHUTZ

SCHUTZ DER NESTER

Strände sind für Menschen Stätten der Erholung, an denen sie sich entspannen, spazieren gehen und ihre Hunde ausführen. Nester am Boden können leicht zerstört werden, da sie gut getarnt sind. In einigen Teilen der Welt stehen die Brutgebiete zur Brutzeit unter Schutz. In den USA werden die Nester des Schnee-Regenpfeifers (*Charadrius nivosus*) durch Schilder, Zäune und sogar Unterstände geschützt. Man macht auf diese Weise Strandbesucher auf die vorhandenen Eier aufmerksam und es besteht eine physikalische Barriere zwischen Nestern und Besuchern.

NISTPLATZ DES SCHNEE-REGENPFEIFERS

SEITLICH AUFGESTELLT

Nordöstlicher Pazifik

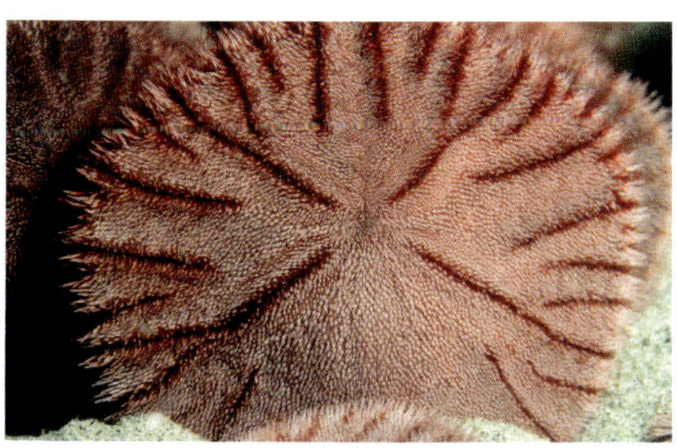

PAZIFISCHER SANDDOLLAR

Der Pazifische Sanddollar (*Dendraster excentricus*) verändert abhängig von den Umweltbedingungen seine Position. Bei ruhigem Wasser stellt sich dieser flache Seeigel auf und nutzt seine Röhrenfüßchen, um vorbeitreibendes Plankton zu fangen. Ist die Strömung zu stark, liegt er flach auf oder im Sandboden. Kleine Exemplare nehmen große Sandkörner auf, um Abtrieb zu erzeugen.

LEBEN IM SEDIMENT

Nordöstlicher Atlantik, Mittelmeer, Schwarzes Meer

Die Gemeine Herzmuschel (*Cerastoderma edule*) ist ein Bioturbator – sie gräbt sich in Sand oder Schlamm in der Gezeitenzone ein, dadurch bewegt und belüftet sie das Sediment. Dazu schiebt sie ihren muskulösen Fuß zwischen den beiden Schalenhälften hervor, verankert sich im Sediment und zieht ihren Körper in das Substrat. Bei Bedrohung schiebt sie sich tiefer in den Boden und verschließt ihre Schale fest. Als Filtrierer streckt sie bei Flut zwei Siphos aus und saugt Wasser mit dem enthaltenen organischen Material durch ihren Körper. Nahrungsteilchen filtert sie mit den Kiemen heraus.

STABILE SCHALE
Die Schale schützt die Muschel zur Zeit der Ebbe vor dem Austrocknen, vor Feinden und Beschädigungen.

Die radialen Rippen verbessern die Stabilität.

SIPHOS
Um Wasser einzusaugen und damit Nahrung und Sauerstoff aufzunehmen, öffnet die Muschel die Schalen und streckt die Siphos aus.

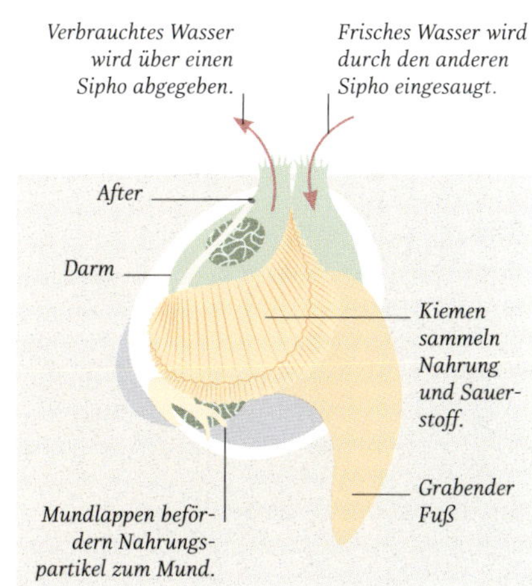

PIONIERE UND SUKZESSION

Vom Wind transportierter trockener Sand häuft sich an den Küsten zu Dünen auf. Einige der größten finden sich an den dem Wind ausgesetzten Küsten der Südhalbkugel, etwa auf Neuseeland. Sand ist für die meisten Pflanzen ein schlechtes Substrat, doch mit der Zeit mischen sich das Wasser zurückhaltende organische Stoffe darunter und es entsteht ein Boden, der sogar das Wachstum von Bäumen ermöglicht. Der Sand bleibt zuerst an Hindernissen wie etwa Treibholzstücken liegen und bildet Vordünen. Hier können sich die Pflanzen ansiedeln, die Dürre und Salz ertragen. Diese Pioniere binden den Sand mit ihren Wurzeln und produzieren organische Stoffe. Ältere Dünen weiter im Inland ermöglichen einen stärkeren Bewuchs. Manchmal tragen starke Winde Sand ab und lagern ihn an anderer Stelle ab. So entsteht ein Dünental, das abhängig vom lokalen Klima zu bestimmten Zeiten überflutet werden kann.

VEGETATIONSZONEN
Die jüngsten neuseeländischen Dünen befinden sich nah am Meer. Sie werden von Gräsern wie dem Spinifex-Gras bewachsen, wohingegen die älteren Seggen und große Keulenlilien tragen.

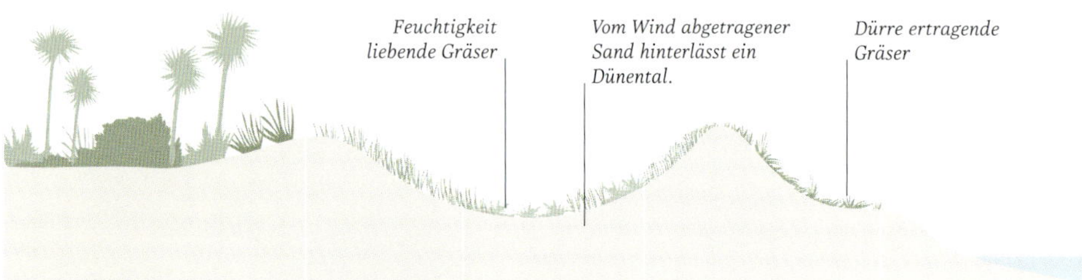

ZUERST AM FESTMAHL
Diese schnell laufende Krabben kann mit einer Kombination aus Sehen und Riechen einen an den Strand gespülten Rochen finden, bevor größere Aasfresser kommen.

STABILISIERUNG DER DÜNEN

Die Pflanzen der Sanddünen sind ständig davon bedroht, vom Sand verschüttet zu werden, doch einige angepasste Arten profitieren davon. Die weltweit vorkommenden Strandhafer-Arten (*Ammophila* spp.) werden zum Wachstum angeregt. Ihre im Sand vergrabenen Rhizome wachsen aufwärts, wenn sich der Sand ansammelt, sodass die neuen Blätter Sonnenlicht bekommen, während zusätzliche Wurzelhorizonte die Düne stabilisieren.

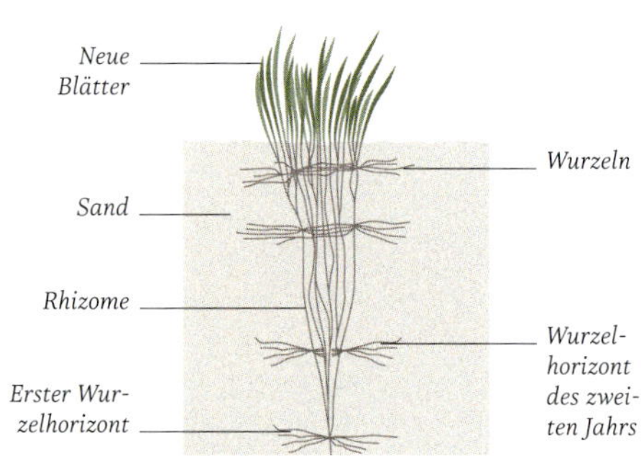

SAND BINDENDE WURZELN
In gemäßigtem Klima produziert der Gewöhnliche Strandhafer (*Ammophila arenaria*) in jeder Wachstumsperiode neue Wurzelhorizonte.

STRANDHAFER

SEERINGELWÜRMER

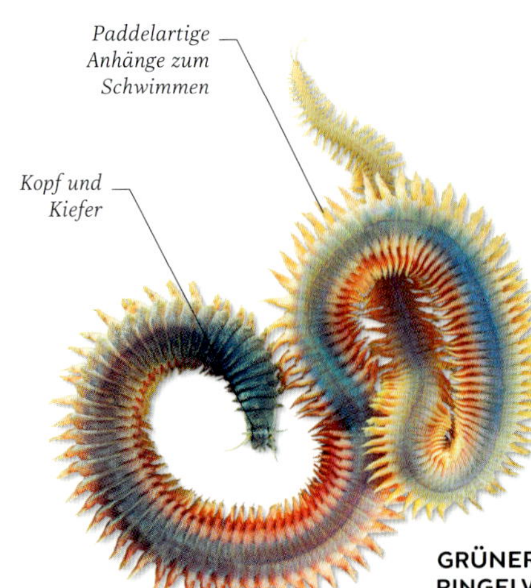

GRÜNER SEERINGELWURM

Im Wattenmeer bilden Sand und Schlamm ein wichtiges Mikrohabitat für grabende Wirbellose, die im Sediment enthaltenen Detritus fressen. Unter den vielen grabenden Würmern ist der Grüne Seeringelwurm (*Alitta virens*) eine der größten Arten der europäischen Küsten. Meist wird er bis zu 40 cm lang. Er frisst auch andere Würmer, die er mit den zangenartigen Kiefern packt, mit denen er sich auch verteidigt.

KRABBEN AM STRAND

Südostpazifik

Einige der schnellsten Tiere tropischer Strände sind Krabben, die die Flut in ihren Bauen verbringen und bei Ebbe über den Sand huschen. Dabei handelt es sich um die semiterrestrischen Reiter- und Winkerkrabben. Sie haben gedrungene Körper, getragen von langen, starken Beinen, sowie Augen, die auf Stielen sitzen und so einen guten Rundumblick ermöglichen. An den Westküsten Mittel- und Südamerikas lebt die Pazifischen Reiterkrabbe (*Ocypode gaudichaudii*). Wie andere Reiterkrabben hat sie unterschiedlich große Scheren. Die kleinere rechte Schere wird benutzt, um den Sand auf der Suche nach nahrhaftem Detritus und kleinen lebenden Organismen zu durchsuchen. Die größere linke Schere dient dazu, größere Stücke angespülter toter Tiere zu zerlegen.

Reiterkrabben gehören zu den schnellsten Krabben. Sie können im Sprint über 10 km/h erreichen.

NATURSCHUTZ

VOM AUSSTERBEN BEDROHT

Der Löffelstrandläufer ist eine vom Aussterben bedrohte Art. Der Verlust seiner Küstenlebensräume infolge von Industrialisierung und Umweltverschmutzung sowie der Fang haben diese Art in den letzten Jahrzehnten extrem dezimiert. Die Zahl der Tiere auf der Welt, die im Moment weniger als 500 Vögel beträgt, geht immer weiter zurück. Seit dem Jahr 2011 zielt ein Brutprogramm in menschlicher Obhut darauf ab, die Zahl zu erhöhen. Dazu werden die Winterquartiere an den Küsten effektiver geschützt. Ohne diese Bemühungen könnte der Löffelstrandläufer bald ausgestorben sein.

KÜKEN DES LÖFFELSTRANDLÄUFERS

EIN LÖFFEL VOLL WIRBELLOSER

Ostasien

Die meisten Watvögel haben schmale, spitze Schnäbel, mit denen sie nach Nahrung stochern, doch der ostasiatische Löffelstrandläufer (*Calidris pygmaea*) macht eine Ausnahme. Wie viele andere Watvögel nistet er in der sommerlichen Tundra, wo er arktische Insekten fängt. Den Winter verbringt er an südlicheren Küsten, wo er im Schlamm lebende Wirbellose erbeutet. Er kann sowohl nach Nahrung stochern als auch den Schnabel hin- und herbewegen.

LÖFFELSTRANDLÄUFER

UNTERSCHIEDLICHE SCHNÄBEL

Der Löffelstrandläufer teilt die asiatischen schlammigen Küsten mit anderen Watvögeln, die alle spezialisierte Schnäbel haben. Die mit den längsten Schnäbeln erreichen die am tiefsten versteckte Beute.

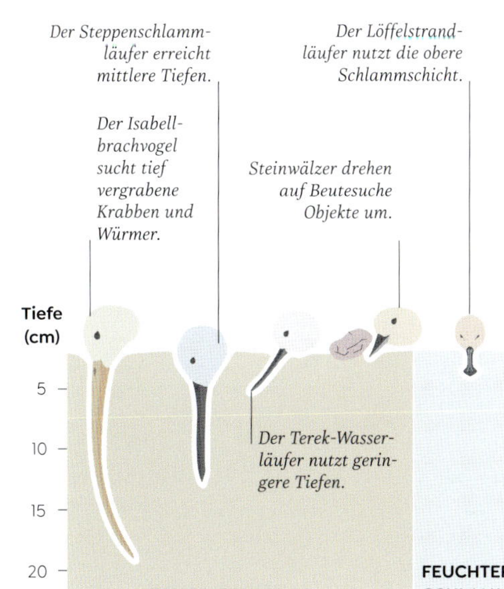

MEERE UND

Die Meere bedecken rund 70 Prozent der Erdoberfläche. Wahrscheinlich begann hier das Leben vor mindestens 3,8 Milliarden Jahren und in dieser salzigen Umgebung lebt noch heute die größte Vielfalt an Organismen. Die meisten Arten leben in sonnenbeschienenen Küstenmeeren, doch das offene Meer ist so tief, dass es 200-mal so viel Wasser enthält. Dies ist der am Volumen gemessen größte Lebensraum der Welt – und auch einer der am wenigsten erforschten.

OZEANE

KELPWÄLDER UND SEEGRASWIESEN

Riesige Kelpwälder und Seegraswiesen säumen die Küsten seichter Meere. Die einzigartigen, von diesen Tangen und Bedecktsamern gebildeten Lebensräume sind die Heimat einer verblüffenden Vielfalt mariner Arten.

Der Kelp und die Seegräser sind Primärproduzenten. Sie nutzen die Sonnenenergie, um mithilfe der Fotosynthese Wasser und Kohlendioxid in Zuckerverbindungen zu verwandeln, während Sauerstoff freigesetzt wird. Diese Gewächse sind nur in seichten Küstenregionen zu finden, wo das Sonnenlicht den Meeresboden erreicht.

Als Kelp werden Seetange bezeichnet, vor allem die großen Braunalgen, die sich mit wurzelartigen Rhizoiden im felsigen Boden verankern. Sie wachsen am besten in kaltem, nährstoffreichem Wasser. Sie können an einem Tag fast 50 cm an Länge zulegen und unter geeigneten Bedingungen 40 m hohe Wälder bilden, die vielen Tieren Schutz und Nahrung bieten – von den Seesternen bis zu den Grauwalen.

BLÜTEN UNTER WASSER

Seegräser produzieren wie ihre Gegenstücke an Land Blüten und Samen. Einige Arten haben große, dicke Blätter, andere schmale, dünne. Sie sind die einzigen Samenpflanzen, die ständig untergetaucht leben können. Seegraswiesen sind meist auf weichen Böden in geschützten, seichten Buchten oder Ästuaren zu finden. Sie können große Temperatur-Unterschiede ertragen und sind daher weiter als die Kelpwälder verbreitet, von den Polarregionen bis zu den Tropen.

Seegraswiesen gehen oft in andere Lebensräume wie etwa Korallenriffe über. Sie liefern Versteckmöglichkeiten sowie Nahrung und sie dienen als Kinderstuben für viele Meerestiere wie Krabben und Fische. Seegräser können auch das Wasser klären, indem sie feine Partikel festhalten und Nährstoffe ausfiltern. Ihre ausgedehnten Wurzeln stabilisieren die Sedimente, was dazu beiträgt, die Küstenerosion zu verhindern.

VERBREITUNG VON KELP UND SEEGRÄSERN
Sowohl Kelpwälder als auch Seegraswiesen finden sich in relativ seichten Küstengewässern. Kelp bevorzugt kühlere Gewässer, wohingegen Seegräser mit Ausnahme von Antarktika auf jedem Kontinent vorkommen.

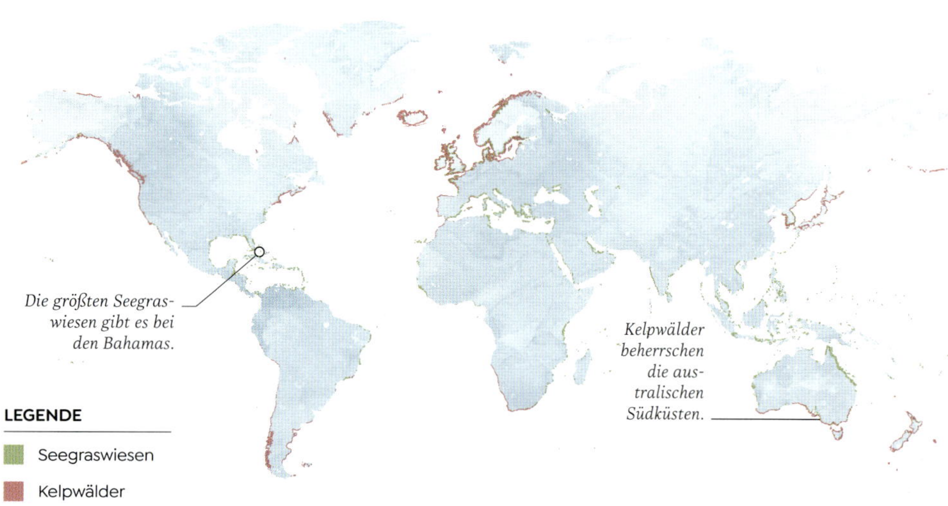

In den südaustralischen Kelpwäldern leben Seedrachen (*Phyllopteryx taeniolatus*). Die Männchen tragen die befruchteten Eier an der Schwanzunterseite, um sie bis zum Schlupf der Jungen zu beschützen.

KELPWÄLDER

Die hoch über dem Meeresboden aufragenden Kelpwälder wachsen in kühlen, relativ seichten und nährstoffreichen Gewässern in der Nähe der Küsten. Sie bieten vielen Arten Rückzugsmöglichkeiten und Nahrung. Der Great African Seaforest säumt über 1000 km der südwestlichen afrikanischen Küste.

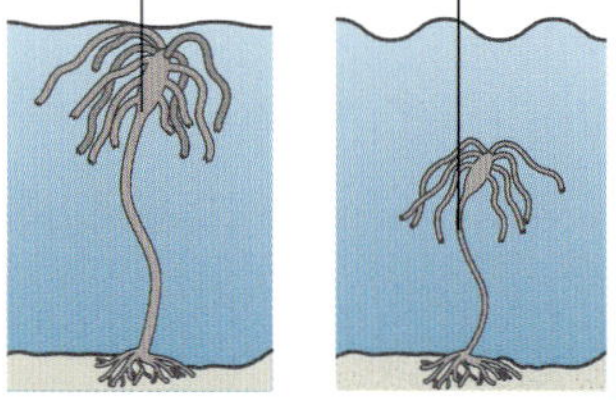

ANPASSUNGEN AN DIE WELLEN
Der Kelp kann seine Größe und Form entsprechend der Höhe der Wellen verändern, denen er ausgesetzt ist. Die Arten unterscheiden sich, doch generell reagieren sie auf höhere Wellen, indem sie kräftigere und flexiblere Strukturen ausbilden.

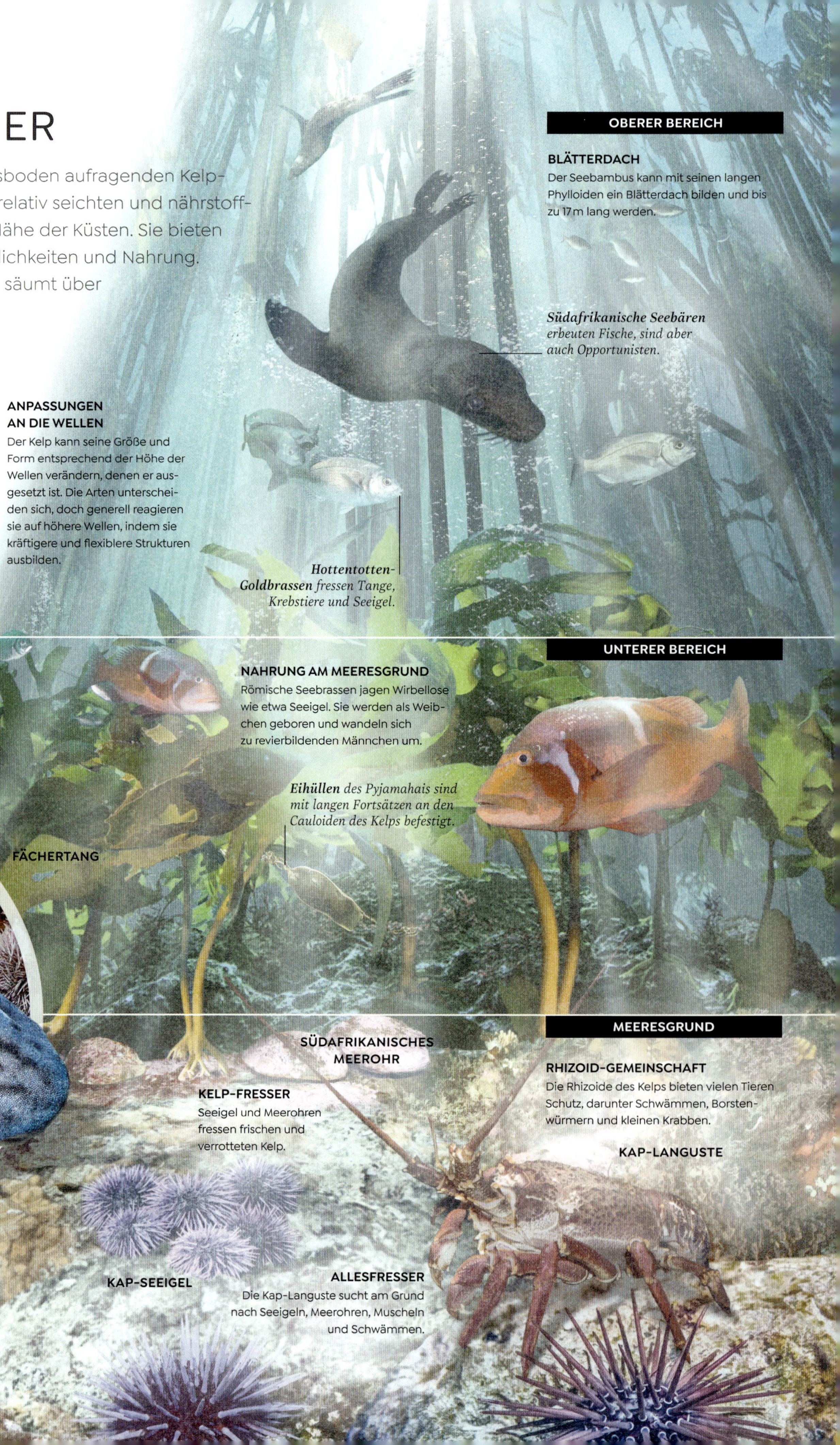

OBERER BEREICH

BLÄTTERDACH
Der Seebambus kann mit seinen langen Phylloiden ein Blätterdach bilden und bis zu 17 m lang werden.

Südafrikanische Seebären *erbeuten Fische, sind aber auch Opportunisten.*

Hottentotten-Goldbrassen *fressen Tange, Krebstiere und Seeigel.*

UNTERER BEREICH

KELP DES UNTERWUCHSES
Der südafrikanische Fächertang wächst unterhalb des Seebambus.

NAHRUNG AM MEERESGRUND
Römische Seebrassen jagen Wirbellose wie etwa Seeigel. Sie werden als Weibchen geboren und wandeln sich zu revierbildenden Männchen um.

Eihüllen *des Pyjamahais sind mit langen Fortsätzen an den Cauloiden des Kelps befestigt.*

FÄCHERTANG

MEERESGRUND

RHIZOID-GEMEINSCHAFT
Die Rhizoide des Kelps bieten vielen Tieren Schutz, darunter Schwämmen, Borstenwürmern und kleinen Krabben.

SÜDAFRIKANISCHES MEEROHR

KELP-FRESSER
Seeigel und Meerohren fressen frischen und verrotteten Kelp.

KAP-LANGUSTE

ENDEMISCHER HAI
Der nur in den südafrikanischen Küstengewässern lebende Pyjamahai frisst Langusten, Kraken, Kalmare und Fische.

KAP-SEEIGEL

ALLESFRESSER
Die Kap-Languste sucht am Grund nach Seeigeln, Meerohren, Muscheln und Schwämmen.

NOCH EINMAL DAVONGEKOMMEN

Nordpazifik

MUTTER UND KIND
Seeotter-Jungtiere haben ein Fell, das ihnen Auftrieb verleiht. Sie können also nicht nach Nahrung tauchen und sind die ersten sechs Monate lang von ihrer Mutter abhängig.

SEEIGEL-WÜSTEN

Seeotter fressen Seeigel wie den Purpur-Seeigel (*Strongylocentrotus purpuratus*), der Unmengen von Kelp vertilgt. Gibt es keine Seeotter in einem Kelpwald, vermehrt sich der Seeigel unkontrolliert und es entstehen Wüsten, in denen der Grund von Seeigeln bedeckt ist. Sie zerstören den Kelp, bis es ansonsten nur noch nackten Fels gibt.

PURPUR-SEEIGEL

Der Seeotter (*Enhydra lutris*) ist eins der kleinsten marinen Säugetiere. Als einer der Spitzenprädatoren in den nordpazifischen Kelpwäldern gibt er ein Beispiel für eine Schlüsselart (siehe S. 284), denn er kontrolliert den Bestand der kelpfressenden Seeigels, wodurch das Ökosystem stabilisiert wird. Seeotter tauchen außerdem nach Muscheln, Krabben und anderen kleinen Krebstieren, die zwischen dem Kelp leben, kehren dann an die Oberfläche zurück, legen sich auf den Rücken und benutzen den Bauch als Esstisch. Mit den spitzen Zähnen brechen sie ihre Nahrung auf, oder sie benutzen einen ausgewählten Stein dafür, den sie vom Grund aufgelesen haben.

Seeotter haben das dichteste Fell unter den Säugetieren, sodass sie in den kalten Gewässern warm bleiben. In der Vergangenheit wurden ihre Pelze sehr geschätzt und die Tiere fast bis zur Ausrottung bejagt. Heute ist die Art geschützt.

Die kurze, isolierende Unterwolle besteht aus bis zu 155 000 Haaren pro Quadratzentimeter.

FEST VERANKERT

Ostpazifik

Die meisten Haie bekommen lebende Junge, doch manche legen von einer Hülle geschützte Eier. Die Eikapseln des Schwellhais (*Cephaloscyllium ventriosum*) besitzen Fäden, mit denen sie sich an Seetang verankern können, bis die jungen Haie nach etwa neun bis zwölf Monaten schlüpfen.

EIKAPSEL EINES SCHWELLHAIS

WEITERE VERBREITUNG

Nordpazifik, Nordpolarmeer, Nordatlantik

Die Kelp-Arten der Arktis besitzen besondere Anpassungen, um Kälte und lange Dunkelperioden zu überstehen. Sie können sogar unter dem Meereis gedeihen. Die sich erwärmenden Meere und das schwindende Meereis erlauben es, dass mehr Licht den Meeresgrund erreicht. Dies führt dazu, dass sich Arten wie der Zuckertang (*Saccharina latissima*) weiter nach Norden ausbreiten. Werden die Lichtverhältnisse in Herbst und Winter schlechter, legt sich der Tang eine Stickstoffreserve für das Wachstum in Frühjahr und Sommer zu.

ZUCKERTANG
Das Meereis begrenzt die Fotosyntheserate des Zuckertangs. Im Winter wächst er daher nur wenig, doch im Sommer gedeiht er umso besser.

KELPING
Grauwale spielen oft mit dem Kelp, indem sie ihn durchs Wasser ziehen, ihn über die Rückenflosse legen und ihn mit dem Schwanz hin- und herschieben. Dies wird als »Kelping« bezeichnet.

SCHWIMMENDE SEEANEMONE

Südostindische Küste

WANDERNDE SEEANEMONE NACH NÄCHTLICHER JAGD

Die nachtaktive Wandernde Seeanemone (*Phlyctenactis tuberculosa*) versteckt sich tagsüber im Kelp. Sie zieht ihre Nesseltentakeln in den Körper ein, der mit blasenartigen Vesikeln bedeckt ist, die ihn schwimmfähig machen. Anders als die meisten Seeanemonen, die an einem Ort sitzen und somit sessil sind, lebt diese mobil. Wenn es Nacht wird, erklettert sie die Kelp-Phylloide und fängt vorbeitreibendes Plankton mit ihren Tentakeln. Dann kehrt sie zum Grund zurück. Dieses Verhalten bezeichnet man als vertikale Migration.

HERVORRAGEND GETARNT

Ostpazifik

Unter dem Blätterdach des Kelpwalds beherbergt der Meeresboden verschiedene Wirbellosengemeinschaften und Algen. Die Dekorateur-Krabbe (*Oregonia gracilis*) ist ein Leckerbissen für Seeotter, den Pazifischen Heilbutt und Kraken, sodass sie ihr Außenskelett mit auf dem Meeresgrund gefundenem Material schmückt, um sich zu tarnen. Borstenartige Setae geben der Dekoration Halt. Die befestigten Algen, Schwämme und Seeanemonen können weiterwachsen und verbessern damit die Tarnung der Krabbe noch mehr.

DEKORATEUR-KRABBE
Jedes Teil ihrer Dekoration wurde präzise auf der Krabbenschale der angeordnet. Wenn sie sich häutet, überträgt sie ihre Tarnung sorgfältig auf das neue Außenskelett.

WALE IM KELP

Der hoch über dem Meeresboden aufragende Riesentang (*Macrocystis pyrifera*) und der Bullentang (*Nereocystis luetkeana*) erzeugen eine komplexe vertikale Struktur, die vielen Arten Schutz und Nahrung verschafft. Der Grauwal (*Eschrichtius robustus*) wird bis zu 15 m lang und wiegt bis zu 35 000 kg. Trotz seiner enormen Größe kann er die Kelpwälder entlang der nordpazifischen Küste als Rückzugsgebiet nutzen, weil er dort seine Kälber auf der Migration vor den Schwertwalen (Orcas) schützen kann. Grauwale wandern vom Winterquartier in Mexiko, in dem auch die Kälber geboren werden, zu den Sommerquartieren in der Arktis.

Große Schwärme von Schwebegarnelen, einer bevorzugten Nahrung der Grauwale, finden sich oft in der Nähe oder in den Kelpwäldern selber, sodass die Wale auf der Reise Nahrung finden. Schwimmende Grauwale reiben sich auch an den Kelp-Phylloiden, um Parasiten von ihrer Haut zu entfernen oder vielleicht auch, weil es sich angenehm anfühlt.

Ein Grauwal kann bis zu 180 kg an Seepocken und Walläusen mit sich herumtragen.

MAHLENDE ZÄHNE

BEWEGLICHE LIPPEN
Alle Manatis haben eine gespaltene Oberlippe. Die linke und die rechte Seite bewegen sich unabhängig voneinander, um Seegras ins Maul zu ziehen.

Wie andere Rundschwanzseekühe verbringt auch der Florida-Manati (*Trichechus manatus latirostris*) bis zu acht Stunden am Tag mit Fressen und nimmt dabei täglich vier bis neun Prozent seines Körpergewichts an Seegras auf. Er besitzt lediglich hintere Backenzähne, die sich regelmäßig abnutzen, da seine Nahrung grob und außerdem mit Sand und Kies versetzt ist. Die Zähne werden daher lebenslang ersetzt. Neue Backenzähne bilden sich hinten im Kiefer und die alten, abgenutzten fallen aus.

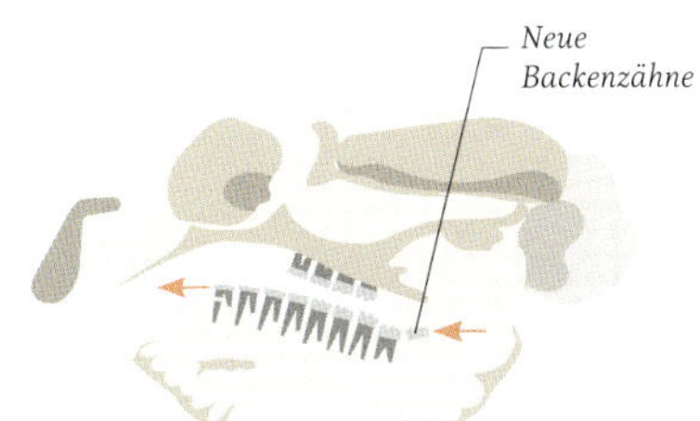

ERSATZ-BACKENZÄHNE
Da die alten Backenzähne von hinten durch neue ersetzt werden, bewegen sie sich jeden Monat um etwa 1 mm nach vorn.

KÖNIGIN DER SCHNECKEN

GROSSE FECHTERSCHNECKE

Die seit Jahrhunderten als Delikatesse und wegen ihres dekorativen Gehäuses hochgeschätzte marine Große Fechterschnecke (*Aliger gigas*) erreicht in der Regel Längen von 15–31 cm. Sie säubert die Seegraswiesen, indem sie den Detritus und die Aufwuchsalgen vom Seegras entfernt. Weibchen legen bis zu 25 Laichballen pro Jahr, von denen jeder etwa 150 000 bis 1,65 Millionen Eier enthält. Die geschlüpften Larven treiben etwa 30 Tage lang im Wasser, verwandeln sich dann in die adulte Form und lassen sich in einer Seegraswiese nieder.

SCHAUFELARTIGE SCHNAUZE

Einige Arten verbringen ihr gesamtes Leben in den Seegraswiesen, andere nur ihre Jugend und weitere sind nur gelegentliche Besucher. Der Gefleckte Adlerrochen (*Aetobatus narinari*) besucht sie, um Muscheln und Krebstiere und im westlichen Teil seines Verbreitungsgebiets gelegentlich eine Große Fechterschnecke zu fressen. Der Rochen sucht im Seegras mit seiner schaufelartigen Schnauze nach der Beute, zerdrückt sie dann mit seinen breiten Zähnen und entfernt mit den Papillen in seinem Maul Muschelbruchstücke, bevor er seine Mahlzeit hinunterschluckt.

GEFLECKTER ADLERROCHEN

EINE STRIKT HERBIVORE MEERESSCHILDKRÖTE

Die Grüne Meeres- oder Suppenschildkröte (*Chelonia mydas*) ist die einzige erwachsen strikt herbivore Meeresschildkröte. Sie frisst vor allem Seegräser, Tange und andere Algen. Diese Nahrung färbt das Fett unter ihrem Panzer grün und hat zu ihrem Namen geführt. Die Tiere legen weite Strecken zurück und überqueren sogar Meere, wenn sie aus Gebieten der Nahrungssuche zu den Bruststränden zurückkehren, an denen sie selbst aus dem Ei geschlüpft sind. Die Jungen verbringen einige Jahre auf dem offenen Meer und ernähren sich von treibenden Tangen und Tieren wie etwa Quallen. Ab einer bestimmten Größe kehren sie zu den Seegraswiesen zurück. Ihr fein gezähnelter Kiefer schneidet die Halme ab und lässt die Wurzeln zurück, die wieder ausschlagen. In der Karibik und in Florida ist das häufigste Seegras *Thalassia testudinum* eine bevorzugte Nahrung der Schildkröten.

*Die Tiere atmen **beim Fressen** alle **drei bis fünf Minuten**, können die Luft aber **fünf Stunden** lang anhalten.*

GRÜNE MEERESSCHILDKRÖTE

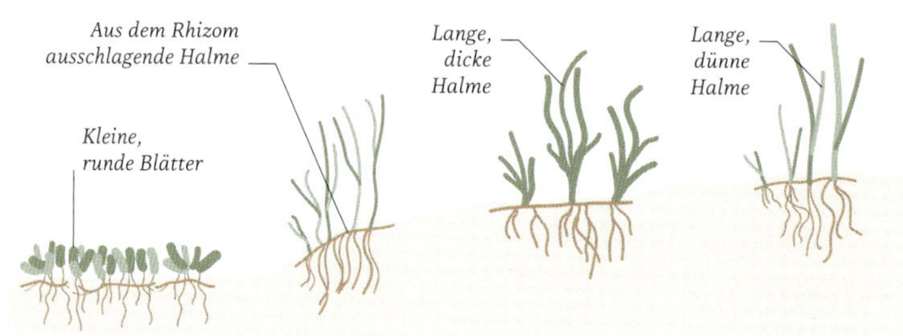

SEEGRASZONEN
In den Seegraswiesen der Karibik reicht die Verteilung der Arten von dem Tanggras der seichten Bereiche bis zu Engelmanns Seegras, das bis in 40 m Tiefe vorkommen kann. Die Zonen werden durch das Trockenfallen bei Ebbe, das Licht und die Salinität bestimmt.

HAIKAMERA
Der Tigerhai (*Galeocerdo cuvier*) ist ein Spitzenprädator, der auf der Suche nach Beute regelmäßig Seegraswiesen aufsucht. Seine Gegenwart verhindert die Überweidung der Wiesen durch Grüne Meeresschildkröten und andere Arten. Pro Tag kann er 70 km zurücklegen. In den Bahamas haben Wissenschaftler Tigerhaie mit Kameras ausgestattet. Dadurch konnten sie die größten bisher bekannten Seegraswiesen der Welt mit einer Fläche von bis zu 92 000 km² kartieren.

TIGERHAI

ÜBERRASCHUNG

Einige der faszinierendsten Beispiele für Raubtier-Beute-Anpassungen finden sich in Seegraswiesen-Gemeinschaften. Der Flughahn (*Dactylopterus volitans*) sucht in den sandigen Bereichen der Seegraswiesen im Atlantik und im Mittelmeer nach kleinen mobilen Wirbellosen wie Mollusken, Krebstieren und Würmern. Der Fisch ist hochgradig spezialisiert und er setzt seine stark vergrößerten Brustflossen auf verschiedene Weise ein. Ihre vordere Seite wird als Hand benutzt, um auf den Sand zu klopfen und Beute aufzuscheuchen oder um nach Nahrung zu graben. Die Bauchflossen ermöglichen das Laufen auf dem Meeresboden, wenn der Flughahn nach Beute sucht. Er ist in der Regel gut getarnt.

Wenn der Flughahn selbst bedroht ist, spreizt er den hinteren Teil der Brustflossen zu flügelartigen Gebilden, die leuchtend blau gezeichnet sind. So wird ein potenzieller Fressfeind verwirrt, während der Flughahn davonschwimmen kann. Ist eine höhere Geschwindigkeit erforderlich, kann er die Flossen anlegen und mithilfe der Rücken- und Afterflossen fliehen.

FLUGHAHN
Dieser am Grund lebende Fisch ist gut getarnt. Die leuchtend blau gezeichneten Brustflossen dagegen präsentiert er, um bei Bedrohung potenzielle Feinde abzuschrecken.

BEWOHNER DER SEEGRASWIESEN

In der geschützt liegenden, sandigen und seichten Studland Bay an der englischen Südküste konnte sich eine dichte Wiese des Gewöhnlichen Seegrases (*Zostera marina*) entwickeln. Hier leben Langschnäuzige Seepferdchen (*Hippocampus guttulatus*). Die schlechten Schwimmer tarnen sich im Seegras und halten sich mit ihrem Greifschwanz an den Halmen fest. Sie haben keinen Magen und nehmen daher beständig kleine Krebstierchen und vorbeischwimmendes Plankton auf.

Im Jahr 2019 ist die Studland Bay wegen ihrer Seegraswiese zum marinen Naturschutzgebiet erklärt worden. Die bedrohten Langschnäuzigen Seepferdchen sind von diesem Lebensraum abhängig. Dort sind sie gut getarnt, sie können sich festhalten und sich vermehren.

SELTENE BEOBACHTUNG
Das Seepferdchen klammert sich ans Seegras. Man erkennt es an der länglichen Schnauze und den Fortsätzen an Hals und Rücken.

NATURSCHUTZ
ÖKO-LIEGEPLÄTZE

Studland Bay ist ein beliebtes Erholungsgebiet für Sportschiffer. Die traditionellen Anker beschädigen jedoch die Seegraswiesen und verursachen vier Quadratmeter große Narben, die erst Jahre später wieder zugewachsen sind. Daher haben Naturschutzorganisationen eine Reihe von Öko-Liegeplätzen installiert. Eine in den Boden geschraubte Verankerung wird mit einer Boje elastisch verbunden, sodass die Verbindungsleine nicht über den Meeresboden gezogen wird und ihn beschädigt.

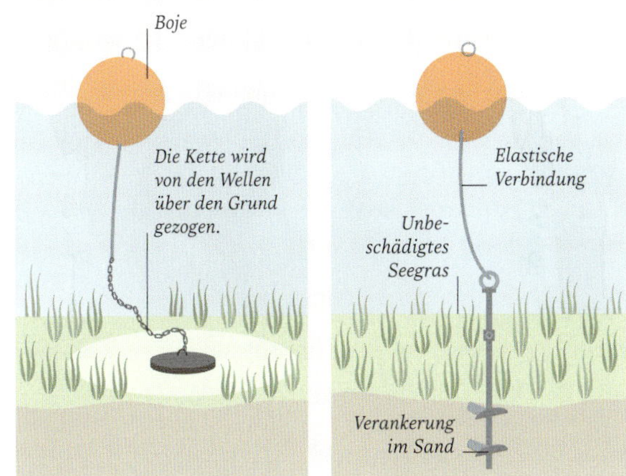

TRADITIONELLER PLATZ **ÖKO-LIEGEPLATZ**

RIESIGE PFLANZEN

Im Rahmen genetischer Untersuchungen entdeckten Wissenschaftler im Jahr 2022, dass eine aus einem Neptungras (*Posidonia australis*) bestehende Seegraswiese in der westaustralischen Shark Bay aus nur einer Pflanze besteht. Sie erstreckte sich über 180 km und bedeckte fast 200 km². Das Gras hat sich immer wieder selbst geklont und mindestens 4500 Jahre lang Rhizome gebildet. Die Pflanze ist polyploid, sie hat also in ihren Zellen mehr Chromosomensätze als ihre Verwandten und das mag ihr einen Vorteil verschafft haben. Wenn sie ungestört bleibt, wird sie sich immer weiter verbreiten.

NEPTUNGRAS

KORALLENRIFFE

Korallenriffe sind massive lebende Strukturen, die von Milliarden winziger Lebewesen im Verlauf von Jahrtausenden erbaut worden sind. Sie gedeihen in warmen, seichten Meeren und ermöglichen eine enorme Biodiversität.

Die von Leben überbordenden Korallenriffe stellen einzigartige Ökosysteme dar. Sie gründen auf den von den Korallen gebildeten steinartigen Strukturen. Die Warmwasserriffe sind die Heimat von über 25 Prozent der marinen Fischarten, sie nehmen jedoch weniger als 0,1 Prozent des Meeresbodens ein.

RIFFTYPEN

Steinkorallen besitzen Skelette aus Kalziumkarbonat, aus denen Kalksteinstrukturen entstehen, die Tausende von Kilometern lang und Hunderte von Kilometern breit sein können. Es gibt drei Typen: Saumriffe, Barriereriffe und Atolle. Saumriffe sind am häufigsten, verlaufen parallel zu den Küsten und werden von ihnen durch flache Lagunen getrennt. Barriereriffe verlaufen ebenso parallel zu den Küsten, doch die trennenden Lagunen sind tiefer. Atolle wie die Great Chagos Bank bestehen aus einem ringförmigen Riff, das eine zentrale Lagune umschließt.

Riffbildende Korallen benötigen bestimmte Bedingungen, um zu wachsen – Temperaturen von 23 bis 29 °C und eine mittlere Salinität von 3,2 bis 4 Prozent. Das Wasser muss auch klar sein, sodass die in den Korallenpolypen lebenden Algen genug Licht für die Fotosynthese erhalten. Stimmen die Bedingungen nicht, sterben die Korallen schnell. Daher gehören Korallenriffe zu den Ökosystemen, die gegenüber dem Klimawandel besonders empfindlich sind.

Das von den riffbildenden Korallen geschaffene Fundament ist die Grundlage für das Leben von Tausenden von Arten, die eine farbenfrohe, dynamische und artenreiche Oase in ansonsten nährstoffarmen Gewässern schaffen. Schwämme, Gorgonien und andere Weichkorallen bilden hier eine Struktur mit vielen Höhlen und Spalten, in der Wirbellose wie Langusten, Seesterne und Seeigel Unterschlupf finden. Tausende lokaler und zeitweise hier lebender Fischarten bevölkern das Riff, das ihnen Nahrung, Schutz und Laichmöglichkeiten bietet.

VERBREITUNG DER KORALLENRIFFE

Korallenriffe gibt es in den seichten Bereichen des tropischen Indischen, Pazifischen und Westatlantischen Ozeans. Den größten Anteil der globalen Riffe findet man in australischen und indonesischen Gewässern.

Riffe wie dieses auf den Malediven besitzen viele Zwischenräume, in denen Stein- und Weichkorallen sowie andere kleine und große Tiere wie der Gelbaugenschnapper (*Macolor macularis*) und verschiedene Soldatenfische leben.

WIE RIFFE ENTSTEHEN

Schon bald, nachdem eine neue vulkanische Insel den Meeresspiegel durchbrochen hat, besiedeln Korallenlarven ihre Küsten und ein Saumriff beginnt sich zu entwickeln. Während das Land sich abkühlt und absinkt, wachsen die Korallen weiter nach oben und ein Barriereriff bildet sich. Mit der Zeit kann die Insel komplett versinken, sodass ein ringförmiges, als Atoll bezeichnetes Riff mit einer zentralen Lagune übrig bleibt.

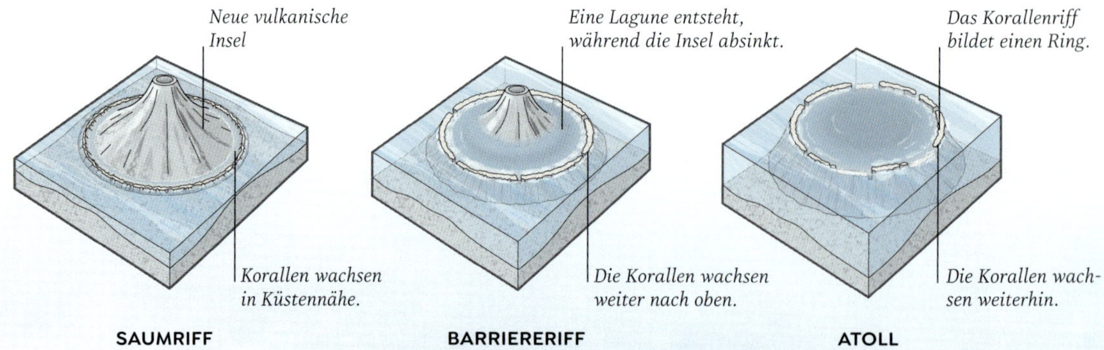

SCHÜTZENDER SAND

Im Schutz des Riffs befinden sich auf dem Sandboden der Lagune Seegraswiesen, Weichkorallen und vereinzelte Riffausläufer.

Auf dem Riffdach *brechen die Wellen. In der Lagune haben sie nur geringe Energie.*

SYMBIOSE

Der Anemonenfisch hat einen sicheren Lebensraum, die Anemone erhält Nahrung und Schutz vor Fressfeinden.

Die spitzen Zähne *ergreifen die Beute und ein zweites Kieferpaar zieht sie in den Schlund.*

KORALLENRIFFE

Korallenriffe bestehen aus verschiedenen Gruppen eng miteinander verwandter Arten. Die einzelne Koralle besteht aus einer Kolonie winziger Tiere, der Korallenpolypen. Die riffbildenden Korallen sind das Fundament des Riffs. Sie bauen im Verlauf von Jahrtausenden komplizierte Strukturen auf, die seine Bewohner und vorübergehend hier lebende Arten beherbergen. Das australische Great Barrier Reef ist ein riesiges, komplexes Ökosystem, das mehr als 2500 einzelne Riffe umfasst.

SPALTENBEWOHNER

Ein schlanker und biegsamer Körper ermöglicht es der Muräne, durch enge Spalten zu schlüpfen. Sie wartet auf den Einbruch der Nacht, um zu jagen.

BEDINGUNGEN FÜR KORALLEN

Riffbildende Korallen benötigen Temperaturen von 23–29 °C, wie sie in tropischen Gewässern vorherrschen. Sie ertragen keine Temperaturen von weniger als 18 °C und sterben, wenn die Temperatur ihren normalen Bereich um 3° übersteigt. Das Wasser muss klar und nährstoffarm sein, sodass genügend Licht für die Fotosynthese hindurchdringt, die von den in den Korallenpolypen als Symbionten lebenden Algen betrieben wird.

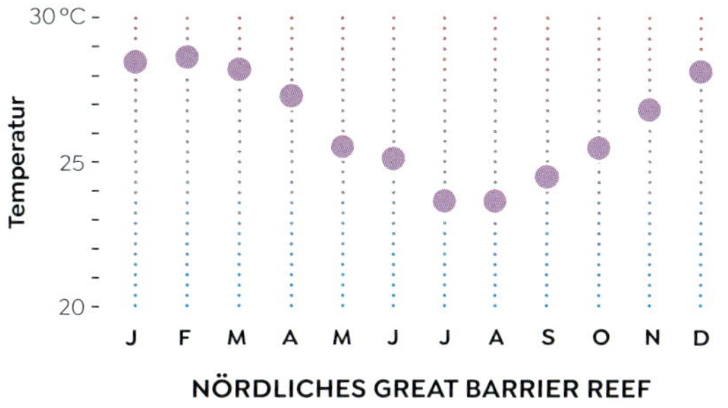

BESUCH AUS DEM OFFENEN MEER

Tagsüber können sich die Hammerhaie im Vorriff aufhalten, doch nachts jagen sie im offenen Meer.

Korallenriffe bieten 25 Prozent der bekannten Meeresbewohner einen Lebensraum, darunter über 5000 Fischarten.

VIELFALT DER STEINKORALLEN
Eine bunte Vielfalt von Steinkorallen mit unterschiedlichen Formen gedeiht unter den Felsenklippen der Wüste am Golf von Akaba im Roten Meer.

SONNENSCHUTZ FÜR KORALLEN

Neukaledonien, südwestlicher Pazifik

Wenn manche Korallen ausbleichen, werden sie nicht weiß, sondern nehmen unterschiedlichste Farben an. Eine Untersuchung der Riffe in Neukaledonien ergab, dass erhöhte Lichtstärken in einer gestressten Koralle, die von ihren symbiotischen Algen verlassen worden ist (siehe S. 309), die Produktion farbiger Pigmente anregen. Wie ein natürlicher Sonnenschutz schützen die Pigmente die Koralle vor dem Licht und begünstigen die Rückkehr der Symbionten. Sind sie zurückgekommen und haben sie die Fotosynthese wieder aufgenommen, geht Pigmentbildung zurück.

FARBIGE KORALLENBLEICHE

WACHSTUM EINES RIFFS

Weltweit

Steinkorallenpolypen, die sich auf einer geeigneten Oberfläche niedergelassen haben, bilden durch Knospung eine Kolonie. Sind sie groß genug, teilen sie sich und fahren damit fort, bis es Tausende von Klonen gibt. Der untere Teil des Polyps gibt Kalziumkarbonat ab, um einen Korallenkelch zu bilden, in dem der Polyp sitzt und in den er sich zurückziehen kann. Mit der Zeit entstehen durch die Ablagerung des Kalziumkarbonats Schichten und die gesamte Kolonie wächst nach oben.

AUFBAU EINES KORALLENPOLYPEN
Die Polypen erbeuten Nahrung mithilfe ihrer Nesseltentakeln. Sie sind mit dem Coenosark verbunden, einer dünnen Gewebeschicht.

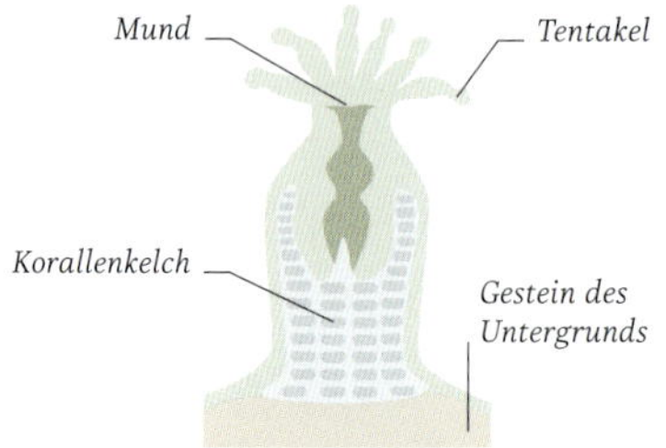

EINZELNER POLYP

KORALLENRIFF

GOLF VON AKABA

Die Korallen im Golf von Akaba sind gegenüber Hitzestress recht unempfindlich, sodass sie Temperaturen überstehen können, die an anderen Orten eine Korallenbleiche auslösen würden. Einige dieser Korallen tolerieren Temperaturen von bis zu 7 °C über dem üblichen Sommer-Maximum, wohingegen ein Anstieg von 1–2 °C bei den meisten Arten zur Korallenbleiche führt. Die Vorfahren der robusteren Korallen sind nach der letzten Kaltzeit durch den wärmeren Süden des Roten Meers nach Norden migriert, dabei waren die wärmetoleranten im Vorteil.

Diese »Superkorallen« haben die Wärmetoleranz behalten und die Algen in ihrem Gewebe können mehr Nährstoffe produzieren. Die Riffe in dieser Region könnten zu den wenigen gehören, die das Ende des Jahrhunderts überleben, wenn der Klimawandel fortschreitet.

Erhöhen sich die globalen Temperaturen um 1,5 °C, werden 70 bis 90 Prozent der Korallenriffe absterben.

KORALLENBLEICHE

Riffbildende Korallen leben in Symbiose mit winzigen, Fotosynthese betreibenden Algen in ihrem Gewebe, die bis zu 90 Prozent ihres Energiebedarfs decken. Wenn die Koralle gestresst ist (meist durch eine zu hohe Wassertemperatur), werden die Algen ausgestoßen. Ohne diese Algen, die der Koralle auch die Farbe geben, wird das Gewebe transparent. Es erscheint weiß, weil das Skelett sichtbar wird. Da die Koralle ihre Hauptenergiequelle verloren hat, beginnt sie zu verhungern. Dieser Prozess ist reversibel, wenn die Bedingungen schnell genug wieder normal werden. Wenn nicht, stirbt die Koralle und ihr Skelett wird meist von Algen überwuchert.

AUSGEBLICHENE BLUMENKOHLKORALLE

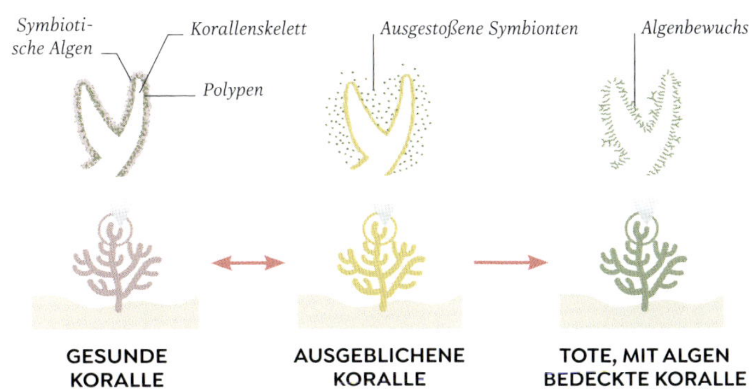

STADIEN DER KORALLENBLEICHE
Die symbiotischen Algen leben im Gewebe eines gesunden Korallenpolypen. Wenn die Koralle gestresst ist, werden die Symbionten ausgestoßen und die Koralle bleicht aus, doch das ist reversibel. Wenn die Symbionten nicht zurückkehren, stirbt die Koralle und wird von Algen überwuchert.

NATURSCHUTZ

KÜNSTLICHE RIFFE

Um die Wiederansiedlung von Korallen im Meer zu unterstützen, haben Wissenschaftler in der Nähe natürlicher Riffe künstliche geschaffen. Korallenbruchstücke können gerettet werden, wenn sie etwa während eines Sturms abgebrochen sind, und andere werden gezielt nachgezogen. Diese Fragmente werden an Metallgerüsten aufgehängt und überwacht, bis sie so weit herangewachsen sind, dass man sie in ein Riff einsetzen kann.

HIRSCHHORN-KORALLEN AN GERÜSTEN

LANGLEBIGER KLEINLEBENSRAUM

Schwämme sind einfache, sessile Tiere, deren Zellen keine Gewebe oder Organe bilden. Stattdessen filtern sie Wasser, das sie mit Nahrung und mit Sauerstoff versorgt. Der Karibische Vasenschwamm (*Xestospongia muta*) kann über 1 m hoch und breit sowie über 2000 Jahre alt werden. Sein zerklüftetes Inneres bietet ein Mikrohabitat für andere Riffbewohner, darunter eine Vielzahl von Wirbellosen und Fischen, wie etwa der Karibik-Languste und dem Blaukopf-Junker. Auch Putzerstationen (siehe S. 312–313) finden sich oft neben einem Vasenschwamm. Sie sind für größere Fische wie den Kreolen-Lippfisch interessant. Der Schwamm beherbergt auch die verschiedensten Mikroben, die ihn mit Nährstoffen und Verbindungen zur Abwehr versorgen.

KARIBISCHER VASENSCHWAMM
Der Schwamm filtert Wasser durch die Poren in seinem Körper und stößt das überschüssige Wasser durch die große Öffnung an seiner Oberseite aus. Damit trägt er dazu bei, dass das Riffwasser klar bleibt.

WASSER-FILTRIERER

Westatlantik, Karibik

Anders als die Steinkorallen besitzen die Weichkorallen kein starres Skelett. Meist sind sie an einem Riff oder am Meeresgrund verankert. Der Venusfächer (*Gorgonia ventalina*) ist ein nächtlicher Filtrierer. Seine fächerartige Struktur besteht aus einzelnen Polypen, die nachts Zooplankton sammeln. Er besitzt auch Zooxanthellen, die tagsüber Fotosynthese betreiben.

Die Polypen besitzen fiedrige Fortsätze an ihren Tentakeln, die zum Fressen ausgestreckt und bei Bedrohung eingezogen werden.

IN RICHTUNG DER STRÖMUNG
Der Venusfächer hat eine weit verzweigte Struktur und ist so zur Strömung ausgerichtet, dass er ein Maximum an Zooplankton auffangen kann.

NÄCHTLICHER JÄGER

Westatlantik, Karibik

KARIBISCHER RIFFKRAKE

Ein Korallenriff ist eine komplexe Struktur mit vielen Spalten, in die sich die Bewohner zurückziehen können. Der Karibische Riffkrake (*Octopus briareus*) versteckt sich tagsüber vor seinen größeren Fressfeinden und jagt nachts kleine Fische und Krebstiere. Mit den Chromatophoren in seiner Haut kann er seine Farbe blitzschnell verändern und ist dann perfekt getarnt. Er ergreift seine Beute oft, indem er sich von oben auf sie stürzt. Die häutigen Verbindungen seiner Arme verhindern das Entkommen.

SCHIFFSWRACKS ALS RIFFE

Andamanensee, nordöstlicher Indischer Ozean

Von Menschen errichtete Strukturen in den Meeren werden schnell von marinem Leben besiedelt. Das Boonsung-Wrack war einst für die Weiterverarbeitung von Zinnerz eingesetzt. Es liegt vor Khao Lak an der thailändischen Westküste, sank im Jahr 1985, zerbrach aber unter dem Einfluss des Tsunamis im Jahr 2004.

Befindet sich ein Wrack einmal auf dem Meeresgrund, suchen zuerst darin Fische in den vielen Winkeln Schutz. Große Schwärme von Schnappern, Falterfischen, Papageifischen und Füsilieren leben im Boonsung-Wrack und seiner Umgebung, Netzmuränen lauern in dunklen Spalten. Bald besiedeln Korallenlarven die neu verfügbaren Flächen und Algen, Schwämme, Seeanemonen und Krebstiere lassen sich hier nieder. Im Lauf der Jahre ist das Boonsung-Wrack zu einem vielfältigen Rifflebensraum geworden, das auch größere Raubfische wie den Leopardenhai (*Stegostoma tigrinum*) angelockt hat.

Künstliche Riffe können sich auch aus Strukturen entwickeln, die bewusst zur Riffbildung versenkt worden sind, etwa alten Bohrinseln. Kalkstein, Beton und Stahl sind häufig benutzte Materialien. Diese Riffe dienen verschiedenen Zwecken, vom Schutz der Küste bis zur Verbesserung der Fischerei und dem Sporttauchen.

Jedes Schiff, das absichtlich versenkt wird, um ein künstliches Riff zu schaffen, muss zunächst sorgfältig gereinigt und dekontaminiert werden.

Ozeanografen schätzen, dass es über drei Millionen Wracks gibt, die noch unentdeckt auf dem Meeresgrund liegen.

BOONSUNG-WRACK
Aus dem nur 18 m tief liegenden Wrack ist ein artenreicher Rifflebensraum geworden. Ansonsten befände sich an dieser Stelle nur der sandige Meeresgrund.

ALGEN-GÄRTEN

Westatlantik, Karibik, Golf von Mexiko

Langflossen-Riffbarsche (*Stegastes diencaeus*) legen sich wie einige andere Riffbarsche Algengärten an und verteidigen sie vehement. Diese Algengärten locken Schwebegarnelen an, die die Riffbarsche nicht nur tolerieren, sondern auch aktiv vor ihren Fressfeinden schützen, wie etwa dem Zweistreifen-Lippfisch (*Halichoeres bivittatus*). Das liegt daran, dass ihre Beziehung beiden Arten nützt. Die Ausscheidungen der Garnelen düngen die Algen, sodass der Riffbarsch eine qualitativ bessere Algennahrung erhält.

SCHUTZ DES GARTENS
Ganz gleich, ob die Riffbarsche allein oder bei der Brutpflege als Paar auftreten: Sie verteidigen ihr Revier gegen andere Riffbewohner.

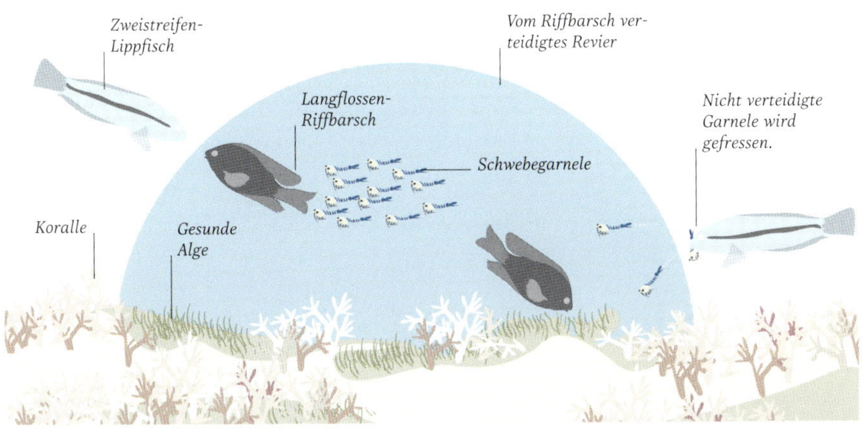

SYNCHRON-ABLAICHEN

Weltweit

Steinkorallen laichen meist synchronisiert ab. Gesteuert vom Mondzyklus, von der Wassertemperatur und der Tageslänge, vermehren sich diese Arten einmal pro Jahr. Viele Kolonien entlassen Ballen männlicher und weiblicher Gameten (Spermien und Eier), die Fette enthalten, dank deren Auftrieb sie zur Wasseroberfläche gelangen. Hier trennen sich Spermien und Eier von den Ballen. Der Befruchtungserfolg hängt davon ab, ob die Spermien die Eier einer anderen Kolonie der gleichen Art befruchten. Dazu kommt es, weil viele Gameten gleichzeitig freigesetzt werden. Die entstehende Planula-Larve treibt mit dem Plankton davon. Wenn sie herangereift ist, wird sie sich auf einer geeigneten Fläche niederlassen.

Andere Steinkorallen laichen nicht synchron ab. Hier geben die Männchen oft mehrfach pro Jahr die Spermien ab, die von weiblichen Korallen aufgenommen werden, sodass eine interne Befruchtung stattfindet. Die befruchteten Eier entwickeln sich in der Kolonie, bis eine Larve freigesetzt wird.

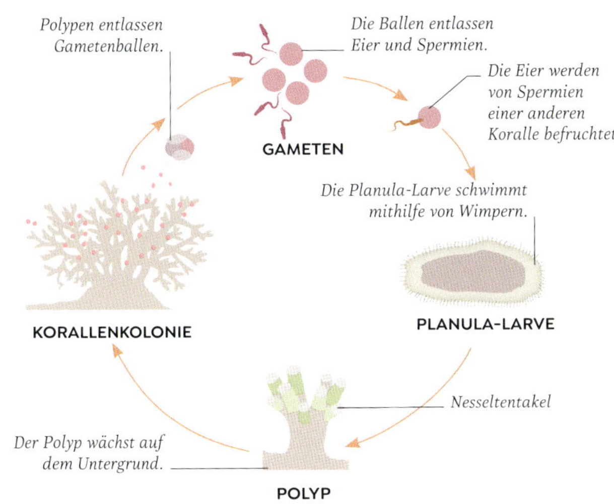

KORALLEN-LEBENSZYKLUS
Korallen geben synchron Gameten in das Meer ab. In den folgenden Tagen und Wochen reifen die Larven heran, lassen sich nieder und bilden schließlich eine neue Kolonie.

MASSENABLAICHEN
Am westaustralischen Ningaloo-Riff entlassen Hirschgeweihkorallen (*Acropora* spec.) Milliarden von Gametenballen während eines Massenablaichens, das wie ein Schneesturm wirkt.

WEIT GEÖFFNET
Ein Blaustreifen-Putzerlippfisch säubert die spitzen Zähne eines Panther-Forellenbarschs. Vorher hat er den Raubfisch mit den Flossen massiert, damit er sich entspannt.

HOCH SPEZIALISIERTE RIFFBEWOHNER

Über die Hälfte aller Fische, bei denen lebende Korallenpolypen zumindest einen Teil ihrer Nahrung ausmachen, sind Falterfische. Mit ihren lang ausgezogenen Schnauzen sind sie darauf spezialisiert, einzelne Korallenpolypen zu erbeuten, ohne ihr Kalziumkarbonat-Skelett zu beschädigen.

Einige Falterfisch-Arten, wie etwa der Hawaii-Steifenfalterfisch (*Chaetodon multicinctus*), erbeuten mit ihrer spitzen Schnauze einzelne Korallenpolypen. Andere wie der Orangestreifen-Falterfisch (*Chaetodon ornatissimus*) haben kürzere Schnauzen, mit denen sie über die Korallenoberfläche schaben und mehrere Polypen erbeuten.

Der Gelbe Masken-Pinzettfisch (*Forcipiger flavissimus*) ernährt sich von verschiedener Beute, darunter Fischlaich, kleine Krebstiere und die Pedicellarien (Greiforgane) der Seeigel. Er hat eine lange Schnauze sowie kammartige Zähne, sodass er in den Riffspalten nach Nahrung suchen kann. Der flache Körper erleichtert es ihm, sich in Spalten zu quetschen.

ANPASSUNG AN DAS FRESSEN
Mit seiner langen Schnauze kann der Kupferstreifen-Pinzettfisch (*Chelmon rostratus*) an für andere Fische nicht zugänglichen Stellen fressen.

WOZU DIE LANGE SCHNAUZE?
Mit der langen Schnauze pickt der Gelbe Masken-Pinzettfisch Beute aus kleinen Spalten im Korallenriff. Der Körperbau garantiert eine gute Manövrierbarkeit. Breite Brustflossen treiben den schmalen Körper an, sodass es dem Fisch gelingt, durch kleine Spalten in der Riffstruktur zu gelangen.

PUTZER-STATIONEN

Rotes Meer, Indopazifik

Im Korallenriff finden sich viele Beispiele für den Mutualismus – eine Beziehung, von der beide Partner profitieren. Ein klassisches Beispiel ist der Blaustreifen-Putzerlippfisch (*Labroides dimidiatus*), der an bestimmten Stellen des Riffs Putzerstationen unterhält. Größere Fische wie der Panther-Forellenbarsch (*Plectropomus pessuliferus*) suchen diese Orte auf, wo der Putzerlippfisch sie von Bakterien, Parasiten und totem Gewebe befreit.

Während dieser Interaktion unterlässt der Forellenbarsch jegliches feindliche Verhalten. Er bleibt passiv und öffnet das Maul und die Kiemendeckel, sodass der Putzerlippfisch unerwünschtes Material entfernen und als Nahrungsquelle nutzen kann. Falls er dabei eine Handlung ausführt, die dem Barsch missfällt, verlässt der Barsch entweder die Putzerstation und sucht eine andere auf oder er verscheucht ihn aggressiv. Beide Verhaltensweisen führen dazu, dass die Interaktion in künftig höherwertiger Qualität durchgeführt wird.

Zur Kundschaft eines Putzerlippfischs gehören die unterschiedlichsten Fische vom Aal bis zum Walhai.

GROSSZAHN-LIPPFISCH

WERKZEUG-NUTZER

Zentraler Indopazifik

In zunehmendem Maße entdecken Wissenschaftler den Werkzeuggebrauch bei den unterschiedlichsten Tierarten. (Er galt einst als exklusive Domäne des Menschen.) In Korallenriffen sind einige Fischarten dabei beobachtet worden, wie sie mit Werkzeugen Muscheln aufbrechen, um ans Innere zu gelangen. Der Großzahn-Lippfisch (*Choerodon anchorago*) benutzt dazu eine geeignete Steinkoralle oder einen spitzen Stein, hält die Muschel fest im Maul und schlägt sie dagegen.

TAGAKTIVE KORALLE

Indopazifik

Die Sonnenschein-Koralle (*Goniopora djiboutiensis*) besitzt sehr lange und fleischige Polypen, die 24 Nesseltentakel zum Fang ihrer planktonischen Beute besitzen. Ungewöhnlich für eine Steinkoralle, lebt sie in Lagunen oder bewegtem Wasser, in dem das Wasser durch Schwebeteilchen getrübt ist, außerdem frisst sie tagsüber. *Goniopora*-Arten sind für ihr aggressives Verhalten bekannt. Ihre langen Polypen setzen sie in Auseinandersetzungen mit benachbarten Korallen ein.

AUSGESTRECKTE POLYPEN

NATURSCHUTZ

DESTRUKTIVER FISCHFANG

Fischer in manchen Regionen der Welt benutzen Dynamit, um Fische zu betäuben oder zu töten, darunter Zackenbarsche und andere wertvolle Arten. Dabei werden nicht nur die Korallen zerstört, sondern auch Hunderte von kleineren Fischen als Beifang von der Druckwelle getötet. Ebenfalls destruktiv ist das Fischen mit Cyaniden. Die Fischer sprühen den Fischen zum Betäuben eine Cyanidlösung ins Gesicht und sammeln sie dann für den Tierhandel ein. Diese Chemikalie tötet Korallenpolypen und andere Riffbewohner.

OPFER DER DRUCKWELLE

BLINDER PASSAGIER

Indopazifik

Die bunte Imperator-Garnele (*Periclimenes imperator*) trifft man kaum jemals allein an. Sie lässt sich von Nacktschnecken, Seegurken und Seesternen per Anhalter mitnehmen. Sie ist ein Beispiel für den Kommensalismus, da ihr Wirt von ihr weder Vor- noch Nachteile hat. Die Garnele ist allerdings vor Fressfeinden geschützt und kann die kleinen Organismen und den Detritus fressen, die ihr Wirt aufwirbelt. Ihre Wirte wie die Rotstreifen-Seegurke (*Thelonota rubralineata*) können bis zu 50 cm lang werden und stellen ein nennenswertes Hindernis für die Fressfeinde der Imperator-Garnele dar.

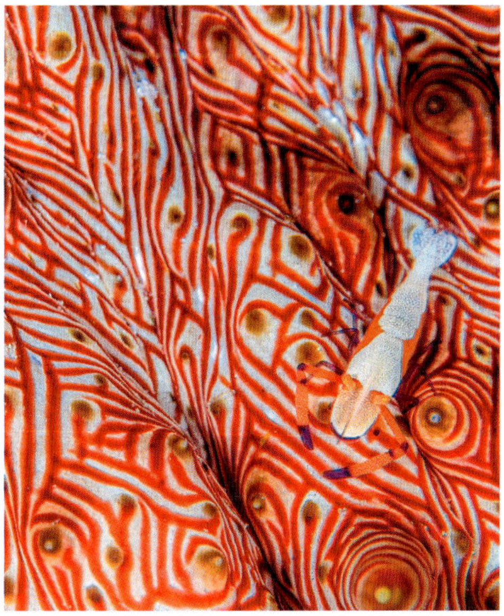

IM SCHUTZ DER SEEGURKE
Die Imperator-Garnele bewegt sich über die rot gestreifte Oberfläche ihres Wirts. Bei Bedrohung sucht sie eine besser geschützte Stelle auf.

LEUCHTEND ROTE PRÄDATOREN

Zwei Flamingozungen (*Cyphoma gibbosum*) fressen an den weichen Polypen eines karibischen Venusfächers (*Gorgonia ventalina*) und legen dabei das biegsame Skelett frei. Sie sind gegen die Chemikalien immun, die die Koralle zu ihrer Verteidigung abgibt.

WELCHE ART?
Papageifische sind manchmal schwer zu bestimmen. Sie wechseln das Geschlecht sowie die Farbe und manche Arten sind sehr variabel. Es ist ihnen nicht immer anzusehen, wie sie sich ernähren.

ABWEIDEN, ABSCHABEN UND ABBEISSEN

Die meisten Riffe der Welt

Papageifische sind in Riffen oft anzutreffen. Entsprechend der Ausbildung ihrer Kiefer verfügen sie über unterschiedliche Ernährungsformen. Manche Arten weiden Tange oder Seegräser ab. Arten wie der Blaustreifen-Papageifisch (*Scarus ghobban*) schaben dagegen die Algen von Felsen oder Korallen. Fische wie der Grüne Papageifisch (*Sparisoma viride*) fressen lebende Korallen, indem sie Korallenäste abbeißen. Die meisten Papageifische besitzen Schlundkiefer (ein zweites Kieferpaar), die bei der Zerkleinerung der Nahrung helfen.

Während der größte Teil der korallenfressenden Fische nur das lebende Gewebe verzehrt, beschädigen die beißenden Papageifische auch das Korallenskelett, sodass der Schaden erst in drei Jahren geheilt ist. Die Korallenpolypen werden verdaut, die Korallenskelette zerrieben und als Sand ausgeschieden.

Ein großer Papageifisch kann 450 kg Sand in jedem Jahr ausscheiden.

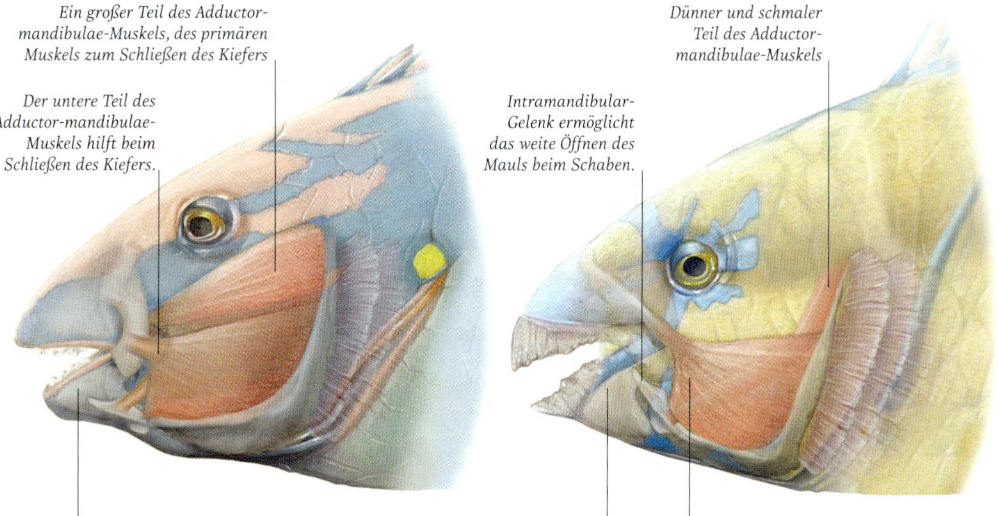

BEISSENDE ART

SCHABENDE ART

PAPAGEIFISCH-KIEFER
Der Schnabel besteht aus bis zu 1000 verschmolzenen Zähnen. Die beißenden Arten besitzen eine starke Kiefermuskulatur, aber kein Intramandibular-Gelenk.

MIMIKRY BEI EINER ALGE

Zentraler Indopazifik

MIMIK-ALGE ZWISCHEN HIRSCHGEWEIH-KORALLEN

Durch Verhalten, Erscheinungsbild, Farbe, Geruch und Bewegung erzeugte Mimikry ist unter den Fischen und Krebstieren des Korallenriffs nichts Besonderes. Doch auch Algen beherrschen Mimikry. Die Mimik-Alge (*Mimica arnoldii*) ist eine Rotalge, die zwischen Hirschgeweihkorallen (*Acropora*-Arten) wächst, die grün und violett gefärbt sind. Die Alge imitiert die Verzweigungen der Koralle und besitzt Erhebungen, die die einzelnen Korallenpolypen imitieren. Sie gibt sich als Koralle mit einem harten, unverdaulichen Skelett aus, dadurch schreckt sie Herbivore ab, die lieber eine weiche Alge abweiden.

BESONDERE AUGEN

Indopazifische Riffe und Küsten

Der Clown-Fangschreckenkrebs (*Odontodactylus scyllarus*) lebt überwiegend als Einzelgänger, der sich in einer Spalte im Riff oder in einem u-förmigen Bau an der Basis einer Koralle versteckt. Er besitzt die kompliziertesten Augen im Tierreich und kann eine Welt sehen, die für seine Fressfeinde und für seine Beute (Krebstiere und Schnecken) unsichtbar ist. Seine Augen können sich unabhängig voneinander bewegen und er kann einen größeren Wellenlängenbereich als ein Mensch wahrnehmen, sogar UV-Licht.

Der karnivore Fangschreckenkrebs benutzt seine keulenartigen Vordergliedmaßen, um die harte Schale seiner Beute zu zerschlagen. Bei der Jagd erreicht er Geschwindigkeiten von über 72 km/h.

Das keulenartige Bein hält der Krebs nahe am Körper. Er ist bereit zuzuschlagen.

KÜNSTLICHER SPALT
Der extrem territoriale Clown-Fangschreckenkrebs, der sein Revier vehement verteidigt, hat eine alte Blechbüchse als Unterschlupf gewählt.

INVASIVER FISCH

Westlicher Atlantik, Indopazifik

Der ursprünglich im Indopazifik heimische Rotfeuerfisch (*Pterois volitans*) erbeutet kleine Krebstiere und Fische. In den Gewässern vor Florida wurde er zum ersten Mal Mitte der 1980er-Jahre entdeckt. Der hier vermutlich ausgesetzte Fisch hat sich dann über die südöstliche Küste der USA, den Golf von Mexiko und die Karibik verbreitet. Hier hat er keine natürlichen Feinde, sodass er als invasive Art zum Spitzenprädator geworden ist, der das Ökosystem der Riffe bedroht.

ROTFEUERFISCH

Die giftigen Flossenstrahlen dienen der Verteidigung.

EIER ZUM FRÜHSTÜCK

Zentraler Indopazifik

Die Schwänze der Seeschlangen sind abgeflacht, damit sich diese marinen Reptilien damit im Wasser fortbewegen können. Die Eierfressende Seeschlange (*Emydocephalus annulatus*) ist tagaktiv, ernährt sich vom Laich der Schleimfische, Grundeln und Riffbarsche und schläft in der Nacht. Sie besitzt eine zahnähnliche, verlängerte Schuppe auf ihrem Oberkiefer, mit der sie die Eier vom Untergrund abkratzt. Da sie nur Eier frisst, sind ihre Zähne inzwischen verkürzt und die Giftdrüsen reduziert. In industriell verschmutzten Gewässern kann diese Schlange vollkommen schwarz aussehen. Der hohe Melaningehalt ermöglicht es, chemische Verbindungen aufzunehmen und mit der Haut abzugeben.

SCHÜTZENDE SCHUPPEN
Große, sich überlappende Schuppen schützen die Schlange vor scharfkantigen Korallen, wenn sie durch die Löcher und Spalten im Riff schwimmt.

KORALLENZERSTÖRER

Indopazifik

Acanthaster planci ist eine von vier Arten der Dornenkronen-Seesterne, von denen alle Steinkorallen fressen. Ein adultes Tier kann bis zu 10 m² Riff pro Jahr vernichten. Am Great Barrier Reef vermehren sich die Tiere massenhaft als Folge der Überfischung ihrer Fressfeinde und durch höhere Nährstoffgehalte überleben viele Larven. Das schnelle Wachstum, die Fruchtbarkeit und die frühe Geschlechtsreife führen dazu, dass die Dornenkronen schlecht zu kontrollieren sind. In befallenen Riffen können sie bis zu 90 Prozent des Korallengewebes töten.

DORNENKRONEN-SEESTERN

MIT DEM HINTERGRUND VERSCHMELZEN

Rotes Meer, Indopazifik

GUT GETARNT
Der Schmuck-Geisterpfeifenfisch kann fast nahtlos mit dem gelben Haarstern im Ari-Atoll der Malediven verschmelzen. Seine lange Schnauze und der seitlich abgeflachte Körper sind typische Eigenschaften der Geisterpfeifenfische.

Der Schmuck-Geisterpfeifenfisch (*Solenostomus paradoxus*) wird wegen seiner Gestalt und seiner Farbe, die ihn mit seiner Umgebung verschmelzen lässt, oft übersehen und auch von seinen Fressfeinden nicht bemerkt. Meist hält er sich mit gesenktem Kopf in der Nähe eines Haarsterns oder einer Weichkoralle auf. Sein Körper und seine Flossen sind mit feinen Anhängen bedeckt, die seine Umrisse auflösen und zur Tarnung beitragen. Die in ihrer Färbung hochvariablen Tiere können fast schwarz oder halbdurchsichtig mit gelben, roten und weißen Mustern sein. Sie fressen kleine Organismen des Planktons, die sie mit ihrer röhrenförmigen Schnauze einsaugen.

SAMT-ANEMONENFISCH
Weibliche Anemonenfische sind viel größer als die Männchen. Die Fische bilden monogame Paare. Sie sind extrem territorial und verteidigen ihre Anemone vehement.

EIN FISCH AUF DEM TROCKENEN

Der Epaulettenhai (*Hemiscyllium ocellatum*) hat einen schlanken Körper und kräftige Flossen, mit denen er laufen kann, wenn er auf dem Riffdach nach Nahrung sucht. Wenn die Ebbe kommt, müssen die größeren Haie in tieferes Wasser ausweichen, doch der Epaulettenhai kann in den Gezeitentümpeln nach kleinen Krebstieren und Fischen suchen. Er wird öfter in einem Tümpel eingeschlossen, doch er kommt eine längere Zeit mit wenig Sauerstoff aus, indem er die Atem- und die Herzfrequenz sowie den Blutdruck senkt. So überbrückt er die Zeit, bis er wieder ins Meer gelangen kann.

EPAULETTENHAI

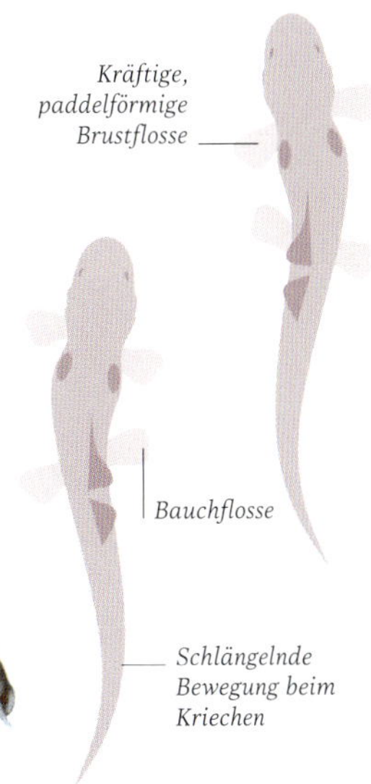

VORWÄRTSKRIECHEN
Wenn er auf dem Trockenen sitzt, kann der Hai durch koordinierte Bewegungen der Brust- und der Bauchflossen wieder ins Wasser kriechen.

SEHR ALTE RIESEN

Einige Korallen-Arten wachsen unglaublich langsam. Wissenschaftler können ihr Alter anhand von Jahresringen abschätzen, ähnlich wie es bei Bäumen möglich ist (siehe S. 47). Es lassen sich auch Informationen über das Klima vergangener Zeiten gewinnen. In Amerikanisch-Samoa gibt es einige riesige Kolonien der massiven *Porites*-Korallen. Eine von ihnen mit dem Spitznamen Big Momma hat einen Durchmesser von 12,8 m, ist 6,4 m hoch und hat einen Umfang von 41,1 m. Man schätzt, dass sie über 500 Jahre alt ist.

BIG MOMMA

UNTRENNBAR VERBUNDEN

Anemonenfische und Seeanemonen leben in einer Symbiose zusammen, von der beide Partner profitieren. Der Anemonenfisch ist ein obligater Symbiont, der nicht ohne Seeanemone leben kann, wohingegen die Seeanemone dazu in der Lage ist. Einige Anemonenfische können zwischen bis zu zehn unterschiedlichen Wirtsarten wählen, doch der Samt-Anemonenfisch (*Amphiprion biaculeatus*) kann nur in der Blasenanemone (*Entacmaea quadricolor*) leben. Die Blasenanemone kann wiederum verschiedene Anemonenfisch-Arten beherbergen.

Anemonenfische besitzen eine Schleimschicht, die es ihnen erlaubt, zwischen den nesselnden Tentakeln der Seeanemone zu leben, wo sie vor Fressfeinden sicher sind. Im Gegenzug erhält die Seeanemone mit den Ausscheidungen und Nahrungsresten der Fische Nährstoffe, die den Zooxanthellen in ihrem Gewebe zugute kommen. Diese einzelligen Algen sind wie die der Korallen (siehe S. 309) ebenfalls Symbionten. Sie unterstützen Atmung, Wachstum und Reproduktion ihres Wirtes.

Es gibt über 1000 Seeanemonen-Arten, doch nur zehn eignen sich als Wirte für Anemonenfische.

AUF DEM TROCKENEN

Die von den Wellen und den Gezeiten hervorgerufene Wasserzirkulation kann die Zusammensetzung der Arten in einem Korallenriff beeinflussen. In der Kimberley-Region im nordwestlichen Australien gibt es mit bis zu 10 m Tidenhub die am stärksten ausgeprägten Gezeiten der Tropen. Hier befinden sich einige der artenreichsten Korallenriffe der Welt. Nur Korallen mit besonderen genetischen Anpassungen können bei diesen extremen Umweltbedingungen leben. Zweimal am Tag sind sie bei Ebbe der Luft und sehr unterschiedlichen Temperaturen ausgesetzt. Manche Korallen schützen sich mit Schleim, der auch schädliche Sonnenstrahlen abhält, vor dem Austrocknen.

GEZEITEN IM RIFF
Bei Ebbe bildet das abfließende Wasser Kaskaden und Wasserfälle und die Meerestiere versuchen schnell zu entkommen, wenn das größte Küstenriff der Welt aus dem Wasser auftaucht. Das Riffdach des Montgomery-Riffs ragt bei Ebbe fast 5 m hoch aus dem Wasser.

Gitter-Doktorfische (*Acanthurus triostegus*) laichen zu Tausenden in einem engen Kanal ab. Sie riskieren dabei, die Beute der Grauen Riffhaie (*Carcharhinus amblyrhynchos*) zu werden, profitieren jedoch von der Strömung, die ihren Laich in sichere Gewässer trägt.

KÜSTENGEWÄSSER

Die nährstoffreichen, seichten und geologisch stabilen Küsten sind ideale Lebensräume für eine hohe Biodiversität. Diese Meere nehmen nur etwa sieben Prozent der Meeresoberfläche ein, sind aber die Heimat von etwa 90 Prozent der marinen Arten.

Jenseits der Gezeitenzone einer jeden größeren Landmasse liegt ein Abschnitt mit seichterem Meer, das dort weniger als 200 m tief ist und sich über den Kontinentalschelf erstreckt. Das Wasser erlaubt es dem Sonnenlicht, bis zum Grund vorzudringen. Dies ermöglicht komplexe Ökosysteme, darunter Kelpwälder und Seegraswiesen (siehe S. 296) sowie Korallenriffe (siehe S. 304). Küstengewässer enthalten auch eine Vielzahl kleiner Algen, das Phytoplankton, die wiederum zahlreichen Tieren als Nahrung dienen.

KÜSTENAUFTRIEBSGEBIETE

Die Form des Kontinentalschelfs macht ihn zusammen mit den Einflüssen des Winds und der Erdrotation zu einem perfekten Ort für die Entstehung von Grenzströmungen. Diese Strömungen, zu denen der atlantische Golfstrom, der pazifische Humboldtstrom und der Leeuwin-Strom des Indischen Ozeans gehören, beeinflussen die Ökosysteme der Küsten sehr. Durch einen als Küstenauftrieb bezeichneten Prozess transportieren diese Strömungen nährstoffreiches Wasser vom Meeresgrund zur Oberfläche und entlang der Küste. Wo der Kontinentalschelf schmal ist, führen starke Strömungen zu einer noch größeren Konzentration von Nährstoffen und von marinem Leben. Große Säugetiere wie die Wale nutzen den von den Grenzströmungen gelieferten Nahrungsüberfluss auf den Migrationsrouten zu den Gebieten, in denen die Jungen geboren werden. Die Strömungen sind auch ein idealer Lebensraum für kommerziell wichtige Arten wie Thunfische, Schwertfische und Lachse, die eine wichtige Rolle für die Bewohner der Küste spielen.

VERBREITUNG DER KÜSTENGEWÄSSER

Küstengewässer gibt es dort, wo das Land auf das Meer trifft, vor allem, wo es einen breiten Kontinentalschelf gibt. Hochseeinseln verfügen über keinen Schelf, sodass ihre Küstengewässer begrenzt sind.

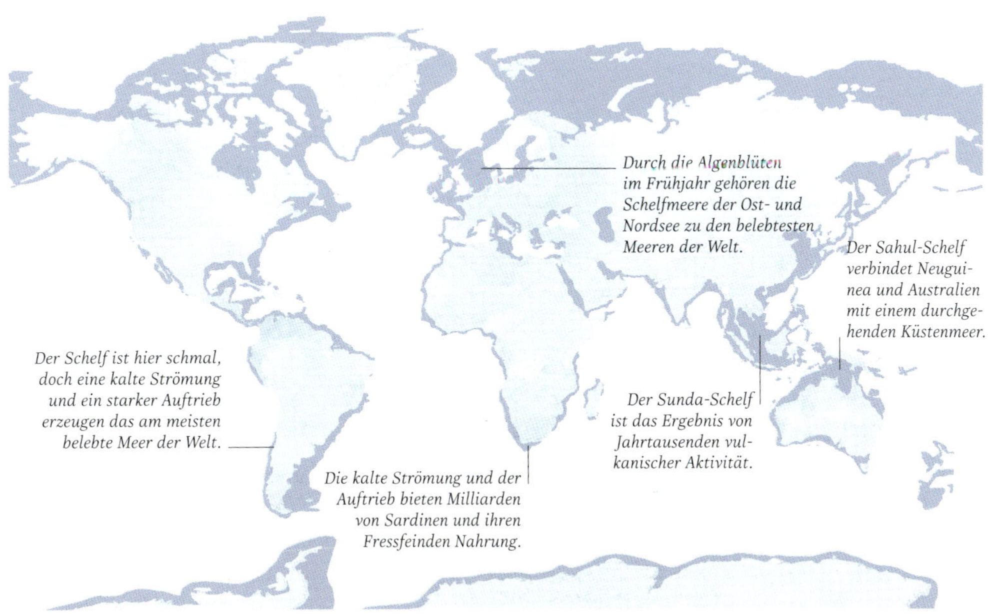

LEGENDE

Küstengewässer

KÜSTENGEWÄSSER

Küstengewässer profitieren von ihrer Nähe zum Land. Flüsse liefern Nährstoffe, die das Wachstum mikroskopisch kleiner, planktonischer Algen ermöglichen, die die Basis der marinen Nahrungsketten darstellen. In bestimmten Gebieten werden auch Nährstoffe durch Auftriebe bereitgestellt, sodass der Algenwuchs einschließlich der von ihm abhängigen Nahrungskette gefördert wird. Das ist der Grund für den Reichtum an Leben in den Gewässern vor der peruanischen und der nordchilenischen Küste.

***Seevögel** wie der Guanotölpel erbeuten Fische, die von ihren Fressfeinden zur Wasseroberfläche getrieben werden.*

***Die nach hinten gefalteten** Flügel erhöhen die Geschwindigkeit, mit der der Tölpel eintaucht.*

FILTRIERENDE FISCHE
Einige Schwarmfische wie die Großmaul-Makrele (unten) sowie die Sardellen und Sardinen Perus und Chiles filtern Plankton mit ihren Kiemen aus dem Wasser.

***Zooplankton-Schwärme** treiben mit der Strömung und ernähren sich von winzigen Tieren oder Phytoplankton.*

***Große Mengen** an Krill und Plankton werden mit einem Maul voll Wasser aufgenommen.*

SONNENLICHTNUTZER
Das Phytoplankton besteht aus treibenden, Fotosynthese betreibenden Algen, die dem Wasser einen grünlichen Schimmer verleihen. Nährstoffreiche Auftriebe lösen Algenblüten aus, die zahllosen Meerestieren eine Nahrungsgrundlage bieten.

***Als Krill** bezeichnet man kleine Krebstiere, eine wichtige Nahrung der Bartenwale.*

RIESIGER FILTRIERER
Der Südkaper ist ein Bartenwal. Er nimmt Wasser auf, das Krill und Plankton enthält, presst es durch die kammähnlichen Barten und behält die Nahrung im Maul.

JAGD IN DER GEMEINSCHAFT
Schwarzdelfine treiben Sardellen zu einem kugelförmigen Schwarm zusammen, indem sie sie schnell umrunden und immer wieder aus dem Wasser springen.

VERTIKALE DURCHMISCHUNG

Auf der Südhalbkugel treiben die Südwinde das Wasser von den Westküsten weg. So entstehen Auftriebe, wo kaltes, nährstoffreiches Tiefenwasser das Oberflächenwasser ersetzt. Nordwinde drücken das Wasser zur Küste und erzeugen dabei eine nach unten gerichtete Strömung.

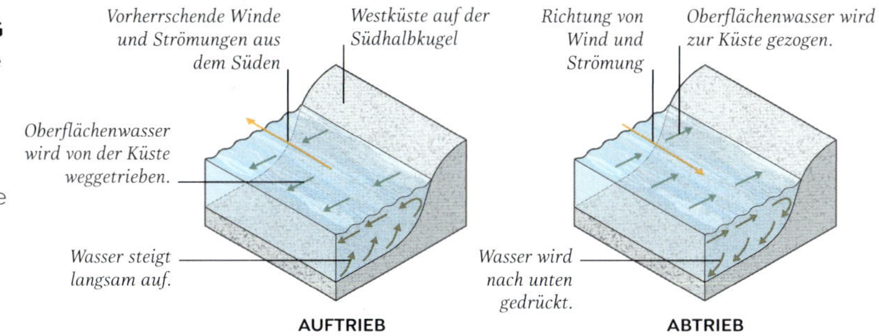

STOSSTAUCHER

Guanotölpel stürzen sich aus großer Höhe auf ihre Beute und nutzen ihren Schwung, um tief zu tauchen und die Fische zu ergreifen.

Der Auftrieb entlang der Küste Perus ermöglicht 20 Prozent des weltweiten Fischfangs.

SCHWARMFISCHE

Kleine Fische wie die Sardellen bilden Schwärme, weil so die Chancen jedes Einzelnen, von einem Raubfisch erbeutet zu werden, geringer sind.

Als Reaktion *auf einen Angriff ballt sich der Sardellenschwarm zu einer Kugel zusammen.*

Nährstoffreiches Wasser *steigt aus größeren Tiefen zur Meeresoberfläche auf.*

PELAGISCHER RÄUBER

Der Fächerfisch ist einer der schnellsten Fische. Mit seiner spitzen Schnauze kann er einzelne Fische des Schwarms erbeuten.

KORALLEN IN KÄLTE UND DUNKELHEIT

Browning-Pass-Riff, nordöstlicher Pazifik

Dank der kalten, nährstoffreichen, von Norden kommenden Strömungen ist das Browning-Pass-Riff vor der Nordostküste von Vancouver Island, Kanada, die Heimat Tausender Arten mariner Tiere. Man kennt es vor allem für seine Kaltwasser-Korallen, etwa die Meereserdbeere (*Gersemia rubiformis*) und die Reseda-Koralle (*Primnoa pacifica*). Im Gegensatz zu ihren Warmwasser-Verwandten gedeihen sie bei Temperaturen von 4–13 °C und sind nicht von fotosynthetisch aktiven Zooxanthellen (siehe S. 309) abhängig, sondern erbeuten mit ihren Tentakeln Zooplankton.

Diese Korallen besitzen kleine, harte Skleriten zur Verstärkung ihres Gewebes, die sich nach ihrem Tod miteinander verbinden und schließlich ein Riff bilden, in dem die verschiedensten Arten leben können.

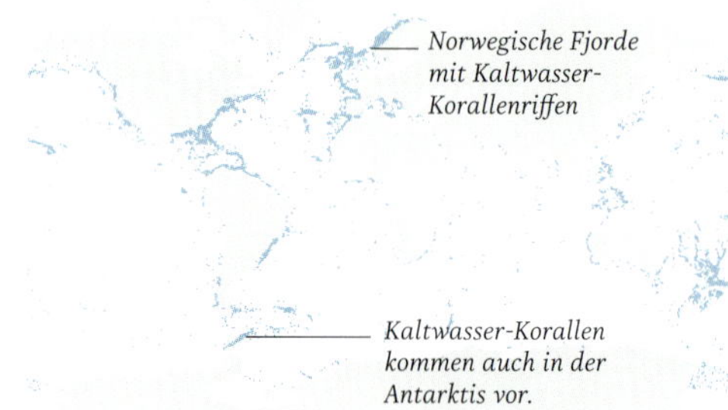

VERBREITUNG DER KALTWASSER-KORALLEN
Kaltwasser-Korallen leben auf dem Kontinentalschelf und seinen Hängen, marinen Canyons und Seamounts, meist in Tiefen von 40 bis 1000 m. Einige Arten sind sogar in 6000 m Tiefe gefunden worden. Es gibt auch Kaltwasser-Korallen, die in −1 °C kaltem Wasser leben können.

ERDBEEREN UND NELKEN
Ein großer Schwarm Stachelköpfe (*Sebastes entomelas*) schwimmt an einer Wand des Browning-Pass-Riffs entlang, die mit Kolonien von Meereserdbeeren sowie mit cremeweißen Seenelken und leuchtend gelben Schwämmen bedeckt ist.

2009 wurde eine Kolonie schwarzer Kaltwasser-Korallen entdeckt, die 4265 Jahre alt war.

EIN AN DAS GEFRORENE MEER GEBUNDENES LEBEN

Nordpolarmeer und Küsten

Die arktischen Walrosse (*Odobenus rosmarus*) sind vom gefrorenen Meer abhängig. Ihr Leben folgt dem Gefrieren und Tauen des Meereises. Sie suchen nach Nahrung, etwa Muscheln, Seegurken und Würmern, auf dem Meeresgrund am Rand des Eises. Die Tauchgänge können 25 Minuten oder länger dauern. Anstelle eines dichten Fells besitzen die Walrosse eine als Blubber bezeichnete dicke Fettschicht unter ihrer ebenfalls dicken Haut. Sie ruhen auf dem Meereis oder auf Sandstränden und Felsen, wenn kein Eis verfügbar ist. Mit ihren Stoßzähnen, den vergrößerten oberen Eckzähnen, können sie sich auf das Eis oder an Land ziehen. Mit ihnen können sie auch Atemlöcher in das Eis stoßen, angreifen und sich verteidigen.

Die Weibchen folgen dem Meereis, wenn es sich im Herbst nach Süden ausdehnt und im Frühjahr nach Norden zurückweicht. Die meisten Männchen bilden in der südlichen Arktis Herden und treffen sich mit den Weibchen nur im Winter zur Paarung. Diese findet meist im Wasser statt und die Weibchen gebären ein einzelnes Kalb im Frühling des folgenden Jahrs auf dem Meereis.

GESELLIGE ERWACHSENE
Walrosse sind soziale Tiere, die in kleinen Gruppen im Wasser schwimmen und in größeren auf dem Meereis ruhen. An Land bilden sie sehr große sogenannte Haulouts, die Tausende von Tieren umfassen können.

Die Schnauze ist von 400 bis 700 Borsten, den Vibrissen, bedeckt, mit denen das Walross 3 mm kleine Beute ertasten kann.

NATURSCHUTZ

EINE ZUKUNFT AUF DÜNNEM EIS
Aufgrund des Klimawandels ist das Meereis in den letzten Jahrzehnten immer weiter zurückgewichen. Walrosse ruhen normalerweise nach der Nahrungssuche auf dem Eis und gebären hier auch ihre Jungen. Fehlt das Eis, müssen sie das Land aufsuchen. Im Herbst 2014 wurde ein Rekord von 35 000 Walrossen auf einem kleinen Strand im Nordwesten Alaskas gezählt. Wenn sie in derart großen Zahlen zusammengedrängt werden, können sich Krankheiten schneller verbreiten, es kommt zu Angriffen durch Eisbären und die Jungen können in der Menge erdrückt werden.

REKORD-HAULOUT

BLITZSCHNELLER FARBWECHSEL

Westatlantik

Der Augenfleckbutt (*Bothus ocellatus*) beginnt sein Leben als freischwimmender Fisch, doch bald wandelt er sich um. Sein rechtes Auge wandert langsam auf die linke Körperseite, dann legt sich der Plattfisch mit der nun augenlosen rechten Seite auf den sandigen Grund, wo er meisterhaft getarnt ist. Er kann die Farbe und das Muster des Sands mithilfe spezieller Zellen, der Chromatophoren, nachahmen. Winzige Pigmentkörnchen ballen sich in ihnen zusammen, um die Haut heller oder dunkler erscheinen zu lassen. Mithilfe von Hormonen kann der Fisch die Verteilung der Pigmente in zwei bis acht Sekunden verändern.

Der Butt liegt die meiste Zeit teilweise eingegraben bewegungslos auf dem Sand, wo er der Entdeckung durch Fressfeinde wie Muränen, Rochen und Haien entgeht, seinerseits aber auf Beute wie kleine Fische und Krebstiere wartet.

STIELAUGEN
Die Augen befinden sich auf kurzen, dicken Stielen und können sich unabhängig voneinander um 180° drehen. So kann der Butt einen weiten Bereich des Meeresbodens nach Beute absuchen.

MILLIONEN IN EINER BANK

Loch Carron, nordöstlicher Atlantik

KLAFFENDE FEILENMUSCHEL

Die Klaffende Feilenmuschel (*Limaria hians*) versteckt sich vor Fressfeinden in einem Nest aus klebrigen Byssusfäden, die sie mit ihrem Fuß produziert, sowie Schalenstückchen und Kies. Die kombinierten Nester der Muscheln bilden ein dichtes Bett, das den Meeresboden erhöht und stabilisiert, sodass Lebensräume für Hunderte anderer Arten entstehen. Loch Carron an der nordöstlichen Atlantikküste in Schottland, GB, besitzt die größte Bank der Klaffenden Feilenmuschel: 250 Millionen Muscheln bedecken eine Fläche von 1,85 km². Weil die Muschelbänke leicht durch Schleppnetze beschädigt werden können, wurde diese Region zum Schutzgebiet erklärt.

LICHT-ABSORPTION

Weltweit

Wasser absorbiert Sonnenlicht, sodass die Lichtintensität mit der Tiefe rapide abnimmt (siehe S. 336) – eine Herausforderung für die von der Fotosynthese abhängigen Algen. Verschiedene Algen besitzen unterschiedliche Pigmente. Der in nördlichen gemäßigten Küstenmeeren lebende Blutrote Meerampfer (*Delesseria sanguinea*) besitzt ein Pigment, das grünes Licht absorbieren kann. Daher kann er in tieferem Wasser leben.

BLUTROTER MEERAMPFER

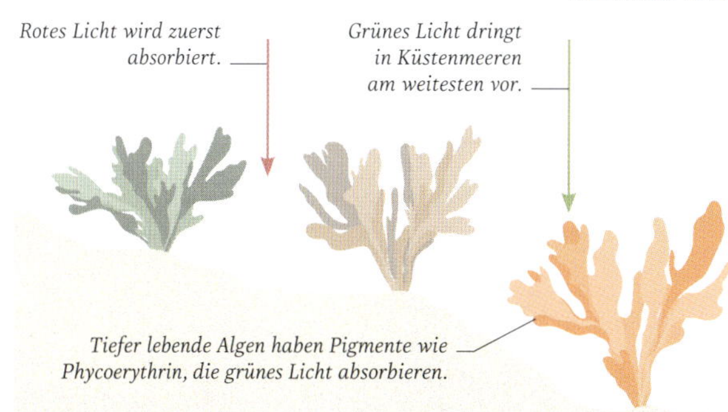

LICHT UND TIEFE
Blaues und grünes Licht dringt in größere Tiefen vor als rotes und gelbes, sodass grünes Licht absorbierende Rotalgen in größeren Tiefen leben können als andere Algen.

SARDINEN-SCHWARM
Sardinen weichen aus, wenn der Schwarzhai (*Carcharhinus obscurus*) durch einen großen Schwarm schwimmt, der sich vor der südafrikanischen Küste zusammengeschlossen hat.

RÖHRENAAL-GARTEN
Perlen-Röhrenaale bilden große Kolonien. Bei starker Strömung nehmen die Aale eine gekrümmte Haltung an, um die auf ihre Körper einwirkenden Kräfte zu reduzieren.

AAL-KOLONIEN

Aus der Entfernung mag eine Gruppe des Perlen-Röhrenaals (*Gorgasia maculata*) an ein in der Strömung schaukelndes Seegras erinnern. Diese geselligen Aale leben in den Sandböden des tropischen Indopazifiks. Sie graben mit ihren Schwänzen Röhren und geben mit einer Drüse am Schwanzende ein Sekret ab, mit dem sie sich in ihrem Bau verankern und sein Einstürzen verhindern. Röhrenaale können schwimmen, verbringen ihr Leben als Erwachsene aber nahezu ausschließlich in ihren Röhren, in die sie sich bei Gefahr zurückziehen. Mit ihren großen Mäulern fischen sie an ihren Röhren vorbeitreibendes Zooplankton aus dem Wasser.

NATURSCHUTZ

OFFSHORE-WINDPARKS

Windparks bieten ein großes Potenzial für erneuerbare Energie, können aber einen negativen Einfluss auf die Umwelt haben. In der Nordsee können Offshore-Windparks die Brut, den Vogelzug und die Überwinterung von Seevögeln stören. Es besteht für Vögel wie den Basstölpel (*Morus bassanus*) auch die Gefahr, dass sie sich an den Rotorblättern verletzen. Große Windfarmen beeinflussen die Windgeschwindigkeit und die Wasserströmungen, sodass es zu Störungen der Bewegung und Migration von Meerestieren kommt.

HORNSEA-WINDPARK

ZUG DER SARDINEN

Südafrikanische Küstengewässer

Eine spektakuläre Migration findet jährlich im Indischen Ozean vor der südafrikanischen Küste statt. Hunderte von Millionen Sardinen (*Sardinops ocellatus*) verlassen ihre Laichgebiete im Atlantik und wandern nach Osten und Norden die Küste entlang. Der genaue Grund für diese als »Sardine Run« bezeichnete Migration ist nicht bekannt. Was man weiß, ist, dass eine Reihe von komplexen Umweltveränderungen stattfinden muss, um die Wanderung auszulösen. Wichtig sind die kurzen Auftriebe an der Ostküste, die kaltes Wasser aus der Tiefe in die normalerweise warmen Gewässer des Agulhasstroms bringen. Die Sardinenschwärme folgen den Taschen kalten Wassers.

Während der Migration versammeln sich Prädatoren wie Wale, Haie und Seevögel in großen Zahlen, um die Sardinen zu jagen. Bei Bedrohung drängen sich die Sardinen zu einem kugelförmigen Schwarm zusammen und verstecken sich hintereinander, um ihre Überlebenschance zu erhöhen. Durch die Erwärmung des Wassers treten die Migrationen nun später im Jahr auf, werden seltener oder unterbleiben sogar, was wiederum einen Nahrungsmangel für die von ihnen abhängigen Prädatoren nach sich zieht.

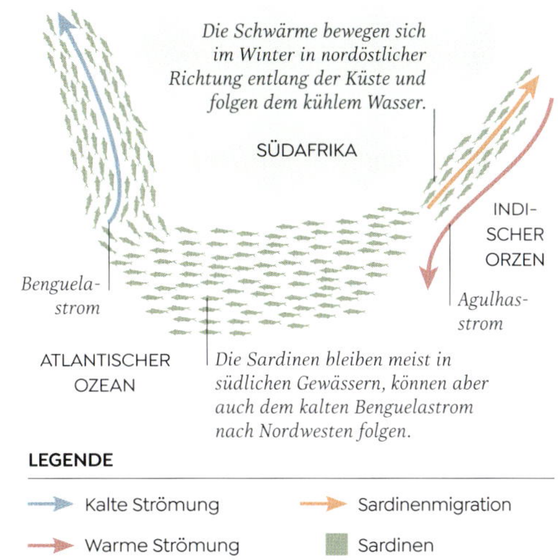

COOL BLEIBEN
Sardinen bevorzugen niedrige Temperaturen. Im Sommer bleiben sie in den kühleren südlichen Gewässern vor Südafrika. Im Winter bringen die Auftriebe kühleres Wasser zur Ostküste und sie ziehen zum Ablaichen nach Norden. Vermutlich kehren sie im kühleren Wasser des Agulhasstroms nach Süden zurück.

Die großen Schwärme, die sich bei der Migration der Sardinen bilden, können geschätzte 15 km lang werden.

DIE KUNST DER BALZ

Ryuky-Inseln, Japan, Westpazifik

Ein ausgesprochen komplexes Balzverhalten findet auf den sandigen Böden der Meere rund um die japanischen Ryukyu-Inseln statt. Als Teil seiner Balz errichtet das Männchen des Weißgepunkteten Kugelfischs (*Torquigener albomaculosus*) einen im Durchmesser etwa 2 m großen, kreisrunden Hügel, um ein Weibchen anzulocken. Es pflegt die geometrische Struktur sorgfältig, bis ein Weibchen im Zentrum des Nestes abgelaicht hat. Das Männchen beschützt nun die Eier, bis die Larven geschlüpft sind, doch danach verlässt es das Nest.

EIN KUNSTVOLLES NEST
Das Kugelfisch-Männchen ist maximal 12 cm groß. Es erzeugt mit den Flossen konzentrische radiale Muster. Das flache Zentrum dekoriert es mit Muschelschalen. Mit den Flossen bewegt es anschließend feinen Sand in die Mitte der Struktur.

FEST-GEHAKT

Gemäßigte Küsten

HARPUNENALGE

Die in Australien und Neuseeland heimische Harpunenalge (*Asparagopsis armata*) war mit Austern nach Europa gekommen. Sie hat sich weltweit an den gemäßigten Küsten verbreitet. Sie verankert sich mit Widerhaken an Organismen, die mit der Strömung treiben. Als invasive Art besiedelt die Alge den inter- und den subtidalen Bereich und verdrängt einheimische Arten.

MASSEN-ABLAICHEN
Ein Leach-Seestern (*Leiaster leachi*) entlässt bei einem Massenablaichen vor der Küste von Kyushu, Japan, große Mengen an Spermien aus seinen Armen. Er schwingt in einem Reproduktionstanz hin und her und verteilt so die Spermien, damit sie die von den Weibchen abgegebenen Eier erreichen.

KEINEN SCHATTEN WERFEN

Zentralpazifik

Kopffüßer wie die Kalmare und Kraken können sich bekanntlich gut tarnen. Sie sind in der Lage, ihre Farbe zu verändern, indem sie Pigmente enthaltende Zellen in ihrer Haut, die Chromatophoren, zusammenziehen oder ausweiten. Der zentralpazifische Hawaii-Zwergtintenfisch (*Euprymna scolopes*) ist im Gegensatz dazu der einzige bekannte Kopffüßer, der das biolumineszente Bakterium *Vibrio fischeri* in einem speziellen Organ an seiner Unterseite beherbergt. Die Bakterien erzeugen ein blaugrünes Licht. Der nachtaktive Krake setzt es ein, um das von oben durch das Wasser einfallende Mondlicht zu simulieren. Die ausgefeilte Steuerung der Biolumineszenz der Bakterien erlaubt es dem Kraken, auch die Stärke des Mondlichtes nachzuahmen. Auf diese Weise ist er von unten kaum zu erkennen und erschwert es seinen Fressfeinden, wie zum Beispiel den Hawaii-Mönchsrobben oder den Eidechsenfischen, ihn zu erbeuten.

HAWAII-ZWERGTINTENFISCH

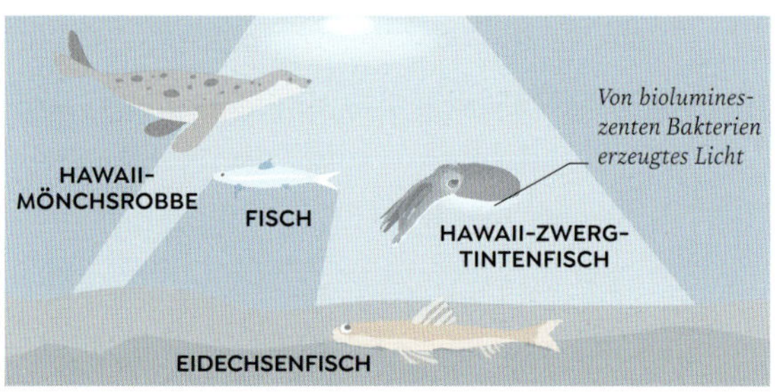

KONTERSCHATTIERUNG
Der bei Nacht aktive Hawaii-Zwergtintenfisch setzt eine Form der Konterschattierung ein, um seinen Fressfeinden zu entkommen. Er erzeugt auf seiner Unterseite Licht, um seine Silhouette vor den unter sich befindenden Tieren zu verbergen. Sein Tintensack verhindert, dass Licht nach oben durchscheint, sodass er sich von oben nicht vom dunklen Meeresgrund abhebt und auch hier getarnt ist.

WERKZEUGGEBRAUCH

Indopazifik

Der Kokosnuss-Oktopus (*Amphioctopus marginatus*) aus dem westlichen Indopazifik streift über den Meeresboden, um Muschel- oder Kokosnussschalen zu finden, die er als schützendes Gehäuse benutzen kann. Findet er eine Schale, benutzt er sein Trichterorgan, um enthaltenes Sediment auszuspülen, bevor er sie bezieht. Sein Lebensraum sind die seichten Meere unterhalb der Gezeitenzone, die einem Kraken nicht viel Schutz vor seinen Fressfeinden bieten, zu denen andere Kraken, Viperfische und Haie gehören. Wird er bedroht, stülpt der Oktopus schnell die Schale über seinen Körper und bildet so eine schwer zu öffnende Kuppel. Wahrscheinlich haben die Tiere in der Vergangenheit nur natürlich vorkommende schwere Muschelschalen benutzt, doch mit der Verfügbarkeit der von Menschen entsorgten Kokosnussschalen haben sie sich an diese leichtere Behausung angepasst. Der Krake kann sogar eine Kombination verschiedener Schalen zu seinem Schutz benutzen.

Ähnlich wie die Kokosnussschalen benutzen die Kraken mittlerweile auch andere Abfälle, die sie im Meer finden.

NATURSCHUTZ

MUSCHELN SAMMELN IN HANDARBEIT
Kammmuscheln werden häufig für den menschlichen Verzehr gefangen, meistens mit Dredgen, die hinter einem Trawler hergezogen werden. Bei dieser Methode werden schwere Rahmen über den Meeresboden geschleppt, die große Schäden verursachen und die biologische Vielfalt des Lebensraums beeinträchtigen. Die Meeresböden können bis zu zehn Jahre zur Erholung benötigen. Nachhaltiger ist das Einsammeln der Muscheln durch Taucher. So werden die Auswirkungen auf den Meeresboden erheblich verringert und auch der Beifang entfällt.

NACH KAMMMUSCHELN TAUCHEN

EINGESCHLOSSEN IM EIS

Ross-Schelfeis und Adélieland-Meereis, Antarktis

Grabende Seeanemonen kommen meist in weichen Sedimenten, in Felsspalten oder Vegetationsmatten vor, die Andrill-Anemone (*Edwardsiella andrillae*) aber ist die erste bekannte Art, die sich ins Eis bohrt. Sie wurde zuerst an der Unterseite des Ross-Schelfeises in der Antarktis gefunden. Seeanemonen graben in der Regel mit ihren Tentakeln oder der Fußscheibe, doch das funktioniert im Eis nicht. Man weiß daher bis heute nicht, wie die Tiere ihren weichen Körper in das harte Eis bekommen. Sie ernähren sich, indem sie im Meer treibendes Plankton mit den Tentakeln zum Mund leiten.

UNTER DEM MEEREIS HÄNGEN
Seit ihrer Entdeckung unter dem Schelfeis hat man die Andrill-Anemonen auch in Adélieland am Meereis hängend gefunden.

LAUFENDER KRAKE
Ein Kokosnuss-Oktopus läuft über den Meeresboden und trägt dabei seine schützende Schale. Dabei bewegt er sich biped fort, das heißt mit zwei Beinen.

ALLE EIER IN EINEN KORB

Filchner-Ronne-Schelfeis, Weddellmeer, Antarktis

Unter dem Filchner-Ronne-Schelfeis im antarktischen Weddellmeer liegt das größte bis heute entdeckte Fischbrutgebiet. Hier befinden sich geschätzte 60 Millionen Nester der Jonah-Eisfische (*Neopagetopsis ionah*), die eine Fläche von insgesamt 240 km² bedecken. Das Brutgebiet fand man im Jahr 2021 in einer durchschnittlichen Tiefe von 500 m. Die meisten Nester des Brutgebiets waren von erwachsenen Eisfischen besetzt.

Eisfische sind an ein Leben in den nahezu gefrorenen zirkumpolaren Gewässern des Südpolarmeers angepasst. Mithilfe eines Frostschutzmittels verhindern sie, dass sich in ihrem Blut Eiskristalle bilden. Allerdings ist es wohl das wärmere Wasser, das aus der Tiefe des Weddellmeers aufsteigt und die perfekten Brutbedingungen für die Fische erzeugt. Das Auftriebswasser erhöht die Temperatur im Brutgebiet um 2 °C über die Umgebungstemperatur. Die Ausdehnung des Brutgebiets wird dort abrupt gestoppt, wo der Auftrieb seinen Einfluss verliert und das Wasser wieder kälter wird.

ABSTAND HALTEN
Die gleichmäßig verteilten Nester berühren sich nicht. Das soll vermutlich die Gefahr der Erbeutung durch Fressfeinde verringern.

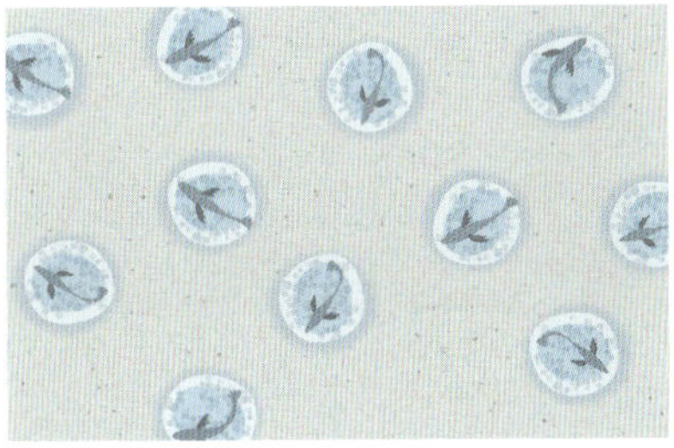

BEWACHEN DES NESTES
Jedes Nest enthält wohl über 1700 Eier. Meist bewacht ein Elternteil das Nest und betreut es, indem es mit den Flossen sauerstoffreiches Wasser heranfächelt und Abfallstoffe entfernt.

Der weibliche Löcherkrake (*Tremoctopus* spec.) wirkt durch seine Membranen zwischen den oberen und den seitlichen Armen auf seine Fressfeinde größer und furchterregender. Fühlt er sich bedroht, taucht er in größere Tiefen ab und kann die Membranen zwischen den Armen abwerfen, um Feinde abzulenken.

OFFENES MEER

Das offene Meer befindet sich jenseits des Kontinentalschelfs. Hier leben die verschiedensten Organismen – von winzigen Algen bis zum größten Tier der Welt. Viele von ihnen gelangen nie an die Küste, den Meeresgrund oder die Meeresoberfläche.

Bezogen auf sein Volumen ist das Südpolarmeer der größte Lebensraum der Welt. In der Vertikalen gliedert ihn die Menge des in die Wassersäule eindringenden Sonnenlichts. Jede Zone bildet einen eigenen Lebensraum.

Ein großer Teil der lebensnotwendigen Energie wird in der obersten, sonnendurchfluteten Zone gewonnen. Es gibt eine starke Temperaturdifferenz zwischen diesem Epipelagial und dem darunter liegenden Mesopelagial, in dem Licht und Nahrung knapp werden. Hier ernähren sich die Tiere vom absinkenden Detritus oder migrieren auf der Suche nach Beute vertikal zwischen den Zonen. Einige luftatmende Arten haben Anpassungen entwickelt, die es ihnen erlauben, mit einem Atemzug Tausende von Metern tief zu tauchen.

Sonnenlicht kann nicht tiefer als 1000 m vordringen. Dies ist die obere Grenze des Bathypelagials. Das noch tiefer gelegene Abyssopelagial reicht von 4000 m Tiefe bis auf den Meeresgrund in etwa 6000 m Tiefe. Die Tiefseegräben bilden das Hadopelagial. Hier leben nur etwa ein Dutzend der 36 000 Fischarten der Welt. Sie haben sich an völlige Dunkelheit, eine geringes Nahrungsangebot und einen gewaltigen Druck angepasst. Einige von ihnen locken ihre Beute mit Licht an.

IM OFFENEN MEER

Da sie sich nicht verstecken können, müssen sich die im Epipelagial lebenden Tiere tarnen. Quallen sind mit ihren durchsichtigen Körpern fast unsichtbar. Schildkröten haben eine hellere Unterseite, sodass sie von unten gegen das Licht betrachtet schlecht zu erkennen sind. Andere Tiere setzen wie die Schwarmfische auf ihre Menge.

DIE MEERE DER WELT

Die Meere enthalten weltweit etwa 97 Prozent allen Wassers. Zwischen den großen Landmassen liegen fünf große Ozeane. Das Nordpolarmeer ist das kleinste, der Pazifik das größte Meer. Der Pazifik ist doppelt so groß wie der Atlantik und bedeckt etwa ein Drittel der Erdoberfläche.

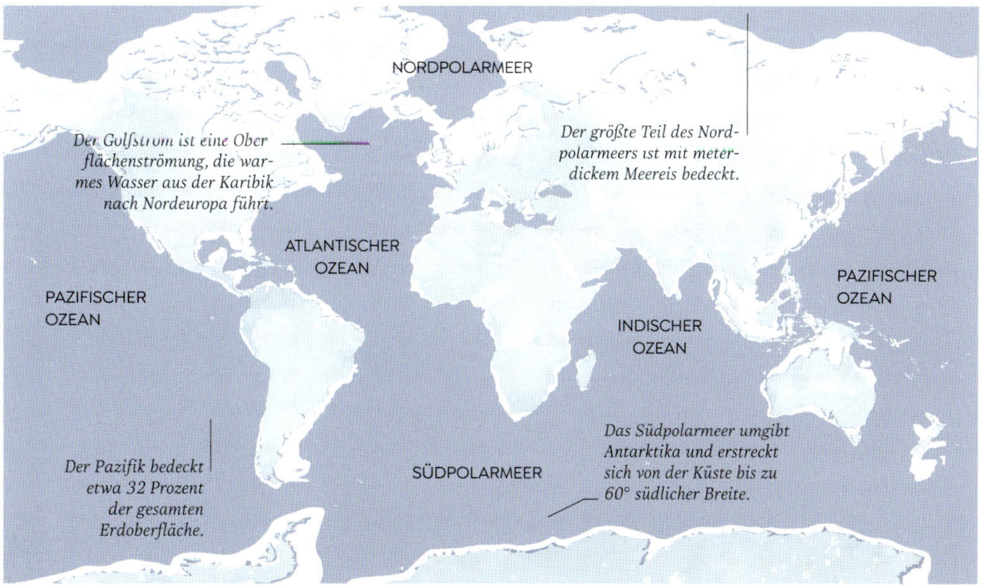

LEGENDE

Offenes Meer

OFFENES MEER

Die Distanz zwischen der Oberfläche und dem Grund beträgt in den offenen Meeren drei Kilometer oder mehr, doch nur die obere Schicht wird von der Sonne beleuchtet. In den Meeren im Äquatorbereich, etwa im Atlantik, erwärmt sich nur die an der Oberfläche liegende Wasserschicht durch die tropische Hitze. Der Rest der Meere, der zu tief liegt, als dass ihn die Sonnenstrahlen erreichen könnten, bleibt ewig dunkel und kalt.

RÄUBER DER LÜFTE
Der Gelbnasenalbatros segelt über das Meer. Er kann mit seinem guten Geruchssinn Fisch- und Kalmarschwärme erkennen.

EPIPELAGIAL

Am meisten Sonnenlicht dringt in Tiefen bis zu 200 m unter der Meeresoberfläche ein. Daher lebt hier der größte Teil des Phytoplanktons.

OBERFLÄCHENBEWOHNER
Die Portugiesische Galeere, eine Verwandte der Quallen, benutzt ein mit Gas gefülltes Segel, um an der Oberfläche zu treiben.

PRIMÄRPRODUZENTEN
Einzellige Organismen, in gemäßigten Gewässern vor allem Kieselalgen und in tropischen Cyanobakterien, nutzen das Sonnenlicht zur Fotosynthese.

MESOPELAGIAL

Das Licht schwindet rapide in Tiefen von über 200 m, sodass hier keine Algen wachsen können. Die Tiere benötigen sehr lichtempfindliche Augen.

PRIMÄRKONSUMENTEN
Planktonische Tiere wie Garnelen und Fischlarven fressen die fotosynthetisch aktiven Organismen und sind die ersten Konsumenten der Nahrungskette.

BATHYPELAGIAL

Unterhalb von 1000 m ist das Wasser pechschwarz. Die Tiere weisen hier die extremsten Anpassungen an die kalten, dunklen und einem hohen Druck ausgesetzten Tiefen auf. Viele geben selbst ein durch Biolumineszenz erzeugtes Licht ab.

Ein leuchtender Köder enthält Bakterien, die Licht abgeben können.

Das Leuchtorgan unterhalb des Auges erzeugt einen starken roten Lichtstrahl.

RÄUBER DER TIEFSEE
Wie andere Räuber der Tiefsee lockt der Bucklige Anglerfisch seine Beute mit einem leuchtenden Köder an.

DIE DUNKELHEIT ERLEUCHTEN
Der Kleinzahn-Drachenfisch hat wie viele biolumineszente Tiefseebewohner blaue Leuchtorgane. Doch mit zusätzlichen Leuchtorganen kann er seine Beute anstrahlen. Das von ihm verwendete rote Licht ist für die Beutetiere unsichtbar.

SPRUNGSCHICHT

Die Temperaturen sinken mit zunehmender Tiefe, da das Wasser die Sonnenenergie absorbiert. Abseits der Pole gibt es jedoch meist eine abrupte Grenze, die so genannte Sprungschicht, zwischen der warmen Oberfläche und der kalten Tiefe. Die Herbststürme der gemäßigten Breiten vermischen die Schichten und brechen die Sprungschicht auf.

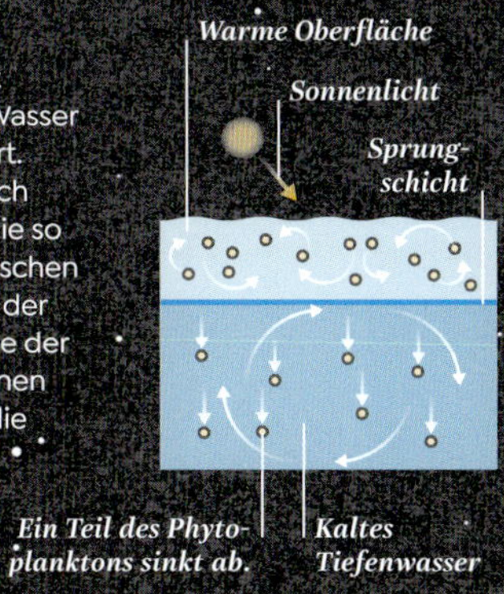

TROPISCHES MEER

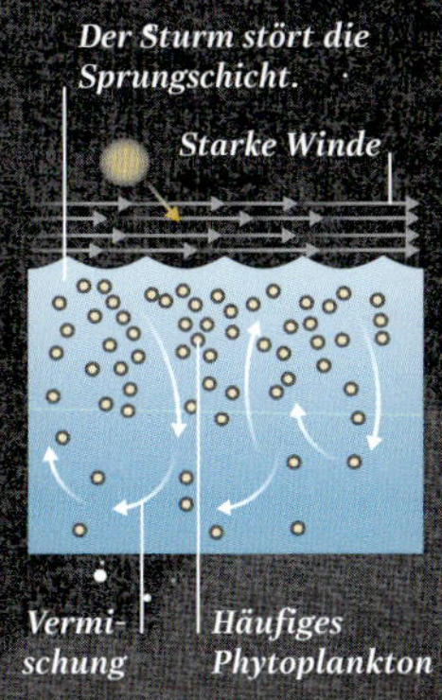

GEMÄSSIGTES MEER

DRUCK

Da Wasser um ein Vielfaches dichter als Luft ist, übt sein Gewicht einen enormen Druck aus. Eine Zunahme von 10 m Tiefe entspricht daher einer Atmosphäre (atm) Druck – der Entsprechung des Luftdrucks in der Höhe des Meeresspiegels. Daher wird der Druck in der Tiefe so hoch, dass er stark genug wäre, um ein Auto zu zerdrücken.

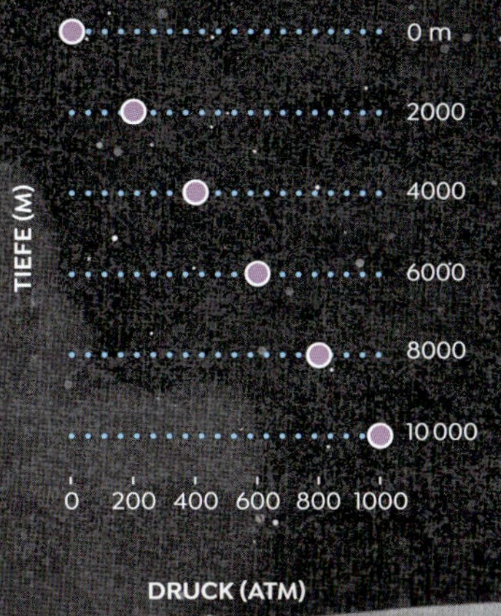

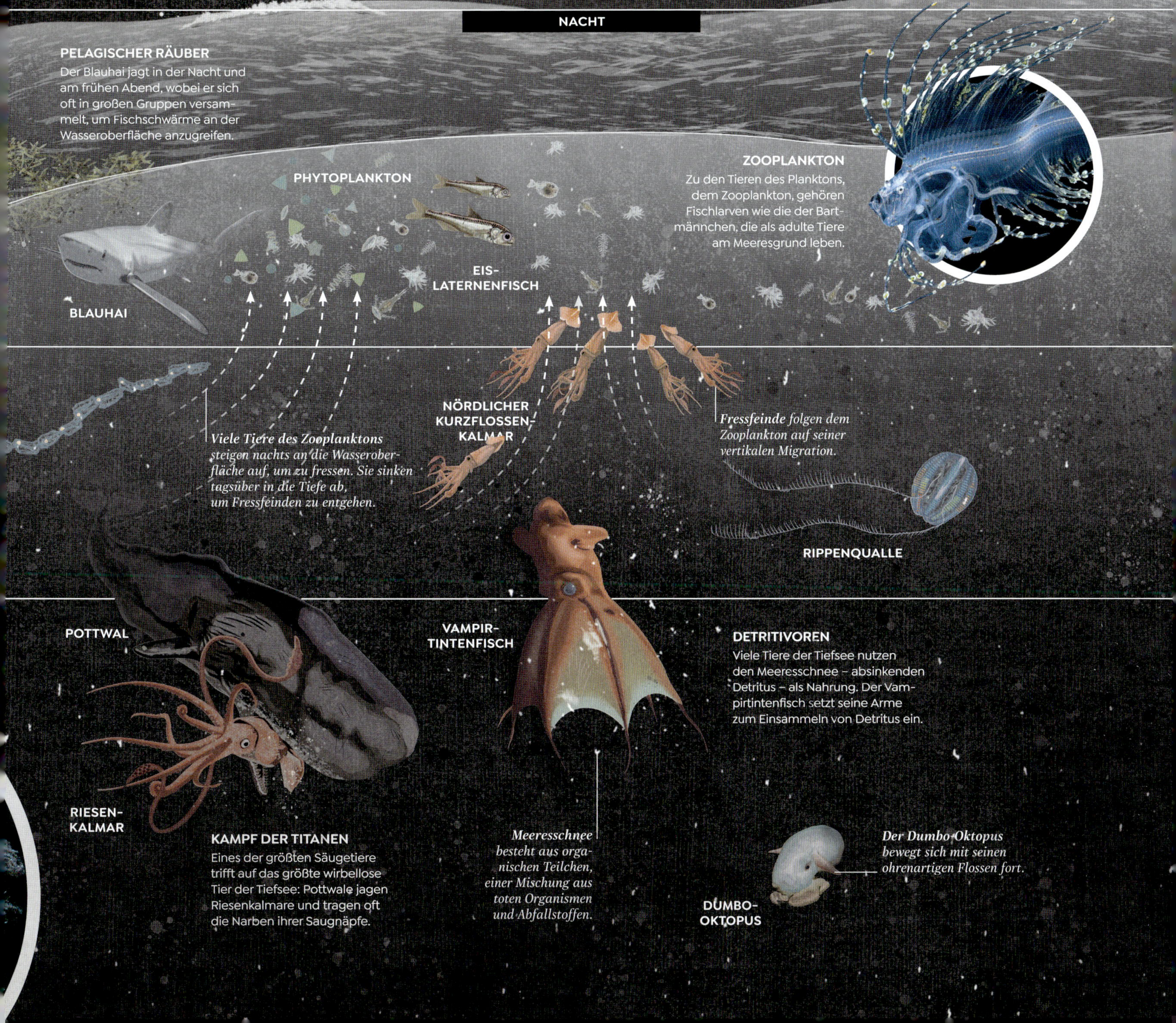

PELAGISCHER RÄUBER

Der Blauhai jagt in der Nacht und am frühen Abend, wobei er sich oft in großen Gruppen versammelt, um Fischschwärme an der Wasseroberfläche anzugreifen.

ZOOPLANKTON

Zu den Tieren des Planktons, dem Zooplankton, gehören Fischlarven wie die der Bartmännchen, die als adulte Tiere am Meeresgrund leben.

Viele Tiere des Zooplanktons steigen nachts an die Wasseroberfläche auf, um zu fressen. Sie sinken tagsüber in die Tiefe ab, um Fressfeinden zu entgehen.

Fressfeinde folgen dem Zooplankton auf seiner vertikalen Migration.

DETRITIVOREN

Viele Tiere der Tiefsee nutzen den Meeresschnee – absinkenden Detritus – als Nahrung. Der Vampirtintenfisch setzt seine Arme zum Einsammeln von Detritus ein.

KAMPF DER TITANEN

Eines der größten Säugetiere trifft auf das größte wirbellose Tier der Tiefsee: Pottwale jagen Riesenkalmare und tragen oft die Narben ihrer Saugnäpfe.

Meeresschnee besteht aus organischen Teilchen, einer Mischung aus toten Organismen und Abfallstoffen.

Der Dumbo-Oktopus bewegt sich mit seinen ohrenartigen Flossen fort.

PAARUNGSGEBIET

Ostpazifik

WEISSER HAI

Haie nutzen bei der Jagd ihren Verstand. Weiße Haie (*Carcharodon carcharias*) überfallen Beute aus dem Hinterhalt und greifen Delfine aus Richtungen an, die von ihrer Echoortung nicht erfasst werden. Diese Intelligenz ist mit einem komplexen Sozialverhalten verbunden. Mit Sendern versehene Weiße Haie zeigen, dass sie sich in der Mitte zwischen ihren Winterquartieren vor Kalifornien und den Sommerquartieren vor Hawaii versammeln. Hunderte bleiben hier, obwohl es fast keine Beute gibt, doch scheint es um die Paarung zu gehen. Männchen tauchen zwischen der Oberfläche und der Tiefe hin und her und werden von den Weibchen umkreist.

DAS SONNENDURCHFLUTETE EPIPELAGIAL

Weltweit

Die Transparenz des Wassers führt dazu, dass das Sonnenlicht in das Meer eindringen und Algenblüten auslösen kann, die die Basis mariner Nahrungsketten sind. Doch das Wasser absorbiert auch Licht – rotes Licht in Oberflächennähe und blaues in größeren Tiefen –, bis in über 200 m Tiefe kaum noch etwas übrig bleibt. In mehr als 1000 m Tiefe, im Bathypelagial, kommt kein Sonnenlicht mehr an. Das Licht dringt in den Tropen tiefer ins Wasser ein, da die Sonne hier intensiv scheint und das Wasser klar ist. Dagegen ist der sonnendurchflutete Bereich in Küsten kleiner, da das Wasser von den Sedimenten getrübt wird, die ins Meer gespült werden.

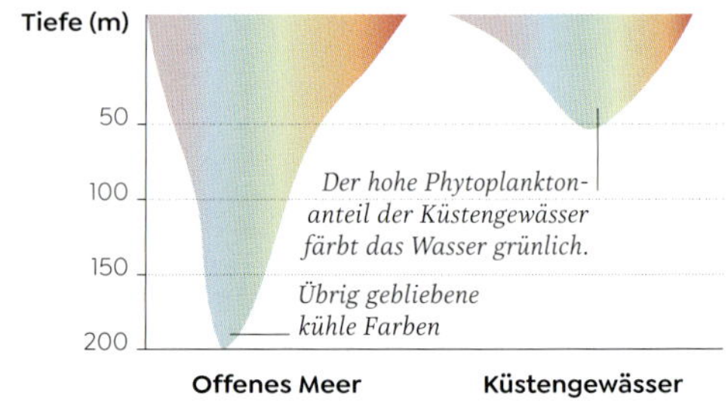

BLAUES LICHT
Das tief ins Wasser eindringende blaue Licht lässt die Unterwasserwelt blau erscheinen, doch in den trüben Küstengewässern wirkt schon der obere Bereich blau.

MARINE KIESELALGE
Kieselalgen wie die spiralförmige *Chaetoceros debilis* gehören zum Plankton. Ihre Zellwände sind mit Siliziumdioxid verstärkt. Sie dominieren das ozeanische Plankton der gemäßigten und polaren Zonen, wo sie sich vor allem im Frühjahr vermehren.

NATURSCHUTZ

MIKROPLASTIK IN MARINEN FISCHEN

Plastik ist langlebig und zersetzt sich erst innerhalb von Jahrhunderten. Es ist überall zu finden und durch Fragmentation entsteht Mikroplastik – Teile von weniger als 5 mm Durchmesser, die auch in die Meere gelangen. Sie werden im Wasser aufgeschwemmt, wo sie sich mit organischen Stoffen und lebendem Plankton mischen und sogar den Grund erreichen (siehe S. 347). Textilien, Verpackungsmaterial und sogar Farben tragen zu dem Problem bei. Die Langzeitfolgen sind noch unzureichend erforscht, doch in den Kiemen und anderen dem Filtrieren dienenden Strukturen aufgenommenes Mikroplastik reichert sich im Körper an und wird mit der Nahrungskette weitergegeben.

FÜR PLASTIK EMPFINDLICH
Untersuchungen wiesen bei 10 bis 26 Prozent der pelagischen Fische, wie etwa dem Echten Bonito (*Katsuwonus pelamis*), Mikroplastik im Magen nach, bei Bodenfischen nur bei 3 bis 13 Prozent.

SCHUTZ ODER GEFAHR?

Arktis, Nordatlantik und Nordpazifik

Viele planktonische Nesseltiere wie die Quallen und speziell die Portugiesische Galeere (*Physalia utriculus*) besitzen Tentakel, bewaffnet mit Nesselzellbatterien, die ihre Beute lähmen können. Die wirksamsten Gifte können große Fische töten. Doch auf der anderen Seite kann ein tödlicher Tentakelwald für einige angepasste Tiere ein Schutzgebiet sein. So wie der Anemonenfisch zwischen den Seeanemonen-Tentakeln leben kann, können Fische des offenen Meers die treibenden Nesseltiere nutzen. Der Quallenfisch (*Nomeus gronovii*) lebt zwischen den Tentakeln der Portugiesischen Galeere (und frisst sie vermutlich auch). Eine Kombination aus Giftresistenz, Schleimbarriere und Meidung der Nesselzellen ermöglicht ihm das Leben dort, wo viele größere Raubfische aufgeben.

FLIRT MIT DER GEFAHR
Jungfische suchen hier vor der Küste der Äußeren Hebriden, Schottland, zwischen den Tentakeln der Gelben Haarqualle (*Cyanea capillata*) Schutz.

UNTERSCHLUPF IN DEN ALGEN
Die schwimmenden Sargassum-Algen wimmeln vor kleinen Wirbellosen, die ihrerseits wiederum einen Schwarm kleiner Feilenfische anlocken.

SCHWIMMENDER GARTEN

Sargassosee, nordwestlicher Atlantik

Der größte Teil der Oberfläche der offenen Meere bleibt in Bewegung, doch im Zentrum der ozeanischen Wirbel (kreisförmiger Strömungssysteme) ist es ruhig. Der Nordatlantikwirbel fängt Massen des treibenden Sargasso-Tangs (*Sargassum*-Arten) in einem als Sargassosee bezeichneten Gebiet ein, das sich 6 km über dem Meeresgrund befindet und nur durch die Strömungen begrenzt wird. Es ist ein Rückzugsgebiet für Tiere des offenen Meers, darunter Arten wie der endemische Sargassum-Anglerfisch (*Histrio histrio*). Auch an anderen Stellen des Nordatlantiks tritt die Alge vermehrt auf, vermutlich gedüngt durch die vom Amazonas ins Meer eingetragenen Nährstoffe.

NORDATLANTIKWIRBEL

Der Große Atlantische Sargassum-Gürtel bedeckt ein größeres Gebiet als die Sargassosee. Er ist zur größten freischwimmenden Tangmasse der Welt herangewachsen.

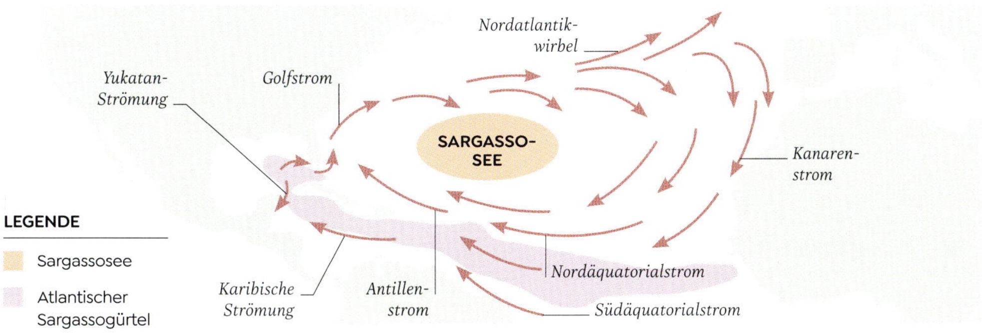

SCHILDKRÖTENKINDERSTUBE

Meeresschildkröten suchen Strände auf, um ihre Eier im Sand zu vergraben, wo sie von der Sonne ausgebrütet werden. Wenn die Jungen sich ans Tageslicht gegraben haben, laufen sie sofort zum Strand und verschwinden im Meer. Lange Zeit blieb ihr weiteres Leben ein Rätsel. Mit Sendern bestückte Tiere haben nun verraten, dass viele junge Grüne Meeresschildkröten (*Chelonia mydas*) und Unechte Karettschildkröten (*Caretta caretta*) die Sargassosee aufsuchen, wo sie relativ sicher sind und sich von planktonischen Wirbellosen ernähren können. Das Gewirr der treibenden Tange bietet den gefährdeten jungen Schildkröten Schutz vor Fressfeinden.

JUNGE UNECHTE KARETTSCHILDKRÖTEN

MONDFISCH

Gemäßigte und tropische Meere

MONDFISCH

Der Mondfisch (*Mola mola*) ist mit bis zu 2250 kg Gewicht der schwerste Knochenfisch der Meere. Sein Gewicht und die reduzierte Schwanzflosse haben zur Annahme geführt, er treibe nur im Wasser und sei ein riesiger Vertreter des Planktons. Tatsächlich kann er aber mit den langen Rücken- und Afterflossen etwa 2 km/h schnell schwimmen. Er verbringt viel Zeit in warmen Oberflächengewässern, um seine Körpertemperatur zu erhöhen. Er frisst vor allem Quallen.

DIE EFFIZIENTESTEN SCHWIMMER DER MEERE

Weltweit

Obwohl sie keine Flossen haben, gehören Quallen zu den effizientesten Schwimmern der Meere. Die Ohrenqualle (*Aurelia aurita*) nutzt den aus nur einer Zelle bestehenden Muskel ihres Schirms, um ihn zusammenzuziehen und damit Unterdruckwirbel unter dem Schirm und einen Überdruck im Schirm zu erzeugen, der die Qualle vorantreibt. Wenn sich der Schirm entspannt, bewegen sich neue Unterdruckwirbel nach unten unter den Schirm. Diese Wirbel arbeiten gegen die zuerst erzeugten, die wie eine Wand wirken, drücken Wasser in den Schirm und treiben die Qualle weiter nach vorn. Diese Interaktion der Wirbel erlaubt es der Qualle, sich abzustoßen und auf diese Weise die in der anfänglichen Kontraktion eingesetzte Energie wieder zu nutzen. Die Ohrenqualle verbraucht 48 Prozent weniger Energie als andere schwimmende Tiere und kann daher längere Strecken bei gleichem Energieeinsatz zurücklegen.

EFFEKTIV VORANKOMMEN

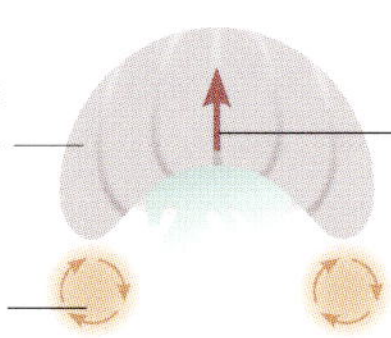

1 Schirm zieht sich zusammen
Der Schirm beginnt sich zusammenzuziehen. Die Kontraktion erzeugt Unterdruckwirbel unter dem Schirm, die die Qualle nach oben treiben.

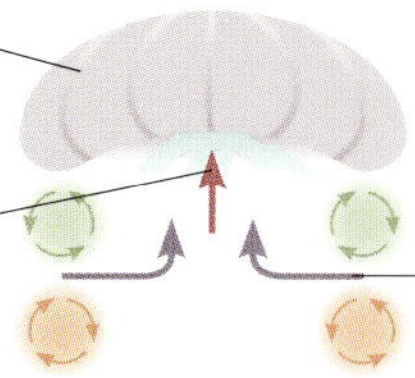

2 Schirm entspannt sich
Entspannt sich der Schirm, bewegt sich ein neuer Unterdruckwirbel unter ihn und ein zweiter Wirbel entsteht. Durch ihr Zusammenspiel wird Wasser in den Schirm gedrückt.

OHRENQUALLE

RENNEN ZUR BEUTE
Gemeine Delfine (*Delphinus delphis*) bilden ein Megapod in der False Bay im südöstlichen Atlantik und rasen in Erwartung eines Festessens nebeneinander her.

DELFIN-MEGAPODS

Tropische und gemäßigte Gewässer

Delfine leben in Küstengewässern oder im offenen Meer in erweiterten Familiengruppen von bis zu 30 Tieren zusammen, die als Schulen oder im Englischen als Pods bezeichnet werden. Doch wenn genug Nahrung vorhanden ist, können Gruppen von Hunderten oder sogar Tausenden von Tieren an einem Ort (meist im offenen Meer) entstehen, die von riesigen Fischschwärmen leben. Diese Gruppen werden dann als Megapods bezeichnet.

Oft bewegen sie sich in einer Weise vorwärts, die man als Porpoising bezeichnet. Dabei wechseln Sprünge und ein schnelles Schwimmen knapp unter der Oberfläche miteinander ab, was in energetischer Hinsicht von Vorteil ist, da die Luft weniger Widerstand als das Wasser bietet. Die Tiere der Megapods schwimmen synchron und geben unterschiedliche Laute von sich. Ihre Pfiffe, ihre Klicklaute und ihre Körpersprache weisen auf eine hoch entwickelte Sozialstruktur hin, die auch eine wichtige Voraussetzung für die Kooperation bei der Jagd ist und sicher auch eine Rolle bei der Paarung spielt.

Im Jahr 2013 wurde vor der Küste von San Diego, USA, ein Megapod von über 100 000 Delfinen beobachtet, die eine 8 km breite Gruppe bildeten.

DIE UNTERSEITE NACH OBEN

Gemäßigte und tropische Gewässer

Die Blaue Ozeanschnecke (*Glaucus atlanticus*) lebt in gemäßigten und tropischen Meeren. Ein gasgefüllter Sack in ihrem Magen ermöglicht der 3 cm großen Fadenschnecke, mit dem Bauch nach oben an der Wasseroberfläche zu schwimmen. Fressfeinden entgeht sie, da sie eine Konterschattierung aufweist: Ihre blauweiße Vorderseite tarnt sie vor dem Meereswasser und ihr silbergrauer Rücken vor dem Himmel als Hintergrund. Die Blaue Ozeanschnecke ernährt sich von giftiger Beute, etwa dem Blauen Knopf (*Porpita porpita*) und der Portugiesischen Galeere, die beide zu den Hydrozoen gehören. Sie nimmt die Nesselzellen in ihren eigenen Körper auf und kann sich so mit ihnen verteidigen.

BLAUE OZEANSCHNECKE
Drei Blaue Ozeanschnecken fressen an den Tentakeln einer Hydrozoe (*Porpita* spec.) vor New South Wales in Australien.

WASSER-TRETEN

Die meisten Meere

BUNTFUSS-STURMSCHWALBE

Seevögel jagen auf unterschiedliche Weise: Sie stehlen anderen Vögeln die Nahrung im Flug, tauchen den Kopf in das Wasser oder stürzen sich mit dem gesamten Körper hinein. Die Buntfuß-Sturmschwalbe (*Oceanites oceanicus*) wendet dagegen eine andere Methode an. Sie läuft und hopst auf der Wasseroberfläche umher und wirbelt so an der Oberfläche befindliches Plankton auf. Dann schöpft sie mit dem Schnabel die Beute ab oder steckt den ganzen Kopf dazu ins Wasser.

DER GRÖSSTE FISCH VERZEHRT DIE KLEINSTE BEUTE

Tropische und warm gemäßigte Gewässer

Der Walhai (*Rhincodon typus*) ist mehr als dreimal so lang wie der Weiße Hai und wiegt so viel wie drei Elefanten. Damit ist er der größte Fisch der Welt. Anders als seine Verwandten ernährt er sich allerdings von der kleinsten Beute, darunter planktonischen Krebstieren, Sardinen und Kalmaren. Er frisst sogar die von Fischen und Korallen beim Massenablaichen abgegebenen Eier.

Wie andere riesige Planktonfresser, etwa die Bartenwale und die Riesenmantas, kann der Walhai nur mit einem hoch spezialisierten Maul genug Nahrung aus dem Wasser filtern. Mit offenem Maul schwimmt er durch das Oberflächenwasser, wo dichte Planktonwolken schweben, und siebt die Nahrung mit einem schwammartigen Filterapparat in den Kiemen heraus, über die er dann das überschüssige Wasser abgibt. Seine winzigen Zähne spielen bei diesem Prozess keine Rolle. Der konstante Wasserstrom bewegt die Nahrung zu seinem Schlund, wo sie durch eine Speiseröhre geleitet wird, deren Durchmesser kaum größer als ein menschliches Handgelenk ist. Diese effektive Filtertechnik wird auch von kleineren Fischen eingesetzt, etwa manchen Hering-Arten. Sie ermöglicht es den riesigen Walhaien, auf Dauer genug Nahrung aufzunehmen. So können sie auch ganze Schwärme kleiner Fische oder bei Massenablaichen abgegebene Wolken im Wasser schwebender Eier aufnehmen.

Die gefleckte Haut eines Walhais ist so einzigartig wie ein Fingerabdruck.

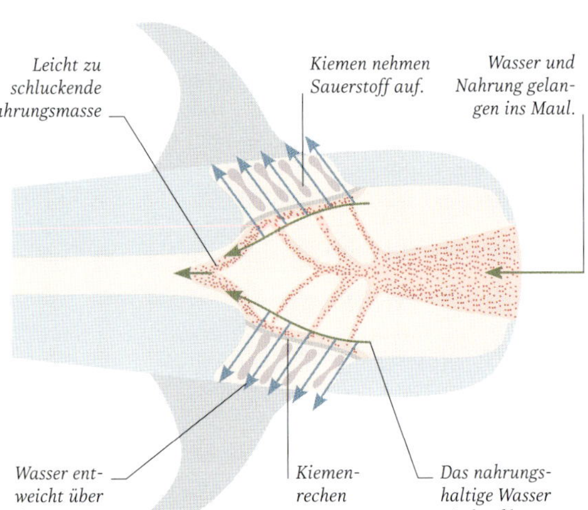

BESONDERE FILTERTECHNIK
Würde das Wasser direkt durch die Kiemenrechen gepresst, würden sie verstopfen. Daher leitet der Walhai das Wasser über ihre Oberfläche, parallel zu den Wänden der Mundhöhle. Die Wale »husten«, um das Material zu lösen.

BEUTE EINSAUGEN
Der Walhai peilt eine Planktonansammlung an und öffnet das Maul, um sie einzusaugen – als ob er sie in den Hals einer offenen Flasche zieht.

DAS ZENTRUM DES NAHRUNGSNETZES

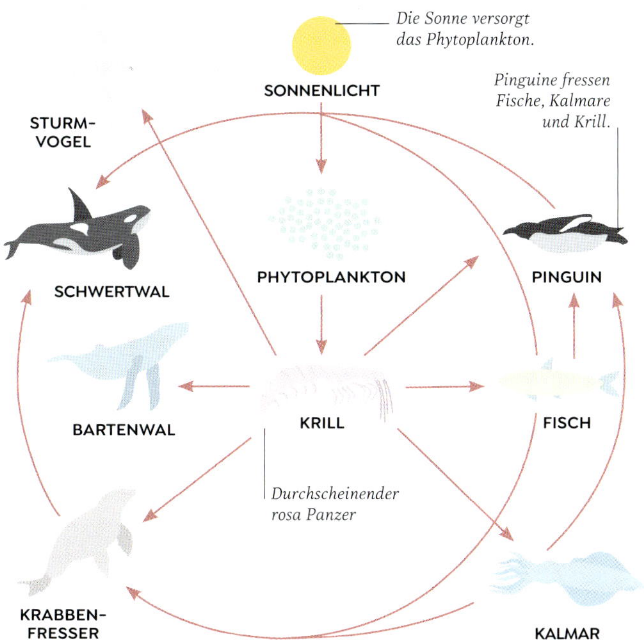

Die kalten Gewässer des Südpolarmeers ernähren eine der größten Planktonmengen der Welt. Wenn die Algen im Sommer reichlich vorhanden sind, wird aus dem algenfressenden Antarktischen Krill (*Euphausia superba*) – einem fingergroßen Krebstier – eine der individuenreichsten Tierarten der Welt. Mit seinen borstigen Beinen erntet der Krill im Wasser treibende Algen und kratzt den Algenbewuchs auf der Unterseite des Meereises ab. Die Schwärme können aus 20 000 Tieren pro Kubikmeter Wasser bestehen, somit ist der Krill eine Schlüsselart der antarktischen Nahrungsketten. Fische, Kalmare, Vögel, Wale und Robben sind alle von ihm abhängig.

MARINES NAHRUNGSNETZ
Als wichtigster Primärkonsument bildet der Antarktische Krill das Bindeglied zwischen dem Phytoplankton und den größeren Tieren.

NATURSCHUTZ

PLASTIKGEMEINSCHAFTEN

Plastikabfälle sind ein Nebenprodukt unserer Zeit. Besonders fallen sie auf dem offenen Meer auf, wo sie sich zu schwimmenden Inseln ansammeln können. Der größte, der Große Pazifische Müllstrudel im Nordpazifikwirbel, bedeckt möglicherweise die dreifache Fläche von Frankreich. Netze, Taustücke und andere Teile der Fischerei-Industrie bieten schutzsuchenden Tieren einen Unterschlupf. Man hat Arten in den Plastikinseln gefunden, die gewöhnlich an der Küste leben.

PLASTIKMÜLL

NACHRICHTEN-ÜBERTRAGUNG

Da Wasser den Schall viel besser als die Luft leitet, nutzen ihn Wale für die Kommunikation über weite Entfernungen hinweg. Auch andere Faktoren beeinflussen den Schall. So setzt er sich im warmen Oberflächenwasser und bei den höheren Drücken und Salzgehalten der Tiefe schneller fort, wird aber auch stärker gestreut. Dazwischen, ungefähr in 1000 m Tiefe, ist die Schallgeschwindigkeit am geringsten. Hier können sich allerdings die tiefsten Frequenzen sehr weit fortsetzen, sie ermöglichen eine Kommunikation über Tausende von Kilometern. Ein in diesem SOFAR-Kanal (SOund Fixing And Ranging) befindlicher Schall verliert keine Energie an die Oberfläche oder an die Tiefe. Wale nutzen den SOFAR-Kanal: Weil sie sich hier aufhalten, können sie ihre Gesänge und ihre Nachrichten weit über das ganze Meer verbreiten.

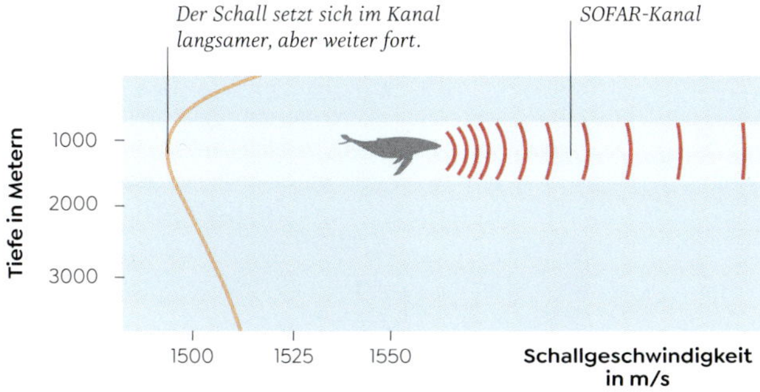

DER SOFAR-KANAL

DEN ATEM ANHALTEN

Alle Säugetiere atmen mithilfe ihrer Lungen Luft. Tieftaucher wie die Pottwale (*Physeter macrocephalus*) tauchen regelmäßig 1000 m tief und bleiben dort über eine Stunde lang. Ihr Blut enthält viele rote Blutkörperchen und viel Sauerstoff transportierendes Hämoglobin, außerdem besitzen sie sauerstoffbindende Pigmente in ihrer Muskulatur. Indem sie ihre Herzfrequenz herabsetzen und bestimmte Arterien verengen, konzentriert sich ihr Blut auf die lebenswichtigen Organe – das Herz und das Gehirn. Zur gleichen Zeit fallen die Lungen ab einer bestimmten Tiefe zusammen, sodass sich kein Stickstoff im Blut ansammeln kann, wie es bei Tauchern der Fall ist, die bei zu schnellem Auftauchen eine Dekompressionserkrankung erleiden können.

INS BLAUE TAUCHEN
Die planktonfressenden Bartenwale wie etwa der Blauwal (*Balaenoptera musculus*) tauchen nicht so tief wie die Pottwale, können aber auch 20 Minuten lang unter Wasser bleiben.

MEERESBODEN

Jenseits der Küstengewässer fällt der Meeresboden in die Tiefen des Abyssals ab, wo sich die weiten Ebenen der Tiefseebecken erstrecken, die bis zu 6000 m unter dem Meeresspiegel liegen. Zwischen ihnen liegen Seamount-Ketten, Vulkane und Gräben.

Der am Rand des Kontinentalschelfs beginnende Meeresboden fällt als Kontinentalabhang ab und geht dann in die Tiefsee-Ebenen über. Diese Ebenen befinden sich durchschnittlich in 4000 m Tiefe und weisen keine besonderen Eigenschaften auf. Sie bestehen meist aus feinen Sedimenten, die von in Millionen von Jahren angesammelten Überresten mariner Tiere stammen.

GEBIRGE UND GRÄBEN

Die Tiefsee-Ebenen werden von geologischen Besonderheiten unterbrochen: Vulkane bilden isolierte Seeberge oder Seamounts. Der Grund schmaler Gräben kann dagegen 11 000 m unter dem Meeresspiegel liegen. Es entweichen energiereiche chemische Verbindungen aus dem Meeresgrund, entweder als kalte Quellen oder vulkanisch erhitzte Hydrothermalquellen. Diese treten meist in der Nähe von mittelozeanischen Rücken auf, an denen Magma aufsteigt und die längsten Gebirge der Welt entstehen lässt.

Der Meeresgrund zeichnet sich durch hohe Drücke, niedrige Temperaturen und völlige Dunkelheit aus. Dennoch haben sich viele Tierarten an diese Umgebung angepasst. So sind die kalten und die hydrothermalen Quellen sowie die Hänge der Seamounts und die Tiefseegräben die Lebensräume von Arten, die aufgrund ihrer Spezialisierung nirgendwo sonst leben könnten. Meist sind ihre Bewegungen und ihr Wachstum langsam, die langlebigen Tiere pflanzen sich unregelmäßig fort. Einige ernähren sich vom Meeresschnee, den Abfällen, die von oben herabsinken, während andere oportunistische Jäger sind.

EIGENSCHAFTEN DES MEERESBODENS

Der Meeresboden besteht vor allem aus Tiefsee-Ebenen, doch die mittelozeanischen Rücken (hier nur im Atlantik gezeigt) verlaufen durch jeden Ozean. Zwei Gräben sind eingezeichnet, doch es gibt viele weitere sowie Hunderte von kalten und hydrothermalen Quellen.

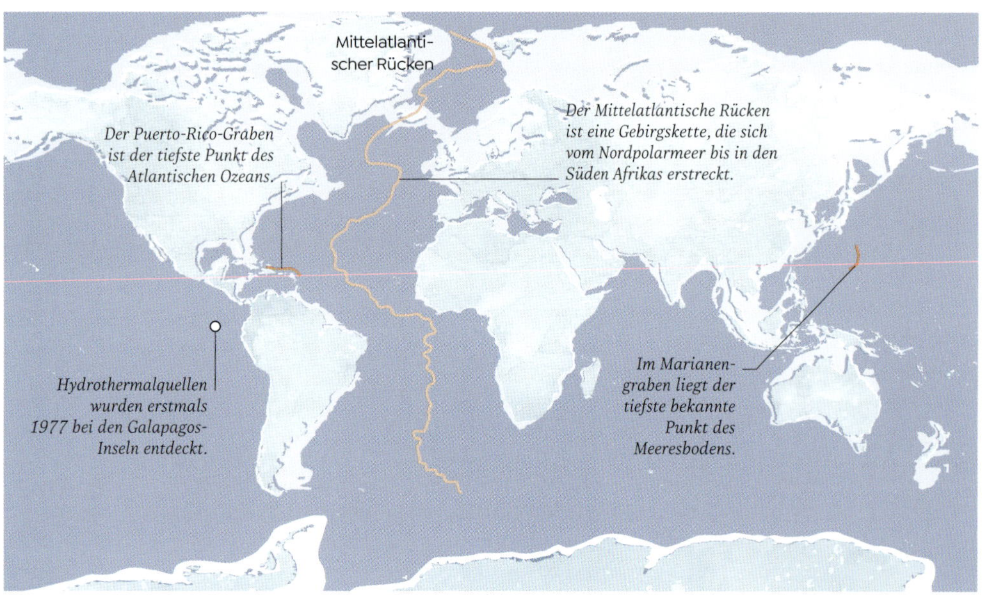

LEGENDE

Meeresboden

Diese Bartwürmer (*Lamellibrachia* spec.) leben an kalten Quellen im Golf von Mexiko. Kalte Quellen geben Methan und Sulfide ab. Die Würmer nehmen die Sulfide auf und die Bakterien in ihrem Gewebe können daraus Verbindungen herstellen, die sie mit ihren Wirten teilen.

MEERESBODEN

Da es in der Dunkelheit des Meeresbodens kein Sonnenlicht und damit keine Fotosynthese gibt, müssen die hier lebenden Organismen andere Nahrungsquellen finden. Ein stetiger Zufluss organischer Stoffe aus den oberen Meereszonen ist eine Hauptnahrungsquelle, aber in den Gebieten um hydrothermale und kalte Quellen ernähren sich spezialisierte Bakterien chemotroph. Sie benutzen kein Licht, sondern die von den Quellen bezogenen Mineralien als Energiequelle. Der Boden des Pazifischen Ozeans ermöglicht diese Form der Ernährung.

TEMPERATUREN AN HYDRO-THERMALEN SCHLOTEN

Die Flüssigkeiten der Schlote sind überhitzt, kochen aber wegen des hohen Drucks nicht. Schlot-Mikroben können den extremen Temperaturen widerstehen und leben an den Schlotwänden. Pompeji-Würmer können bis zu über 80 °C ertragen, doch die meisten Arten leben in einiger Entfernung in 20 °C warmem Wasser.

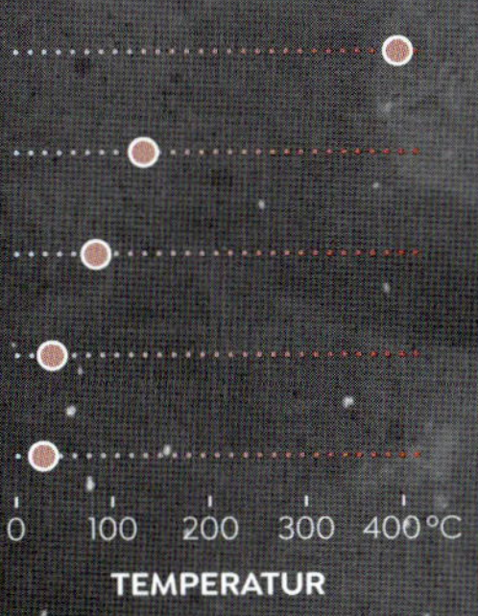

KALTE QUELLEN

Chemotrophe Bakterien an kalten Quellen nutzen Methan und Schwefelwasserstoff als Energiequelle. Muscheln und Bartwürmer leben mit ihnen in Symbiose und beziehen von ihnen ihre Nahrung. Haben sich die Pioniere angesiedelt, werden von dieser potenziellen Nahrung auch andere Tiere angelockt.

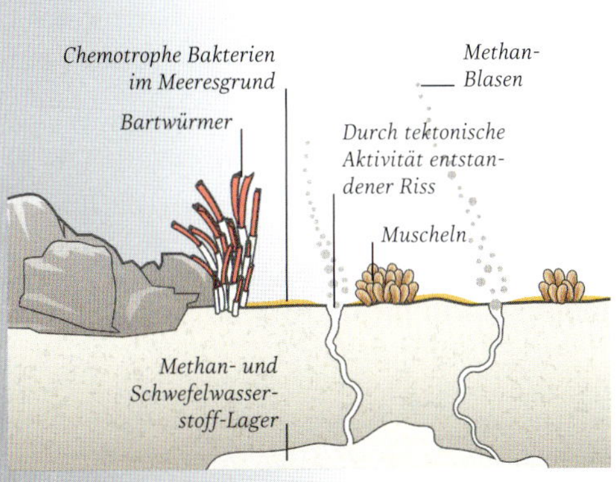

GEMEINSCHAFT DER KALTEN QUELLEN

WALSTURZ

Obwohl es selten geschieht, kann ein Walkadaver auf den Meeresboden sinken. Damit stellt er einen enormen Nährstoffzufluss dar, der in den folgenden Jahren für eine Abfolge von Organismen-Gemeinschaften sorgt.

MOBILE AASFRESSER

Vom Geruch des Kadavers werden Fische wie die Schleimaale und die Seekatzen angelockt, die aus großen Entfernungen herbeikommen.

BESIEDLER

Eine große Anzahl von Tieren, unter ihnen Springkrebse, besiedeln die Knochen und die nährstoffreiche Umgebung des Skeletts.

DESTRUENTEN

Bakterien und andere Organismen zersetzen das Fett in den Knochen, sodass Schwefelwasserstoff entsteht, der von spezialisierten Mikroben als Energielieferant genutzt wird.

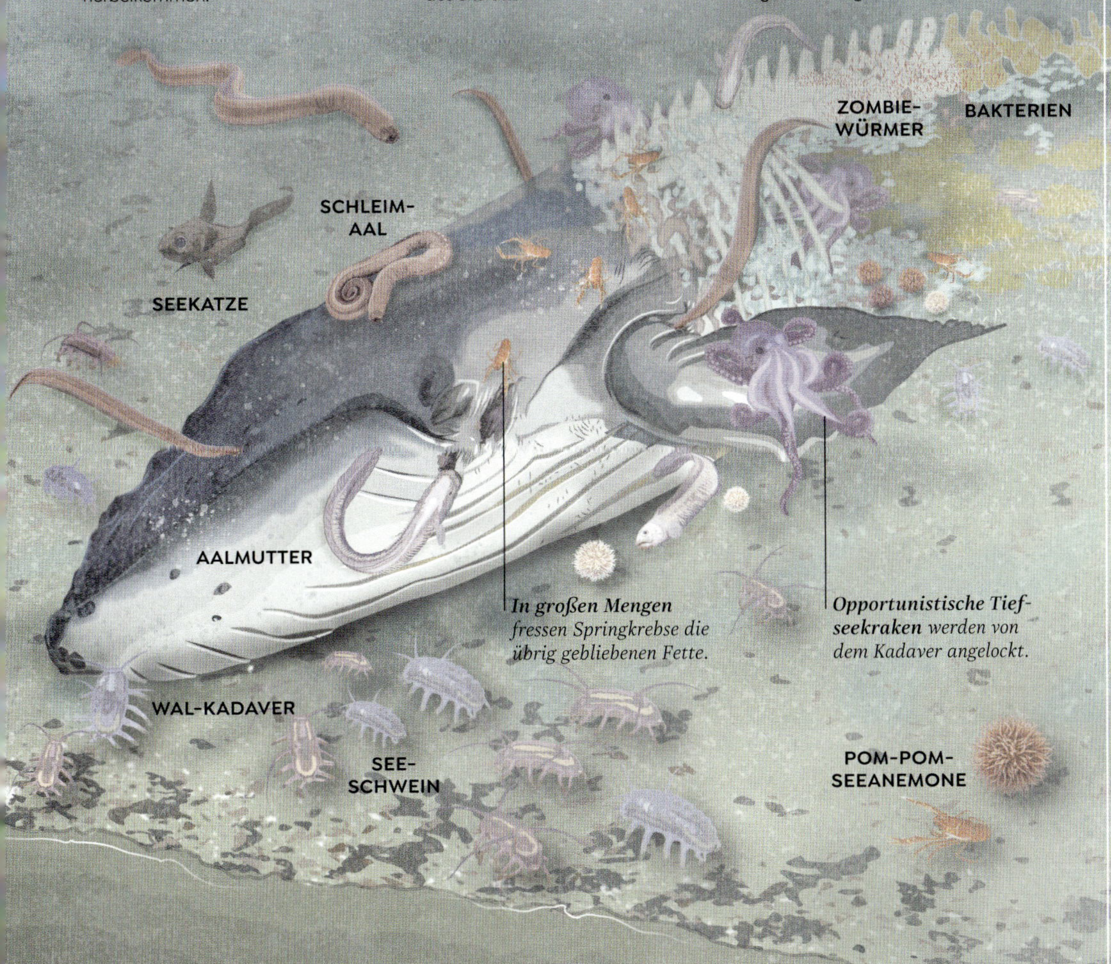

KALTE QUELLE

Kalte Quellen entstehen durch tektonische Aktivität in der Erdkruste. Kohlenwasserstoffreiche Gase und Flüssigkeiten treten bei Temperaturen aus, die denen des Umgebungswassers entsprechen (2–4 °C).

KNOCHENFRESSER

Zombie-Würmer geben Säure ab, die Knochen auflösen und die Fette darin freisetzen kann. Symbiontische Bakterien im Körper der Würmer verdauen die Fette und dienen so als Energielieferant für beide Partner.

Einige Bartwurm-Arten leben an kalten Quellen. Man nimmt an, dass sie vermutlich 250 bis 300 Jahre alt werden.

LEUCHTENDE BOMBER

Nordostpazifik

Die in Tiefen von 2700–3700 m lebenden Grünen Bomberwürmer (*Swima bombiviridis*) schweben knapp über dem nordostpazifischen Meeresboden. Sie werden bis zu 30 mm lang und schwimmen mithilfe der Borsten ihrer sogenannten Parapodien. Trotz ihrer geringen Größe können sie mit biolumineszenter Flüssigkeit gefüllte »Bomben« werfen. Diese werden von modifizierten Kiemen erzeugt und als Säckchen hinter dem Kopf getragen. Ein geworfener Sack platzt, leuchtet einige Sekunden lang grün und lenkt einen Angreifer ab, während sich der Wurm in Sicherheit bringt und neue Bomben erzeugt.

GRÜNER BOMBERWURM

OCTOPUS GARDEN

Davidson Seamount, östlicher Pazifik

Der Octopus Garden in der Nähe des Davidson Seamounts vor der Westküste der USA ist eine besondere Erscheinung: Wasser sickert aus einem in 3200 m Tiefe liegenden erloschenen Unterwasservulkan und lockt Tiefseekraken (*Muusoctopus robustus*) zu Tausenden an. Weltweit ist es die größte Versammlung dieser Kopffüßer. Sie kommen hierhin, um sich zu paaren, abzulaichen und zu sterben.

Kraken sind wechselwarm. Ihre Körpertemperatur entspricht also der Umgebungstemperatur. Daher dauert die Brutpflege sehr lang. In anderen Bereichen, wenn die Temperatur nur 1,6 °C beträgt, dauert das Brüten über 14 Jahre. Am 10 °C warmen Seamount ist die Brutpflege dagegen in weniger als zwei Jahren abgeschlossen. Bei der Brutpflege fressen die Weibchen nicht. Sie sterben, wenn die Jungen schlüpfen.

*Warmes Wasser **reduziert** die **Brutpflegezeit** um etwa **90 Prozent.***

UMGESTÜLPTE KRAKEN
Diese Brutpflege betreibenden Tiefseekraken schützen ihre Eier vor Schmutz und Fressfeinden, indem sie sich umstülpen und die Eier mit ihrem Körper bedecken.

REKORDHALTER

Marianengraben, Westpazifik

Der Marianen-Scheibenbauch (*Pseudoliparis swirei*) hält vermutlich den Rekord des in größter Tiefe lebenden Fisches. Er kommt in etwa 8000 m Tiefe vor. Die Scheibenbäuche überleben den im Marianengraben herrschenden Druck, da ihre Schädelknochen nicht miteinander verbunden sind und das Skelett großenteils aus Knorpel besteht. Sie haben auch Gene zur Produktion eines Stoffs, der wichtige Eiweiße stabilisiert.

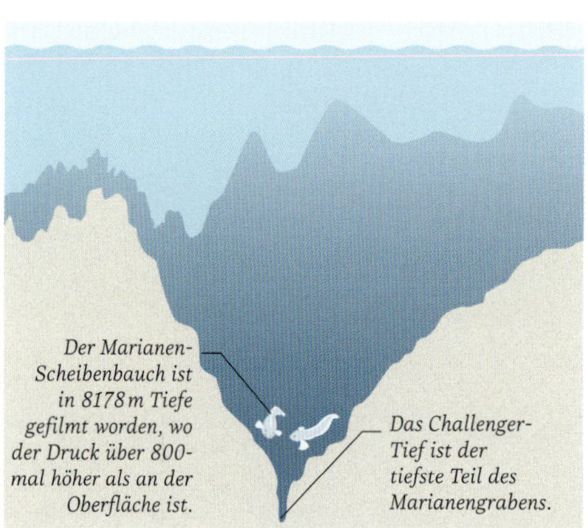

MARIANEN-SCHEIBENBAUCH

EINE SCHNECKE MIT RÜSTUNG

Westlicher Indischer Ozean, Hydrothermalquellen

Die Schuppenfuß-Schnecke (*Chrysomallon squamiferum*) ist bisher nur an drei Hydrothermalquellen im Indischen Ozean gefunden worden. Sie ist die einzige bekannte heute lebende Tierart, die eine Eisenrüstung trägt. Ein in der äußeren Gehäuseschicht und in den Schuppen des Fußes lebendes Bakterium gewinnt Eisensulfid aus dem die Schlote umgebenden mineralreichen Wasser. Leider bietet diese Bewehrung keinen Schutz gegenüber menschlichen Aktivitäten. Die Schuppenfuß-Schnecke ist auch das erste Tier, das als bedroht durch den Tiefseebergbau gilt, da die Schlote ihres Lebensraums von kommerziellem Interesse sind.

Die Schnecke hat keine Augen und obwohl sie mit ihren Fühlern die Umgebung ertasten kann, braucht sie nicht nach Nahrung zu suchen. Die chemotrophen Bakterien, die in einer Drüse am Oesophagus (Schlund) leben, beliefern die Schnecke mit den notwendigen Nährstoffen.

MAGNETISCHE SCHNECKE
Die Reihen schwarzer Schuppen geben der Schuppenfuß-Schnecke ihren Namen. Ihr Gehäuse enthält so viel Eisen, dass die Schnecke auf Magnete reagiert.

NATURSCHUTZ

PLASTIK IN DER TIEFSEE

Über 8,3 Milliarden Tonnen Plastik sind seit den 1950er-Jahren produziert worden – ein großer Teil davon wurde weggeworfen. Plastik wird durch Abrieb und Bruch in winzige Teile zerlegt, die als Mikroplastik (siehe S. 336) schwer zu entfernen sind. Über die Flüsse gelangt es schließlich ins Meer, wo es mit den Sedimenten absinkt oder sich den über fünf Billionen Teilchen anschließt, die an der Oberfläche treiben. Sie werden von Mikroorganismen besiedelt oder vom Zooplankton, von Fischen oder Bartenwalen gefressen und gelangen in die Nahrungskette. Schließlich sinken sie ab und erreichen den Meeresgrund, wo sie sich anreichern. Mikroplastik wurde bereits in Organismen auf dem Grund der Tiefseegräben gefunden.

LEGENDE

Mikroplastik

Bewegungen des Mikroplastiks

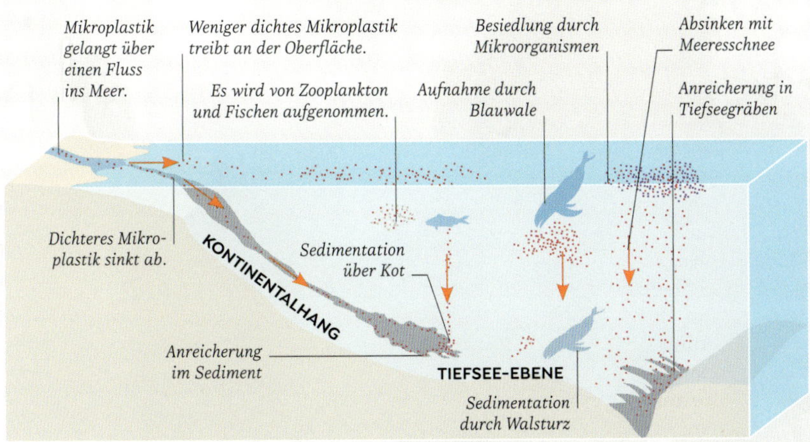

WIE MIKROPLASTIK AUF DEN MEERESBODEN KOMMT

RIESEN DER TIEFE

Einige Tiefsee-Arten sind deutlich größer als ihre Verwandten im Flachwasser. Die Westatlantische Riesenassel (*Bathynomus giganteus*) lebt auf dem Meeresgrund in Tiefen von 730 m oder tiefer und kann bis zu 50 cm lang werden – 16-mal größer als die Asseln der Küste. Da die Nahrung auf dem Meeresboden knapp ist, kann die Riesenassel durch ihre Größe länger ohne Nahrung auskommen. Andere Beispiele für Tiefsee-Gigantismus sind der Koloss- und der Riesenkalmar sowie die Riesen-Asselspinne.

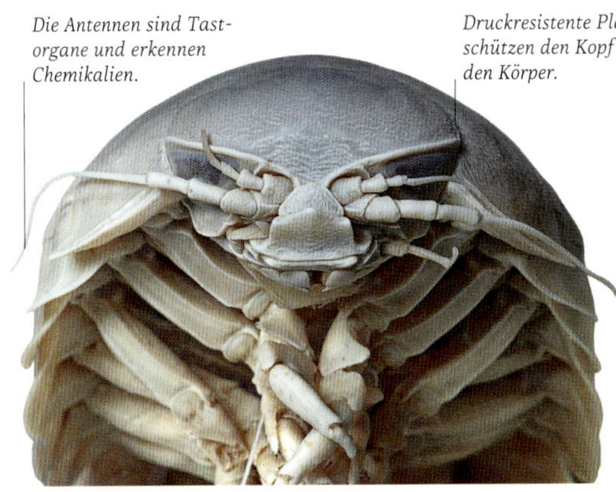

WESTATLANTISCHE RIESENASSEL

STADT

Durch menschliche Aktivität sind Lebensräume entstanden, die es während des größten Teils der Erdgeschichte nicht gab: Felder und Weiden für Ackerbau und Viehzucht sowie Siedlungen und Städte aus Beton und Metall. Mit der Menschheit nehmen auch diese künstlichen Lebensräume zu, während natürliche vernichtet werden. Heute sind viele Pflanzen und Tiere zusammen mit ihren Lebensräumen verschwunden, doch einige haben sich an die neuen Herausforderungen angepasst.

UND LAND

LÄNDLICHER RAUM

Menschen haben Grasland und Wälder in Weiden und Äcker umgewandelt und Wildtierarten verdrängt. Intensiver Ackerbau lässt wenig Raum für die Natur, doch nachhaltige Landwirtschaft kann neue Lebensräume erschaffen.

Ackerflächen dienen dem Anbau von Kulturpflanzen: Gräser wie Weizen und Reis, Sträucher und krautige Pflanzen, die Samen, Früchte, Fasern oder Wurzeln produzieren, oder Bäume, die Kaffee, Palmöl oder Bauholz liefern. Oft wird das Ackerland für eine Monokultur, also den Anbau einer einzigen Art oder Sorte, genutzt. Intensive Bewirtschaftung soll die Produktivität maximieren – es werden Düngemittel eingesetzt, um das Wachstum zu fördern, sowie Pestizide, um Konkurrenten (Unkräuter) und Konsumenten (Schädlinge und Krankheitserreger) zu vernichten.

In der intensiven Landwirtschaft gibt es keinen Raum für Wildtiere. Eine kleine Zahl anpassungsfähiger Arten wie die europäische Feldlerche und die nordamerikanischen Stärlinge können jedoch in den künstlichen Grasländern leben. Andere wie der Haussperling haben sich in den letzten 11 000 Jahren gemeinsam mit der Landwirtschaft entwickelt. Arten wie die Heuschrecken beuten sogar das Überangebot an Nahrung aus.

Landwirtschaft muss nicht unbedingt intensiv sein. Weideland kann auch als halb natürliches Grasland genutzt werden: Die Puna ist eine Höhengrassteppe, doch an verschiedenen Stellen sind die dort natürlich lebenden Guanakos und Vikunjas durch domestizierte Alpakas und Lamas ersetzt worden. Auch in stärker vom Menschen geformtem Weideland können Techniken wie die Rotationsbeweidung das Vorkommen von Orchideen und Schmetterlingen ermöglichen.

ACKERLAND ALS ÖKOSYSTEM

Eine ökologische Landwirtschaft kann wilde Arten mit Nahrung und Lebensräumen versorgen. Dazu gehört es, die Reste der Nutzpflanzen nach der Ernte auf dem Feld zu belassen, Fruchtwechsel durchzuführen, Hecken als Feldgrenzen einzusetzen und breite Feldraine zu bewahren. Unterschiedliche Techniken werden in der Agroforstwirtschaft kombiniert. Dabei wird der Anbau von Nutzpflanzen und Bäumen gemeinsam mit der Haltung von Nutztieren betrieben, um sich einem natürlichen Lebensraum anzunähern.

VERBREITUNG VON WEIDEN UND ÄCKERN

Landwirtschaftlich genutzte Flächen gibt es weltweit überall in den gemäßigten und tropischen Regionen, sofern sich das Klima und die Böden eignen.

In vielen Teilen Asiens nutzt man die an den Hängen angelegten Terrassen seit Jahrhunderten für die Kultur etwa von Reis. Dabei entstehen Lebensräume für Fische, Frösche, Eisvögel und Reiher. Die Laohuzui oder Tiger-Maul-Reisterrassen sind die größten der Honghe-Hani-Reisterassen in China.

WEIDEN AUF DEN HOCHEBENEN

In den hoch gelegenen natürlichen Grasländern der Anden werden seit Jahrtausenden Lamas, Alpakas und Schafe als Woll- und Fleischproduzenten gehalten. Lamas dienen auch als Lasttiere. Lamas und Alpakas sind domestizierte Guanakos und Vikunjas, die in den Grasländern der Puna und des Páramo (siehe S. 180) leben. Diese kühlen Berglebensräume sind auch die Heimat des Andenkondors, des Kurzschwanz-Chinchillas, des Anden-Borstengürteltiers und des Colocolo. In der Subsistenzwirtschaft wird oft die Rotationsbeweidung eingesetzt, um Überweidung zu vermeiden. Diese Praktiken haben geringe Auswirkungen auf das Ökosystem. Allerdings kann die in der letzten Zeit erfolgte Umstellung auf eine intensivere Bewirtschaftung das Grasland schädigen.

In Südamerika leben über 7 Millionen Lamas und Alpakas.

FEINE WOLLE
Alpakas, hier im Nationalpark Cajas in Ecuador, haben ein leichtes, wasserabstoßendes Fell, das ihnen das Überleben bei Kälte ermöglicht.

KÜNSTLICHE WÄLDER

Die Gelb-Kiefer (*Pinus ponderosa*) wird in den westlichen USA angepflanzt und diese Gebiete bieten einen Lebensraum für Bären und Hirsche. Weißwedelhirsche leben im Grasland und in Wäldern, wo sie alle Arten von Pflanzenmaterial fressen. Ihre Anpassungsfähigkeit hat ihnen geholfen, auch in den künstlichen Anpflanzungen zu überleben.

WEISSWEDELHIRSCH FRISST KIEFERNZAPFEN.

EIN HEIM IN DER HECKE

In Teilen des westlichen Europas werden Äcker und Felder durch Hecken abgegrenzt. Sie bieten für Wildtiere und Landwirte viele Vorteile. Hecken setzen sich zusammen aus Bäumen und Sträuchern wie Weißdorn, Schlehe und Hasel. Hier leben Wirbellose, Vögel und kleine Säugetiere. Rötelmäuse, Haselmäuse und Braunbrustigel sind alle in den Hecken zu finden. Sie dienen auch als Nistplätze für kleine Vögel wie die Kohl- und Blaumeisen. Schleiereulen jagen die kleinen Säugetiere, die in den benachbarten Feldern leben. Zum Nisten nutzen Schleiereulen oft landwirtschaftliche Gebäude wie etwa Scheunen.

Viele Schmetterlinge und Bienen leben in den Hecken und tragen zur Befruchtung von Nutzpflanzen bei, während Räuber wie die Schnabelfliegen natürlichen Pflanzenschutz betreiben. Viele kleine Säugetiere, die hier leben, fressen diese Wirbellosen.

Eine weitere Funktion der Hecken stellt die Verbindung von verschiedenen Lebensräumen dar. Sie dienen Wildtieren als Korridore zwischen dem Kulturland und ermöglichen ihre Verbreitung.

LEBENDER SCHUTZ
Hecken schützen die Böden vor Erosion durch den Wind und bieten Unterschlupf für Wildtiere. Die Böden sind reich an organischer Substanz. Darin leben Wirbellose wie etwa Regenwürmer.

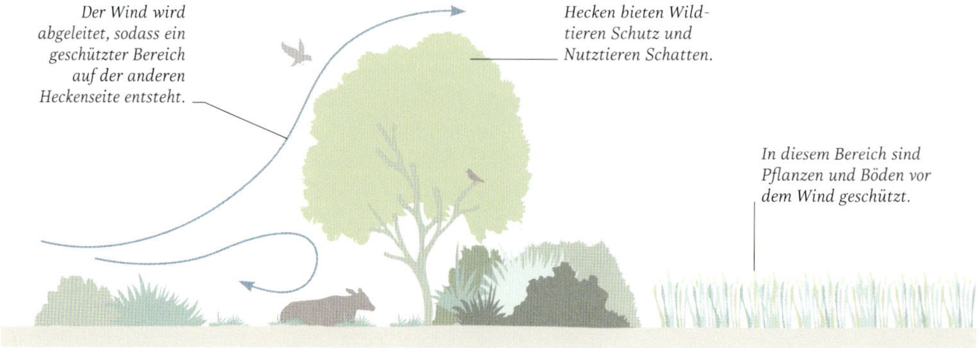

WACHSEN IM SCHATTEN

In Mexiko, Mittel- und Südamerika sind Kaffee- und Kakaoplantagen unter einem durchgängigen, schattenspendenden Baumkronendach weit verbreitet. Diese Lebensräume beherbergen oft eine größere Pflanzenvielfalt als offenes Agrarland, sie bieten verschiedenen Vögeln, Säugetieren und Wirbellosen Schutz. Die im Schatten wachsenden Nutzpflanzen benötigen bei dieser traditionellen Methode weniger Pflanzenschutzmittel und Dünger. Allerdings liefern im Sonnenlicht kultivierte Nutzpflanzen höhere Erträge, sodass die Intensivierung in der Landwirtschaft diese traditionelle Praxis verdrängt, um die wachsende globale Nachfrage nach Kaffee zu befriedigen.

GESÜNDERER LEBENSRAUM
Reihen von Kaffeepflanzen bedecken den Waldboden einer Plantage in Ecuador. Diese Pflanzen benötigen weniger Chemikalien und der Boden hält mehr Wasser zurück als eine gerodete Fläche.

NATURSCHUTZ

VON VORTEIL FÜR VÖGEL

Die beschatteten Kaffee- und Kakaoplantagen beherbergen wegen ihrer vielen verschiedenen Pflanzen eine größere Vielfalt von Vögeln als das offene Agrarland. Kleine frucht- und insektenfressende Vögel kommen in der Agroforstwirtschaft häufig vor, wo sie wertvolle Bestäuber und Schädlingsvertilger darstellen. Beschattete Plantagen bieten auch den Zugvögeln Schutz, etwa den Walddrosseln (*Hylocichla mustelina*), die in Mittelamerika überwintern.

WALDDROSSEL

LAUTLOSE JAGD
Die Federn der Schleiereule dämpfen jedes Fluggeräusch. Der herzförmige Gesichtsschleier leitet hochfrequente Töne zu ihren Ohren, sodass sie Beute im dichten Gestrüpp wahrnehmen kann.

NATÜRLICHES INSEKTIZID

Südafrika ist der größte Produzent von Macadamia-Nüssen, die in den Plantagen der heißen, trockenen Lebensräume im Nordosten des Landes angebaut werden. Die Macadamia-Bäume werden allerdings von Grünen Reiswanzen (*Nezara viridula*) befallen, die jährlich Schäden von rund 15 Millionen US-Dollar hervorrufen. Die Wanzen können Pflanzen aus über 30 Familien fressen, sodass sie weltweit große Schäden anrichten. Insektenfressende Fledermäuse wie die Ägyptische Schlitznase (*Nycteris thebaica*) fressen die Wanzen. Wegen ihrer hohen Stoffwechselrate benötigen die Fledermäuse in jeder Nacht große Mengen der Insekten, sodass sie biologische Schadlingsbekämpfung leisten. Um diesen Effekt zu verstärken, werden in vielen Macademia-Plantagen in Südafrika Fledermausnistkästen aufgehängt.

ÄGYPTISCHE SCHLITZNASE
Die Ägyptische Schlitznase ist in Afrika und auf der Arabischen Halbinsel weit verbreitet. Sie bewohnt viele Lebensräume von Wäldern über Grasland bis zu Wüsten. Die nachtaktive Art frisst Käfer, Wanzen, Grillen und Nachtfalter, sie ist ganzjährig aktiv, sodass sie wesentlich zur Schädlingsbekämpfung beiträgt.

AGRARLAND ALS FEUCHTGEBIET

Reisfelder sind in Südasien sowie in Afrika und Südamerika weitverbreitete landwirtschaftlich genutzte Feuchtgebiete. Reis ist eine semiaquatische Pflanze und wächst in bewässerten Feldern. Diese sind ein Lebensraum für aquatische Wirbellose, Fische und Reptilien sowie die Arten, die von ihnen leben. Beispielsweise kommt der Braunliest (*Halcyon smyrnensis*) häufig in asiatischen Reisfeldern vor, wo er Fische, Schlangen, Frösche, Krebstiere, Insekten, Würmer und sogar Nagetiere jagt. An Hängen gelegene Reisfelder sind immer künstlich angelegt worden. Der zunehmende Einsatz von synthetischen Pflanzenschutzmitteln zur Produktionssteigerung bedroht allerdings die in den Reisfeldern lebenden Tiere.

AGRIKULTUR UND AQUAKULTUR
Reisfelder können mit Aquakulturen kombiniert werden, bei denen Fische in tieferen Kanälen gehalten werden. Fischkot dient als Dünger und die Fische fressen Schädlinge.

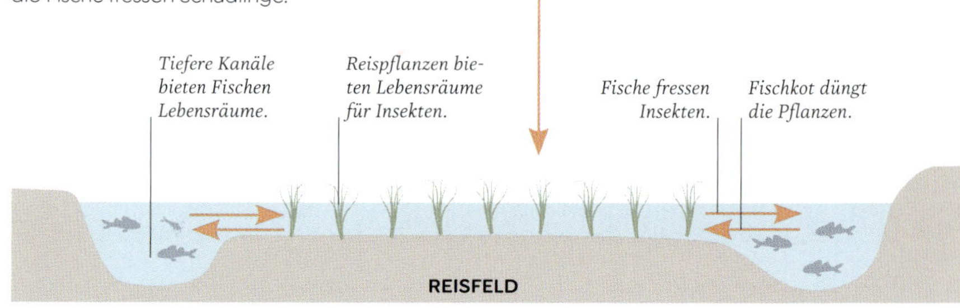

Über 500 Millionen Tonnen Reis werden weltweit pro Jahr produziert.

SCHÄDLINGE ALS NAHRUNG

KARITÉBÄUME IM AGRARLAND

Seit Jahrhunderten betreibt man in Westafrika Agroforstwirtschaft – die Kultur von Nutzpflanzen zusammen mit einheimischen Bäumen und Sträuchern. Karitébäume (*Vitellaria paradoxa*) werden wegen ihrer ölreichen Samen angepflanzt, um Shea-Butter zu gewinnen. Nur von diesem Baum ernähren sich die Raupen des Chitoumou-Nachtfalters (*Cirina butyrospermi*). Sie dienen als proteinreiche Nahrung und die Ausscheidungen der Falterlarven düngen den Boden.

WALDFARMEN MIT PLATZ FÜR WILDTIERE

Auf der Iberischen Halbinsel dienen Kork-Eichen-Wälder als Anbauflächen, die an natürliche Lebensräume erinnern. Sie werden in Spanien als *Dehesa* und in Portugal als *Montado* bezeichnet und bestehen aus einer Kombination von Stein- (*Quercus ilex*) und Kork-Eichen (*Quercus suber*), wo Nutztiere wie Iberische Schweine und Rinder leben. Hier kommen auch Wildtiere wie der Spanische Kaiseradler, Mönchsgeier und der gefährdete Pardelluchs (siehe rechte Seite) vor.

ERTRAGREICHER LEBENSRAUM
Stein-Eichen, hier in der spanischen *Dehesa*, sind immergrün und ihre Eicheln sind ein wichtiges Futter für Schweine.

STORCH IM REIS
Ein Silberklaffschnabel (*Anastomus oscitans*) watet durch ein abgeerntetes Reisfeld in Thailand. Reisfelder locken Vögel der Feuchtgebiete an, die im seichten Wasser Nahrung finden.

NATURSCHUTZ

GEFÄHRDETE KATZE

Die Kork-Eichen-Wälder der *Dehesa* sind einer der letzten Lebensräume für die am stärksten gefährdete Katze der Welt, den Iberischen oder Pardelluchs (*Lynx pardinus*). Er ist durch den Lebensraumverlust, zurückgehende Beutetierbestände und illegales Fallenstellen nahezu ausgerottet worden. Es gibt in der Natur keine 250 Exemplare mehr. Die nachtaktiven Einzelgänger jagen kleine Säugetiere und Vögel, vor allem aber Kaninchen, die ebenfalls in den Kork-Eichen-Wäldern leben.

PARDELLUCHS

GIFTIGE INVASOREN

Die aus der Neuen Welt stammenden Aga-Kröten (*Rhinella marina*) sind in Australien eingeführt worden, um die Graurücken-Rohrkäfer zu kontrollieren, die sich vom Zuckerrohr ernähren. Die Kröten besitzen ein Hautgift, das sie vor den meisten Fressfeinden schützt, sodass sie schnell zu einer invasiven Art geworden sind. Der Austral-Ibis (*Threskiornis molucca*) umgeht diese Verteidigung allerdings. Er schüttelt die Kröte und wischt sie dann an nassem Gras ab. Auf diese Weise streift er die giftigen Sekrete ab und kann die Kröten verzehren, ohne sich zu vergiften.

NICHT WÄHLERISCH
Der Austral-Ibis ist ein Aasfresser, der fast überall Nahrung findet und sogar mit giftigen Beutetieren umgehen kann.

STÄDTISCHER RAUM

Von Hochhäusern und städtischen Parks bis zu U-Bahnen und Industriebrachen haben Menschen eine Vielfalt neuer Lebensräume erschaffen, die sowohl Herausforderungen als auch Chancen für Wildtiere darstellen.

Städtische Bauten umfassen Lebensräume, die Menschen als Orte zum Wohnen, Arbeiten und Reisen geschaffen haben. Städte sind dominiert von Beton, Ziegeln und Asphalt, sodass sie wärmer als die sie umgebenden Lebensräume sind. Städte leiden wegen der großen Zahl von Menschen, Autos und Industriebetrieben unter Luft-, Schall- und Lichtverschmutzung. Industriegebiete und der Verkehr sind oft die Ursache besonders starker Verschmutzungen und diese Belastung kann die benachbarten Gebiete beeinträchtigen.

FLEXIBILITÄT URBANER WILDTIERE

Die künstlichen Lebensräume haben natürliche Ökosysteme wie Grasländer und Wälder ersetzt, sodass für Tiere veränderte Bedingungen herrschen. Obwohl manche Arten in urbaner Umgebung überleben, werden viele vertrieben, wenn menschlicher Wohnraum errichtet wird. Urbane Parkanlagen und Gärten bieten wichtige Rückzugsgebiete für Wildtiere. Bäume und Sträucher filtern Schadstoffe aus der Luft und kühlen sie.

Oft sind die Arten, die in Städten leben, ganz besonders anpassungsfähig, sie können verschiedenste Nahrungsquellen nutzen und kommen in unterschiedlichen Lebensräumen vor. So sind Wanderratten, viele Möwen, Waschbären und Paviane Allesfresser, die in menschlicher Umgebung genug Nahrung finden. Fleischfresser kommen nach, um diese Stadtbewohner zu jagen. Manche Arten wie die Tauben und Wanderfalken vermehren sich in den Städten, weil diese Lebensräume ihren natürlichen ähneln, in diesem Fall Klippen der Küste.

Tiere können in der Stadt mit Menschen in Konflikt kommen. Beispielsweise können große Populationen Gebäude beschädigen oder Haus- und Nutztiere angreifen. Doch Pflanzen und Tiere können in den Städten auch von Vorteil sein und viele menschliche Gemeinschaften leben in Einklang mit den Wildtieren und suchen sogar nach Wegen, weitere anzulocken.

MEGA-STÄDTE

Städte liegen oft an Küsten und Flüssen. Hier fanden die Menschen früherer Zeiten genug Nahrung. Die mit 37 Millionen Einwohnern am stärksten bevölkerte Stadt ist Tokio in Japan. Dhaka in Bangladesch hat die größte Bevölkerungsdichte.

LEGENDE

○ Städte mit mehr als zehn Millionen Einwohnern

Ein Wanderfalke (*Falco peregrinus*) sitzt auf einem Balkon in Chicago, USA, einer der vielen Städte, in denen der schnellste Vogel der Welt lebt. Hohe Gebäude ähneln den Klippen, die die Wanderfalken in der Natur bewohnen.

STADTVÖGEL SINGEN ANDERS

Lärmbelastung tritt häufig in den Städten auf und viele Tiere haben deswegen ihre Art zu kommunizieren verändert. Die in vielen Gebieten Nordamerikas verbreiteten Singammern (*Melospiza melodia*) leben in Feuchtgebieten und in Agrarland genauso wie in Städten. Die städtischen Geräusche sind eher niederfrequent, sodass die in Stadtparks und Gärten lebenden Singammern mit höherer Frequenz singen als die auf dem Land vorkommenden. Sie sind auch aggressiver und stärker territorial als die Landvögel, vielleicht, weil es in den Futterhäuschen mehr Nahrung gibt, über die sich streiten lässt.

URBANER SINGVOGEL
Männliche und weibliche Singammern ähneln sich, doch die Männchen kann man im Frühjahr und Sommer am Gesang erkennen, wenn sie Partner anlocken wollen und ihr Revier verteidigen. Der Gesang besteht aus wiederholten Tönen und Trillern.

NISTEN AM BAU

Viele Tiere, die in städtischer Umgebung leben, finden hier einen Lebensraum, der sie an ihre natürlichen Lebensräume erinnert. So nisten Klippenbewohner wie die Felsentaube (*Columba livia*) und die Silbermöwe (*Larus argentatus*) auf hohen Gebäuden, besonders auf welchen mit Simsen oder Flachdächern. Und seit den 1980er-Jahren gibt es auch Wanderfalken (*Falco peregrinus*) in nordamerikanischen und europäischen Städten.

Haustauben sind vor rund 10 000 Jahren aus wilden Felsentauben gezüchtet worden und in neuerer Zeit sind sie wieder in den Städten verwildert. Ihr großes Nahrungsspektrum hat ihnen das Überleben in den Städten ermöglicht, wo sie Sämereien, Insekten und Nahrungsabfälle fressen. Wanderfalken sind ihre wichtigsten Fressfeinde, sowohl in den Klippen als auch in den Städten. Wanderfalken stürzen sich aus großen Höhen und mit hoher Geschwindigkeit auf ihre Beute herab.

Wanderfalken können bis zu 388 km/h im Sturzflug erreichen.

NATURSCHUTZ

EIN REFUGIUM FÜR PAPAGEIEN

Hunderte von Gelbbrust-Aras (*Ara ararauna*) haben sich in der Stadt Campo Grande in Brasilien niedergelassen, wo sie in den Stammhöhlen abgestorbener Palmen brüten. Ursprünglich sind sie hierhin im Jahr 1999 vor der extremen Dürre und den Waldbränden in ihrer Heimat, dem Pantanal, geflohen, danach blieben sie in der Stadt. Die nicht heimischen Palmen an den Straßen und in den Stadtparks bieten mehr Platz als die Palmen ihrer Heimat. Hier gibt es auch genügend Früchte und Nüsse als Nahrung. Außerdem ist die Stadt frei von natürlichen Fressfeinden. Das bedeutet, dass die Jungen der Gelbbrust-Aras in der Stadt Campo Grande höhere Überlebensraten als außerhalb der Stadt erreichen.

GELBBRUST-ARA

URBANER AASFRESSER

In den Städten im Osten der Vereinigten Staaten und Kanadas sind Kojoten (*Canis latrans*) ein gewohnter Anblick geworden. Diese mittelgroßen Hunde sind Fleisch- und Aasfresser, die Nagetiere, Hirsche, Kaninchen, Vögel, Reptilien, Amphibien, Fische und Wirbellose erbeuten.

Die Anpassungsfähigkeit hat den Kojoten geholfen, in urbaner Umgebung zu leben, wo überfahrene Tiere und Nagetiere eine zuverlässige Nahrungsquelle darstellen. Kojoten leben in der Stadt sogar länger als in ihrer natürlichen Umgebung. Leider vergreifen sie sich manchmal auch an Nutz- und Haustieren, sodass es Konflikte mit den Menschen gibt. Obwohl sie ihren Bau gern in Wald- und Buschland anlegen, nehmen sie notfalls auch die Umgebung von Gebäuden, Straßen oder Parkplätzen an. Sie haben sich zwar an das Leben in den Städten angepasst, gehen Menschen jedoch aus dem Weg.

IN DIE STÄDTE GEZOGEN
Der natürliche Lebensraum des Kojoten ist das Grasland, doch der Verlust der Lebensräume hat dazu geführt, dass er mit Erfolg in die Städte zog.

ANPASSUNGS-FÄHIGE JÄGER
Wanderfalken haben sich in den Städten der ganzen Welt niedergelassen. Sie nisten auf Brücken und hohen Gebäuden, sie jagen Tauben und Enten.

FLEDERMÄUSE IN GEBÄUDEN

Europa und Asien

Fledermäuse leben an unterschiedlichen Orten, etwa in hohlen Bäumen und Höhlen, doch in urbaner Umgebung können sie auch Tunnel oder Gebäude nutzen. Manche Fledermäuse sind hierhin gekommen, weil ihre natürlichen Lebensräume zerstört wurden, doch Gebäude können den Fledermäusen auch Wärme und Sicherheit vor Fressfeinden bieten.

Braune Langohren (*Plecotus auritus*) gibt es überall in Europa, wo sie oft die Dächer alter Gebäude bewohnen. Sie fressen meistens Nachtfalter oder andere im Wald lebende Insekten, darunter Ohrwürmer, Fliegen und Käfer. Ihre Ohren sind fast so lang wie ihre Körper. Im Schlaf rollen sie die Ohren nach hinten oder stecken sie unter ihre Flügel.

BRAUNES LANGOHR
Die Echoortungsrufe der Braunen Langohren sind relativ leise. Sie nutzen ihre großen Ohren, um bei der Nahrungssuche Nachtfalter und andere Insekten aufzuspüren.

LEBEN IN PFLASTERFUGEN

Europa und Westasien

Hasen-Pippau (*Crepis sancta*) ist ein Bedecktsamer, der die urbanen Lebensräume Europas schnell erobert hat. Man findet die Pflanze oft in Belagsrissen. Sie produziert zwei verschiedene Samentypen: leichte, die der Wind fortweht, und schwerere, die in der Nähe der Mutterpflanze liegenbleiben. In der Stadt landen die leichten Samen oft auf versiegelten Flächen, wo sie meist nicht überleben. Daher hat sich die Pflanze in nur zwölf Generationen dahingehend entwickelt, dass sie mehr schwere Samen produziert, um sich in der Stadt besser vermehren zu können.

EIN LEBEN AUF DEM PFLASTER
Hasen-Pippau wächst in Europa auf Wiesen und Felsen, hat sich aber auch an das Leben in Pflasterfugen angepasst.

LEICHTE UND SCHWERE SAMEN
Leichte Samen wehen mit dem Wind fort, landen aber in Städten oft auf Beton. Schwere Samen fallen direkt nach unten und überleben eher in Ritzen.

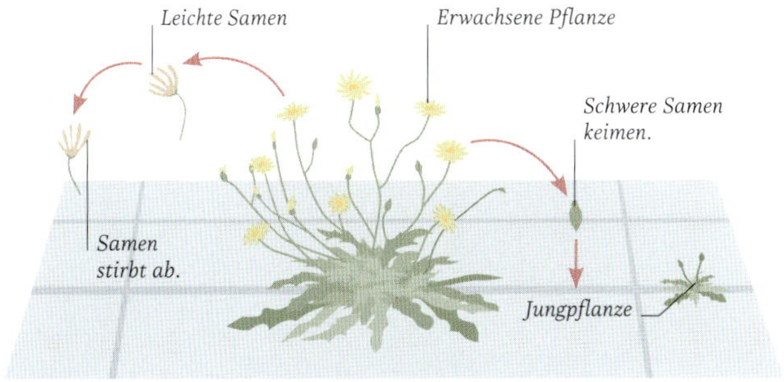

ANPASSUNGSFÄHIGE ZUGEZOGENE

Kap-Halbinsel, Südafrika

Die Anpassungsfähigkeit mancher Tiere ermöglicht es ihnen, die Nahrungsabfälle und das Baumobst urbaner Lebensräume zu nutzen. Bärenpaviane (*Papio ursinus*) sind in Südafrika in Wäldern, Savannen und Wüsten weit verbreitet, wo sie unter anderem Früchte, Sämereien, Insekten und Nagetiere fressen. Auf der südafrikanischen Kap-Halbinsel sind sie in die Städte vorgedrungen, da sie ihren natürlichen Lebensraum verloren haben. Von Vorteil ist für sie, dass ihr wichtigster Fressfeind, der Leopard (*Panther pardus*), hier nicht vorkommt. Allerdings können die Paviane auch recht aggressiv sein und auf der Nahrungssuche in Gebäude einbrechen.

EINBRECHENDE BÄRENPAVIANE

PINGUINE AUF DEM WEG IN DIE STADT

Simon's Town, Südafrika

UNTERWEGS IN DIE STADT
Pinguine sind ein regelmäßiger Anblick auf den Straßen von Simon's Town. Die Einheimischen empfinden sie oft als lästig.

Brillenpinguine (*Spheniscus demersus*) leben auf den Inseln entlang der Südwestküste Afrikas, doch einige Kolonien haben sich auf den Weg in die Städte gemacht, da es hier weniger Fressfeinde gibt. In Simon's Town in der Nähe von Kapstadt haben sich einige Paare im Jahr 1985 am Stadtstrand niedergelassen. Seitdem ist die Kolonie auf 1000 oder mehr Brutpaare angewachsen. Unterstützt wurde das durch ein Verbot der industriellen Sardinen- und Sardellenfischerei vor der Küste. Die Pinguine amüsieren oder ärgern die hier lebenden Menschen. Sie nisten in Gärten und in Straßenabläufen, doch die meisten bleiben am nahen Boulders Beach.

INSEKTENVERTILGER

Süd- und Südostasien, Australien

Afrikanische Hausgeckos (*Hemidactylus mabouia*) leben in Afrika südlich der Sahara, doch sie wurden auch in andere Teile der Welt eingeschleppt. Sie haben sich schnell an das Leben in menschlichen Behausungen in Afrika, wärmeren Regionen Nord- und Südamerikas und der Karibik gewöhnt. Sie sind nachtaktiv und lauern oft den Insekten auf, die sich in Schwärmen an der künstlichen Beleuchtung einfinden. Sie fressen Heuschrecken, Hundertfüßer, Spinnen, Skorpione, Schaben, Nachtfalter, Fliegen und Mücken, sodass sie sich auch als nützliche Schädlingsbekämpfer erweisen. Allerdings stören sich Menschen oft an ihrem Kot.

AFRIKANISCHER HAUSGECKO

ABENDLICHE PENDLER
Bei Sonnenuntergang fliegen Tausende von Graukopf-Flughunden auf dem Weg zu Nahrungsgründen in den Wäldern und Obstplantagen über die Skyline von Melbourne.

HEILIGE AFFEN PROFITIEREN VON MENSCHLICHER HILFE

Graue oder Hanuman-Languren (*Semnopithecus*) gehören zu den am weitesten verbreiteten südasiatischen Affen. Man trifft sie oft in menschlichen Siedlungen an, darunter in der bevölkerungsreichen Stadt Jodhpur. Außerhalb der Städte leben sie in trockenen und feuchten Wäldern und im Buschland, wo sie sich vor allem von Früchten und Blättern ernähren, doch sie stehlen auch menschliche Nahrung, plündern Felder, fressen Abfälle in den Städten und lassen sich füttern.

Die Languren sind den Hindus heilig, an vielen Orten werden sie mit Brot, Früchten und Nüssen gefüttert. Diese verlässliche Nahrungsquelle hat es den Tieren in Jodhpur ermöglicht, eine extreme Dürre im Jahr 2000 zu überleben. Sie werden auf dem Land von Leoparden, Rothunden, Wölfen und Goldschakalen gejagt und profitieren davon, dass es diese Prädatoren in den Städten kaum gibt.

WARTEN AUF EINE MAHLZEIT
Graue Languren drängen sich vor einem Kenotaph im Mandore-Garten in Jodhpur zusammen. In der Stadt sollen mehr als eine Million dieser Affen leben.

NATURSCHUTZ

HYÄNEN-MAHLZEIT

Der Konflikt von Wildtieren mit den Menschen hat oft zu ihrer Verfolgung geführt, insbesondere wenn sie Nutztiere getötet haben. Allerdings haben die Bewohner einer äthiopischen Stadt mindestens 500 Jahre lang neben den Tüpfelhyänen (*Crocuta crocuta*) gelebt. Die Hyänen jagen und fressen Aas, und diese Anpassungsfähigkeit hat ihnen dabei geholfen, in den Städten zu leben. Hier vertilgen sie Nahrungsabfälle und jagen Nutztiere sowie verwilderte Hunde und Katzen. In Harar gelten sie daher als Müllabfuhr. Jeden Abend werden sie mit Fleisch gefüttert, damit sie keine Nutztiere anfallen.

FÜTTERUNGSZEIT DER HYÄNEN

FLUGHUNDE NUTZEN DIE WÄRME DER STADT

Menschen üben auf verschiedene Weise einen Einfluss auf die Umwelt aus, zum Beispiel auf das Klima der Städte. Die Städte sind oft wärmer als das sie umgebende Land, was oft als städtische Wärmeinsel bezeichnet wird, da der Beton und der Asphalt mehr Sonnenwärme aufnehmen und Gebäude überschüssige Wärme an die Luft abgeben. In Melbourne, Australien, hat das einen positiven Effekt auf die Graukopf-Flughunde (*Pteropus poliocephalus*). Diese großen Fledertiere leben in Ostaustralien in großen Kolonien.

Früher ist das Klima kühler und trockener gewesen, als es die Tiere mögen, doch im Jahr 1981 hat sich eine Gruppe in den Royal Botanic Gardens niedergelassen. Als sie zu groß wurde, hatte man sie in den ebenfalls in der Stadtmitte liegenden Yarra Bend Park umgesiedelt, wo sich nun im Sommer 30 000 Tiere versammeln. Durch die Bewässerung herrscht in den Parks ein feuchteres Klima, sodass die Bedingungen den Tieren nun ganzjährig zusagen.

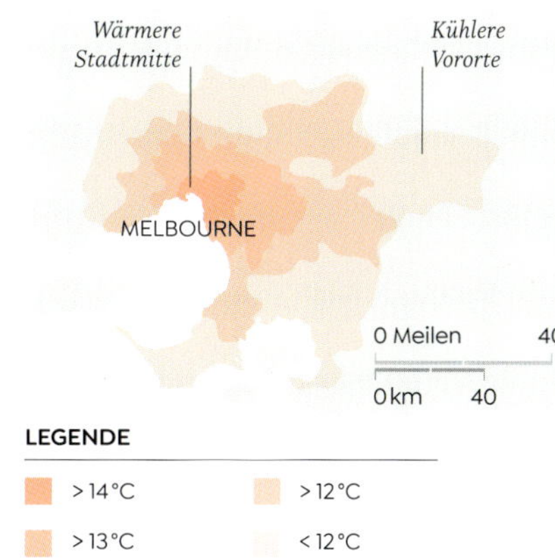

MELBOURNES STÄDTISCHE WÄRMEINSEL
Wie in anderen großen Städten sind die Durchschnittstemperaturen in der Stadt wärmer als in den Vororten und in ländlichen Gebieten.

SCHUTZ-

In unserer Zeit hat die Menschheit viele natürliche Lebensräume verwüstet und zahllose Arten zum Aussterben gebracht – aber wir haben auch ein Verständnis für diese Problematik entwickelt. Wir verstehen die Schwächen der Natur und die Bedeutung des Naturschutzes. Die Staaten der Welt setzen Ressourcen für den Schutz von Lebensräumen ein, indem sie Reservate und Nationalparks ausweisen. Vom Festland bis zum Ozean, von den Polen bis zum Äquator – überall gibt es geschützte Gebiete.

GEBIETE

GRÜNES LAND

Grünes Land ist voller Leben, da Pflanzen die Energie des Sonnenlichts nutzen, um Fotosynthese zu betreiben und sich selbst als Produzenten der Nahrungskette sowie die von ihnen abhängigen Tiere zu versorgen. Die im Folgenden aufgelisteten Lebensräume umfassen die Nationalparks und Schutzgebiete, die vor allem Wälder und Grünland umfassen. Natürlich befinden sich innerhalb ihrer Grenzen auch viele andere Lebensraumtypen, darunter Gebirge, Meere und Wüsten. Die folgenden Nationalparks und Reservate sind aber vor allem für ihre grünen Lebensräume bekannt.

Nordamerika

Wood Buffalo Nationalpark

Wood Buffalo an der Grenze von Alberta und den Nordwest-Territorien ist mit einer Ausdehnung von 44 741 km² der größte Nationalpark Kanadas. Er beherbergt die weltweit größte Bisonherde. Die Tiere streifen frei zwischen Grasland, Feuchtgebieten und borealen Wäldern umher. Der Park ist auch das einzige verbliebene natürliche Brutgebiet der Schreikraniche, die in einer Ecke des Peace-Athabasca-Binnendeltas leben. Es ist eines der größten Süßwasserdeltas der Welt und besteht aus Feuchtgebieten – lokal als Muskegs bekannt –, Bächen und Teichen, die auch viele andere Zugvögel in den Park locken.

▶ SCHREIKRANICH

Great Bear Regenwald

Der riesige gemäßigte Regenwald an der Pazifikküste British Columbias wurde erst vor Kurzem zum Schutzgebiet erklärt. Er erstreckt sich über 64 000 km² und beherbergt einige der höchsten Bäume der Welt, zum Beispiel Riesenlebensbäume und Douglasien. Die ganzjährig milden Temperaturen und die jährlichen Niederschläge von bis zu 6650 mm sorgen dafür, dass die riesigen Nadelbäume des Walds mehr Biomasse bilden als tropische Regenwälder. Dieses Schutzgebiet beherbergt eine Fülle von Wildtieren, darunter Pumas, Buckelwale und Grizzlybären. Der Kermodebär, eine helle Unterart des Amerikanischen Schwarzbärs, kommt nur in dieser Region vor. Es leben nur etwa 400 Exemplare in den abgelegenen Regionen an der Küste von British Columbia.

▲ EIN GRIZZLYBÄR SUCHT NAHRUNG IM GEZEITENBEREICH DES GREAT BEAR REGENWALDS.

Gros Morne Nationalpark

Dieser Nationalpark liegt an der Westküste der kanadischen Provinz Neufundland und umfasst ein Küstengebirge, das von Fjorden und Gletscherseen durchzogen ist. In den höchsten Lagen befindet sich eine baumlose Tundra, in der Schneehühner und Polarhasen leben. Fast die Hälfte des Parks ist mit Wald bedeckt. Die hohen Hänge tragen Nadelwälder, die in den Niederungen in Mischwälder übergehen. Vom Festland eingedrungene Tiere wie Elche und Eurasische Eichhörnchen stellen eine Bedrohung für das Ökosystem dar, da sie mit einheimischen Arten um Ressourcen konkurrieren. Etwa ein Fünftel des Parks ist mit Süßwasserflächen bedeckt, zu denen Sümpfe und Feuchtgebiete sowie Seen und Flüsse zählen.

Glacier Bay Nationalpark

Dieser zu den USA gehörende Nationalpark ist eine eiszeitliche Küstenlandschaft mit gemäßigtem Regenwald auf den zerklüfteten Bergen und Gletschern oberhalb der Fjorde. Zusammen mit den Parks auf der anderen Seite der kanadischen Grenze bildet dieser Lebensraum in Alaska ein Weltnaturerbe. Die Gewässer der Glacier Bay beherbergen pazifische Meeresbewohner wie Stellersche Seelöwen und Seeotter. Papageitaucher brüten im Frühjahr in Kolonien auf den felsigen Klippen, während im Landesinnern Braun- und Schwarzbären in den Wäldern leben. Da sich die Gletscher immer weiter ins Landesinnere zurückziehen, besiedeln schnellwüchsige Farne und Wildblumen die freigelegten Böden.

▶ GELBSCHOPF-LUND

▲ BRIDALVEIL FALL IM YOSEMITE NATIONALPARK

Sequoia Nationalpark

Dieser Nationalpark umfasst die bewaldeten Hänge der südlichen Sierra Nevada in Kalifornien, USA, die für ihre Mammutbäume bekannt sind. Diese bedrohten Nadelbäume, von denen es nur noch knapp 60 000 gibt, kommen in diesem Park noch relativ häufig vor. Die Bäume sind nicht so hoch wie die Küsten-Mammutbäume, haben aber einen dickeren Stamm. Im Sequoia Nationalpark steht General Sherman, der nach dem Volumen mächtigste Baum der Welt. Die Bäume sind durch Waldbrände bedroht: Bei einem Feuer im Jahr 2020 wurden mindestens 38,57 km² Waldfläche beschädigt.

Yosemite Nationalpark

Dieses seit 1864 geschützte Gletschertal mit seinen gewaltigen Granitfelsen wurde 1890 zum dritten Nationalpark der USA erklärt. Das Yosemite Valley ist nicht nur für seine Wasserfälle und Felsformationen bekannt, sondern auch für seine Wildnis mit Wiesen, Buschwerk und Mammutbäumen. Bären, Pumas und Hirsche streifen im Park umher. Hier leben auch 22 Reptilien- und 165 Vogelarten oder kommen regelmäßig zu Besuch. In den Flüssen und Bächen des Parks gibt es verschiedene einheimische und nicht einheimische Fische und Amphibien, von denen viele durch invasive Arten verdrängt werden.

Redwood Nationalpark

Dieser Nationalpark in Kalifornien, USA, ist nach der höchsten Baumart der Welt benannt. Er liegt in der Küstenregion, wo die Bedingungen für die Mammutbäume genau richtig sind, um ihre maximale Höhe von etwa 110 m erreichen und mehrere Jahrhunderte lang leben zu können. Die Bäume profitieren von der Wärme und dem Sonnenlicht Kaliforniens sowie von den feuchten Winden, die vom Meer her kommen. Etwa 280 Vogelarten wurden in diesem Park beobachtet. Die vom Aussterben bedrohten Kalifornischen Kondore, die in menschlicher Obhut gezüchtet wurden, werden im Park wieder angesiedelt, um sie vor dem Aussterben zu bewahren. Zu den anderen gefährdeten Tieren in diesem Schutzgebiet gehören der Fischermarder, ein Verwandter des Vielfraßes, der Schnee-Regenpfeifer und der Fleckenkauz.

▶ FISCHERMARDER

▲ EIN FISCHADLER JAGT IM ACADIA NATIONALPARK.

Yellowstone Nationalpark

Der 1872 gegründete Yellowstone Nationalpark gilt als der erste Nationalpark der Welt. Er wurde gegründet, um die einzigartige Landschaft mit ihren Geysiren, heißen Quellen und kochendem Schlamm sowie seine natürlichen Lebensräume zu schützen. Er schließt verschiedene gemäßigte Lebensräume ein, darunter Wälder, Artemisia-Strauchsteppe, Feuchtgebiete und Bergtundra. Die für die Flora der Rocky Mountains typische Pflanzenwelt umfasst endemische Arten wie das Ross-Strauchgras, Yellowstone-Sandverbene und den Schwefelblumen-Wollknöterich. Der Park beherbergt Herden von Elchen, Gabelböcken und Bisons. Er ist einer der wenigen Orte in den USA, an denen Grizzlybären anzutreffen sind.

◀ GABELBOCK

Great Smoky Mountains Nationalpark

Der vorherrschende Lebensraum dieses Nationalparks, der sich über Teile von North Carolina und Tennessee erstreckt, sind gemäßigte Laubwälder. Der von den vier Jahreszeiten geprägte Park ist nach dem bläulichen Dunst benannt, der sich über die Berge legt. Sein Gebiet umfasst Berge, Täler, Bäche, Flüsse und verschiedene Feuchtgebiete. Der Wald besteht unter anderem aus Ahornen, Eichen, Birken und Pappeln. Hier wachsen auch Rhododendren und die Breitblättrige Lorbeerrose. Zur Tierwelt gehören Weißwedel-Hirsche, Schwarzbären, Truthähne, Nordamerikanische Fischotter und über 200 Vogelarten.

Grand Teton Nationalpark

Dieses Reservat in Wyoming liegt dort, wo die Hochebenen des Jackson Hole Valley in die Abhänge der Teton Range übergehen. Hier wächst ein Flickenteppich aus Artemisia-Steppe, Wiesen und Wäldern. Gletscherseen und Bäche speisen das Quellgebiet des Snake River. Die Winter sind streng und der Boden ist von November bis Mai mit Schnee bedeckt. Im Sommer erwachen Schwarz- und Braunbären aus ihrer Winterruhe. Bisons und Elche verlassen die Wälder und grasen auf den blühenden Wiesen. Hunderte von Zugvogel-Arten besuchen den Park und gesellen sich zu den ansässigen Fischadlern und Weißkopf-Seeadlern.

Acadia Nationalpark

Dieser Nationalpark liegt auf Inseln und Halbinseln vor der Küste von Maine und umfasst Berge, Seen, Wälder und zerklüftete Küsten, die von Gletschern geformt wurden. Er liegt am »Atlantic Flyway«, einer wichtigen Nord-Süd-Vogelzugroute. Viele Zugvögel kommen hierhin, darunter auch Greifvögel wie die Fischadler. Der Park ist ein Wiederansiedlungsgebiet für Wanderfalken, die im Osten der USA fast ausgestorben waren. Eine sich selbst erhaltende Population dieser Vögel wird durch Zucht in menschlicher Obhut unterstützt. Die Küstenlebensräume beherbergen über 1000 Pflanzenarten, sowohl Meeres- als auch Süßwasser-Arten. Nadelwälder sowie Flechten, Moose und Pilze prägen die Landschaft des Acadia Nationalparks. Die Biberdämme im Park sorgen für den Erhalt der Süßwasserlebensräume. Sie sind die Heimat des Zweistreifen-Salamanders. In Gezeitentümpeln leben einheimische Muscheln. In diesen Lebensraum eingedrungene invasive Krebse sollen wieder ausgerottet werden.

Calakmul Biosphärenreservat

Calakmul liegt in der Trockenwald-Region der Halbinsel Yucatán und enthält den größten geschützten Wald Mexikos. Das Reservat umfasst saisonal trockene tropische Wälder mit spärlich verteilten Laubbäumen und Sträuchern. Hier lebt eine Vielzahl von Tieren, darunter Jaguare, Pekaris, Tapire und Brüllaffen, sowie einheimische Vögel wie Königsgeier und Pracht-Haubenadler. Es gibt eine große Vielfalt an Reptilien und Amphibien. Das Reservat beherbergt eine Reihe von archäologisch wichtigen Stätten, darunter die alte Maya-Stadt Calakmul.

Mariposa Monarca Biosphärenreservat

Das dem Monarchfalter gewidmete Biosphärenreservat, das zum Weltnaturerbe gehört, liegt im mexikanischen Bundesstaat Michoacán. Es wurde 1986 eingerichtet, um wichtige Überwinterungsgebiete des Monarchfalters zu schützen. Es erstreckt sich über 562 km² zerklüfteter Berge, zu

denen auch abgelegene Wälder der Heiligen Tanne gehören. Ein Großteil der nordamerikanischen Monarchfalter wandert am Ende eines jeden Jahres in diese Wälder. Millionen von Faltern suchen die Bäume auf, um dem Frost am Boden zu entgehen, und die Äste biegen sich unter ihrem Gewicht. Das Reservat beherbergt außerdem etwa 432 Pflanzen-, 132 Vogel- und 56 Säugetierarten.

▼ MONARCHFALTER ÜBERWINTERN IN HEILIGEN TANNEN IM MARIPOSA MONARCA BIOSPHÄRENRESERVAT.

Tikal Nationalpark

Der Tikal Nationalpark liegt im Petén-Becken im Norden Guatemalas, im Zentrum des größeren Maya-Biosphärenreservats. Er wurde zum Schutz eines Maya-Tempelkomplexes eingerichtet, der tief im tropischen Regenwald liegt, der reich an Flüssen, Seen, Sümpfen und Überschwemmungsgebieten ist. Hier lebt eine große Vielfalt von Pflanzen und Tieren. Im Park wurden mehr als 300 Vogelarten gezählt, darunter wilde Truthähne, Sägeracken, Trogone und viele verschiedene Arten von Papageien und Spechten. Der Park ist auch die Heimat von mehr als 100 Säugetierarten, darunter der vom Aussterben bedrohte Yucatán-Klammeraffe, der Baird-Tapir und Raubkatzen wie Jaguare, Pumas und Ozelots.

Manuel Antonio Nationalpark

Dieser kleine Nationalpark an der mittleren Pazifikküste Costa Ricas wurde im Jahr 1972 gegründet und schützt einige der artenreichsten Lebensräume der Welt. Auf einer Fläche von 19 km^2 leben im Nationalpark Manuel Antonio mehr als 100 Säugetier- und etwa 350 Vogelarten in den Regenwäldern und an den Stränden. Der Park beherbergt an Säugetieren den Weißrüssel-Nasenbären, zwei Faultier- und vier Affenarten. Es gibt mehrere große Echsenarten, darunter den Helmbasilisken und den Grünen Leguan, sowie verschiedene Vögel wie Tagschläfer, Truthahngeier, Tangaren, Tukane und Sittiche.

Cerro Azul Meámbar Nationalpark

▶ GREIFSCHWANZ-LANZENOTTER

Dieser im Westen von Honduras gelegene Park besteht aus vier Wäldern in unterschiedlichen Höhenlagen. Im Tiefland und in den Tälern gibt es immergrüne Nadelwälder. Höher gelegene Berghänge weisen immergrüne tropische Mischwälder und immergrüne Laubwälder auf. In den höchsten Lagen, auf etwa 1800 m, befinden sich montane Laubwälder. Im Tiefland sind Gebiete für die Landwirtschaft gerodet worden. Im Nationalpark leben das Schwarzohr-Opossum und eine Vielzahl von Vögeln, darunter der bedrohte Goldwangen-Waldsänger. Verschiedene Schlangen wie die Greifschwanz-Lanzenotter und die Grubenottern sind ebenfalls weit verbreitet.

Guadeloupe Nationalpark

Dieser Park liegt südlich des Meeresschutzgebiets Grand Cul-de-Sac Marin bei Basse-Terre, der westlichen Hauptinsel von Guadeloupe. Nationalpark und Meeresschutzgebiet unterstehen derselben Verwaltung und umfassen Korallenriffe, Seegraswiesen, Mangroven, Sumpfwälder, Tropenwälder, Hochebenen und sogar einen aktiven Vulkan. Ein Großteil der Tierwelt im Park, darunter der Guadeloupe-Specht und der Guadeloupe-Waschbär, ist endemisch. Auch der vom Aussterben bedrohte Kleine-Antillen-Leguan ist hier zu Hause. Der Park beherbergt 100 Orchideenarten, 300 Baumarten und 270 Farne. Er ist einer der wenigen Orte auf der Welt, an denen Baumfarne, von denen einige Arten bis zu 15 m hoch werden können, unter Schutz stehen.

◀ CARBET FALLS, GUADELOUPE NATIONALPARK

Darién Nationalpark

Dieser Nationalpark an der Südspitze des Isthmus von Panama bildet eine Brücke – und eine Barriere – zwischen Nord- und Südamerika. Die als Darién Gap bekannte Region ist ein nahzu undurchdringliches Land mit Sümpfen, tropischen Hoch- und Tieflandwäldern und Mangroven entlang der Atlantik- und Pazifikküste. Hier treffen die Flora und Fauna Nordamerikas auf die Tierwelt Südamerikas. Der Park birgt eine erstaunliche Vielfalt der Tierwelt: Es gibt mehr als 150 Säugetier- und 530 Vogelarten. Dennoch hat der dichte Dschungel des Darién eine weitreichende Vermischung von Arten aus Nord- und Südamerika verhindert, obwohl die beiden Kontinente schon vor etwa drei Millionen Jahren durch eine Landbrücke miteinander verbunden wurden.

Südamerika

Puinawai Nationalpark

Dieses Reservat im Osten Kolumbiens erstreckt sich über den westlichen Rand des Guayana-Schilds, eines alten Hochlands. Innerhalb des Reservats kommt eine Vielzahl unterschiedlicher Lebensräume vor, wie tropischer Regenwald, Grasland, Nebelwald und alpines Strauchland. Es gibt eine große Anzahl von Flüssen und Bächen, die zu den Wassereinzugsgebieten des Amazonas und des Orinoco gehören. Die Lebensräume sind weitgehend unberührt. Nur etwa ein Prozent der Fläche ist abgeholzt worden. Das liegt daran, dass sich der Park mit vier indigenen Territorien überschneidet, deren Bewohner nachhaltige, traditionelle Anbaumethoden anwenden.

◀ GÜRTELTIER

Tayrona Nationalpark

Im Tayrona Nationalpark in Kolumbien bedeckt eine Mischung aus tropischem Trockenwald und Regenwald die Hänge der Sierra Nevada de Santa Marta an der Karibikküste. Diese Gebirgskette ist das höchste Küstengebirge der Welt und erreicht Höhen von bis zu 5775 m. Die Berge fallen in eine Region mit Stränden, Mangrovenwäldern und Lagunen ab. Der Meeresgrund besteht aus Korallenriffen und Seegraswiesen, in denen Echte Karettschildkröten leben. Spitzkrokodile bewohnen die Flüsse und halten sich sowohl in Meeres- als auch in Süßwasserlebensräumen auf. In den Wäldern leben Brüllaffen und Tamarine. An Raubtieren gibt es hier Jaguare und die kleinen Oncillas oder Tigerkatzen.

Nukak Nationalpark

Dieses im Amazonasgebiet im Süden Kolumbiens gelegene Tieflandregenwald-Reservat steht seit 1989 unter Schutz. Es wird im Norden, Osten und Westen von großen Flüssen begrenzt und soll in erster Linie die Heimat verschiedener indigener Gruppen schützen, darunter der Nukak Maku. Dieses Volk blieb bis 1988 isoliert und war die letzte indigene Gemeinschaft, die in Kolumbien kontaktiert wurde. Diese Menschen sind stark von den natürlichen Ressourcen abhängig. Sie fügen den Hirschen und Tapiren, mit denen sie sich das Waldgebiet teilen, keinen Schaden zu, sondern sammeln stattdessen Früchte und jagen Agoutis, Gürteltiere und Schildkröten. Das Reservat beherbergt auch das vom Aussterben bedrohte Orinoco-Krokodil.

Canaima Nationalpark

Dieser Nationalpark im Südosten Venezuelas, der sich entlang der Grenze von Guyana und Brasilien erstreckt, beherbergt eine Landschaft aus Tafelbergen, den sogenannten Tepuis. Mit einer Höhe von 979 m stürzt der höchste Wasserfall der Welt, der Salto Ángel, die steile Wand eines dieser Berge hinunter. Die flachen Gipfel der Tepuis haben sehr magere Böden. Dadurch entstehen Lebensräume mit fleischfressenden Pflanzen, etwa Sonnentau-Arten. Es gibt in diesem Park auch große Gebiete mit Savannen, tropischem Regenwald, Flüssen und Sümpfen. Hier leben Jaguare, Große Ameisenbären, Harpyien und Riesen-Gürteltiere.

▲ JAGUAR

▲ EIN LISZTÄFFCHEN IM TAYRONA NATIONALPARK

▲ MÜLLER-AMAZONEN FRESSEN TON IM NATIONALPARK MANÚ.

Manú Nationalpark

In diesem peruanischen Nationalpark treffen die Grasländer der Anden im Westen und der Tieflandregenwald des Amazonasbeckens im Osten aufeinander. Dazwischen geht der Lebensraum in die Yungas über, eine Art von Nebelwald, der an den Hängen wächst. Der Park ist aufgrund der schlechten Zugangsmöglichkeiten noch weitgehend unberührt. Die unterschiedlichen Lebensräume ermöglichen eine große Artenvielfalt. Das Vordringen der Industrie könnte das Gebiet jedoch bedrohen.

Juami Japurá Ecological station

Diese brasilianische Forschungsstation ist nach der Einstufung der internationalen Naturschutzorganisation IUCN ein »strenges Naturschutzgebiet«. Es handelt sich dabei um die am strengsten geschützte Art von Reservaten, die ausschließlich für die wissenschaftliche Forschung geschaffen wurden. Es umfasst die Wasserscheide des Juami-Flusses im äußersten Westen des Landes. Der Fluss mündet in den Rio Japurá, einen der Hauptzuflüsse des Amazonas. Die jährlichen Niederschläge betragen fast 3 m und überschwemmen regelmäßig die Wälder. Einer ihrer bekanntesten Bewohner ist der Rote Uakari, der zur Gruppe der Kahlkopf-Uakaris gehört.

Serra Geral do Tocantins Ecological station

Dieses 2001 eingerichtete brasilianische »strenge Naturschutzgebiet« schützt das Cerrado-Biom – eine tropische Savanne, die einen Großteil des Südostens des Landes einnimmt. Der Lebensraum besteht aus einem Mosaik von Strauchland, Grasland und offenen Wäldern. Im Cerrado herrscht ein kühles subtropisches Klima mit einer ausgeprägten Regen- und einer Trockenzeit. Er beherbergt Tierarten, die für diesen offenen Lebensraum typisch sind, wie den Großen Ameisenbären und den Mähnenwolf, der eher einem langbeinigen Fuchs als einem Wolf ähnelt. Hier leben elf endemische Vogelarten, von denen drei als bedroht gelten. Zu ihnen gehören das bedrohte Pfauen-Steißhuhn und der gefährdete Hyazinth-Ara.

▼ MÄHNENWOLF

Terra do Meio Ecological station

Der Name dieses brasilianischen Reservats bedeutet Mittelerde. Dieses »strenge Naturschutzgebiet« befindet sich im Bundesstaat Pará im Norden Brasiliens. Das Klima wird durch Monsunregen bestimmt, die zu Jahresbeginn ihren Höhepunkt erreichen. Während der Trockenzeit kommt es häufig zu Waldbränden. Ein großer Teil des Gebiets besteht aus Regenwäldern, die auf niedrigen Hügeln wachsen. Im Gegensatz zu typischen Tieflandregenwäldern ist hier das Kronendach niedriger, der Unterwuchs üppiger und es gibt weniger Urwaldriesen. Fischadler und Trompetervögel ziehen hier vorbei. Zu den hier lebenden Tieren gehört der stark gefährdete Weißwangen-Klammeraffe.

Grão Pará Ecological station

Das auf der Nordseite des Amazonas im Bundesstaat Pará im Norden Brasiliens gelegene Reservat ist eines der größten Gebiete mit vollständig geschütztem Tropenwald. Es erstreckt sich über eine Fläche von 42 458 km² und ist damit doppelt so groß wie Hessen. Es weist eine stark erodierte Landschaft mit flachen Gipfeln auf. Das Monsunklima begünstigt tropische Wälder, die einen Teil der Amazonas-Ökoregion ausmachen. In diesem Gebiet gibt es keine Straßen. Besucher können nur mit dem Hubschrauber oder einem Leichtflugzeug anreisen. Die Bewohner der Region nutzen die Flüsse als Transportwege, um in ihre Gebiete zu gelangen.

Zentral-Suriname Naturschutzgebiet

Dieses riesige Reservat umfasst 16 000 km² alten tropischen Walds

▲ FAULTIER

in Zentral-Suriname. Der Park liegt in den feuchten Wäldern Guayanas, rund um den Oberlauf des Flusses Coppename im Hochland von Guayana. Er umfasst Hoch- und Tieflandgebiete, in deren Wäldern bisher mehr als 5000 Pflanzenarten nachgewiesen worden sind. Zur für diese Region typischen Tierwelt gehören Tapire, Faultiere, vom Aussterben bedrohte Riesenotter, gefährdete Riesengürteltiere und acht Arten von Primaten. Außerdem gibt es hier 400 Vogelarten, zum Beispiel den Tiefland-Felsenhahn, den Hellroten Ara und die gefährdete Harpyie.

Amboró Nationalpark

Die Lebensräume dieses bolivianischen Nationalparks in der zentralen Andenregion umfassen trockene und feuchte Wälder an den Berghängen sowie den trockenen Chaco – ein Tieflandstrauchland – im Osten. Die unterschiedlichen Lebensräume verleihen dem Amboró Nationalpark eine große Artenvielfalt. In den Wäldern leben der gefährdete Brillenbär und der vom Aussterben bedrohte Hornhokko, aber auch Pumas, Ozelots und Tukane. Hier wachsen verschiedene Baumfarne, Kohlpalmen und Orchideen. Das Chaco-Gebiet ist dagegen ein raueres, trockenes Land, in dem Ameisenbären, Pekaris und Gürteltiere leben.

▲ BAUMFARN IM NATIONALPARK AMBORÓ

Bioma Pampa Quebradas del Norte

Die Landschaft dieses Biosphärenreservats in Uruguay ist von Schluchten geprägt, die von den Wasserläufen des Río Tacuarembó durchflossen werden. Das Grundwasser speist einen Teil des Acuífero Guaraní, eines der größten Grundwasserleiters der Erde. Das Reservat enthält verschiedene subtropische Lebensräume mit dichten Dschungeln, in denen Farne, Orchideen und andere Epiphyten wachsen. Die Pampa, ein gemäßigtes Grasland, dient vielen Vogelarten als Nistplatz und ist ein weiterer wichtiger Lebensraum des Reservats. Über 150 Vogelarten, darunter der Weißhals-Ibis und der Gelbkopf-Karakara, wurden in diesem Reservat beobachtet.

Los Arrayanes Nationalpark

Dieser Nationalpark befindet sich auf einer Halbinsel im Nahuel Huapi – einem großen Gletschersee in der nordpatagonischen Region in Argentinien. Er ist der kleinste Nationalpark des Landes. Seine Wälder bedecken lediglich eine Fläche von 20 Hektar und nehmen nur einen kleinen Teil des Parks ein. Los Arrayanes wurde zum Schutz eines Walds gegründet, in dem Chilenische Myrten wachsen, die auch als Arrayan bezeichnet werden. Die ältesten von ihnen sind fast 600 Jahre alt. Dieser langsam wachsende Baum wird weithin wegen seines Holzes gefällt, er ist in weniger abgelegenen Gebieten selten geworden.

Tierra del Fuego Nationalpark

Dieser Nationalpark ist das südlichste Schutzgebiet Argentiniens. Er umfasst subantarktische Wälder, Berggipfel, Felsküsten und den Meeresgrund. Der Río Lapataia durchfließt das Gebiet und mündet in die Lapataia-Bay und den Beagle-Kanal – eine schiffbare

◀ CHILENISCHE MYRTE IM NATIONALPARK LOS ARRAYANES

▲ GUANAKO-HERDE IM VALLE CHACABUCO, PATAGONIA NATIONALPARK

Meerenge, die nach dem Forschungsschiff benannt ist, mit dem Charles Darwin in den 1830er-Jahren in dieses Gebiet kam. Der Nationalpark Tierra del Fuego, in dem vor allem Coihue- und Lenga-Südbuchen wachsen, beherbergt 20 Säugetier- und rund 90 Vogelarten, darunter den Andenkondor, den größten Raubvogel der Welt.

◀ ANDENKONDOR

Patagonia Nationalpark

Dieser 1356 km² große Nationalpark im Süden Argentiniens wurde 2015 eingerichtet, um einen Teil des Lebensraums der patagonischen Steppe zu schützen. Im Park leben Herden von Guanakos und Gruppen von leichtfüßigen Darwin-Nandus, die beide zum Beuteschema der Pumas zählen. Kleinere Tiere wie die Kaninchen-Eule, das Zwerg-Gürteltier und der Pampashase leben in dieser baumlosen Landschaft lieber unter der Erde, um Raubtieren wie dem Graufuchs zu entgehen. Der Nationalpark beherbergt eine Vielzahl von Vogelarten und schützt den wichtigsten Nistplatz des Macá Tobiano, des vom Aussterben bedrohten Goldscheitel-Tauchers.

Afrika

Ifrane Nationalpark

Der im Mittleren Atlas Marokkos gelegene Ifrane Nationalpark enthält verschiedene Lebensräume wie Zedernwälder, Wiesen mit Wacholdergebüsch sowie hohe Berggipfel, überschwemmte Täler und Schluchten. Im Park befindet sich der Lac d'Afennourir, ein Stausee, der ein wichtiges Feuchtgebiet für Zugvögel wie Blässhühner und Reiher sowie für Süßwassermuscheln ist. In diesem Lebensraum kommen die bedrohten Berberaffen sowie Afrikanische Goldwölfe und Leoparden vor. Kalksteinfelsen bieten Nistplätze für Felsentauben, Geier und verschiedene andere Greifvögel.

Tlemcen Mountains Biosphärenreservat

Dieses Biosphärenreservat im Nordwesten Algeriens liegt im Atlasgebirge und umfasst eine halbtrockene Region mit Karstlandschaften. In diesen Gebieten haben sich aus dem Kalkgestein durch Erosion Klippen, Schluchten und Höhlen gebildet. Die wichtigsten Lebensräume innerhalb des Reservats bilden immergrüne mediterrane Wälder und feuchte Laubwälder, in denen Ahorne, Portugiesische Eiche und Pistazien vorkommen. Außerdem gibt es Grasland mit Sträuchern wie zum Beispiel Wacholder. Größere Höhen des Nationalparks dienen als Überwinterungsgebiet für migrierende Greifvögel wie zum Beispiel Steinadler und Rohrweihen. Zu den weiteren im Biosphärenreservat vorkommenden Tieren gehören die Kleinfleck-Ginsterkatze, die Gämse und der Gänsegeier.

Bafing Nationalpark

Dieser Nationalpark liegt auf der Maning-Hochebene im Westen Malis an der Grenze zum Senegal. In diesem bewaldeten Reservat lebt eine wichtige Population von rund 1500 Schimpansen. Außerdem dient es als Zufluchtsort für Leoparden, Geparden und Riesen-Elenantilopen – die größten Antilopen der Welt. Die Lebensräume im Nationalpark sind bedroht, da die Ausweitung der Landwirtschaft die Hirtengemeinschaften an den Rand des Walds drängt. Die Schimpansen werden außerdem von Wilderern wegen ihrer Haut und als Buschfleischlieferanten gejagt.

▶ SCHIMPANSE

W-Arly-Pendjari Nationalpark komplex

Dieser zum Weltnaturerbe zählende Komplex liegt im Dreiländereck von Burkina Faso, Benin und Niger. Er ist das größte intakte Ökosystem Westafrikas und besteht aus drei Schutzgebieten: dem Pendjari Nationalpark in Benin, dem Arly Nationalpark in Burkina Faso und dem Nationalpark W in Niger (siehe S. 388). Hier gibt es Wald-, Strauch- und Graslandschaften, in denen einige der letzten großen Säugetiere Westafrikas leben: Steppenelefanten, Geparden, Löwen und Flusspferde. Der 17 148 km² große Komplex ist ein Zwischenstopp für migrierende Arten und ein Zufluchtsort für Tiere, die von der Dürre anderer Regionen fliehen mussten.

▲ EIN BERGGORILLA MIT EINEM JUNGTIER IM BWINDI-IMPENETRABLE NATIONALPARK

Boma Nationalpark

Der Boma Nationalpark ist das größte Schutzgebiet im Südsudan. Seine Savannen stellen eine wichtige Zwischenstation auf der Wanderroute des Weißohr-Kobs dar. Diese Antilopen kommen nach den Regenfällen hierhin, die große Teile des Parks überfluten. Zu ihnen gesellen sich Tiang-Antilopen und verschiedene Gazellen. Diese Wanderungen werden nur noch von der in der Serengeti stattfindenden Migration übertroffen (S. 376). Zu den Antilopen-Arten des Parks gehören Wasserböcke, Weißnacken-Moorantilopen und Bongos. Außerdem gibt es Elefanten, Geparden, Büffel und Zebras. Auch Wasservögel wie Schuhschnäbel und Pfeifgänse besuchen die Feuchtgebiete.

Bandingilo Nationalpark

Dieser Nationalpark liegt im Südsudan am Ostufer des Weißen Nils und besteht aus aus Wäldern, Grasländern und Feuchtgebieten. Nebenflüsse des Nils fließen zum Boma Nationalpark (Spalte links) im Nordosten. Kobs folgen während ihrer jährlichen Migration diesen Wasserläufen, die einen Wildtierkorridor zwischen Boma und Bandingilo darstellen. Wie Boma ist auch Bandingilo ein Zwischenstopp auf der Wanderroute der Tiang. Die Herden wandern nach Norden zu den Sudd-Feuchtgebieten und dann zurück nach Süden. In den Flüssen und Seen des Bandingilo leben viele Flusspferde. Die Savanne ist bekannt für die Strauße und Geparden.

▶ KOB

Rwenzori Mountains Nationalpark

Dieser Nationalpark, der zum Weltnaturerbe gehört und für seine wunderschönen Berglandschaften bekannt ist, liegt im Ruwenzori-Gebirge im Westen Ugandas nahe der Grenze zur Demokratischen Republik Kongo und zum Südsudan. Sechs Gipfel sind das ganze Jahr über schneebedeckt, sodass sie »Berge des Mondes« genannt werden. Sie sind von Gletscherseen und Bergwäldern umgeben. Hier leben Schwarz-weiße Stummelaffen, Rotducker und die bedrohten Schimpansen und Berggorillas. Schmelzwasser bewässert hochgelegene Feuchtgebiete, in denen Sitatunga-Antilopen, Otter, Eisvögel und Turakos leben.

Bwindi Impenetrable National Park

Dieser Park liegt auf einem zerklüfteten Plateau hoch über dem westlichen Ausläufer des Großen Afrikanischen Grabenbruchs im Südwesten Ugandas. Der größte Teil des Walds wächst an kühlen, hohen Hängen, aber es gibt auch Regionen mit feuchtem Tieflandregenwald. Mit mehr als 300 Baum- und Farnarten und etwa 1000 anderen Samenpflanzen ist es eines der biologisch interessantesten Gebiete Afrikas. Fast 350 Vogel- und 120 Säugetierarten leben hier. Der Park ist als Zufluchtsort für Berggorillas und andere seltene Arten wie Afrikanische Steppen- und Waldelefanten, Schimpansen und Stummelaffen bekannt geworden.

Korup Nationalpark

Im Hochland von Westkamerun liegt eines der ältesten, größten und wichtigsten Regenwaldreservate Afrikas. Diese Region ist von menschlichen Aktivitäten weitgehend unberührt geblieben und stellt einen Lebensraum dar, in dem der Regenwald seit Millionen von Jahren Bestand hat. Zusammen mit dem Cross River Nationalpark in Nigeria beherbergt dieser Park Schimpansen, Waldelefanten, 55 Fledermaus-Arten, 47 Nagetierarten sowie mehrere Dutzend Fisch-, Amphibien- und Reptilienarten. Mit mehr als 1000 Arten weist dieser Regenwald zudem die größte Vielfalt an Schmetterlingen in Afrika auf.

Virunga Nationalpark

Dieser 1925 gegründete Nationalpark war der erste Afrikas und wurde zum Weltnaturerbe erklärt. Er liegt in der Demokratischen Republik Kongo und ist bekannt für seine wunderbare Landschaft, die von schneebedeckten Vulkanen bis zu üppigen Regenwäldern reicht und eine hohe Biodiversität aufweist. Der Virunga Nationalpark beherbergt bedrohte Schimpansen und Berggorillas, Löwen, Okapis, Flusspferde, Elefanten und zahlreiche andere Arten, er ist damit einer der artenreichsten Lebensräume der Erde. Dieser Nationalpark stellt nicht nur einen wichtigen Zufluchtsort für verschiedene bedrohte Tierarten dar, sondern beschert als ein Zentrum des Ökotourismus diesem Teil Afrikas dringend benötigte Einnahmen.

◀ OKAPI

Okomu Nationalpark

Dieser Nationalpark im Südwesten Nigerias steht seit 90 Jahren auf unterschiedliche Weise unter Schutz und ist nach wie vor das größte und am besten erhaltene Regenwaldgebiet in dieser Region. Der Park, der heute nur noch ein Drittel seiner ursprünglichen Größe hat, dient immer noch als Zufluchtsort für die seltene Rotbauch-Meerkatze, die in dieser Gegend endemisch ist. Der Wald beherbergt auch den großen, am Boden lebenden Drill (ein Verwandter des Mandrills) sowie Schimpansen. Näher an der Küste geht der Wald in Mangrovensümpfe und Grasland über. Heute ist der Park ein wichtiger Bestandteil des nigerianischen Ökotourismus.

Masai Mara Naturschutzgebiet

Der Name Masai Mara stammt von den ursprünglichen Einwohnern dieser Region, den Massai, da es ein Teil ihres angestammten Lands ist. Dieses große Wildreservat in Kenia, das an Tansania grenzt, wurde 1961 gegründet. Seine Savannen und Trockenwälder beherbergen viele der berühmtesten Tiere Ostafrikas: Löwen, Geparden, Leoparden, Nashörner, Elefanten und Strauße. Der Mara und andere Flüsse sind die Heimat von Flusspferden und Nilkrokodilen. Der Mara bildet während der großen Wanderung der Gnus durch den Park ein natürliches Hindernis. Krokodile lauern den Gnus auf, wenn ihre riesigen Herden in einem der berühmtesten Naturschauspiele den Fluss durchqueren.

▲ EINE GEPARDENMUTTER MIT IHREN JUNGEN IN DER MASAI MARA

Gorongosa Nationalpark

Dieses um ein isoliertes Massiv im Süden Mosambiks gelegene Schutzgebiet zeigt, dass Naturschutzmanagement zur Wiederherstellung natürlicher Lebensräume beitragen kann. Mosambiks Tierwelt wurde während des Bürgerkriegs im späten 20. Jahrhundert durch Wilderei erheblich geschädigt, doch die Grassavanne und die feuchten Laubwälder sind jetzt weitgehend wiederhergestellt. Sie sind ein Zufluchtsort für Steppenelefanten, Kaffernbüffel, Antilopen, Tüpfelhyänen und andere große Säugetiere. Bärenpaviane und Grüne Meerkatzen sind hier häufig anzutreffen. Zu den Vögeln gehören der Grünkopf-Pirol und die bedrohten Grauhals-Kronenkraniche. Der Park schützt auch Schuppentiere, die vor allem durch den Handel bedroht sind.

Serengeti Nationalpark

Dieser Nationalpark befindet sich im Norden Tansanias und grenzt an die Masai Mara (siehe S. 375) in Kenia. Der Boden in diesem Gebiet besteht aufgrund der nahe gelegenen Vulkane, von denen die meisten nicht mehr aktiv sind, aus vulkanischem Gestein. Die Landschaft ist von felsigen Inselbergen, den Kopjes, geprägt. Die Lebensräume reichen von Grassavannen bis zu bewaldeten Hängen. Im Nationalpark leben zahlreiche Wildtiere wie Giraffen, Zebras und andere Großtiere. Die Serengeti liegt auch auf der Route der großen Migration, bei der etwa zwei Millionen großer Säuger, vor allem Gnus, nach den Regenfällen durch die Region ziehen, um an frisches Gras zu gelangen.

Selous Wildreservat

Das größte Schutzgebiet Afrikas liegt im Süden Tansanias und wurde 1922 gegründet. Es erstreckt sich über 50 000 km². Benannt wurde es nach dem britischen Entdecker Frederick Selous. Es besteht aus vier großen Lebensräumen: Grasland in Überschwemmungsgebieten, felsigen Hügeln, saisonalen Sümpfen und einer Mischung aus Savanne, Strauch- und Waldland, die vom Miombo-Baum geprägt wird. Neben den Big Five (Löwe, Leopard, Spitzmaulnashorn, Steppenelefant und Kaffernbüffel) ist das Reservat auch für seine Elen-, Rappen- und Kuhantilopen bekannt. Hier leben die meisten Afrikanischen Wildhunde und an Vögeln gibt es Regenpfeifer, den Nimmersatt und den Fischadler.

▲ SPITZMAULNASHORN

▲ EINE VON GNUS UMGEBENE ZEBRAHERDE TRINKT IM SERENGETI NATIONALPARK.

Gombe Stream Nationalpark

Dieser Nationalpark umfasst ein kleines Gebiet am Ostufer des Tanganjikasees in Tansania. Berühmt wurde er durch die britische Forscherin Jane Goodall, die hier das Verhalten von Schimpansen untersuchte. Der Lebensraum besteht aus tropischem Regenwald und der Miombo-Savanne. Aufgrund seiner Artenvielfalt gehört der Park zum Weltnaturerbe. Vor allem lebt hier eine Vielzahl von Primaten, zu denen auch Anubispaviane und Rote Stummelaffen gehören. Gombe beherbergt auch Buschschweine, Elefanten und Flusspferde sowie zahlreiche Reptilien- und Vogelarten wie den Roten Tropfenastrild, der in den Wäldern und im Grasland lebt.

Addo Elefanten-Nationalpark

Dieser nahe der Küste des südafrikanischen Ostkaps gelegene Park ist ein Reservat für Elefanten, die früher aus diesem Lebensraum vertrieben worden sind. Er stellt eine Mischung aus Wald, Küstengrasland, Dickicht und Fynbos dar. Typisch für den Fynbos sind Silberbaum- und Heidekrautgewächse. Er ist anfällig für Waldbrände und bekannt für seine Wildblumenvielfalt. Neben Säugetieren wie Kaffernbüffeln und Warzenschweinen gibt es im Park auch viele Vogelarten. Nektarvögel, Fliegenschnäpper, Webervögel und Drongos leben im Strauchland, während im Grasland Kampfadler und Sekretär zu finden sind.

Kruger Nationalpark

Der Kruger Nationalpark ist einer der berühmtesten Safariparks. Hier sind auch die »Big Five« zu Hause. Er ist ein wichtiges Reiseziel für alle, die die großen Tiere der Savannen Afrikas wie Elefanten, Löwen und Giraffen sehen wollen. Im südlichen Afrika wird das Grasland als Veld bezeichnet und der Kruger Nationalpark lässt sich grob in zwei Arten von Veld unterteilen: Im Norden gibt es eine Mischung aus Gras und kleinen Mopane-Bäumen. Im trockeneren Süden besteht der Park größtenteils aus Dornsträuchern. Vor allem die Akazien-Arten bilden ein dichtes Gestrüpp.

Zombitse Vohibasia Nationalpark

Dieses Schutzgebiet liegt in einer semiariden Zone im Südwesten Madagaskars. Seine wichtigsten Lebensräume sind Grasländer und offene Wälder, die sich jedoch stark von denen auf dem afrikanischen Festland unterscheiden. Die Trockenwälder sind berühmt für ihre Baobab- oder Affenbrotbäume. Diese mit Abstand höchsten Pflanzen der Region überragen die Euphorbien und Leguminosensträucher. Der Park beherbergt etwa 60 Vogelarten, von denen fast die Hälfte nur auf Madagaskar vorkommt, darunter der Appert-Madagaskarsänger. Zu den einzigartigen Säugetieren gehören die Fossa, Madagaskars größtes heimisches Raubtier, sowie acht Lemuren-Arten, darunter der Graue Mausmaki, einer der kleinsten Primaten der Welt.

▲ SÜD-GIRAFFEN AN EINEM BAOBAB IM KRUGER NATIONALPARK

► GRAUER MAUSMAKI

Ranomafana Nationalpark

Dieser Nationalpark mit seinen zerklüfteten Bergen und einer Mischung aus Nebelwald, Bambuswald und feuchtem Regenwald liegt an der Ostseite Zentralmadagaskars. Ein Großteil dieses Gebiets ist relativ unberührt und beherbergt 115 Vogelarten (fast die Hälfte aller Vogelarten Madagaskars), von denen etwa 30 nur hier leben. Unter den vielen bedrohten Lemuren-Arten befindet sich auch das Aye-Aye oder Fingertier. Endemische Süßwassermuscheln leben im sumpfigen Tiefland und im Park gibt es über 90 Amphibienarten.

▲ EIN PONY INMITTEN BLÜHENDER HEIDE IM NEW FOREST

Europa

Muddus Nationalpark

Der Park liegt in Schwedisch-Lappland, im Norden des Landes, und besteht aus altem borealem Wald und großen Sumpfgebieten mit mehreren flachen Seen. Er steht seit den 1920er-Jahren unter einem gewissen Schutz, aber auch vorher blieb er trotz seines Holzes unerschlossen, da die Sumpfgebiete ein natürliches Hindernis darstellen. Hier gibt es wilde Rentierherden, die im Sommer in den Sumpfgebieten leben und sich später in kleinere Gruppen aufteilen, um den Winter in den Wäldern zu verbringen. Braunbären, Luchse und Elche sind ebenfalls im Park zu finden. Im Sommer kommen viele Zugvögel in den Park, darunter Gänse und Taucher, die in den Sümpfen nisten. Außerdem leben Rotdrosseln und Bergfinken in den Wäldern.

◀ RENTIER

New Forest Nationalpark

Dieses Gebiet in Südengland umfasst eine Reihe von Lebensräumen, darunter Heideland und Feuchtgebiete. Teile der Buchen- und Eichenwälder gibt es schon seit dem Ende der letzten Kaltzeit (vor etwa 11 700 Jahren). Der New Forest wurde vor etwa 1000 Jahren als eine Art Schutzgebiet eingerichtet, und zwar als Hirschjagdgebiet für Wilhelm I., der England von 1066 bis 1087 regierte. Er ist immer noch größtenteils nicht eingezäunt, wird aber intensiv bewirtschaftet und beherbergt freilaufendes Dam- und Rehwild sowie – was vielleicht noch wichtiger ist – wilde Ponys. Hier lebt auch das größte Landsäugetier Großbritanniens, der Rothirsch.

Forêts Nationalpark

Dieses 2019 offiziell eingerichtete Schutzgebiet ist ein relativ junger französischer Nationalpark. Er schützt die Laubwälder, die einst das Pariser Becken bedeckten (eine Region mit Kalksteinböden, die den größten Teil Nordfrankreichs einnimmt). In diesem Gebiet, das heute weitgehend zersplittert ist, wachsen Kastanien, Buchen, Eichen und Kiefern. Etwa 95 Prozent des Parks bestehen aus altem Wald, der Rest aus Wiesen und Sümpfen. Der Schwarzstorch ist das Wahrzeichen des Nationalparks, zu den häufigsten Säugetieren gehören hier Rehe und Wildschweine. Auch Wildkatzen und zahlreiche Wasservögel sind hier zu Hause.

Schwarzwald Nationalpark

Diese berühmte Region liegt im Südwesten Deutschlands im Bundesland Baden-Württemberg. Die Landschaft besteht hauptsächlich aus Fichten-, Tannen- und Buchenwäldern. Zwischen den Berggipfeln befinden sich drei große Gletscherseen, die ein einzigartiges Süßwasser-Ökosystem bilden. Im Park gibt es auch hochgelegene, baumlose Moorlandschaften und Weideflächen, die als Grinden bezeichnet werden. Große Säugetiere wie Hirsche, Wildschweine und Wölfe sind hier zu finden, während die Vogelwelt Bussarde, Sperlingskäuze, Spechte und Wanderfalken umfasst. Zu den Pflanzen gehören Wald-Erdbeeren und der fleischfressende Sonnentau, der mit seinen klebrigen Tentakeln Insekten einfängt.

Bükk Nationalpark

Dieser ungarische Nationalpark liegt im Bükk-Gebirge, einem Teil der Karpaten. Er umfasst ein großes Gebiet mit alten Buchen- und Eichenwäldern. Das Klima ist kalt und feucht, in den Bergbächen leben Bergmolche und seltene Fische. Außergewöhnliche Reptilien wie die Johannisechse sind im Süden des Nationalparks zu finden, wo es wärmer ist. Mehr als 100 Vogelarten brüten hier, darunter auch das Haselhuhn, ein in diesem Teil Osteuropas sehr seltener Vogel. Die Kalksteinhügel des Nationalparks sind mit Höhlen durchsetzt, die diese Region zu einem wichtigen Überwinterungsplatz für verschiedene europäische Fledermäuse macht.

Lahemaa Nationalpark

Der Park, dessen Name grob übersetzt »Land der Buchten« bedeutet, umfasst vier Halbinseln entlang der estnischen Küste des Finnischen Meerbusens, östlich der Hauptstadt Tallinn. Der Lahemaa Nationalpark ist für seine vielfältigen Lebensräume bekannt, zu denen Strände, Moorgebiete und Nadelwälder gehören. Wildschweine, Braunbären, Wölfe, Rothirsche und Luchse sind einige der großen hier anzutreffenden Säugetiere. Für Kraniche und andere Wasservögel dient das Gebiet als Zwischenstation. Die Kalksteinklippen, die als Klint bezeichnet werden, stehen im Park unter Schutz. Zu ihm gehören auch vier historische Fischerdörfer, die in ihrer traditionellen Form erhalten geblieben sind und als Touristenziele dienen.

Białowieża Nationalpark

Dieser Nationalpark liegt im Nordosten Polens und umfasst das Kerngebiet des Białowieża-Waldes, eines Restes der Urwälder, die früher in den Ebenen Nordeuropas wuchsen. Im Gegensatz zu bewirtschafteten Wäldern finden sich in diesem Lebensraum große Mengen an Totholz, das an Ort und Stelle verrottet. Im Park gibt es 809 Arten von Gefäßpflanzen, etwa 200 Moos- und 283 Flechtenarten sowie mehrere hundert Pilzarten. Außerdem leben hier etwa 8000 wirbellose Tiere und 52 Säugetierarten, etwa 120 Vogelarten brüten hier. Der Park beherbergt das Europäische Wisent-Zentrum mit etwa 500 Wisenten. Sie bilden damit die größte frei lebende Herde des größten europäischen Tiers.

Belovezhskaya Pushcha Nationalpark

▲ SCHELLADLER

Dieser in der Region Brest im Westen Weißrusslands gelegene Nationalpark grenzt an den Białowieża Nationalpark (Spalte links) und verläuft über die Grenze nach Polen. Aufzeichnungen über den Wald reichen mehr als 1000 Jahre zurück. Der Name der Region bedeutet »Wald des weißen Turms« und bezieht sich auf eine Burg, die hier vor 700 Jahren stand. Der Park, der sich über eine Fläche von mehr als 1500 km² erstreckt, ist die Heimat von Wisenten, Elchen, Luchsen, Wildschweinen und Wölfen. Zu den Vogelarten gehören Schelladler, Spechte und Waldkäuze. Der Park wurde 1992 von der UNESCO zum Weltnaturerbe erklärt und aufgrund seiner Bedeutung für die Wanderrouten von Wasservögeln auch als Ramsar-Gebiet eingestuft.

▲ EIN WISENT IM BIAŁOWIEŻA-WALD

Buzuluksky Bor Nationalpark

Dieser Park umfasst den Buzuluk-Kiefernwald, den weltweit größten Hain isolierter hoher Kiefern. Er wurde 2007 gegründet, doch der Wald wird bereits seit dem frühen 19. Jahrhundert gehegt. Der Park liegt zwischen den Steppen der Osteuropäischen Ebene, die sich westlich bis zur Wolga erstrecken, und den Ausläufern des Süd-Urals im Osten. Der Fluss Samara bildet die südliche Grenze des Parks. Nach der Dürre 2010 starben fast zehn Prozent der Bäume ab. Der Wald wird immer noch häufig von Dürreperioden heimgesucht und Waldbrände stellen weiterhin eine Bedrohung dar.

Koygorodsky Nationalpark

Dieser russische Nationalpark liegt am östlichen Rand der Osteuropäischen Ebene und umfasst eine der größten Flächen unberührter Taiga in Europa. Das Klima ist subarktisch, mit langen, schneereichen Wintern. In den milden Sommern versorgt das Schmelzwasser die Pappel- und Fichtenwälder mit Nährstoffen. Nur ein winziger Teil des Reservats wird durch menschliche Einflüsse beeinträchtigt. Der Park ist ein Zufluchtsort für seltene Tiere wie Weidenammer, Fischotter, Teich-Fledermaus und Sibirischen Winkelzahnmolch.

▲ WEIDENAMMER

Asien

Leopardenland Nationalpark

Dieses Schutzgebiet weit im Osten Russlands wurde im Jahr 2012 gegründet. Es erstreckt sich über eine Fläche von etwa 2620 km² mit Mischwäldern, die in einem Gebiet mit milden Sommern und kalten Wintern wachsen. Der Park wurde zum Schutz der letzten Amurleoparden eingerichtet, die durch die Wilderei und die Zerstörung ihres

▲ EIN AMURLEOPARD IM LEOPARDENLAND NATIONALPARK

Lebensraums bedroht sind. Außer ihnen leben hier Braunbären, Zobel, Luchse, Moschustiere und Wildschweine. Weitere bedrohte Arten im Park sind der Riesen-Fischuhu und der Sibirische oder Amur-Tiger.

Olyokma Naturreservat

Dieses 1984 gegründete streng verwaltete Reservat, ein Sapowednik, liegt in der Mitte des Lena-Tals im Süden Jakutiens im Osten Russlands. Das Reservat umfasst mehr als 8000 km² unberührter Taiga. Sie nimmt nahezu 90 Prozent des Parks ein, wobei die Region über 1000 m Höhe eine baumlose Tundra ist. Darunter besteht der Wald hauptsächlich aus Lärchen und in den unteren Zonen findet man eine Mischung aus Lärchen und Kiefern mit Erlen und Rhododendren. Darüber hinaus gibt es rund 650 Pflanzenarten im Park, mehr als 40 Säugetierarten in der weiteren Region und etwa 180 Vogelarten.

Udegeiskaja Legenda Nationalpark

Dieses Schutzgebiet weit im Osten Russlands befindet sich an der Grenze zur Region Primorje. Der Park wurde 2007 gegründet, um einen der letzten noch unberührten Taigawälder Russlands zu schützen. Er erstreckt sich über eine Fläche von etwa 880 km². Der Mischwald aus Laub- und Nadelbäumen beherbergt einige der vielfältigsten Pflanzenarten in diesem Teil Asiens, darunter die seltene Korea-Kiefer. In den Wäldern leben Braunbären, Amurleoparden, Zobel, Otter, Elche und die bedrohten Sibirischen Tiger. Der Park bedeutet auch einen wichtigen Standort für Zugvögel wie Schwäne und Kraniche, die ihn auf ihren langen Flügen durch Asien als Zwischenstation nutzen.

Sangesur Nationalpark

Dieser Nationalpark wurde 2003 zum Schutz von Teilen des Sangesur-Gebirges im Kleinen Kaukasus eingerichtet und liegt in der autonomen aserbaidschanischen Enklave zwischen Armenien und dem Iran. Zu seinen Lebensräumen gehören alpine Wiesen, Wälder und Feuchtgebiete, die mit kalten Wintern, warmen Sommern und geringen jährlichen Niederschlägen zu kämpfen haben. Der Park ist einer der wenigen Orte, in denen Persische Leoparden noch in freier Wildbahn leben. Außerdem kommen hier Mufflons, Bezoar-Ziegen, Streifenhyänen, Wölfe und Schakale vor.

▲ GROSSE PANDAS IN DEN SCHUTZGEBIETEN VON SICHUAN

Wangchuck Centennial Nationalpark

▶ KLEINER PANDA

Dieser Park in Bhutan wurde 2008 anlässlich des 100-jährigen Bestehens der Wangchuck-Dynastie gegründet. Er erstreckt sich über eine Fläche von etwa 4920 km² und umfasst verschiedene Lebensräume von subtropischen Wäldern bis zu alpinen Wiesen. Er ist einer der wenigen Orte, an denen der Tibetische Wolf vorkommt. Dazu beherbergt er auch Schneeleoparden, Königstiger, Goldlanguren, Kleine Pandas und Moschustiere. An Vogelarten kommen hier Satyr-Tragopan und die Hälfte der weltweiten Population von Kaiserreihern vor. Unter den Pflanzen finden sich Rhododendren und Orchideen.

Schutzgebiete des Großen Pandas in Sichuan

Diese Schutzgebiete im Südwesten Chinas umfassen sieben Naturschutzgebiete und neun Landschaftsschutzgebiete. Sie enthalten Bambuswälder, in denen über 30 Prozent aller wildlebenden Großen Pandas leben. Auch andere gefährdete Arten wie der Kleine Panda, der Takin, der Schneeleopard und der Nebelparder kommen hier vor. Hier gibt es auch über 5000 Pflanzenarten, darunter einige seltene und gefährdete Arten wie die Chinesische Eibe und der Ginkgo. Im Jahr 2006 wurden die Schutzgebiete in die Weltnaturerbe-Liste der UNESCO aufgenommen.

Shennongjia Waldgebiet

Dieser zum Weltnaturerbe erklärte Gebirgszug in Zentralchina ist für seine Wälder und seine Artenvielfalt bekannt. Hier leben mehr als 4000 Pflanzen- und Tierarten. Das Gebiet beherbergt auch zahlreiche alte Tempel und traditionelle Kulturstätten, es wird von den Einheimischen wegen seiner spirituellen Bedeutung und seiner natürlichen Schönheit als heilig angesehen. In den Bergen gibt es mehrere Schutzgebiete, darunter das Shennongjia National Nature Reserve, das 1986 gegründet wurde, um Arten wie den Chinesischen Riesensalamander und die Goldstumpfnase zu schützen.

▶ GOLDSTUMPFNASE

Khao Yai Nationalpark

Dieses Schutzgebiet umfasst tropisches Grasland und Regenwald. Es liegt etwa drei Stunden nordöstlich von Bangkok und ist 1962 als erster Nationalpark Thailands eingerichtet worden. Der Park erstreckt sich über eine Fläche von über 2000 km² und beherbergt eine Vielzahl gefährdeter Arten, darunter eine große Population von Rothunden. Hier lebt auch eine der größten Nashornvogel-Populationen Thailands, darunter Arten wie der Doppelhornvogel. Der Park ist für seine beeindruckende Berglandschaft mit ihren Wasserfällen bekannt. Im Jahr 1984 wurde Khao Yai zum ASEAN (Association of Southeast Asian Nations) Heritage Park ernannt.

▲ WEIBLICHER DOPPELHORNVOGEL IM KRONENDACH DES REGENWALDS

Jōshin'etsu-Kōgen Nationalpark

Der Jōshin'etsu-Kōgen Nationalpark auf Honshu, Japans größter Insel, umfasst eine Vulkanlandschaft in der Nähe der Stadt Nagano. Im Park gibt es mehrere aktive Krater sowie Kraterseen und heiße Quellen. Die Region Jigokudani, auf Deutsch »Höllental«, trägt ihren Namen wegen ihrer zahlreichen Hydrothermalquellen. Sie speisen Pools, die von den Japanmakaken genutzt werden, um sich im Winter warm zu halten. In anderen Gebieten Japans ziehen die Affen im Winter in den Süden, aber hier bleiben die Tiere das ganze Jahr über. Im Sommer streifen sie durch die Nadelwälder des Parks.

Taman Negara Nationalpark

Dieser große Nationalpark im Hochland der Malaiischen Halbinsel beherbergt einen der ältesten Regenwälder der Welt. Er ist hier schätzungsweise 130 Millionen Jahre lang ununterbrochen gewachsen. Der Park weist eine reiche biologische Vielfalt auf und wurde zum Weltnaturerbe erklärt. Hier wachsen ungefähr 3000 Pflanzenarten, eine Mischung aus Koniferen und Bedecktsamern. Es gibt etwa 150 Säugetierarten, darunter die vom Aussterben bedrohten Malaysia-Tiger und die gefährdeten Hinterindischen Gaurs. Fast 500 einheimische Vogelarten leben hier, die durchziehenden Zugvögel nicht mitgerechnet. Es gibt 57 Amphibien- und 67 Schlangenarten, darunter die seltene Kurzkopf-Schneckennatter.

Kayan Mentarang Nationalpark

Der Kayan Mentarang Nationalpark umfasst das größte zusammenhängende Stück geschützten Regenwalds auf Borneo. Er befindet sich im östlichen Kalimantan, dem indonesischen Teil der Insel, im Gebirge, das die Grenze zu Malaysia bildet. Der Park erstreckt sich über eine Fläche von etwa 14000 km², von denen etwa 70 Prozent unterhalb von 1000 m Höhe liegen. Die Wälder bestehen hauptsächlich aus Flügelfruchtgewächsen, einer tropischen Familie von Hartholzbäumen. Kayan Mentarang ist ein Zufluchtsort für Nasenaffen, Borneo-Orang-Utans, Schuppentiere und Nebelparder. Die Region ist die Heimat von rund 10000 indigenen Dayak, von denen viele innerhalb der Parkgrenzen leben.

Alas Purwo Nationalpark

Zusammen mit den Nationalparks Baluran und Meru ist Alas Purwo im äußersten Osten Javas Teil des Biosphärenreservats Belambangan. Der Name Alas Purwo bedeutet »uralter Wald«, denn der javanischen Mythologie zufolge ist die Erde an diesem Ort erstmals aus den Ozeanen aufgetaucht. Neben dem Tiefland-Monsunwald gibt es im Park auch Mangrovenwälder und Savannen. In den Wäldern wachsen Ahnenbäume und es gibt seltene Tiere wie Rothunde, vier Meeresschildkröten-Arten und Bantengs (ein Wildrind).

Tanjung Puting Nationalpark

Der Nationalpark Tanjung Puting befindet sich im indonesischen Teil Borneos und liegt an der Küste in der Nähe der Stadt Pangkalan Bun. Er besteht aus mehr als 4000 km² an Torfsümpfen, Regenwäldern und Mangroven. Die Pflanzenwelt ist an die sauren, torfhaltigen Böden angepasst. Hier leben zwei Krokodilarten, viele Schlangen- und Froscharten sowie der bedrohte Asiatische Gabelbart, auch bekannt als Drachenfisch. Der Nationalpark Tanjung Puting ist vor allem für seine große Population der vom Aussterben bedrohten Borneo-Orang-Utans bekannt. Der Park beherbergt sechs weitere Primaten-Arten, darunter den bedrohten Schwarzhand-Gibbon und den Nasenaffen. Zu den weiteren Säugetieren gehören der Banteng (ein Wildrind), Hirschferkel, Malaienbären und Nebelparder. Der Park beherbergt mehr als 200 Vogelarten, darunter den gefährdeten Langschopf-Hornvogel und den Höckerstorch.

▲ ORANG-UTAN HOCH OBEN IN DEN BÄUMEN IM NATIONALPARK TANJUNG PUTING

Australasien und Ozeanien

Dorrigo Nationalpark

Der nördlich von Sydney im australischen Bundesstaat New South Wales gelegene Dorrigo Nationalpark umfasst eine Vielzahl von Lebensräumen, darunter Regenwälder, küstennahe Heidelandschaften, Sümpfe und feuchte Hartlaubwälder mit Eukalyptusbäumen und Banksien. Das zum Weltnaturerbe gehörende Gebiet schützt auch einen kleinen Teil der australischen Gondwana-Regenwälder. Sie bilden einen subtropischen Lebensraum, der in dieser Region schon existierte, als Australien ein Teil Gondwanas war (dieser Superkontinent ist vor etwa 180 Millionen Jahren auseinandergebrochen). Zur Zeit der europäischen Besiedlung war nur ein Prozent Australasiens mit Regenwald bedeckt. Aufgrund der Abholzung ist nur noch ein Viertel davon übrig, von dem wiederum die Hälfte durch Buschbrände in den Jahren 2019 und 2020 zerstört worden ist. Heute ist der Dorrigo Nationalpark ein Zufluchtsort für Arten wie den Seiden-Laubenvogel und den Graurücken-Leierschwanz.

Whanganui Nationalpark

Dieser Park auf der Nordinsel Neuseelands schützt eines der größten Tiefland-Waldgebiete der Region. Der Wald besteht vor allem aus Steineiben und kleineren Hartholzbäumen. Im Unterholz wachsen Farne und Sträucher. Im Park sind Orchideen, Hutu-Bäume und einheimische Korbblütler zu finden. Wie in anderen Teilen des Landes wird die Tierwelt im Park von Vögeln beherrscht. Häufige Arten sind Fächerschwänze, Maori-Gerygonen, Graumantel-Brillenvögel, Maori-Schnäpper, Maori-Fruchttauben und Tui-Honigfresser. Hier leben auch die gefährdeten Nördlichen Streifenkiwis. Im Frühjahr und Frühsommer sind Kuckucke zu hören. Der kleinste Vogel Neuseelands, der Grünschlüpfer, lebt ebenfalls im Park – eine von nur zwei überlebenden Arten der endemischen Maorischlüpfer.

▼ NÖRDLICHER STREIFENKIWI

BESONDERE WELTEN

Nationalparks und Naturschutzgebiete sind oft von durch menschliche Aktivitäten geprägten Landschaften umgeben. In diesem Kapitel werden nur einige dieser Gebiete vorgestellt: abgeschiedene Bereiche mit ungewöhnlichen Lebensräumen. Darunter befinden sich auch tatsächliche Inseln. Hier hat die Evolution Lebensräume geformt, die sich radikal von denen des Festlands unterscheiden. Außerdem stellen Feuchtgebiete wichtige Biotope für aquatische Pflanzen und Tiere in einer Umgebung von Landlebensräumen dar. Gebirgsregionen umfassen hoch gelegene, von kalten Winden und Schnee geprägte Lebensräume, die sich von den Bedingungen im Flachland deutlich unterscheiden können.

▲ BÄRENGRAS IM GLACIER NATIONALPARK

Nordamerika

Jasper Nationalpark

Der Jasper Nationalpark in Kanada nimmt eine Fläche von mehr als 11 000 km² ein und schützt Überreste der Lebensräume, die sich früher über die Rocky Mountains und die Ebenen Nordamerikas erstreckten. Die oberen Hänge der Berge sind von alpiner Tundra mit Wildblumenwiesen bedeckt, auf denen Schneehühner, Murmeltiere und Pfeifhasen leben. Die darunter liegende subalpine Zone besteht aus verkümmerten Nadelbäumen. Die montane Zone befindet sich in der Nähe der Talsohlen. Hier wachsen Douglasien an Südhängen, in den kälteren Bereichen breitet sich Grasland aus. Beide sind ideale Lebensräume für Hirsche, Bären, Wölfe und Pumas.

Banff Nationalpark

Dieser kanadische Park besteht aus drei Ökoregionen: Die alpine nimmt den größten Teil der höheren Lagen ein und beherbergt niedrige Gewächse wie Moose, Flechten und Polsterpflanzen, die bei Kälte überleben können. Diese Region beherbergt auch andere winterharte Pflanzen wie den Amerikanischen Ehrenpreis und die Seidenhaarige Phazelie. Die subalpine Ökoregion besteht aus Nadelbäumen wie der Biegsamen Kiefer und der Engelmann-Fichte. Die montane Ökoregion in den niedrigeren Lagen umfasst Grasland sowie Wälder aus Douglasien, Küsten-Kiefern und Espen. Im Park leben Elche und Grizzly-Bären sowie die bedrohte Kleine Braune Fledermaus und die gefährdete Banff-Springs-Blasenschnecke.

◀ SEIDENHAARIGE PHAZELIE

Point Pelee Nationalpark

Point Pelee ist einer der kleineren Nationalparks Kanadas. Er liegt auf einer sumpfigen Halbinsel, die in den Eriesee hineinragt. Ein Großteil des Parks besteht aus einer Savanne, die sich auf einer sandigen Landzunge befindet. Der grasbewachsene Lebensraum beherbergt seltene Reptilien wie den Fünfstreifen-Skink und die Amerikanische Kletternatter. Die Sumpfgebiete im Park, die zu den wenigen verbliebenen im Eriesee gehören, sind wichtige Zwischenstationen für Zugvögel und bieten einen Lebensraum für Schildkröten, Fische und eine Vielzahl von Amphibien. Ungewöhnlich für ein Schutzgebiet, werden von Zeit zu Zeit Teile von Point Pelee absichtlich in Brand gesetzt. Dies ahmt natürliche Brände nach, dabei wird abgestorbenes Pflanzenmaterial entfernt und die Gefahr von unkontrollierten Waldbränden verringert sich.

Glacier Nationalpark

Der Park liegt an der kanadischen Grenze in Montana und besteht aus felsigen Gipfeln und Steilwänden mit von Gletschern eingeschnittenen Tälern. Es gab 80 Gletscher im Park, doch aufgrund des Klimawandels sind nur noch 26 von ihnen übriggeblieben, von denen einige kaum mehr als permanente Eiskappen gelten können. Ein zentraler Punkt des Parks ist der Big Drift, eine große Ansammlung von Winterschnee in der Nähe der Kontinentalen Wasserscheide. Der Park hat mehr als 700 Seen, seine Feuchtgebiete bieten Lebensräume für Salamander und Frösche, für Bisamratten und Nerze sowie für verschiedene Wasservögel. Unterhalb der Baumgrenze gibt es alte Wälder mit Riesen-Lebensbäumen, Tannen und Lärchen sowie Wiesen mit einheimischen Pflanzen wie dem Bärengras.

Everglades Nationalpark

Der an der Südspitze Floridas gelegene Park ist das größte subtropische Feuchtgebiet der Vereinigten Staaten. Es beherbergt das bedrohte Spitzkrokodil, den Karibik-Manati, mehrere Sägerochen und den Florida-Panther, eine sehr seltene Form des Pumas. Es gibt Bindenschneiden- und Zypressensümpfe sowie die Mangrovenwälder der Flussmündungen, in denen Alligatoren, Watvögel und Dutzende von Schlangenarten leben. Oberhalb des Wassers kommen bewaldete Gebiete vor, in denen Rehe, Eichhörnchen und Kaninchen einen idealen Lebensraum finden. Außerdem schützt der Park die Meereslebensräume an der Küste.

Xochimilco Ökologischer Park

Dieser ungewöhnliche Park befindet sich in den südlichen Vororten von Mexiko City, einem der größten urbanen Zentren der Erde. Der Park ist ein stadtnahes Rückzugsgebiet für die Tierwelt. Im Mittelpunkt steht ein Netz künstlicher Inseln im Xochimilco-See, die noch aus der Zeit der Azteken stammen. Heute bilden diese Inseln einen Flickenteppich aus Feuchtgebieten, die durch Kanäle miteinander verbunden sind, auf denen man mit Booten fahren kann. Die Wasserwege sind der einzige Ort auf der Erde, an dem die bedrohten Axolotls wild leben. Sie stehen im Park unter Schutz, sind aber durch die Verschmutzung der Kanäle und Seen infolge der Verstädterung und der zunehmenden Touristenströme bedroht.

Südamerika

Kaieteur Nationalpark

Der Kaieteur Nationalpark liegt im Hochland von Zentral-Guyana und befindet sich im Einzugsgebiet des Potaro. Der Mittelpunkt des Parks sind die Kaieteur-Fälle, bei denen der Fluss über eine Höhe von 226 m in die Tiefe stürzt. Sie sind also fast viermal so hoch wie die Niagarafälle. Der Park liegt in der Guayana-Feuchtwaldzone, die eine eigene Ökoregion darstellt. Er hat Gebiete mit tropischem Tieflandregenwald, Nebelwald, montanem Grasland und Savannen. Seine üppigen Wälder beherbergen eine Bromelie, die der einzige bekannte Lebensraum des winzigen Goldfrosches ist, der ausschließlich in dieser Region vorkommt.

◀ GOLDFROSCH

Llanganates Nationalpark

Der Llanganates Nationalpark erstreckt sich über eine Fläche von mehr als 2000 km² und befindet sich in den Anden Ecuadors. Der östliche Teil des Parks liegt in den Ausläufern der Anden und besteht aus montanen Wäldern mit kleineren Bäumen, Epiphyten und Orchideen. Diese Region gehört zur Wasserscheide des Amazonas, die unteren Hänge gehen in die für diese Region typischen Regenwälder über. Im Westen wird der Park vom Páramo dominiert, einem Lebensraum alpiner Hochlandsteppen, der nur in den Anden vorkommt. Grasdickichte und Sträucher bieten einen Lebensraum für Dutzende von bedrohten Tieren, darunter Langschwanzwiesel, Vikunjas und Brillenbären.

▲ DER GRÜNREIHER IST EINER DER VIELEN WASSERVÖGEL, DIE IN DEN EVERGLADES LEBEN.

Guaporé Biological Reserve

Das Reservat Guaporé ist ein streng geschütztes Gebiet, in dem nur minimale menschliche Eingriffe erlaubt sind. Das Reservat befindet sich im Westen Brasiliens, entlang der Grenze zu Bolivien. Es umfasst Gebiete mit tropischem Tieflandregenwald, die dann in die Cerrado-Region übergehen, zu der Savannen und Trockenwälder gehören. Der südliche Teil des Reservats grenzt an das riesige Feuchtgebiet des Pantanal. Aufgrund dieser drei unterschiedlichen Ökoregionen weist der Park eine große Artenvielfalt auf. Die Tierwelt umfasst Jaguare, Sumpfhirsche, Otter, Große Ameisenbären, Harpyien, Flussdelfine und Mähnenwölfe. Das Reservat ist auch ein wichtiger Lebensraum für mehrere Zugvogel-Arten, die es als Zwischenstation auf ihrer jährlichen Reise nutzen.

▲ GROSSER AMEISENBÄR

Lençóis Maranhenses Nationalpark

In diesem brasilianischen Reservat befindet sich das größte Sanddünengebiet Südamerikas. Es umfasst eine Fläche von 1550 km² und erstreckt sich 80 km weit entlang des Atlantiks. Mehr als die Hälfte des Parks besteht aus Wanderdünen und temporären Lagunen, die im Sand durch Flüsse wie dem Rio Negro entstehen. Ansonsten gibt es hauptsächlich zwischen 600 m und 2 km breite Strände. Die Dünen hinter den Stränden reichen bis zu 20 m in die Höhe und bis zu 20 km weit ins Landesinnere. Der größte Teil der Lebensräume besteht aus Restinga, einem küstennahen Laubwald. Kleinere Gebiete sind mit Mangroven bewachsen. Der Park beherbergt drei Tiere aus der brasilianischen Liste gefährdeter Arten: die Wildkatze Oncilla, den Südamerikanischen Fischotter und den Karibik-Manati.

▲ LUFTBILD DER SANDDÜNEN IM NATIONALPARK LENÇÓIS MARANHENSES

Uatumã Biological Reserve

Dieses im brasilianischen Bundesstaat Amazonas gelegene Reservat schützt eine Region des amazonischen Lebensraums rund um den Fluss Uatumã. Dazu gehört auch ein aufgestauter See. Das Reservat erstreckt sich über eine Fläche von mehr als 9400 km² und umfasst einige der artenreichsten Regionen der Erde. Zu ihnen gehören ständig überschwemmte Wälder, die Várzea genannten saisonal überschwemmten Wälder und die Terra firme, die nicht regelmäßig überschwemmt wird. Außerdem gibt es den Igapó-Wald, in dem der Boden ständig mit Wasser gesättigt ist. Das Reservat beherbergt mehr als 450 Vogelarten sowie Jaguare, Riesenotter und Mohrenkaimane. Auch Amazonas-Manatis besuchen das Reservat.

The Pantanal of Rio Negro State Park

Das vom Bundesstaat Mato Grosso do Sul im Südwesten Brasiliens verwaltete Gebiet schützt einen Teil des Pantanal, eines Graslands, das einen Großteil des Jahres überschwemmt ist. Es enthält vom Rio Negro gespeiste permanente Seen, Galeriewälder an den Ufern der Gewässer und Sumpfland. Das Reservat schützt die ruhigen Gewässer, in denen die Jungfische aufwachsen. Das Feuchtgebiet beherbergt eine vielfältige Flora und Fauna. Der Jabiru-Storch mit seinem verdickten Hals ist das Wahrzeichen dieses Lebensraums. Neben Tukanen, Kolibris und Löfflern ist das Gebiet auch die Heimat des Hyazinth-Aras, einer gefährdeten Papageienart. Das Capybara oder Wasserschwein, das größte Nagetier der Welt, ist ein weiterer bekannter Bewohner des Pantanal.

▶ CAPYBARA

▲ TITICACA-RIESENFROSCH

Brasilianische Atlantik-Inseln

Dieses Schutzgebiet umfasst zwei unterschiedliche Regionen. Fernando de Noronha vor der Ostspitze der brasilianischen Küste ist eine Vulkaninsel mit einer Kette von Seamounts und 21 kleineren Inseln in der Nähe. Sie beherbergt den einzigen überlebenden atlantischen Inselwald und die einzigen Mangroven an der Atlantikküste. Im Westen liegt das Rocas-Atoll, das einzige Korallen-Atoll im Südatlantik. Hier gibt es Thunfische, Haie, Meeresschildkröten und eine Vielzahl von Meeressäugetieren. In der Delfinbucht in Fernando de Noronha lebt eine Delfinpopulation. Bei Ebbe wimmelt es am Rocas-Atoll von Küstenbewohnern.

Reserva Nacional del Titicaca

Der Titicacasee, der zwischen Peru und Bolivien in den Anden liegt, ist mit einer Höhe von 3810 m über dem Meeresspiegel der höchste schiffbare See der Welt. Sein Wasser speist Feuchtgebiete und Sümpfe, in denen endemische Fischarten, migrierende Watvögel und Wasservögel der Anden leben. Er ist auch die Heimat des gefährdeten und ausschließlich im Wasser lebenden Titicaca-Riesenfrosches. Das Totora-Schilf kann bis zu 7 m hoch werden. Die Einheimischen nutzen es zum Bau von Booten und Häusern. Sie errichten sogar Häuser auf Matten dieser Pflanzen, die in tiefere Gewässer treiben und schwimmende Inseln bilden können.

Laguna Blanca Nationalpark

Der Nationalpark Laguna Blanca in Neuquén, Argentinien, liegt in der nordpatagonischen Steppe. Dieser Park schützt ein einzigartiges Ökosystem, das vor allem aus einer großen, flachen Lagune besteht, die von kleinen Flüssen gespeist wird, die an den östlichen Hängen der Anden entspringen. Die Steppen rund um die Lagune sind von Sträuchern bewachsen. Es gibt auch Grasland und dichte Baumbestände. Die Lagune selbst, deren Größe im Lauf des Jahres stark schwankt, ist ein Paradies für Zugvögel. Einst beherbergte sie die größte Population des endemischen und vom Aussterben bedrohten Patagonischen Frosches, die durch die Einführung von Raubfischen ausgelöscht wurde.

La Payunia Reserva Provincial

Das im Süden der argentinischen Provinz Mendoza gelegene Reservat erstreckt sich über eine Fläche von mehr als 6650 km². Die Landschaft besteht aus trockenem Andenhochland mit mehr als 800 Vulkanen. La Payunia wurde von der UNESCO (Organisation der Vereinten Nationen für Bildung, Wissenschaft und Kultur) zum Biosphärenreservat erklärt. Während in den trockenen Regionen des Parks Kakteen und Sukkulenten wachsen, findet man in den feuchteren Gebieten eine typisch argentinische Landschaft, die als Monte oder Zwergstrauch-Halbwüste bezeichnet wird und mit dornigen Sträuchern bewachsen ist. An den niedrigeren Hängen wächst ein kleiner Teil des Vorgebirgswalds mit Bäumen wie der Jarilla und verschiedenen Harthölzern. Das Reservat ist die Heimat von Hasen, Guanakos, Pumas und dem Andenkondor.

▲DIE IGUAZÚ-FÄLLE LIEGEN TEILS IM ARGENTINISCHEN UND TEILS IM BRASILIANISCHEN NATIONALPARK.

Iguazú Nationalpark

Dieser Nationalpark liegt in der subtropischen Regenwaldregion im Nordosten Argentiniens und ist um die u-förmig angeordneten Iguazú-Wasserfälle herum angelegt. Die höchsten Fälle sind 80 m hoch und insgesamt erstrecken sie sich über 2700 m. Sie gehören zu den spektakulärsten Wasserfällen der Welt. Der Park, der an den brasilianischen Iguaçu Nationalpark grenzt, schützt auch den subtropischen Regenwald, der von der Gischt befeuchtet wird. Dieser Wald beherbergt 2000 Arten von Gefäßpflanzen und Tapire, Große Ameisenbären, Brüllaffen, Ozelots, Jaguare und den Breitschnauzen-Kaiman sowie 400 Vogelarten, darunter die seltene Harpyie.

Torres del Paine Nationalpark

Im Mittelpunkt dieses Nationalparks in den südchilenischen Hochanden stehen die Paine-Türme, drei von Gletschern abgeschliffene Felsnadeln. Diese Gletscherlandschaft, in der es auch Seen und Flüsse gibt, bildet die Übergangszone zwischen der rauen, kalten Wüstenregion der Patagonischen Steppe im Osten und den Magellanischen Regenwäldern, die sich bis zur Pazifikküste erstrecken. In den Wäldern herrschen Lenga-Südbuchen (*Nothofagus pumilio*) vor. Dieser Nationalpark beherbergt den Südpudu, einen der kleinsten Hirsche der Welt, sowie viele weitere Tiere der Anden, wie den Kondor, die Viscacha und den Pampashasen.

◀ VISCACHA

Afrika

W Nationalpark

Dieser Nationalpark ist nach dem w-förmigen Verlauf des Niger benannt, der sich entlang der Grenzen von Burkina Faso, Benin und Niger schlängelt. Er wird von Burkina Faso verwaltet und grenzt an benachbarte Schutzgebiete (siehe S. 373). Der Park umfasst das Überschwemmungsgebiet des Niger und die Galeriewälder an seinen Ufern. Ein streifenartig bewachsener Savannenlebensraum, der als Tigerbusch bezeichnet wird, erstreckt sich vom Fluss weg. Großtiere wie Löwen, Leoparden, Büffel

und Afrikanische Steppenelefanten kommen in diesem Park ebenso vor wie Perl- und Rebhühner.

Digya Nationalpark

Der zweitgrößte Nationalpark Ghanas liegt am Westufer des Volta-Stausees, dem flächenmäßig größten Stausee der Welt, der in den 1960er-Jahren durch Aufstauen des Volta-Flusses entstanden ist. Das Gebiet steht seit 1900 unter Schutz und wurde 1971 zum Nationalpark erklärt, als es zu einer Halbinsel wurde, die im Norden, Osten und Süden vom Wasser umgeben ist. Entlang des Sees und der Flüsse wachsen Galeriewälder. Abseits des Wassers findet man Grasland und Akaziengebüsch. In einigen Teilen des Sees gibt es Afrikanische Manatis, die jedoch durch die Fischerei bedroht sind. Krokodile und Schlangen leben im Wasser, während an Land Elefanten, Büffel, Leoparden, Antilopen und Affen zu finden sind.

Tschadbecken Nationalpark

Dieser nigerianische Park liegt im Tschadbecken, das sich auch über Kamerun, Niger und den Tschad selbst erstreckt. Der im Norden gelegene Tschadsee ist das größte endorheische Becken Afrikas, da er keine zum Meer führenden Abflüsse hat. Stattdessen verdunstet das Wasser oder versickert im Boden. Der Park umfasst einen Teil des Feuchtgebiets, das von zwei Flüssen gespeist wird, die nach Norden zum See fließen. Die Sumpfgebiete sind mit Papyrus bewachsen und es gibt ein Wasservogel-Schutzgebiet für Zugvögel.

Dinder Nationalpark

Diese Gruppe von etwa 40 Feuchtgebieten liegt an der östlichen Grenze des Sudan, wo zwei Flüsse aus den äthiopischen Bergen zusammenfließen, um im Westen in den Blauen Nil zu münden. Die Flüsse führen im Juni Hochwasser und sind im November weitgehend ausgetrocknet. Der Park stellt einen Übergang zwischen der feuchten Ökoregion des Hochlands von Abessinien im Osten und der Sahelzone mit ihren trockenen Gras- und Strauchlandschaften dar, die sich westlich entlang der Sahara erstrecken. Hier gibt es eine Mischung aus Bergwald, Akazienwäldern und Grasländern. Tiere wie Elefanten und Antilopen sind auf die Feuchtgebiete als Nahrungs- und Wasserquelle angewiesen.

Tiwai Island Wildschutzgebiet

Dieses Schutzgebiet in Sierra Leone liegt auf der Insel Tiwai im Moa, etwa 64 km stromaufwärts vom Atlantik. Der Name bedeutet »Große Insel« auf Mende, einer der am weitesten verbreiteten Sprachen im Land. Trotz ihres Namens ist die Insel mit 12 km² Fläche jedoch relativ klein. Dennoch beherbergt der Nationalpark über 135 verschiedene Vogelarten und weist in Bezug auf Primaten eine der höchsten Konzentrationen und Artenzahlen weltweit auf. Der Dinder Nationalpark ist auch die Heimat des Zwergflusspferds. Diese seltene, nachtaktive Art bleibt deutlich kleiner als das in weiten Teilen Afrikas vorkommende Flusspferd. Lebensraumverlust und Wilderei bedrohen das Zwergflusspferd andernorts.

▲ ZWERGFLUSSPFERD

Simien Nationalpark

Diese Region liegt im zerklüfteten Hochland von Abessinien und erstreckt sich über eine Fläche von etwa 412 km². Der Simien Nationalpark besteht größtenteils aus Hochebenen mit alpinen Wiesen, vereinzelten Exemplaren der Baumheide und Gebüschen mit Riesenlobelien, einer Pflanze, die in dieser afroalpinen Ökoregion endemisch vorkommt. Das Klima ist gekennzeichnet von einer ausgeprägten Regenzeit. Die Abflüsse der steilen Hügel bilden das Quellgebiet des Blauen Nils. Zu den auffälligsten Tieren im Park gehören die Dscheladas – Primaten, die sich in Trupps auf grasbewachsenen Hügeln niederlassen. Sie sind die einzige Affenart, die sich nur von Gras ernährt. In den Hügeln lebt auch der bedrohte Äthiopische Wolf, eine kleine Wolfsart, die Maulwurfsratten jagt, die sich unter dem Gras eingraben. Auch der Äthiopische Steinbock ist in diesen Bergen mit ihren steilen Klippen zu Hause.

▲ RIESENLOBELIEN IM SIMIEN NATIONALPARK

▲ BUNTBARSCHE IM MALAWISEE NATIONALPARK

Liwonde Nationalpark

Der Liwonde Nationalpark liegt im Süden Malawis nahe der Grenze zu Mosambik und besteht aus einer Mischung aus Wald, Savanne und Feuchtgebieten. Der Park ist als Zufluchtsort für das bedrohte Spitzmaulnashorn bekannt. Seit den 1990er-Jahren sind Zuchtpaare des Spitzmaulnashorns aus weniger sicheren Gebieten des südlichen Afrikas in den Park gebracht worden. Die Praxis der Umsiedlung wurde in Liwonde mit Elefanten wiederholt, die in einen anderen Nationalpark gebracht wurden, um die Konflikte mit Menschen zu verringern.

Malawisee Nationalpark

Dieser kleine Nationalpark befindet sich auf einer Halbinsel am Südufer des Malawisees. Die Vielfalt der Fische im See, die sich aus wenigen Ausgangsarten entwickelt hat, ist in ihrer Bedeutung für das Verständnis der Evolution mit der Tierwelt der Galapagos-Inseln vergleichbar. In den Gewässern des Malawisee Nationalparks leben mindestens 500 Fischarten, vor allem Buntbarsche. Nahezu alle diese Fische sind endemisch, kommen also nur in diesem Gebiet vor. Entlang des Ufers findet man viele fischfressende Tiere wie Otter, Fischadler und Reiher.

Lake Manyara Nationalpark

Dieser Park in Tansania liegt in einer schmalen Ebene zwischen dem westlichen Abhang des Großen Grabenbruchs und dem Manyara-See, einem endorheischen Becken. Da das Wasser nur durch Verdunstung entweicht, lagern sich darin alkalische Mineralien ab, die weiße Krusten bilden. Die chemischen Eigenschaften des Wassers hemmen einen Großteil des Pflanzenlebens, das normalerweise in solchen Gewässern zu finden wäre, und machen den flachen See zu einem idealen Lebensraum für Flamingos, die die Mikroorganismen nutzen, die anstelle der Pflanzen hier leben.

Salonga Nationalpark

Dieser Park in der Demokratischen Republik Kongo ist ein wichtiges Schutzgebiet in den Regenwäldern des Kongobeckens. Er beherbergt seltene Tiere wie den Waldelefanten, das Panzerkrokodil, den Kongopfau und den Bonobo. Es gibt keine Straßen. Der Park ist nur auf dem Wasserweg zu erreichen. Hier leben zwei indigene Gemeinschaften: die Yaelima im südlichen Teil und die Kitawala im nördlichen. Obwohl die Wald- und Sumpfgebiete noch weitgehend unberührt sind, ist die Tierwelt im Park durch Fischfang, Wilderei und illegalen Holzeinschlag bedroht.

▼ KONGOPFAU

Bwabwata Nationalpark

Dieser Nationalpark liegt im äußersten Nordosten Namibias, nahe der Grenzen zu Angola und Sambia. Er umfasst 6274 km² an Überschwemmungsgebieten, Grassavannen und Uferwäldern. Diese Lebensräume befinden sich am Unterlauf des Okavango-Flusses, der das Gebiet die meiste Zeit des Jahres überschwemmt. Der Bwabwata Nationalpark beherbergt eine der größten Artenzahlen in dieser Ökoregion der überfluteten Savannen, die sich über diesen Teil des südlichen Afrikas erstreckt. Neben Elefanten, Geparden, Spitzmaulnashörnern und zahlreichen Antilopen-Arten wie dem Kudu und der Elenantilope wurden 400 Vogelarten gezählt. Der Park beherbergt auch Wasserbewohner wie die Krokodile und Tigersalmler – große Raubfische, die ihren Namen von ihren markanten Streifen haben.

Chobe Nationalpark

Dieser große Nationalpark im Norden Botswanas umfasst eine Fläche von etwa 11 700 km² und beherbergt verschiedene Lebensräume wie Savannen, Flusswälder, permanente Feuchtgebiete und saisonale Sümpfe. Der mäandernde Chobe-Fluss bildet die nördliche Grenze des Nationalparks. Seine permanenten Lagunen, Kanäle und Inseln beherbergen etwa 450 Vogelarten und dienen als Wasserstellen für Büffel-, Giraffen- und Antilopenherden. Im Westen bildet der Savuti-Fluss ein Sumpfgebiet, in dem in der Trockenzeit Breit- und Spitzmaulnashörner sowie andere große Säugetiere leben. Im Norden des Nationalparks befindet sich das Linyanti-Sumpfgebiet, in dem Herden der Letschwe, einer seltenen Sumpfantilope, anzutreffen sind.

▶ LETSCHWE

Südluangwa Nationalpark

Dieser Nationalpark erstreckt sich im Osten Sambias über eine Fläche von 9050 km² und umfasst Savannen und Wälder. Hier leben die seltenen Gnu- und Zebra-Unterarten Luangwa-Gnu und Crawshay-Zebra. Baumsavannen beherrschen die Landschaft, unterbrochen von Grasländern. Diese sind an den Ufern größerer Flüsse – vor allem des Luangwa – von Mopane-Bäumen und anderen Hartholzarten wie wilden Feigen durchsetzt. In der Trockenzeit von Mai bis Oktober versammeln sich viele Tiere an permanenten Wasserquellen, um zu trinken oder sich in flachen Tümpeln zu suhlen. In der Regenzeit entstehen durch Überschwemmungen riesige saisonale Feuchtgebiete, die Wasservögel anlocken.

Unterer Sambesi Nationalpark

Dieses sambische Schutzgebiet liegt am Nordufer des Sambesi, der hier die Grenze zu Simbabwe bildet. Ein Großteil der Tiere versammelt sich in dem Gebiet zwischen dem Fluss und der Böschung, die vom Wasser aus zum trockenen Strauchland hin ansteigt. Der Fluss ist die Heimat von Flusspferden und Nilkrokodilen. Elefanten- und Büffelherden kommen häufig zu Besuch. Hier leben Löwen, Leoparden und Afrikanische Wildhunde. Die größte ökologische Bedrohung ist die Kariba-Talsperre, die Wasser für die Bewässerung flussaufwärts staut und den Wasserstand des Flusses senkt.

▼ BLUTSCHNABEL-WEBER AM LUANGWA IM UNTEREN SAMBESI NATIONALPARK

Réunion Nationalpark

Dieser französische Nationalpark umfasst den größten Teil des Inselinnern von Réunion, einer Vulkaninsel östlich von Madagaskar. Im Süden wird er vom Piton de la Fournaise beherrscht, einem der größten und aktivsten Vulkane der Welt. Im Zentrum des Nationalparks befindet sich ein erloschener Vulkan, der zusammengebrochen ist und eine Reihe von zerklüfteten Tälern gebildet hat. Diese Täler sind ein Rückzugsgebiet für die im Nationalpark lebende Tierwelt, zu der auch der bedrohte Newton-Raupenfänger und die Réunion-Weihe gehören, der einzige Greifvogel der Insel. Der Nationalpark beherbergt auch eine Reihe von Waldlebensräumen, in denen einheimische Pflanzenarten wie *Pandanus montanus* wachsen.

▶ RÉUNION-WEIHE

Tafelberg Nationalpark

Dieses Schutzgebiet in und um Kapstadt ist einer der meistbesuchten Nationalparks Südafrikas. Es umfasst den Tafelberg und die felsige Halbinsel, die in das Kap der Guten Hoffnung hineinragt. Der Park ist auch für die einzigartige Fynbos-Vegetation der Kapregion bekannt, die Teil des Kap-Florenreichs ist – ein lokal begrenzter, aber ausgesprochen wichtiger Teil der Pflanzenvielfalt der Erde. Fynbos ist eine Art Heideland, das an ein mediterranes Klima angepasst ist, allerdings mit einer hochgradig speziell afrikanischen Flora. Man geht davon aus, dass im Park und in der Umgebung fast 6000 endemische Fynbos-Pflanzen wachsen, von denen die berühmtesten die Silberbäume mit ihren großen Blüten sind.

◀ FYNBOS AN DER HOUT BAY, TAFELBERG NATIONALPARK

Europa

Thingvellir Nationalpark

Dieser isländische Park beherbergt viele bedeutende Sehenswürdigkeiten. Hier befand sich nicht nur das mittelalterliche isländische Parlament – hier verläuft auch die Bruchlinie zwischen der nordamerikanischen und der eurasischen tektonischen Platte. Thingvellir ist auf drei Seiten von Bergen umgeben. Das Gelände rund um den Grabenbruch umfasst Heidelandschaften und Dickichte, weiter draußen im Park gibt es einen Lebensraum namens Bláskógar (Blauer Wald), der von Zwergbirken und Weiden geprägt ist. Im Park gibt es 172 Pflanzenarten – das sind etwa 40 Prozent der gesamten isländischen Flora.

Connemara Nationalpark

Der Connemara Nationalpark befindet sich im Westen Irlands in der Grafschaft Galway und umfasst etwa 2000 Hektar an Bergen, Mooren, Heiden, Wiesen und Wälder. Er beherbergt eine vielfältige Flora und Fauna, darunter auch lokale Haustierrassen wie das Connemara-Pony, das Cladoir-Schaf und das Irish-Moiled-Rind. Der Nationalpark unterstützt auch mehrere Naturschutzprojekte, darunter die Ausrottung von invasiven Rhododendren, die Wiederaufforstung einheimischer Wälder, unter anderem mit Trauben-Eichen, Ebereschen, Weißdorn und Erlen, und die Schaffung von Lebensräumen für Waldblumen. Außerdem werden Hirsche und Schafe aus einigen Hochmoorgebieten ferngehalten, damit die natürliche Vegetation gedeihen kann.

Loch Lomond and the Trossachs Nationalpark

Dieser Nationalpark im Westen Schottlands umfasst den Loch Lomond, den größten See des Landes, sowie die Hügel und Täler der Trossachs und der angrenzenden Highlands. Er repräsentiert den Lebensraum der schottischen Highlands mit felsigen Hängen, überzogen von torfigen Böden mit Grasbewuchs. Auch Tiere wie Rotwild und Schneehasen leben hier. Landbewirtschaftung in Kombination mit Überweidung verhindert, dass sich das Schutzgebiet zu einem Waldlebensraum zurückentwickelt. Um es wieder in einen natürlicheren Zustand zu versetzen, werden mehrere Naturschutzprojekte durchgeführt, darunter die Anpflanzung von Bäumen zur Vergrößerung der Waldflächen und die Wiederansiedlung von Arten wie dem Biber, den man in Schottland nach 400 Jahren wieder in der Natur antreffen kann.

Snowdonia Nationalpark

Dieser gebirgige Nationalpark, der auf Walisisch Eryri heißt, ist der größte in Wales. Im Mittelpunkt steht der Mount Snowdon oder Yr Wyddfa, der höchste Punkt des Landes und ein sehr beliebtes Wanderziel. Jenseits dieses Gipfels gibt es im Park Seen, Heidelandschaften, Moore und Wälder. In den Hochlandgebieten leben wilde Ponys und Ziegen, Wanderfalken

▶ REGENBOGEN-BLATTKÄFER

und ausdauernde Blütenpflanzen wie der Gegenblättrige Steinbrech und die Späte Faltenlilie. Auch der Regenbogen-Blattkäfer kommt hier vor. In den tiefer gelegenen Waldgebieten des Parks wachsen Bäume wie Eichen, Eschen, Stechpalmen, Erlen und Kirschen.

Jotunheimen Nationalpark

Der Name dieses südnorwegischen Nationalparks bedeutet »Heimat der Giganten«. Er umfasst 250 Berggipfel, die über 2000 m hoch sind. In höheren Lagen finden sich alpine Wiesen und Seen, Gletscher und Schneefelder sowie eisbedeckte Gipfel. Die geschützteren Gebiete sind mit dichten Wäldern aus Birken und winterharten Nadelbäumen bewachsen. Im Sommer blühen an den hoch gelegenen Hängen Wildblumen zwischen den Gräsern, während in niedrigeren Lagen die kalten, sauerstoffreichen Flüsse Laichplätze für Bachforellen und Seesaiblinge bieten. Elch- und Rentierherden weiden in den wärmeren Jahreszeiten auf den Wiesen und ziehen sich im Winter in die Wälder zurück, während Schneehühner und Steinadler in den höheren Lagen zu sehen sind.

Valkmusa Nationalpark

Dieser kleine Nationalpark im Süden Finnlands erstreckt sich über eine Fläche von 17 km^2 und umfasst ein von Mooren geprägtes Gebiet. Hier wurden 40 verschiedene Arten von Feuchtgebieten identifiziert, darunter ein Hochmoor (bei dem die mittlere Zone höher liegt als der Rand) sowie ein Aapa-Moor, bei dem die Ränder erhöht sind und das Wasser in der Mitte steht. Diese Lebensräume sind mit dichtem Moos bewachsen. Die Feuchtgebiete beherbergen viele Wirbellose, darunter eine Reihe seltener Schmetterlinge. Im Frühjahr sind hier viele Vögel anzutreffen, die hier brüten. Zu ihnen gehören Rotschenkel, Tafelenten und andere Wasservögel. Auch Fischadler brüten hier und fliegen auf der Jagd nach Fischen immer wieder zur Küste.

▲ BEN A'AN HILL IM NATIONALPARK LOCH LOMOND AND THE TROSSACHS

Peneda-Gerês Nationalpark

◀ PYRENÄEN-DESMAN

Der Nationalpark liegt in den Bergen Nordportugals und ist Teil eines UNESCO-Biosphärenreservats. Die Landschaft besteht aus Gletschern mit steilwandigen Tälern, die die Hochebenen zerschneiden. Die ökologische Bedeutung des Gebiets ergibt sich aus dem Vorkommen endemischer Arten. Rund 100 Arten, vor allem Pflanzen, kommen nur auf der Iberischen Halbinsel vor, die Hälfte davon ausschließlich in der nordwestlichen Region. In den Seen des Parks lebt zum Beispiel der bedrohte Pyrenäen-Desman, ein aquatischer Verwandter des Igels und des Maulwurfs. Es gibt auch eine iberische Form des Wolfs.

Ordesa y Monte Perdido Nationalpark

Dieser Park befindet sich auf der spanischen Seite der Pyrenäen. Er umfasst eine Reihe von Tälern mit klaren Flüssen und bewaldeten Hängen. Der wichtigste Lebensraum ist die Gegend um den Monte Perdido, eine Karstlandschaft mit Höhlen und Karren, vom Wasser hervorgebrachten Oberflächenstrukturen. Oberhalb der Wälder blühen nach der Schneeschmelze im Frühjahr die Bergwiesen. Im Park gibt es 1300 Pflanzenarten, von denen viele nur in dieser Region vorkommen. Der Lämmer- oder Bartgeier ist eine der 171 Vogelarten, die in den Bergen leben. Dieser große Vogel mit einer Spannweite von 3 m ernährt sich von den Knochen von Gämsen, Wildschweinen und anderen Säugetieren in den Bergen. Die Pyrenäen sind einer der wenigen Orte in Europa, wo man diesen Greifvogel in freier Wildbahn beobachten kann.

▼ HERBSTLICH GEFÄRBTE BÄUME IN EINER SCHLUCHT IM NATIONALPARK ORDESA Y MONTE PERDIDO

Aigüestortes i Estany de Sant Maurici

Dieser Nationalpark im Norden Spaniens befindet sich in den Zentralpyrenäen an der Grenze zu Frankreich. Er umfasst mehr als 200 Seen, die zwischen den Gipfeln liegen und vom Schmelzwasser des Schnees gespeist werden. Benannt ist der Park nach der Ebene im Westen namens Aigüestortes, was so viel wie »gewundenes Wasser« bedeutet, und dem See Sant Maurici im Osten. Ein Höhepunkt des Parks ist das Valle del Río San Nicolás, eine eindrucksvolle Schlucht. An den Hängen rund um die Seen wachsen Eschen- und Buchenwälder, die in den höheren Lagen in Latschenkiefer-Bestände mit Heidelbeer- und Wacholderbüschen übergehen. Oberhalb von 2200 m wird der Wald durch Wiesen mit Blumen wie dem Schnee-Enzian ersetzt. Man kann Gämsen beim Klettern an steilen Hängen beobachten.

Pyrenäen Nationalpark

Der Nationalpark Pyrenäen liegt in den französischen Pyrenäen an der Grenze zu Spanien. Die Landschaft ist geprägt von erodierten Kalksteinformationen und Höhlen sowie von mehreren großen Gletschern. In den späten 1960er-Jahren wurden alle Einfriedungen entfernt, damit die Wildtiere frei umherstreifen konnten. Heute gehört der Park zusammen mit seinem spanischen Nachbarn Monte Perdido zum Weltnaturerbe. Er beherbergt rund 4000 Tierarten, darunter seltene und gefährdete Arten wie den Pyrenäen-Desman und die Pyrenäen-Gämse. Außerdem gibt es hier eine kleine Braunbär-Population. Die wichtigsten Vogelarten sind der Bartgeier und das Auerhuhn. Es gibt rund 2500 Pflanzenarten, von denen 200 in den Pyrenäen endemisch sind.

▲ BARTGEIER

El Teide Nationalpark

Den Mittelpunkt des spanischen Parks bilden die großen kegelförmigen Gipfel des Vulkans Teide, der über Teneriffa thront. Bei klarer Morgen- und Abenddämmerung wirft der Berg einen großen Schatten auf den Atlantik. Dieser hochgelegene Park ist eine trockene und überraschend kalte Wüste. Die aus vulkanischem Material bestehenden Böden sind allerdings fruchtbar. Eine Besonderheit in der Flora des Parks ist der Diamant-Natternkopf. Die Pflanze wird bis zu 3 m hoch und wächst zwischen den bizarren Felsformationen der Vulkanausläufer. Etwa 40 Prozent der wirbellosen Tiere, die in den Lavafeldern des Parks vorkommen, sind auf der Insel endemisch. 71 Arten gibt es ausschließlich im Park. Zu den größeren Endemiten gehören Skinke und Geckos.

Mercantour Nationalpark

Der Mercantour Nationalpark liegt in den französischen Hochalpen nahe der Grenze zu Italien und ist eine Mischung aus Berggipfeln und alpinen Matten mit mediterranem Strauchland und Wäldern. Im Park gibt es mehrere hochgelegene Seen, die in den Sommermonaten ein wichtiger Lebensraum für Zugvögel sind. Die Hochlandgebiete gehören zu den artenreichsten Beispielen alpiner Lebensräume in Europa und beherbergen Murmeltiere, die in felsigen Bereichen leben. Außerdem sind in den Bergen Mufflonschafe, Steinböcke und Hermeline zu Hause. Die Flüsse und Bäche im Park bieten Laichplätze für Forellen und Saiblinge und beherbergen eine große Zahl von Amphibienarten.

Slowakisches Paradies Nationalpark

Der Nationalpark Slowakisches Paradies in der Ostslowakei besteht aus 24 einzelnen Schutzgebieten, die Lebensräume wie Bergwiesen, Wälder, steile Schluchten und andere felsige Landschaften einschließen. Die Wälder bedecken 90 Prozent des Parks. Hier wachsen verschiedene Laubbäume wie Rotbuchen, alte Ahorne und Eichen. Dazwischen finden sich Fichten und Tannen sowie Hainbuchen und Wacholdersträucher. Der Nationalpark ist auch für seine vielen seltenen Orchideenarten bekannt. In den Wäldern leben Luchse, Wölfe, Braunbären und gefährdete Arten wie der Europäische Ziesel. An den steil abfallenden Schluchten wächst Gebüsch mit Weißdorn, Wildkirsche, Lorbeer und vielen anderen Straucharten.

▲ DIAMANT-NATTERNKOPF ZWISCHEN FELSEN IM NATIONALPARK EL TEIDE

Neusiedler See – Seewinkel Nationalpark

Dieser ostösterreichische Nationalpark liegt zwischen den Alpen und der Kleinen Ungarischen Tiefebene, dem ersten Abschnitt der großen Eurasischen Steppe, die sich nach Osten hin ausbreitet. Er umfasst den Neusiedler See, den größten endorheischen See (ein See ohne schließlich ins Meer führenden Abfluss) in Mitteleuropa, der einen Teil der Grenze zwischen Österreich und Ungarn bildet. Das flache Gewässer weist große Schilfbestände und Feuchtgebiete auf, die verschiedene Reiher und andere Wasservögel beherbergen. Die flache Landschaft macht den Park ideal für die Vogelbeobachtung. Die hügeligen Wiesen in der Umgebung sind die Heimat der Großtrappe, die sich hier das ganze Jahr über aufhält.

▲ ALPEN-STEINBOCK IM NATIONALPARK GRAN PARADISO

Donau-Auen Nationalpark

Der im Osten Österreichs gelegene Nationalpark Donau-Auen wurde 1996 eingerichtet, um die letzten verbliebenen Feuchtgebiete entlang der Donau zwischen Wien und Bratislava in der Slowakei zu schützen. Sie umfassen Überschwemmungsgebiete, Altarme, Schotterinseln, Schilfbestände und Sümpfe, die alle wichtige Brutplätze für Wasservögel sind. Im Park gibt es eine Reihe weiterer Lebensräume, darunter Eichenwälder, Blumenwiesen und Sandbänke. An warmen Tagen kann man hier Schildkröten wie die bedrohte Europäische Sumpfschildkröte beim Sonnenbaden beobachten. Der Nationalpark Donau-Auen beherbergt eine große Anzahl einheimischer Arten wie den Europäischen Hundsfisch, den Großen Eichenbockkäfer und die Grüne Flussjungfer.

▲ EUROPÄISCHE SUMPFSCHILDKRÖTE

Asinara Nationalpark

Dieser Nationalpark befindet sich auf der italienischen Insel Asinara vor der Nordwestküste Sardiniens. Er erstreckt sich über eine Fläche von 52 km² und umfasst eine große Vielfalt von Lebensräumen, darunter einen Flickenteppich aus Strauchland und Magerrasen sowie eine große Zahl von Feuchtgebieten. Außerdem gibt es Lagunen und Sanddünen entlang der Küste. Zusätzlich zu diesen natürlichen Ökosystemen kann man im gesamten Park archäologische Stätten finden, die die menschliche Präsenz in dieser Region seit der Jungsteinzeit belegen. Zu den Wildtieren im Asinara Nationalpark gehören der Europäische Mufflon, der Goldschakal (ganz im Westen seines Verbreitungsgebiets) und der Asinara-Esel, eine seltene, auf der Insel heimische Eselrasse.

Gran Paradiso Nationalpark

Dieser Park in der norditalienischen Region Aostatal erstreckt sich über eine Fläche von etwa 700 km² und schließt eine Reihe von Lebensräumen ein, die von Wäldern über Grasland bis hin zu felsigen Gipfeln und Gletschern in den höchsten Lagen reichen. Der Park ist nach seinem mit 4061 m höchsten Gipfel, dem Gran Paradiso, benannt. Die Wälder sind typisch für europäische Bergregionen. Sie bestehen hauptsächlich aus Nadelbäumen wie Lärchen, Pinien und Zirbel-Kiefern, gemischt mit Laubbäumen wie Rotbuchen und Hainbuchen. Oberhalb der Baumgrenze gibt es Matten mit Polsterpflanzen und Moosen, während der Fels der höheren Lagen bis zur Schneegrenze mit Flechten bedeckt ist. Der Nationalpark Gran Paradiso ist ein Rückzugsgebiet für den Alpensteinbock und dient vor allem dem Schutz dieser Art.

Zentralbalkan Nationalpark

Dieser Park liegt im Balkangebirge in Bulgarien. Mehr als die Hälfte ist bewaldet und verteilt sich gleichmäßig auf die Süd- und Nordseite des höchsten Bergkamms. Der Park beherbergt die größten Buchen-Urwälder Bulgariens. Außerdem wachsen hier Berg-Ahorn, Weiß-Tanne und Rot-Fichte. Die verschiedenen Lebensräume beherbergen Hunderte von Tierarten, darunter mehrere in Europa seltene Arten wie den Weißrückenspecht, den Steinadler und den Habichtskauz. Mehrere geschützte Pflanzenarten wie Wildtulpe, Krokus, Edelweiß und Janka-Lilie sind innerhalb der Parkgrenzen zu finden. Ungefähr 20 Prozent der in Bulgarien vorkommenden wirbellosen Tierarten kommen ebenfalls im Park vor.

◀ JANKA-LILIE

Theth Nationalpark

Der 26 km² große Nationalpark liegt im äußersten Norden Albaniens, nahe der Grenze zu Montenegro. Er befindent sich im Prokletije (auch als Albanische Alpen bezeichnet) und umfasst das Quellgebiet des Flusses Shala. Das Gelände besteht aus dichten Wäldern, gewundenen Flüssen, Wasserfällen und beeindruckenden Felsformationen. Die Lebensräume des Parks gehen von den von Eichen beherrschten unteren Lagen in die höher gelegenen Buchenwälder über. In den darüber befindlichen alpinen Lebensräumen wachsen Wacholder, Sträucher und alpines Rispengras.

Zu den Wildtieren im Park gehören Gämsen, Rehe, Luchse, Wölfe und Braunbären – die größten Tiere in diesem Nationalpark.

Plitvicer Seen Nationalpark

Der 300 km² große Nationalpark Plitvicer Seen ist der älteste, größte und bekannteste Nationalpark Kroatiens. Er besteht aus 16 Seen, die durch Wasserfälle miteinander verbunden und von dichten Wäldern mit einer vielfältigen Tierwelt umgeben sind. Jeder See hat seine eigenen Merkmale, etwa eine bestimmte Temperatur oder Tiefe, und enthält daher eine Reihe von einzigartigen Mikrohabitaten, die Gemeinschaften von Moosen, Algen und im Wasser lebenden Bakterien beherbergen. In den umliegenden Wäldern gibt es eine Vielzahl unterschiedlicher Laubbäume, darunter Eichen, Buchen, Kastanien und Hainbuchen. Der Nationalpark beherbergt verschiedene Tierarten, darunter den Wolf, den Eurasischen Luchs und den Fischotter, die in Kroatien alle zu den seltenen beziehungsweise gefährdeten Arten zählen.

Amvrakikos Wetlands National Park

Dieses Schutzgebiet in Griechenland umfasst den nur durch einen engen Kanal mit dem Meer verbundenen Ambrakischen Golf. Hier gibt es zwei Flussdeltas, ausgedehnte Süßwasser-Feuchtgebiete und die größten Schilfbestände des Landes. Zu den Feuchtgebieten gehören auch saisonale Überschwemmungsgebiete, Seegraswiesen, Lagunen, Sandbänke und große Salzwiesen. Das Gebiet ist jedoch durch landwirtschaftliche Bewässerungssysteme bedroht, die den Feuchtgebieten Wasser entziehen und ihren Salzgehalt erhöhen. Der Park umfasst auch terrestrische Lebensräume. Im Schutzgebiet leben die seltenen Mittelmeer-Mönchsrobben, Unechte Karett- und Grüne Meeresschildkröten sowie Europäische Aale. Hier überwintern auch viele Zugvögel. Dazu gehören die Große Rohrdommel und die Moorente.

▶ MOORENTE

▲ WASSERFÄLLE IM NATIONALPARK PLITVICER SEEN

Žuvintas Biosphärenreservat

Dieses Biosphärenreservat liegt im südöstlichen Teil Litauens und umfasst ein breites Spektrum von Feuchtgebieten wie Hochmoore, überschwemmte Wälder, Schilfgebiete und flache Seen. Die größten Blässhuhn-, Bartmeisen-, Kranich- und Blaukehlchen-Populationen des Landes brüten in diesem Reservat. Seine Feuchtgebiete bilden eines der beiden Gebiete Litauens, in denen der gefährdete Seggen-Rohrsänger vorkommt. Riesige Schwärme von Kranichen, Gänsen, Enten, Seeschwalben und anderen Vögeln wurden hier während ihrer Migration beobachtet. Das Reservat beherbergt etwa 2000 Insekten- und 45 Säugetierarten. In Flüssen, Bächen und Teichen leben 21 Fischarten. In Žuvintas gibt es auch zahlreiche Grasländer, wo zum Beispiel Orchideen wachsen.

▶ TEICH-ROHRSÄNGER

Gauja Nationalpark

Mit einer Fläche von mehr als 900 km² ist dies der größte Nationalpark in Lettland. Er wurde 1973 gegründet und schützt einen Abschnitt des Tals des Gauja, des längsten Flusses in Lettland. Der Nationalpark beherbergt verschiedene Lebensräume wie Wälder, Feuchtgebiete und Wiesen. Zu den Hauptattraktionen des Parks gehören beeindruckende Sandsteinfelsen und Kalksteinhöhlen. Der Fluss Gauja bietet einen Lebensraum für verschiedenste Wasservögel wie Kormorane, Blässhühner, Graureiher und Eisvögel. In der weiteren Umgebung wurden auch Schwarzstörche, Seeadler, Bussarde und sogar Fischadler gesichtet. Der Park beherbergt außerdem einige Elche, die sich jedoch normalerweise tief im Wald verstecken. Die Wälder bestehen größtenteils aus Laubbäumen (meist Eichen oder Birken) und Nadelbäumen (meist Wald-Kiefern oder Fichten).

Donau-Delta Schutzgebiet

Dieses 6830 km² große Meeresschutzgebiet in Rumänien gehört zu einem größeren Biosphärenreservat, von dem ein kleiner Teil jenseits der Grenze in der Ukraine liegt. Das Delta ist das größte verbliebene natürliche Feuchtgebiet in Europa und umfasst Hunderte von kleinen Seen und Flussinseln, die die sich aufspaltende Donau gebildet hatte, bevor sie ins Schwarze Meer mündet. Das Gebiet wird von Schilfbeständen geprägt, die einen wichtigen Zwischenstopp für mehr als 300 Vogelarten wie etwa Störche darstellen. Das Wasser beherbergt 90 Fischarten, darunter eine seltene Stör

▲ ROSAPELIKANE IM DONAU-DELTA SCHUTZGEBIET

Population. Zu den Säugetieren in diesem Gebiet gehört der Fischotter. Eine isolierte Population der Mittelmeer-Mönchsrobbe, die heute im Schwarzen Meer ausgestorben ist, war hier früher einmal zu finden.

Taimyrski Sapowednik Naturreservat

Dieses Naturschutzgebiet befindet sich in der sibirischen Arktis in Russland. Es erstreckt sich über eine Fläche von mehr als 17000 km² und ist damit eins der größten der Welt. Es wurde ursprünglich gegründet, um die Brutstätten der gefährdeten Rothalsgans und die sommerliche Weide der Rentierherden zu schützen. Das Reservat besteht aus dichtem Strauchland und Wäldern in der Nähe von Flüssen und entlang des Ufers des Taymyr-Sees, doch der Bereich der Tundra wird von niedrig wachsenden Polsterpflanzen und Flechten beherrscht. Moschusochsen sind das ganze Jahr über im Reservat anzutreffen und im Herbst verirren sich Eisbären ins Landesinnere. Die meisten Tiere in diesem Park sind jedoch migrierende Sommergäste.

▲ EISBÄR

Meschtschora Nationalpark

Dieser Nationalpark liegt in der Nähe von Moskau im Westen Russlands. Er verfügt über eine Vielzahl von Torfmooren, rund 60 Seen und andere Feuchtgebiete. Der Park ist Teil eines flachen Tals in der Osteuropäischen Ebene und beherbergt alte Kiefern- und Birkenwälder. Der großen Vielfalt an Lebensräumen in diesem Nationalpark ist zu verdanken, dass hier mehr als 800 Pflanzenarten zu Hause sind. Biber, die die Wasserläufe aufstauen, erhalten die Feuchtgebiete. In den Flüssen leben Fische wie Hecht, Karpfen, Barsch und Rotauge sowie mehrere Froscharten, die sich alle von einer Vielfalt wirbelloser Tiere ernähren. Mehr als 200 Vogelarten wurden in den Feuchtgebieten beobachtet.

▲ EIN TAL IN HERBSTFARBEN IM KHIBINY NATIONALPARK AUF DER RUSSISCHEN KOLA-HALBINSEL

Khibiny Nationalpark

Dieser Nationalpark erstreckt sich über rund 800 km² auf der russischen Halbinsel Kola. Er ist nach einem Gebirgszug in der weiteren Umgebung benannt, der in höheren Lagen alpine Wiesen und in den Tälern sumpfige Feuchtgebiete aufweist. Es gibt einige kleine Gletscher, deren Wasser im Tiefland Seen bildet und oft über steile Klippen herabstürzt. Ein Viertel des Khibiny Nationalparks ist mit unberührten Fichten- und Kiefernwäldern bedeckt. Im Park wurden 25 Säugetier- und 129 Vogelarten gezählt.

Asien

Yumurtalik-Lagunen

Diese Feuchtgebiete im südlichen Teil der Türkei bilden eine natürliche Grenze zu Syrien. Die Lagunen beherbergen ein reichhaltiges aquatisches Ökosystem mit Salzwiesen, Wattflächen und flachen Küstengewässern einschließlich Seegraswiesen. Das Schutzgebiet ist einer der wichtigsten Rastplätze für migrierende Watvögel, die im Frühjahr von Afrika nach Europa unterwegs sind. Die Yumurtalik-Lagunen bieten nicht nur Nahrung und Lebensraum für die vielfältige Tierwelt, sondern dienen auch als Rückhaltebecken zum Schutz vor Hochwasser. Sie fangen den plötzlichen Anstieg des Wassers nach starken Regenfällen auf, der sonst zu Überschwemmungen weiter flussabwärts führen würde.

Sevan Nationalpark

Dieser armenische Park liegt am Ufer des Sewan-Sees. Er wurde zum Schutz seines Ökosystems und seiner Süßwasserressourcen eingerichtet. Der See beherbergt mehrere endemische Fischarten, darunter Forellen, Barben und Karpfen. Besonderheiten sind Vogelarten wie die Armenier-Möwe. Man trifft sie in diesem Gebiet zusammen mit einigen seltenen Besuchern wie Flamingos, Pelikanen und dem Singschwan an. An Land erstreckt sich vor allem ein Flickenteppich aus Trockenwald und Strauchland, das in die felsige alpine Höhenstufe der umliegenden Bergen übergeht. Im Sevan Nationalpark gibt es viele Eidechsen- und Schlangenarten sowie Amphibien wie Wechselkröten und Seefrösche.

Lena-Delta Wildreservat

Die Lena ist der östlichste der drei großen sibirischen Flüsse, die nach Norden in das Nordpolarmeer fließen. Sie ist einer der größten Flüsse der Welt und bildet ein riesiges Delta, das einen wichtigen Laichplatz für Fische und ein Brutgebiet für Vögel darstellt. Ungefähr die Hälfte davon, eine Fläche von 14 000 km², steht unter dem Schutz des Lena-Delta Wildreservats. In den Feuchtgebieten leben über 100 Vogelarten, darunter der bedrohte Schneekranich. Auch zahlreiche Küstenvögel und verschiedene Greifvögel sind im Reservat zu finden. Im Sommer ziehen die Rentier-Herden bis in das Delta.

Zabaykalsky Nationalpark

Dieser russische Nationalpark erstreckt sich über 2600 km² am Ostufer des Baikalsees, dem volumenmäßig größten Süßwassersee der Welt. Er umfasst die Uschkanji-Inseln und die Halbinsel Swjatoi Nos, die »Heilige Nase«. Die östliche Grenze des Parks bildet das Bargusin-Gebirge. Mehr als die Hälfte des Parks ist ein Steilhang, der mit einem Wald aus Lärchen, Zwerg-Kiefern und Birken sowie Rhododendren bedeckt ist. Der Park ist reich an Säugetieren, beispielsweise Moschushirschen, Vielfraßen, Braunbären und Bisamratten. Im Sommer versammeln sich Tausende von Baikalrobben auf den Uschkanji-Inseln. Auf diesen Inseln findet sich auch die höchste Ameisenkonzentration Russlands mit Tausenden von Ameisenhaufen, die bis zu 1,5 m hoch sind.

▼ VIELFRASS

Keoladeo Nationalpark

Dieser in Rajasthan im Nordwesten Indiens gelegene Park war früher ein Entenjagdgebiet. Heute ist er ein wichtiges Überwinterungsgebiet für migrierende Wasservögel aus Sibirien und Zentralasien, da er in der Mitte ihrer Flugroute liegt. Zu den Besuchern gehören der gefährdete Östliche Kaiseradler und der Schelladler. Der Park ist auch für seine Vielfalt an nicht migrierenden Brutvögeln bekannt, wie Reihern, Ibissen und Störchen. Mit einer Fläche von nur 29 km² liegt Keoladeo in einer natürlichen Senke und bildet ein Mosaik aus Grasland, Wäldern, überschwemmten Waldgebieten und Sümpfen. Die Feuchtgebiete sind auf Monsunregen und Wasser aus einem Stausee außerhalb der Parkgrenzen angewiesen. Innerhalb des Parks wird das Wasser durch ein System von Dämmen und Schleusen kontrolliert, um Wasserflächen mit unterschiedlichen Tiefen für verschiedene Vögel zu schaffen.

▲ BUNTSTORCH IM KEOLADEO NATIONALPARK

Nanda Devi und Valley of Flowers Nationalparks

Diese Schutzgebiete liegen nahe beieinander im gebirgigen Bundesstaat Uttarakhand in Nordindien. Der Nanda-Devi Nationalpark umfasst eins der spektakulärsten Gebiete im Himalaja und wird vom 7817 m hohen Nanda Devi, dem zweithöchsten Berg Indiens, beherrscht. Der Park umfasst neben Gletschern und alpinen Wiesen auch die Rishiganga, eine der tiefsten Schluchten der Welt. Im Nordwesten liegt der Valley of Flowers Nationalpark mit einer sanfteren Landschaft und endemischen alpinen Blumenwiesen. Beide Parks beherbergen die vielfältige Flora und Fauna der Westhimalaja-Ökoregion. Zu den hier lebenden Wildtieren zählen der gefährdete Schneeleopard und das stark gefährdete Himalaja-Moschustier.

Great Himalaya Nationalpark

Dieser Park liegt im westlichen Himalaja in Himachal Pradesh, Indien. Es wurde 2014 wegen seiner vielfältigen Flora und Fauna mit über 1400 Arten zum Weltnaturerbe erklärt. Der Park beherbergt 25 verschiedene Waldtypen sowie alpine Wiesen und hoch gelegene Gletscher. Hier leben der gefährdete Schneeleopard und das stark gefährdete Himalaja-Moschustier. Der Park umfasst auch die Oberläufe mehrerer Flüsse, die einen Lebensraum für gefährdete Arten wie den *Tor putitora* bieten, der zu den Karpfenfischen gehört.

Westghats

Diese parallel zur indischen Westküste verlaufende Gebirgskette ist älter als der Himalaja, wegen der biologischen Vielfalt unterliegt ein Teil davon dem Schutz als Weltkulturerbe. Grüne Bergwälder bedecken die Hänge, weil die Berge die Monsunwinde aufhalten, die jährlich Regen bringen. Die trockeneren unteren Hänge

▲ PANZERNASHORN MIT SEINEM EINE WOCHE ALTEN KALB IM KAZIRANGA NATIONALPARK

beherbergen Laubwälder, während die Flora in höheren Lagen, etwa auf 1000 m, immergrün ist. In der Nähe der Berggipfel erstreckt sich üppiges Grasland. In diesem Schutzgebiet sind etwa 325 weltweit bedrohte Tier- und Pflanzenarten beheimatet, darunter der Nilgiri-Tahr.

◀ NILGIRI-TAHR

Manas Nationalpark

Der Manas Nationalpark als ein Hotspot der Artenvielfalt befindet sich in den Ausläufern des Himalaja im Bundesstaat Assam im Nordosten Indiens. Das 391 km² große Schutzgebiet grenzt im Norden an Bhutan und ist Teil der Kernzone des Manas Tiger Reserve – eines länderübergreifenden Tigerschutzgebiets, das auch Tigerreservate und Schutzgebiete in Bhutan und Myanmar umfasst. Der Manas Nationalpark schließt die sich verändernden Läufe des Manas-Flusses ein, die von bewaldeten Hügeln, tropischen immergrünen Wäldern und überschwemmtem Grasland umgeben sind. Er bietet einen Lebensraum für mehrere bedrohte Tierarten, darunter das gefährdete Panzernashorn, den Barasingha und die vom Aussterben bedrohte Barttrappe, was den Manas Nationalpark zu einem der wichtigsten Schutzgebiete des indischen Subkontinents macht.

Kaziranga Nationalpark

Der 430 km² große Kaziranga Nationalpark in Assam im Nordosten Indiens ist bekannt für seine Population wilder Asiatischer Elefanten. Er umfasst und schützt Feuchtgebiete, die von vier Flüssen, darunter dem Brahmaputra, gespeist werden. Die Flusssysteme bilden zahlreiche Seen, die einen reichhaltigen Lebensraum mit umfangreichen Wasserflächen formen. In einigen dieser Gebiete leben noch fragmentierte Populationen des vom Aussterben bedrohten Gangesdelfins. Der Kaziranga Nationalpark liegt an der Kreuzung der ostasiatisch-australischen und der indo-asiatischen Vogelzugroute, er spielt daher eine entscheidende Rolle als Zwischenstation und Brutgebiet für viele Zugvögel. Er beherbergt auch Vogelarten wie den bedrohten Argala-Marabu und die ebenfalls bedrohte Schwarzkopf-Moorente. Die Feuchtgebiete des Nationalparks beherbergen eine beträchtliche Anzahl von Königstigern und Panzernashörnern. Sie bieten außerdem Zuflucht für Wasserbüffel, verschiedene Hirscharten, Leoparden und Lippenbären.

Sichuan Changshagongma Feuchtgebiete

Diese hochgelegenen Feuchtgebiete befinden sich am südöstlichen Rand des Qinghai-Tibet-Plateaus. Sie erstrecken sich über eine Fläche von 6698 km² und enthalten ein großes Torfgebiet, das als wichtige Kohlenstoffsenke dient. In diesem Schutzgebiet gibt es auch Seen, Flüsse, Moore und Sümpfe. Hier leben zahlreiche sehr seltene Arten, von denen einige in China endemisch sind, wie das bedrohte Gelbbauch-Moschustier, der Bindenseeadler, der ebenfalls bedrohte Schneeleopard, die Graukatze und der Weißlippen-Hirsch. Die Sichuan Changshagongma Feuchtgebiete sind ein wichtiger Zwischenstopp und Brutplatz für viele Zugvögel, wie den Schwarzhals-Kranich, den Sakerfalken und die Rostgans.

Wulingyuan Weltnaturerbe

Dieses Gebiet in der chinesischen Provinz Hunan ist berühmt für seine über 3000 Sandsteinsäulen und -gipfel, die im Lauf der Jahrtausende durch Wind- und Regenerosion geformt wurden. Wenn das Gebiet von tiefliegendem Nebel erfüllt ist, sehen die Gipfel aus, als würden sie in der Luft schweben. In dem Reservat gibt es auch große natürliche Brücken, Wasserfälle und etwa 40 Höhlen. An den Hängen findet man Bergwiesen und steile Felsen, in den Tälern subtropische immergrüne Laubwälder und Feuchtgebiete, die von unterirdischen Flüssen gespeist werden. Die Region beherbergt viele gefährdete Tierarten, darunter Rothunde, Kragenbären und Wasserrehe.

Hanma Biosphärenreservat

Dieses Reservat befindet sich an den westlichen Hängen des Großen Hinggan-Gebirges in der chinesischen Mongolei. Es verfügt über eines der am besten

◀ SANDSTEINSÄULEN IM HANMA BIOSPHÄRENRESERVAT

erhaltenen Gebiete mit gemäßigten Nadelwäldern in China. Außerdem gibt es hier viele Sumpflebensräume, insbesondere Torfmoore und Gebiete mit Dahurischer Lärche, die vom Fluss Taliya und seinen Nebenflüssen gespeist werden. Die Feuchtgebiete und der umliegende Lebensraum sind eine wichtige Kohlenstoffsenke, sie beherbergen Hunderte von Pflanzenarten. Wie andere Feuchtgebiete ist auch dieses Gebiet ein wichtiger Zwischenstopp auf der ostasiatisch-australischen Flugroute. 203 Vogelarten wurden hier registriert. In den Wasserläufen leben 26 Fisch- und zehn Amphibienarten, darunter der Sibirische Salamander. Der umliegende boreale Wald ist ein idealer Lebensraum für den Sibirischen Moschushirsch, eine Art, die wegen ihrer Duftdrüsen durch Wilderei gefährdet ist.

Drei-Parallelflüsse Yunnans Naturschutzgebiet

Dieses Weltnaturerbe im Südwesten Chinas besteht aus acht Reservaten, die sich über eine Fläche von 17 000 km² mit drei etwa parallel verlaufenden Flusstälern

◀ TAKIN

erstrecken. In diesen Tälern befinden sich die Oberläufe einiger der bedeutendsten Flüsse Asiens: Jangtse, Mekong und Salween. Der zerklüftete Park umfasst eine große Vielfalt an Landschaften: tiefe Flussschluchten, üppige Wälder, schneebedeckte Berge und Gletscher, Karstgipfel, Seen und Wiesen. Zu den im Park lebenden Tieren gehören der gefährdete Takin sowie die bedrohten Schwarzen Stupsnasenaffen und Roten Pandas.

Jeju Biosphärenreservat

Dieses Schutzgebiet erstreckt sich über die Mitte der Insel Jeju an der Südspitze der koreanischen Halbinsel. Das Reservat schützt die vier wichtigsten Lebensräume der Vulkaninsel: gemäßigtes Grasland, alpinen Nadelwald, gemäßigten Laubwald und warm-gemäßigten immergrünen Wald. Auf der Insel gibt es 134 Pflanzenarten, die in Korea endemisch sind – ein wichtiger Grund für die Ernennung zum UNESCO-Biosphärenreservat. Hier leben das Jeju-Pony und die Bengalkatze. Das Reservat ist ein Zufluchtsgebiet für gefährdete Arten wie den Stellerschen Seelöwen, den Schwarzstirn-Löffler und die Grüne Meeresschildkröte.

Flood Plains Nationalpark

Dieser im Osten Sri Lankas gelegene Park wurde gegründet, um den Korridor zu schützen, den die Elefanten auf ihrer Wanderung zwischen den benachbarten Reservaten nutzen. Er erstreckt sich über 500 km² der Feuchtgebiete des Mahaweli und umfasst verschiedene Lebensräume: Wasserläufe, permanente Feuchtgebiete, saisonal überflutetes Grasland und Sumpfwälder. Außerdem ist er ein Zwischenstopp für 75 Zugvogelarten. Zu den ansässigen Vögeln gehört der Sunda-Marabu, eine seltene Storchenart. In den bewaldeten Gebieten am Rande des Feuchtgebiets leben der Sambar-Hirsch und der Graue Schlanklori. Im Feuchtgebiet kommen Otter und Fischkatze vor.

Sundarbans Nationalpark

Die Sundarbans sind ein riesiger Mangrovenwald am Zusammenfluss von Ganges, Brahmaputra und Meghna, die in den Golf von Bengalen münden. Obwohl dieses 6000 km² große Schutzgebiet teilweise in Indien liegt, wird es von Bangladesch verwaltet. Der bekannteste Bewohner der Sundarbans ist der Königstiger, aber auch das Leistenkrokodil und der Ganges-Delfin leben hier. Rund 300 Vogelarten wurden hier gezählt, darunter 84 Zugvogelarten. Die höheren Lagen sind mit tropischen, feuchten, immergrünen Wäldern bedeckt, in denen Wildschweine und Axishirsche leben. In Feuchtgebieten und Flüssen gibt es Süßwassermuscheln und der Mündungsbereich ist ein wichtiges Laich- und Aufwuchsgebiet für Fische.

▲ EIN KÖNIGSTIGER SCHWIMMT IM WASSER DER SUNDARBANS.

Indawgyi-See Schutzgebiet

Dieses Reservat liegt rund um den Indawgyi-See, den größten Süßwassersee Myanmars. Der See umfasst Bereiche mit schwimmender Vegetation, mit Sumpfwäldern und saisonal überflutetem Grasland. In den Hügeln oberhalb des Sees gibt es subtropische feuchte Laubwälder, die bedrohte Vögel und Säugetiere beherbergen. Im Jahr 2004 wurde das Gebiet von BirdLife International, einem weltweiten Zusammenschluss von Naturschutzorganisationen, als wichtiges Vogelschutzgebiet ausgewiesen. Zu den hier lebenden bedrohten Arten gehören der Dünnschnabel- und der Bengalgeier. Der gefährdete Schweinshirsch bewohnt das überschwemmte Grasland, während die bewaldeten Gebiete ein Rückzugsgebiet für den bedrohten Shortridge-Languren und den Östlichen Weißbrauengibbon sind.

▲ ÖSTLICHER WEISSBRAUENGIBBONN

▲ LUFTANSICHT DER MANGROVEN UND DER INSELN DES NATIONALPARK AO PHANG-NGA

Ao Phang-nga Nationalpark

Dieser Nationalpark befindet sich an der Südküste Thailands in der Andamanensee. Er ist bekannt für seine Karstlandschaften mit turmartig aus dem Wasser ragenden Inseln. Der Park umfasst eine Fläche von über 400 km². Hier gibt es die größten Mangrovenwälder Thailands. Pflanzenarten wie die Asiatische Mangrove sind entlang der Küste zu finden, während die verschiedenen Inseln von Leguminosen und Maulbeerbäumen bedeckt sind. Der Park beherbergt 180 Vogelarten, darunter den seltenen Kamtschatka-Laubsänger, der aus Ostsibirien eingewandert ist. Im Park leben 18 Reptilienarten und eine Reihe von Säugetieren wie der Indische Fischotter und der Javaneraffe.

Southern Cardamom Nationalpark

Mit einer Fläche von mehr als 8000 km² beherbergt dieser Nationalpark in Kambodscha den größten noch erhaltenen unberührten Regenwald Südostasiens. Außerhalb des Parks ist dieser Lebensraum durch Abholzung und Wilderei geschädigt oder durch Brandrodung zerstört worden. Der Park umfasst gewundene Flussläufe und überschwemmte Gebiete, da er im unteren Teil der Wasserscheiden liegt. Er beherbergt mehr als 60 weltweit bedrohte Tiere, darunter den Malaienbären und das Malaiische Schuppentier, sowie 17 gefährdete Bäume, von denen viele in Kambodscha endemisch sind. Der vom Aussterben bedrohte Irawadi-Delfin ist in den Flüssen zu finden, ebenso wie einige der letzten wilden Populationen von Siam-Krokodilen.

▼ MALAIISCHES SCHUPPENTIER

Tonlé-Sap Biosphärenreservat

Das im Nordosten Kambodschas gelegene Reservat umfasst den Tonlé-Sap-See, das größte Süßwasserreservoir Südostasiens. Der See ist durch kleine Hügel im Osten vom Mekong-Becken getrennt. Neben dem See schließt das Reservat auch Überschwemmungsgebiete und Süßwassersümpfe sowie einige Reisfelder ein. Während der Monsunregenfälle mündet der Mekong in den Tonlé-Sap-Fluss, kehrt seine Strömung um und fließt zurück in den Tonlé-Sap-See. Dadurch vergrößert sich die Fläche des Sees um das Fünffache und es entsteht ein einzigartiges Deltasystem, in dem eine große Artenvielfalt lebt. Fische sind die vielfältigste Gruppe von Wirbeltieren im Reservat, dazu wurden 225 Vogelarten gezählt, darunter auch gefährdete Arten wie die Masken-Binsenralle und der Argala-Marabu.

Cát Bà Nationalpark

Dieser vietnamesische Nationalpark liegt auf der Insel Cát Bà, der größten Insel der Halong-Bucht, die für ihre Karstinseln und Höhlen berühmt ist. Der Park weist eine hohe Artenvielfalt auf und ist ein UNESCO-Biosphärenreservat. Er besteht aus mehreren verschiedenen Lebensräumen, darunter tropischen Regenwäldern, Mangroven, Kalkstein-Karstfelsen, Stränden und Korallenriffen. Im Cát Bà Nationalpark gibt es mehr als 2000 Tierarten, sowohl an Land als auch in den flachen Gewässern. Einige von ihnen sind sehr selten – vor allem der bedrohte Goldkopf-Langur. Die Mangroven und Seegraswiesen sind ein Zufluchtsort

für die bedrohte Echte Karettschildkröte sowie verschiedene Seepferdchen.

Palawan Biosphärenreservat

Die Provinz Palawan im Westen der Philippinen wird wegen ihrer großen biologischen Vielfalt und ihrer unberührten Wälder manchmal als »letztes ökologisches Grenzland« bezeichnet. Dieses Reservat ist ein Archipel, das aus der Hauptinsel Palawan und mehr als 1700 kleineren Inseln besteht. Von den 475 bedrohten Arten der Philippinen leben 105 in diesem Reservat. Von ihnen sind 67 auf den Philippinen endemisch und 42 kommen nur in der Region Palawan vor. An Land findet man alte tropische Regenwälder, während das Meer rund um das Reservat Korallenriffe und Seegraswiesen aufweist, die von Meeresschildkröten, Seekühen und Walhaien besucht werden. Entlang der Küste gibt es 445 km² Mangrovenwälder, die ein wichtiges Bruthabitat für seltene Fische darstellen.

Komodo Biosphärenreservat

Dieses Reservat auf der indonesischen Insel Komodo beherbergt etwa 5000 Komodowarane – die größten Echsen der Welt. Zum Reservat gehören neben Komodo auch die Inseln Rinca und Padar. Die dazwischen liegenden Gewässer und Korallenriffe bilden eines der artenreichsten Meeresgebiete der Welt mit über 250 Korallen-, 70 Schwamm- und über 1000 Fischarten. Die terrestrischen Lebensräume machen etwa ein Drittel des Reservats aus und beherbergen endemische Arten wie die Komodo-Ratte. Die Inseln bestehen zum größten Teil aus offenem Grasland und Baumsteppe, mit kleineren Abschnitten von sommergrünen Monsun- und immergrünen Nebelwäldern.

Australasien und Ozeanien

Kakadu Nationalpark

Mit einer Fläche von 20 000 km² ist dies einer der größten Nationalparks der Welt. Er liegt im Northern Territory von Australien und besteht aus Eukalyptuswäldern und Monsunwäldern mit Myrtenheiden. Etwa 80 Prozent des Parks bestehen aus Baumsteppen. Außerdem gibt es Mangrovensümpfe entlang der Küste und die Flusssysteme bilden flache Teiche und Lagunen, die Billabongs genannt werden. Die verschiedenen Lebensräume im Park tragen zu seiner Artenvielfalt bei. In diesem Nationalpark gibt es über 2000 Pflanzen-, 280 Vogel- und 117 Reptilienarten.

Macquarie-Insel Weltnaturerbe

Diese subantarktische Insel ist ein Überseegebiet Australiens und liegt im Südpolarmeer. Die gesamte Insel und weitere 750 km² des umgebenden Ozeans sind ein Schutzgebiet. Die Strände und Klippen dienen jährlich rund 3,5 Millionen Seevögeln als Brutstätte. 80 000 Südliche See-Elefanten paaren sich hier und gebären ihre Jungen. Mehrere Pinguin-Arten sind hier anzutreffen, darunter Königspinguine und die endemischen Haubenpinguine. Wichtig ist die Ausrottung von Schädlingen, die in den 1800er-Jahren eingeschleppt wurden. Die Weka-Ralle wurde 1988, das Kaninchen 2014 ausgerottet.

▶ KÖNIGSPINGUIN

▲ WHITEHAVEN BEACH IN DEN WHITSUNDAY ISLANDS

Boodjamulla Nationalpark

Der früher als Lawn Hill bekannte Nationalpark liegt im Nordwesten von Queensland, Australien, und erstreckt sich über eine Fläche von 2820 km². Er wurde um die Lawn Hill Gorge herum angelegt, eine von mehreren Schluchten, die ein Sandsteinplateau durchschneiden, sowie um die Riversleigh World Heritage Site. Ihre teilweise 25 Millionen Jahre alten Fossilienvorkommen gehören zu den ergiebigsten der Welt. Der Park liegt am Rande einer Ökoregion namens Barkly-Tafelland, die sich westlich bis ins Northern Territory erstreckt. Das Plateaugebiet ist mit trockenheitsresistentem Mitchell-Gras bewachsen. In den Flusstälern und Überschwemmungsgebieten wachsen Myrtenheiden, Palmetto-Palmen und Gummibäume. Im Fluss leben Australien-Krokodile, Schildkröten und Schützenfische, während in den Sandsteinklippen und auf den Hochebenen Oliv-Pythons, Bergkängurus und kleine Beuteltiere vorkommen. Der Park beherbergt auch Vogelarten wie den Purpurkopf-Staffelschwanz und den Isabellflanken-Schnäpper.

▲ OLIV-PYTHON

Whitsunday Islands

Die Whitsundays gehören zu den Cumberland Islands, der größten Inselkette vor der australischen Küste. Diese Inselgruppe mit mehr als 90 Inseln ist im Weltnaturerbe des Great Barrier Reef geschützt. Neben Riffen gibt es auf diesen Inseln salztolerante Sträucher und Bäume wie das Samtblatt, felsige Hänge mit Neuguinea-Araukarien und aus Eukalyptusbäumen und Mangroven bestehende Wälder. Die Whitsundays beherbergen eine Reihe bedrohter Tierarten, darunter das Proserpine-Felskänguru. In den Gewässern rund um die Inseln bekommen Buckelwale ihre Jungen. Auch hier dauerhaft lebende Watvögel wie der Ruß-Austernfischer und Tausende von migrierenden Vögeln, darunter die bedrohte Pfuhlschnepfe, sind hier zu finden.

Grampians Nationalpark

Dieser Nationalpark liegt in einer bergigen Gegend im westlichen Victoria, Australien, er umfasst eine Fläche von 1700 km². Er enthält Lebensräume wie Wälder, Feuchtgebiete, Gras- und Heideland. Hier gibt es über 950 Arten einheimischer Pflanzen, darunter Südliche Grasbäume und Silber-Banksien. Er schützt auch zahlreiche Vogelarten wie den Habichtfalken und den Emu. Der Park enthält einige der wichtigsten Nistplätze für Greifvögel in Victoria. Die Felsen bieten dem Keilschwanzadler Unterschlupf. An Säugetieren leben hier das Östliche Graue Riesenkänguru und das gefährdete Bürstenschwanz-Felskänguru. In den Feuchtgebieten gibt es Wasservögel wie die Australische Rohrdommel, in den Bächen kommen Schnabeltiere vor.

Pulu Keeling Nationalpark

▲ PALMENDIEB

Dieser kleine australische Nationalpark ist 26 km² groß und umfasst die Nord-Keeling-Insel, eines der Korallenatolle der Keeling-Inseln nordwestlich von Perth, sowie die umliegenden Gewässer. Sie ist eine der wenigen Inseln im Indischen Ozean, auf denen die Flora und Fauna von invasiven Arten verschont geblieben sind. Der Park hat vier Vegetationszonen: Pisonia-Wälder, Samtblatt-Strauchland, Teestrauch- und Eisenholz-Dickicht sowie Grasland. Jede Zone beherbergt eine bestimmte Vogelart, wie etwa die endemische Keeling-Bindenralle. Im Park leben etwa 26 Krabbenarten, darunter der Palmendieb – die mit bis zu 1 m Größe gewaltigste Landkrabbe der Welt.

Weihnachtsinsel Nationalpark

Dieser Park liegt 1500 km vom australischen Festland entfernt und umfasst den größten Teil eines australischen Gebiets im Indischen Ozean. Das Landesinnere der Weihnachtsinsel besteht größtenteils aus tropischen Regenwäldern und umfasst eine Region namens Dales, in der Quellen und Flüsse ein tropisches Feuchtgebiet bilden. An der Küste gibt es Mangrovenwälder und Sandstrände, die als Brutstätten für die gefährdeten Grünen Meeresschildkröten dienen. Auch die bedrohte Echte Karettschildkröte ist hier zu finden. Die Weihnachtsinsel bietet Nistplätze für rund 80 000 Seevögel, darunter für den vom Aussterben bedrohten Graufuß-Tölpel. Berühmt ist der Park jedoch für die jährliche Wanderung der Weihnachtsinsel-Krabben. Diese Landkrabben kommen jährlich zu Millionen aus dem Wald, um ihre Eier in der Brandung abzulegen.

Hen and Chicken Islands

Diese Inseln liegen 12 km vor der Ostküste der Northland Peninsula im Norden der Nordinsel Neuseelands. Vor etwa 7000 Jahren, als der Meeresspiegel anstieg, wurden die Inseln zu einem Zufluchtsort für einheimische Wildtiere. Sie überlebten hier, als ihre Festlandslebensräume mit der Besiedlung durch den Menschen vor etwa 750 Jahren zerstört wurden. Hier leben Pycroft-Sturmvögel, die fast nirgendwo sonst brüten, und Tuataras oder Brückenechsen, die letzten Überlebenden einer Reptiliengruppe, die schon vor den Dinosauriern entstanden war. Tuatara-Weibchen legen nur etwa alle drei Jahre ein Ei und es dauert über ein Jahr bis zum Schlupf. Dies macht die Art anfällig für den Feinddruck invasiver Säugetiere, sodass sie nur noch in geschützten Gebieten wie den Hen und Chicken Islands überleben können.

▲ WEIHNACHTSINSEL-KRABBEN AN DEN FELSKÜSTEN DES INDISCHEN OZEANS

Blue Mountains Nationalpark

Der 2680 km² große Park in New South Wales, Australien, stellt eine spektakuläre Sandsteinlandschaft an der Ostflanke der Great Dividing Range dar. Das Klima hier ist relativ gemäßigt, wobei die Temperaturen in höher gelegenen Gebieten in Winternächten unter den Gefrierpunkt sinken. Hier fallen jährlich etwa 1000 mm Niederschlag, woraus ein Mosaik entsteht mit Heidelandschaften, in denen trockenheitsangepasste Sträucher wachsen, und Eukalyptuswäldern. Der Bewuchs an den Felswänden wird vom Spritzwasser der Wasserfälle und durch Sickerwasser aus den Felsen benässt. Zu den in diesem Gebiet beheimateten Wildtieren gehören der bedrohte Blue-Mountains-Wasserskink und der gefährdete Dornige Grabfrosch.

Norfolk Island Nationalpark

Norfolk Island ist ein australisches Territorium im Südpazifik auf halbem Weg zwischen Neukaledonien und Neuseeland. Der Nationalpark ist in zwei Abschnitte unterteilt: Der eine umfasst die Region des Mount Pitt an der Südküste der Hauptinsel, der andere die 6 km südlich gelegene unbewohnte Insel Phillip Island. Hier gibt es 182 einheimische Pflanzenarten, von denen mehr als 40 endemisch sind, darunter die stark gefährdete *Clematis dubia*, von der es nur noch 15 lebende Exemplare gibt. Zur Inselfauna gehören der endemische Norfolk-Sittich und Reptilien wie der Lord-Howe-Island-Gecko und der Lord-Howe-Island-Skink. Die beiden Echsen sind nach einer anderen australischen Insel im Westen benannt, aber es wird angenommen, dass sie nur noch im Norfolk Island Nationalpark leben.

Westland Nationalpark

Der an der Westküste der Südinsel Neuseelands gelegene Park erstreckt sich über eine Fläche von 1316 km² und enthält einige der schroffsten Berglandschaften Neuseelands. Es gibt hier steile Felswände, Gletscher und permanente Schneefelder. Die Vegetation umfasst Strauchland und Feuchtgebiete in Küstennähe, Regenwälder im Tiefland des Westens und üppige subalpine Wälder sowie Tussock-Grasländer in höheren Lagen. Das Hochland ist die Heimat des Kea, eines großen Papageis, der eine rabenähnliche Lebensweise angenommen hat. Sein naher Verwandter, der Kaka, lebt auf ähnliche Weise in den bewaldeten Teilen des Parks. Der bedrohte Kamana (ein Haubentaucher) lebt im Māpōurika (dem größten See im Nationalpark), während der Okarito-Kiwi, Neuseelands seltenster Kiwi, in den Tieflandwäldern vorkommt.

Fiordland Nationalpark

Der Fiordland Nationalpark ist der größte Nationalpark des Landes. Er liegt im Südwesten der Südinsel Neuseelands. Wie der Name schon sagt, ist die Landschaft des Parks von tiefen Fjorden geprägt, die von Gletschern in die Küste geschnitten wurden. Dahinter befindet sich das südliche Ende der Neuseeländischen Alpen, der Hauptgebirgskette des Landes. Fiordland verfügt über große Wildnisgebiete, die hauptsächlich aus dichten Scheinbuchenwäldern, Steineiben und einer großen Vielfalt an Farnen und Moosen bestehen. Zur Tierwelt des Nationalparks gehören der Südinsel-Takahe, ein großes flugunfähiges Blässhuhn, das Gras frisst, der nachtaktive Kakapo, der größte Papagei der Welt, der Südliche Streifenkiwi und ebenfalls der Dickschnabel-Pinguin – diese Art kommt nur in dieser Region Neuseelands vor.

◀ BAUMFARNE IM FIORDLAND NATIONAL PARK

Rakiura Nationalpark

▶ KAKAPO

Dieses Schutzgebiet auf Stewart Island oder Rakiura vor der Südspitze der Südinsel ist der jüngste Nationalpark Neuseelands. Der Park umfasst 85 Prozent der Landfläche der Insel, auf der nur 400 Menschen dauerhaft leben. Die Abgeschiedenheit der Insel hat dazu beigetragen, dass der Lebensraum seine natürliche Vegetation und die reiche Vogelwelt bewahrt hat. Hier sind keine Hermeline und Frettchen eingeschleppt worden, die andernorts die Vogelpopulationen vernichtet haben. Daher bietet der Rakiura Nationalpark die besten Möglichkeiten, Kiwis, gefährdete Gelbaugen-Pinguine und die flugunfähigen Weka-Rallen zu beobachten. In den 1970er-Jahren entdeckte man auf Rakiura auch eine Population des Kakapo, des großen flugunfähigen Papageis, als dieser bereits vom Aussterben bedroht schien. Aufgrund ihrer extremen Gefährdung durch eingeschleppte Raubtiere wurden die Kakapos von Rakiura in die größere Sicherheit der benachbarten Insel Whenua Hoa oder auf das besonders geschützte Codfish Island gebracht.

Ravilevu Naturreservat

Das 1959 gegründete Naturreservat Ravilevu liegt an der Ostküste der Insel Taveuni im Norden der Fidschi-Inseln. Es erstreckt sich über eine Fläche von 40 km² und beherbergt Arten wie den bedrohten Fidschi-Inselfrosch und den Seiden-Fächerschwanz. Auch mehrere Fledertier-Arten gibt es hier, darunter den bedrohten Fidschi-Flughund. Der Grüne Leguan ist die problematischste invasive Art auf der Insel Taveuni, deshalb wurde ein Ausrottungsprogramm gestartet.

O Le Pupu Pu'e Nationalpark

Der älteste Nationalpark Samoas, O Le Pupu Pu'e, befindet sich in den zentralen Bezirken von Upolu, der kleineren der beiden Hauptinseln Samoas. Sein Name bedeutet »von der Küste bis zum Berggipfel«. Der Park umfasst Lavafelder, die an der Südküste der Insel steile Klippen gebildet haben. Weiter im Landesinnern gehört der zweithöchste Gipfel der Insel, der Mount Fito, dazu. Zu seinen Lebensräumen zählen hauptsächlich Berg- und Tieflandwälder mit einigen Feuchtgebieten. Dieser Nationalpark schützt vier der acht bedrohten Vogelarten Samoas, darunter die stark gefährdete Zahntaube.

Galapagos Nationalpark

Der Galapagos Nationalpark umfasst 97 Prozent der Galapagos-Inseln. Das Archipel gehört zu Ecuador und wurde berühmt durch den Besuch des britischen Naturforschers Charles Darwin im Jahr 1835. Hier erhielt er wesentliche Anregungen für seine Evolutionstheorie. Der Park schützt Vegetationszonen, die von Küsten-Mangrovenwald, Felsenküsten, wüstenähnlichem Tiefland, *Scalesia*-Wäldern (baumartige Korbblütler, Verwandte der Margeriten) bis hin zu feuchtem Strauchland und Heiden auf den Gipfeln höherer Berge reichen. Die einzigartige Fauna der Inseln umfasst die Galapagos-Schildkröten, die Meerechse und den Galapagos-Pinguin – die einzige Pinguinart, die nördlich des Äquators lebt.

Hawai'i Volcanoes Nationalpark

Dieser Nationalpark schließt zwei der größten und aktivsten Vulkane der Welt ein – Kīlauea und Mauna Loa. Während der Kīlauea seit 20 Jahren fast ununterbrochen ausbricht, liegt auf den Gipfeln des Mauna Loa, eines riesigen Schildvulkans, in den kühleren Monaten oft Schnee. Über 90 Prozent der Flora und Fauna des Parks stammen von den Hawaii-Inseln. Darunter befinden sich 23 gefährdete Pflanzenarten wie die stark bedrohte Hau kuahiwi. Zur einheimischen Fauna gehören die gefährdete Hawaii-Gans und der Hawaii-Bussard, der einzige endemische Greifvogel auf den Inseln.

Papahānaumokuākea Marine National Monument

Dieses Schutzgebiet umfasst das Northwestern Hawaiian Islands Marine Refuge und damit die Küstenregion der kleineren und unwirtlicheren Inseln Hawaiis. Diese Inseln stellen eine Mischung aus Atollen und abrupten vulkanischen Ablagerungen dar. Nur das Midway-Atoll ist bewohnt – größtenteils von wissenschaftlichem Personal. Die Gewässer um die Hawaii-Inseln stellen ein Rückzugsgebiet für bedrohte Hawaii-Mönchsrobben und Meeresschildkröten dar. Die Inseln sind auch die Heimat von Arten wie der vom Aussterben bedrohten Laysan-Ente und dem gefährdeten Laysan-Kleidervogel.

▲ HAWAII-MÖNCHSROBBE

▲ EIN PAAR DER PINZÓN-RIESENSCHILDKRÖTEN AUF DEN GALAPAGOS-INSELN

▲ SEE-ELEFANTEN ZWISCHEN KÜKEN UND ERWACHSENEN DES KÖNIGSPINGUINS, SÜDGEORGIEN

Hakalau Forest National Wildlife Refuge

Dieses kleine, vom US Fish and Wildlife Service verwaltete Schutzgebiet auf der Hauptinsel Hawaiis ist etwa 132 km² groß. Es befindet sich am Nordhang des Vulkans Mauna Loa in einem Gebiet, in dem es in jedem Jahr sehr viel regnet. An den unteren Hängen des Schutzgebiets gibt es gebüschreiche Wälder, Sümpfe und Farnbestände. Mit zunehmender Höhe findet man Koa-Akazien und Ohia-Bäume. Weiter oben gibt es verlassenes Weideland. Im Gebiet der Kona Forest Unit auf einer Höhe von 610 bis 1830 m werden die wilden Hirsche ausgerottet, um den Lebensraum für die Hawaiikrähe zu sichern. Die Art ist in freier Wildbahn seit 2002 ausgestorben, aber im Rahmen eines Zuchtprogramms versucht man, sie wieder in ihrem ursprünglichen Lebensraum anzusiedeln.

▶ OHIA-BLÜTE

Antarktika

South Georgia and South Sandwich Islands Marine Protected Area

Eines der größten Meeresschutzgebiete der Welt mit 1,2 Mio. km² ist eine von Großbritannien verwaltete No-take-Zone (hier sind Fischerei und Jagd absolut verboten) um die subantarktischen Inseln herum. Damit soll die Nahrungsversorgung der hier brütenden Pinguinkolonien gesichert werden, bei denen es sich vor allem um Königs- und Eselspinguine handelt. Königspinguine sind besonders auf dieses Schutzgebiet angewiesen, denn ihre Küken brauchen bis zu 18 Monate, um heranzuwachsen. Sie verbringen ihren ersten Winter zusammengekauert an den eisigen Stränden, wo sie von ihren Eltern zurückgelassen werden, wenn diese auf Nahrungssuche gehen.

North-Western White Island

Dieses Gebiet ist eines von 72 besonderen Schutzgebieten in der Antarktis und umfasst 150 km² Schelfeis und einen Teil von White Island im Ross-Archipel auf der pazifischen Seite des Kontinents. Es wurde eingerichtet, um die Brutstätten einer Population von Weddell-Robben zu schützen, die in diesem Gebiet eingeschlossen zu sein scheinen. Sie sind nicht in der Lage, lange genug zu tauchen, um das 20 km lange Schelfeis zu überwinden, das den Weg zum Südpolarmeer versperrt.

Kap Shirreff

Dieses besondere Schutzgebiet in der Antarktis umfasst Kap Shirreff, eine Halbinsel an der Nordküste der Livingstone-Insel (Teil der Südlichen Shetlandinseln) und die nahe gelegene Insel San Telmo. Diese Inseln befinden sich an der Nordspitze der Antarktischen Halbinsel. Kap Shirreff ist ein Brutgebiet für Zügelpinguine, die sich jedes Jahr zu Tausenden an den Felsstränden einfinden. Außerdem gibt es hier die größte Population Antarktischer Seebären auf der Antarktischen Halbinsel.

LEBEN IM EXTREMEN

Ein Lebensraum bietet den dort vorkommenden Pflanzen und Tieren Sicherheit. Obwohl die im Folgenden vorgestellten zu den extremen Orten der Erde zählen, haben sie genau die Eigenschaften, die ihre Bewohner benötigen. Diese Lebensräume verändern sich ständig, wenn die Temperaturen steigen und fallen oder sich Ebbe und Flut abwechseln. Trockenes Land kann schon im nächsten Monat überflutet werden. Zu diesen extremen Gebieten gehören Polarregionen, die kältesten und trockensten Orte der Erde, Salzseen, deren gelöste Chemikalien die meisten Lebensformen töten würden, und glühend heiße Wüsten, in denen ein Überleben von Flora und Fauna kaum vorstellbar ist.

Nordamerika

Aulavik Nationalpark

▲ POLARFUCHS

Obwohl sein Name in der Inuit-Sprache Inuvialuktun »der Ort, an den die Menschen reisen« bedeutet, ist dieser kanadische Park eines der abgelegensten Schutzgebiete Nordamerikas. Er liegt auf Banks Island in den Northwest Territories und schützt eine arktische Landschaft mit Tundren, sanften Hügeln, tiefen Flusstälern und schroffen Bergen, in denen Eisbären, Polarfüchse und Zugvögel wie die Küstenseeschwalbe zu Hause sind. Der Park beherbergt eine Vielzahl archäologischer Stätten, die die jahrtausendealte Geschichte der Inuvialuit widerspiegeln, darunter auch Überreste von Siedlungen der Thule-Kultur. Die frühesten Stätten wurden in der Nähe des Shoran Lake gefunden.

Northeast Greenland National Park

Mit einer Fläche von 972 000 km² ist er der größte und nördlichste Nationalpark der Welt. Er wurde geschaffen, um eine einzigartige arktische Welt zu erhalten, die von Menschen nahezu unberührt ist. Der Park umfasst große Gletscher, Fjorde mit hohen Eisbergen, eine üppige Tundra-Vegetation, die sich im Sommer in ein Blütenmeer verwandelt, und einige der letzten großen Wildnisgebiete der Erde. Die für das Nordpolarmeer typische Tierwelt umfasst Eisbären, Moschusochsen, Karibus und Walrosse. Im Park gibt es keine dauerhaften menschlichen Siedlungen. Doch kleine Jägergemeinschaften der Inuit leben an seinem Rand, unter anderem am Kangertittivaq, dem größten Meeresfjordsystem der Erde.

Denali Nationalpark

Dieser Nationalpark schützt die Wildnis um den Denali, den höchsten Berg Nordamerikas in der Alaskakette. Ein Großteil des Parks liegt oberhalb der Baumgrenze von etwa 850 m und hat ein subarktisches Klima. Es prägt große, mit Permafrost und Gletschern bedeckte Gebiete. Die Landschaft unterliegt durch Fels- und Eisabbrüche und Schmelzwasserflüsse einem ständigem Wandel. Die meisten der hier vorkommenden über 1500 Pflanzenarten sind alpin und trotzen Kälte und trockenen Winden. Hier leben Säugetiere wie Grizzlybären, während Dutzende von Vögeln, darunter der Streifen-Waldsänger, hierher ziehen, um im kurzen Sommer zu brüten. Als einzige Amphibie lebt der Waldfrosch hier. Er überlebt, indem er seinen Körper im Winterquartier teilweise gefriert.

Zion Nationalpark

Dieser US-Nationalpark im Südwesten Utahs beherbergt einige spektakuläre Landschaften und Felsformationen, darunter den Zion Canyon und die Towers of the Virgin – drei steile Gipfel, die den Virgin River überblicken. In den tiefer gelegenen Gebieten findet man Wüsten- und Flussufer-Ökosysteme. An den unteren Hängen wächst Gebüsch, etwa mit Wacholder, sowie Nadelwald, in den höheren Lagen herrschen Kiefern und Tannen vor. Drei benachbarte Regionen tragen zur Artenvielfalt des Parks bei: die Rocky Mountains im Osten, die Mojave-Wüste im Süden und das Große Becken im Norden.

▲ RENTIER-MÄNNCHEN IM DENALI NATIONALPARK

Saguaro Nationalpark

▲ GILA-KRUSTENECHSE

Dieser Nationalpark liegt in der Sonora-Wüste im Süden Arizonas und wurde zum Schutz der markanten Saguaro-Kakteen eingerichtet. Er besteht aus zwei voneinander getrennten Gebieten, westlich und östlich der Stadt Tucson. Zusammen nehmen sie eine Fläche von fast 370 km² ein. Die langsam wachsenden Kakteen sind typisch für das trockene Strauchland in den tiefer gelegenen Gebieten des Parks. In den Rincon Mountains besteht die Flora aus gemischten Nadelwäldern mit Gelb-Kiefern und Colorado-Tannen. Dieses Gebiet ist einer von mehreren höher gelegenen Lebensräumen, die sich durch das Tiefland ziehen und die Flora und Fauna der Rocky Mountains im Norden mit denen der Sierra Madre Occidental im Süden zu verbinden scheinen. Der Saguaro Nationalpark ist die Heimat von Gila-Krustenechsen, Sonora-Wüstenkröten, Kängururatten, Flecken-Kreischeulen und Zinnober-Schnäppern.

Joshua Tree Nationalpark

Dieser Nationalpark erstreckt sich über 3237 km² im Süden Kaliforniens und umfasst drei Ökosysteme: Im Osten und Süden liegt die Colorado-Wüste, die Teil der Sonora-Wüste ist. Ocotillo-Sträucher und Cholla-Kakteen sind die vorherrschenden Pflanzen in diesem Ökosystem. Im Norden des Parks befindet sich der südliche Rand der Mojave-Wüste, wo die Josua-Palmlilie wächst. Diese eigentümliche Pflanze ist vor allem in der westlichen Hälfte des Parks zu finden. Das dritte Ökosystem ist der westliche Zipfel, der die Little San Bernardino Mountains einschließt, wo vor allem Kalifornischer Wacholder und Pinyon-Kiefern wachsen.

Grand Canyon Nationalpark

Dieser Nationalpark in Arizona schützt 447 km des Colorado River und das Hochland um ihn herum. Der Fluss formt hier eine der spektakulärsten Landschaften der Welt – den Grand Canyon. Der Canyon, der an manchen Stellen über 1800 m tief ist, beherbergt Arten wie die Kleine Braune Fledermaus, den Kalifornischen Kondor und die Rotflecken-Kröte. Das North-Rim-Gebiet des Parks ist Teil des Kaibab-Plateaus, auf dem Fichten- und Tannenwälder wachsen. Im Gebiet des South Rim und des oberen Canyons wachsen Wüsten-Beifuß und Pinyon-Kiefer-Wacholder-Wälder. Der untere Canyon, der näher am Fluss liegt, weist einen

▲ CAPE ROYAL IM GRAND CANYON NATIONALPARK

grüneren Lebensraum mit Weiden, Akazien und Tamarisken auf. Dort gibt es auch von Quellwasser gespeiste Blumenwiesen.

Death Valley Nationalpark

Dieser Nationalpark liegt an der Grenze zwischen Kalifornien und Nevada und umfasst das berühmte Death Valley. Das Death Valley ist der tiefste Punkt auf dem nordamerikanischen Festland und liegt bis zu 86 m unter dem Meeresspiegel. Es ist einer der heißesten und trockensten Lebensräume der Erde, da die hohen Berge auf beiden Seiten den Luftstrom behindern und eine isolierte Klimazone schaffen. Zur Flora des Parks gehören der Kreosotbusch, Wüsten-Beifuß und die endemische, ausdauernde Rock Lady. Fischarten wie der Teufelskärpfling leben in von Quellen gespeisten Becken, in denen das Wasser 33 °C warm ist – heiß genug, um andere Fische zu töten.

El Pinacate y Gran Desierto de Altar Biosphärenreservat

Dieses mexikanische Schutzgebiet in der Sonora-Wüste besteht aus zwei unterschiedlichen Landschaften: Die Ostseite ist von einem vulkanischen Schild mit schwarzen und roten Lavaströmen bedeckt, die ein Wüstenpflaster bilden. Im Westen befindet sich die Gran-Altar-Wüste, Nordamerikas größtes Sanddünengebiet, das mit Sedimenten aus dem Colorado-Flussdelta gespeist wird. In diesem Gebiet gibt es Ergs (Dünenfelder), die bis zu 200 m hoch sind. Die Landschaft weist auch mehrere trockene Granitmassive auf. Das Reservat beherbergt endemische Arten wie den Quitobaquito-Wüstenkärpfling, der Sonora-Gabelbock und die Flachschwanz-Krötenechse.

Südamerika

Kaa-Iya del Gran Chaco

Der Name dieses Nationalparks stammt aus der indianischen Mythologie und bedeutet »Herr des Waldes«. Mit einer Fläche von mehr als 34 000 km^2 ist er der größte Nationalpark Boliviens. Er umfasst den Gran Chaco, ein trockenes und unwegsames Buschland. Der Park beherbergt mehr als 2000 Pflanzenarten, darunter den Roten Quebracho-Baum, den Schwarzen Soto und den Florett-Seidenbaum. Er ist die Heimat des Chaco-Pekaris, verschiedener Gürteltiere und des Kleinen Pampashasen. Die wichtigsten Raubtiere sind der Jaguar, der Puma und der Mähnenwolf.

▲ STRAUCHNATTER IM KAA-IYA DEL GRAN CHACO

Afrika

Tassili N'Ajjer Nationalpark

Dieser Park, ein riesiges Sahara-Plateau im Südosten Algeriens an der Grenze zu Libyen, Niger und Mali, sieht aus wie die Oberfläche eines verbrannten fremden Planeten. Berühmt ist er vor allem für seine rund 15 000 prähistorischen Malereien und Gravuren sowie viele archäologische Funde, die 12 000 Jahre zurückreichen. Darüber hinaus gibt es erodierte, an Wälder erinnernde Sandsteinformationen. Ein weiterer Lebensraum im Park ist ein Trockenwald. Hier speichert der Sandstein des Plateaus mehr Wasser als die umliegenden Wüsten im Tiefland. Dort wachsen Zypressen und Myrten, von denen manche einige Jahrhunderte alt sind. Eines der größten Tiere im Park ist das Berberschaf, das auch in den Felsmalereien abgebildet ist.

▲ BERBERSCHAF

Toubkal Nationalpark

Der 1942 gegründete Park war der erste Nationalpark Marokkos. Er umfasst einen Teil des Hohen Atlasgebirges, der als Adrar n'Dern oder »Berg der Berge« bekannt ist. Der Park ist nach dem höchsten Punkt Nordafrikas benannt, dem 4167 m hohen Jbel Toubkal. Die Region hat heiße, trockene Sommer und kalte Winter mit häufigem Schneefall. Das Klima begünstigt Zedern- und Eichenwälder, während im Frühjahr Blumenwiesen erblühen. Der Spanische Wacholder war früher im Atlasgebirge weit verbreitet, ist aber aufgrund der Überweidung durch Ziegen stark zurückgegangen. Der Toubkal Nationalpark ist einer der wenigen Orte, an denen er noch gedeiht. Der Park beherbergt auch viele gefährdete Arten wie den Berberaffen und den Mähnenspringer.

▲ KALKSTEINFORMATIONEN IM NATIONALPARK WEISSE WÜSTE

Wadi el Gemal Nationalpark

Dieser ägyptische Nationalpark erstreckt sich über eine Fläche von 7450 km² und umfasst 2100 km² der Küstengewässer des Roten Meers. Er beherbergt 450 Korallenarten, über 1200 Knochenfisch- und 44 Haiarten. Der Park besteht aus fünf Inseln, darunter die Insel Wadi el Gemal, die von Seegraswiesen umgeben ist, die eine wichtige Nahrungsquelle für den bedrohten Dugong (eine Seekuh) und die Grüne Meeresschildkröte darstellen. Die Küsten sind teilweise felsig und der Nationalpark verfügt auch über dichte Mangrovenwälder. Die Inseln sind ein Brutgebiet für 13 Vogelarten, darunter auch den gefährdeten Schieferfalken. Im Landesinnern beherbergt der Wüstenlebensraum die Dorkas-Gazelle und den Nubischen Steinbock, die einzige Steinbockart, die sich an das heiße Klima angepasst hat.

▼ NUBISCHER STEINBOCK

Weiße Wüste Nationalpark

Dieser Nationalpark liegt in der Farafra-Senke in Ägypten und erstreckt sich über eine Fläche von 300 km². Er ist bekannt für seine großen, weißen Kalksteinfelsen, die durch Winderosion entstanden sind. Am nördlichen Ende der Senke befinden sich hohe Klippen und das Große Sandmeer – eines der größten Dünenfelder der Welt. Der Park umfasst auch Oasen in Ain el Makhfi und Ain el Wadi. Er ist ein Zufluchtsort für die bedrohte Dünengazelle und die gefährdete Dorkas-Gazelle. Außerdem sind im Park Mähnenspringer, Sandkatzen und drei Fuchsarten zu finden.

Djebel Bou-Hedma Biosphärenreservat

Dieses Biosphärenreservat schützt das südtunesische Kalksteingebirge, das ein Ausläufer des Atlasgebirges ist. Die Vegetation ist mediterran mit einem Mosaik aus trockener Grassteppe und Wacholder-Wäldern. Das Reservat ist jedoch auch für seine Savannen bekannt, die noch aus der Zeit vor der Entstehung der Sahara stammen. Die Fauna ist charakteristisch für die Sahara. Hier leben die bedrohten Mendes-Antilopen und Dama-Gazellen. Das Reservat wird immer mehr von der Wüste verdrängt, was zum Teil auf die übermäßige Beweidung mit Vieh und die Abholzung durch eine kleine menschliche Bevölkerung innerhalb des Schutzgebiets zurückzuführen ist. Es laufen Programme, um den ursprünglichen Waldbestand des Reservats wiederherzustellen.

Wadi El-Kouf Nationalpark

Dieser Nationalpark ist das bekannteste Schutzgebiet Libyens. Er liegt an der Küste und ist berühmt für seine Sanddünen, Feuchtgebiete und Kalksteinhügel. Durch seine Mischung aus Küsten- und Hochlandlebensräumen weist der Park eine große Vielfalt an Wildtieren auf. Zu den Vogelarten im Schutzgebiet gehören der bedrohte Schmutzgeier und die gefährdete Sahara-Kragentrappe. Auch Säugetiere wie die Streifenhyäne, die Afrikanische Wildkatze und der stark gefährdete Berberaffe sind hier zu finden. In Küstennähe lassen sich Große Tümmler und Gemeine Delfine sowie Unechte Karettschildkröten beobachten, die an einigen Stränden des Parks ihre Eier ablegen.

Banc d'Arguin Nationalpark

Dieses abgelegene Reservat an der Atlantikküste Mauretaniens besteht aus Sanddünen, Küstensümpfen, kleinen Inseln und seichten Küstengewässern. Hier wird der Kontrast zwischen der Wüste auf dem Land und dem fruchtbaren Meer deutlich. Das reichhaltige Ökosystem beherbergt große Populationen von Fischen, Vögeln und Meeressäugetieren. Der Nationalpark ist ein wichtiges Überwinterungsgebiet für Zugvögel, darunter Watvögel wie die bedrohte Pfuhlschnepfe und der Sichel-Strandläufer. Mehrere Arten von Meeresschildkröten, darunter die bedrohte Grüne Meeresschildkröte, und Delfine, wie der gefährdete Kamerun-Flussdelfin, kommen im Park vor.

Aïr und Ténéré Naturschutzgebiet

Das in Niger gelegene Schutzgebiet dient dem Schutz der vom Aussterben bedrohten Mendes-Antilope, die in der nordafrikanischen Sahara und der Sahelzone lebt und aufgrund der übermäßigen Jagd und Wilderei zu den seltensten Säugetieren der Erde zählt. Ihr Schutzgebiet liegt innerhalb der großen Naturreservate Aïr und Ténéré, die das größte Reservat in Afrika bilden. Es umfasst kleine Bereiche des Sahel-Graslands im Hochland und große Regionen der Tieflandwüste. In den frühen 1990er-Jahren wurde ein Plan zur Wiederansiedlung von in menschlicher Obhut gezüchteten Mendes-Antilopen in dem Schutzgebiet durch einen bewaffneten Aufstand im Land unterbrochen. Die verbliebene Antilopen-Population ist nun zu klein, um sich selbst erhalten zu können. Zu den anderen Wildtieren des Naturschutzgebiets gehören die gefährdeten Dünen- und Dorcas-Gazellen.

Sibiloi Nationalpark

Der am nordöstlichen Ufer des Turkana-Sees im Norden Kenias gelegene Nationalpark wurde 1973 gegründet, um Ausgrabungsstätten mit den Überresten früher Hominiden und prähistorischer Tiere zu schützen. Die Region hat jedoch auch eine besondere Ökologie, denn der Turkana-See ist ein alkalischer Salzsee. Mikroben verleihen dem Wasser eine leuchtend blaugrüne Farbe und locken Schwärme von Rosaflamingos an. Der Park ist ein Zwischenstopp für Wasservögel und hier gibt es wichtige Brutplätze für das Nilkrokodil.

Skelettküsten Nationalpark

Dieser Nationalpark im Nordwesten Namibias enthält eine der unzugänglichsten Küsten der Welt. Das Gebiet ist nach den vielen Walskeletten benannt, die den Strand übersäen und in der trockenen Luft konserviert wurden. An den langen Sandstränden, die stellenweise 40 km breit und 500 km lang sind, liegen auch viele Schiffswracks. Der südliche Teil des Parks ist mit Geländewagen befahrbar, während der nördliche Bereich jenseits des Ugab-Tors nur mit dem Flugzeug zu erreichen ist, da Fahrzeuge verboten sind.

▲ TÜPFELHYÄNE

Trotz der Trockenheit sind im Park angepasste Tiere wie Elefanten, Nashörner und Löwen zu finden. Die Schabrackenhyäne unternimmt auf der Suche nach Kadavern lange Wanderungen entlang des Strandes. Zur Flora des Parks gehören die *Welwitschia mirabilis*, eine Pflanze, die Hunderte von Jahren alt werden kann und in der Namib-Wüste endemisch ist, sowie der Wüstenkohlrabi, eine Pflanze, die aus Felsspalten herauswächst, außerdem Lebende Steine – sukkulente Pflanzen, die wie Kieselsteine aussehen.

Etosha Nationalpark

Dieser Nationalpark in Namibia wird von der Etoscha-Pfanne beherrscht, einer riesigen Salzpfanne, die sich über 4800 km² erstreckt – damit nimmt sie fast ein Viertel des gesamten Parks ein und ist sogar aus dem Weltraum zu sehen. In der Sprache der Einheimischen bedeutet *Etosha* »großer weißer Ort«. Rund um die Pfanne gibt es zahlreiche Wasserlöcher, die wie ein Magnet auf Wildtiere wirken. Das Okaukuejo-Wasserloch zieht Spitzmaulnashörner an, während Löwen das Okondeka-Wasserloch bevorzugen. Die Savanne und die Trockenwälder bieten auch Elefanten, Leoparden, Impalas, Gnus und Zebras ein Zuhause. Zu den Vögeln im Park gehören Gaukler und Kampfadler.

▲ GROSSE HERDEN VON SPIESSBÖCKEN UND SPRINGBÖCKEN STEHEN UM EINEN LÖWEN IM ETOSHA NATIONALPARK.

Central Kalahari Game Reserve

Das in Zentral-Botswana gelegene Reservat ist Teil des Kalahari-Beckens, das sich vom Oranje bis zum Kongo erstreckt. Das Reservat umfasst eine Reihe von Pfannen (flache, ausgetrocknete Seeböden), die kahl sein können oder stellenweise Gräser und krautigen Bewuchs aufweisen. Nach starken Regenfällen können sie sich zu Feuchtgebieten entwickeln. Außerdem gibt es trockene Flusstäler und halbtrockene Strauchsavannen mit Akazienwäldern und Sandveld (Gras- oder Strauchland mit trockenem, sandigem Boden). Im Reservat lebt eine Gemeinschaft traditioneller Jäger und Sammler, die den Völkern der Basarwa (San) und Bakgalakgadi angehören. Das Reservat beherbergt Populationen bedrohter Tierarten, etwa der Schabrackenhyäne und mehrerer Greifvögel, darunter den gefährdeten Kampfadler. Zu den weiteren Besonderheiten der Tierwelt im Reservat gehören der Kalahari-Löwe und große Rudel der gefährdeten Afrikanischen Wildhunde.

Nxai Pan Nationalpark

Dieser Nationalpark in Botswana ist Teil der Makgadikgadi-Pfannen – der größten Salzpfannen der Welt. Er erstreckt sich über eine Fläche von 2578 km². Der größte Teil davon ist die Nxai-Pfanne, eine mit Akazien bewachsene Grasebene. Diese Bäume wachsen auf dem Grund eines ehemaligen Sees, der einst von den Flüssen Chobe, Okavango und dem oberen Sambesi gespeist wurde, bevor diese vor Millionen von Jahren ihren Lauf änderten. Südlich der Pfanne befindet sich eine Gruppe großer Baobab-Bäume, die Baines' Baobabs genannt werden. Benannt wurden sie nach Thomas Baines, der sie 1862 während einer Expedition mit dem Afrikaforscher David Livingstone malte. Der Park enthält fossile Pfannen, die in der Regenzeit zahlreiche Tiere anlocken. Dazu gehören Herden von Springböcken, Spießböcken, Zebras und Gnus, die wiederum Geparden, Löwen und Hyänen anziehen. Hier leben auch Löffelhunde, die sich von Kleintieren ernähren.

Europa

Slowinzischer Nationalpark

Der Park erstreckt sich über einen 33 km langen Abschnitt der polnischen Ostseeküste in der Nähe der Stadt Łeba und umfasst die Gewässer, die sich bis zu 3 km von der Küste entfernt befinden. Im Park gibt es Sandstrände, Dünen, Seen und Feuchtgebiete sowie Wiesen und Wälder weiter im Landesinneren. Mindestens 25 der hier lebenden Vogelarten gelten in Europa als gefährdet, darunter der Raufußkauz und die Rohrdommel. Im Winter sind die Mündungen der Flüsse Łeba und Łupawa in der Regel eisfrei und bilden ein Rückzugsgebiet für 73 überwinternde Vogelarten wie den Singschwan und die Schellente. Viele weitere sind Frühjahrs- oder Herbstgäste und erholen sich in den Seen und Feuchtgebieten. Rund eine halbe Million Menschen besuchen jährlich den Nationalpark, um diese Vögel zu beobachten.

▶ RAUFUSSKAUZ

Asow-Sywasch Nationalpark

Dieses Schutzgebiet auf der Halbinsel Krim umfasst den zentralen Teil des Sywasch – ein großes System flacher Buchten im Nordosten der Krim-Halbinsel. Zum Park gehören zahlreiche Sandbänke, Inseln und Salzwiesen an der Küste des Asowschen Meeres. Das Wasser im Sywasch kann aufgrund von Halobakterien rot erscheinen. Die Vegetation des Parks besteht aus salztoleranten Gräsern, die Wiesen und Feuchtgebiete formen. Auch Salbei und Wermut sind hier zu finden. Der Park beherbergt zahlreiche bedrohte Arten von Wasser- und Greifvögeln, darunter die gefährdete Rothalsgans und die Großtrappe. Rund 10 000 Vogelpaare brüten hier jährlich und eine Million Vögel überwintern in den Feuchtgebieten. Der Park dient als einer

▲ EINE HERDE AFRIKANISCHER ELEFANTEN IM NXAI PAN NATIONALPARK

der wichtigsten Mauserplätze für den Höckerschwan. Außerdem ist er ein wichtiger Rastplatz für andere Wasser- und Watvögel.

Larnaca-Salzsee

Dieses Reservat auf Zypern umfasst ein Netz von saisonalen Seen mit hohem Salzgehalt und Salinen. Die Gewässer sind nie tiefer als 1 m und bilden ein Feuchtgebiet von globaler Bedeutung, da sie ein Überwinterungsgebiet für Wasservögel wie die Lachmöwe und die Krickente oder ein Zwischenstopp für andere Zugvögel sind. Die Vögel kommen in Scharen hierher, um von der ungewöhnlichen Nahrungskette des Sees zu profitieren. Das salzige Wasser ist voller mikroskopisch kleiner Algen, von denen sich wiederum Salinenkrebse ernähren. Diese Krebstiere sind die Hauptnahrung für die Wasservögel, vor allem für die Rosaflamingos, die sich hier zu Tausenden versammeln. An den Ufern des flachen Sees wachsen vor allem Halophyten – Pflanzen, die hohe Salzkonzentrationen vertragen. Auch Kotschys Ragwurz, eine Orchidee, kommt hier vor.

Schleswig-Holsteinisches Wattenmeer Nationalpark

Dieser Nationalpark ist mit einer Fläche von 4430 km² der größte in Deutschland. Er umfasst einen Teil des Wattenmeers der Nordsee, des größten zusammenhängenden Wattenmeers der Welt. Er ist von Stranden, Salzwiesen und Sanddünen gesäumt. Das Wattenmeer, das bis in die niederländischen und dänischen Gewässer reicht, entstand nach der letzten Eiszeit, als schmelzende Gletscher den Meeresspiegel ansteigen ließen und die Küste überfluteten. Es ist einer der wichtigsten Knotenpunkte auf dem Ostatlantikflugweg, den jährlich etwa zwölf Millionen Vögel nutzen. Etwa 100 000 Vogelpaare brüten im Park. Das Wattenmeer dient auch als Kinderstube für die verschiedenen Fischarten der Nordsee.

▲ LUFTAUFNAHME DER CALDERA BLANCA, EINES VULKANKRATERS, DER DEN TIMANFAYA NATIONALPARK ÜBERRAGT

Timanfaya Nationalpark

Dieser Nationalpark auf Lanzarote, der östlichsten der Kanarischen Inseln, umfasst eine Vulkanlandschaft, die sich erst vor 300 Jahren gebildet hat. Sie ist von Lava und roten, gelben und orangefarbenen Felsformationen geprägt, die winzige Krater, Mulden und Röhren bilden. Es gibt keine permanenten Wasserläufe, doch die Flora im Park – hauptsächlich Flechten – ist als Teil eines Biosphärenreservats geschützt, das die gesamte Insel umfasst. Die Pflanzen sind als Xerophyten an die Speicherung und den Rückhalt von Wasser angepasst. Viele der hier vorkommenden Arten sind endemisch, wie beispielsweise die kleinen Sukkulenten *Aeonium lancerottense* und *Aichryson tortuosum*. Zu den im Park lebenden Tieren gehören die Kanaren-Spitzmaus und die Ostkanaren-Eidechse, während unter den Vögeln Corys Sturmtaucher und der Schmutzgeier besondere Arten sind.

Asien

Magadansky State Nature Reserve

Dieses Reservat weit im Osten Russlands ist für Besucher kaum zugänglich. Es umfasst vier Zonen rund um die Bergbaustadt Magadan an der Nordküste des Ochotskischen Meeres. Subarktische Gebirgstundra bestimmt das Landesinnere, während sich in den Küstengebieten boreale Lärchenwälder und Wacholderbestände erstrecken, durchsetzt mit Feuchtgebieten. Die Kolyma und andere Flüsse sind Laichgebiete für 32 Fischarten, hauptsächlich Lachse und Forellen. Das Reservat dient als Brutgebiet für rund 150 Vogelarten, darunter den seltenen Riesen-Seeadler, den Seeadler und den Fisch-Uhu. Etwa 40 landlebende Säugetierarten gibt es in diesem Nationalpark, darunter das Rentier und den Fischotter.

Harrat al-Harrah Schutzgebiet

Das im Nordwesten Saudi-Arabiens gelegene Schutzgebiet war das erste, das in diesem Land eingerichtet wurde. Es liegt in der Nähe der Grenze zu Jordanien und besteht aus einer vulkanischen Hochebene und einer Gruppe niedriger vulkanischer Berge. Der größte Teil der Vegetation wächst entlang der Wadis (saisonaler Wasserläufe). Im Schutzgebiet wachsen die Blattlose Tamariske und Shaws Bocksdorn, neben Sträuchern und einjährigen Kräutern. Das Gebiet dient hauptsächlich dem Schutz der bedrohten Dünengazelle. Andere Säugetiere sind der bedrohte Arabische Wolf, der Rüppell-Fuchs, die Streifenhyäne und die Springmaus. Unter den Vogelarten finden sich die Kragentrappe, der Triel und der Steinadler.

◀ SPRINGMAUS

Al-Reem Biosphärenreservat

◀ ARABISCHE ORYX

Das im Nordwesten Katars gelegene Reservat schützt den Lebensraum der wieder angesiedelten Arabischen Oryx und der Arabischen Gazelle – zwei Antilopen-Arten des Nahen Ostens, die fast ausgerottet waren. Das Zuchtzentrum in Al-Reem hat bei der Wiederansiedlung dieser Tiere in Katar Pionierarbeit geleistet. Die Antilopen leben auf schwach bewachsenen Schotterflächen, die zwischen Kalkstein-Hochebenen liegen. Es gibt keine permanenten Flüsse, aber etwas Wasser aus den Wadis, die die höher gelegenen Regionen entwässern, wenn es einmal regnet. Die Vegetation lebt hauptsächlich vom Grundwasser. In der Küstenzone des Reservats gibt es Salzwiesen und Wattflächen. Eine Besonderheit ist die als Dukhan-Antiklinale bekannte Kalksteinformation entlang der Westküste von Katar.

Harrat 'Uwayrid Biosphärenreservat

Dieses Reservat befindet sich im Westen Saudi-Arabiens. Es schützt die Lebensräume vieler bedrohter einheimischer Arten, darunter die des Arabischen Leoparden, einer Unterart des Leoparden, und die der Arabischen Gazelle. Hier gibt es auch eine Vielzahl endemischer Pflanzenarten. Die karge, wüstenartige Vulkanlandschaft weist viele felsige Hänge und einige Sandflächen auf. Zwischen den Felsen wachsen Sukkulenten wie das Hundsgiftgewächs *Caralluma europaea* und endemischer *Thymus decussatus*. Etwa 19 Säugetierarten wurden in dem Reservat nachgewiesen. Neben dem Arabischen Leoparden und der Arabischen Gazelle kommern hier der Afghan-Fuchs, die Streifenhyäne, der Karakal, der bedrohte Nubische Steinbock und der Arabische Wolf vor, eine einheimische Unterart des Wolfs.

▲ ARABISCHER WOLF

Lake Oromeeh Biosphärenreservat

Dieses Biosphärenreservat liegt im Norden Irans im kaukasisch-iranischen Hochland. Der See, auch Urmia-See genannt, ist das größte Gewässer im Iran, an seinen Ufern liegen Salzwiesen. Auf den Inseln im See findet man Pistazien-Wälder und Artemisien-Steppen vor. Außerdem gibt es Feuchtgebiete rund um die Flüsse, die in den See münden. Der Oromeeh-See ist ein Brutgebiet für Rosaflamingos und Rosapelikane, viele Zugvögel überwintern hier. Die Inseln im südlichen Teil des Sees sind ein Zufluchtsort für zwei bedrohte Säugetiere – den Mesopotamischen Damhirsch und den Armenischen Mufflon, eine Art Wildschaf.

▼ SALZKRUSTEN AM OROMEEH-SEE

Kawir Nationalpark

Der südöstlich von Teheran gelegene Kawir Nationalpark umfasst Teile eines Salzsees sowie Dascht-e Kawir, auch Große Salzwüste genannt. Der Park besteht aus Überschwemmungsebenen und niedrigen Bergen, er weist Salzpfannen und Sandflächen auf. In den trockenen Steppen und Buschlandschaften lebte einst der Onager, ein wilder Verwandter von Hausesel und -pferd. Leider ist seine Population im Park durch illegale Jagd ausgerottet worden. Zu der vielfältigen Tierwelt des Kawir Nationalparks gehören der Persische Leopard, die Kragentrappe und der Kawir-Wüstenrenner, eine schlanke Eidechse.

Tibet Selincuo Feuchtgebiete

Dieses Reservat liegt auf dem Hochland von Tibet in einer durchschnittlichen Höhe von 4700 m. Es umfasst ein Netz von Salz- und Süßwasser-Feuchtgebieten. Das Gebiet ist in zwei Zonen unterteilt: Im westlichen Teil, zwischen dem Kunlun- und dem Nyainqêntanglha-Gebirge, befindet sich das größte System von Binnenseen des Hochlands. Im Osten verläuft die tibetische Hauptwasserscheide mit einem System von Flüssen, die zum Meer entwässern. Die Feuchtgebiete sind ein Zwischenstopp für Zugvögel und ein ständiges Zuhause für den seltenen Würgfalken, den Binden-Seeadler und den Östlichen Kaiseradler. Auch der gefährdete Schneeleopard lebt hier.

Gobi Gurwan Saichan Nationalpark

Der am nördlichen Rand der Wüste Gobi gelegene Nationalpark ist der größte der Mongolei, er erstreckt sich über eine Fläche von 27 000 km². Die Tieflandregionen bestehen aus Grasland und Gebieten mit hohen Dünen, von denen einige aufgrund der starken Winde als »singende Sande« bekannt geworden sind. Im Park gibt es ein niedriges Gebirge, das aus drei Bergketten besteht und Gurwan Saichan oder »die drei Schönheiten« genannt wird. Es hat trockene, felsige Hänge und ist im Winter mit Schnee bedeckt. Die Region dient als Zufluchtsort für mehrere gefährdete Tierarten, etwa die bedrohten Sibirischen Steinböcke und das Argali (ein Wildschaf) sowie den gefährdeten Schneeleoparden. Im Park lebt die vom Aussterben bedrohte Wildform der Trampeltiere.

▲ RIESEN-SEEADLER IM SHIRETOKO NATIONALPARK

▲ TRAMPELTIER

Kirishima-Kinkō-wan Nationalpark

Dieser Nationalpark befindet sich im Süden der japanischen Insel Kyushu. Er birgt mehr als 20 Vulkane, darunter den aktiven Vulkan Sakurajima, sowie heiße Quellen, Kraterseen, Sandstrände, Kiefernwälder und felsige Klippen. Der Park schützt auch den Shigetomi-Strand in der Kinkowan-Bucht. Das Gebiet besteht aus Wattflächen, die vor 30 000 Jahren entstanden sind. Das Watt hat als Besucher Zugvögel wie den Borsten-Brachvogel und den gefährdeten Schwarzstirn-Löffler, dagegen leben Fischadler das ganze Jahr über dort. Der bedrohte Indopazifische Große Tümmler schwimmt bei Flut in die Untiefen, um hier nach Krabben und Mollusken zu suchen.

Shiretoko Nationalpark

Dieser Park liegt auf einer langgestreckten Halbinsel an der Nordküste von Hokkaido, Japans nördlichster großer Insel. Er ist einer der besten Orte der Welt, um den Riesen-Seeadler zu beobachten. Dieser große Greifvogel ist vom Aussterben bedroht, von ihm gibt es weltweit nur noch weniger als 5000 Exemplare. Diese Vögel ziehen im November von der russischen Halbinsel Kamtschatka in den Süden, um in den Kiefernwäldern Zuflucht vor der Kälte zu suchen. Man kann sie aber auch im tiefsten Winter auf dem Treibeis auf der Jagd nach Kabeljau und Seelachs beobachten. Im Park lenen Hokkaido-Sikahirsche und Rotfüchse, dazu versammeln sich viele Largha-Robben auf dem Eis.

Can Gio Mangrove Biospärenreservat

Dieses Schutzgebiet liegt an der Küste südöstlich von Ho-Chi-Minh-Stadt, Vietnam, und umfasst die Mangrovenwälder an den Mündungen der Flüsse Saigon und Dong Nai, die große Mengen an Sedimenten in das Südchinesische Meer leiten. Die Mangrovenwälder werden oft als »grüne Lunge« der großen Industriestadt bezeichnet. Sie beherbergen eine Vielfalt von Pflanzen- und Tierarten, darunter das Leistenkrokodil, das größte Reptil der Welt, und gefährdete Arten wie die Fischkatze, den Graupelikan und die Königskobra – die längste Giftschlange der Welt.

▶ GRAUPELIKAN

Bromo Tengger Semeru Nationalpark

Dieser Nationalpark in Ostjava, Indonesien, umfasst die aktiven Vulkane Bromo und Semeru. Letzterer ist der höchste Vulkan Javas. Der Park enthält eine Mischung aus Regenwäldern, Savannen, Seen und Flüssen sowie ein Stück Wüste, das als Tengger-Sandmeer bekannt ist. Der Nationalpark beherbergt 1025 Pflanzenarten, darunter 226 Orchideen und 260 Heil- und Zierpflanzen. Er bietet einen Zufluchtsort für Säugetierarten wie das vom Aussterben bedrohte Malaiische Schuppentier und den gefährdeten Java-Leoparden. Im Park leben auch mehrere Vogelarten, darunter der Brahmanen-Milan, der Molukken-Falke, der Java-Liest, der Sunda-Mennigvogel und der gefährdete Ährenträger-Pfau.

◀ DER BROMO-VULKAN UND DAS TENGGER-SANDMEER IN OSTJAVA

Australasien und Ozeanien

Uluṟu-Kata Tjuṯa Nationalpark

Dieser australische Nationalpark liegt rund um den Uluru, einen gewaltigen Monolithen, der zu den berühmtesten Naturdenkmälern der Erde gehört. Der Park wird im Auftrag der Anangu verwaltet, einer Gruppe indigener Australier, die seit Zehntausenden von Jahren in diesem Gebiet leben. Er ist ein Paradies für Vögel. Zu seinen 178 Arten zählen Habichtfalken, Graubartfalken, Grauscheitel-Honigfresser, Schwarzkehl-Krähenstare und Ariel-Schwalben. Kleinere Vögel wie die Maler-Amadine und der Zimt-Grasschlüpfer sind oft in den Spinifex-Gräsern zu sehen, die in der Vegetation des Parks vorherrschen.

Pila-Naturreservat

Das Pila-Naturreservat erstreckt sich über 18 900 km² der Gibson-Wüste in der Mitte von Westaustralien. Hierhin verirren sich nur wenige Besucher. Daher gilt der trockene Lebensraum als unberührt. Die Landschaft besteht aus Sanddünen, Kiesflächen, steinigen Hügeln und wellenförmigen Ebenen aus Sand und Steinen. In den tiefer gelegenen Bereichen gibt es auch einige Salzwasserseen. Die vorherrschenden Pflanzen sind Spinifex-Gräser, gemischt mit robusten Sträuchern und Bäumen. Die Niederschläge sind gering und die Vegetation nutzt alte Grundwasserquellen.

Booderee Nationalpark

Dieser Park befindet sich in der Jervis Bay im Süden von New South Wales. Es handelt sich um Land der Aborigines. Australische Naturschützer verwalten das Gebiet gemeinsam mit der Wreck Bay Community. Der Park besteht aus zahlreichen Lebensräumen – von

▶ KLEINER KURZNASENBEUTLER

Klippen und Heidelandschaften bis hin zu Sandstränden, Felsplattformen, Mangroven, Sümpfen, Seen, Wäldern und einem geschützten Meeresgebiet. Diese Lebensräume beherbergen mehr als 200 Vogelarten, darunter den bedrohten Olivscheitel-Borstenvogel, sowie Pflanzen wie die Kirschmyrte. Derzeit gibt es Projekte zur Wiederansiedlung von drei lokal ausgestorbenen Beuteltieren: dem Langschnauzen-Kaninchenkänguru, dem Kleinen Kurznasenbeutler und dem Tüpfelbeutelmarder.

Munga-Thirri Nationalpark

Dies ist der größte Nationalpark Australiens. Er erstreckt sich über eine Fläche von 36 000 km² und liegt im Zentrum der Simpson-Wüste, der trockensten Region des australischen Kontinents. Diese Region gilt als ein Paradebeispiel für eine aus Paralleldünen bestehende Wüste. Die Dünen haben sich auf parallel verlaufenden Bergrücken gebildet und erstrecken sich über Hunderte von Kilometern über drei australische Bundesstaaten: South Australia, Queensland und das Northern Territory. Auf den Kämmen der Dünen wachsen kurze Gräser und weitere krautige Pflanzen. Der Lebensraum umfasst auch ausgetrocknete Seen mit Akazienwäldern und Spinifex-Grasland. Das Gras bildet ringförmige Horste, wenn die älteren zentralen Teile absterben. Im Park leben 16 Arten, die in Südaustralien selten oder bedroht sind, darunter der Große Beutelmull und die Kammschwanz-Beutelmaus, ein kleines Beuteltier, das auch als Mulgara bekannt ist. Außerdem lebt hier der seltene, in Australien endemisch Höhlensittich. Die Lebensräume im Nationalpark beherbergen eine Reihe von Reptilienarten, darunter Bartagamen und den Woma, eine Python-Art.

Great Victoria Desert Naturreservat

Dieses Naturschutzgebiet in Westaustralien erstreckt sich über eine Fläche von 25 000 km². Die Landschaft besteht aus einer Mischung aus Grasländern, Sanddünen, Salzseen und Wüstenpflaster, das aus dicht gepackten Steinen besteht. Es gibt auch einige bewaldete Steppengebiete, in denen Baarla (Desert Gum, eine *Eucalyptus*-Art) sowie Mallee- und Mulgasträucher wachsen. Zwischen den Bäumen bedecken Spinifex-Gräser den Boden. Dies ist ein Land der Reptilien, wie etwa dem Central-Ranges-Taipan, einer hochgiftigen Schlange, die erst kürzlich als eigene Art eingestuft wurde, sowie dem gefährdeten Großen Wüstenskink. Zu den Beuteltieren gehören die bedrohte Dünen-Schmalfuß-Beutelmaus und die Kammschwanz-Beutelmaus. Außerdem leben hier Dingos und Warane wie der Goulds Waran und der Riesenwaran.

Tasman National Park

Dieser Nationalpark liegt an der Küste der Tasmanischen Halbinsel. Die Kraft des Wassers hat hier zahlreiche Bögen und Höhlen geschaffen. Die Küstenvegetation klammert sich an die Klippen und färbt die dunklen Felsen grün. Vor der Küste ermöglichen Auftriebe eine komplexe marine Nahrungskette (Auftriebe sind nährstoffreiches, kaltes Tiefenwasser, das durch Meeresströmungen an die Oberfläche gebracht wird). Der Park ist ein Paradies für Zwergpinguine, Südafrikanische Seebären und Pottwale. An Land leben Wombats, Beutelmarder, Kaninchenkängurus und Nasenbeutler. Hier kommt auch der Beutelteufel vor, der durch die tödliche Krankheit Devil Facial Tumour Disease (DFTD) stark gefährdet ist.

Purnululu Nationalpark

Dieser Nationalpark liegt in der Kimberley-Region in Westaustralien. Er schließt etwa 2400 km² Wildnis ein. Dazu gehört auch die Bungle Bungle Range, eine Landschaft mit ungewöhnlichen bienenkorbförmigen Sandsteinhügeln, die sich über die trockenen Savannen und Eukalyptuswälder erheben. Die auffälligen schwarzen und orangefarbenen Streifen auf den Hügeln sind durch die Aktivität von Cyanobakterien gebildet worden. Der Park beherbergt eine reiche Tierwelt. Zu den seltensten Bewohnern gehört die Gould-Amadine, ein Singvogel, der für seine leuchtende Färbung bekannt ist. Es gibt hier 81 Reptilienarten, darunter den endemischen Bungle-Bungle-Gecko und drei der giftigsten Schlangen Australiens – die Mulgaschlange, die Westliche Braunschlange und die Nördliche Todesotter.

▲ DER BUNGLE-BUNGLE-GECKO IM PURNULULU NATIONALPARK

Garig Gunak Barlu Nationalpark

Dieser abgelegene und zerklüftete australische Nationalpark liegt an der Spitze des Northern Territory auf der Halbinsel Cobourg in Arnhemland. Die Halbinsel ist von der Arafurasee und dem Van-Diemen-Golf umgeben, sie umfasst vielfältige Lebensräume wie Sandstrände, Dünen und Salzwiesen, Mangroven, Regenwälder, Sümpfe und Lagunen. Der Park beherbergt auch marine Lebensräume wie Korallenriffe und Seegraswiesen. An Land bewohnen verschiedene Arten die Wälder, darunter Kurzkopf-Gleitbeutler und der bedrohte Zwerg-Beutelmarder. Auch der Kurzschnabel-Ameisenigel, eines der wenigen eierlegenden Säugetiere, lebt im Park. Im Grasland kann man Gruppen von Wallabys antreffen. Der Park schützt auch einige endemische Arten, darunter die Kakadu-Schmalfuß-Beutelmaus und die gefährdete Arnhem-Dickschwanzratte.

▲ KURZKOPF-GLEITBEUTLER

Abel Tasman Nationalpark

Der Abel Tasman Nationalpark liegt an der Nordküste der neuseeländischen Südinsel mit Blick auf die Cookstraße, die die Insel von der Nordinsel trennt. Die Landschaft besteht aus Sandstränden und zerklüfteten Granitklippen. Obwohl der Boden nicht sehr fruchtbar ist, wachsen in den feuchten Schluchten Scheinbuchen-Wälder. Ein großer Teil dieses Lebensraums wurde durch Holzeinschlag zerstört, doch gibt es immer noch eine reiche Vegetation. Hier leben mehrere einheimische Vogelarten, darunter der Maori-Honigfresser, der Neuseeland-Fächerschwanz und der Tui-Honigfresser. Früher war hier auch der Orange-Lappenvogel zu finden, doch die letzte bestätigte Sichtung erfolgte im Jahr 1967. Entlang der Küste und in den Feuchtgebieten ist der Pukeko, eine Unterart des Purpurhuhns, weit verbreitet. In den Flüssen und Flussmündungen des Parks wurden etwa 14 einheimische Fischarten nachgewiesen, darunter bedrohte Arten wie *Galaxias argenteus*, *G. brevipinnis* und *G. maculatus*.

▲ KAISERPINGUIN IN DER AMANDA BAY

Antarktika

Westliche Bransfield-Straße

Die Bransfield-Straße verläuft zwischen den Südlichen Shetlandinseln und der Antarktischen Halbinsel. Sie nimmt eine Fläche von 500 km² im Südwesten der Inselgruppe ein und wird vom Antarktis-Vertrag geschützt. Das weiche Sandsubstrat des Gebiets beherbergt eine vielfältige benthische Fauna, darunter Fischarten wie der Schwarzflossen-Eisfisch und der Schwarze Zackenbarsch sowie Wirbellose wie Anemonen und Krebstiere. Es handelt sich um eines der wenigen Gebiete in diesem Teil der Antarktis, die sich zum Fang von Fischen und benthischen Organismen mit Schleppnetzen eignen. Daher besteht der Hauptzweck des Schutzgebiets darin, die Fischerei zu unterbinden und den Meeresboden zu schützen.

Amanda Bay

Die Amanda Bay liegt in der östlichen Antarktis an der Ingrid-Christensen-Küste von Prinzessin-Elisabeth-Land. Sie ist als Schutzgebiet ausgewiesen, um das Brutgebiet des Kaiserpinguins zu erhalten. Jeden Herbst versammeln sich mehrere tausend Paare dieser großen Pinguine auf dem Meereis im Südwesten der Bucht. Die Bucht ist im Osten und Süden von Eisbergen umgeben, sodass das geschützte Brutgebiet normalerweise das ganze Jahr über gefroren ist. Die Männchen bleiben bis zum Frühjahr auf dem Eis, während die Weibchen zur Jagd in die offenen Gewässer zurückwandern.

Clark-Halbinsel

Die Clark-Halbinsel liegt in der von Australien verwalteten Region der Antarktis und ist ein etwa 3 km langer und 3,5 km breiter Felsstreifen. Etwa 9,4 km² der Halbinsel sind geschützt und dienen der Untersuchung polarer Pflanzengemeinschaften sowie der Brutkolonien der Adelie-Pinguine. Das Gebiet wurde außerdem von BirdLife International als wichtiges Vogelschutzgebiet (Important Bird Area, IBA) ausgewiesen, weil hier Seevögel wie die Südpolar-Skua, die Buntfuß-Sturmschwalbe und der Schnee-Sturmvogel brüten.

Barwick Valley

Dieses antarktische Schutzgebiet hat eine Fläche von 423 km² und umfasst die eisfreien Barwick- und Balham-Täler. Sie sind Teil der Antarktischen Trockentäler in Victorialand auf der Westseite des Rossmeers und dienen als Maßstab für die Untersuchung von Veränderungen in ähnlichen polaren Ökosystemen. Der einzigartige Lebensraum des Barwick-Tals besteht zum Beispiel aus Sanddünen, Wüstenböden, Süß- und Salzwasserseen, Bächen und eisfreiem Boden in großen Höhen. Die Organismen in diesem Gebiet sind zum großen Teil Mikroben, Flechten, Pilze und Bakterien.

MEERE UND OZEANE

Aus dem Weltraum erscheint die Erde als blauer Planet, der zu zwei Dritteln von Meeren bedeckt ist. Die Notwendigkeit, diesen gewaltigen Wasserkörper zu schützen, wird immer mehr erkannt. Einige der in diesem Kapitel vorgestellten Schutzgebiete dienen der Erhaltung wichtiger Lebensräume, wie etwa der Korallenriffe und Wattenmeere. Fischerei und Tourismus werden in diesen Gebieten begrenzt, um die ökologischen Schäden zu minimieren. Andere Schutzgebiete wurden eingerichtet, um die Nahrungsgrundlage von Meeresbewohnern wie den Robben oder Pinguinen zu schützen, während einige andere ursprünglich und unberührt von menschlichen Aktivitäten sind. Ihr Schutz soll sicherstellen, dass dies auch so bleibt.

Nordamerika

Fundy Nationalpark

Dieser Nationalpark in New Brunswick an der kanadischen Atlantikküste erstreckt sich über 20 km Küstenlinie entlang der Bay of Fundy, die für den höchsten Tidenhub der Welt bekannt ist. Zweimal am Tag steigt das Wasser um bis zu 12 m, was der Höhe eines vierstöckigen Gebäudes entspricht. Es sinkt dann wieder, wodurch extreme Gezeitenströme entstehen. An der Küste umfasst der Park einen Abschnitt der Ökoregion Akadischer Wald mit gemäßigten Laubwäldern, Seen und Wasserfällen. Im Watt leben Tiere wie Sandwürmer, Muscheln und Garnelen, die sich von totem organischem Material ernähren.

Arrecifes de Cozumel Nationalpark

Cozumel ist eine Insel vor der Halbinsel Yucatán in Mexiko. Das Gebiet ist bekannt für seine Stein- und Weichkorallen, zu deren Schutz 1996 ein Nationalpark eingerichtet wurde. Die Riffe sind wichtige Futterplätze für die bedrohten Unechten Karett-, Echten Karett- und Grünen Meeresschildkröten, während Riffhaie und Stachelrochen zu den regelmäßigen Besuchern zählen. Tauchen, Fischen, Schifffahrt und andere Aktivitäten sind seit 1998 auf der Insel verboten. Dennoch werden Hummer, Krabben und Meeresschnecken kommerziell gefangen, wodurch das ökologische Gleichgewicht der Insel gestört wird. Außerdem wirkt sich die Verschmutzung durch den Tourismus negativ auf die Korallenriffe aus.

▶ STEINKORALLE

Tobago Cays-Mayreau Marine Park

Dieser Park befindet sich in dem kleinen karibischen Staat St. Vincent und die Grenadinen. Er umfasst fünf Buchten und ausgedehnte Korallenriffe. An Land besteht die Vegetation vor allem aus Trockenwald. Nur auf Petit Rameau gibt es einen kleinen Mangrovenwald. Unterhalb des Meeresniveaus umfasst der Park eine 5,7 km² große Lagune mit Sandboden, die die Buchten des Meeresschutzgebiets umgibt. Innerhalb der Lagune gibt es eine Reihe von Saumriffen und ein großes Riff, das als Horseshoe Reef bekannt ist. In den seichten Teilen der Lagune wachsen Seegraswiesen. Bei einer Untersuchung im Jahr 2007 wurde festgestellt, dass alle Riffe des Gebiets im Niedergang begriffen sind. Die meisten bestehen zum großen Teil aus totem Korallenschutt, während lebende Korallen nur noch fünf bis 30 Prozent der Riffe ausmachen. Der Klimawandel und die Verschmutzung durch Touristenboote sind für diesen Rückgang verantwortlich.

▲ PETIT TABAC CAY IM TOBAGO CAYS-MAYREAU MARINE PARK

▲ SCHWÄRME VON JUWELEN-FAHNENBARSCHEN IM GREAT BARRIER REEF

Süd-amerika

Los Roques Archipelago Nationalpark

Dieser venezolanische Nationalpark schützt das Los-Roques-Archipel, eine Gruppe von Korallen-Atollen im Karibischen Meer mit mehr als 300 Inseln, vielen Buchten und Sandbänken. Nur eine dieser Inseln, Gran Roque, ist bewohnt. Der Park verfügt über eines der am besten erhaltenen Korallenriffe des Atlantiks. Es fehlt hier an Süßwasser, was die Verbreitung von Landtieren einschränkt. Es gibt jedoch etwa 61 Korallen-, 200 Krebstier-, 140 Mollusken-, 60 Schwamm- und 280 Fischarten. Zur Landfauna gehören auch einige Eidechsen und das Große Hasenmaul, eine Fledermaus, die mit dem Gehör Fische aufspürt, um sie zu erbeuten. Etwa 92 Vogelarten gibt es hier, von denen über die Hälfte Zugvögel sind. Unter den Reptilien, die im Meer leben, sind die bedrohte Echte Karettschildkröte und die gefährdete Unechte Karettschildkröte von Bedeutung.

◀ GROSSES HASENMAUL

Austral-asien und Ozeanien

Great Barrier Reef Meeresschutzgebiet

Mit einer Fläche von 344 400 km² schützt dieses Schutzgebiet den größten Teil des Great Barrier Reefs, das eigentlich aus rund 3000 kleineren Riffen besteht. Es beginnt bei den Torres-Strait-Inseln in der Nähe der Kap-York-Halbinsel im Norden, erstreckt sich nach Süden bis in die Nähe von Gladstone und schließt die Lady-Elliot-Insel ein. Millionen von Menschen besuchen das Riff in jedem Jahr, um zu tauchen. Zur Tierwelt gehören auch gefährdete Arten wie der Dugong und der Napoleon-Lippfisch. Alle fünf Jahre erscheint ein Bericht über das Riff, in dem Maßnahmen zur Kontrolle des Tourismus, gegen die Wilderei sowie zur Verhinderung einer Zustandsverschlechterung aufgeführt werden. Derzeit kämpft der Park gegen die Massenvermehrung des Dornenkronen-Seesterns, der sich von Korallen ernährt und das Riff schädigt.

South-West Corner Meeresschutzgebiet

Dieser Meerespark liegt in der südwestlichen Ecke Westaustraliens zwischen Cape Naturaliste und Esperance. Er ist der größte in dieser Region und schützt mehrere Besonderheiten, etwa die Diamantina Fracture Zone, eine tiefe Schichtstufe, sowie zahlreiche

Tiefsee-Ebenen, Gräben und Riffe. Diese Strukturen des Meeresbodens beherbergen eine Vielzahl von Lebewesen. Viele endemische Arten sind in diesen Gewässern zu finden, darunter der Hufeisen-Feilenfisch und einige andere bedrohte Arten. Dazu gehören die gefährdeten Pottwale, Weiße Haie sowie die Blauwale und die Australischen Seelöwen.

Lord Howe Island Meeresschutzgebiet

Dieses Meereschutzgebiet erstreckt sich über 110 126 km² Ozeanfläche und reicht von 15 m tiefen Flachwasserbereichen bis zu 6000 m tiefen Zonen des Abyssals. Das Gebiet befindet sich etwa 600 km weit vor der Nordküste von New South Wales. Zum Park gehören auch die Lord-Howe-Insel und mehrere kleine Inseln sowie Ball's Pyramid – ein erloschener Vulkan und mit 562 m Höhe die höchste Felseninsel der Erde. Der Park beherbergt auch einige Seemounts, in denen Auftriebe sehr fruchtbares Wasser liefern. Die südlichsten Korallenriffe der Welt – Elizabeth and Middleton Reefs –, die zu den Seamounts gehören, beherbergen neben anderen geschützten Arten auch die bedrohte Grüne Meeresschildkröte und den Schwarzen Zackenbarsch. Der von Lord Howe Island bekannte Baumhummer, eine Gespenstschrecke, die hier als ausgestorben galt, wurde 2001 auf Ball's Pyramid wiederentdeckt.

Flinders Island Meeresschutzgebiet

Dieser Meerespark erstreckt sich über 400 km von der Nordostspitze Tasmaniens bis zu Flinders Island. Er schützt den Kontinentalschelf und einen langen Kontinental-Abhang, der mehrere tiefe Canyons aufweist. Der Meeresboden weist hier Bereiche mit steilen Felswänden und großen Aufschlüssen auf, die Tiere des Meeresbodens wie Bryozoen und Schwämme beherbergen. Außerdem gibt es weite Sand- und Schlammebenen, die Lebensraum für Riesenkrabben und eine Vielzahl von Fischen, etwa den bedrohten Harrison-Schlinghai, bieten.

Marianengraben

Dieses von den USA verwaltete Reservat schützt die tiefsten Gewässer der Erde. Da sie bis in eine Tiefe von 11 034 m hinabreichen, sind sie weitgehend unerforscht. Im Marianengraben herrschen extreme Bedingungen, denn der Druck ist über 1000-mal so hoch wie auf Meereshöhe. Doch er bietet einigen einzigartigen Arten einen Lebensraum. Eine Schlammprobe vom Challengertief, dem tiefsten Teil des Grabens, enthielt 200 verschiedene Mikroorganismen. Der Meeresboden des Grabens besteht aus biogenem »Schlamm«, der sich aus den Schalen von mikroskopisch kleinem Plankton zusammensetzt, das aus der 11 km hohen Wassersäule darüber herabgesunken ist.

Rose Atoll National Wildlife Refuge

Dieses von Amerikanisch-Samoa und dem U.S. Fish and Wildlife Service verwaltete Naturschutzgebiet umfasst ein Korallen-Atoll die östlichste der Samoa-Inseln. Es stellt das südlichste Gebiet unter der Kontrolle der USA dar und ist eines von nur zwei National Wildlife Refuges südlich des Äquators. Der samoanische Name des Atolls lautet Nu'u o Manu oder »Dorf der Seevögel«. Das Rose Atoll ist ein quadratisches Korallen- und Kalk-Rotalgenriff, das eine Lagune umschließt. Mit einer Fläche von weniger als 0,1 km² gehört es zu den kleinsten Atollen der Welt. Hier gibt es etwa 270 Fischarten, darunter Thunfische, Barrakudas, Goldmakrelen, Speerfische und Haie. An den Riffwänden leben Meerscheiden, Seelilien und Seesterne. In der Lagune wurde auch eine neue Kardinalbarsch-Art entdeckt.

D'Entrecasteaux Nationalpark

► GRÜNE MEERESSCHILDKRÖTE

Der Park liegt im Nordwesten Neukaledoniens, eines französischen Territoriums, das aus Inseln im Korallenmeer besteht. Er erstreckt sich über 1188 km² und schützt die Riffe von Entrecasteaux. Die Atolle sind unbewohnt und liegen 223 km von der Nordostspitze der größten Insel Grande Terre entfernt. Sie beherbergen eine große Population von Seevögeln, von denen einige das ganze Jahr über ansässig sind, wie zum Beispiel den Rotfuß-Tölpel und die Rosenohr-Ente. Die Riffe beherbergen auch den gefährdeten Napoleon-Lippfisch und sie sind obendrein wichtiges Brutgebiet für die bedrohte Grüne Meeresschildkröte.

▲ BAUMHUMMER

REGISTER

Fette Seitenzahlen beziehen sich auf die Haupteinträge.

A

B

C

D

E

F

G

H

I

J

K

L

M

N

O

T

U

V

W

X, Y

Z

T

120 Alamy Stock Photo: Nature Picture Library (mlo). **Avalon:** Joel Sartore / Newscom (mru). **121 Alamy Stock Photo:** blickwinkel / D. u. M. Sheldon (go), Minden Pictures / Ch'ien Lee (ur). **Dreamstime.com:** Sourabh Bharti (um). **122–123 naturepl.com:** Cyril Ruoso. **124 naturepl.com:** Shattil & Rozinski (ul). **125 Dreamstime.com:** JustNatureChannel (mro). **126–127 Johnny Domenico**/Nature's Heroes Photography: (um). **126 Alamy Stock Photo:** Linda Freshwaters Arndt (gol), Nature Picture Library (mo). **127 Alamy Stock Photo:** Everett Collection Inc / Ron Harvey (ur). **Dreamstime.com:** Verastuchelova (gor). **128–129 Mark Beaman:** (gom). **128 Getty Images / iStock:** E+ / DieterMeyrl (ul). **Science Photo Library:** Natural History Museum, London (ur). **129 Alamy Stock Photo:** Ignacio Yufera / Biosphoto (ur), Ernie Janes (ul). **Dreamstime.com:** Carolina Jaramillo (mr). **130–131 naturepl.com:** Cyril Ruoso (gom). **130 Dreamstime.com:** Boris Bliznyuk (mlu), Mikhail Gnatkovskiy (um). **131 Alamy Stock Photo:** Toni Massot (mro). **Ciming Mei:** (mru). **Dreamstime.com:** Whiskyflasche (ul). **132 Alamy Stock Photo:** Associated Press / Vahid Salemi (gol), Dave Watts (mru). **133 Alamy Stock Photo:** World History Archive (mlo). **Getty Images / iStock:** Rat0007 (ul). **naturepl.com:** John Cancalosi (gor). **134–135 Daniel Rosengren. 136 Alamy Stock Photo:** Media Drum World (ul). **137 Alamy Stock Photo:** Minden Pictures / Richard Du Toit (gom). **138 Alamy Stock Photo:** DSSZ / Minden Pictures (um). **Getty Images:** 500px / Alexandr Sanin (go). **139 Alamy Stock Photo:** Steve Gettle / Minden Pictures (ul), Ch'ien Lee / Minden Pictures (ur). **Getty Images:** Moment / Lucas Ninno (mr). **140 Getty Images:** Sygma / Patrick Robert – Corbis (gor). **naturepl.com:** Christophe Courteau (mlo). **SuperStock:** Eric Baccega / age fotostock (mro). **140–141 Getty Images:** Photodisc / Russell Burden (u). **141 Dorling Kindersley:** Gary Ombler / Oxford Museum of Natural History (mlo). **SuperStock:** Frank Lane Picture Agency (ur). **142 Alamy Stock Photo:** Ton Koene (ur). **Getty Images:** 500Px Plus / Scott Carr (ul). **142–143 Frans Lanting Photography:** All rights reserved. © Frans Lanting/lanting.com (gom). **143 Alamy Stock Photo:** Patrice Correia / Biosphoto (ur). **Getty Images:** Adam Barnard / 500px (mu). **Science Photo Library:** Tony Camacho (mr). **144–145 Alamy Stock Photo:** Media Drum World. **146 Getty Images / iStock:** jez_bennett (go). **147 Alamy Stock Photo:** Yva Momatiuk & John Eastcott / Minden Pictures (gol), Marsel van Oosten (mlu). **Dreamstime.com:** Cpaulfell (ur), Ecophoto (gor). **148 Alamy Stock Photo:** Nature Picture Library / Sandesh Kadur (ur). **naturepl.com:** Sandesh Kadur (l). **149 Alamy Stock Photo:** Bill Coster (ul), Andr Gilden (mr). **Dreamstime.com:** Andrey Gudkov (gol). **Getty Images / iStock:** E+ / Gerald Corsi (ur). **150–151 SuperStock:** Roland Seitre / Minden Pictures (gom). **150 Alamy Stock Photo:** Jason Edwards (ul). **SuperStock:** Martin Zwick / Biosphoto (ur). **151 Alamy Stock Photo:** Genevieve Vallee (mlo). **Getty Images:** Dwi Yulianto / EyeEm (ur). **152–153 Alamy Stock Photo:** Arctic Images / Ragnar Th Sigurdsson. **154–155 Alamy Stock Photo:** Nature Picture Library. **157 Alamy Stock Photo:** Suzanne Long (mru), Photo Resource Hawaii / Jack Jeffrey (mo). **158 Alamy Stock Photo:** Arctic Images / Ragnar Th Sigurdsson (ul). **naturepl.com:** Tui De Roy (gor). **Shutterstock.com:** Matt Elliott (mo). **158–159 Alamy Stock Photo:** Arctic Images / Ragnar Th Sigurdsson (u). **159 Alamy Stock Photo:** Nature Picture Library / Tui De Roy (mro). **Getty Images:** 500px Prime / Dieter Weck (ur). **Gustavo Hormiga:** (mlo). **160 Alamy Stock Photo:** blickwinkel / AGAMI / L. Steijn (mro). **naturepl.com:** Tui De Roy (mlo). **Shutterstock.com:** The Wild Eyed (ul). **160–161 Marsel van Oosten:** (um). **161 naturepl.com:** Roland Seitre (gor). **162 Alamy Stock Photo:** agefotostock / J M Barres (mru), Photo Resource Hawaii / Tami Kauakea Winston (ul), Auscape International Pty Ltd / Jean-Paul Ferrero (ur). **naturepl.com:** D. Parer & E. Parer-Cook (mo). **163 Alamy Stock Photo:** ZUMA Press, Inc. / Jef Maitem (r). **naturepl.com:** Chien Lee (mlo), Tui De Roy (mlu). **164–165 Getty Images:** Image Source / Brett Phibbs. **166 Alamy Stock Photo:** Samantha Crimmin (ul). **167 Alamy Stock Photo:** Paul Glendell (gor). **Dreamstime.com:** Agami Photo Agency (um). **Getty Images:** Moment / Michael J. Cohen, Photographer (ul). **168 Alamy Stock Photo:** Andr Gilden (mru). **Chantal Steyn (van Staden):** (um). **168–169 Jim Wilson/ irishwildlife.net:** (gom). **169 naturepl.com:** Mark Carwardine (ur). **Reuters:** Enrique Marcarian (mro). **Science Photo Library:** Chris Sattlberger (ul). **170–171 Jonas Schfer Photography. 172 naturepl.com:** Markus Varesvuo (ml). **173 naturepl.com:** Gavin Maxwell (gom). **174 naturepl.com:** Espen Bergersen (mlu). **SuperStock:** Sumio Harada / Minden Pictures (gol). **174–175 Alamy Stock Photo:** Nature Picture Library / Alex Hyde (u). **175 Alamy Stock Photo:** mauritius images GmbH / Volker Preusser (ur), Gareth McCormack (gol). **176 Alamy Stock Photo:** blickwinkel / R. Sturm (gor). **Shutterstock.com:** FLPA (gol). **176–177 Alamy Stock Photo:** Charlie J Ercilla (u). **177 Getty Images:** EyeEm / Ai Ge (gor). **178–179 AWL Images:** ClickAlps. **180 Alamy Stock Photo:** Nature Picture Library / Cyril Ruoso (ul). **SuperStock:** HAGENMULLER Jean-François / Hemis (mru). **180–181 Dennis Tromburg:** (go). **181 AWL Images:** ClickAlps. **182 Alamy Stock Photo:** AfriPics.com (gor), Nature Picture Library / Paul Williams (ul). **naturepl.com:** Jiri Lochman (ur). **Shutterstock.com:** feiflyfly (ml). **183 SuperStock:** Stephen Belcher / Minden Pictures (u). **184–185 Freshwaters Illustrated:** David Herasimtschuk / Freshwaters Illustrated. **186 Alamy Stock Photo:** Aqua Press / Biosphoto (mlo). **187 Alamy Stock Photo:** Gabbro (ur). **Dorling Kindersley:** Copyright © 2018 OHare, Baattrup-Pedersen, Baumgarte, Freeman, Gunn, Lzr, Sinclair, Wade and Bowes. OHare MT, Baattrup-Pedersen A, Baumgarte I, Freeman A, Gunn IDM, Lzr AN, Sinclair R, Wade AJ and Bowes MJ (2018) Responses of Aquatic Plants to Eutrophication in Rivers: A Revised Conceptual Model. Front. Plant Sci. 9:451. doi: 10.3389 / fpls.2018.00451 (mr, mru). **188–189 Kate and Adam Rice, KAR Photography:** Kate and Adam Rice (um). **188 Alamy Stock Photo:** Nature Picture Library (gom). **Getty Images / iStock:** estivillml (gor). **189 Alamy Stock Photo:** Anton Sorokin (ur). **Depositphotos Inc:** ChinaImages (mro). **naturepl.com:** Andy Rouse (gol). **190 Alamy Stock Photo:** WaterFrame_fba (um). **Shutterstock.com:** Justas in the wilderness (ul). **190–191 Alamy Stock Photo:** Adam Welz (gom). **191 naturepl.com:** Jan Hamrsky (ul). **Chris Van Wyk:** (ur). **192–193 Freshwaters Illustrated:** David Herasimtschuk / Freshwaters Illustrated. **194 Alamy Stock Photo:** Avalon.red / Stephen Dalton (go). **Getty Images / iStock:** MikeLane45 (mru). **naturepl.com:** Ingo Arndt (ul). **195 Alamy Stock Photo:** Martin Prochzka (ur). **Dreamstime.com:** Hel080808 (gor). **Getty Images:** Moment / Zahoor Salmi (mu). **196–197 Dan Achber:** Weber Arctic / Dan Achber taken at Arctic Watch (gom). **196 Reuters:** Navesh Chitrakar (ul). **Science Photo Library:** NASA (ur). **197 naturepl.com:** Piotr Naskrecki (gor), Joel Sartore / Photo Ark (ur). **198–199 naturepl.com:** Guy Edwardes. **200 Alamy Stock Photo:** Nature Picture Library (mlu). **201 Science Photo Library:** Michael Abbey (mu). **202 Alamy Stock Photo:** mauritius images GmbH / Solvin Zankl (mlo). **Nature In Stock:** Paul van Hoof (ul). **202–203 Shutterstock.com:** Wirestock Creators (u). **203 Dreamstime.com:** Henner Damke (gor). **Getty Images / iStock:** Opla (m). **naturepl.com:** Ugo Mellone (ur). **204 Alamy Stock Photo:** Aqua Press / Biosphoto (mlo). **Dreamstime.com:** Allexxandar (ul). **naturepl.com:** Stephen Dalton (mu), Jan Hamrsky (gor), Adrian Davies (ur). **205 Yung-Sen Wu:** (u). **206–207 Alamy Stock Photo:** Marcel Strelow. **208 Alamy Stock Photo:** Ivan Kuzmin (gor). **209 naturepl.com:** Neil Bromhall (ul), Martin Dohrn (gor). **Science Photo Library:** Sinclair Stammers (ur). **210 Alamy Stock Photo:** Nature Picture Library / Ingo Arndt (mru). **Science Photo Library:** Patrick Landmann (ul). **210–211 Fernando Constantino Martnez Belmar:** (gom). **211 Alamy Stock Photo:** Nature Picture Library / Solvin Zankl (ur). **naturepl.com:** Ian Redmond (ul). **Science Photo Library:** Robbie Shone (mro). **212–213 Brandon André Güell. 214 Alamy Stock Photo:** blickwinkel / Hartl (ml). **215 Alamy Stock Photo:** Pollywog (gor). **216 Getty Images:** Chris Brunskill Ltd (go). **naturepl.com:** Luiz Claudio Marigo (mru). **SuperStock:** Thomas Marent / Minden Pictures (ul). **217 Alamy Stock Photo:** Luciano Candisani / Minden Pictures (mru). **Dreamstime.com:** Sergey Uryadnikov (ul). **Getty Images:** imageBROKER / Peter Giovannini (mro). **218 Getty Images / iStock:** Volodymyr Kucherenko (gor). **naturepl.com:** Michel Poinsignon (mlo). **218–219 Alamy Stock Photo:** Premium Stock Photography GmbH / Willi Rolfes (um). **219 Alamy Stock Photo:** Pierre Vernay / Biosphoto (mlo). **naturepl.com:** Duncan Murrell (mru), Dietmar Nill (gor). **220 Alamy Stock Photo:** Sean Crane / Minden Pictures (ul). **Getty Images:** Gallo Images ROOTS RF collection / Michael D. Kock (gor), Gallo Images ROOTS RF collection / Jennette van Dyk (mlo), Stone / Anup Shah (ur). **221 Getty Images:** Nicols Muoz / EyeEm (mro), Moment / Vittorio Ricci – Italy (u). **222–223 Shutterstock.com:** Solent News / Phillip Chang. **224–225 AWL Images:** ClickAlps. **227 Alamy Stock Photo:** All Canada Photos / Wayne Lynch (um), Noella Ballenger (mr). **228 Miquel Angel Artus Illana:** (go). **229 Alamy Stock Photo:** Nature Picture Library / Markus Varesvuo (mru). **Getty Images:** AFP / Alexander Grir (m). **naturepl.com:** Ole Jorgen Liodden (gor). **Daniele Parodi:** (mlo). **SuperStock:** Nick Saunders / All Canada Photos (ul). **230–231 Alamy Stock Photo:** Nature Picture Library / John Shaw (gom). **230 Alamy Stock Photo:** Nature Picture Library / Fred Olivier (ur). **Sharon Robinson:** (ul). **231 Dreamstime.com:** Alexander Sidyakov (gol). **Shutterstock.com:** Karasev Viktor (ur). **Igor Siwanowicz:** (mr). **232–233 Francis De Andrés. 234–235 SuperStock:** Alain Bidart / Biosphoto (go). **234 Ardea:** Francois Gohier (mlu). **235 Dreamstime.com:** Nora Yusuf (ur). **Norwegian Polar Institute:** Sébastien Descamps / Norwegian Polar Institute (um). **236–237 Buddy Eleazer:** www.magnumexcursions.com. **238 naturepl.com:** Joel Sartore (ul). **239 Getty Images:** Archive Photos / Robert Alexander (mlo). **240 Getty Images / iStock:** E+ / Steven_ Kriemadis (ur). **naturepl.com:** Jack Dykinga (mlo). **240–241 Freshwaters Illustrated:** (gom). **241 Alamy Stock Photo:** Marcelo De La Torre (ur). **Cindy L. Croissant:** (gor). **242–243 Dreamstime.com:** Delstudio. **244 Alamy Stock Photo:** Gary Cook (um). **244–245 naturepl.com:** Emanuele Biggi (go). **245 The Environment Agency – Abu Dhabi:** (ul). **naturepl.com:** Emanuele Biggi (mr). **Science Photo Library:** Science Source / Francesco Tomasinelli (ur). **246–247 Shutterstock.com:** Ondrej Prosicky. **248 Alamy Stock Photo:** D. Hurst (gol), Amit Rane (mu). **naturepl.com:** Staffan Widstrand / Wild Wonders of China (mro). **248–249 Getty Images:** 500Px Plus / xia Yu (u). **249 Alamy Stock Photo:** Ahmad Karimi (mro), Minden Pictures / BIA / Avi Meir (mlo). **250 Alamy Stock Photo:** Alexander Trusler (ul). **naturepl.com:** Roland Seitre (ur). **250–251 Jari Cornelis:** (gom). **251 Dorling Kindersley:** Original von Dr. Joanna Riley / Dr Joanna Riley (mro). **Getty Images / iStock:** adogslifephoto (mu), Ken Griffiths (gor). **252–253 Ruben Kretzschmar:** (m). **254 Alamy Stock Photo:** Konrad Wothe / Minden Pictures (ul), Selfwood (gor). **256 Alamy Stock Photo:** agefotostock / Don Johnston (ul), Zoonar / Petra Wegner (mlo). **Getty Images:** Moment Open / Lidija Kamansky (mo). **257 Alamy Stock Photo:** Nature Picture Library / Tony Phelps (gor), Wildlife GmbH (mlo). **naturepl.com:** Klein & Hubert (u). **258 Alamy Stock Photo:** Minden Pictures / Michael & Patricia Fogden (gol). **naturepl.com:** David Pattyn (ul). **259 Alamy Stock Photo:** B Ventures / SuperStock / Nick Garbutt (um). **Shutterstock.com:** Framalicious (go). **260 Alamy Stock Photo:** PhotoStock-Israel / Dan Yeger (ur). **Getty Images:** StuPorts (gol). **261 Alamy Stock Photo:** Nature Photographers Ltd / Paul R. Sterry (ur). **Dreamstime.com:** Imogen Warren (gom). **Getty Images:** Auscape / Universal Images Group (mu). **SuperStock:** Jean-Paul Ferrero / Mary Evans Picture Library (gor). **262–263 Shutterstock.com:** Solent News / Phillip Chang. **264 Dorling Kindersley:** Roger Tidman (ml). **Science Photo Library:** Sinclair Stammer (mru). **264–265 Dreamstime.com:** Sergii Moskaliuk / Seregam. **265 Ravindran Rajan:** (gor). **266 Alamy Stock Photo:** Minden Pictures / Luciano Candisani (mlo). **SuperStock:** Universal Images (mro). **266–267 Dreamstime.com:** Gabriel Rojo (u). **267 Getty Images:** Anadolu Agency / Tahsin Ceylan (gor). **naturepl.com:** Floris van Breugel (ur), Olga Kamenskaya (mlo). **268 Dreamstime.com:** Mariusz

Prusaczyk (ur), Ekaterina Tsvetkova (ul). **268–269 Getty Images:** Photodisc / Manoj Shah (go). **269 Alamy Stock Photo:** Top Photo Corporation (mlu). **naturepl.com:** Paul Hobson (ur). **270–271 Alamy Stock Photo:** Nature Picture Library. **272 naturepl.com:** Kim Taylor (mlu). **273 Alamy Stock Photo:** Nature Picture Library / Shane Gross (gol), Martin Shields (ul), Tom Stack (ur). **Callie de Wet:** (mr). **274 Alamy Stock Photo:** Minden Pictures / Suzi Eszterhas (ur), Sam Rollinson (ul). **naturepl.com:** Alex Mustard (go). **275 Alamy Stock Photo:** Eddie Gerald (gor). **Dreamstime.com:** Jirapatch Iamkate (ul). **naturepl.com:** Tim Laman (mru). **276–277 Harry Pieters. 278 Alamy Stock Photo:** Raymond Hennessy (gol). **279 Ardea:** B Moose Peterson (gol). **Dreamstime.com:** Neal Cooper (mro). **Jeffrey S. Pippen, www.jeffpippen.com:** (mlu). **Shutterstock.com:** HelloRF Zcool (ur). **280–281 Bill Resto. 282 Alamy Stock Photo:** imageBROKER / Michael Dietrich (ml). **282–283 Alamy Stock Photo:** imageBROKER / Andrey Nekrasov (um). **284 Alamy Stock Photo:** SPK (ur). **Dreamstime.com:** Pnwnature (gor). **naturepl.com:** Paul Williams (mlo). **Science Photo Library:** Alexander Semenov (mlu). **285 Getty Images / iStock:** Gannet77 (mro). **Science Photo Library:** Lewis Houghton (u). **286–287 naturepl.com:** Alex Mustard (gom). **286 Alamy Stock Photo:** Reinhard Dirscherl (mu). **BluePlanetArchive.com:** John C. Lewis (ur). **Dreamstime.com:** Whiskybottle (gol). **287 Alamy Stock Photo:** Arjen Drost / Buiten-beeld / Minden Pictures (ur). **Dorling Kindersley:** Tim Parmenter / Natural History Museum, London (ul). **288–289 Alamy Stock Photo:** Thomas Hanahoe. **290 Alamy Stock Photo:** Nature Picture Library / Solvin Zankl (ml). **291 Alamy Stock Photo:** EyeMark (mr), Minden Pictures / Tom Vezo (mlo). **Dreamstime.com:** Slowmotiongli (um). **SuperStock:** Animals Animals (mlu). **292–293 naturepl.com:** David Pattyn (gom). **292 Alamy Stock Photo:** Image Source / Alexander Semenov (mru), robertharding / John ARMexander (um). **293 Alamy Stock Photo:** PA Images / Tim Ireland (ul). **Getty Images:** Moment / Nitat Termmee (um). **294–295 © Laurent Ballesta. 296–297 Alamy Stock Photo:** Nature Picture Library / Alex Mustard. **298 Alamy Stock Photo:** Alessandro Cere / Stocktrek Images (mlu). **299 Alamy Stock Photo:** Blue Planet Archive FBA (ur), Minden Pictures / Suzi Eszterhas (gol). **naturepl.com:** Ralph Pace (mro, ul). **300 BluePlanetArchive.com:** Ross Armstrong (mlu), Bob Cranston (go). **Patrick Webster / @underwaterpat:** (mru). **301 Alamy Stock Photo:** Nature Picture Library (ur), WaterFrame_mus (mo). **naturepl.com:** Shane Gross (mlu). **302–203 Michael Harterink:** (um). **302 Alamy Stock Photo:** Scubazoo (ul). **naturepl.com:** Lewis Jefferies (gor). **303 naturepl.com:** Alex Mustard (gol). **Shutterstock.com:** Xinhua (ur). **304–305 Alamy Stock Photo:** Nature Picture Library / Alex Mustard. **307 Getty Images / iStock:** E+ / Extreme-Photographer (mr). **Getty Images:** The Image Bank / Oxford Scientific (um). **308 naturepl.com:** Alex Mustard (go). **Richard Vevers**/The Ocean Agency: (ul). **309 Coral Restoration Foundation:** © Alexander Neufeld / Coral Restoration Foundation™ (ul). **naturepl.com:** Brandon Cole (ur), Doug Perrine (gor). **310 BluePlanetArchive.com:** Doug Perrine (mlo). **SuperStock:** Universal Images (gor). **310–311 123RF.com:** whitcomberd (u). **311 Alamy Stock Photo:** Minden Pictures / Fred Bavendam (ur). **Dorling Kindersley:** Rohan M. Brooker (mlo). **312 naturepl.com:** Alex Mustard (go). **Science Photo Library:** Georgette Douwma (ur). **313 Alamy Stock Photo:** Blue Planet Archive AMA (mr), Nature Picture Library / Alex Mustard (ur). **Ardea:** Paulo Di Oliviera (gom). **naturepl.com:** Doug Perrine (ul). **314–315 naturepl.com:** Alex Mustard. **316 naturepl.com:** Alex Mustard (go). **317 Alamy Stock Photo:** imageBROKER / Norbert Probst (gor). **BluePlanetArchive.com:** Gary Bell (ur). **Nicole Helgason:** Photo taken at the Ocean Gardener Coral Restoration Project in Bali Indonesia (mlo). **318 Alamy Stock Photo:** Hans Gert Broeder (u), Helmut Corneli (gom). **naturepl.com:** Claudio Contreras (mlo). **319 Getty Images:** RooM / laurenepbath (um). **Shutterstock.com:** lego 19861111 (mro). **320–321 © Laurent Ballesta. 322 Alamy Stock Photo:** Nature Picture Library / Alex Mustard (ml). **323 Alamy Stock Photo:** Cultura Creative RF / Rodrigo Friscione (mru). **324–325 Getty Images / iStock:** E+ / KenCanning (um). **324 Eiko Jones:** (gol). **Getty Images:** Photodisc / Jeff Foott (ul). **325 Alamy Stock Photo:** Minden Pictures / Ingo Arndt (mru). **naturepl.com:** Alex Mustard (gor). **Science Photo Library:** Andrew J. Martinez (mlo). **326–327 Shutterstock.com:** Michael Aw / Solent News (go). **326 Alamy Stock Photo:** Arild Lillebø (ur), Nature Picture Library (ul). **327 Biosphoto:** Paulo de Oliveira / Biosphoto (ul). **Dreamstime.com:** Seadam (mru). **328–329 naturepl.com:** Tony Wu. **330 Alamy Stock Photo:** Grant Henderson (ul). **© Laurent Ballesta:** (ur). **naturepl.com:** Doug Perrine (gom). **331 Alamy Stock Photo:** Nature Picture Library / Alex Mustard (go). **Alfred Wegener Institute:** Alfred Wegener Institut / PS124, AWI OFOBS team (ur). **Dorling Kindersley:** Artwork Adapted, Alfred Wegener Institute / PS124, AWI OFOBS team (um). **332–333 naturepl.com:** Magnus Lundgren. **334 Getty Images:** Visuals Unlimited / E. Widder / HBOI (ur). **335 Alamy Stock Photo:** Nature Picture Library / Doug Perrine (mro). **336 Alamy Stock Photo:** Nature Picture Library / Mark Carwardine (gol). **Dorling Kindersley:** Artwork Adapted, Image courtesy of Kyle Carothers, NOAA–OE (gor). **Nature In Stock:** George Stoyle (ur). **Science Photo Library:** Wim Van Egmond (mro). **337 Alamy Stock Photo:** WaterFrame_mus (ur). **naturepl.com:** Shane Gross (go). **338–339 Science Photo Library:** Chris & Monique Fallows / Nature Picture Library (gom). **338 Getty Images:** Muamer Gazibegovic / 500px (ur). **naturepl.com:** Alex Mustard (gol). **339 Alamy Stock Photo:** Nature Picture Library / Markus Varesvuo (mru). **naturepl.com:** Gary Bell / Oceanwide (um). **340 naturepl.com:** Alex Mustard (r). **341 Alamy Stock Photo:** Jeff Milisen (mro), Nature Picture Library / Alex Mustard (mru). **342–343 Science Photo Library:** Expedition To The Deep Slope 2007, NOAA–OE. **344 Science Photo Library:** Dr Ken Macdonald (um). **345 Alamy Stock Photo:** Adisha Pramod (mr). **346 Chong CHEN:** (ur). **Dr. Karen Osborn:** (ml). **346–347 Ocean Exploration Trust:** Ocean Exploration Trust / NMFS (gom). **348–349 Alamy Stock Photo:** Harold Stiver. **350–351 Getty Images:** Moment / Poorfish. **352 Getty Images:** The Image Bank / Ron Watts (gor). **naturepl.com:** Donald M. Jones (ul). **353 Alamy Stock Photo:** Nature Picture Library / John Waters (u), Morley Read (gol). **Getty Images:** Moment / Larry Keller, Lititz Pa. (mro). **354 Alamy Stock Photo:** Guiziou Franck / Hemis.fr (mlu), Sebastian Kennerknecht / Minden Pictures (um). **Science Photo Library:** Merlintuttle.org (mlo). **355 Alamy Stock Photo:** Pete Oxford / Minden Pictures (ul). **Dreamstime.com:** 30gorkor (go), Johncarnemolla (ur). **356–357 Alamy Stock Photo:** Nature Picture Library / Luke Massey. **358 Alamy Stock Photo:** Minden Pictures / Donald M. Jones (mo), Minden Pictures / Jaymi Heimbuch (mru), Nature Picture Library / Angelo Gandolfi (ul). **359 Alamy Stock Photo:** blickwinkel / F. Hecker (mru), Harold Stiver (go). **SuperStock:** Stephen Dalton / Minden Pictures (ul). **360 Alamy Stock Photo:** Minden Pictures / Kevin Schafer (gor), Minden Pictures / Cyril Ruoso (mlo). **naturepl.com:** Kim Taylor (ul). **360–361 naturepl.com:** Doug Gimesy (u). **361 Alamy Stock Photo:** Nature Picture Library / Mark MacEwen (gol). **naturepl.com:** Francisco Marquez (mro). **362–363 Getty Images:** Photographer's Choice RF / Sylvain Cordier. **364 Alamy Stock Photo:** mauritius images GmbH / Rolf Hicker (u). **Getty Images:** The Image Bank / Mark Newman (mo). **365 Dorling Kindersley:** E. J. Peiker (ul). **Dreamstime.com:** Geoffrey Kuchera (ur). **Getty Images / iStock:** Rezus (gor). **366 Dreamstime.com:** Harry Collins (gol), Izanbar (ul). **366–367 Getty Images:** Photographer's Choice RF / Sylvain Cordier (u). **368 Dreamstime.com:** Ondej Prosick (gor). **SuperStock:** BRUSINI Aurlien / hemis. fr / Hemis (l). **369 123RF.com:** Ana Vasileva / ABV (gor). **Alamy Stock Photo:** Thomas Marent / Minden Pictures (ur). **Dreamstime.com:** Isselee (ul). **370 Dreamstime.com:** Maria Itina (ur). **naturepl.com:** Alex Hyde (go). **371 Getty Images / iStock:** Enrico Pescantini (mlu). **Shutterstock.com:** TG23 (r). **372 Getty Images:** Moment / Javier Ghersi. **373 Dreamstime.com:** Isselee (mr), Jeremy Richards (gol). **naturepl.com:** Tui De Roy (mlu). **374 Alamy Stock Photo:** Andrey Gudkov / Biosphoto (gol). **Dreamstime.com:** Gunter Nuyts (um). **375 Dreamstime.com:** Andrey Gudkov (u), Isselee (mo). **376 Dreamstime.com:** Johannes Gerhardus Swanepoel (mro). **376–377 Dreamstime.com:** Eric Issele / isselee (u). **377 Alamy Stock Photo:** Johnny Madsen (gor). **naturepl.com:** Nick Garbutt (um). **378 Alamy Stock Photo:** Guy Edwardes / Nature Picture Library / 2020VISION (go). **Dreamstime.com:** Marcin Wojciechowski (um). **379 Dreamstime.com:** Scratchart (mro). **naturepl.com:** Mateusz Piesiak (ur). **380–381 naturepl.com:** Valeriy Maleev (u). **380 Dorling Kindersley:** Robin Chittenden (mo). **381 Alamy Stock Photo:** agefotostock / Juan Carlos Muoz (gor). **382 Alamy Stock Photo:** Tim Plowden (ul). **Dreamstime.com:** Liqiang Wang (mo). **383 Alamy Stock Photo:** Nature Picture Library / Inaki Relanzon (gor). **Dreamstime.com:** Isselee (ur). **384 Dreamstime.com:** Jzehnder1 (um). **Getty Images / iStock:** Jon Farmer (ml). **385 Alamy Stock Photo:** Nature Picture Library (m). **naturepl.com:** George Sanker (u). **386 123RF.com:** Eric Isselee / isselee (mo). **Getty Images:** Stone / Ignacio Palacios (u). **387 Alamy Stock Photo:** Nature Picture Library / Pete Oxford (gor). **Dorling Kindersley:** Gary Ombler / Cotswold Wildlife Park (ul). **388–389 Dreamstime.com:** Positivetravelart (go). **388 123RF.com:** Tomas Sobek (um). **389 Dreamstime.com:** Wrangel (gom). **naturepl.com:** Constantinos Petrinos (ur). **390 Dreamstime.com:** Dalius1000 (um). **Getty Images:** Moment / Pascal Boegli (gol). **391 Dreamstime.com:** Ecophoto (mlo). **naturepl.com:** Klein & Hubert (u). **392 Alamy Stock Photo:** David Noton Photography (l). **Shutterstock.com:** Dimitri Coutandy (mr). **393 Dreamstime.com:** Alslutsky (gom). **naturepl.com:** Guy Edwardes (ur). **394 naturepl.com:** Andres M. Dominguez (u), Joel Sartore / Photo Ark (gol). **395 Alamy Stock Photo:** Phil Crean nature (gor). **Dreamstime.com:** Mikelane45 (mlu). **396 Alamy Stock Photo:** Orsolya Haarberg / naturepl.com (gol). **Dreamstime.com:** Didreklama (mru). **397 Alamy Stock Photo:** Inge Johnsson (u). **Dreamstime.com:** Weblogiq (gor). **398 Dreamstime.com:** Georgios Alexandris (mlo). **Getty Images / iStock:** porojnicu (u). **399 Alamy Stock Photo:** Image Source / Yevgen Timashov (gor). **Dreamstime.com:** Sergey Uryadnikov / Surz01 (mlu). **400 Dreamstime.com:** Sergey Kudryavtsev / Sergeyku (gom). **naturepl.com:** Bernard Castelein (ul). **401 Dreamstime.com:** Michael Smith (ul), Shuvrangshu Suklabaidya (go). **402 Alamy Stock Photo:** China Images / Liu Xiaoyang (l). **403 Dreamstime.com:** Iakov Filimonov (mlu). **Shutterstock.com:** Anuradha Marwah (ur), neelsky (gor). **404–405 Alamy Stock Photo:** Travel Wild (go). **404 Getty Images / iStock:** 2630ben (ul). **405 Dreamstime.com:** Alvydas Kucas (ur). **406–407 Alamy Stock Photo:** imageBROKER / Michael Sznyi (go). **406 naturepl.com:** Juergen Freund (um). **407 Alamy Stock Photo:** Nature Picture Library / Ingo Arndt (ur). **Getty Images:** Moment / Arun Roisri (gom). **408 Alamy Stock Photo:** Thomas Marent / Minden Pictures (l). **409 naturepl.com:** Tui De Roy (ur). **410 Dreamstime.com:** Richard Lindie (go). **Getty Images / iStock:** kekaimalie (ul). **411 Dreamstime.com:** Mikelane45 (mlo). **Getty Images:** Corbis Documentary / Patrick J. Endres (ur). **412 Dorling Kindersley:** Jerry Young (gom). **412–413 Getty Images:** RooM / simonbyrne (u). **413 Alamy Stock Photo:** Daniel Heuclin / Biosphoto (gor), Mike Clegg (um). **414 Shutterstock.com:** Marjolein Hameleers (go). **415 Alamy Stock Photo:** Prisma by Dukas Presseagentur GmbH / Oberholzer David (gom). **Getty Images / iStock:** E+ / assalve (u). **416 Depositphotos Inc:** TravelSync27 (u). **Dreamstime.com:** Martin Kubk (mro). **417 Alamy Stock Photo:** Naeblys (gor). **Dreamstime.com:** Agami Photo Agency (ur). **418 Alamy Stock Photo:** PhotoStock–Israel / Eyal Bartov (gom), Dominika Zarzycka (u). **Dorling Kindersley:** Gary Hanna / Kairi Aun (mlo). **419 Depositphotos Inc:** GUDKOVANDREY (gor). **Dorling Kindersley:** Andy Crawford / Twycross Zoo (ul). **420 Getty Images:** Moment / Photography by Mangiwau (l). **Getty Images / iStock:** RBT_3010 (mr). **421 Dreamstime.com:** Imogen Warren (gom). **naturepl.com:** Jiri Lochman (ur). **422 Alamy Stock Photo:** Nature Picture Library / Tui De Roy (gor). **Shutterstock.com:** Anom Harya (ml). **423 Alamy Stock Photo:** Helmut Corneli (ur), Hedvika Michnova (ul). **424–425 naturepl.com:** Gary Bell / Oceanwide (go). **424 Alamy Stock Photo:** Stephen Dalton / Minden Pictures (um). **425 naturepl.com:** Emanuele Biggi (ur)

Cover: Leopard im Lake Nakuru National Park, Kenia. Fotograf: Marco Gaiotti, *Vorn und hinten, Rücken:* AWL Images: ClickAlps.

NOCH MEHR WISSEN UND LESEFREUDE

ISBN 978-3-8310-4277-7

ISBN 978-3-8310-4456-6

ISBN 978-3-8310-4735-2

ISBN 978-3-8310-4997-4

DK

www.dk-verlag.de

GOLDENE QUALLEN
Quallen der Gattung *Mastigias* leben in einem Brackwassersee in Palau und folgen dem Sonnenlicht. Die goldbraune Farbe verdanken sie Algen in ihrem Gewebe, die Fotosynthese betreiben. Die Quallen bringen die Algen zu den hellsten Stellen und erhalten dafür Nährstoffe aus der Fotosynthese. Diese Quallen leben isoliert vom Meer und stellen möglicherweise eine eigene Art dar.

VORWORT

Im Grunde wäre »Ozean« der zutreffendere Name für unseren Planeten, die Erde. Auf diesem kleinen Himmelskörper blüht das Leben in der sonst eisigen Kälte des Universums. Alles uns bekannte Leben entwickelte sich hier.

Gäbe es auf unserem Planeten kein Wasser, wäre er nur einer von Milliarden unbelebter Himmelskörper in der tiefschwarzen Unendlichkeit. Sogar Statistiker ergötzen sich an der geringen Wahrscheinlichkeit, dass dieses üppige Leben sich überhaupt entwickeln konnte, ganz zu schweigen davon, dass wir als Art auf der Oberfläche unseres Planeten überleben können. Dennoch sind wir zu dem geworden, was wir heute sind. Und wir Menschen waren vom Meer fasziniert, noch bevor der griechische Dichter Homer sein Epos über die Irrfahrten seines Helden Odysseus über die Meere schrieb, die Odyssee. Die Faszination, die vom Meer ausgeht, weckte in uns den Drang, diese fremden Welten auf der Suche nach Antworten zu ergründen, aber das Meer gab seine Geheimnisse nie freiwillig preis. Obwohl Entdecker, Wissenschaftler und Ozeanografen enorme Leistungen vollbrachten, konnten wir bisher kaum mehr als die Oberfläche der Meere gut erforschen.

Schätzungen zufolge beherbergen die Weltmeere über 90% der Biodiversität der Erde. Vom herzschlagartigen Pulsieren der Qualle bis zum Kampf auf Leben und Tod zwischen Oktopus und Fangschreckenkrebs warten bei jeder Erkundung faszinierende Entdeckungen auf uns. Es sind aufregende Zeiten, in denen wir bis in die größten Tiefen unseres Planeten hinabtauchen. Mit neuen Geräten und Verfahren können wir heute mehr als die etwa zwei Prozent der Meere erkunden, die vorherigen Generationen zugänglich waren. Dennoch wird es noch etliche Generationen dauern, bis wir annähernd viel über die Weltmeere wissen wie über die Landmassen der Erde.

Ganz gleich, wie fern uns das Meer auch scheint: Viele Schritte im täglichen Leben eines jeden haben Einfluss auf den Wasserkreislauf unseres Planeten und somit wieder Rückwirkungen auf uns. Alle Niederschläge, die auf dem Festland niedergehen, sei es auf den höchsten Berggipfeln oder in den tiefsten Ebenen, fließen schließlich zurück ins Meer. Und obwohl dies seit Jahrmillionen passiert, hat unser Eingreifen in die Ökosysteme den Kreislauf tiefgreifend beeinflusst. Von Überdüngung auf dem Festland, die todbringende Algenblüten in Tausenden Kilometern Entfernung verursachen kann, bis hin zum Plastikmüll, der Tag für Tag sogar an die abgelegensten Strände gespült wird, beeinflussen unsere Aktivitäten dieses System, das die Grundlage unseres Lebens ist.

Diese Ausführungen sollen nicht das Gefühl vermitteln, dass wir den Folgen unseres eigenen Handelns ausgeliefert sind, sondern im Gegenteil zeigen, dass vermehrtes Wissen über die Meere und seine Bewohner uns ermutigen kann, zur Genesung unseres Planeten beizutragen. Mit kleinen Schritten, etwa, indem wir im Alltag umweltbewusster handeln, kann jeder von uns die Zukunft unseres Planeten, den wir einmal unseren Kindern hinterlassen werden, positiv beeinflussen.

Fabien Cousteau

FISCHSCHWÄRME
Die blitzschnellen, unglaublich präzise koordinierten Bewegungen eines Fischschwarms gehören zu den spektakulärsten Anblicken im Meer. Diese Dunkelflossen-Barrakudas haben nahe der Salomonen einen spiralförmigen Schwarm gebildet. Oft finden sich solche Schwärme im Abstand von mehreren Monaten oder sogar Jahren wieder am selben Ort ein.

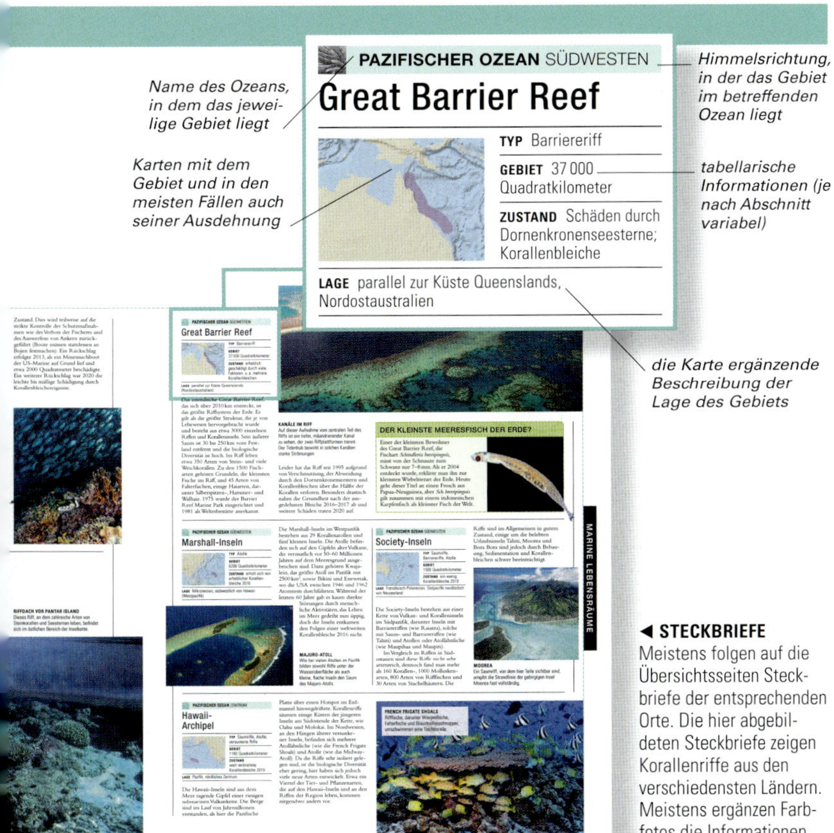

◀ STECKBRIEFE
Meistens folgen auf die Übersichtsseiten Steckbriefe der entsprechenden Orte. Die hier abgebildeten Steckbriefe zeigen Korallenriffe aus den verschiedensten Ländern. Meistens ergänzen Farbfotos die Informationen.

Geografie der Ozeane

Das letzte Kapitel des Buchs stellt einen Atlas der Weltmeere dar. Hier findet man Karten der fünf größten Ozeane. Die auf jede Karte folgenden Seiten enthalten Ausschnittskarten bestimmter Bereiche dieses Meers. Alle Karten sind mit Daten erstellt worden, die sowohl von Satelliten- als auch von Schiffsinstrumenten stammen. Sie sind mit den Namen der Meeresteile, denen der unterseeischen Rücken, Gräben und Seamounts sowie denen besonderer Küstenbereiche beschriftet. Sie zeigen auch die Meerestiefen und die Grenzen der verschiedenen tektonischen Platten an. Am Ende des Buchs findet man ein separates Register für die Karten.

▼ REGIONALE KARTE
Neben den Karten enthalten die Seiten zusätzlich Steckbriefe von Meeresteilen oder unterseeischen Formationen. Die gezeigte Karte stellt einen Teil des Pazifik dar.

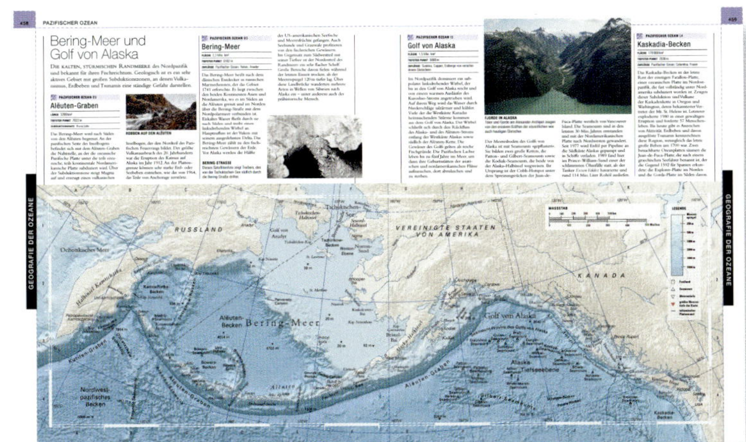

◀ STECKBRIEFE
Alle Steckbriefe enthalten eine Beschreibung der Art und in den meisten Fällen ein Farbfoto sowie eine Verbreitungskarte.

Fachberater

John Sparks ist Konservator in der Abteilung Ichthyologie des American Museum of Natural History und außerordentlicher Professor an der Columbia University New York.

Fachbeiträge

Richard Beatty Glossar
Kim Bryan Einführung zum Leben im Meer, Bakterien und Archaeen, Protisten, Chitinpilze, Weichtiere, Arthropoden, Wanderung der Roten Landkrabben
David Burnie Meerestiere, Reptilien, Vögel, Säugetiere
Robert Dinwiddie Meerwasser, Zirkulation und Klima, Wellen und Gezeiten, Küsten und Strände, Flachmeere, Polarmeere, Hochseeregatten, Wenn das Golfstromsystem zum Erliegen käme, Hurrikan Katrina, Globale Erwärmung und Veränderungen des Meeresspiegels, Küstenschutz, Untergang der *Titanic*
Frances Dipper Einführung zum Leben im Meer, Schwämme, Nesseltiere, Ringelwürmer, Plattwürmer, Schnurwürmer, Moostierchen, Stachelhäuter, Stämme des Meeresbodens, Stämme des Planktons, Tunikaten und Akranier, Kieferlose, Knorpelfische, Knochenfische
Philip Eales Geologie der Ozeane, Geografie der Ozeane, Ozeanografie aus dem Weltraum, Der Tsunami des Sumatra-Andamanen-Seebebens, Schelfeis im Aufbruch
Monty Halls Tauchtourismus
Sue Scott Flachmeere, Rot- und Braunalgen, Grüne Pflanzen, Grünalgen, Prasinophyceen, Moose, Bedecktsamer, Fischerei
Michael Scott Das offene Meer und der Meeresboden, Entdeckungsfahrten mit Tauchbooten, Kaltwasserriffe, Biodiversitäts-Hotspots, Migration der Wale, Windenergie an der Ostsee

Die überarbeitete Ausgabe wurde mithilfe von **Kim Bryan, Robert Dinwiddie, Frances Dipper, Philip Eales, Liz Grimwade, Robert Hume, Dean Lomax** und **Michael Scott** erstellt.

Über dieses Buch

Dieses Buch umfasst vier Kapitel. Einen Überblick über die physikalischen und chemischen Eigenschaften der Meere bietet die Einleitung. Das nächste Kapitel gliedert das Meer in Marine Lebensräume, während das Leben im Meer seine Bewohner vorstellt. Das Kapitel Geografie der Ozeane enthält detaillierte Meereskarten.

Einleitung

Das erste Kapitel gliedert sich in vier Abschnitte. In Meerwasser werden die Eigenschaften des Wassers untersucht. Geologie der Ozeane beschäftigt sich mit dem Aufbau des Meeresgrunds und seinen Veränderungen im Lauf der Zeit. Zirkulation und Klima handelt von der Interaktion von Ozean, Atmosphäre und den großräumigen Strömungen, während Wellen und Gezeiten sich mit den Bewegungen des Wassers in kleinerem Maßstab befasst.

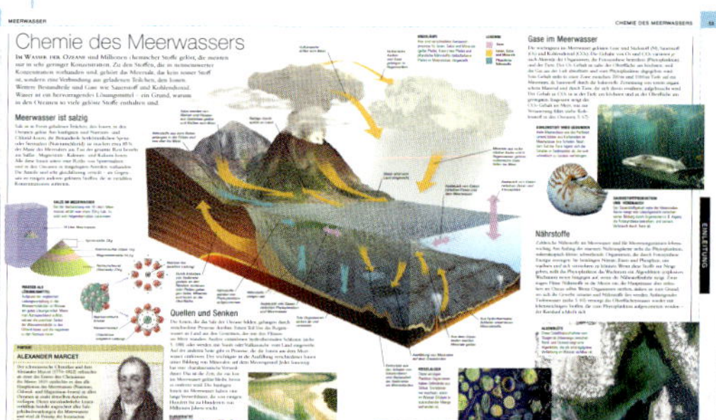

◀ MEERWASSER
Dieser Abschnitt stellt die Eigenschaften der Wassermoleküle vor, die chemische Zusammensetzung des Meerwassers sowie die Art und Weise, in der sich Temperatur, Druck und Lichtzusammensetzung mit zunehmender Tiefe verändern.

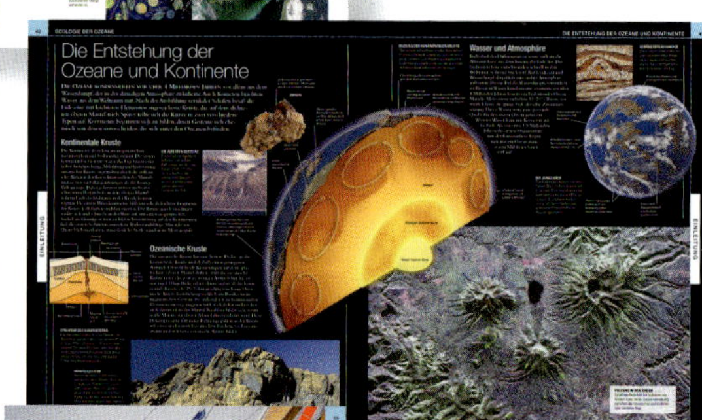

GEOLOGIE DER OZEANE ▶
Hier geht es um die Zusammensetzung des Meeresbodens sowie die Prozesse, die ihn verändert und geformt haben, vom Ursprung der Ozeane bis zur heutigen Zeit.

◀ ZIRKULATION UND KLIMA
In diesem Abschnitt werden die großräumigen Tiefen- und Oberflächenströmungen der Ozeane beschrieben. Hier wird auch auf das Meeresklima und die vielfältigen Wechselwirkungen der Meere mit der Atmosphäre eingegangen.

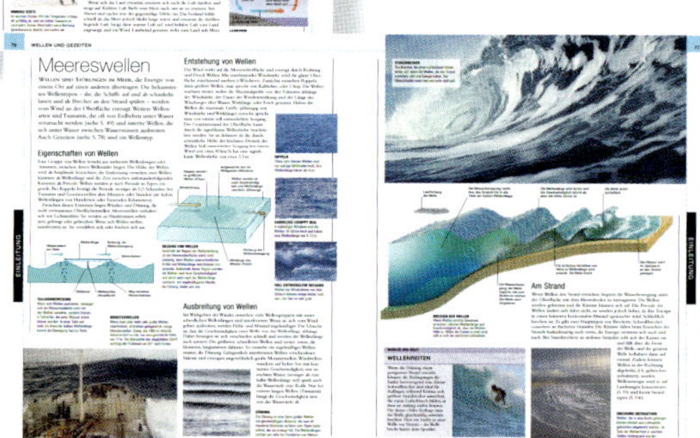

WELLEN UND GEZEITEN ▶
Die regelmäßigen Gezeiten werden hier ebenso betrachtet wie die Störungen, die sich in Form von Wellen über die Wasseroberfläche ausbreiten.

Marine Lebensräume

Im Kapitel Marine Lebensräume werden bestimmte Bereiche der Meere vorgestellt. Es ist in verschiedene Abschnitte unterteilt und beginnt mit Küsten und Stränden. Dann geht es weiter in zunehmend tiefere Bereiche, wie Flachmeere und Das offene Meer und der Meeresboden. Polarmeere, der letzte Abschnitt, stellt die gefrorenen Gewässer an Nord- und Südpol vor. In jedem Abschnitt beschreiben Übersichtsseiten typische Eigenschaften und Bildungsprozesse, während die unmittelbar folgenden Seiten geografisch geordnete Steckbriefe einzelner Gebiete enthalten. Sie beginnen mit dem Nordpolarmeer, gefolgt vom Atlantischen, Pazifischen und Indischen Ozean sowie dem Südpolarmeer.

▲ ÜBERSICHTSSEITEN
Diese Seiten geben einen Überblick über bestimmte Lebensräume. Das Beispiel oben stammt aus dem Abschnitt »Flachmeere«.

Leben im Meer

Dieses Kapitel umfasst zwei Teile. Die Einführung zum Leben im Meer behandelt die Ökologie und Geschichte des marinen Lebens sowie seine Systematik. Darauf folgt der längere Teil Die Lebensvielfalt der Meere. Dieser Abschnitt richtet sich nach der Systematik der Lebewesen und ist bei Pflanzen und Tieren noch weiter untergliedert worden. In jedem Fall folgen auf einen generellen Überblick über die zur Gruppe gehörenden Organismen die Steckbriefe der verschiedenen Arten. Das Kapitel beginnt mit den kleinsten Lebensformen, den Bakterien und Archaebakterien, und endet mit den Säugetieren.

DOMÄNE	Eucarya
REICH	Animalia
STAMM	Mollusca
KLASSEN	8
ARTEN	73 683

Mit Leitfarben versehene Kästen verdeutlichen die Stellung der betreffenden Gruppe (jeweils weiß umrandet) in der systematischen Hierarchie.

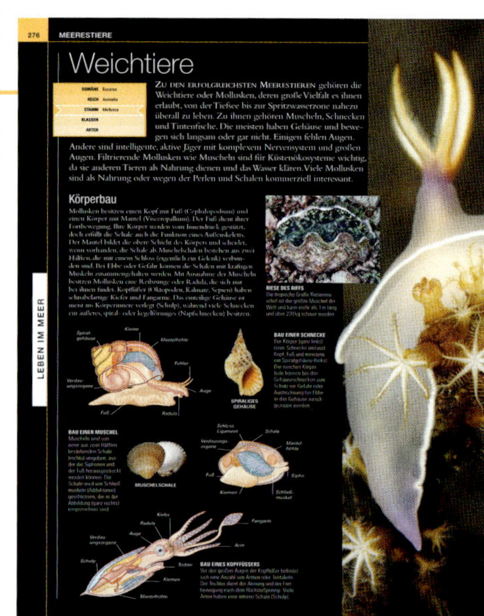

VORSTELLUNG DER GRUPPE ▶
Seiten wie diese beschreiben die allgemeinen Eigenschaften einer Organismengruppe. Dazu gehören die Besonderheiten des Körperbaus, meist gefolgt von weiteren Informationen über Verhalten, Lebensräume und systematische Stellung.

LEBEN IM MEER

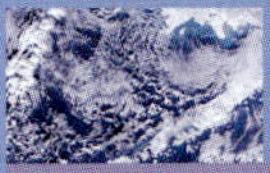

GEOGRAFIE DER OZEANE

DK | Penguin Random House

Dritte Ausgabe
DK London / Delhi
Lektorat Jonathan Metcalf, Liz Wheeler, Miezan van Zyl, Angeles Gavira Guerrero
Gestaltung und Bildredaktion Karen Self, Michael Duffy
Umschlaggestaltung Surabhi Wadhwa-Gandhi, Juhi Sheth, Sophia MTT
Herstellung Meskerem Berhane, Jacqueline Street
Producer Dynamo Limited
Lektorat Claire Lister
Gestaltung und Bildredaktion Judy Caley

Erste Ausgabe
DK London / Delhi
Lektorat Jonathan Metcalf, Sarah Larter, Liz Wheeler, Peter Frances, Angeles Gavira Guerrero, Rob Houston, Rebecca Warren, Miezan van Zyl, Ruth O'Rourke, Amber Tokeley
Gestaltung und Bildredaktion Luise Thomas, Bryn Walls, Philip Ormerod, Ina Stradins, Peter Laws, Kenny Grant, Maxine Lea, Mark Lloyd, Francis Wong, Matt Schofield, Steve Knowlden
Kartografie Roger Bullen, Paul Eames, David Roberts, Iowerth Watkins
Herstellung Joanna Bull
Fachberater John Sparks
Illustrationen Mick Posen (the Art Agency), John Woodcock, John Plumer, Barry Croucher (the Art Agency), Planetary Visions

SCHERMULY DESIGN COMPANY
Lektorat Cathy Meeus, Gill Pitts, Paul Doherty
Gestaltung und Bildredaktion Hugh Schermuly, Dave Ball, Lee Riches, Steve Woosnam-Savage, Tom Callingham
Kartografie Sally Geeve

Für die deutsche Ausgabe:
Verlagsleitung Monika Schlitzer
Programmleitung Heike Faßbender
Redaktionsleitung Dr. Kerstin Schlieker
Projektbetreuung Manuela Stern
Herstellungsleitung Dorothee Whittaker
Herstellungskoordination Bettina Bähnsch
Herstellung Sabine Hüttenkofer

Titel der englischen Originalausgabe: Ocean

Dritte Ausgabe
Übersetzung Michael Kokoscha, Dr. Stephan Matthiesen
Lektorat Birgit Reit

Erste und zweite Ausgabe
Übersetzung Gerd Hintermaier-Erhard, Michael Kokoscha, Eva Sixt, Dr. Stephan Matthiesen
Redaktion Dr. Rainer Aschemeier, Harald Bänsch, Gerd Hintermaier-Erhard, Dr. Stephan Matthiesen, Michael Kokoscha
Register Regine Gerst, Michael Kokoscha

ISBN 978-3-8310-4720-8

Druck und Bindung TBB, a.s., Slowakei

MIX
Papier | Fördert gute Waldnutzung
FSC www.fsc.org FSC® C018179

www.dk-verlag.de

INHALT

DK
OZEANE
DIE GROSSE BILD-ENZYKLOPÄDIE
MIT MEHR ALS 2000 FOTOGRAFIEN
UND ILLUSTRATIONEN

ZUM GEGENSEITIGEN NUTZEN
Der Weißspitzen-Hochseehai, ein langsamer, mittelgroßer Hai, kommt weltweit in warmen Gewässern vor – dieser wurde im Roten Meer vor Ägypten beobachtet. Oft wird er, wie hier, von Pilotfischen begleitet, die sich von Parasiten auf seiner Haut ernähren. Ihre Beziehung ist von gegenseitigem Nutzen: Die Pilotfische werden vor Fressfeinden geschützt und der Hai wird von Parasiten befreit.

PERFEKTE SPIRALE
Eine Kette von Salpen – tonnenförmige, meist transparente, gallertige Meerestiere – treiben nahe der Meeresoberfläche vor den Coronado-Inseln (Nordwestmexiko). Salpen gehören zu dem Unterstamm der Manteltiere (Tunicata oder Urochordata), der auch die Seescheiden umfasst. Salpenkolonien bilden oft Ketten von mehreren Metern Länge.

HUNGRIGE TÖLPEL
Drei Basstölpel tauchen vor den Shetland-Inseln weit im Norden Schottlands nach Fisch, während Schwärme von Artgenossen über ihnen kreisen. Basstölpel sind archetypische stoßtauchende Seevögel mit stromlinienförmigem Körper, nach vorne gerichteten Augen sowie Flügeln, die sie unter Wasser nach hinten klappen können.